Spark
大数据处理与分析

雷 擎 编著

清华大学出版社
北 京

内容简介

本书对 Spark 应用程序开发的基本概念和技术进行了系统的介绍，并通过简单易懂的实例说明了其具体实现过程。通过本书的学习，读者可以掌握 Spark 编程技术的基本概念、原理和编程方法，通过灵活的实践运用，能够进行应用程序的实际开发。

本书适用于 Spark 程序设计的初学者，可作为高等学校计算机专业的教材，也可作为 Spark 程序设计的培训教材。

本书封面贴有清华大学出版社防伪标签，无标签者不得销售。
版权所有，侵权必究。举报：010-62782989，beiqinquan@tup.tsinghua.edu.cn。

图书在版编目(CIP)数据

Spark 大数据处理与分析/雷擎编著. —北京：清华大学出版社，2020.9
ISBN 978-7-302-56077-7

Ⅰ. ①S… Ⅱ. ①雷… Ⅲ. ①数据处理软件 Ⅳ. ①TP274

中国版本图书馆 CIP 数据核字(2020)第 136766 号

责任编辑：龙启铭　常建丽
封面设计：何凤霞
责任校对：李建庄
责任印制：丛怀宇

出版发行：清华大学出版社
　　　网　　址：http://www.tup.com.cn，http://www.wqbook.com
　　　地　　址：北京清华大学学研大厦 A 座　　　邮　编：100084
　　　社 总 机：010-62770175　　　　　　　　　　邮　购：010-83470235
　　　投稿与读者服务：010-62776969，c-service@tup.tsinghua.edu.cn
　　　质量反馈：010-62772015，zhiliang@tup.tsinghua.edu.cn
　　　课件下载：http://www.tup.com.cn，010-83470236
印 装 者：三河市铭诚印务有限公司
经　　销：全国新华书店
开　　本：185mm×260mm　　　印　张：37.5　　　字　数：864 千字
版　　次：2020 年 11 月第 1 版　　　　　　　　　印　次：2020 年 11 月第 1 次印刷
定　　价：128.00 元

产品编号：078044-01

关于本书

要真正理解大数据,需要一些历史背景的帮助。大约在 2001 年,Gartner 给出了大数据的定义:Big data is data that contains greater variety arriving in increasing volumes and with ever-higher velocity。其意思是大数据是这样的数据,随着其不断增加的容量和更快的速度,数据类型具有更大的多样性,这就是所谓的 3V(Variety、Volume 和 Velocity)。简言之,大数据是更大、更复杂的数据集,尤其是来自更多的新数据源。这些数据集非常庞大,传统的数据处理软件无法管理它们。但是,这些大量的数据可以用来解决以前无法解决的业务问题。

尽管大数据的概念相对较新,但大数据集的起源可追溯到 20 世纪 60 年代和 70 年代,当数据世界刚刚起步时,出现了第一个数据中心和关系数据库。大约在 2005 年,人们开始意识到通过 Facebook、YouTube 和其他在线服务产生巨量的用户数量。Hadoop 是在同一年开发的,是专门为存储和分析大数据集而创建的开源框架,NoSQL 在这段时间也开始流行起来。类似于 Hadoop 这样的开源框架,Spark 的发展对于大数据的发展至关重要,因为它们使得大数据更容易处理,并且更便宜地存储。在之后的几年中,数据量急剧上升,用户仍然在生成大量的数据。随着物联网(IoT)的出现,更多的物体和设备连接到互联网,收集关于客户使用模式和产品性能的数据,以及机器学习的出现产生了更多的数据。虽然大数据已经走了很长的路,但其实用性只是刚刚开始。

我们编写本书的目的在于介绍大数据的发展趋势和基于 Spark 的生态环境,全面系统地提供 Spark 开发的基础知识,提供基于 Docker 容器的开发环境和编程实例。在本书的编写中,把 Spark 的基础知识与教学经验和学习体会结合起来,希望可以引导 Spark 技术学习者快速入门,系统地掌握 Spark 的编程技术。本书围绕 Spark 技术开发,共 11 章。其中加 * 的章节属于选学章节,加 ** 的章节属于难度更大的章节,可以酌情选学。

第 1 章介绍 Spark 生态环境,其中包括关键技术、Spark 技术特征、编程语言、虚拟环境和 HBase 等,并且提供了实际的操作方法,这部分技术和知识会在后面的章节详细说明,并加以应用。

第 2 章介绍 Spark 数据处理的基本机制。Apache Spark 是一个在

Hadoop 上运行并处理不同类型数据的集群计算框架，对于许多问题来说，可以一站式解决方案。另外，通过本章的学习，理解 RDD 的基本概念，RDD 支持两种类型的操作：转换（Transformation）——从现有数据集创建新数据集，以及动作（Action）——在数据集上运行计算后将值返回给驱动程序。使用 Scala 和 Spark 是学习大数据分析很好的组合。Scala 允许将两种方法结合使用，即以面向对象编程（Object-Oriented Programming）和函数式编程（Functional Programming）两种风格编写代码。

第 3 章重点讲解键值对 RDD 功能，学习如何创建键值对 RDD 和进行键值对 RDD 的相关操作，如 Spark RDD 中的转换和动作。这里的转换操作包括 groupByKey、reduceByKey、join、leftOuterJoin 和 rightOuterJoin 等，而 countByKey 等是针对键值对 RDD 的动作。本章还讨论 Spark 中的分区和洗牌，数据分区和洗牌的概念对于 Apache Spark 作业的正常运行至关重要，并且会对性能产生很大影响，决定了资源的利用情况。共享变量是许多函数和方法必须并行使用的变量，可以在并行操作中使用。另外，本章还介绍了 Scala 的高级语法。

第 4 章介绍 Spark SQL，是用于结构化数据处理的 Spark 模块，提供很多有关数据结构和类型的信息，Spark SQL 使用这些额外的信息执行性能优化。本章还介绍 DataFrame 和 DataSet 相关 API 的概念，并且区分两种接口 API 的特征，然后介绍 RDD、DataFrame 和 DataSet 三种数据结构的转换，最后介绍结构化数据的操作方法。

第 5 章了解实时流传输体系结构如何工作，以提供有价值的信息，以及三种流处理范式。Spark Streaming 是 Spark 核心的扩展组件之一，可扩展地实现实时数据流的高吞吐量、容错处理。通过本章可学习 Spark Streaming 的基础知识，包括流式传输的需求、体系结构和传输方式，了解 Spark Streaming 的输入源类型以及各种数据流操作。结构化流是基于 Spark SQL 引擎构建的可伸缩且容错的流处理引擎，可以像对静态数据进行批处理计算一样表示流计算。

第 6 章 Spark GraphX 是一个分布式图处理框架，是基于 Spark 平台的提供对图计算和图挖掘简洁易用的、丰富的接口，极大地满足了对分布式图处理的需求。通过本章可学习属性图的概念，GraphX 将图计算和数据计算集成到一个系统中，数据不仅可以被当作图进行操作，同样也可以被当作表进行操作。它支持大量图计算的基本操作，如 subgraph()、mapReduceTriplets() 等，也支持数据并行计算的基本操作，如 map()、reduce()、filter()、join() 等。从本章中可以学习如何使用计算模型 Pregel 完成平行图处理任务。

第 7 章讨论机器学习概念以及如何使用 Spark MLlib 和 ML 库运行预测分析，使用示例应用程序说明 Spark 机器学习领域中功能强大的 API。MLlib 和 ML 支持单个机器上存储的局部向量和矩阵，以及由一个或多个 RDD 支持的分布式矩阵。MLlib 库也提供了一些基本的统计分析工具，包括相关性、分层抽样、假设检验、随机数生成等，在 RDD 和数据帧数据进行汇总统计功能；使用皮尔森或斯皮尔曼方法计算数据之间的相关性；还提供了假设检验和随机数据生成的支持。MLlib 中包括 Spark 的机器学习功能，实现可以在计算机集群上并行完成的机器学习算法。MLlib 拥有多种机器学习算法，用于二元以及多元分类和回归问题的解决，这些方法包括线性模型、决策树和朴素贝叶斯方法等；

使用基于交替最小二乘算法建立协同过滤推荐模型。

第 8 章特征工程是使用专业背景知识和技巧处理数据，使得特征能在机器学习算法上发挥更好作用的过程。这个过程包含特征提取、特征构建、特征选择等模块。本章学习了特征工程的工具集。根据具体问题，执行特征选择有很多不同的选项，如 TF-IDF、Word2Vec 和 Vectorizers 用于文本分析问题，适合文本的特征选择；对于特征转换，可以使用各种缩放器、编码器和离散器；对于向量的子集，可以使用 VectorSlicer 和 Chi-Square Selector，它们使用标记的分类特征决定选择哪些特征。

第 9 章决策树和集成树是分类和回归的机器学习任务流行的方法，MLlib 包支持二元分类、多元分类和回归分析的各种方法，总结各种机器学习算法，分类和回归：支持向量机、逻辑回归、线性回归、决策树、朴素贝叶斯分类；协作过滤技术包括交替最小二乘（ALS）；聚类分析方法包括 K 均值和潜在狄利克雷分配（LDA）等。

第 10 章讲述如何设置一个完整的开发环境开发和调试 Spark 应用程序。本章使用 Scala 作为开发语言，SBT 作为构建工具，讲述如何使用管理依赖项、如何打包和部署 Spark 应用程序。另外，本章还介绍 Spark 应用程序的几种部署模式。而在 Spark 2.0 中，通过 SparkSession 可以实现相同的效果，而不会显式创建 SparkConf、SparkContext 或 SQLContext，因为它们被封装在 SparkSession 中。

第 11 章提供有关如何调整 Apache Spark 作业的相关信息，如性能调优介绍、Spark 序列化库（如 Java 序列化和 Kryo 序列化）、Spark 内存调优，还介绍了 Spark 数据结构调优、Spark 数据区域性和垃圾收集调优。

本书已修改、更新和校对多次，但由于作者水平有限，加之 Spark 技术的快速更新和发展，书中疏漏和不足在所难免，真诚希望读者不吝赐教，不胜感激。

致谢

在本书的写作过程中，得到很多人士的悉心帮助，在此谨向给予本书帮助的诸位及本书所参考的官方网站和网站社区表示诚挚的感谢！

特别感谢对外经济贸易大学信息学院为本书的教学和实践提供了支持平台。

特别感谢软件工程师伊凡对本书中的代码进行了整理和调试，并提出了宝贵的意见。

代码和数据

本书涉及的 Docker 环境的部署脚本、代码以及数据，可以从 Github 资源库中得到，地址为 https://github.com/leeivan/env.lab.spark.docker.git。

另一种方式是直接下载封装好的 Docker 镜像文件，地址为 https://hub.docker.com/repository/docker/leeivan/spark-lab-env。

编　者

2020 年 9 月

目录

第 1 章　Spark 生态环境　/1
- 1.1　平台设计 …………… 1
- 1.2　Spark 简介 …………… 5
  - 1.2.1　技术特性 …………… 6
  - 1.2.2　数据格式 …………… 9
  - 1.2.3　编程语言 …………… 12
- 1.3　虚拟环境* …………… 18
  - 1.3.1　发展历史 …………… 19
  - 1.3.2　技术特征 …………… 20
  - 1.3.3　技术架构 …………… 21
  - 1.3.4　管理命令 …………… 24
- 1.4　HBase 技术* …………… 30
  - 1.4.1　系统架构 …………… 31
  - 1.4.2　存储机制 …………… 33
  - 1.4.3　常用命令 …………… 35
- 1.5　环境部署 …………… 46
- 1.6　小结 …………… 46

第 2 章　理解 Spark　/47
- 2.1　数据处理 …………… 48
  - 2.1.1　MapReduce …………… 48
  - 2.1.2　工作机制 …………… 51
- 2.2　认识 RDD …………… 54
- 2.3　操作 RDD …………… 57
  - 2.3.1　转换 …………… 57
  - 2.3.2　动作 …………… 62
- 2.4　Scala 编程 …………… 66
  - 2.4.1　面向对象编程 …………… 66
  - 2.4.2　函数式编程 …………… 83
  - 2.4.3　集合类 …………… 88
- 2.5　案例分析 …………… 96
  - 2.5.1　启动交换界面 …………… 97
  - 2.5.2　SparkContext 和 SparkSession …………… 98
  - 2.5.3　加载数据 …………… 99
  - 2.5.4　应用操作 …………… 100
  - 2.5.5　缓存处理 …………… 103
- 2.6　小结 …………… 106

第 3 章　键值对与分区　/107
- 3.1　键值对 RDD …………… 107
  - 3.1.1　创建 …………… 108
  - 3.1.2　转换 …………… 111
  - 3.1.3　动作 …………… 123
- 3.2　分区和洗牌 …………… 124
  - 3.2.1　分区 …………… 125
  - 3.2.2　洗牌 …………… 131
- 3.3　共享变量 …………… 133
  - 3.3.1　广播变量 …………… 133
  - 3.3.2　累加器 …………… 136
- 3.4　Scala 高级语法 …………… 139
  - 3.4.1　高阶函数 …………… 139
  - 3.4.2　泛型类 …………… 145
  - 3.4.3　隐式转换 …………… 150
- 3.5　案例分析 …………… 152
  - 3.5.1　检查事件数据 …………… 153
  - 3.5.2　reduceByKey 和 groupByKey …………… 155
  - 3.5.3　三种连接转换 …………… 159
  - 3.5.4　执行几个动作 …………… 161
  - 3.5.5　跨节点分区 …………… 162

3.6 小结 …………………… 164

第 4 章 关系型数据处理 /166

4.1 Spark SQL 概述 …………… 167
    4.1.1 Catalyst 优化器 … 168
    4.1.2 DataFrame 与 DataSet …………………… 169
    4.1.3 创建结构化数据 … 171
4.2 结构化数据操作 …………… 181
    4.2.1 选取列 …………… 182
    4.2.2 选择语句(select、selectExpr) …………… 184
    4.2.3 操作列(withColumn、withColumnRenamed、drop) …………………… 186
    4.2.4 条件语句(where、filter) ………………… 187
    4.2.5 去除重复(distinct、dropDuplicates) … 189
    4.2.6 排序语句(sort、orderBy) ………………… 190
    4.2.7 操作多表(union、join) …………………… 191
    4.2.8 聚合操作 ………… 198
    4.2.9 用户定义函数 …… 202
4.3 案例分析 …………………… 204
    4.3.1 创建 DataFrame …………………… 204
    4.3.2 操作 DataFrame …………………… 209
    4.3.3 按年份组合 …… 211
4.4 小结 ………………………… 213

第 5 章 数据流的操作 /214

5.1 处理范例 …………………… 215
    5.1.1 至少一次 ………… 215
    5.1.2 最多一次 ………… 216
    5.1.3 恰好一次 ………… 216

5.2 理解时间 …………………… 218
5.3 离散化流 …………………… 219
    5.3.1 一个例子 ………… 220
    5.3.2 StreamingContext …………………… 222
    5.3.3 输入流 …………… 223
5.4 离散流的操作 ……………… 228
    5.4.1 基本操作 ………… 229
    5.4.2 transform ………… 230
    5.4.3 连接操作 ………… 232
    5.4.4 SQL 操作 ………… 232
    5.4.5 输出操作 ………… 233
    5.4.6 窗口操作 ………… 235
    5.4.7 有状态转换 ……… 237
5.5 结构化流 …………………… 242
    5.5.1 一个例子 ………… 242
    5.5.2 工作机制 ………… 245
    5.5.3 窗口操作 ………… 251
5.6 案例分析 …………………… 255
    5.6.1 探索数据 ………… 256
    5.6.2 创建数据流 ……… 260
    5.6.3 转换操作 ………… 267
    5.6.4 窗口操作 ………… 268
5.7 小结 ………………………… 271

第 6 章 分布式的图处理 /272

6.1 理解图的概念 ……………… 272
6.2 图并行系统 ………………… 276
6.3 一个例子 …………………… 279
6.4 创建和探索图 ……………… 283
    6.4.1 属性图 …………… 284
    6.4.2 构建器 …………… 287
    6.4.3 创建图 …………… 288
    6.4.4 探索图 …………… 296
6.5 图运算符 …………………… 298
    6.5.1 属性运算符 ……… 300
    6.5.2 结构运算符 ……… 301
    6.5.3 联结运算符 ……… 305

```
6.5.4  点和边操作 ……… 311
6.5.5  收集相邻信息 …… 314
6.6  Pregel** ……………………… 317
  6.6.1  一个例子 ………… 318
  6.6.2  Pregel 运算符 …… 320
  6.6.3  标签传播算法 …… 321
  6.6.4  PageRank 算法…… 322
6.7  案例分析 …………………… 325
  6.7.1  定义点 …………… 326
  6.7.2  定义边 …………… 328
  6.7.3  创建图 …………… 329
  6.7.4  PageRank ………… 331
  6.7.5  Pregel …………… 332
6.8  小结 ………………………… 334
```

第 7 章 机器学习* /335

```
7.1  MLlib ……………………… 335
7.2  数据类型 …………………… 336
  7.2.1  局部向量 ………… 336
  7.2.2  标签向量 ………… 337
  7.2.3  局部矩阵 ………… 338
  7.2.4  分布矩阵 ………… 340
7.3  统计基础 …………………… 344
  7.3.1  相关分析 ………… 344
  7.3.2  假设检验 ………… 346
  7.3.3  摘要统计 ………… 347
7.4  算法概述 …………………… 348
  7.4.1  有监督学习 ……… 349
  7.4.2  无监督学习 ……… 350
  7.4.3  多种算法介绍 …… 351
  7.4.4  协同过滤 ………… 353
7.5  交叉验证 …………………… 354
7.6  机器学习管道** …………… 355
  7.6.1  概念介绍 ………… 356
  7.6.2  Spark 管道 ……… 357
  7.6.3  模型选择 ………… 364
7.7  实例分析 …………………… 371
  7.7.1  预测用户偏好 …… 371
  7.7.2  分析飞行延误 …… 377
7.8  小结 ………………………… 384
```

第 8 章 特征工程** /385

```
8.1  特征提取 …………………… 385
  8.1.1  TF-IDF …………… 385
  8.1.2  Word2Vec ………… 388
  8.1.3  CountVectorizer
       ……………………… 390
8.2  特征转换 …………………… 392
  8.2.1  Tokenizer ………… 392
  8.2.2  StopWordsRemover
       ……………………… 394
  8.2.3  $n$-gram …………… 395
  8.2.4  Binarizer ………… 396
  8.2.5  PCA ……………… 396
  8.2.6  PolynomialExpansion
       ……………………… 397
  8.2.7  Discrete Cosine
       Transform ………… 398
  8.2.8  StringIndexer …… 400
  8.2.9  IndexToString …… 402
  8.2.10 OneHotEncoder
       ……………………… 405
  8.2.11 VectorIndexer … 406
  8.2.12 Interaction …… 408
  8.2.13 Normalizer …… 411
  8.2.14 StandardScaler
       ……………………… 413
  8.2.15 MinMaxScaler … 415
  8.2.16 MaxAbsScaler … 417
  8.2.17 Bucketizer ……… 418
  8.2.18 ElementwiseProduct
       ……………………… 419
  8.2.19 SQLTransformer
       ……………………… 420
  8.2.20 VectorAssembler
       ……………………… 421
```

　　　　8.2.21　QuantileDiscretizer
　　　　　　…………………… 423
　　　　8.2.22　Imputer ………… 424
　8.3　特征选择 …………………… 426
　　　　8.3.1　VectorSlicer ……… 426
　　　　8.3.2　RFormula ………… 428
　　　　8.3.3　ChiSqSelector …… 430
　8.4　局部敏感哈希 ……………… 433
　　　　8.4.1　局部敏感哈希
　　　　　　　操作 ……………… 433
　　　　8.4.2　局部敏感哈希
　　　　　　　算法 ……………… 434
　8.5　小结 ………………………… 439

第9章　算法汇总 /440

　9.1　决策树和集成树 …………… 440
　　　　9.1.1　决策树 …………… 440
　　　　9.1.2　集成树 …………… 447
　9.2　分类和回归 ………………… 461
　　　　9.2.1　线性方法 ………… 462
　　　　9.2.2　分类 ……………… 463
　　　　9.2.3　回归 ……………… 487
　9.3　聚集 ………………………… 505
　　　　9.3.1　K 均值 …………… 505
　　　　9.3.2　潜在狄利克雷
　　　　　　　分配 ……………… 506
　　　　9.3.3　二分 K 均值 ……… 509
　　　　9.3.4　高斯混合模型 …… 510
　9.4　小结 ………………………… 512

第10章　Spark 应用程序 /513

　10.1　SparkContext 与
　　　　SparkSession ………… 513
　10.2　构建应用 ………………… 519
　10.3　部署应用 ………………… 527
　　　　10.3.1　集群架构 ……… 531
　　　　10.3.2　集群管理 ……… 534
　10.4　小结 ……………………… 542

第11章　监视和优化 /543

　11.1　工作原理 ………………… 543
　　　　11.1.1　依赖关系 ……… 544
　　　　11.1.2　划分阶段 ……… 547
　　　　11.1.3　实例分析 ……… 548
　11.2　洗牌机制 ………………… 553
　11.3　内存管理 ………………… 555
　11.4　优化策略 ………………… 558
　　　　11.4.1　数据序列化 …… 558
　　　　11.4.2　内存调优 ……… 559
　　　　11.4.3　其他方面 ……… 561
　11.5　最佳实践 ………………… 563
　　　　11.5.1　系统配置 ……… 563
　　　　11.5.2　程序调优 ……… 569
　11.6　案例分析 ………………… 576
　　　　11.6.1　执行模型 ……… 576
　　　　11.6.2　监控界面 ……… 578
　　　　11.6.3　调试优化 ……… 583
　11.7　小结 ……………………… 585

参考文献 /586

第 1 章
Spark 生态环境

　　Spark 生态环境也称为伯克利数据分析栈,是伯克利大学 APMLab 实验室打造的产品,通过大规模的系统集成在算法、计算机和人之间建立展现大数据应用的一个平台。目前,基于 Spark 生态环境的应用已经涉及机器学习、数据挖掘、数据库、信息检索、自然语言处理和语音识别等多个领域。本章的主要内容是学习和理解 Spark 的生态环境,以及部署虚拟实验环境。

　　Spark 生态环境以 Spark Core 为核心,从 HDFS、Amazon S3 和 HBase 等持久层读取数据,以 MESS、YARN 和自身携带的 Standalone 为资源管理器,调度后台任务完成 Spark 应用程序的计算。这些应用程序可以来自不同的组件,如基于 Spark Shell 的行命令、基于 Spark Submit 的批处理、基于 Spark Streaming 的实时处理应用、Spark SQL 的即席查询、MLlib 的机器学习、GraphX 的图处理等。

　　Spark 支持多种编程语言,从 Spark 1.6 开始,包括 Java、Scala、Python 以及 R。在本书中对 Spark 每个功能的讲解,大部分使用 Scala 语言,并包括语法讲解,有些使用 Java 和 Python 语言用于对比和参考。本书使用 Docker 容器技术部署 Spark 实验学习环境,其中 Spark 的当前版本为 2.4.5,HBase 版本为 1.4.0,另外还有 Maven 和 SBT 等工具。

1.1　平　台　设　计

　　随着云时代的到来,数据格式和规模正在以前所未有的速度增长。对海量数据增长的合理存储和管理有利于为行业的预测分析提供支持,并有效应对大数据背景下的机遇和挑战,融合传统的数据挖掘方法和大数据方法,构建计算机技术创新管理平台,进行智能分析预测和评估预测。最终,企业将新技术应用于管理和决策的能力得到提高。

　　在信息经济早期,企业只是作为资源收集和存储数据,最多只需进行简单的统计分析,而数据的内在价值通常被忽略。随着存储和分析技术的进步,企业进一步挖掘和处理收集的数据,并逐渐意识到主动掌握数据的重要性。开发数据潜在价值的能力成为企业的核心竞争力之一,数据的价值显示出其在智能科技时代的重要地位。大数据首次提出后在医学领域被成熟使用,当前被应用到多个业务开发领域,如自然语言处理、图像和语音识别、汽车自动驾驶、风险预警等。在数据大爆炸时代,业界提供和使用数据服务是目前这个时代的必然结果。要高效准确地使用数据,前提是数据的高效存储和管理,根据不同的应用需求采取适当的数据存储模型,以便更高效地、实时地处理和分析数据。通过大数据的技术,相关数据被收集、存储和管理,然后进行分析和处理,以挖掘出可以提供给高层领导做决策判断的、具有潜在价值的信息。在大数据环境下,用户对存储服务以及数据的可用性、可靠性和持久性提出了更高的要求。为了防止数据丢失或损坏,保证数据的私密性,用户的存储系统环境至关重要。

传统的数据存储技术在海量数据存储管理和安全中的应用存在滞后现象。目前,在行业数据不断发展的情况下,存在大量的非结构化数据和半结构化数据。对这些数据进行合理的处理和分析,挖掘有价值的信息,符合大数据政策决策和服务提供的要求,而构建数据模型是大数据分析和预测的前提和基础。当前,为了构建大数据应用平台,数据工程师需要研究基于Hadoop数据平台的大数据存储体系结构,建立应用平台为行业分析、报表、预测和决策等功能提供数据服务,同时为大数据存储管理提供可行的技术解决方案。基于Hadoop的大数据平台可以有效地并行处理海量数据,用户可以在不了解分布式底层细节的情况下开发分布式程序,充分利用集群的优势进行高速运算和存储。Hadoop实现了一个分布式文件系统,有高容错性的特点,并且被设计用来部署在低廉的硬件上;而且提供高吞吐量访问应用程序的数据,适合有超大数据集的应用程序。Hadoop框架最核心的设计是HDFS和MapReduce。HDFS为海量的数据提供了存储,而MapReduce为海量的数据提供了计算。Spark同样是Apache软件基金会的顶级项目,可以理解为在Hadoop基础上的一种改进,是加州大学伯克利分校AMP实验室开源的类似Hadoop MapReduce的通用并行框架。相比于Hadoop,Spark可以说是青出于蓝而胜于蓝。Hadoop的MapReduce是面向磁盘的,因此受磁盘读写性能的约束。MapReduce在处理迭代计算、实时计算、交互式数据查询等方面并不高效,但是这些计算却在图计算、数据挖掘和机器学习等相关应用领域中很常见。而Spark是面向内存的,使得Spark能够为多个不同数据源的数据提供近乎实时的处理性能,适用于需要多次操作特定数据集的应用场景。在相同的实验环境下处理相同的数据,若在内存中运行,那么Spark要比MapReduce快100倍。其他方面,如处理迭代运算、计算数据分析类报表、排序等,Spark都比MapReduce快很多。此外,Spark在易用性、通用性等方面也比Hadoop更强。

大数据平台的业务应用需求包括数据采集、数据收集、数据分析和数据应用,需要构建统一的数据应用平台,用于数据实时加载,存储和处理不同类型的数据。数据处理工具和服务被集成,以管理异构数据。结构化和非结构化的数据仓库分析工具也被集成。该平台可以通过任何终端设备随时随地实现大数据共享和协同访问的集中;应用平台可以支持新业务开发和业务战略的建模,并推动行业洞察力的发展,进行实时预警分析。如何收集和存储大量数据,如何集成异构数据,如何挖掘和处理大型数据集,这些都是大数据平台需要关心的问题。数据收集、数据存储、数据处理、数据分析和数据应用将是智慧经济时代企业绩效的基本任务,基于数据的判断和决策将成为企业发展的技能和手段。

大数据平台的设计需要符合大数据管理,整合异构数据,定制用户需求,为应用领域的行业发展提供专业的分析功能。大数据应用平台可以满足大数据量、多样式和快速流量数据的处理需求。它还具备实现海量数据采集、存储、处理和分析的能力,满足企业应用高可靠性、易扩展性、强容错性、高可用性、高安全性和高保密性的基本要求，现有技术与平台兼容，实现数据存储和处理。大数据应用平台符合两个标准体系，即系统安全标准体系和服务管理标准体系。基于 Spark 和 Hadoop 的大数据平台和数据仓库，其数据集成功能实现了大量的数据存储、分析、处理和使用，包括前端、核心层、管理层、数据层和应用层等。办公自动化、风险评估、数据采集、智能分析和实时处理相结合，打造数据集成管理平台。通过数据仓库和分析工具的集成，可以构造实时预测分析解决平台。基于 Spark 和 Hadoop 大数据平台架构，依托 HDFS、MapReduce 和 MongoDB 等分布式架构，部署在更便宜的硬件设备上，实现了高吞吐量数据应用访问机制。HDFS 作为开源的分布式文件系统，支持高容错的数据存储和管理，采用主从模式集群结构实现数据存储选项和命名空间，数据库存储和最佳策略选择。

在核心层，大数据平台和数据仓库集成平台之间实现连接，实现数据仓库和智能分析系统的智能预警和实时分析以及集成，使用分析工具进行可视化分析，形成电子化报告和分析报告，如图 1-1 所示为大数据处理架构。Hadoop 和 Spark 是两种不同的大数据处理框架，下面将两者整理在一幅图中，展示全貌。虽然它们是两种不同的大数据处理框架，但它们不是互斥的，Spark 与 Hadoop 中的 MapReduce 是相互共生的关系。Hadoop 提供了许多 Spark 中没有的功能，如分布式文件系统，而 Spark 提供了实时内存计算，速度非常快。有一点大家要注意，Spark 并不一定依附于 Hadoop 才能生存，除了 Hadoop 的 HDFS，还可以基于其他的云平台，只是大家一致认为 Spark 与 Hadoop 配合默契最好。HDFS 是跨平台存储数据，MapReduce、Tez 和 Spark 可以在多台机器之间互相通信、交换数据，以及完成复杂的计算。MapReduce 是第一代计算引擎，Tez 和 Spark 是第二代计算引擎。MapReduce 的计算模型采用了 Map 和 Reduce 两个计算过程，但是这个模式随着数据量的增大，出现了效率问题。第二代的 Tez 和 Spark 将 MapReduce 变成通用模型，让 Map 和 Reduce 之间的界限更模糊，数据交换更灵活，更少的磁盘读写，以便更方便地描述复杂算法，取得更大的吞吐量。在更高层，需要 Pig 和 Hive 实现更抽象的语言层描述算法和数据处理流程。Pig 是接近脚本方式描述 MapReduce；Hive 则用的是 SQL，把脚本和 SQL 翻译成 MapReduce 程序，输入到计算引擎去计算，而从烦琐的 MapReduce 程序中解脱出来。Hive 已成为大数据仓库的核心组件，维护简单，并且 Hive 可以与新一代通用计算引擎 Tez、Spark 和 SparkSQL 结合，实现运行效率的提高。目前数据仓库的构建思路就是采用：底层为 HDFS；中间层为 MapReduce、Tez 和 Spark；上层为 Hive 和 Pig，或者 HDFS 上直接运行 Impala、Drill 和 Presto。这种数据仓库的设计满足了中低速数据处理的要求。对于更高速的流计算数据处理，Storm 是最流行的流计算平台。流计算的要求是达到更新更实时，在数据流进来的时候就进行处理，可以做到基本无延迟。

HBase 是运行在 HDFS 之上的一种数据库，以键值对的形式存储数据，能够快速在主机内数十亿行数据中定位所需的数据并访问，而 HDFS 缺乏随即读写操作，不能满足实时需求。HBase 底层依旧依赖 HDFS 作为其物理存储，这点类似于 Hive。但是，Hive 适合用来对一段时间内的数据进行分析查询，如用来计算趋势或者网站的日志。Hive 不应该用来进行实时的查询，其设计目的也不是支持实时的查询，因为它需要很长时间才可以返回结果。HBase 则非常适合用来进行大数据的实时查询，可以对消息进行实时分析。对于 Hive 和 HBase 的部署来说,也有一些区别,Hive 一般只要有 Hadoop 便可以工作,而 HBase 则还需要 Zookeeper 的帮助。另外,大数据处理系统还可以包括如下几种组件。

1. Mahout(数据挖掘算法库)

Mahout 的主要目标是可扩展地实现机器学习领域的经典算法,帮助开发人员更方便快捷地创建智能应用程序。Mahout 现在已经包含聚类、分类、推荐引擎(协同过滤)和频繁集挖掘等广泛使用的数据挖掘方法。除了算法,Mahout 还包含数据的输入和输出工具,与其他存储系统(如数据库、MongoDB 或 Cassandra)集成等数据挖掘支持架构。

2. Sqoop(数据 ETL/同步工具)

Sqoop 是 SQL-to-Hadoop 的缩写,主要用于在传统数据库和 Hadoop 之间传输数据。数据的导入和导出本质上是 MapReduce 程序,充分利用了并行化和容错性。Sqoop 利用数据库技术描述数据架构,用于在关系数据库、数据仓库和 Hadoop 之间转移数据。

3. Zookeeper(分布式协作服务)

解决分布式环境下的数据管理问题:统一命名,状态同步,集群管理,配置同步等。Hadoop 的许多组件都依赖于 Zookeeper,它运行在计算机集群上面,用于管理 Hadoop 操作。

4. Flume(日志收集工具)

开源的日志收集系统具有分布式、高可靠、高容错、易于定制和扩展的特点。它将数据从产生、传输、处理并最终写入目标的路径的过程抽象为数据流,在具体的数据流中,数据源支持在 Flume 中定制数据发送方,从而支持收集各种不同协议数据。同时,Flume 数据流提供对日志数据进行简单处理的能力,如过滤、格式转换等。此外,Flume 还具有能够将日志写往各种数据目标(可定制)的能力。总的来说,Flume 是一个可扩展、适合复杂环境的海量日志收集系统,当然也可用于收集其他类型的数据。

5. Oozie(工作流调度器)

Oozie 是一个可扩展的工作体系,集成于 Hadoop 的堆栈,用于协调多个 MapReduce 作业的执行,能够管理一个复杂的系统,基于外部事件执行,外部事件包括数据的定时和数据的出现。Oozie 工作流是放置在有向无环图中的一组动作,如 Hadoop 的 MapReduce 作业,或者 Pig 作业等,其中指定了动作执行的顺序。

6. Kafka(分布式消息队列)

开源的消息系统,主要用于处理活跃的流式数据。活跃的流式数据在 Web 网站应用中很常见,这些数据包括网站的点击量,用户访问了什么内容、搜索了什么内容等。这些数据通常以日志的形式记录下来,然后每隔一段时间进行一次统计处理。

7. Ambari(安装部署配置管理工具)

创建、管理、监视 Hadoop 的集群,是一个为了让 Hadoop 以及相关的大数据软件更容易使用的 Web 工具。

8. YARN(分布式资源管理器)

YARN 是下一代 MapReduce,即 MRv2,是在第一代 MapReduce 基础上演变而来的,主要是为了解决原始 Hadoop 扩展性较差,不支持多计算框架而提出的。YARN 是下一代 Hadoop 计算平台，是一个通用的运行时框架，用户可以编写自己的计算框架，在该运行环境中运行。以上所有组件都在同一个集群上运转，所以需要组件进行调度系统；现在最流行的是 YARN。大数据处理框架如图 1-1 所示。

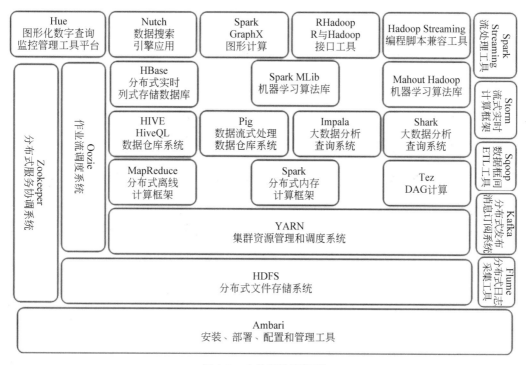

图 1-1　大数据处理框架

1.2　Spark 简介

Apache Spark 是一个开源集群运算框架，最初由加州大学伯克利分校 AMPLab 开发。相对于 Hadoop 的 MapReduce 在运行完工作后将中间数据存放到磁盘中，Spark 使用了存储器内运算技术，能在数据尚未写入硬盘时即在存储器内分析运算。Spark 基于内存运行程序的运算速度能做到比 Hadoop MapReduce 的运算速度快 100 倍，即便基于硬盘程序时，Spark 的速度也能快 10 倍。Spark 允许用户将数据加载至集群存储器，并多次对其进行查询，非常适合用于机器学习算法。使用 Spark 需要搭配集群管理员和分布式存储系统。Spark 支持独立模式（本地 Spark 集群）、Hadoop YARN 或 Apache Mesos 的集群管理。在分布式存储方面，Spark 可以和 Alluxio、HDFS、Cassandra、OpenStack Swift 和 Amazon S3 等系统通过接口程序集成。Spark 也支持伪分布式本地模式部署，不过，通常只用于开发或测试时以本机文件系统取代分布式存储系统。在这样的情况下，Spark 可以在一台机器上使用每个 CPU 核心运行程序。Spark 成为 Apache 软件基金会以及大数据众多开源项目中最活跃的项目。

另外，Apache Spark 是一种快速和通用的集群计算系统，提供 Java、Scala、Python 和

R 高级语言 API，还支持一系列高级工具，包括用于 SQL 和结构化数据处理的 Spark SQL，用于机器学习的 MLlib，用于图形处理的 GraphX 和用于数据流处理的 Spark Streaming（见图 1-2）。

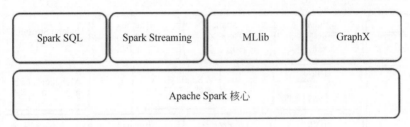

图 1-2　Spark 组件

1.2.1　技术特性

在 Spark 的技术框架中，Spark 核心是整个项目的基础，提供了分布式任务调度和基本的 I/O 功能，而其基础的程序抽象则称为弹性分布式数据集（RDD），是一个可以并行操作、有容错机制的数据集合，其运行机制是：通过将工作数据集缓存在内存中，进行低延迟计算，后续迭代算法通过内存共享数据，高效重复访问相同的数据集。RDD 可以通过引用外部存储系统的数据集创建，例如共享文件系统、HDFS、HBase 或其他 Hadoop 数据格式的数据源，或者是通过现有 RDD 的转换而创建，如 map、filter、reduce、join 等。对 RDD 进行的读写操作被抽象化并且提供了统一的接口，可以通过 Scala、Java、Python 和 R 四种语言之一进行调用，简化编程复杂性，应用程序操纵 RDD 的方法类似操纵本地端的数据集合。Spark 的组件包括以下几种。

1. Spark SQL

在 Spark 核心之上，Spark SQL 使用了名为 SchemaRDD 的数据抽象化概念，提供结构化和半结构化数据相关操作的支持。Spark SQL 提供了领域特定语言，可使用 Scala、Java 或 Python 操纵 SchemaRDD，支持使用命令行界面和 ODBC/JDBC 服务器操作 SQL。在 Spark 1.3 版本，SchemaRDD 被重命名为 DataFrame。Spark SQL 用于结构化数据处理，这与基本的 Spark RDD API 不同。有几种与 Spark SQL 进行交互的方式，包括 SQL 语句和 Dataset API。Spark SQL 的一个用途是执行 SQL 查询，也可用来从现有的 Hive 安装中读取数据。从另一种编程语言中运行 SQL 时，结果将作为数据集或数据框返回。

2. Spark Streaming

Spark Streaming 充分利用 Spark 核心的快速调度能力运行流分析。Spark Streaming 是 Spark 核心 API 的一个扩展，对即时数据串流的处理具有可扩展性、可容错性等特点，可以从 kafka、flume、ZeroMQ、Kinesis 等获得数据，并且可以使用复杂的算法进行处理，这些算法包括 map、reduce、join 和 window 等高级函数表示，处理后的数据可以传送到文件系统和数据库中，还可以将 Spark 的机器学习和图形处理算法应用于数据流。

3. MLlib

MLlib 是 Spark 上的分布式机器学习框架。MLlib 可使用许多常见的机器学习和统计算法,简化大规模机器学习时间,其中包括汇总统计、相关性、分层抽样、假设检定、随机数据生成、支持向量机、回归、线性回归、逻辑回归、决策树、朴素贝叶斯、协同过滤、K 平均算法、奇异值分解(SVD)、主成分分析(PCA)、TF-IDF、Word2Vec、StandardScaler、随机梯度下降法(SGD)、L-BFGS。

4. GraphX

Spark GraphX 是一个分布式图处理框架,它是基于 Spark 平台提供对图计算和图挖掘简洁易用的、丰富的接口,极大地方便了对分布式图处理的需求。众所周知,社交网络中人与人之间有很多关系链,如 Twitter、Facebook、微博和微信等,这些都是大数据产生的地方,都需要图计算,现在的图处理基本都是分布式的图处理,并非单机处理。Spark GraphX 由于底层是基于 Spark 处理的,所以天然就是一个分布式的图处理系统。图的分布式或者并行处理其实是把图拆分成很多子图,然后分别对这些子图进行计算,计算时可以分别迭代进行分阶段的计算,即对图进行并行计算。

Spark 在其核心上提供了通用的编程模型,使开发人员可以在弹性分布式数据集上运行运算,如 Map、Reduce、Join、Group 和 Filter 等,还实现了运算的组合,使得可以表达更复杂的数据操作,如迭代机器学习、流式传输、复杂查询和批处理。此外,Spark 跟踪每个操作生成的数据和过程,并使应用程序可靠地将此数据存储在内存中,这是 Spark 性能提升的关键,因为避免了应用程序反复访问磁盘的操作,这种操作的性能代价非常高。

更准确地说,Spark 是一个计算框架,而 Hadoop 中包含计算框架 MapReduce 和分布式文件系统(HDFS),还有包括在生态圈中的其他系统,如 HBase、Hive 等。Spark 是 MapReduce 的替代方案,而且兼容 HDFS、Hive 等分布式存储层,可融入 Hadoop 的生态系统,以弥补缺失 MapReduce 的不足。基于 MapReduce 的计算引擎通常会将中间结果输出到磁盘上,进行存储和容错。出于任务管道承接的考虑,当一些查询转换为 MapReduce 任务时,往往会产生多个 Stage,而这些串联的 Stage 又依赖于底层文件系统(如 HDFS)存储每个 Stage 的输出结果。而 Spark 执行的差异在于,将执行模型抽象为通用的有向无环图执行计划,这可以将多 Stage 的任务串联或者并行执行,而无须将 Stage 中间结果输出到 HDFS 中,类似的引擎包括 Dryad、Tez。Spark 与 Hadoop 在数据中间进行数据处理的区别如图 1-3 所示。

由于 MapReduce 的处理方式会引起较大的处理开销,而 Spark 抽象出分布式内存存储结构弹性分布式数据集(RDD),进行数据的存储。RDD 能支持粗粒度写操作,但对于读取操作,RDD 可以精确到每条记录,这使得 RDD 可用作分布式索引。Spark 的特性是能够控制数据在不同节点上的分区,用户可以自定义分区策略,如 Hash 分区等。Shark 和 Spark SQL 在 Spark 的基础之上实现了列存储和列存储压缩。MapReduce 在数据进行洗牌之前花费了大量的时间来排序,Spark 则可减少上述问题带来的开销。因为 Spark 任务在洗牌中不是所有情景都需要排序,所以支持基于 Hash 的分布式聚合,调度中采用更通用的任务执行计划图,每一轮次的输出结果在内存缓存。传统 Hadoop 的 MapReduce 系统是为了运行长达数小时的批量作业而设计的,在某些极端情况下,提交

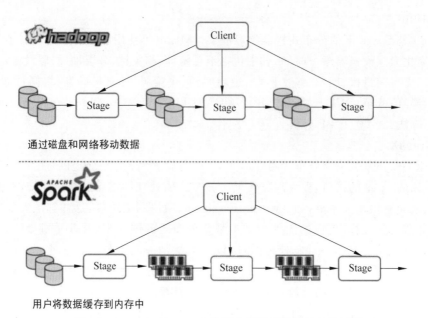

图 1-3　Spark 与 Hadoop 在数据中间进行数据处理的区别

一个任务的时间延迟非常高。Spark 采用事件驱动的类库 AKKA 启动任务,通过线程池复用线程避免进程或线程启动和切换开销。

Spark 的易用性来自其通用编程模型,它不限制用户将其应用程序结构化成一堆 Map 和 Reduce 操作。Spark 的并行程序看起来非常像顺序程序,这使得它们更容易设计和开发。最后,Spark 允许用户在同一个应用程序中轻松组合批处理、交互式和流式处理,因此 Spark 作业的运行速度比同等功能的 Hadoop 作业快 100 倍,并且 Hadoop 需要编写比 Spark 多 2~10 倍的代码。

Spark 是一个分布式系统,目的是实现大数据量和高运算。同时,它也是扩展性很强的系统,可以在单机上运行,也可以在成百上千的节点上组成集群,每个节点都是一个独立的机器。Spark 通过集群管理器(Cluster Manager)管理和协调程序的运行。Spark 分布式系统如图 1-4 所示。

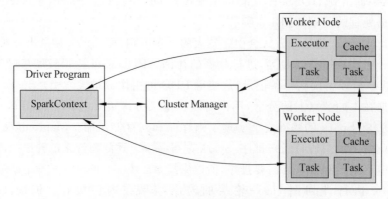

图 1-4　Spark 分布式系统

Spark 应用程序作为独立的集群进程运行,由主程序中的驱动程序(Driver Program)协调。具体来说,要在集群上运行,驱动程序中的 SparkContext 可以连接到几种类型的集群管理器,如 Standalone、Mesos 或 YARN,可以跨应用程序分配资源。一旦连接,Spark 将获取集群中的位于工作节点(Worker Node)上的执行程序(Executor),这些进程是运行计算和存储应用程序数据的进程。接下来,Spark 将应用程序代码以 JAR 或 Python 文件传递给驱动程序,然后通过 SparkContext 发送给执行程序。有关这种架构,须注意,每个应用程序都获得自己的执行程序进程,这些进程在整个应用程序的持续时间内保持不变,并在多个线程中运行任务。这有利于将应用程序彼此隔离,即在调度端每个驱动程序安排其自己的任务和执行程序,在不同的虚拟机中运行来自不同应用程序的任务。但是,这也意味着数据在不写入外部存储系统的情况下,不能在不同的 Spark 应用程序之间共享。

Spark 与底层集群管理器无关,只要可以获取执行程序进程,并且彼此进行通信,即使在同时支持其他应用程序(如 Mesos/YARN)的集群管理器上运行,也比较容易。驱动程序必须在其生命周期中侦听并接收来自其执行程序的传入连接。因此,驱动程序必须能够从工作节点网络寻址。另外,因为驱动程序调度集群上的任务,所以它应该靠近工作节点运行,最好在同一个局域网上运行,如果想远程发送请求到集群,最好向驱动程序打开一个 RPC,并从附近提交操作,而不是在远离工作节点的地方运行驱动程序。该系统目前支持三个集群管理器。

(1) Standalone:Spark 包含的一个简单的集群管理器,可以轻松设置集群。

(2) Apache Mesos:也可以运行 Hadoop MapReduce 和服务应用程序的通用集群管理器。

(3) Hadoop YARN:Hadoop 2 中的资源管理器。

在 Spark 支持的这些集群管理器中,最简单的是 Standalone 的本地模式(Local),可以实现将 Spark 部署在一个单机节点上,而且可以实现 Spark 的所有功能。对于实验教程来说,主要集中在学习 Spark 的开发,所以熟悉使用 Standalone 的本地模式,就可以满足基本要求。对于企业应用,需要考虑更高级的 YARN 或者 Mesos 环境。

1.2.2 数据格式

在学习 Spark 系统前,需要了解 Spark 系统支持的数据格式。Spark 可以从 Hadoop 支持的任何存储源中加载数据,其中包括本地文件系统、HDFS、MapR-FS、Amazon S3、Hive、HBase、JDBC 数据库等,以及正在 Hadoop 集群中使用的任何其他数据源。下面介绍几种重要的数据源。

1. HDFS(Hadoop Distributed File System)

Hadoop 是一款支持数据密集型分布式应用程序并以 Apache 2.0 许可协议发布的开源软件框架。它支持在商品硬件构建的大型集群上运行的应用程序。Hadoop 根据谷歌公司发表的 MapReduce 和谷歌文件系统的论文自行实现而成。Hadoop 框架透明地为应用提供可靠性和数据移动。它实现了名为 MapReduce 的编程范式:应用程序被分区成许多小部分,而每个部分都能在集群中的任意节点上运行或重新运行。此外,Hadoop

还提供了分布式文件系统,用以存储所有计算节点的数据,这为整个集群带来了非常高的带宽。MapReduce 和分布式文件系统的设计,使得整个框架能够自动处理节点故障,保障应用程序和 PB 级的数据在成千上万的独立计算机上运行。现在普遍认为,整个 Hadoop 平台包括内核、MapReduce、分布式文件系统以及一些相关项目,如 Hive 和 HBase 等。

2. Amazon S3

Amazon S3 的全名为亚马逊简易存储服务(Amazon Simple Storage Service),是亚马逊公司利用其亚马逊网络服务系统提供的网络在线存储服务。经由 Web 服务界面,包括 REST、SOAP 与 BitTorrent,用户能够轻易把文件存储到网络服务器上。2006 年 3 月,亚马逊公司在美国推出这项服务,2007 年 11 月扩展到欧洲地区。2016 年 9 月,该服务中国区正式商用,与光环新网合作运营。亚马逊公司为这项服务收取的费用是每个月每吉字节需要 0.095 元美金,如果需要额外的网络带宽与质量,则要另外收费。根据服务级别协议(SLA),S3 保证在每月 99.9% 的时间内可用,即每月停机时间不多于 43min。

3. Hive

Apache Hive 是一个建立在 Hadoop 架构之上的数据仓库。它能够提供数据的精炼、查询和分析。Apache Hive 起初由 Facebook 开发,目前也有其他公司使用和开发 Apache Hive,如 Netflix 等。亚马逊公司也开发了一个定制版本的 Apache Hive,亚马逊网络服务包中的 Amazon Elastic MapReduce 包含了该定制版本。Hive 提供数据仓库工具,可以将结构化的数据文件映射为一张数据库表,并提供简单的 SQL 查询功能,可以将 SQL 语句转换为 MapReduce 任务进行运行。其优点是学习成本低,可以通过类 SQL 语句快速实现简单的 MapReduce 统计,不必开发专门的 MapReduce 应用,十分适合数据仓库的统计分析。

4. HBase

HBase 是一个开源的非关系型分布式数据库(NoSQL),它参考了谷歌的 BigTable 建模,实现的编程语言为 Java。它是 Apache 软件基金会的 Hadoop 项目的一部分,运行于 HDFS 文件系统之上,为 Hadoop 提供类似于 BigTable 规模的服务。因此,它可以容错地存储海量稀疏的数据。HBase 在列上实现了 BigTable 论文提到的压缩算法、内存操作和布隆过滤器。HBase 的表能够作为 MapReduce 任务的输入和输出,可以通过 Java API 访问数据,也可以通过 REST、Avro 或者 Thrift 的 API 访问。虽然最近性能有了显著提升,但 HBase 还不能直接取代 SQL 数据库。如今,它已经应用于多个数据驱动型网站,包括 Facebook 的消息平台。在 EricBrewer 的 CAP 理论中,HBase 属于 CP 类型的系统。

5. Cassandra

Cassandra 是一个高可靠的大规模分布式存储系统,是一种高度可伸缩的、一致的、分布式的结构化 key-value 存储方案,集 Google BigTable 的数据模型与 Amazon Dynamo 的完全分布式的架构于一身。Cassandra 2007 年由 Facebook 开发,2009 年成为 Apache 的孵化项目。Cassandra 使用了 Google BigTable 的数据模型,与面向行的传统的关系型数据库不同,这是一种面向列的数据库,列被组织成为列族(Column Family),

在数据库中增加一列非常方便。对于搜索和一般的结构化数据存储,这个结构足够丰富、有效。

6. JSON

JSON(JavaScript Object Notation)是一种由道格拉斯·克罗克福特构想设计、轻量级的数据交换语言,以文字为基础,且易于阅读。尽管 JSON 是 JavaScript 的一个子集,但 JSON 是独立于语言的文本格式,并且采用了类似于 C 语言家族的一些习惯。JSON 数据格式与语言无关,脱胎于 JavaScript,但目前很多编程语言都支持 JSON 格式数据的生成和解析。JSON 的官方 MIME 类型是 application/json,文件扩展名是.json。

7. CVS

逗号分隔值(Comma-Separated Values,CSV,有时也称为字符分隔值,因为分隔字符也可以不是逗号),其文件以纯文本形式存储表格数据(数字和文本)。纯文本意味着该文件是一个字符序列,不含必须像二进制数字那样被解读的数据。CSV 文件由任意数目的记录组成,记录间以某种换行符分隔;每条记录由字段组成,字段间的分隔符是其他字符或字符串,最常见的是逗号或制表符。通常,所有记录都有完全相同的字段序列。

8. Parquet

Apache Parquet 是 Apache Hadoop 生态系统的一个免费开源的面向列的数据存储。它类似于 Hadoop 中可用的其他柱状存储文件格式,即 RCFile 和优化 RCFile。它与 Hadoop 环境中的大多数数据处理框架兼容,提供了高效的数据压缩和编码方案,具有增强的性能,可以批量处理复杂数据。构建 Apache Parquet 的开源项目开始于 Twitter 和 Cloudera 之间的共同努力。ApacheParquet 1.0 的第一个版本于 2013 年 7 月发布。从 2015 年 4 月 27 日起,Apache Parquet 是 Apache Software Foundation(ASF)顶级项目。

9. SequenceFile

SequenceFile 是一种扁平(扁平是指没有内部结构)的二进制文件类型,用作 Apache Hadoop 分布式计算项目中要使用的数据的容器。SequenceFiles 广泛用于 MapReduce。由于 Hadoop 对于存储较大文件有最佳效果,因此 SequenceFiles 提供了一种新的格式用于存储和压缩比较小的文件,这有助于减少所需的磁盘空间容量和 I/O 要求。例如,SequenceFile 可能包含服务器的大量日志文件,其中的键将是一个时间戳,而值将是整个日志文件。SequenceFile 分别为写入、读取和排序提供了一个 Writer、Reader 和 Sorter 类。

10. 协议缓存区(ProtocolBuffers)

协议缓存区是一种序列化数据结构的方法。对于通过管线(Pipeline)或存储数据进行通信的程序开发很有用。这个方法包含一个接口描述语言,描述一些数据结构,并提供程序工具根据这些描述产生代码,用于产生这些数据结构或解析数据流。

11. 对象文件(ObjectFiles)

对象文件是一个包含对象代码的文件,意味着可重定位格式的机器代码,通常不能直接执行。对象文件有各种格式,同一对象代码可以打包在不同的对象文件中。对象文件也可以像共享库一样工作。除了对象代码本身之外,对象文件可能包含用于链接或调试的元数据,包括用于解决不同模块之间的符号交叉引用的信息、重定位信息、堆栈展开信息、注释、程序符号、调试或分析信息。

1.2.3 编程语言

Spark 可以在 Windows 和类 UNIX 系统(如 Linux、Mac OS)上运行。在一台机器上本地运行很容易,仅需要在系统上设置安装 Java 的 PATH 或指向 Java 安装的 JAVA_HOME 环境变量。Spark 运行于 Java 8+,Python 2.7 + / 3.4 + 和 R 3.1+。对于 Scala API,Spark 2.2.0 将需要使用兼容的 Scala 2.11.x 版本。

选择 Apache Spark 的编程语言是一个主观问题,因为特定数据科学家或数据分析师使用 Python 或 Scala for Apache Spark 的原因可能并不总是适用于其他人。基于独特的用例或特定类型的大数据应用开发,数据专家决定哪种语言更适合 Apache Spark 编程。数据科学家可以学习 Scala、Python、R 和 Java,以便在 Spark 中进行编程,并根据功能解决方案的任务效率选择首选语言。

Apache Spark 框架具有用于以各种语言进行数据处理和分析的 API,包括 Java、Scala 和 Python。Java 不支持 Read-Evaluate-Print-Loop(REPL)模式,它是选择用于大数据处理的编程语言时的主要条件。Scala 和 Python 都很容易编程,并帮助数据专家快速获得生产力。数据科学家通常喜欢学习 Scala 和 Python,但 Python 通常是 Apache Spark 选择的第二语言,Scala 是第一选择。表 1-1 有一些重要的因素可以帮助数据科学家或数据分析师根据自己的要求选择最佳的编程语言。Scala 和 Python 的比较见表 1-1。

表 1-1 Scala 和 Python 的比较

影响因素	Scala	Python
性能	Scala 比 Python 快 10 倍	Python 在性能方面比较慢
语法	Scala 语法有些复杂	Python 语法简单学习比较容易
并发	Scala 良好的支持并发	Python 对并发和多线程支持不好
类型安全	Scala 是静态类型语言	Python 是动态类型语言
容易性	Scala 学习困难	Python 对于 Java 开发者特别容易学
高级功能	Scala 缺少数据可视化和快速转换	Python 有很多库支持数据可视化

注意:从 Spark 2.2.0 开始,对于 Hadoop 2.6.5 之前旧 Hadoop 版本,以及 Java 7 和 Python 2.6 的支持已被删除。Scala 2.10 的支持已经不再适用于 Spark 2.1.0,可能会在 Spark 2.3.0 中删除。

1.2.3.1 Java

Java 是一种广泛使用的计算机编程语言,拥有跨平台、面向对象、泛型编程的特性,广泛应用于企业级 Web 应用开发和移动应用开发。任职于 Sun 公司的詹姆斯·高斯林等人于 1990 年年初开发 Java 语言的雏形,最初被命名为 Oak,目标设置在家用电器等小型系统的程序语言,应用于电视机、电话、闹钟、烤面包机等家用电器的控制和通信。由于这些智能化家电的市场需求没有预期高,因此 Sun 公司放弃了该项计划。随着 20 世纪 90 年代互联网的发展,Sun 公司看到 Oak 在互联网上应用的前景,于是改造了 Oak,于 1995 年 5 月以 Java 的名称正式发布。Java 伴随着互联网的迅猛发展而发展,逐渐成为重要的网络编程语言。

Java 语言的风格十分接近 C++ 语言,继承了 C++ 语言面向对象技术的核心,舍弃了 C++ 语言中容易引起错误的指针,改用引用,同时移除了原 C++ 中的运算符重载、多重继承特性,改用接口,增加了垃圾回收器功能。在 Java SE 1.5 版本中引入泛型编程、类型安全的枚举、不定长参数和自动装/拆箱特性。Sun 公司对 Java 语言的解释是:"Java 语言是一种简单、面向对象、分布式、解释性、健壮、安全与系统无关、可移植、高性能、多线程和动态的语言"。

Java 语言不同于一般的编译语言或直译语言,它首先将源代码编译成字节码,然后依赖各种不同平台上的虚拟机解释执行字节码,从而实现"一次编写,到处运行"的跨平台特性。在早期的虚拟机中,这在一定程度上降低了 Java 程序的运行效率。但在 J2SE 1.4.2 发布后,Java 的运行速度有了大幅提升。

与传统类型不同,Sun 公司在推出 Java 时就将其作为开放的技术。全球数以万计的 Java 开发公司被要求所设计的 Java 软件必须相互兼容。"Java 语言靠群体的力量,而非公司的力量"是 Sun 公司的口号之一,并获得广大软件开发商的认同。这与微软公司倡导的注重精英和封闭式的模式完全不同,此外,微软公司后来推出了与之竞争的.NET 平台以及模仿 Java 的 C♯ 语言。后来,Sun 公司被甲骨文公司并购,Java 也随之成为甲骨文公司的产品。目前,移动操作系统 Android 大部分的代码都采用 Java 语言编写。

Spark 2.1.1 适用于 Java 7 及更高的版本。如果使用的是 Java 8,则 Spark 支持使用 Lambda 表达式简洁地编写函数,否则可以使用 org.apache.spark.api.java.function 包中的类。

但是,Java 8 和之前的版本不支持 REPL(Read-Eval-Print Loop,读取、评估、打印循环),但是,对于大型数据和数据科学项目的工程师来说,REPL 非常重要。通过交互式 shell,开发人员和数据科学家可以轻松地探索和访问数据集以及每一步的运行结果,而不需要完成完整的开发周期。实际上,Java 9 中引入了 JShell,用来实现 REPL 功能。下面这个程序显示出"Hello,World!"然后结束运行,注意 java.lang 包是自动加载的,所以不需要在程序前加入 importjava.lang. *;。

```java
public class HelloWorld {
    public static void main(String[] args) {
        System.out.println("Hello, World!");
    }
}
```

代码 1-1

1.2.3.2　Scala

Scala 是 Scalable Language 的简写，是一门多范式的编程语言。洛桑联邦理工学院（EPFL）的 Martin Odersky 于 2001 年基于 Funnel 的工作开始设计 Scala。Funnel 是把函数式编程思想和 Petri 网相结合的一种编程语言。Odersky 先前的工作是 Generic Java 和 javac(Sun Java 编译器)。Java 平台的 Scala 于 2003 年年底和 2004 年年初发布，.NET 平台的 Scala 发布于 2004 年 6 月。该语言的 2.0 版本发布于 2006 年 3 月。截至 2009 年 9 月，最新版本是 2.7.6。Scala 2.8 的特性包括重写的 Scala 类库、方法的命名参数和默认参数、包对象，以及 Continuation。

Scala 运行于 Java 平台(Java 虚拟机)，并兼容现有的 Java 程序。它也能运行于 CLDC 配置的 Java ME 中。目前还有另一.NET 平台的实现，不过版本的更新有些滞后。Scala 的编译模型(独立编译、动态类加载)与 Java 和 C♯ 一样，所以 Scala 代码可以调用 Java 类库(对于.NET 实现，则可调用.NET 类库)。Scala 包括编译器和类库，以 BSD 许可证发布。

2009 年 4 月，Twitter 宣布已经把大部分后端程序从 Ruby 迁移到 Scala，其余部分也打算迁移。此外，Wattzon 已经公开宣称，其整个平台都已经是基于 Scala 基础设施编写的。Coursera 把 Scala 作为服务器语言使用。Lift 是开源的 Web 应用框架，旨在提供类似 Ruby on Rails 的东西。因为 Lift 使用了 Scala，所以 Lift 应用程序可以使用目前所有的 Java 库和 Web 容器。

Scala 具有以下特征：

1. 面向对象特性

Scala 是一种纯面向对象的语言，每个值都是对象。对象的数据类型以及行为由类和特质描述。类抽象机制的扩展有两种途径：一种途径是子类继承；另一种途径是灵活的混入机制。这两种途径能避免多重继承的问题。

2. 函数式编程

Scala 也是一种函数式语言，其函数也能当成值使用。Scala 提供了轻量级的语法，用以定义匿名函数，支持高阶函数，允许嵌套多层函数，并支持柯里化(Currying)。Scala 的 case class 及其内置的模式匹配相当于函数式编程语言中常用的代数类型。更进一步，程序员可以利用 Scala 的模式匹配，编写类似正则表达式的代码处理 XML 数据。

3. 静态类型

Scala 具备类型系统，通过编译时检查，保证代码的安全性和一致性。类型系统具体支持以下特性：泛型类、协变和逆变、标注、类型参数的上下限约束、把类别和抽象类型作为对象成员、复合类型、引用自己时显式指定类型、视图、多态方法。

4. 扩展性

Scala 的设计秉承一项事实，即在实践中，某个领域特定的应用程序开发往往需要特定于该领域的语言扩展。Scala 提供了许多独特的语言机制，可以以库的形式无缝添加新的语言结构：任何方法均可用作前缀或后缀操作符；可以根据预期类型自动构造闭包。

5. 并发性

Scala 使用 Actor 作为其并发模型，Actor 是类似线程的实体，通过邮箱发收消息。

Actor 可以复用线程，因此可以在程序中使用数百万个 Actor，而线程只能创建数千个 Actor。在 2.10 之后的版本中，使用 Akka 作为其默认 Actor 实现。以下代码是使用 Actor 模式的 echoServer 实现。

```scala
val echoServer =actor(new Act {
  become {
    case msg =>println("echo " +msg)
  }
})
echoServer ! "hi"
```

代码 1-2

Actor 模式可以简化并发编程，以便利用多核 CPU。以下是用 Scala 编写的典型 Hello World 程序。

```scala
object HelloWorld extends App {
  println("Hello, world!")
}
```

代码 1-3

或

```scala
object HelloWorld {
  def main(args: Array[String]) {
    println("Hello, world!")
  }
}
```

代码 1-4

请注意它与 Java 的 Hello World 应用程序有哪些相似之处。一处显著区别在于，Scala 版的 Hello World 程序不通过 static 关键字把 main() 方法标记为静态方法，而是用 object 关键字创建了单例对象。假设该程序保存为 HelloWorld.scala 文件，接下来可以通过以下命令行进行编译。

```
>scalac HelloWorld.scala
```

代码 1-5

若要运行：

```
>scala -classpath . HelloWorld
```

代码 1-6

这与编译和运行 Java 的"Hello World"程序是不是很像？事实上，Scala 的编译和执行模型与 Java 是等效的,因而它也兼容 Java 的构建工具,如 Ant。直接使用 Scala 解释器也可以运行该程序,使用选项-i(从文件加载代码)和选项-e(若要运行额外的代码,就得实际执行 HelloWorld 对象的方法)即可。

```
>scala -i HelloWorld.scala -e 'HelloWorld.main(null)'
```

代码 1-7

1.2.3.3 Python

Python 是一种面向对象、直译式的计算机程序语言。它包含了一组功能完备的标准库,能够轻松完成很多常见的任务。它的语法简单,与其他大多数程序设计语言使用大括号不一样,它使用缩进定义语句块。与 Scheme、Ruby、Perl、Tcl 等动态语言一样,Python 具备垃圾回收功能,能够自动管理内存使用。它经常被当作脚本语言用于处理系统管理任务和网络程序编写,然而它也非常适合完成各种高级任务。Python 虚拟机本身几乎可以在所有的操作系统中运行。使用一些诸如 py2exe、PyPy、PyInstaller 之类的工具可以将 Python 源代码转换成可以脱离 Python 解释器运行的程序。Python 的官方解释器是 CPython,该解释器用 C 语言编写,是一个由社区驱动的自由软件,目前由 Python 软件基金会管理。Python 支持命令式程序设计、面向对象程序设计、函数式编程、面向侧面的程序设计、泛型编程等多种编程范式。

Python 的创始人为吉多·范罗苏姆(Guido van Rossum)。1989 年的圣诞节,吉多·范罗苏姆为了在阿姆斯特丹打发时间,决心开发一个新的脚本解释程序,作为 ABC 语言的一种继承。ABC 是由吉多·范罗苏姆参加设计的一种教学语言。吉多·范罗苏姆认为 ABC 这种语言非常优美和强大,是专门为非专业程序员设计的。但是,ABC 语言并没有成功,究其原因,吉多·范罗苏姆认为是非开放造成的。吉多·范罗苏姆决心在 Python 中避免这一错误,并获得了非常好的效果,完美结合了 C 语言和其他语言。

就这样,Python 诞生了。实际上,第一个实现是在 Mac 机上。可以说,Python 是从 ABC 发展起来的,主要受到 Modula-3(另一种相当优美且强大的语言,是一个小型团体设计的)的影响,并且结合了 UNIX shell 和 C 的习惯。

目前,吉多·范罗苏姆仍然是 Python 的主要开发者,他决定了整个 Python 语言的发展方向。Python 社区经常称呼他是仁慈的独裁者。Python 2.0 于 2000 年 10 月 16 日发布,增加了实现完整的垃圾回收,并且支持 Unicode。同时,整个开发过程更加透明,社区对开发进度的影响逐渐扩大。Python 3.0 于 2008 年 12 月 3 日发布,此版不完全兼容之前的 Python 源代码。不过,很多新特性后来也被移植到旧的 Python 2.6/2.7 版本。

Python 是完全面向对象的语言,函数、模块、数字、字符串都是对象,并且完全支持继承、重载、派生、多重继承,有益于增强源代码的复用性。Python 支持重载运算符,因此 Python 也支持泛型设计。相对于 Lisp 这种传统的函数式编程语言,Python 对函数式设计只提供了有限的支持。有两个标准库 functools 和 itertools 提供了与 Haskell 和 Standard ML 中类似的函数式程序设计工具。Python 目前也被一些大规模软件开发项目使用,如 Zope、Mnet 及 BitTorrent,其中也包括谷歌的 TensorFlow 和脸书的 PyTorch。Python 的支持者较喜欢称它为一种高级动态编程语言,原因是脚本语言泛指仅作简单程序设计任务的语言,如 shell script、VBScript 等只能处理简单任务的编程语言,并不能与 Python 相提并论。

Python 本身被设计为可扩充的。并非所有的特性和功能都集成到语言核心。Python 提供了丰富的 API 和工具,以便程序员能够轻松地使用 C、C++、Cython 编写扩充模块。Python 编译器本身也可以被集成到其他需要脚本语言的程序内。因此,很多人把 Python 作为一种胶水语言使用。使用 Python 将其他语言编写的程序进行集成和封装。在谷歌内部的很多项目,如 Google App Engine 使用 C++ 编写性能要求极高的部分,然后用 Python 或 Java/Go 调用相应的模块。《Python 技术手册》的作者马特利(Alex Martelli)说:"这很难讲,不过 2004 年 Python 已在谷歌内部使用,谷歌招募了许多 Python 高手,但在这之前就已决定使用 Python,目的是尽量使用 Python,在不得已时改用 C++;在操控硬件的场合使用 C++,在快速开发时使用 Python。"

Python 的设计哲学是"优雅、明确、简单"。Python 开发者的哲学是"用一种方法,最好是只有一种方法做一件事",因此它和拥有明显个人风格的其他语言不一样。在设计 Python 语言时,如果面临多种选择,Python 开发者一般会拒绝花哨的语法,而选择明确没有或者很少有歧义的语法。这些准则被称为"Python 格言"。

Python 开发人员尽量避开不成熟或者不重要的优化。一些针对非重要部位的加快运行速度的补丁通常不会被合并到 Python 内。再加上因为 Python 属于动态类型语言,动态类型语言是在运行期间检查数据的类型,不得不保持描述变量值的实际类型标记,程序在每次操作变量时,需要执行数据依赖分支,而静态类型语言相对于动态类型语言,在声明变量时已经指定了数据类型和表示方法,根据这一原理导致 Python 相对于 C、Visual Basic 等静态类型语言来说运行速度较慢。不过,根据二八定律,大多数程序对速度要求不高。在某些对运行速度要求很高的情况,Python 设计师倾向于使用 JIT 技术,或者使用 C/C++ 语言改写这部分程序,目前可用的 JIT 技术是 PyPy。一个在标准输出设备上输出 Hello World 的简单程序,这种程序通常作为开始学习编程语言时的第一个程序。

➢ 适用于 Python 3.0 以上版本以及 Python 2.6、Python 2.7

```
print("Hello, world!")
```

代码 1-8

➢ 适用于 Python 2.6 以下版本以及 Python 2.6、Python 2.7

```
print "Hello, world!"
```

代码 1-9

Python 也可以单步解释运行。运行 Python 解释器进入交互式命令行的环境,可以在提示符号>>>旁输入 print("Hello, world!"),按 Enter 键输出结果。

➢ 适用于 Python 3.0 以上版本以及 Python 2.6、Python 2.7

```
>>>print("Hello, world!")
Hello, world!
```

代码 1-10

➢ 适用于 Python 2.6 以下版本以及 Python 2.6、Python 2.7

```
>>>print "Hello, world!"
Hello, world!
```

代码 1-11

注意：低于 3.0 版本的 Python，"Hello，world!"周围不需要括号。Python 3.x 与 Python 2.x 的 print 语法是不一样的。

1.2.3.4 R

R 语言，一种自由软件编程语言与操作环境，主要用于统计分析、绘图、数据挖掘。R 本来是由奥克兰大学的罗斯·伊哈卡和罗伯特·杰特曼开发(也因此称为 R)的，现在由 R 开发核心团队负责开发。R 基于 S 语言的一个 GNU 计划项目，所以也可以当作 S 语言的一种实现，通常用 S 语言编写的代码都可以不做修改地在 R 环境下运行。R 的语法来自 Scheme。

R 的源代码可自由下载使用，也有已编译的可执行文件版本可以下载，可在多种平台下运行，包括 UNIX(也包括 FreeBSD 和 Linux)、Windows 和 Mac OS。R 主要是以命令行操作，同时有人开发了几种图形用户界面。R 内置多种统计学及数字分析功能。R 的功能也可以通过安装包(Packages，用户撰写的功能)增强。因为 S 的血缘，R 比其他统计学或数学专用的编程语言有更强的面向对象功能。R 的另一强项是绘图功能，制图具有印刷的素质，也可加入数学符号。虽然 R 主要用于统计分析或者开发统计相关的软件，但也有人用作矩阵计算。其分析速度可媲美专用于矩阵计算的自由软件 GNU Octave 和商业软件 MATLAB。

1.3 虚拟环境*

由于 Spark 程序开发的生态环境相对比较复杂和多样，对于初学者会很困难。本教程利用虚拟化技术，选择 Docker 作为虚拟化实验平台，实现开发环境的快速统一部署。Docker 是一个开放源代码软件项目，让应用程序部署在软件容器的工作模式下，可以自动化进行，借此在 Linux 操作系统上，提供一个额外的软件抽象层，以及操作系统层虚拟化的自动管理机制。Docker 利用 Linux 核心中的资源分脱机制，如 cgroup，以及 Linux 核心名字空间，创建独立的软件容器(Container)。这可以在单一 Linux 实体下运作，避免引导一个虚拟机造成的额外负担。Linux 核心对名字空间的支持完全隔离了工作环境中应用程序的视野，包括进程树、网络、用户 ID 与挂载文件系统，而核心的 cgroup 提供资源隔离，包括 CPU、内存、block I/O 与网络。从 0.9 版本起，Docker 使用的抽象虚拟是在

LXC 与 systemd-nspawn 提供接口的基础上,开始包括 libcontainer 函数库作为以独立的方式开始直接使用由 Linux 核心提供的虚拟化组件。

依据行业分析公司 451 研究,"Docker 是有能力打包应用程序及其虚拟容器,可以在任何 Linux 服务器上运行的依赖性工具,这有助于实现灵活性和便携性,应用程序在任何地方(如公有云、私有云、单机等)都可以运行"。

1.3.1 发展历史

Docker 最初是 dotCloud 公司创始人 Solomon Hykes 在法国发起的一个公司内部项目,它是基于 dotCloud 公司多年云服务技术的一次革新,并于 2013 年 3 月以 Apache 2.0 授权协议开源,主要项目代码在 GitHub 上进行维护。Docker 项目后来还加入了 Linux 基金会,并成立推动开放容器联盟。

Docker 自开源后受到广泛的关注和讨论,至今其 GitHub 项目已经超过 36 000 个星标和 10 000 多个 Fork。甚至由于 Docker 项目的火爆,在 2013 年年底,dotCloud 公司决定改名为 Docker。Docker 最初是在 Ubuntu 12.04 上开发实现的;Red Hat 则从 RHEL 6.5 开始对 Docker 进行支持;谷歌也在其 PaaS 产品中广泛应用 Docker。

Docker 使用谷歌公司推出的 Go 语言进行开发实现,基于 Linux 内核的 cgroup、namespace 以及 AUFS 类的 Union FS 等技术,对进程进行封装隔离,属于操作系统层面的虚拟化技术。由于隔离的进程独立于宿主和其他的隔离的进程,因此也称其为容器。最初实现是基于 LXC,从 0.7 以后开始去除 LXC,转而使用自行开发的 libcontainer,从 1.11 开始,则进一步演进为使用 runC 和 containerd。

Docker 在容器的基础上进行了进一步的封装,从文件系统、网络互联到进程隔离等,极大地简化了容器的创建和维护,使得 Docker 技术比虚拟机技术更轻便、快捷。

下面的图片比较了 Docker 和传统虚拟化方式。传统虚拟机技术是虚拟出一套硬件后,在其上运行一个完整操作系统,在该系统上再运行所需的应用进程;而容器内的应用进程直接运行于宿主的内核,容器内没有自己的内核,而且也没有进行硬件虚拟,因此容器要比传统虚拟机更轻量化(见图 1-5)。

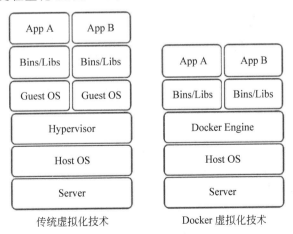

图 1-5 传统虚拟化技术与 Docker 虚拟化技术的区别

虚拟机和容器都是在硬件和操作系统上的,虚拟机有 Hypervisor 层,Hypervisor 是整个虚拟机的核心。它为虚拟机提供了虚拟的运行平台,管理虚拟机的操作系统运行。每个虚拟机都有自己的系统和系统库以及应用。容器没有 Hypervisor 这一层,并且每个容器都和宿主机共享硬件资源及操作系统,那么由 Hypervisor 带来性能的损耗,在 Linux 容器这边是不存在的。但是,虚拟机技术也有其优势,能为应用提供一个更加隔离的环境,不会因为应用程序的漏洞给宿主机造成任何威胁,同时还支持跨操作系统的虚拟化,例如可以在 Linux 操作系统下运行 Windows 虚拟机。从虚拟化层面看,传统虚拟化技术是对硬件资源的虚拟,容器技术则是对进程的虚拟,从而可提供更轻量级的虚拟化,实现进程和资源的隔离。从架构看,Docker 比虚拟化少了两层,取消了 Hypervisor 层和 Guest OS 层,使用 Docker Engine 进行调度和隔离,所有应用共用主机操作系统,因此在体量上,Docker 较虚拟机更轻量级,在性能上优于虚拟化,接近裸机性能。从应用场景看,Docker 和虚拟化有各自擅长的领域,在软件开发、测试场景和生产运维场景中各有优劣势。

1.3.2 技术特征

作为一种新兴的虚拟化方式,Docker 与传统的虚拟化方式相比具有众多的优势。由于容器不需要进行硬件虚拟以及运行完整操作系统等额外开销,因此 Docker 对系统资源的利用率更高。无论是应用执行速度、内存损耗或者文件存储速度,都要比传统虚拟机技术更高效。因此,相比虚拟机技术,一个相同配置的主机,往往可以运行更多数量的应用。传统的虚拟机技术启动应用服务往往需要数分钟,而 Docker 容器应用,由于直接运行于宿主内核,无须启动完整的操作系统,因此可以做到秒级,甚至毫秒级的启动时间,大大节约了开发、测试、部署的时间。开发过程中一个常见的问题是环境一致性问题。由于开发环境、测试环境、生产环境不一致,导致有些 bug 并未在开发过程中被发现。而 Docker 的镜像提供了除内核外完整的运行时环境,确保了应用运行环境一致性。

对开发和运维人员最希望的是一次创建或配置,可以在任意地方正常运行。使用 Docker 可以通过定制应用镜像实现持续集成、持续交付、部署。开发人员可以通过 Dockerfile 进行镜像构建,并结合持续集成系统进行集成测试,而运维人员则可以直接在生产环境中快速部署该镜像,甚至结合持续部署系统进行自动部署。而且使用 Dockerfile 使镜像构建透明化,不仅开发团队可以理解应用运行环境,也方便运维团队理解应用运行所需条件,帮助更好地在生产环境中部署该镜像。由于 Docker 确保了执行环境的一致性,使得应用的迁移更加容易。Docker 可以在很多平台上运行,无论是物理机、虚拟机、公有云、私有云,甚至是笔记本,其运行结果是一致的。因此,用户可以很轻易地将在一个平台上运行的应用迁移到另一个平台上,而不用担心运行环境的变化导致应用无法正常运行的情况。

Docker 使用的分层存储以及镜像的技术,使得应用重复部分的复用更容易,也使得应用的维护更新更加简单,基于基础镜像进一步扩展镜像也变得非常简单。此外,Docker 团队同各个开源项目团队一起维护了一大批高质量的官方镜像,既可以直接在生产环境使用,又可以作为基础进一步定制,大大降低了应用服务的镜像制作成本。两种虚拟化技术的对比见表 1-2。

表 1-2 两种虚拟化技术的对比

特　性	容　器	虚　拟　机
启动	秒级	分钟级
硬盘使用	一般为兆字节(MB)	一般为吉字节(GB)
性能	接近原生	弱于
系统支持量	单机支持上千个容器	一般几十个

1.3.3 技术架构

Docker 使用客户端和服务器架构，客户端与守护进程进行对话，该守护进程完成了构建、运行和分发容器的繁重工作。客户端和守护程序可以在同一系统上运行，或者可以将客户端连接到远程守护程序。客户端和守护程序在 UNIX 套接字或网络接口上使用 REST API 进行通信。守护程序侦听 Docker API 请求并管理 Docker 对象，如图像、容器、网络和卷。守护程序还可以与其他守护程序通信以管理 Docker 服务。客户端是许多用户与 Docker 交互的主要方式，当使用 Docker 命令时，客户端会将这些命令发送到守护程序，以执行这些命令，Docker 客户端可以与多个守护程序通信。注册中心存储 Docker 镜像。Docker Hub 是一个由 Docker 公司负责维护的公共注册中心，包含可用来下载和构建容器的镜像，并且还提供认证、工作组结构、工作流工具、构建触发器以及私有工具（如私有仓库可用于存储并不想公开分享的镜像）。Docker Hub 是任何人都可以使用的公共注册中心，并且 Docker 配置为默认在 Docker Hub 上查找映像，也可以运行自己的私人注册中心。使用 docker pull 或 docker run 命令时，所需的镜像将从配置的注册中心中提取，使用 docker push 命令时，会将镜像推送到配置的注册中心。使用 Docker 时，可以创建和使用镜像、容器、网络、数据卷、插件和其他对象。下面对其中一些技术架构中的对象和组件进行简单介绍。Docker 技术框架如图 1-6 所示。

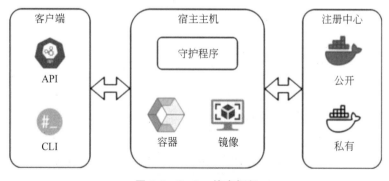

图 1-6　Docker 技术框架

1.3.3.1 镜像

镜像是用于创建容器的只读指令模板，是一个特殊的文件系统，除了提供容器运行时所需的程序、库、资源、配置等文件外，还包含了为运行时准备的一些配置参数（如匿名卷、环境变量、用户等），不包含任何动态数据，其内容在构建之后也不会被改变。因为镜像包含操作系统完整的根文件系统，其体积往往是庞大的，因此在 Docker 设计时，就充分利用 Union FS 的技术，将其设计为分层存储的架构。所以，严格来说，镜像并非像一个 ISO 的打包文件，它只是一个虚拟的概念，其实际体现并非由一个文件组成，而是由一组文件系统组成，或者说，由多层文件系统联合组成。

镜像构建时，会一层层构建，前一层是后一层的基础。每一层构建完就不会再发生改变，后一层上的任何改变只发生在自己这一层。例如，删除前一层文件的操作，实际不是真的删除前一层的文件，而是仅在当前层标记为该文件已删除。在最终容器运行的时候，虽然不会看到这个文件，但是实际上该文件会一直跟随镜像。因此，在构建镜像的时候，需要额外小心，每一层尽量只包含该层需要添加的东西，任何额外的东西都应该在该层构建结束前清理掉。分层存储的特征还使得镜像的复用、定制变得更容易，甚至可以用之前构建好的镜像作为基础层，然后进一步添加新的层，以定制自己所需的内容，构建新的镜像。

可以创建自己的镜像，也可以仅使用其他人创建并在注册中心中发布的镜像。要构建自己的镜像，可使用简单的语法创建一个 Dockerfile 文件，以定义创建镜像并运行它所需的步骤。Dockerfile 中的每条指令都会在镜像中创建一个层，更改 Dockerfile 并重建镜像时，仅重建那些已更改的层。与其他虚拟化技术相比，这是使镜像如此轻巧、小型和快速的部分原因。

1.3.3.2 容器

容器是镜像的可运行实例。可以使用 Docker API 或 CLI 创建、启动、停止、移动或删除容器，可以将容器连接到一个或多个网络，将存储附加到该网络，甚至根据其当前状态创建新镜像。默认情况下，容器与其他容器及其主机之间的隔离程度相对较高，可以控制容器的网络、存储或其他基础子系统与其他容器或与主机的隔离程度。容器的实质是进程，但与直接在主机上执行的进程不同，容器进程运行于属于自己的独立的命名空间。因此，容器可以拥有独立的根文件系统、网络配置、进程空间，甚至用户空间。容器内的进程运行在一个隔离的环境里，使用起来好像是在一个独立于主机系统下操作一样。这种特性使得容器封装的应用比直接在主机运行更加安全，也因为这种隔离的特性，很多人初学 Docker 时常常会混淆容器和虚拟机。

前面讲过镜像使用的是分层存储，容器也是如此。每个容器运行时都以镜像为基础层，在其上创建一个当前容器的存储层，我们可以称这个为容器运行时读写而准备的存储层为容器存储层。容器存储层的生存周期和容器一样，容器消亡时容器存储层也随之消亡。因此，任何保存于容器存储层的信息都会随容器删除而丢失。按照 Docker 最佳实践的要求，容器不应该向其存储层内写入任何数据，容器存储层要保持无状态化。所有的文件写入操作，都应该使用数据卷或者绑定主机目录，在这些位置的读写会跳过容器存储层，直接对主机（或网络存储）发生读写，其性能和稳定性更高。数据卷的生存周期独立于容器，容器消亡数据卷不会消亡。因此，使用数据卷后，容器删除或者重新运行之后，数据不会丢失。容器由其镜像以及在创建或启动时为其提供的任何配置选项定义。删除容器后，未存储在持久性存储中的状态更改将消失。下面通过示例 docker run 命令讲解镜像和容器的关系。以下命令运行一个 ubuntu 容器，运行/bin/bash 以交互方式附加到本地命令行会话。

```
$docker run -i -t ubuntu /bin/bash
```

当运行此命令时，假设使用的是默认注册中心的配置，则会发生以下情况。

（1）如果在本地没有 ubuntu 镜像，则 Docker 会将其从已配置的注册中心拉出，就像手动执行了 docker pull ubuntu 命令。

（2）Docker 会创建一个新容器，就像手动执行了 docker container create 命令一样。

（3）Docker 将一个读写文件系统分配给容器作为其最后一层。这允许运行中的容器在其本地文件系统中创建或修改文件和目录。

（4）Docker 创建了一个网络接口将容器连接到默认网络，包括为容器分配 IP 地址。默认情况下，容器可以使用主机的网络连接到外部网络。

（5）Docker 启动容器并执行/bin/bash，因为容器是交互式运行并且已附加到终端（由于-i 和-t 标志），所以可以在输出记录到终端时使用键盘提供输入。

（6）键入 exit 以终止/bin/bash 命令时，容器将停止但不会被删除，可以重新启动或删除。

1.3.3.3 注册中心

镜像构建完成后，可以很容易地在当前宿主机上运行，但是，如果需要在其他服务器上使用这个镜像，就需要一个集中的存储、分发镜像的服务，Docker 注册中心就是这样的服务。注册中心中可以包含多个仓库；每个仓库可以包含多个标签；每个标签对应一个镜像。通常，一个仓库会包含同一个软件不同版本的镜像，而标签常用于对应该软件的各个版本，可以通过＜仓库名＞：＜标签＞的格式指定具体是这个软件哪个版本的镜像。如果不给出标签，将以 latest 作为默认标签。以 Ubuntu 镜像为例，ubuntu 是仓库的名字，其内包含不同的版本标签，如 16.04、18.04 等。可以通过 ubuntu:16.04 或者 ubuntu:18.04 具体指定所需哪个版本的镜像，如果忽略了标签，如 ubuntu，那么将视为 ubuntu:latest。仓库名经常以两段式路径形式出现，如 leeivan/spark-lab-env，前者通常是注册中心多用户环境下的用户名，后者通常是对应的软件名，但这并非绝对，取决于使用的具体注册中心的软件或服务。

注册中心公开服务是开放给用户使用、允许用户管理镜像的服务。一般地，这类公开服务允许用户免费上传、下载公开的镜像，并可能提供收费服务供用户管理私有镜像。最常使用的注册中心公开服务是官方的 Docker Hub，这也是默认的注册中心，并拥有大量高质量的官方镜像，除此以外，还有 CoreOS 的 Quay.io，CoreOS 相关的镜像存储在这里。谷歌的 Google Container Registry 和 Kubernetes 的镜像使用的就是这个服务。

由于某些原因，在国内访问这些服务可能比较慢。国内的一些云服务商提供了针对 Docker Hub 的镜像服务，这些镜像服务被称为加速器。常见的有阿里云加速器、

DaoCloud 加速器等。使用加速器会直接从国内的地址下载 Docker Hub 的镜像,比直接从 Docker Hub 下载速度会提高很多。国内也有一些云服务商提供类似 Docker Hub 的公开服务,如时速云镜像仓库、网易云镜像服务、DaoCloud 镜像市场、阿里云镜像库等。

1.3.4 管理命令

本教程的实验环节需要使用 Docker 部署 Spark 开发环境,需要了解 Docker 操作的基本命令,以及虚拟环境的创建、部署等。下面介绍 Docker 命令在大部分情境下的使用方法以及应用,可以在进入 Spark 的实验环节之前进行练习参考。在各个阶段运行的 Docker 命令如图 1-7 所示。

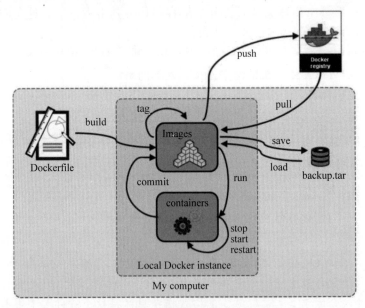

图 1-7 在各个阶段运行的 Docker 命令

➢ 生命周期管理

`docker [run|start|stop|restart|kill|rm|pause|unpause]`

➢ 操作运维

`docker [ps|inspect|top|attach|events|logs|wait|export|port]`

➢ 根文件系统命令

`docker [commit|cp|diff]`

➢ 镜像仓库

`docker [login|pull|push|search]`

➢ 本地镜像管理

docker [images|rmi|tag|build|history|save|import]

➢ 其他命令

docker [exec|info|version]

下面列出 docker 命令的示例。

(1) 列出机器上的镜像，其中可以根据 REPOSITORY 判断这个镜像来自哪个服务器，如果没有"/"，则表示官方镜像；如果类似 username/repos_name，则表示 Docker Hub 的个人公共库；如果类似 regsistory.example.com：5000/repos_name，则表示的是私服。IMAGE ID 列其实是缩写，若显示完整，则须加上--no-trunc 选项。

```
#docker images
REPOSITORY          TAG       IMAGE ID         CREATED          VIRTUAL SIZE
ubuntu              14.10     2185fd50e2ca     13 days ago      236.9 MB
...
```

命令 1-1

(2) 在 Docker Hub 中搜索镜像，搜索的范围是官方镜像和所有个人公共镜像，在 NAME 列中/后面是仓库的名字。

```
#docker search spark-lab-env
NAME                   DESCRIPTION              STARS     OFFICIAL     AUTOMATED
leeivan/spark-lab-env  Spark Lab Enviroment     0         0
```

命令 1-2

(3) 从公共注册中心下拉镜像。

```
#docker pull centos
```

命令 1-3

上面的命令需要注意，从 1.3 版本开始只会下载标签为 latest 的镜像，也可以明确指定具体的镜像。

```
#docker pull centos:centos6
```

命令 1-4

当然，也可以从个人的公共仓库（包括自己是私人仓库）拉取，格式为 docker pull username/repository<：tag_name>。

```
#docker pull leeivan/spark-lab-env:2.4.5
```

命令 1-5

（4）推送镜像或仓库到注册中心，与上面的 pull 对应，可以推送到公共注册中心。

```
#docker push leeivan/spark-lab-env
```

命令 1-6

在仓库不存在的情况下，推送上去镜像会创建为私有库，然后通过浏览器创建默认公共库。

（5）从镜像启动一个容器，在容器上执行命令。docker run 命令首先会从特定的镜像上创建一层可写的容器，然后通过 docker start 命令启动它。停止的容器可以重新启动并保留原来的修改。run 命令启动参数有很多，以下是一些常规使用说明。当利用 run 创建容器时，首先检查本地是否存在指定的镜像，若不存在，就从公有仓库下载，利用镜像创建并启动一个容器，然后分配一个文件系统，并在只读的镜像层外面挂载一层可读写层，从宿主主机配置的网桥接口中桥接一个虚拟接口到容器中，从地址池配置一个 IP 地址给容器，执行用户指定的应用程序，执行完毕后容器被终止，使用镜像创建容器并执行相应命令。

```
#docker run ubuntu echo "hello world"
Unable to find image 'ubuntu:latest' locally
latest: Pulling from library/ubuntu
5c939e3a4d10: Pull complete
c63719cdbe7a: Pull complete
19a861ea6baf: Pull complete
651c9d2d6c4f: Pull complete
Digest: sha256:8d31dad0c58f552e890d68bbfb735588b6b820a46e459672d96e585871acc110
Status: Downloaded newer image for ubuntu:latest
hello world
```

命令 1-7

这是最简单的方式，与在本地直接执行 echo 'hello world' 几乎感觉不出任何区别，而实际上它会从本地 ubuntu:latest 镜像启动到一个容器，并执行打印命令后退出，可以通过命令查看创建的容器。

```
#docker ps -l
CONTAINER ID    IMAGE           COMMAND                 CREATED
STATUS          PORTS           NAMES
f520084a16a4    ubuntu          "echo 'hello world'"    14 minutes ago
Exited (0)      14 minutes ago  flamboyant_mendel
```

需要注意的是，默认有一个 --rm=true 参数，即完成操作后停止容器并从文件系统移除。因为 Docker 的容器实在太轻量级了，很多时候用户都是随时删除和创建容器。容器启动后会自动随机生成一个 CONTAINER ID，这个 ID 在 commit 命令后可以变为 IMAGE ID。使用镜像创建容器并进入交互模式。

```
#docker run -i -t --name spark leeivan/spark-lab-env /bin/bash
root@spark:/#
```

命令 1-8

这个命令会启动一个伪终端，上面的--name 参数可以指定启动后的容器名字，如果不指定，则会自动生成一个名字。通过 ps 或 top 命令只能看到一两个进程，因为容器的核心是执行的应用程序，需要的资源都是应用程序运行必需的，除此之外，并没有其他的资源，可见 Docker 对资源的利用率极高。此时使用 exit 或组合键 Ctrl＋D 退出后，这个容器也就消失了。使用下面的命令在后台运行一个容器：

```
#docker run -d ubuntu /bin/sh -c "while true; do echo hello world; sleep 2; done"
0d6e40aa8791faae795029f219fba1e95cfa5420eaef6c88ad70623745fb3ac4
```

命令 1-9

它将直接把启动的容器挂起放在后台运行，并且会输出一个 CONTAINER ID，通过 docker ps 命令可以看到这个容器的信息，通过"docker logs 0d6e40aa8791"可在容器外面查看它的输出，也可以通过"docker attach 0d6e40aa8791"连接到这个正在运行的终端，此时如果使用组合键 Ctrl＋C 退出，容器就消失了。

docker exec 是另一个常用到的指令，主要的作用是可以进入容器中执行某项命令，但要注意，这个指令要正常运行，容器必须在活着的状态才行。例如，假设容器处于退出状态，则执行 docker exec 时会出现错误信息。在下面的范例中，eede6d35b47d 是容器 ID（也可以换成容器名称）。

```
docker exec eede6d35b47d /bin/ping localhost
```

docker exec 可用来进入容器内，然后在容器中执行指令，例如：

```
#docker exec -it spark bash
root@spark:/#ls
bin   boot  data  dev   etc   home  lib   lib64 media mnt   opt   proc  root
run   sbin  spark srv   sys   tmp   usr   var
```

使用 Docker 指令时，有些动作是可以用 run 或 exec 完成的，那么两者有什么不同呢？其实，run 命令可以在没有容器的情况下使用，可以先建立一个容器，然后启动；docker exec 就是针对已存在的容器进行操作，如果容器没活着，那么在执行指令时会出现错误。

（6）映射主机到容器的端口。

docker 容器在启动的时候如果不指定端口映射参数，在容器外部是无法通过网络访问容器内的网络应用和服务的，也可使用 Dockerfile 文件中的 EXPOSE 指令配置。端口映射可使用-p、-P 实现。当使用 -P 标记时，Docker 会随机映射一个 49000～49900 的端口到内部容器开放的网络端口；当使用-p 标记时，则可以指定要映射的端口，并且在一个指定端口上只可以绑定一个容器,支持如下三种格式。

```
ip:hostPort:containerPort | ip::containerPort | hostPort:containerPort
```

需要注意的是:宿主机的一个端口只能映射到容器内部的某一个端口上,如 8080:80 之后,就不能 8080:81;容器内部的某个端口可以被宿主机的多个端口映射,如 8080:80、8090:80 和 8099:80。端口的映射有以下 7 种方法。

① 将容器暴露的所有端口都随机映射到宿主机上(不推荐使用),例如:

```
#docker run -P -it ubuntu /bin/bash
```

② 将容器指定端口随机映射到宿主机的一个端口上,例如:

```
#docker run -P 80 -it ubuntu /bin/bash
```

以上指令会将容器的 80 端口随机映射到宿主机的一个端口上。

③ 将容器指定端口映射到宿主机的一个指定端口上,例如:

```
#docker run -p 8000:80 -it ubuntu /bin/bash
```

以上指令会将容器的 80 端口映射到宿主机的 8000 端口上。

④ 绑定外部的 IP 和随机端口到容器的指定端口(宿主机 IP 是 10.168.2.141),例如:

```
#docker run -p 192.168.0.100::80 -it ubuntu /bin/bash
#docker ps
CONTAINER ID    IMAGE                              COMMAND        CREATED
STATUS          PORTS                              NAMES
e9584d29f978    ubuntu                             "/bin/bash"    35 seconds ago
Up 34 seconds   10.168.2.141:32768->80/tcp         eager_albattani
```

以上指令会将宿主机的 IP10.168.2.141 和随机指定端口 32768 映射到容器的 80 端口。

⑤ 绑定外部的 IP 和指定端口到容器的指定端口(宿主机 IP 是 10.168.2.141),例如:

```
#docker run -p 10.168.2.141:8000:80 -it ubuntu /bin/bash
```

以上指令会将宿主机的 IP10.168.2.141 和指定端口 8000 映射到容器的 80 端口。

⑥ 查看容器绑定和映射的端口及 IP 地址,例如:

```
#docker port spark
4040/tcp ->0.0.0.0:4040
8080/tcp ->0.0.0.0:8080
8081/tcp ->0.0.0.0:8081
```

```
#docker inspect spark|grep IPAddress
        "SecondaryIPAddresses": null,
        "IPAddress": "172.17.0.2",
            "IPAddress": "172.17.0.2",
```

⑦ 目录映射其实是绑定挂载主机的路径到容器的目录,这对于内外传送文件比较方便。为了避免容器停止以后保存的镜像不被删除,使用-v <host_path：container_path> 就把提交的镜像保存到挂载的主机目录下,绑定多个目录时再加多个-v,例如:

```
#docker run -it -v /home/dock/Downloads:/usr/Downloads ubuntu64 /bin/bash
```

通过-v 参数,冒号前为宿主机目录,必须为绝对路径,冒号后为镜像内挂载的路径。现在镜像内就可以共享宿主机里的文件了。默认挂载的路径权限为读写。如果指定为只读,可以用 ro。

```
#docker run -it -v /home/dock/Downloads:/usr/Downloads:ro ubuntu64 /bin/bash
```

docker 还提供了一种高级的用法,叫数据卷。数据卷其实就是一个正常的容器,专门用来提供数据卷供其他容器挂载的,感觉像是由一个容器定义的一个数据挂载信息,其他容器启动可以直接挂载数据卷容器中定义的挂载信息,例如:

```
#docker run -v /home/dock/Downloads:/usr/Downloads --name dataVol ubuntu64
/bin/bash
```

创建一个普通的容器。用--name 给它指定一个名字(若不指定,则会生成一个随机的名字)。再创建一个新的容器,来使用这个数据卷。

```
#docker run -it --volumes-from dataVol ubuntu64 /bin/bash
```

--volumes-from 用来指定从哪个数据卷挂载数据。

(7) 开启/停止/重启(start/stop/restart)容器。

可以通过 run 新建一个容器,也可以重新启动已经停止的容器,不能再指定容器启动时运行的指令,因为 Docker 只能有一个前台进程。容器停止(或 Ctrl+D)时,会在保存当前容器的状态之后退出,下次启动时保有上次关闭时更改。

docker start：启动一个或多个已经被停止的容器。

docker stop：停止一个运行中的容器。

docker restart：重启容器。

(8) 进入运行中的容器。

如果运行 docker run 时,使用-d 参数,容器启动后会进入后台执行,某些时候需要进入容器进行操作,有很多种方法可以完成这样的操作,包括使用 docker attach 或 docker exec 命令等。docker exec 是内建的命令,下面示范如何使用该命令。

```
#docker run -idt ubuntu
243c32535da7d142fb0e6df616a3c3ada0b8ab417937c853a9e1c251f499f550
#docker ps
CONTAINER ID     IMAGE           COMMAND           CREATED
STATUS           PORTS           NAMES
243c32535da7     ubuntu:latest   "/bin/bash"       18 seconds ago
Up 17            seconds         nostalgic_hypatia
#docker exec -ti nostalgic_hypatia bash
root@243c32535da7:/#
```

docker attach 也是内建的命令，下面示范如何使用该命令。

```
#docker attach nostalgic_hypatia
root@243c32535da7:/#
```

先按组合键 Ctrl+P，然后按组合键 Ctrl+Q 从当前容器离开，而容器继续在后台执行。但是，使用 attach 命令有时并不方便，当多个窗口同时进入同一容器的时候，所有窗口都会同步显示。当某个窗口因命令阻塞时，其他窗口也就无法执行操作了。

（9）查看容器的信息。

docker ps 命令可以查看容器的 CONTAINER ID、NAME、IMAGE NAME、端口开启及绑定、容器启动后执行的命令，经常通过 ps 找到 CONTAINER ID。

docker ps：默认显示当前正在运行中的容器。

docker ps -a：查看包括已经停止的所有容器。

docker ps -l：显示最新启动的一个容器(包括已停止的)。

1.4　HBase 技术[*]

在 Spark 结构化数据操作章节中，本教程的案例采用 HBase 作为结构化数据存储的工具，将 Spark 处理的数据输出到 HBase，或从 HBase 中读入数据。HBase 是建立在 Hadoop 文件系统之上的分布式面向列的数据库，可以快速、随机访问海量结构化数据。HBase 利用了 Hadoop 的文件系统(HDFS)提供的容错能力，是 Hadoop 的生态系统中的重要部分，提供对数据的随机实时读/写访问，是 Hadoop 文件系统的一部分。人们可以直接或通过 HBase 存储 HDFS 数据，使用 HBase 在 HDFS 读取消费/随机访问数据。HBase 在 Hadoop 的文件系统之上，并提供了读写访问。

自 1970 年以来，关系数据库用于存储数据和维护有关问题的解决方案。大数据出现后，很多互联网公司开始选择像 Hadoop 的解决方案实现处理大数据并从中受益。Hadoop 使用分布式文件系统，用于存储大数据，并使用 MapReduce 处理。Hadoop 擅长存储各种格式的庞大的数据、任意格式甚至非结构化的处理。但 Hadoop 只能执行批量处理，并且只以顺序方式访问数据。这意味着必须搜索整个数据集，即使是最简单的搜索工作。当处理结果在另一个庞大的数据集，也是按顺序处理一个巨大的数据集。在这一点上需要一个新的解决方案,用来实现访问数据中的任何点(随机访问)单元,所以出现了一些应用程序,如 HBase、Cassandra、couchDB、Dynamo 和 MongoDB 都是用来实现存储大量数据和以随机方式访问数据的数据库。

HBase 是面向列的数据库,是 Google Big Table 存储架构的开源实现,可以管理结构化和半结构化数据,并具有一些内置功能,如可伸缩性、版本控制、压缩和垃圾收集。由于它使用预写日志记录和分布式配置,因此可以提供容错能力,并可以从单个服务器故障中快速恢复。可以使用 Hadoop 的 MapReduce 功能操纵基于 Hadoop / HDFS 构建的 HBase 以及存储在 HBase 中的数据。HBase 读写访问如图 1-8 所示。

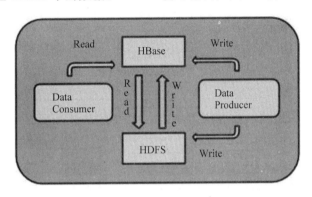

图 1-8　HBase 读写访问

HBase 和 HDFS 的比较见表 1-3。

表 1-3　HBase 和 HDFS 的比较

HDFS	HBase
HDFS 是适于存储大容量文件的分布式文件系统	HBase 是建立在 HDFS 之上的数据库
HDFS 不支持快速单独记录查找	HBase 提供在较大的表中快速查找
HDFS 提供了高延迟批量处理;没有批处理概念	HBase 提供了数十亿条记录低延迟访问单个行记录(随机存取)
HDFS 提供的数据只能顺序访问	HBase 内部使用哈希表,提供随机接入,并且其存储索引,可在 HDFS 文件中的数据进行快速查找

1.4.1　系统架构

HBase 物理体系结构由处于主从关系的服务器组成。通常,HBase 集群具有一个称为 HMaster 的主节点和多个称为 HRegionServer 的区域服务器。每个区域服务器包含多个区域 HRegion。就像在关系数据库中一样,HBase 中的数据存储在表中,而这些表存储在区域中,当表太大时,该表将被划分为多个区域,这些区域被分配给整个集群中的区域服务器上,每个区域服务器托管大约相同数量的区域。从 HBase 的架构图可以看出,HBase 中的存储包括 HMaster、HRegionServer、HRegion、Store、MemStore、

StoreFile、HFile、HLog 等，而 HBase 依赖的外部系统有 ZooKeeper、HDFS 等。HBase 的系统架构如图 1-9 所示。

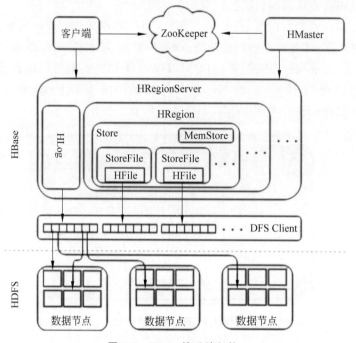

图 1-9　HBase 的系统架构

　　HMaster 是一个轻量级进程，可将区域分配给 Hadoop 集群中的区域服务器，以实现负载平衡。HMaster 是 HBase 主从集群架构中的中央节点，通常一个 HBase 集群存在多个 HMaster 节点，其中一个为活动节点，其余为备份节点。Hbase 每时每刻只有一个 HMaster 主服务器程序在运行，HMaster 将区域分配给区域服务器，协调区域服务器的负载并维护集群的状态。HMaster 不会对外提供数据服务，而是由区域服务器负责所有区域的读写请求及操作。由于 HMaster 只维护表和区域的元数据，不参与数据的输入/输出过程，因此 HMaster 失效仅会导致所有的元数据无法被修改，但表的数据读写还是可以正常进行的。HMaster 的职责包括：管理和监视 Hadoop 集群；执行管理用于创建、更新和删除表的接口；发现失效的区域服务器并重新分配其上的区域；HDFS 上的垃圾文件回收；每当想更改数据结构并更改任何元数据操作时，负责所有这些操作。

　　另一方面，HRegionServer 的作用包括：维护 HMaster 分配区域，处理对这些区域的读写请求；负责切分在运行过程中变得过大的区域。可以看到，客户端访问 HBase 上的数据并不需要 HMaster 参与，HMaster 仅维护表和区域的元数据信息，表的元数据信息保存在 ZooKeeper 上，所以负载很低。HMaster 上存放的元数据是区域的存储位置信息，但是用户读写数据时，都是先写到区域服务器的 WAL 日志中，之后由区域服务负责将其刷新到 HFile 中，即区域中。所以，用户并不直接接触区域，无须知道区域的位置，其并不从 HMaster 处获得什么位置元数据，只需要从 ZooKeeper 中获取区域服务器的位置元数据，之后便直接和区域服务器通信。HRegionServer 存取一个子表时，会创建一个

HRegion 对象，然后对表的每个列族创建一个 Store 实例，每个 Store 都会有一个 MemStore 和 0 个或多个 StoreFile 与之对应，每个 StoreFile 都会对应一个 HFile，HFile 就是实际的存储文件。因此，一个 HRegion 有多少个列族，就有多少个 Store。一个 HRegionServer 会有多个 HRegion 和一个 HLog。区域服务器在 HDFS 数据节点上运行，其组件包括：块缓存是读取缓存，最常读取的数据存储在读取缓存中，并且只要块缓存已满，就会驱逐最近使用的数据；MemStore 是写缓存，用于存储尚未写入磁盘的新数据，一个区域中的每个列族都有一个 MemStore；预写日志（WAL）是一个文件，用于存储未持久保存到磁盘中的新数据；HFile 是实际的存储文件，将行作为已排序的键值存储在磁盘上。HBase 已经无缝集成了 HDFS，其中所有的数据最终都会通过 DFS 客户端 API 持久化到 HDFS 中。

　　HBase 使用 ZooKeeper 作为用于区域分配的分布式协调服务，并通过将它们加载到正在运行的其他区域服务器上恢复任何区域服务器崩溃。ZooKeeper 是集中式监视服务器，用于维护配置信息并提供分布式同步。每当客户想与区域通信时，他们都必须首先联系 ZooKeeper。HMaster 和区域服务器已向 ZooKeeper 服务注册，客户端需要访问 ZooKeeper 仲裁，才能与区域服务器和 HMaster 连接。如果 HBase 集群中的节点发生故障，ZKquoram 将触发错误消息并开始修复故障节点。ZooKeeper 服务跟踪 HBase 集群中存在的所有区域服务器，从而跟踪有关存在多少区域服务器，以及哪些区域服务器持有哪个数据节点的信息。HMaster 联系 ZooKeeper 以获取区域服务器的详细信息。ZooKeeper 提供的各种服务包括：与区域服务器建立客户端通信，区域服务器向 ZooKeeper 注册，提供区域服务器的状态信息，表示是否在线；HMaster 启动时会将 HBase 系统表加载到 ZooKeeper 集群中，通过 ZooKeeper 集群可以获取当前系统表.META.的存储对应的区域服务器信息。区域到区域服务器的映射保存在名为.META.的系统表中，如果尝试从 HBase 读取或写入数据时，客户端将从.META.表读取所需的区域信息，并直接与适当的区域服务器通信。ZooKeeper 是 HBase 集群的协调器。由于 ZooKeeper 的轻量级特性，因此可以多个 HBase 集群共用一个 ZooKeeper 集群，以节约服务器。多个 HBase 集群共用 ZooKeeper 集群的方法是使用同一组 IP，修改不同 HBase 集群的 zookeeper.znode.parent 属性，让它们使用不同的根目录。

1.4.2　存储机制

　　现在看一下面向列的数据库、面向行与面向列的数据存储的数据结构和概念有何不同。如图 1-10 所示，在面向行的数据存储中，行是一起读取或写入的数据单元，而在面向列的数据存储中，列中的数据存储在一起，因此可以快速检索。

1. 面向行的数据存储

　　每次存储和检索一行数据，如果仅需要一行中的某些数据，则需要读取一行中其他不必要的数据；易于读取和写入记录，非常适合 OLTP 系统；执行操作整个数据集的效率不高，因此聚合是一项昂贵的操作；与面向列的数据存储相比，典型的压缩机制提供效果较差。

Row ID	Customer	Product	Amount
101	John White	Chairs	$400.00
102	Jane Brown	Lamps	$500.00
103	Bill Green	Lamps	$150.00
104	Jack Black	Desk	$700.00
105	Jane Brown	Desk	$650.00
106	Bill Green	Desk	$900.00

图 1-10　面向列的数据库与面向行的数据库

2. 面向列的数据存储

数据按列存储和检索，如果只需要一些数据，则只会读取相关数据；读和写操作通常较慢，非常适合 OLAP 系统；可以有效地执行适用于整个数据集的操作，因此可以对许多行和列进行聚合；由于列中的数据属于同一类型的值，因此允许较高的压缩率。

HBase 中的数据模型可以容纳半结构化数据，其中的字段大小、数据类型和列是可以变化的。此外，数据模型的布局可以使数据分区以及在整个集群中的分布更加容易。HBase 中的数据模型由不同的逻辑组件组成，如表、行、列族、列、单元格和版本。HBase 列族如图 1-11 所示。

Row Key	Customer		Sales	
Customer Id	Name	City	Product	Amount
101	John White	Los Angeles, CA	Chairs	$400.00
102	Jane Brown	Atlanta, GA	Lamps	$200.00
103	Bill Green	Pittsburgh, PA	Desk	$500.00
104	Jack Black	St. Louis, MO	Bed	$1600.00

Column Families

图 1-11　HBase 列族

HBase 表根据 Row Key 的范围被水平拆分成若干个区域，每个区域都包含这个区域的起始键和结束键之间的所有行。区域被分配给集群中的区域服务器管理，由它们负责处理数据的读写请求。HBase 中的行是逻辑上的行，模型上的行是按列族分别存取的。HBase 表中的列归属某个列族，创建表时必须指定列族，必须在使用表之前定义。列名都以列族作为前缀，图 1-11 显示了 Customer 和 Sales 列族，Customer 列族由 2 列（Customer:Name 和 Customer:City）组成，而 Sales 列族由 2 列（Sales:Product 和 Sales:Amount）组成。每个列族都有一个以上的列，列族中的这些列一起存储在 HFile 的低级存储文件中。另外，某些 HBase 功能将应用于列族，如访问控制、磁盘和内存的使用统计都是在列族层进行的。在实际应用中，列族上的控制权限能用来管理不同类型的应用，例如允许一些应用可以添加新的基本数据；允许一些应用可以读取基本数据并创建继承的列族、允许一些应用只浏览数据（甚至可能因为隐私，不能浏览所有数据）。因此，设计表中的列族时必须注意这些问题。

HBase 中通过行和列确定一个存储单元。每个存储单元都保存着同一份数据的多个版本，版本通过时间戳索引，时间戳的类型是 64 位整型。时间戳可以由 HBase（在数据写入时自动）赋值，此时时间戳是精确到毫秒的当前系统时间。时间戳也可以由用户显示赋值。如果应用程序要避免数据版本冲突，就必须自己生成具有唯一性的时间戳。每个存储单元中，不同版本的数据按照时间倒序排序，即最新的数据排在最前面。为了避免数据存在过多版本造成的管理负担（包括存储和索引），HBase 提供了两种数据版本回收方式：一种是保存数据的最后 N 个版本；另一种是保存最近一段时间内（如最近七天）的版本。用户可以针对每个列族进行设置。存储单元唯一确定的格式为

```
{row key, column(=<family>+<label>), version}
```

存储单元中的数据是没有类型的，全部是字节码形式存储。

HBase 读取数据的过程：客户端请求读取数据时，先转发到 ZooKeeper 集群，在 ZooKeeper 集群中寻找对应的区域服务器，再找到对应的区域，先是查 MemStore，如果在 MemStore 中获取到数据，就会直接返回，否则再由区域找到对应的 Store File，从而查到具体的数据。在整个架构中，HMaster 和 HRegionServer 可以在同一个节点上，可以有多个 HMaster 存在，但是只有一个 HMaster 活跃。在客户端会进行 Row Key-> HRegion 映射关系的缓存，降低下次寻址的压力。

HBase 写入数据的过程：先是客户端进行发起数据的插入请求，如果客户端本身存储了关于 Row Key 和区域的映射关系，就会先查找具体的对应关系，如果没有，就会在 ZooKeeper 集群中查找对应的区域服务器，然后再转发到具体的区域上。所有数据在写入的时候先是记录在 WAL 中，同时检查 MemStore 是否已满，如果已满，就会进行刷盘，输出到一个 HFile 中，如果没有满，就先写进 MemStore 中，然后再刷到 WAL 中。

1.4.3 常用命令

HBase 提供了可以与数据库进行通信的交互管理命令。HBase 使用 Hadoop 文件系统存储数据，拥有一个主服务器和区域服务器。数据区域的形式存储，这些区域被分割并存储在区域服务器。主服务器管理这些区域服务器，所有这些任务都发生在 HDFS。下面给出的是一些由 HBase 支持的交换管理命令。

1. 通用命令

status：提供 HBase 的状态，例如服务器的数量。
version：提供正在使用 HBase 版本。
table_help：表引用命令提供帮助。
whoami：提供有关用户的信息。

2. 数据定义语言，这些是关于 HBase 在表中操作的命令

create：创建一个表。

list：列出 HBase 的所有表。

disable：禁用表。

is_disabled：验证表是否被禁用。

enable：启用一个表。

is_enabled：验证表是否已启用。

describe：提供了一个表的描述。

alter：改变一个表。

exists：验证表是否存在。

drop：从 HBase 中删除表。

drop_all：丢弃在命令中给出匹配 regex 的表。

3. 数据操纵语言

put：添加或修改表的值。

get：获取行或存储单元格的内容。

delete：删除表中存储单元格中的值。

deleteall：删除给定行的所有存储单元。

scan：扫描并返回表数据。

count：计数并返回表中的行的数目。

truncate：禁用、删除和重新创建一个指定的表。

首先使用 start-hbase.sh 命令启动 HBase 服务，然后使用"hbase shell"命令启动 HBase 的交互 shell。如果已成功在系统中安装 HBase，那么它会给出 HBase Shell 提示符。

```
root@spark:~#start-hbase.sh
running master, logging to /usr/local/hbase/logs/hbase--master-spark.out
OpenJDK 64-Bit Server VM warning: ignoring option PermSize=128m; support was
removed in 8.0
OpenJDK 64-Bit Server VM warning: ignoring option MaxPermSize=128m; support
was removed in 8.0
root@spark:~#hbase shell
2018-06-01 08:10:42,085 WARN  [main] util.NativeCodeLoader: Unable to load
native-hadoop library for your platform... using builtin-java classes
where applicable
HBase Shell
Use "help" to get list of supported commands.
Use "exit" to quit this interactive shell.
Version 1.4.4, rfe146eb48c24d56dbcd2f669bb5ff8197e6c918b, Sun Apr 22 20:42:02
PDT 2018

hbase(main):001:0>
```

代码 1-12

要退出交互命令,输入 exit 命令或使用组合键 Ctrl+C 即可。进一步,检查 shell 功能之前,使用 list 命令列出所有可用命令。list 是用来获取所有 HBase 表的列表。首先,验证安装 HBase 在系统中使用 list 命令,当输入这个命令后,会给出下面的输出。

```
hbase(main):001:0>list
TABLE
sensor
1 row(s) in 0.4410 seconds

=>["sensor"]
hbase(main):002:0>
```

代码 1-13

1.4.3.1 创建表

可以使用命令创建一个表,在这里必须指定表名和列族名。在 HBase Shell 中创建表使用 create 命令。下面给出的是一个表名为 order 的样本模式,有 Customer 和 Sales 两个列族,见表 1-4。

表 1-4 HBase 列族

Row Key	Customer		Sales	
Customer Id	Name	City	Product	Price
101	John White	Beijing	Chairs	400.00
102	Jane Brown	Shanghai	Lamps	200.00
103	Bill Green	Shenzhen	Desk	500.00
104	Jack Black	Guangzhou	Bed	16000.00

在 HBase Shell 中创建 order 表,如下所示。

```
hbase(main):001:0>create 'order', 'Customer', 'Sales'
0 row(s) in 1.7090 seconds

=>Hbase::Table - order
```

命令 1-10

可以使用 list 命令验证是否已经创建表。在这里可以看到创建的 order 表。

```
hbase(main):012:0>list
TABLE
emp
order
2 row(s)
```

```
Took 0.0157 seconds
=>["emp", "order"]
```

命令 1-11

1.4.3.2 禁用表

要删除表或改变其设置，首先需要使用 disable 命令关闭表。使用 enable 命令，可以重新启用表。下面给出的语法是禁用一个表。

```
hbase(main):003:0>disable 'order'
0 row(s) in 2.4570 seconds
```

命令 1-12

禁用表之后，仍然可以通过 list 和 exists 命令查看到。若无法扫描到表，则会出现下面的错误信息。

```
hbase(main):004:0>scan 'order'
ROW                              COLUMN+CELL

ERROR: order is disabled.
```

命令 1-13

is_disabled 命令用来查看表是否被禁用。下面的例子验证表 order 是否被禁用。如果表 order 被禁用，则返回 true；如果表 order 没有被禁用，则返回 false。

```
hbase(main):005:0>is_disabled 'order'
true
0 row(s) in 0.0180 seconds
```

命令 1-14

disable_all 命令用于禁用所有匹配给定正则表达式的表，假设有 5 个表在 HBase，即 order01、order02、order03、order04 和 order05，下面的代码将禁用所有以 order 开始的表。

```
hbase(main):002:0>disable_all 'order.*'

order01
order02
order03
order04
order05
Disable the above 5 tables (y/n)?
```

```
y
5 tables successfully disabled
```

命令 1-15

1.4.3.3 启用表

下面是启用一个表的例子。

```
hbase(main):005:0>enable 'order'
0 row(s) in 0.4580 seconds
```

命令 1-16

启用表之后,扫描表能看到表的结构和数据,那么证明表已成功启用。

```
hbase(main):006:0>scan 'order'

      ROW                    COLUMN+CELL

 1 column=Customer:Name, timestamp=1417516501, value=小明

 1 column=Customer:City, timestamp=1417525058, value=北京

 1 column=Sales:Product, timestamp=1417532601, value=椅子
```

命令 1-17

is_enabled 命令用于查找表是否被启用。下面的代码验证表 order 是否被启用,如果已启用,则返回 true;如果没有启用,则返回 false。

```
hbase(main):031:0>is_enabled 'order'
true

0 row(s) in 0.0440 seconds
```

命令 1-18

1.4.3.4 增、删、改

在 HBase 表中创建数据,可以使用 put 命令。

以表 1-4 为例,使用 put 命令,可以插入行到一个表。将第一行的值插入 order 表如下所示。

```
hbase(main):026:0>put 'order','101','Customer:Name','John White'
Took 0.0106 seconds
```

```
hbase(main):027:0>put 'order','101','Customer:City','Beijing'
Took 0.0057 seconds
hbase(main):028:0>put 'order','101','Sales:Product','Chairs'
Took 0.0061 seconds
hbase(main):029:0>put 'order','101','Sales:Price','400.00'
Took 0.0063 seconds
```

命令 1-19

以相同的方式使用 put 命令插入剩余的行。如果插入完成整个表格，会得到下面的输出。

```
hbase(main):030:0>scan 'order'
ROW        COLUMN+CELL
 101       column=Customer:City, timestamp=1582443891708, value=Beijing
 101       column=Customer:Name, timestamp=1582443884829, value=John White
 101       column=Sales:Price, timestamp=1582443903201, value=400.00
 101       column=Sales:Product, timestamp=1582443897589, value=Chairs
 102       column=Customer:City, timestamp=1582443891708, value=Shanghai
 102       column=Customer:Name, timestamp=1582443884829, value=Jane Brown
 102       column=Sales:Price, timestamp=1582443903201, value=200.00
 102       column=Sales:Product, timestamp=1582443897589, value=Lamps
 103       column=Customer:City, timestamp=1582443891708, value=Shenzhen
 103       column=Customer:Name, timestamp=1582443884829, value=Bill Green
 103       column=Sales:Price, timestamp=1582443903201, value=500.00
 103       column=Sales:Product, timestamp=1582443897589, value=Desk
 104       column=Customer:City, timestamp=1582443891708, value=Guangzhou
 104       column=Customer:Name, timestamp=1582443884829, value=Jack Black
 104       column=Sales:Price, timestamp=1582443903201, value=16000.00
 104       column=Sales:Product, timestamp=1582443897589, value=Bed
4 row(s)
```

命令 1-20

可以使用 put 命令更新现有的单元格值。假设 HBase 中有一个表 order 拥有下列数据：

```
hbase(main):003:0>scan 'order'
ROW        COLUMN+CELL
 104       column=Customer:City, timestamp=1582443891708, value=Guangzhou
 104       column=Customer:Name, timestamp=1582443884829, value=Jack Black
 104       column=Sales:Price, timestamp=1582443903201, value=16000.00
 104       column=Sales:Product, timestamp=1582443897589, value=Bed
1 row(s) in 0.0100 seconds
```

命令 1-21

以下命令将更新名为 Jack Black 客户的城市值为 Chongqing。

```
hbase(main):002:0>put 'order','104','Customer:City','Chongqing'
0 row(s) in 0.0400 seconds
```

更新后的表如下所示，观察这个城市 Guangzhou 的值已更改为 Chongqing。

```
hbase(main):003:0>scan 'order'
ROW          COLUMN+CELL
 104         column=Customer:City, timestamp=1582444875119, value=Chongqing
 104         column=Customer:Name, timestamp=1582443884829, value=Jack Black
 104         column=Sales:Price, timestamp=1582443903201, value=16000.00
 104         column=Sales:Product, timestamp=1582443897589, value=Bed
1 row(s) in 0.0100 seconds
```

命令 1-22

get 命令用于从 HBase 表中读取数据。使用 get 命令，可以同时获取一行数据。下面的例子说明了如何使用 get 命令扫描 order 表的 101 行。

```
hbase(main):040:0>get 'order', '101'
COLUMN                  CELL
 Customer:City          timestamp=1582443891708, value=Beijing
 Customer:Name          timestamp=1582443884829, value=John White
 Sales:Price            timestamp=1582443903201, value=400.00
 Sales:Product          timestamp=1582443897589, value=Chairs
1 row(s)
Took 0.0374 seconds
```

命令 1-23

下面给出的示例，用于读取 HBase 表中的特定列。

```
hbase(main):042:0>get 'order', '101', {COLUMN=>'Customer:Name'}
COLUMN                  CELL
 Customer:Name          timestamp=1582443884829, value=John White
1 row(s)
Took 0.0239 seconds
```

命令 1-24

使用 delete 命令，可以在一个表中删除特定的单元格。下面是一个删除特定单元格的例子，在这里删除 City。

```
hbase(main):006:0>delete 'order', '101', 'Customer:City',
1417521848375
0 row(s) in 0.0060 seconds
```

命令 1-25

使用 deleteall 命令,可以删除一行中所有的单元格,这里是使用 deleteall 命令删除 order 表中 101 行的所有单元。

```
hbase(main):007:0>deleteall 'order','101'
0 row(s) in 0.0240 seconds
```

命令 1-26

使用 scan 命令验证表,表被删除后的快照如下。

```
hbase(main):022:0>scan 'order'

ROW        COLUMN+CELL
102        column=Customer:City, timestamp=1582443891708, value=Shanghai
102        column=Customer:Name, timestamp=1582443884829, value=Jane Brown
102        column=Sales:Price, timestamp=1582443903201, value=200.00
102        column=Sales:Product, timestamp=1582443897589, value=Lamps
103        column=Customer:City, timestamp=1582443891708, value=Shenzhen
103        column=Customer:Name, timestamp=1582443884829, value=Bill Green
103        column=Sales:Price, timestamp=1582443903201, value=500.00
103        column=Sales:Product, timestamp=1582443897589, value=Desk
104        column=Customer:City, timestamp=1582443891708, value=Guangzhou
104        column=Customer:Name, timestamp=1582443884829, value=Jack Black
104        column=Sales:Price, timestamp=1582443903201, value=16000.00
104        column=Sales:Product, timestamp=1582443897589, value=Bed
3 row(s)
```

命令 1-27

1.4.3.5 其他

describe 命令用于返回表的说明。下面给出的是 order 表的 describe 命令的输出。

```
describe 'order'
Table order is ENABLED
order
COLUMN FAMILIES DESCRIPTION
{NAME =>'Customer', VERSIONS =>'1', EVICT_BLOCKS_ON_CLOSE =>'false', NEW_
VERSION_BEHAVIOR =>'false', KEEP_DELETED_CELLS =>'FALSE', CACHE_DATA_ON_
WRITE =>
'false', DATA_BLOCK_ENCODING =>'NONE', TTL =>'FOREVER', MIN_VERSIONS =>'0',
REPLICATION_SCOPE =>'0', BLOOMFILTER =>'ROW', CACHE_INDEX_ON_WRITE =>'false', IN
_MEMORY =>'false', CACHE_BLOOMS_ON_WRITE =>'false', PREFETCH_BLOCKS_ON_OPEN
=>'false', COMPRESSION =>'NONE', BLOCKCACHE =>'true', BLOCKSIZE =>'65536'}
```

```
{NAME =>'Sales', VERSIONS =>'1', EVICT_BLOCKS_ON_CLOSE =>'false', NEW_VERSION
_BEHAVIOR =>'false', KEEP_DELETED_CELLS =>'FALSE', CACHE_DATA_ON_WRITE =>
'false', DATA_BLOCK_ENCODING =>'NONE', TTL =>'FOREVER', MIN_VERSIONS =>'0',
REPLICATION_SCOPE =>'0', BLOOMFILTER =>'ROW', CACHE_INDEX_ON_WRITE =>
'false',
IN_MEMORY =>'false', CACHE_BLOOMS_ON_WRITE =>'false', PREFETCH_BLOCKS_ON_
OPEN =>'false', COMPRESSION =>'NONE', BLOCKCACHE =>'true', BLOCKSIZE =>
'65536'}

2 row(s)

QUOTAS
0 row(s)
Took 0.1444 seconds
```

命令 1-28

alter 命令用于更改现有的表。使用此命令，可以更改列族的最大单元数，设置和删除表范围运算符，以及从表中删除列族。在下面的例子中，单元的最大数目设置为 5。

```
hbase(main):044:0>alter 'order', NAME =>'Customer', VERSIONS =>5
Updating all regions with the new schema...
1/1 regions updated.
Done.
Took 2.0384 seconds
```

命令 1-29

使用 alter 命令可以设置和删除表范围运算符，如 MAX_FILESIZE、READONLY、MEMSTORE_FLUSHSIZE、DEFERRED_LOG_FLUSH 等。在下面的例子中设置表 order 为只读。

```
hbase(main):045:0>alter 'order', READONLY
Updating all regions with the new schema...
1/1 regions updated.
Done.
Took 2.0662 seconds
```

命令 1-30

下面给出的是一个从 order 表中删除列族的例子。假设在 HBase 中有一个 order 表，包含以下数据：

```
hbase(main):046:0>scan 'order'
ROW         COLUMN+CELL
 101        column=Customer:City, timestamp=1582443891708, value=Beijing
```

```
 101         column=Customer:Name, timestamp=1582443884829, value=Jone White
 101         column=Sales:Price, timestamp=1582443903201, value=400.00
 101         column=Sales:Product, timestamp=1582443897589, value=Chairs
 104         column=Customer:City, timestamp=1582444875119, value=Chongqing
2 row(s)
Took 0.0213 seconds
```

命令 1-31

使用 alter 命令删除指定的 Sales 列族。

```
hbase(main):047:0>alter 'order','delete'=>'Sales'
Updating all regions with the new schema...
1/1 regions updated.
Done.
Took 1.9196 seconds
```

命令 1-32

验证该表中变更后的数据,观察到没有列族 Sales 了。

```
hbase(main):048:0>scan 'order'
ROW          COLUMN+CELL
 101         column=Customer:City, timestamp=1582443891708, value=Beijing
 101         column=Customer:Name, timestamp=1582443884829, value=Jone White
 104         column=Customer:City, timestamp=1582444875119, value=Chongqing
2 row(s)
Took 0.0092 seconds
```

命令 1-33

可以使用 exists 命令验证表的存在。下面的示例演示了如何使用这个命令。

```
hbase(main):024:0>exists 'order'
Table order does exist

0 row(s) in 0.0750 seconds

hbase(main):015:0>exists 'student'
Table student does not exist

0 row(s) in 0.0480 seconds
```

命令 1-34

用 drop 命令可以删除表。在删除一个表之前,必须先将其禁用。

```
hbase(main):018:0>disable 'order'
0 row(s) in 1.4580 seconds

hbase(main):019:0>drop 'order'
0 row(s) in 0.3060 seconds
```

命令 1-35

exists 命令用于验证表是否被删除。

```
hbase(main):020:0>exists 'order'
Table emp does not exist

0 row(s) in 0.0730 seconds
drop_all
```

命令 1-36

count 命令用于计算表的行数量。

```
hbase(main):023:0>count 'order'
2 row(s) in 0.090 seconds
=>2
```

命令 1-37

truncate 命令将禁止删除并重新创建一个表。下面是一个使用 truncate 命令的例子。

```
hbase(main):011:0>truncate 'order'
Truncating 'one' table (it may take a while):
   -Disabling table...
   -Truncating table...
0 row(s) in 1.5950 seconds
```

命令 1-38

使用 scan 命令验证,会得到表的行数为零。

```
hbase(main):017:0>scan 'emp'
ROW                  COLUMN+CELL
0 row(s) in 0.3110 seconds
```

命令 1-39

可以通过输入 exit 命令退出交互程序。

```
hbase(main):021:0>exit
```

命令 1-40

要停止 HBase，须键入以下命令：

```
stop-hbase.sh
```

命令 1-41

1.5 环境部署

针对本教材的内容，Spark 开发环境的部署基于 Docker 容器的技术，可以直接下载预先编译的 Docker 镜像，此镜像已经发布到 https://hub.docker.com/r/leeivan/spark-lab-env/。然后通过镜像文件创建和运行 Spark 开发环境的容器，其前提条件是首先安装 Docker 客户端程序，然后执行如下命令：

```
docker pull leeivan/spark-lab-env:latest
docker run -it -p 4040:4040 -p 8080:8080 -p 8081:8081 -h spark --name=spark leeivan/spark-lab-env:latest
```

命令 1-42

本教材涉及的部分代码已经上传到 Github，地址为 https://github.com/leeivan/spark-app。进入上面命令创建的容器内，下载代码程序，执行命令如下：

```
docker exec -it spark /bin/bash
git clone https://github.com/leeivan/spark-app
```

命令 1-43

这样就会在 root 目录中创建 spark-app 目录，其中包括了代码程序。

1.6 小 结

本章介绍了 Spark 的生态环境，其中包括关键技术、Spark 技术特征、编程语言，还介绍了 Docker 虚拟环境和 HBase 的使用，并且提供了实际的操作方法，这部分技术和知识是使用实验环境平台的基础，为后续的 Spark 学习提供了帮助。

第 2 章

理解 Spark

从较高级别看,每个 Spark 应用程序都包含一个驱动程序,该程序运行用户的主要功能并在集群上执行各种并行操作。Spark 运行框架包括了一些重要的概念,用来实现独特的数据处理机制。Spark 首先提供的抽象概念是弹性分布式数据集(Resilient Distributed Dataset,RDD),是跨集群节点划分的元素集合,可以并行操作。通过读取存在于 Hadoop 文件系统(或任何其他 Hadoop 支持的文件系统)的文件或驱动程序中现有的 Scala 集合,Spark 将其进行转换来创建 RDD。用户还可以要求 Spark 将 RDD 持久存储在内存中,从而使其可以在并行操作中高效地重用。Spark 中的第二个抽象概念是可以在并行操作中使用的共享变量。默认情况下,当 Spark 作为一组任务在不同节点上并行运行一个函数时,它会将函数中使用的每个变量的副本传送给每个任务。有时,需要在任务之间或任务与驱动程序之间共享变量。Spark 支持两种类型的共享变量:广播变量可用于在所有节点上的内存中缓存值;累加器是仅做加法的变量,可以用作计数和求和。这里提到的共享变量概念会在后面的章节中介绍。

另外,Spark 基于弹性分布式数据集支持两种类型的操作:一种类型为转换(Transformation),可以通过改变现有数据集的结构创建新的数据集;另一种类型为动作(Action),可以在数据集上进行计算,然后返回结果到驱动程序。例如,Spark 的函数库中,map(func)就是一个转换操作,将每个数据集元素传递给一个函数 func 并且返回一个新的数据集。另一方面,reduce(func)是一个动作,使用函数 func 对数据集上的所有元素进行聚合计算,并且将最终的结果返回到驱动程序。

在 Spark 中,所有转换都是延迟处理的,也就是说转换操作不会马上在数据集上运行,转换只是定义了需要执行操作的步骤,并且 Spark 可对这些步骤进行优化。只有当执行动作操作需要将结果返回给驱动程序的时候,这些记录的转换过程才会被 Spark 实际执行。这个设计能够让 Spark 运行得更加高效,可以实现通过转换创建新数据集,并且仅需要将计算结果传递到驱动程序时才会执行相应的动作,尤其对于基于大数据的分析操作,应该避免将全部数据集返回到驱动程序,可以减少出现硬件系统的内存和网络问题,一般地,需要将非常大的数据集聚合后进行传递。

默认情况下,每个转换过的数据集都会在每次执行动作的时候重新计算一次,然而,也可以使用 persist()或 cache()方法持久化一个数据集到内存中。在这种情况下,Spark 会在集群上保存数据集的相关元素,下次查询时直接在内存中调用会变得更快。考虑到内存的容量有限,也可以将同样的数据集持久化到 Hadoop 的集群中,这种解决方式可以实现多个节点间的数据复制。

2.1 数据处理

随着互联网的持续发展,我们可收集获取的数据规模不断增大,尽管数据的收集存储技术还在进步和日趋成熟,但是如何处理如此庞大的数据成为新的研究问题。在分布式系统出现之前,只有通过不断增加单个处理机的频率和性能缩短数据的处理时间,而分布式的提出则打破了这个传统的约束。所谓分布式,就是将一个复杂的问题切割成很多子任务,分布到多台机器上并行处理。在保证系统稳定性的同时,最大限度地提高系统的运行速度。

谷歌在 2004 年提出了最原始的分布式架构模型 MapReduce,用于大规模的数据并行处理。MapReduce 模型借鉴了函数式程序设计语言中的内置函数 Map 和 Reduce,主要思想是将大规模数据处理作业拆分成多个可独立运行的 Map 任务,分布到多个处理机上运行,产生一定量的中间结果,再通过 Reduce 任务混洗合并产生最终的输出文件。作为第一代分布式架构,MapReduce 已经比较好地考虑了数据存储、调度、通信、容错管理、负载均衡等问题,一定程度上降低了并行程序开发的难度,也为后来的分布式系统的开发打下了很好的基础。然而,它也存在很多不足:首先,为了保证较好的可扩展性,MapReduce 的任务之间相互独立,互不干扰,所造成的后果是大量的中间结果需要通过网络进行传输,占用了网络资源,并且为了保证容错,所有中间结果都要存储到磁盘中,效率不高;同时,在 MapReduce 中只有等待所有的 Map 任务结束后,Reduce 任务才能进行计算,异步性差,导致资源利用率低。

Spark 作为新一代的大数据处理框架,以其先进的设计理念迅速成为热点。在处理迭代问题以及一些低延迟问题上,Spark 性能要高于 MapReduce。Spark 在 MapReduce 的基础上进行了很多改进与优化,使得在处理如机器学习以及图算法等迭代问题时,Spark 性能要优于 MapReduce。Spark 作为轻量、基于内存计算的分布式计算平台,采用了与 MapReduce 类似的编程模型,使用弹性分布式数据集对作业调度、数据操作和存取进行修改,并增加了更丰富的算子,使得 Spark 在处理迭代问题、交互问题以及低延时问题时有更高的效率。

本章首先介绍 MapReduce 的背景、具体的模型结构以及作业的调度策略,然后介绍 Spark 模型的具体思想以及与 MapReduce 的区别,接下来介绍弹性分布式数据集的概念以及基本操作。

2.1.1 MapReduce

MapReduce 是一种编程模型,利用集群上的并行和分布式算法处理和产生大数据。MapReduce 程序包括两个部分:第一个部分由 Map 过程组成,该过程执行过滤和排序,例如按产品的类别进行分类,每个分类形成一组;第二部分为 reduce 过程,该过程执行摘要操作,例如计算每组中产品的个数,生成分类的汇总。MapReduce 系统也称为基础结构或框架,基于分布式服务器并行运行各种任务和管理系统各个部分之间的通信和数据传输,并提供冗余和容错协调处理过程。

MapReduce 模型是一个特定的知识领域,应用(拆分—应用—组合)策略进行数据分析。这种策略的灵感来源于函数编程的常用功能 map 和 reduce。MapReduce 模型的 Map 和 Reduce 函数都是针对键值对(key,value)数据结构定义的。Map 会在数据域中获取一对具有某种类型的数据,并经过数据结构的转换返回键值对列表:

```
Map(k1,v1) → list(k2,v2)
```

Map()方法并行应用于输入数据集中的每一键值对,以 k1 为键;每次调用将产生一个成对列表 list(k2,v2),以 k2 为键;之后从所有列表中收集具有相同键(k2)的所有键值对,并将它们分组在一起,为每个 k2 创建一个组(k2, list(v2));将其作为 Reduce 函数输入,然后将 Reduce 函数并行应用于每个组,生成值的聚合:

```
Reduce(k2, list(v2)) → list((k3, v3))
```

尽管允许一个调用返回多个键值对,但是每个 Reduce 调用通常会产生一个键值对或空返回,所有调用的返回将被收集为所需的结果列表 list((k3, v3)),因此 MapReduce 模型将键值对的列表转换为键值对的另一个列表。

另外,为了更好地理解 MapReduce 模型的概念,通过示例讲解计算一组文本文件中每个单词的出现次数。在这个例子中,输入数据集是两个文档,包括文档 1 和文档 2,所以数据集分每个文档为一个分割,总共 2 个分割,如图 2-1 所示。

图 2-1 分割文件

将输入文档中的每一行生成键值对,其中行号为键,文本为值。Map 阶段丢弃行号,并将输入行中的每个单词生成一个键值对,其中单词为键而 1 为值表示这个单词出现一次。Reduce 阶段生成新的键值对,其中单词为键而值为这个单词个数汇总,根据上面显示的输入数据,示例 Map 和 Reduce 的工作进程如图 2-2 所示。

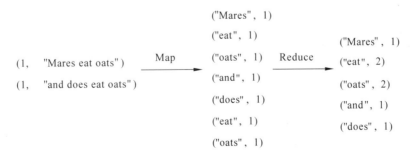

图 2-2 Map 和 Reduce 的工作进程

Map 阶段的输出包含多个具有相同键的键值对，例如 oats 和 eat 出现两次，Reduce 的工作就是对键值对的值进行聚合。如果在进入 Reduce 阶段之前加入洗牌（Shuffle）的过程，使得具有相同键的值合并为一个列表，例如("eat"，(1，1))，则进行 Reduce 的输入实际上是键值对(key，value list)。因此，从 Map 输出到 Reduce，然后到最终结果的完整过程如图 2-3 所示。

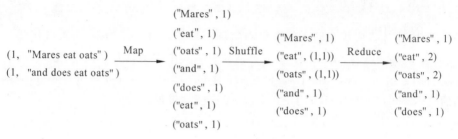

图 2-3　Shuffle 过程

为了实现 MapReduce 模型，如果只是实现了 Map 和 Reduce 的抽象概念，对于分布式系统是不够的，需要一种方法连接执行 Map 和 Reduce 阶段的流程。Apache Hadoop 包含一个流行的、支持分布式洗牌的开源 MapReduce 实现。MapReduce 库已经用许多编程语言编写，并具有不同的优化级别。但是，在 Hadoop 的 MapReduce 框架中，这两个功能与其原始形式发生了变化。MapReduce 框架的主要贡献不是仅实现了的 map() 和 reduce() 方法，而是通过优化执行引擎实现了各种应用程序的可伸缩性和容错能力。因此，MapReduce 的单线程实现通常不会比传统的非 MapReduce 实现快，通常只有在多处理器服务器系统上实现多线程处理才能看到其优势。优化的分布式洗牌操作可以降低网络通信成本，结合 MapReduce 框架的容错功能，使用此模型才可以发挥有利的作用。所以，对于优良的 MapReduce 算法而言，优化通信成本至关重要。

目前，MapReduce 框架是一个用于在 Hadoop 集群中并行处理大型数据集的框架，使用 Map 和 Reduce 两步过程进行数据分析。作业（Job）配置提供 Map 和 Reduce 分析功能，Hadoop 框架提供调度、分发和并行服务。在 MapReduce 中的顶级工作单元是作业，每个作业通常有一个 Map 和一个 Reduce 阶段，有时 Reduce 阶段可以省略。假设一个 MapReduce 的作业，它计算每个单词在一组文档中使用的次数。Map 阶段对每个文档中的单词进行计数，然后 Reduce 阶段将每个文档数据聚合为跨越整个集合的单词计数。在 Map 阶段，输入数据被分割，以便在 Hadoop 集群中运行并行 Map 任务进行分析。默认情况下，MapReduce 框架从 Hadoop 分布式文件系统（HDFS）获取输入数据。Reduce 阶段将来自 Map 任务的结果作为输入送到 Reduce 任务。Reduce 任务将数据整合到最终结果中。默认情况下，MapReduce 框架将结果存储在 HDFS 中。

实际上，Spark 也是基于 Map 和 Reduce 上的集群计算框架，但其最大的特点可以通过将数据保存在内存中，使 Map 和 Reduce 的运行速度比 MapReduce 快 40 多倍，并且可以交互式使用，以便以亚秒级的时间间隔查询大型数据集。随着企业开始将更多数据加载到 Hadoop 中，他们很快就想运行丰富的应用程序，MapReduce 的单通批处理模型不能有效支持，特别是用户想要运行：

- 更复杂的递归算法,例如机器学习和图形处理中常见的迭代算法
- 更多交互式即席查询来探索数据

虽然这些应用程序最初看起来可能完全不同,但核心问题是多路径和交互式应用程序,这需要跨多个 MapReduce 步骤共享数据,例如来自用户的多个查询或迭代计算的多个步骤。但是,在 MapReduce 的并行操作之间共享数据的唯一方法是将其写入分布式文件系统,由于数据复制和磁盘 I/O 会增加大量开销。事实上,这种开销可能会占用 MapReduce 的通用机器学习算法运行时间的 90% 以上。

2.1.2 工作机制

现在可以通过比较 MapReduce 和 Spark 数据处理的方式,理解 Spark 的运行机制。大数据的处理方式包括两种:批处理和流处理。批处理对于大数据处理至关重要,用最简单的术语来说,批处理可以在一段时间内处理大量数据。在批处理中,首先收集数据,然后在以后的阶段中生成处理结果。批处理是处理大型静态数据集的有效方法。通常,我们对存档的数据集执行批处理。例如,计算一个国家的平均收入或评估过去十年中电子商务的变化。流处理是目前大数据处理的发展趋势,每小时需要的是处理速度和实时信息,这就是流处理所要做的。批处理对实时变化的业务需求不能做出快速的反应,所以流处理的需求迅速增长。

回顾 Hadoop 数据处理架构,其中的 YARN 基本上是一个批处理框架。当向 YARN 提交作业时,它会从集群读取数据,执行操作并将结果写回到集群,然后 YARN 再次读取更新的数据,执行下一个操作并将结果写回到群集中,以此类推。Spark 执行类似的操作,但是它使用内存处理并优化了步骤。另外,Spark 的 GraphX 组件允许用户查看与图和集合相同的数据,用户还可以使用 RDD 转换和连接图形。

Hadoop 和 Spark 均提供容错能力,但是两者都有不同的方法。对于 HDFS 和 YARN,主守护程序(分别为 NameNode 和 ResourceManager)都检查从守护程序(分别为 DataNode 和 NodeManager)的心跳。如果从守护程序发生故障,则主守护程序会将所有挂起和正在进行的操作重新计划到另一个从属。这种方法是有效的,但是它也可以显著增加单个故障操作的完成时间。Hadoop 一般使用大量的、低成本的硬件组成集群,所以 HDFS 确保容错的另一种方法是在集群中复制数据。如上所述,RDD 是 Apache Spark 的核心组件,为 Spark 提供容错能力,可以引用外部存储系统,如 HDFS、HBase 和共享文件系统中存在的任何数据集实现并行操作。Spark 通过提供 RDD 的分布式存储框架解决计算过程中数据的缓存和传递。RDD 可以将数据集持久存储在内存中,所以 Spark 的数据操作是基于内存的。Spark 可以跟踪和记录从原始数据到最终结果的计算过程,如果 RDD 中的数据丢失,可以重新计算。RDD 允许用户跨越查询将数据存储在内存中,并提供容错功能,而无须复制,这使 RDD 的读取和写入速度比典型的分布式文件系统快,所以,在 RDD 核心组件上构建的应用组件可以更快地运行。

Hadoop 最适合的用例是分析存档数据。YARN 允许并行处理大量数据。数据的一部分在不同的 DataNode 上并行处理,并从每个 NodeManager 收集结果。如果不需要即时结果,MapReduce 框架是批处理的一种很好且经济的解决方案。Spark 最适合的用例

是实时大数据分析。实时数据分析意味着处理由实时事件流生成的数据,这些数据以每秒数百万个事件的速度进入,例如某些社交媒体的数据。Spark 的优势在于,它能够支持数据流以及分布式处理。这是一个有用的组合,可提供近乎实时的数据处理。实时数据也可以在 MapReduce 上进行处理,但是 MapReduce 旨在对大量数据执行分布式批处理,这个特点使其实时处理速度远远不能满足 Spark 的要求。Spark 声称处理数据的速度比 MapReduce 快 100 倍,如果基于磁盘,也要快 10 倍。

大多数图处理算法(如网页排名算法)需要对同一数据集执行多次迭代计算,这需要在迭代计算之间的消息传递机制。我们需要基于 MapReduce 框架进行编程,以处理对相同数据集的多次迭代。大致来说,它的工作步骤是先从磁盘读取数据,并在特定的迭代之后将结果写入 HDFS,然后从 HDFS 读取数据以进行下一次迭代。这是非常低效的,因为它涉及读取和写入数据到磁盘,这涉及大量读写操作以及跨集群的数据复制,以实现容错能力。而且每个 MapReduce 迭代都具有很高的延迟,并且下一个迭代只能在之前的作业完全完成之后才能开始。同样,消息传递需要相邻节点的分数,以便评估特定节点的分数。这些计算需要来自其邻居的消息或跨作业多个阶段的数据,而 MapReduce 缺乏这种机制。为了满足对图处理算法的高效平台的需求,设计了诸如 Pregel 和 GraphLab 之类的不同图处理工具。这些工具快速且可扩展,但对于这些复杂的多阶段算法的创建和后续处理效率不高。Apache Spark 的引入在很大程度上解决了这些问题。Spark 包含一个称为 GraphX 的图计算库,可简化我们的工作。与传统的 MapReduce 程序相比,内存中的计算以及内置的图形支持将算法的性能提高 1~2 倍。Spark 使用 Netty 和 Akka 的组合在整个执行程序中分发消息。图 2-4 给出了 Spark 的迭代操作示意,它将中间结果存储在分布式存储器中(内存),而不是存储在磁盘中,并使应用系统更快地运行。

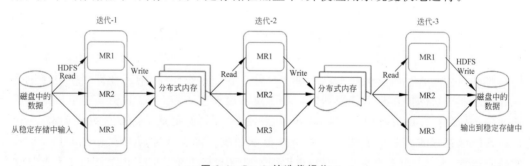

图 2-4　Spark 的迭代操作

另外,几乎所有的机器学习算法都是基于迭代计算的工作机制。如前所述,迭代算法在 MapReduce 实现中涉及磁盘读写瓶颈。MapReduce 使用的粗粒度任务(即任务级并行处理)对于迭代算法而言过于繁重。在分布式系统内核 Mesos 的帮助下,Spark 会在每次迭代后缓存中间数据集,并在此缓存的数据集上运行多次迭代,从而减少磁盘读写,并有助于以容错的方式更快地运行算法。Spark 有一个内置可扩展的机器学习库 MLlib,其中包含高质量的算法,该算法利用迭代并产生比 MapReduce 使用时间更少的效果。Spark 另一个功能是交互式分析界面,将 Spark 的运行结果立即提供给用户,无须集成开发工具和代码编译。此功能可以作为交互式探索数据的主要工具,也可以对正在开发的应用程序进行分步测试。下面的代码显示了一个 Spark Shell，用户在其中加载一个文件，然后计算文件的行数。

```
root@bb8bf6efccc9:~#spark-shell
20/02/27 13:55:07 WARN NativeCodeLoader: Unable to load native-hadoop library
for your platform... using builtin-java classes where applicable
Using Spark's default log4j profile: org/apache/spark/log4j-defaults
.properties
Setting default log level to "WARN".
To adjust logging level use sc.setLogLevel(newLevel). For SparkR, use
setLogLevel(newLevel).
Spark context Web UI available at http://bb8bf6efccc9:4040
Spark context available as 'sc' (master = local[*], app id = local-
1582811713758).
Spark session available as 'spark'.
Welcome to
      ____              __
     / __/__  ___ _____/ /__
    _\ \/ _ \/ _ `/ __/  '_/
   /___/ .__/\_,_/_/ /_/\_\   version 2.4.5
      /_/

Using Scala version 2.11.12 (OpenJDK 64-Bit Server VM, Java 1.8.0_212)
Type in expressions to have them evaluated.
Type :help for more information.

scala>val auctionRDD =sc.textFile("/data/auctiondata.csv")
auctionRDD: org.apache.spark.rdd.RDD[String] = /data/auctiondata.csv
MapPartitionsRDD[1] at textFile at <console>:24

scala>   auctionRDD.count
res0: Long =10654
```

代码 2-1

如本示例所示，Spark 可以从文件中读取和写入数据，然后在内存中缓存数据集，用户可以交互地执行各种各样的复杂计算，每行命令执行完即时返回结果。Spark 提供了分别支持 Scala、Python 和 R 语言的交互界面启动程序。图 2-5 显示了 Spark 的交互式操作，如果用户在同一组数据上重复运行多次查询，则这组数据可以保存在内存中，便于后续的查询操作，数据只需要从磁盘中读取一次，这种运作机制可以获得更少的执行时间。

MapReduce 作为第一代大数据分布式架构，让传统的大数据问题可以并行地在多台处理机上进行计算。而 MapReduce 之所以能够迅速成为大数据处理的主流计算平台，得力于其自动并行、自然伸缩、实现简单和容错性强等特性。但是，MapReduce 并不适合

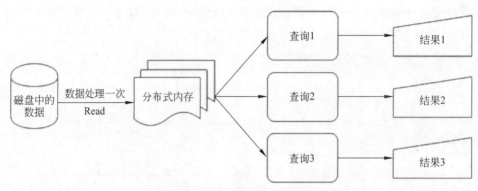

图 2-5 交互式数据分析

处理迭代问题以及低延时问题,而 Spark 作为轻量、基于内存计算的分布式计算平台,采用了与 MapReduce 类似的编程模型,使用 RDD 抽象对作业调度、数据操作和存取进行修改,并增加了更丰富的算子,使得 Spark 在处理迭代问题、交互问题以及低延时问题时能有更高的效率。同样,Spark 也有其不足:如数据规模过大或内存不足时,会出现性能降低、数据丢失需要进行重复计算等问题。总而言之,随着大数据领域的不断发展和完善,现有的大数据分析技术仍然有大量具有挑战性的问题需要深入研究,而作为大数据领域重要的两种分布式处理架构,MapReduce 与 Spark 都有不可替代的地位和作用,它们彼此可以很好地互补。Hadoop 将庞大的数据集置于大量低性能和低成本的硬件设备上,而 Spark 在内存中为需要它的数据集提供实时处理。当将 Spark 的能力(即高处理速度、高级分析和多重集成支持)与 Hadoop 在硬件上的低成本操作结合时,就可以提供最佳实践效果。

2.2 认识 RDD

Spark 利用 RDD 实现更快、更有效的 Map 和 Reduce 操作,同时也解决了 MapReduce 操作效率不高的问题。在之后的内容中,统一将其称为 RDD。本节将重点介绍 RDD 的概念和具体操作。

由于复制、序列化和磁盘读写,基于 MapReduce 框架的数据共享速度很慢。对于传统的大多数 Hadoop 应用程序,它们花费超过 90% 的时间进行 HDFS 读写操作。而基于 Spark 框架的大数据计算都是以 RDD 为基础的,支持在内存中处理计算。这意味着,Spark 可以将对象的状态存储在内存中,并且对象的状态可以在作业之间共享,而在内存中实现数据共享比网络和磁盘快 10~100 倍。RDD 是 Spark 的基础数据结构,是一个不可变的分布式对象集合。RDD 中的每个数据集分为逻辑分区,可以分布在 Spark 集群不同节点的内存上,实现分布式计算。RDD 可以包含任何类型的 Python、Java 或 Scala 对象,以及用户定义的类。通常,可以将 RDD 看作一个只读分区的记录集合,可以通过读取保存在磁盘的数据,或操作其他 RDD 中的数据创建新 RDD,而原来的 RDD 是不能修改的。RDD 按照分区划分,并且具有容错机制,总体来说,RDD 是一个可以实现并行操作的容错集合。将 RDD 看作一个只读分区的记录集合如图 2-6 所示。

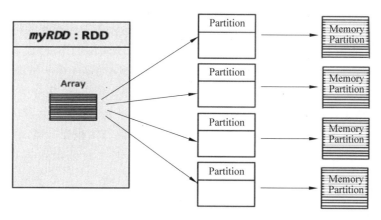

图 2-6　将 RDD 看作一个只读分区的记录集合

RDD 代表弹性分布式数据集，是 Spark 的基本数据结构，是对象的不可变集合，它们在集群的不同节点上进行计算。什么是弹性分布式数据集？弹性表示借助 RDD 谱系图（DAG）容错，因此能够重新计算由于节点故障而丢失或损坏的分区；由于数据驻留在多个节点上，因此是分布式的；数据集表示使用的数据记录，可以通过 JDBC 在外部加载数据集，这些数据集可以是 JSON 文件、CSV 文件、文本文件或数据库，而无须特定的数据结构。因此，RDD 中的每个数据集都在逻辑上跨许多服务器进行分区，因此可以在集群的不同节点上进行计算。RDD 是容错的，即在故障情况下具有自我恢复的能力。

在 Spark 中创建 RDD 有几种方法，包括从稳定存储中的数据和其他 RDD，以及并行化驱动程序中已经存在的集合创建。RDD 也可以缓存并手动分区，当多次使用 RDD 时，缓存 RDD 可以提高运行的速度。手动分区对于正确平衡分区很重要。通常，较小的分区允许在更多执行程序之间更均匀地分配 RDD 数据，因此更少的分区使工作变得容易。用户还可以调用 persist()方法指示他们希望在将来的操作中重用哪些 RDD。默认情况下，Spark 将持久化的 RDD 保留在内存中，但是如果没有足够的 RAM，也可能会将其溢出到磁盘上。用户还可以请求其他持久化策略，例如将 RDD 仅存储在磁盘上或在计算机之间复制 RDD。

Spark 定义 RDD 概念的目的主要是迭代算法、交互式数据挖掘。分布式共享内存（Distributed Shared Memory，DSM）是一种非常通用的抽象，但是这种通用性使得在大量廉价的集群上以高效且容错的方式实现起来更加困难。另外，在分布式计算系统中，数据存储在中间稳定的分布式存储中，例如 HDFS 或 Amazon S3。这使作业的计算变慢，因为它在此过程中涉及许多 IO 操作、复制和序列化。而如果将数据保留在内存中，可以将性能提高一个数量级。设计 RDD 的主要挑战是定义一个程序接口，以有效地提供容错能力。为了有效地实现容错能力，RDD 提供了受限形式的共享内存，是基于粗粒度的转换，而不是基于细粒度的转换。Spark 通过几种开发语言集成的 API 公开了 RDD。在集成 API 中，每个数据集都表示为一个对象，并且使用这些对象的方法进行转换。Spark 懒惰地评估 RDD，只有在需要时才会被调用，这样可以节省大量时间并提高效率。一旦在 RDD 上执行动作,才会真正在 RDD 上执行数据转换。用户可以调用 persist()方法声明他们希望在将来的操作中使用哪个 RDD。

  Spark 生成初始的 RDD 有两种方法:一种是将驱动程序中的现有并行化集合,或者从外部存储系统中引用数据集,例如共享文件系统、HDFS、HBase,或者任何提供了 Hadoop InputFormat 的数据源。通过在驱动程序中的现有集合(对于 Scala,此数据类型为 Seq)上调用 SparkContext 的 parallelize()方法创建并行化集合,集合中的元素被复制形成分布式数据集,可以进行并行操作。该方法用于学习 Spark 的初始阶段,因为它可以在交互界面中快速创建自己的 RDD 并对其执行操作。此方法很少在测试和原型制作中使用,因为如果数据量大,此方法无法在一台计算机上存储整个数据集。考虑以下 sortByKey()的示例,要排序的数据通过并行化集合获取:

```
scala>val data=spark.sparkContext.parallelize(Seq(("maths",52),("english",75),("science",82),("computer",65),("maths",85)))
data: org.apache.spark.rdd.RDD[(String, Int)] = ParallelCollectionRDD[2] at parallelize at <console>:23

scala>val sorted =data.sortByKey()
sorted: org.apache.spark.rdd.RDD[(String, Int)] =ShuffledRDD[5] at sortByKey at <console>:25

scala>sorted.foreach(println)
(maths,52)
(science,82)
(english,75)
(computer,65)
(maths,85)
```

代码 2-2

  语法解释:在 Scala 中,Seq 特征代表序列。序列是 Iterable 类可迭代集合的特殊情况。与 Iterable 不同,序列总是具有被定义的元素顺序。序列提供了一种适用于索引的方法。指数的范围从 0 到序列的长度。序列支持多种方法查找元素或子序列的出现,包括 segmentLength、prefixLength、indexWhere、indexOf、lastIndexWhere、lastIndexOf、startsWith、endsWith、indexOfSlice。

  并行化集合中要注意的关键点是数据集切入的分区数。Spark 将为集群的每个分区运行一个任务。对于集群中的每个 CPU,需要 2~4 个分区。Spark 根据集群设置分区数。但是,也可以手动设置分区数。这是通过将分区数作为第二个参数进行并行化实现的。例如 sc.parallelize(data,10),这里手动给定分区数为 10。再看一个示例,这里使用了并行化收集,并手动指定了分区数:

```
scala>val rdd1=spark.sparkContext.parallelize(Array("jan","feb","mar","april","may","jun"),3)
```

```
rdd1: org. apache. spark. rdd. RDD [String] = ParallelCollectionRDD [6] at
parallelize at <console>:23

scala>val result=rdd1.coalesce(2)
result: org.apache.spark.rdd.RDD[String] =CoalescedRDD[7] at coalesce at
<console>:25

scala>result.foreach(println)
jan
mar
feb
april
may
jun
```

Spark 可以从被 Hadoop 支持的任何存储源创建 RDD，其中包括本地文件系统、HDFS、Cassandra、HBase、Amazon S3 等。Spark 支持文本文件、SequenceFiles 和任何其他 Hadoop 的 InputFormat。通过文本文件创建 RDD，可以使用 SparkContext 的 textFile()方法创建，该方法通过地址获取文件，地址可以指向本地路径、Hadoop 集群存储和云计算存储等，并将文件转换成行的集合。

2.3 操作 RDD

RDD 支持两种类型的操作：转换(Transformation)是从现有数据集创建新数据集；动作(Action)在数据集上运行计算后将值返回给驱动程序。例如，map()方法就是一种转换，通过将转换函数应用到数据集中的每个元素上，并返回结果生成新的 RDD；另一方面，reduce()方法是一个动作，可以将聚合函数应用到 RDD 的所有元素上，并将最终结果返回给驱动程序。Spark 中的所有转换操作都是懒惰评估的，因为它们不会马上计算结果。转换仅在调用动作后需要将结果返回给驱动程序时计算，这种实现方式使 Spark 能够更高效地运行。

2.3.1 转换

转换代表了 Spark 大数据计算框架类操作，可从现有 RDD 生成新的 RDD。转换以 RDD 作为输入，并产生一个或多个 RDD 作为输出。每当应用任何转换时，它都会创建新的 RDD。由于 RDD 本质上是不可变的，因此不能更改输入的 RDD。应用转换会建立一个 RDD 谱系，其中包含最终 RDD 的整个父 RDD。RDD 谱系也称为 RDD 运算符图或 RDD 依赖图，是一个逻辑执行计划，即它是 RDD 的整个父 RDD 的有向无环图(DAG)。转换本质上是惰性的，不会立即执行，即当调用一个动作时，它们就可以执行。转换的两种最基本类型是 map()和 filter()。转换后，生成的 RDD 始终与其父 RDD 不同，数据可以更小，例如 filter()、count()、distinct()和 sample()；或者数据可以更大，例如 flatMap()、 union()、cartesian();数据大小也可以相同,例如 map()。

有两种类型的转换:窄转换和宽转换。在窄转换中,计算单个分区中的记录所需的所有元素都位于父 RDD 的单个分区中,有限的分区子集用于转换计算,例如 map()、filter()的结果是窄转换。在宽转换中,在单个分区中计算记录所需的所有元素可能位于父 RDD 的多个分区中,例如 groupbyKey()和 reducebyKey()的结果是宽转换。下面列出了一些 Spark 支持常见的转换。图 2-7 显示了窄转换和宽转换。

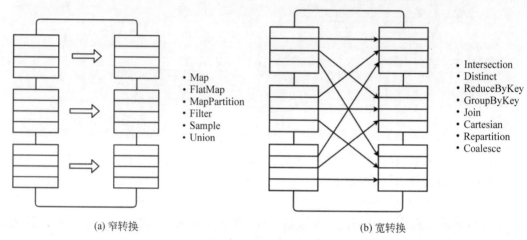

图 2-7 窄转换和宽转换

首先介绍基于一个 RDD 的转换。基于一个 RDD 的转换是指输入的 RDD 只有一个。首先通过并行化数据集创建一个 RDD。

```
scala>val rdd =sc.parallelize(List(1,2,3,3))
rdd: org.apache.spark.rdd.RDD[Int]=ParallelCollectionRDD[0] at parallelize at <console>:24
```

代码 2-3

➢ map[U](f:(T)⇒ U)(implicit arg0:ClassTag[U]):RDD[U]

通过对这个 RDD 的所有元素应用一个匿名函数返回一个新的 RDD。map()方法具有灵活性,即 RDD 的输入和返回类型可以彼此不同。例如,可以输入 RDD 类型为 String,在应用 map()方法之后,返回的 RDD 可以是布尔值。map()是 Spark 中的转换操作,适用于 RDD 的每个元素,并将结果作为新的 RDD 返回。在 map()中,操作开发人员可以定义自己的自定义业务逻辑,相同的逻辑将应用于 RDD 的所有元素。map()方法根据自定义代码将一个元素作为输入过程,并一次返回一个元素。map()将长度为 N 的 RDD 转换为长度为 N 的另一个 RDD,输入和输出 RDD 通常具有相同数量的记录。

```
scala>rdd.map(x =>x +1).collect
res0: Array[Int]=Array(2, 3, 4, 4)
```

代码 2-4

➢ filter(f:(T)⇒ Boolean):RDD[T]

返回一个仅包含满足条件元素的新 RDD。filter()方法返回一个新的 RDD,其中仅包含满足条件的元素。这是一个狭窄的操作,因为它不会将数据从一个分区拖到多个分区。例如,假设 RDD 包含五个自然数 1、2、3、4 和 5,并且根据条件检查偶数,过滤后的结果 RDD 将仅包含偶数,即 2 和 4。

```
scala>rdd.filter(x =>x !=1).collect
res1: Array[Int]=Array(2, 3, 3)
```

代码 2-5

➢ flatMap[U](f:(T)⇒ TraversableOnce[U])(implicit arg0:ClassTag[U]):RDD[U]

首先对这个 RDD 的所有元素应用一个函数,然后扁平化结果,最终返回一个新的 RDD。flatMap()方法是一种转换操作,适用于 RDD 的每个元素,并将结果作为新的 RDD 返回。它类似于 map(),但是 flatMap()方法根据一个自定义代码将一个元素作为输入过程,相同的逻辑将应用于 RDD 的所有元素,并一次返回 0 个或多个元素。flatMap()方法将长度为 N 的 RDD 转换为长度为 M 的另一个 RDD。借助 flatMap()方法,对于每个输入元素,在输出 RDD 中都有许多对应的元素,flatMap()最简单的用法是将每个输入字符串分成单词。map()和 flatMap()的相似之处在于,它们从输入 RDD 中获取一个元素,并在该元素上应用方法。map()和 flatMap()之间的主要区别是,map()仅返回一个元素,而 flatMap()可以返回元素列表。

```
scala>rdd.flatMap(x =>x.to(3)).collect
res2: Array[Int] =Array(1, 2, 3, 2, 3, 3, 3)

scala>rdd.map(x =>x.to(3)).collect
res2: Array[scala.collection.immutable.Range.Inclusive]=Array(Range(1, 2,
3), Range(2, 3), Range(3), Range(3))
```

代码 2-6

语法说明:Range 是相等地间隔开的整数有序序列。例如,"1,2,3"是一个 Range,"5,8,11,14"也是。要创建 Scala 中的一个 Range,可使用预定义的方法 to()和 by()。

```
scala>1 to 3
res4: scala.collection.immutable.Range.Inclusive =Range(1, 2, 3)
scala>5 to 14 by 3
res3: scala.collection.immutable.Range=Range(5, 8, 11, 14)
```

代码 2-7

如果想创建一个 Range,而不包括上限,可以用方法 until():

```
scala>1 until 3
res3: scala.collection.immutable.Range=Range(1, 2)
```

代码 2-8

Range 以恒定的间隔表示，因为它们可以由三个数字定义：开始、结束和步进值。由于这种表示，大多数范围上的操作都非常快。

➢ distinct()：RDD[T]

返回一个包含该 RDD 中不同元素的新 RDD，返回一个新的数据集，其中包含源数据集的不同元素，删除重复数据很有帮助。例如，如果 RDD 具有元素（Spark, Spark, Hadoop, Flink），则 rdd.distinct()将给出元素（Spark, Hadoop, Flink）。

```
scala>rdd.distinct().collect
res4: Array[Int]=Array(2, 1, 3)
```

代码 2-9

在很多应用场景都需要对结果数据进行排序，Spark 中有时也不例外。在 Spark 中存在两种对 RDD 进行排序的函数，分别是 sortBy 和 sortByKey 函数。sortBy 是对标准的 RDD 进行排序，它是从 Spark 0.9.0 之后才引入的。而 sortByKey 函数是对 PairRDD 进行排序，也就是有键值对 RDD。下面分别对这两个函数的实现以及使用进行说明。sortBy 函数是在 org.apache.spark.rdd.RDD 类中实现的。

➢ sortBy[K](f：(T)⇒ K, ascending：Boolean = true, numPartitions：Int = this.partitions.length)(implicit ord：Ordering[K], ctag：ClassTag[K])：RDD[T]

该函数最多可以传递三个参数：第 1 个参数是一个匿名函数，该函数也有一个带 T 泛型的参数，返回类型和 RDD 中元素的类型一致；第 2 个参数是 ascending，该参数决定排序后 RDD 中的元素是升序还是降序，默认是 true，也就是升序；第 3 个参数是 numPartitions，该参数决定排序后的 RDD 的分区个数，默认排序后的分区个数和排序之前的个数相等，即为 this.partitions.size。从 sortBy 函数的实现可以看出，第 1 个参数是必须传入的，后面两个参数可以不需要传入，而且 sortBy 函数的实现依赖于 sortByKey 函数。关于 sortByKey 函数，后面会进行说明。

```
scala>val rdd=sc.parallelize(List(3,1,90,3,5,12))
rdd: org.apache.spark.rdd.RDD[Int]=ParallelCollectionRDD[96] at parallelize
 at <console>:24 scala>

scala>rdd.sortBy(x =>x).collect
res73: Array[Int]=Array(1, 3, 3, 5, 12, 90)

scala>rdd.sortBy(x =>x, false).collect
res3: Array[Int]=Array(90, 12, 5, 3, 3, 1)
```

代码 2-10

下面介绍的转换基于两个 RDD。基于两个 RDD 的转换是指输入 RDD 是两个，转换后变成一个。首先创建两个 RDD：

```
scala>val rdd=sc.parallelize(List(1,2,3))
rdd: org.apache.spark.rdd.RDD[Int]=ParallelCollectionRDD[10] at parallelize
at <console>:24

scala>val other=sc.parallelize(List(3,4,5))
other: org. apache. spark. rdd. RDD [Int] = ParallelCollectionRDD [11] at
parallelize at <console>:24
```

代码 2-11

➢ union(other：RDD[T])：RDD[T]

返回这个 RDD 和另一个的联合。任何相同的元素将出现多次，可以使用 distinct 消除重复。使用 union()方法，可以在新的 RDD 中获得两个 RDD 的元素,此方法的关键规则是两个 RDD 应该具有相同的类型。例如,RDD1 的元素是(Spark，Spark，Hadoop，Flink),而 RDD2 的元素是(Big data，Spark，Flink),因此生成的 rdd1.union(rdd2)将具有元素(Spark，Spark，Spark Hadoop，Flink，Flink，Big data)。

```
scala>rdd.union(other).collect
res6: Array[Int]=Array(1, 2, 3, 3, 4, 5)
```

代码 2-12

➢ intersection(other：RDD[T])：RDD[T]

返回此 RDD 和另一个的交集,输出将不包含任何重复的元素,即使两个输入 RDD 包含重复部分。使用 intersection()方法,只能在新的 RDD 中获得两个 RDD 的公共元素。此功能的关键规则是两个 RDD 应该具有相同的类型。考虑一个示例,RDD1 的元素为(Spark，Spark，Hadoop，Flink),而 RDD2 的元素为(Big data，Spark，Flink),因此 rdd1.intersection(rdd2)生成的 RDD 将具有元素(spark)。

```
scala>rdd.intersection(other).collect
res7: Array[Int]=Array(3)
```

代码 2-13

➢ subtract(other：RDD[T])：RDD[T]

返回一个 RDD,其中包括的元素在调用 subtract()方法的 RDD,而不在另一个。

```
scala>rdd.subtract(other).collect
res8: Array[Int]=Array(2, 1)
```

代码 2-14

➢ cartesian[U](other：RDD[U])(implicit arg0：ClassTag[U])：RDD[(T，U)]

计算两个 RDD 之间的笛卡儿积,即第一个 RDD 的每个项目与第二个 RDD 的每个项目连接,并将它们作为新的 RDD 返回。使用此功能时要小心,一旦内存消耗很快,就

```
scala>rdd.cartesian(other).collect
res9: Array[(Int, Int)]=Array((1,3), (1,4), (1,5), (2,3), (3,3), (2,4), (2,5),
(3,4), (3,5))
```

代码 2-15

2.3.2 动作

转换会创建 RDD,但是当要获取实际数据集时,将需要执行动作。当触发动作后,不会像转换那样形成新的 RDD,因此动作是提供非 RDD 值的操作,计算结果存储到驱动程序或外部存储系统中,并将惰性执行的 RDD 转换激活开始实际的计算任务。动作是将数据从执行器发送到驱动程序的方法之一,执行器是负责执行任务的代理。驱动程序是一个 JVM 进程,可协调工作节点和任务的执行。现在来看 Spark 包含哪些基本动作。首先创建一个 RDD:

```
scala>val rdd=sc.parallelize(List(1,2,3,3))
rdd: org.apache.spark.rdd.RDD[Int]=ParallelCollectionRDD[24] at parallelize
at <console>:24
```

代码 2-16

➢ reduce(f:(T, T)⇒ T): T

此函数提供 Spark 中众所周知的 Reduce 功能。注意,提供的任何方法 f()都应该符合交换律,以产生可重复的结果。reduce()方法将 RDD 中的两个元素作为输入,然后生成与输入元素相同类型的输出。这种方法的一种简单形式是相加,可以添加 RDD 中的元素,然后计算单词数。reduce()方法接受交换和关联运算符作为参数。

```
scala>rdd.reduce((x, y) =>x +y)
res11: Int =9
```

代码 2-17

➢ collect(): Array[T]

返回一个包含此 RDD 中所有元素的数组。动作 collect()是最常见且最简单的操作,它将整个 RDD 的内容返回到驱动程序。如果预计整个 RDD 都适合内存,可以将 collect()方法应用到单元测试,轻松地将 RDD 的结果与预期的结果进行比较。动作 Collect()有一个约束,要求计算机的内存大小可以满足所有返回的结果数据,并复制到驱动程序中。只有当结果数据的预期尺寸不大时,才使用此方法,因为所有数据都加载到驱动程序的内存中,有可能内存不足。

```
scala>rdd.collect
res12: Array[Int]=Array(1, 2, 3, 3)
```

代码 2-18

➢ count()：Long

返回数据集中元素的数量。例如，RDD 的值为(1，2，2，3，4，5，5，6)，rdd.count() 将得出结果 8。

```
scala>rdd.count
res13: Long=4
```

代码 2-19

➢ first()：T

返回数据集的第一元素，类似 take(1)。

```
scala>rdd.first
res14: Int=1
```

代码 2-20

➢ take(num：Int)：Array[T]

提取 RDD 的前 num 个元素并将其作为数组返回。此方法尝试减少其访问的分区数量，因此它表示一个有偏差的集合，我们不能假定元素的顺序。例如，有 RDD 为{1,2,2,3,4,5,5,6}，如果执行 take(4)，将得出结果{2,2,3,4}。

```
scala>rdd.take(3)
res15: Array[Int]=Array(1, 2, 3)
```

代码 2-21

➢ takeSample(withReplacement：Boolean, num：Int, seed：Long = Utils.random .nextLong)：Array[T]

此方法在某些方面的表现与 sample()方法不同，例如，它会返回确切数量的样本，通过第 2 个参数指定；它返回一个数组，而不是 RDD；它在内部随机化返回项目的顺序。

withReplacement：是否使用放回抽样的采样。

num：返回样本的大小。

seed：随机数发生器的种子。

因为所有数据都被加载到驱动程序的内存中，所以这个方法只应该在返回样本比较小的情况下使用。

```
scala>rdd.takeSample(true,3)
res16: Array[Int]=Array(2, 1, 1)
```

代码 2-22

➢ takeOrdered(num：Int)(implicit ord：Ordering[T])：Array[T]

使用内在的隐式排序函数对 RDD 的数据项进行排序，并将前 num 个项作为数组返回。

num：要返回元素的数量。
ord：隐式排序。

```
scala>rdd.takeOrdered(2)
res17: Array[Int]=Array(1, 2)

scala>rdd.takeOrdered(2)(Ordering[Int].reverse)
res18: Array[Int]=Array(3, 3)
```

代码 2-23

➢ foreach(f：(T)⇒ Unit)：Unit

对该 RDD 的所有元素应用函数 f。与其他操作不同，foreach 不返回任何值。它只是在 RDD 中的所有元素上运行，可以在不想返回任何结果的情况下使用，但是需要启动对 RDD 的计算，一个很好的例子是将 RDD 中的元素插入数据库，或者打印输出。

```
scala>rdd.foreach(x =>print(x +" "))
1 3 3 2
```

代码 2-24

➢ fold(zeroValue：T)(op：(T, T)⇒ T)：T

使用给定的关联函数和中性的 zeroValue 聚合每个分区的元素，然后聚合所有分区的结果。函数 op(t1, t2)允许修改 t1 并将其作为结果值返回，以避免对象分配；但是，它不应该修改 t2。这与 Scala 等函数语言的非分布式集合实现的折叠操作有所不同。该折叠操作可以单独应用于分区，然后将这些结果折叠成最终结果，而不是以某些定义的顺序将折叠应用于每个元素。对于不可交换的函数，结果可能与应用于非分布式集合的折叠的结果不同。

zeroValue：每个分区的累积结果的初始值，以及 op 运算符的不同分区的组合结果的初始值，通常是中性元素（例如，Nil 用于列表级联或 0 用于求和）。

op：一个运算符用于在分区内累积结果，并组合不同分区的结果。

```
scala>rdd.fold(0)((x, y) =>x +y)
res28: Int=9

scala>rdd.fold(1)((x, y) =>x +y)
res29: Int=12
```

代码 2-25

第二个代码为什么是 12？先执行下面的代码查看 rdd 的分区数：

```
scala>rdd.partitions.size
res25: Int=2
```

代码 2-26

可以看到，rdd 默认有两个分区，这是由于此 Docker 容器的 CPU 是两核。集合中的数据被分成两组，如果分别是(1,2)和(3,3)，则这种分组在真实的分布式环境中是不确定的。对这两组数据应用 fold 中的匿名方法进行累加，还需要加上 zeroValue＝1，分区中的数累加后，两个分区累加结果再累加，还要再加一次 zeroValue＝1，其最终的算式为

$$((1+2+1)+(3+3+1)+1)=12 \tag{2-1}$$

➢ aggregate[U]（zeroValue：U）（seqOp：(U，T) ⇒ U，combOp：(U，U) ⇒ U）（implicit arg0：ClassTag[U]）：U

首先聚合每个分区的元素，然后聚合所有分区的结果。聚合的方法是使用给定的组合函数和中性的 zeroValue。该函数可以返回不同于此 RDD 类型的结果类型 U。因此，需要一个用于将 T 合并成 U 的操作和一个用于合并两个 U 的操作，如在 scala.TraversableOnce 中，这两个函数都允许修改并返回其第一个参数，而不是创建一个新的 U，以避免内存分配。

zeroValue：用于 seqOp 运算符的，每个分区累积结果的初始值；以及用于 combOp 运算符的，不同分区组合结果的初始值，通常是中性元素（例如，Nil 表示列表连接，0 表示求和）。

seqOp：用于在分区内累积结果的运算符。

combOp：用于组合来自不同分区的结果的关联运算符。

```
scala>rdd.aggregate((0, 0))((x, y)=>(x._1+y, x._2+1),(x, y)=>(x._1+y._1, x._2+y._2))
res32: (Int, Int)=(9,4)
```

代码 2-27

上面代码中，zeroValue 为(0，0)；seqOp 为(x，y)＝>(x._1＋y，x._2＋1)，表示通过对每个分区内的元素进行累加和计数生成二元组，两个分区的计算方法和结果如下，如果两个分区的元素分别为(1,2)和(3,3)：

$$(1+2=3, 1+1=2)=(3, 2) \quad (3+3=6, 1+1=2)=(6, 2) \tag{2-2}$$

然后组合分区的结果，combOp 为(x，y)＝>(x._1＋y._1，x._2＋y._2)，表示对所有的分区计算结果进行累加，计算方法如下：

$$((3+6)=9, (2+2)=4)=(9, 4) \tag{2-3}$$

➢ saveAsTextFile（path）

将数据集的元素写为文本文件（或一组文本文件），通过 path 指定保存文件的路径，路径可以为本地文件系统、HDFS 或任何其他的 Hadoop 支持的文件系统。Spark 会调用每个元素的 toString 将其转换为文件中的一行文字。

➢ saveAsSequenceFile（path）

将数据集写入 Hadoop 的 SequenceFile，通过 path 指定保存文件的路径，路径可以为

本地文件系统、HDFS 或任何其他的 Hadoop 支持的文件系统。

> saveAsObjectFile(path)

将数据集的元素写为使用 Java 串行化的简单格式，然后可以使用 SparkContext.objectFile() 进行加载。

2.4 Scala 编程

使用 Scala 和 Spark 是学习大数据分析的很好的组合。Scala 允许将两种方法结合使用，即以面向对象编程（Object-Oriented Programming）和函数式编程（Functional Programming）两种风格编写代码。面向对象编程范例提供了一个全新的抽象层，可以通过定义实体（如具有相关属性和方法的类）对代码进行模块化，甚至可以利用继承或接口定义这些实体之间的关系。也可以将具有相似功能的相似类组合在一起，例如作为一个帮助器类，使项目立刻变得更加具有可扩展性。简言之，面向对象编程语言的最大优势是模块化和可扩展性。另外，在计算机科学中函数式编程是一种编程范例，是一种构建计算机程序结构和元素的独特风格。这种独特性有助于将计算视为对数学函数的评估，并避免状态更改和数据变化。因此，通过使用函数式编程概念，可以学习按照自己的风格进行编码，以确保数据的不变性。换句话说，函数式编程旨在编写纯函数，并尽可能地消除隐藏的输入和输出，以便代码尽可能地描述输入和输出之间的关系。

为了执行交互式数据清理、处理、修改和分析，许多数据科学家使用 R 或 Python 作为他们的工具，并尝试使用该工具解决所有的数据分析问题。因此，在大多数情况下，引入新工具可能非常具有挑战性，新工具具有更多的语法和新的学习模式集。Spark 中包括了用 Python 和 R 编写的 API，通过 PySpark 和 SparkR 分别允许使用 Python 或 R 编程语言调用 Spark 的功能组件。但是，大多数 Spark 书和在线示例都是用 Scala 编写的。可以说，数据科学家使用 Scala 语言学习 Spark 的开发，将胜于使用 Java、Python 或 R 编程语言，其原因包括：消除了数据转换处理开销；提供更好的性能；更好地理解 Spark 原理。

这意味着，您正在编写 Scala 代码以使用 Spark 及其 API（即 SparkR，SparkSQL，Spark Streaming，Spark MLlib 和 Spark GraphX）从集群中检索数据。或者，您正在使用 Scala 开发 Spark 应用程序，以在自己的计算机上处理该数据。在这两种情况下，Scala 都是您真正的朋友，并将及时向您派息。

本节将讨论 Scala 中基本的面向对象功能，涵盖的主题包括：Scala 中的变量；Scala 中的方法、类和对象；包和包对象；特性和特征线性化。然后讨论模式匹配，这是来自功能编程概念的功能。此外，本节将讨论 Scala 中的一些内置概念，如隐式和泛型。最后，讨论将 Scala 应用程序构建到 jar 中所需的一些广泛使用的构建工具。

2.4.1 面向对象编程

Scala REPL 是命令行解释器，可以将其用作测试 Scala 代码的环境。要启动 REPL 会话，只需在本教程提供的虚拟环境的命令中输入 scala，之后将看到以下内容：

```
root@bb8bf6efccc9:~#scala
Welcome to Scala 2.12.8 (OpenJDK 64-Bit Server VM, Java 1.8.0_212).
Type in expressions for evaluation. Or try :help.

scala>
```

因为 REPL 是命令行解释器,所以需要输入代码,然后按 Enter 键执行就可以看到结果。进入 REPL 后,可以输入 Scala 表达式查看其工作方式。

```
scala>val x=1
x: Int=1

scala>val y=x +1
y: Int=2
```

如这些示例所示,在 REPL 内输入表达式,就会在下一行显示每个表达式的结果。

Scala REPL 会根据需要创建变量,如果不将表达式的结果分配给变量,则 REPL 会自动创建以 res 为开头的变量,第一个变量是 res0,第二个变量是 res1,等等。

```
scala>2 +2
res0: Int=4

scala>3 / 3
res1: Int=1
```

这些是动态创建的实际变量名,可以在表达式中使用它们。

```
scala>val z =res0 +res1
z: Int=5
```

上面简单介绍了 Scala REPL 的使用。在本书中,大部分例子都使用了 Spark Shell 工具,这就是 Spark 提供的 REPL,只是在启动工具时加载了 Spark 程序包,可以直接在命令上调用。这里继续使用 REPL 进行实验。下面是一些表达式,可以尝试看看它们如何工作。

```
scala>val name ="John Doe"
name: String =John Doe

scala>"hello".head
res0: Char =h

scala>"hello".tail
res1: String =ello
```

```
scala>"hello, world".take(5)
res2: String=hello

scala>println("hi")
hi

scala>1 +2 * 3
res4: Int=7

scala>(1 +2) * 3
res5: Int=9

scala>if (2 >1) println("greater") else println("lesser")
greater
```

Scala 具有两种类型的变量：val 类型创建一个不可变的变量，例如在 Java 中的 final；var 创建一个可变变量。下面是 Scala 中的变量声明：

```
scala>val s="hello"
s: String=hello

scala>var i=42
i: Int=42
```

这些示例表明，Scala 编译器通常可以从"="符号右侧的代码推断出变量的数据类型，所以变量的类型可以由编译器推断。如果愿意，还可以显式声明变量类型。

```
scala>val s: String="hello"
s: String=hello

scala>var i: Int=42
i: Int=42
```

在大多数情况下，编译器不需要查看显式类型，但是如果认为它们使代码更易于阅读，则可以添加它们。实际上，当使用第三方库中的方法时，特别是如果不经常使用该库或它们的方法名称不能使类型清晰时，可以帮助提示变量类型。

val 和 var 之间的区别是：val 使变量不变，var 使变量可变。由于 val 字段不能改变，因此有些人将其称为值，而不是变量。当尝试重新分配 val 字段时，REPL 显示会发生什么？

```
scala>val a='a'
a: Char=a

scala>a='b'
```

```
<console>:12: error: reassignment to val
    a='b'
    ^
```

正如预期的那样,此操作失败并显示 val 的重新分配错误。相反,我们可以重新分配 var。

```
scala>var a='a'
a: Char=a

scala>a='b'
a: Char=b
```

REPL 与在 IDE 中使用源代码并非完全相同,因此在 REPL 中可以做一些事情,而在编写 Scala 应用程序中是做不到的。例如,可以使用 val() 方法在 REPL 中重新定义变量,如下所示。

```
scala>val age=18
age: Int=18

scala>val age=19
age: Int=19
```

而在 scala 应用程序代码中,不能使用 val() 方法重新定义变量,但是可以在 REPL 中重新定义。Scala 带有标准数字数据类型。在 Scala 中,所有这些数据类型都是对象,不是原始数据类型。这些示例说明了如何声明基本数字类型的变量。

```
scala>val b: Byte=1
b: Byte=1

scala>val x: Int=1
x: Int=1

scala>val l: Long=1
l: Long=1

scala>val s: Short=1
s: Short=1

scala>val d: Double=2.0
d: Double=2.0

scala>val f: Float=3.0f
f: Float=3.0
```

在前四个例子中,如果没有明确指定类型,数量1将默认为Int,所以,如果需要其他数据类型Byte、Long或者Short中的一种,则需要显式声明的类型。带小数的数字(如2.0)将默认为双精度,因此,如果需要单精度,则需要使用Float类型声明。

因为Int和Double是默认数字类型,所以通常在不显式声明数据类型的情况下创建它们。

```
scala>val i=123
i: Int=123

scala>val x=1.0
x: Double=1.0
```

大多数情况下,Scala还包括BigInt类型和BigDecimal类型。

```
scala>var b=BigInt(1234567890)
b: scala.math.BigInt=1234567890

scala>var b=BigDecimal(123456.789)
b: scala.math.BigDecimal=123456.789
```

BigInt和BigDecimal的一大优点是,它们支持用户习惯使用数值类型的所有运算符。Scala还具有String和Char数据类型,通常可以使用隐式形式进行声明。

```
scala>val name="Bill"
name: String=Bill

scala>val c='a'
c: Char=a
```

如上例所示,将字符串括在双引号中,将字符括在单引号中。Scala字符串具有很多功能,其中一个功能是Scala具有一种类似Ruby的方式合并多个字符串。

```
scala>val firstName="John"
firstName: String=John

scala>val mi='C'
mi: Char=C

scala>val lastName="Doe"
lastName: String=Doe
```

可以按以下方式将它们附加在一起:

```
scala>val name=firstName +" " +mi +" " +lastName
name: String=John C Doe
```

但是,Scala 提供了以下更方便的形式:

```
scala>val name=s"$firstName $mi $lastName"
name: String=John C Doe
```

这种形式创建了一种非常易读的方式来打印包含变量的字符串。

```
scala>println(s"Name: $firstName $mi $lastName")
Name: John C Doe
```

如下所示,用户要做的是在字符串前加上字母 s,然后在字符串内的变量名之前添加 $ 符号,此功能称为字符串插值。Scala 中的字符串插值提供了更多的功能,例如,还可以将变量名称括在花括号内。

```
scala>println(s"Name: ${firstName} ${mi} ${lastName}")
Name: John C Doe
```

对于一些用户来说,这种格式较易读,但更重要的好处是可以将表达式放在花括号内,如以下 REPL 示例所示。

```
scala>println(s"1+1 =${1+1}")
1+1=2
```

使用字符串插值可以在字符串前面加上字母 f,以便在字符串内部使用 printf 样式格式,而且原始插值器不对字符串内的文字(如\n)进行转义。另外,还可以创建自己的字符串插值器。Scala 字符串的另一个重要功能是可以通过将字符串包含在三个双引号中创建多行字符串。

```
scala>val speech="""Four score and
    |              seven years ago
    |              our fathers ..."""
speech: String=
Four score and
              seven years ago
              our fathers ...
```

当需要使用多行字符串时,这非常有用。这种基本方法的一个缺点是第一行之后的行是缩进的。解决此问题的简单方法是:在第一行之后的所有行前面加上符号"|",并在字符串之后调用 stripMargin()方法。

```
scala>val speech="""Four score and
    |              |seven years ago
    |              |our fathers ...""".stripMargin
speech: String=
Four score and
seven years ago
our fathers ...
```

下面看一下如何使用 Scala 处理命令行输入和输出。如前所述,可以使用命令 println 将输出写入标准输出,该函数在字符串后添加一个换行符,因此,如果不希望这样做,只需使用 print。

```
scala>println("Hello, world")
Hello, world

scala>print("Hello without newline")
Hello without newline
```

因为 println()是常用方法,所以同其他常用数据类型一样,不需要导入它。有几种读取命令行输入的方法,但是最简单的方法是使用 scala.io.StdIn 包中的 readLine()方法。就像使用 Java 和其他语言一样,通过 import 语句将类和方法带入 Scala 的作用域。

```
scala>import scala.io.StdIn.readLine
import scala.io.StdIn.readLine
```

import 语句将 readLine()方法带入当前范围,因此可以在应用程序中使用它。Scala 具有编程语言的基本控制结构,包括条件语句(if/then/else)、for 循环、异常捕获(try/catch/finally),它还具有一些独特的构造:match 表达式、for 表达式。我们将在以下内容中演示。一个基本的 Scala if 语句如下所示:

```
if (a==b) doSomething()
```

也可以这样编写该语句:

```
if (a==b) {
    doSomething()
}
```

if/else 结构如下所示:

```
if (a==b) {
    doSomething()
} else {
```

```
        doSomethingElse()
}
```

完整的 Scala if/else-if/else 表达式如下所示:

```
if (test1) {
    doX()
} else if (test2) {
    doY()
} else {
    doZ()
}
```

Scala if 构造总是返回结果,可以像前面的示例中那样忽略结果,但是更常见的方法(尤其是在函数编程中)是将结果分配给变量。

```
scala>val a=1
a: Int=1

scala>val b=2
b: Int=2

scala>val minValue=if (a <b) a else b
minValue: Int=1
```

这意味着,Scala 不需要特殊的三元运算符。Scala for 循环可用于迭代集合中的元素。例如,给定一个整数序列,然后遍历它们并打印出它们的值,如下所示。

```
scala>val nums=Seq(1,2,3)
nums: Seq[Int]=List(1, 2, 3)

scala>for (n <-nums) println(n)
1
2
3
```

上面的示例使用了整数序列,其数据类型为 Seq[Int]。下面例子的数据类型为字符串列表 List[String],使用 for 循环打印其值,就像前面的示例一样。

```
scala>val people=List(
    |     "Bill",
    |     "Candy",
    |     "Karen",
```

```
        |     "Leo",
        |     "Regina"
        | )
people: List[String]=List(Bill, Candy, Karen, Leo, Regina)

scala>for (p <-people) println(p)
Bill
Candy
Karen
Leo
Regina
```

Seq 和 List 是线性集合的两种类型。在 Scala 中,这些集合类似于 Array。为了遍历元素集合并打印其内容,还可以使用 foreach()方法,对于 Scala 集合类,可用这个方法,例如,用 foreach()打印先前的字符串列表。

```
scala>people.foreach(println)
Bill
Candy
Karen
Leo
Regina
```

foreach()可用于大多数集合类,对于 Map(类似于 Java 的 HashMap),可以使用 for()和 foreach()。下面的例子使用 Map 定义电影名称和等级,分别使用 for()和 foreach()方法打印输出电影名称和等级。

```
scala>val ratings=Map(
        |    "Lady in the Water"  ->3.0,
        |    "Snakes on a Plane"  ->4.0,
        |    "You, Me and Dupree" ->3.5
        | )
ratings: scala.collection.immutable.Map[String,Double]=Map(Lady in the Water
->3.0, Snakes on a Plane ->4.0, You, Me and Dupree ->3.5)

scala>for ((name,rating) <-ratings) println(s"Movie: $name, Rating: $rating")
Movie: Lady in the Water, Rating: 3.0
Movie: Snakes on a Plane, Rating: 4.0
Movie: You, Me and Dupree, Rating: 3.5

scala>ratings.foreach {
        |    case(movie, rating) =>println(s"key: $movie, value: $rating")
        | }
```

```
key: Lady in the Water, value: 3.0
key: Snakes on a Plane, value: 4.0
key: You, Me and Dupree, value: 3.5
```

在此示例中，name 对应 Map 中的每个键，rating 是分配给每个 name 的值。一旦开始使用 Scala，会发现在函数式编程语言 for 中，除了 for 循环外，还可以使用更强大的 for 表达式。在 Scala 中，for 表达式是 for 结构的另一种用法。例如，给定以下整数列表，然后创建一个新的整数列表，其中所有值都加倍，如下所示。

```
scala>val nums=Seq(1,2,3)
nums: Seq[Int]=List(1, 2, 3)

scala>val doubledNums=for (n <-nums) yield n * 2
doubledNums: Seq[Int]=List(2, 4, 6)
```

该表达式可以理解为：对于数字 nums，列表中的每个数字 n 的值加倍，然后将所有新值分配给变量 doubledNums。总而言之，for 表达式的结果是将创建一个名为 doubledNums 的新变量，其值是通过将原始列表中 nums 的每个值加倍而创建的。可以对字符串列表使用相同的方法，例如给出以下小写的字符串列表，使用 for 表达式创建大写的字符串列表。

```
scala>val names=List("adam", "david", "frank")
names: List[String]=List(adam, david, frank)

scala>

scala>val ucNames=for (name <-names) yield name.capitalize
ucNames: List[String]=List(Adam, David, Frank)
```

上面两个 for 表达式都使用 yield 关键字，表示使用所示算法在 for 表达式中迭代的现有集合产生一个新集合。如果要解决下面的问题，必须使用 yield 表达式。例如，给定这样的字符串列表：

```
scala>val names=List("_adam", "_david", "_frank")
names: List[String]=List(_adam, _david, _frank)
```

假设要创建一个包含每个大写姓名的新列表。为此，首先删除每个名称开头的下画线，然后大写每个名称。要从每个名称中删除下画线，需要在每个 String 上调用 drop(1)，完成之后在每个字符串上调用大写方法，可以通过以下方式使用 for 表达式解决此问题。

```
scala>val capNames=for (name <-names) yield {
    |     val nameWithoutUnderscore=name.drop(1)
```

```
    |     val capName=nameWithoutUnderscore.capitalize
    |     capName
    | }
capNames: List[String]=List(Adam, David, Frank)
```

该示例显示了一种比较烦琐的解决方案,因此可以看到,在 yield 之后使用了多行代码。但是,对于这个特定的示例,也可以使用更短的编写代码,这更像 Scala 风格。

```
scala>val capNames=for (name <-names) yield name.drop(1).capitalize
capNames: List[String]=List(Adam, David, Frank)
```

还可以在算法周围加上花括号:

```
scala>val capNames=for (name <-names) yield { name.drop(1).capitalize }
capNames: List[String]=List(Adam, David, Frank)
```

Scala 还有一个 match 表达式的概念。在最简单的情况下,可以使用 match 类似 Java switch 语句的表达式。使用 match 表达式可以编写许多 case 语句,用于匹配可能的值。在示例中,将整数值 1~12 进行匹配。其他任何值都将落入最后一个符号"_",这是通用的默认情况。match 表达式很不错,因为它们也返回值,所以可以将字符串结果分配给新值。

```
val monthName=i match {
    case 1  =>"January"
    case 2  =>"February"
    case 3  =>"March"
    case 4  =>"April"
    case 5  =>"May"
    case 6  =>"June"
    case 7  =>"July"
    case 8  =>"August"
    case 9  =>"September"
    case 10 =>"October"
    case 11 =>"November"
    case 12 =>"December"
    case _  =>"Invalid month"
}
```

另外,Scala 还使将 match 表达式用作方法主体变得更容易。作为简要介绍,下面是一个名为 convertBooleanToStringMessage() 的方法,该方法接受一个 Boolean 值并返回 String。

```
scala>def convertBooleanToStringMessage(bool: Boolean): String={
     |     if (bool) "true" else "false"
     | }
convertBooleanToStringMessage: (bool: Boolean)String
```

这些示例说明了为它提供 Boolean 值为 true 和 false 时它是如何工作的。

```
scala>val answer=convertBooleanToStringMessage(true)
answer: String=true

scala>val answer=convertBooleanToStringMessage(false)
answer: String=false
```

下面是第二个示例，它与上一个示例一样工作，将 Boolean 值作为输入参数并返回一条 String 消息。最大的区别是，此方法将 match 表达式用作方法的主体。

```
scala>def convertBooleanToStringMessage(bool: Boolean): String=bool match {
     |     case true =>"you said true"
     |     case false =>"you said false"
     | }
convertBooleanToStringMessage: (bool: Boolean)String
```

该方法的主体只有两个 case 语句：一个匹配 true；另一个匹配 false。因为这些是唯一可能的 Boolean 值，所以不需要默认 case 语句，现在可以调用该方法，然后打印其结果。

```
scala>val result=convertBooleanToStringMessage(true)
result: String=you said true

scala>println(result)
you said true
```

将 match 表达式用作方法的主体也是一种常见的用法。match 表达式非常强大，下面演示可以使用 match 执行的其他操作。match 表达式可以在单个 case 语句中处理多种情况，为了说明这一点，假设参数为 0 或空白字符串返回值为 false，其他任何值返回为 true，使用 match 表达式计算 true 和 false，这一条语句（case 0 | "" => false）让 0 和空字符串都可以评估为 false。

```
scala>def isTrue(a: Any)=a match {
     |     case 0 | "" =>false
     |     case _ =>true
     | }
isTrue: (a: Any)Boolean
```

因为将输入参数 a 定义为 Any 类型,这是所有 Scala 类的根,就像 Java 中的 Object 一样,所以此方法可与传入的任何数据类型一起使用。

```
scala> isTrue(0)
res0: Boolean=false

scala> isTrue("")
res1: Boolean=false

scala> isTrue(1.1F)
res2: Boolean=true

scala>isTrue(new java.io.File("/etc/passwd"))
res3: Boolean=true
```

match 表达式的另一个优点是,可以在 case 语句中使用 if 表达式进行强大的模式匹配。在此示例中,第二种和第三种情况语句均使用 if 表达式匹配数字范围。

```
scala>val count=1
count: Int=1

scala>count match {
    |    case 1 =>println("one, a lonely number")
    |    case x if x==2 || x==3 =>println("two's company, three's a crowd")
    |    case x if x >3 =>println("4+, that's a party")
    |    case _ =>println("i'm guessing your number is zero or less")
    | }
one, a lonely number
```

Scala 不需要在 if 表达式中使用括号,但是如果使用,可以提高可读性。

```
count match {
    case 1 =>println("one, a lonely number")
    case x if (x==2 || x==3) =>println("two's company, three's a crowd")
    case x if (x >3) =>println("4+, that's a party")
    case _ =>println("i'm guessing your number is zero or less")
}
```

为了支持面向对象编程,Scala 提供了一个类构造,其语法比 Java 和 C♯ 之类的语言简洁得多,而且易于使用和阅读。这里有一个 Scala 的类,它的构造函数定义了 firstName 和 lastName 两个参数。

```
scala>class Person(var firstName: String, var lastName: String)
defined class Person
```

有了这个定义,可以创建如下的新 Person 实例。

```
scala>val p=new Person("Bill", "Panner")
p: Person=Person@4e52d2f2
```

在类构造函数中定义参数会自动在类中创建字段。在本示例中,可以这样访问 firstName 和 lastName 字段:

```
scala>println(p.firstName +" " +p.lastName)
Bill Panner
```

在此示例中,由于两个字段都被定义为 var 字段,因此它们也是可变的,这意味着可以更改它们。

```
scala>p.firstName="Ivan"
p.firstName: String=Ivan

scala>p.lastName="Lee"
p.lastName: String=Lee
```

在上面的示例中,两个字段都被定义为 var 字段,这使得这些字段可变,还可以将它们定义为 val 字段,这使得它们不可变。

```
scala>class Person(val firstName: String, val lastName: String)
defined class Person

scala>val p=new Person("Bill", "Panner")
p: Person=Person@496c6d94

scala>   p.firstName="Fred"
<console>:12: error: reassignment to val
       p.firstName="Fred"
                  ^

scala>p.lastName="Jones"
<console>:12: error: reassignment to val
       p.lastName="Jones"
                 ^
```

如果使用 Scala 编写面向对象编程的代码,则将字段创建为 var 字段,以便对其进行改变。当使用 Scala 编写函数编程的代码时,一般使用用例类,而不是使用这样的类。

在 Scala 中,类的构造可以包括:构造参数;类主体中调用的方法;在类主体中执行的语句和表达式。在 Scala 类的主体中声明的字段以类似于 Java 的方式处理,它们是在首次实例化该类时分配的。下面的 Person 类演示了可以在类体内执行的一些操作。

```scala
scala>class Person(var firstName: String, var lastName: String) {
     |
     |       println("the constructor begins")
     |
     |       //'public' access by default
     |       var age=0
     |
     |       //some class fields
     |       private val HOME=System.getProperty("user.home")
     |
     |       //some methods
     |       override def toString(): String=s"$firstName $lastName is $age years old"
     |
     |       def printHome(): Unit=println(s"HOME=$HOME")
     |       def printFullName(): Unit=println(this)
     |
     |       printHome()
     |       printFullName()
     |       println("you've reached the end of the constructor")
     |
     | }
defined class Person
```

Scala REPL 中的以下代码演示了该类的工作方式。

```
scala>val p=new Person("Kim", "Carnes")
the constructor begins
HOME=/Users/al
Kim Carnes is 0 years old
you've reached the end of the constructor
p: Person=Kim Carnes is 0 years old

scala>p.age
res0: Int=0

scala>p.age=36
p.age: Int=36

scala>p
res1: Person=Kim Carnes is 36 years old

scala>p.printHome
```

```
HOME=/Users/al

scala>p.printFullName
Kim Carnes is 36 years old
```

在 Scala 中,方法一般在类内部定义(就像 Java),但是也可以在 REPL 中创建它们。本节将显示一些方法示例,以便可以看到语法。下面是如何定义名为 double 的方法,该方法采用一个名为 a 的整数输入参数并返回该整数的 2 倍,方法名称和签名显示在 = 的左侧。

```
scala>def double(a: Int)=a * 2
double: (a: Int)Int
```

def 是用于定义方法的关键字,方法名称为 double,输入参数 a 的类型 Int 为 Scala 的整数类型。函数的主体显示在右侧,在此示例中,它只是将输入参数 a 的值加倍。将该方法粘贴到 REPL 之后,可以通过给它一个 Int 值调用它。

```
scala>double(2)
res0: Int=4

scala>double(10)
res1: Int=20
```

上一个示例未显示该方法的返回类型,但是可以显示它。

```
scala>def double(a: Int): Int=a * 2
double: (a: Int)Int
```

编写这样的方法会显式声明该方法的返回类型。有些人喜欢显式声明方法的返回类型,因为它使代码更容易维护。如果将该方法粘贴到 REPL 中,将看到它的工作方式与之前的方法相同。为了显示一些更复杂的方法,以下是一个使用两个输入参数的方法。

```
scala>def add(a: Int, b: Int)=a +b
add: (a: Int, b: Int)Int
```

当一个方法只有一行时,可以使用上面的格式,但是,当方法主体变长时,可以将多行放在花括号内。

```
scala>def addThenDouble(a: Int, b: Int): Int={
     |     val sum=a+b
     |     val doubledsum * 2
     |     doubled
     | }
```

```
addThenDouble: (a: Int, b: Int)Int

scala>addThenDouble(1, 1)
res0: Int=4
```

Scala 的特质是该种语言的一大特色,可以像使用 Java 接口一样使用它们,也可以像使用具有实际方法的抽象类一样使用它们。Scala 类还可以扩展和混合多个特质。Scala 还具有抽象类的概念,我们需要了解何时应该使用抽象类,而不是特质。一种使用 Scala 特质的方法就像原始 Java 的接口,在其中可以为某些功能定义所需的接口,但是没有实现任何行为。举一个例子,假设想编写一些代码模拟任何有尾巴的动物,如狗和猫。在 Scala 中,我们编写了一个特质启动该建模过程,如下所示。

```
scala>trait TailWagger {
    |    def startTail(): Unit
    |    def stopTail(): Unit
    | }
defined trait TailWagger
```

该代码声明了一个名为 TailWagger 的特质,该特质指出,扩展 TailWagger 的任何类都应实现 startTail()和 stopTail()方法。这两种方法都没有输入参数,也没有返回值。可以编写一个扩展特质,并实现如下方法的类。

```
scala>class Dog extends TailWagger {
    |    //the implemented msethods
    |    def startTail(): Unit=println("tail is wagging")
    |    def stopTail(): Unit=println("tail is stopped")
    | }
defined class Dog

scala>val d=new Dog
d: Dog=Dog@5b8572df

scala>   d.startTail
tail is wagging

scala>   d.stopTail
tail is stopped
```

可以使用 extends 关键字创建扩展单个特征的类。这演示了如何使用扩展特质类实现其中的方法。Scala 允许创建具有特质的非常模块化的代码。例如,可以将动物的属性分解为模块化的单元。

```
scala>trait Speaker {
     |     def speak(): String
     | }
defined trait Speaker

scala>

scala>trait TailWagger {
     |     def startTail(): Unit
     |     def stopTail(): Unit
     | }
defined trait TailWagger

scala>

scala>trait Runner {
     |     def startRunning(): Unit
     |     def stopRunning(): Unit
     | }
defined trait Runner
```

一旦有了这些小片段,就可以通过扩展它们并实现必要的方法创建 Dog 类。

```
scala>class Dog extends Speaker with TailWagger with Runner {
     |
     |     //Speaker
     |     def speak(): String="Woof!"
     |
     |     //TailWagger
     |     def startTail(): Unit=println("tail is wagging")
     |     def stopTail(): Unit=println("tail is stopped")
     |
     |     //Runner
     |     def startRunning(): Unit=println("I'm running")
     |     def stopRunning(): Unit=println("Stopped running")
     |
     | }
defined class Dog
```

注意:如何使用 extends 和 with 从多个特征创建类。

2.4.2 函数式编程

Scala 允许将两种方法结合起来使用,以面向对象编程风格和函数式编程风格,甚至混合风格编写代码。如果之前学习过 Java、C++或 C#之类的面向对象编程语言,这有利于我们理解相关的概念。但是,由于函数式编程风格对于许多开发人员来说仍相对较新,所以理解起来会有难度,可以从简单的概念入手。

函数式编程是一种编程风格,强调只使用纯函数和不可变值编写应用程序。函数式程序员非常渴望将其代码视为数学中的函数公式,并且可以将它们组合成为一系列代数方程式。使用函数式编程更像是数据科学家通过定义数据公式解决问题,驱使他们仅使用纯函数和不可变值,因为这就是我们在代数和其他形式的数学中使用的方法。函数式编程是一个很大的主题,实际上通过本小节只是了解函数式编程,显示 Scala 为开发人员提供的一些用于编写功能代码的工具。首先使用 Scala 提供的函数式编程模式编写纯函数。纯函数的定义为:函数的输出仅取决于其输入变量;它不会改变任何隐藏状态;不会从外界读取数据(包括控制台、Web 服务、数据库和文件等),也不会向外界写入数据。由于此定义,每次调用具有相同输入值的纯函数时,总会得到相同的结果,例如,可以使用输入值 2 无限次调用 double 函数,并且始终获得结果 4。按照这个定义,scala.math._ 包中的此类方法就是纯函数,例如 abs、ceil、max、min,这些 Scala String()方法也是纯函数:isEmpty、length 和 substring。Scala 集合类的很多方法也作为纯函数,包括 drop、filter 和 map。

相反,以下功能不纯,因为它们违反了定义。与日期和时间相关的方法都不纯,如 getDayOfWeek、getHour 和 getMinute,因为它们的输出取决于输入参数以外的其他项,它们的结果依赖于这些示例中某种形式的隐藏输入、输出操作和隐藏输入。通常,不纯函数会执行以下一项或多项操作:

(1) 读取隐藏的输入,访问未显式传递为输入参数的变量和数据。
(2) 写隐藏的输出。
(3) 改变它们给定的参数。
(4) 与外界进行某种读写。

当然,应用程序不可能完全与外界没有输入、输出,因此人们提出以下建议:使用纯函数编写应用程序的核心,然后围绕该核心编写不纯的包装,以与外界交互。用 Scala 编写纯函数是关于函数编程的较简单部分之一,只需使用 Scala 定义方法的语法编写纯函数。这是一个纯函数,将给定的输入值加倍。

```
scala>def double(i: Int): Int=i * 2
double: (i: Int)Int
```

纯函数是仅依赖于其声明的输入及其内部算法生成其输出的函数。它不会从外部世界(函数范围外的世界)中读取任何其他值,并且不会修改外部世界中的任何值。实际的应用程序包含纯功能和不纯功能的组合,通常的建议是使用纯函数编写应用程序的核心,然后使用不纯函数与外界进行通信。

尽管曾经创建的每种编程语言都可能允许我们编写纯函数,但是 Scala 另一个函数式编程的特点是可以将函数创建为变量,就像创建 String 和 Int 变量一样。此功能有很多好处,其中最常见的好处是可以将函数作为参数传递给其他函数,例如:

```
scala>val nums=(1 to 10).toList
nums: List[Int]=List(1, 2, 3, 4, 5, 6, 7, 8, 9, 10)

scala>

scala>val doubles=nums.map(_ * 2)
doubles: List[Int]=List(2, 4, 6, 8, 10, 12, 14, 16, 18, 20)

scala>val lessThanFive=nums.filter(_ <5)
lessThanFive: List[Int]=List(1, 2, 3, 4)
```

在这些示例中,匿名函数被传递到 map 和 filter 中,将常规函数传递给相同的 map。

```
scala>def double(i: Int): Int=i * 2
double: (i: Int)Int

scala>val doubles=nums.map(double)
doubles: List[Int]=List(2, 4, 6, 8, 10, 12, 14, 16, 18, 20)
```

如这些示例所示,Scala 显然允许将匿名函数和常规函数传递给其他方法。这是优秀的函数式编程语言提供的强大功能。如果从技术术语角度介绍,将另一个函数作为输入参数的函数称为高阶函数。将函数作为变量传递的能力是函数式编程语言的一个显著特征,就像 map 和 filter 将函数作为参数传递给其他函数的能力,可以帮助用户创建简洁而又易读的代码。为了更好地体验将函数作为参数传递给其他函数的过程,可以在 REPL 中尝试以下几个示例。

```
scala>List("foo", "bar").map(_.toUpperCase)
res3: List[String]=List(FOO, BAR)

scala>List("foo", "bar").map(_.capitalize)
res4: List[String]=List(Foo, Bar)

scala>List("adam", "scott").map(_.length)
res5: List[Int]=List(4, 5)

scala>List(1,2,3,4,5).map(_ * 10)
res6: List[Int]=List(10, 20, 30, 40, 50)

scala>List(1,2,3,4,5).filter(_ >2)
res7: List[Int]=List(3, 4, 5)

scala>List(5,1,3,11,7).takeWhile(_ <6)
res8: List[Int]=List(5, 1, 3)
```

这些匿名函数中的任何一个都可以写为常规函数,因此可以编写如下函数。

```
scala>def toUpper(s: String): String=s.toUpperCase
toUpper: (s: String)String

scala>List("foo", "bar").map(toUpper)
res9: List[String]=List(FOO, BAR)

scala>List("foo", "bar").map(s=>toUpper(s))
res10: List[String]=List(FOO, BAR)
```

这些使用常规函数的示例等同于这些匿名函数示例:

```
scala>List("foo", "bar").map(s =>s.toUpperCase)
res11: List[String]=List(FOO, BAR)

scala>List("foo", "bar").map(_.toUpperCase)
res12: List[String]=List(FOO, BAR)
```

函数式编程就像编写一系列代数方程式一样,并且由于在代数中不使用空值,因此在函数式编程中不使用空值。Scala 的解决方案是使用构造,例如 Option/Some/None 类。虽然第一个 Option/Some/None 示例不处理空值,但这是演示 Option/Some/None 类的好方法,因此从它开始。

想象一下,我们想编写一种方法简化将字符串转换为整数值的过程,并且想要一种优雅的方法处理当获取的字符串类似"foo"而不能转换为数字时可能引发的异常。对这种函数的首次猜测可能是这样的:

```
scala>def toInt(s: String): Int={
    |     try {
    |         Integer.parseInt(s.trim)
    |     } catch {
    |         case e: Exception =>0
    |     }
    | }
toInt: (s: String)Int
```

此函数的思路是:如果字符串转换为整数,则返回整数;如果转换失败,则返回 0。出于某些目的这可能还可以,但实际上并不准确。例如,该方法可能接收到"0",也可能是"foo",或者可能收到"bar"等其他无数字符串。这就产生了一个实际的问题:怎么知道该方法何时真正收到"0",或何时收到其他字符?但是,使用这种方法无法知道。Scala 解决这个问题的方法是使用三个类:Option、Some 和 None。Some 与 None 类是 Option 的子类,因此解决方案是这样的:

（1）声明 toInt 返回一个 Option 类型。
（2）如果 toInt 收到一个可以转换为 Int 的字符串，则将 Int 包裹在 Some 中。
（3）如果 toInt 收到无法转换的字符串，则返回 None。

解决方案的实现如下所示。

```scala
scala>def toInt(s: String): Option[Int]={
     |     try {
     |         Some(Integer.parseInt(s.trim))
     |     } catch {
     |         case e: Exception =>None
     |     }
     | }
toInt: (s: String)Option[Int]
```

这段代码可以理解为：当给定的字符串转换为整数时，返回 Some 包装器中的整数，例如 Some(1)；如果字符串不能转换为整数，则返回 None 值。以下是两个 REPL 示例，它们演示了 toInt 的实际作用。

```scala
scala>val a=toInt("1")
a: Option[Int]=Some(1)

scala>val a=toInt("foo")
a: Option[Int]=None
```

如上所示，字符串"1"转换为 Some(1)，而字符串"foo"转换为 None。这是 Option/Some/None 方法的本质，用于处理异常（如本例所示），并且相同的技术也可用于处理空值，我们会发现整个 Scala 库类以及第三方 Scala 库都使用了这种方法。

现在，假设我们是 toInt()方法的使用者，该方法返回 Option[Int] 的子类，所以问题就变成如何使用这些返回类型？根据需求，主要有两个答案：①使用 match 表达式；②使用表达式。还有其他方法，但是这是两个主要方法，特别是从函数式编程的角度看。一种可能是使用 match 表达式，如下所示。

```scala
toInt(x) match {
    case Some(i) =>println(i)
    case None =>println("That didn't work.")
}
```

在此示例中，如果 x 可以转换为 Int，则 case 执行第一条语句；如果 x 不能转换为 Int，则 case 执行第二条语句。另一个常见的解决方案是使用 for/yield 组合。为了证明这一点，假设将三个字符串转换为整数值，然后将它们加在一起。for/yield 解决方案如下所示。

```
scala>val stringA="1"
stringA: String=1

scala>val stringB="2"
stringB: String=2

scala>val stringC="3"
stringC: String=3

scala>val y=for {
    |     a <-toInt(stringA)
    |     b <-toInt(stringB)
    |     c <-toInt(stringC)
    | } yield a +b +c
y: Option[Int]=Some(6)
```

该表达式结束运行时,y 将是以下两件事之一:

(1) 如果所有三个字符串都转换为整数,则 y 将为 Some[Int],即包装在 Some 内的整数。

(2) 如果三个字符串中的任何一个都不能转换为内部字符串,则 y 将为 None。

可以在 Scala REPL 中对此进行测试,输入三个字符串变量,y 的值为 Some(6)。另一种情况是将所有这些字符串更改为不会转换为整数的字符串,我们会看到 y 的值为 None。考虑 Option 类的一种好方法是:将其看作一个容器,更具体地说,是一个内部包含 0 或 1 项的容器,Some 是其中只有一件物品的容器,None 也是一个容器,但是里面什么也没有。

因为可以将 Some 和 None 视为容器,所以可以将它们进一步视为类似于集合类。因此,它们具有应用于集合类的所有方法,包括 map()、filter()、foreach()等,例如:

```
scala>toInt("1").foreach(println)
1

scala>toInt("x").foreach(println)
```

第一个示例显示数字 1,而第二个示例不显示任何内容。这是因为 toInt("1")计算为 Some(1),Some 类上的 foreach()方法知道如何从 Some 容器内部提取其中的值,因此将该值传递给 println。同样,第二个示例不打印任何内容,因为 toInt("x")计算为 None,None 类上的 foreach()方法知道 None 不包含任何内容,因此不执行任何操作。

2.4.3 集合类

Scala 集合类是一个易于理解且经常使用的编程抽象,可以分为可变集合和不可变集合。可变集合可以在必要时进行更改、更新或扩展,但是不可变集合不能更改。大多数集合类分别位于 scala.collection、scala.collection.immutable 和 scala.collection.mutable 包中。我们使用的主要 Scala 集合类见表 2-1。

表 2-1 我们使用的主要 Scala 集合类

类	描 述
ArrayBuffer	索引的可变序列
List	线性(链表),不可变序列
Vector	索引不变的序列
Map	基本 Map(键/值对)类
Set	基本 Set 类

ArrayBuffer 是一个可变序列,因此可以使用其方法修改内容,并且这些方法类似于 Java 序列上的方法。要使用 ArrayBuffer,必须先将其导入。

```
scala>import scala.collection.mutable.ArrayBuffer
import scala.collection.mutable.ArrayBuffer
```

将其导入本地范围后,会创建一个空的 ArrayBuffer,可以通过多种方式向其中添加元素,如下所示。

```
scala>val ints=ArrayBuffer[Int]()
ints: scala.collection.mutable.ArrayBuffer[Int]=ArrayBuffer()

scala>ints +=1
res17: ints.type=ArrayBuffer(1)

scala>ints +=2
res18: ints.type=ArrayBuffer(1, 2)
```

这只是创建 ArrayBuffer 并向其中添加元素的一种方法,还可以使用以下初始元素创建 ArrayBuffer,通过以下几种方法向此 ArrayBuffer 添加更多的元素。

```
scala>val nums=ArrayBuffer(1, 2, 3)
nums: scala.collection.mutable.ArrayBuffer[Int]=ArrayBuffer(1, 2, 3)

scala>nums +=4
res19: nums.type=ArrayBuffer(1, 2, 3, 4)

scala>nums +=5 +=6
res20: nums.type=ArrayBuffer(1, 2, 3, 4, 5, 6)

scala>nums ++=List(7, 8, 9)
res21: nums.type=ArrayBuffer(1, 2, 3, 4, 5, 6, 7, 8, 9)
```

还可以使用"-="和"--="方法从 ArrayBuffer 中删除元素。

```
scala>nums -=9
val res3: ArrayBuffer[Int]=ArrayBuffer(1, 2, 3, 4, 5, 6, 7, 8)

scala>nums -=7 -=8
val res4: ArrayBuffer[Int]=ArrayBuffer(1, 2, 3, 4, 5, 6)

scala>nums --=Array(5, 6)
val res5: ArrayBuffer[Int]=ArrayBuffer(1, 2, 3, 4)
```

简要概述一下，可以将以下几种方法用于 ArrayBuffer。

```
scala>val a=ArrayBuffer(1, 2, 3)          //ArrayBuffer(1, 2, 3)
a: scala.collection.mutable.ArrayBuffer[Int]=ArrayBuffer(1, 2, 3)

scala>a.append(4)                         //ArrayBuffer(1, 2, 3, 4)

scala>a.append(5, 6)                      //ArrayBuffer(1, 2, 3, 4, 5, 6)

scala>a.appendAll(Seq(7,8))               //ArrayBuffer(1, 2, 3, 4, 5, 6, 7, 8)

scala>a.clear                             //ArrayBuffer()

scala>

scala>val a=ArrayBuffer(9, 10)            //ArrayBuffer(9, 10)
a: scala.collection.mutable.ArrayBuffer[Int]=ArrayBuffer(9, 10)

scala>a.insert(0, 8)                      //ArrayBuffer(8, 9, 10)

scala>a.insertAll(0, Vector(4, 5, 6, 7))  //ArrayBuffer(4, 5, 6, 7, 8, 9, 10)

scala>a.prepend(3)                        //ArrayBuffer(3, 4, 5, 6, 7, 8, 9, 10)

scala>a.prepend(1, 2)                     //ArrayBuffer(1, 2, 3, 4, 5, 6, 7, 8, 9, 10)

scala>a.prependAll(Array(0))              //ArrayBuffer(0, 1, 2, 3, 4, 5, 6, 7, 8, 9, 10)

scala>

scala>val a=ArrayBuffer.range('a', 'h')   //ArrayBuffer(a, b, c, d, e, f, g)
a: scala.collection.mutable.ArrayBuffer[Char]=ArrayBuffer(a, b, c, d, e, f, g)
```

```
scala>a.remove(0)                    //ArrayBuffer(b, c, d, e, f, g)
res44: Char=a

scala>a.remove(2, 3)                 //ArrayBuffer(b, c, g)

scala>

scala>val a=ArrayBuffer.range('a', 'h')  //ArrayBuffer(a, b, c, d, e, f, g)
a: scala.collection.mutable.ArrayBuffer[Char]=ArrayBuffer(a, b, c, d, e, f, g)

scala>a.trimStart(2)                 //ArrayBuffer(c, d, e, f, g)

scala>a.trimEnd(2)                   //ArrayBuffer(c, d, e)
```

List 类是线性的、不可变的序列。这意味着，它是一个无法修改的链表，每当要添加或删除 List 元素时，都可以从一个现存的 List 中创建一个新元素 List。这是创建初始列表的方法：

```
scala>val ints=List(1, 2, 3)
ints: List[Int]=List(1, 2, 3)

scala>val names=List("Joel", "Chris", "Ed")
names: List[String]=List(Joel, Chris, Ed)
```

由于列表是不可变的，因此无法向其中添加新元素。相反，可以通过在现有列表之前或之后添加元素创建新列表，例如给定此列表：

```
scala>val a=List(1,2,3)
a: List[Int]=List(1, 2, 3)

scala>val b=0 +: a
b: List[Int]=List(0, 1, 2, 3)

scala>val b=List(-1, 0) ++: a
b: List[Int]=List(-1, 0, 1, 2, 3)
```

也可以将元素追加到 List，但是由于 List 是单链接列表，因此实际上只应在元素之前添加元素；向其添加元素是一个相对较慢的操作，尤其是在处理大序列时。如果要在不可变序列的前面和后面添加元素，则需要使用 Vector。由于列表是链接列表类，因此不应尝试通过大列表的索引值访问它们。例如，如果具有一个包含一百万个元素的列表，则访问 myList(999999) 之类的元素将花费很长时间，如果要访问这样的元素，则需要使用 Vector 或 ArrayBuffer。下面的例子展示了如何遍历列表的语法，给定这样的 List：

```
scala>val names=List("Joel", "Chris", "Ed")
names: List[String]=List(Joel, Chris, Ed)

scala>for (name <-names) println(name)
Joel
Chris
Ed
```

这种方法的最大好处是,它适用于所有的序列类,包括 ArrayBuffer、List、Seq 和 Vector 等。确实还可以通过以下方式创建完全相同的列表:

```
scala>val list=1 :: 2 :: 3 :: Nil
list: List[Int]=List(1, 2, 3)
```

这是有效的,因为一个 List 是以 Nil 元素结尾的单链列表。

Vector 类是一个索引的、不变的序列,可以通过 Vector 元素的索引值非常快速地访问它们,例如访问 listOfPeople(999999)。通常,除了对 Vector 进行索引和不对 List 进行索引的区别外,这两个类的工作方式相同。可以通过以下几种方法创建 Vector:

```
scala>val nums=Vector(1, 2, 3, 4, 5)
nums: scala.collection.immutable.Vector[Int]=Vector(1, 2, 3, 4, 5)

scala>

scala>val strings=Vector("one", "two")
strings: scala.collection.immutable.Vector[String]=Vector(one, two)
```

由于 Vector 是不可变的,因此无法向其中添加新元素,可以通过将元素追加或添加到现有 Vector 上创建新序列。例如给定此向量:

```
scala>val a=Vector(1,2,3)
a: Vector[Int]=List(1, 2, 3)

scala>val b=a :+ 4
b: Vector[Int]=List(1, 2, 3, 4)

scala>val b=a ++Vector(4, 5)
b: Vector[Int]=List(1, 2, 3, 4, 5)
```

也可以在前面加上这样的内容:

```
scala>val b=0 +: a
b: Vector[Int]=List(0, 1, 2, 3)
```

```
scala>val b=Vector(-1, 0) ++: a
b: Vector[Int]=List(-1, 0, 1, 2, 3)
```

因为 Vector 不是链表（如 List），所以可以在它的前面和后面添加元素，并且两种方法的速度相似，循环遍历 Vector 元素，就像 ArrayBuffer 或 List：

```
scala>val names=Vector("Joel", "Chris", "Ed")
val names: Vector[String]=Vector(Joel, Chris, Ed)

scala>for (name <-names) println(name)
Joel
Chris
Ed
```

Map 类文档将 Map 描述为由键值对组成的可迭代序列。一个简单的 Map 看起来像这样：

```
scala>val states=Map(
     |   "AK" ->"Alaska",
     |   "IL" ->"Illinois",
     |   "KY" ->"Kentucky"
     | )
states: scala.collection.immutable.Map[String,String]=Map(AK ->Alaska, IL ->Illinois, KY ->Kentucky)
```

Scala 具有可变和不变的 Map 类。要使用可变的 Map 类，请首先导入它：

```
scala>import scala.collection.mutable.Map
import scala.collection.mutable.Map
```

然后可以创建一个像这样的 Map：

```
scala>val states=collection.mutable.Map("AK" ->"Alaska")
states: scala.collection.mutable.Map[String,String]=Map(AK ->Alaska)
```

现在，可以使用"＋＝"向 Map 添加一个元素，如下所示：

```
scala>states +=("AL" ->"Alabama")
res49: states.type=Map(AL ->Alabama, AK ->Alaska)
```

还可以使用"＋＝"添加多个元素：

```
scala>states +=("AR" ->"Arkansas", "AZ" ->"Arizona")
res50: states.type=Map(AZ ->Arizona, AL ->Alabama, AR ->Arkansas, AK ->Alaska)
```

可以使用"++="从其他 Map 添加元素：

```
scala>states ++=Map("CA" ->"California", "CO" ->"Colorado")
res51: states.type=Map(CO -> Colorado, AZ -> Arizona, AL - Alabama, CA ->
California, AR ->Arkansas, AK ->Alaska)
```

使用"—="和"—="并指定键值从 Map 中删除元素，如以下示例所示。

```
scala>states -="AR"
res52: states.type=Map(CO -> Colorado, AZ -> Arizona, AL - Alabama, CA ->
California, AK ->Alaska)

scala>states -=("AL", "AZ")
res53: states.type=Map(CO ->Colorado, CA ->California, AK ->Alaska)

scala>states --=List("AL", "AZ")
res54: states.type=Map(CO ->Colorado, CA ->California, AK ->Alaska)
```

可以通过将 Map 元素的键重新分配为新值更新它们：

```
scala>states("AK")="Alaska, A Really Big State"

scala>states
res6: scala.collection.mutable.Map[String,String]=Map(CO ->Colorado, CA ->
California, AK ->Alaska, A Really Big State)
```

有几种不同的方法可以迭代 Map 中的元素，给定一个样本 Map：

```
scala>val ratings=Map(
     |    "Lady in the Water"->3.0,
     |    "Snakes on a Plane"->4.0,
     |    "You, Me and Dupree"->3.5
     | )
ratings: scala.collection.mutable.Map[String,Double]=Map(Snakes on a Plane
->4.0, Lady in the Water ->3.0, You, Me and Dupree ->3.5)
```

循环所有 Map 元素的一种好方法是使用以下的 for 循环语法：

```
scala>for ((k,v) <-ratings) println(s"key: $k, value: $v")
key: Snakes on a Plane, value: 4.0
key: Lady in the Water, value: 3.0
key: You, Me and Dupree, value: 3.5
```

将 match 表达式与 foreach()方法一起使用也很容易理解：

```
scala>ratings.foreach {
     |      case(movie, rating) =>println(s"key: $movie, value: $rating")
     | }
key: Snakes on a Plane, value: 4.0
key: Lady in the Water, value: 3.0
key: You, Me and Dupree, value: 3.5
```

Scala Set 类是一个可迭代的集合，没有重复的元素。Scala 具有可变和不变的 Set 类。要使用可变的 Set，首先导入它：

```
scala>val set=scala.collection.mutable.Set[Int]()
set: scala.collection.mutable.Set[Int]=Set()
```

可以使用"＋＝""＋＋＝"将元素添加到可变的 Set 中，还有 add()方法。这里有一些例子：

```
scala>set +=1
val res0: scala.collection.mutable.Set[Int]=Set(1)

scala>set +=2 +=3
val res1: scala.collection.mutable.Set[Int]=Set(1, 2, 3)

scala>set ++=Vector(4, 5)
val res2: scala.collection.mutable.Set[Int]=Set(1, 5, 2, 3, 4)
```

如果尝试将值添加到其中已存在的集合中，则该尝试将被忽略。

```
scala>set +=2
val res3: scala.collection.mutable.Set[Int]=Set(1, 5, 2, 3, 4)
```

Set 还具有 add()方法，如果将元素添加到集合中，则返回 true；如果未添加元素，则返回 false。

```
scala>set.add(6)
res4: Boolean=true

scala>set.add(5)
res5: Boolean=false
```

可以使用"－＝"和"－＝"方法从集合中删除元素，如以下示例所示。

```
scala>val set=scala.collection.mutable.Set(1, 2, 3, 4, 5)
set: scala.collection.mutable.Set[Int]=Set(2, 1, 4, 3, 5)
```

```
//one element
scala>set -=1
res0: scala.collection.mutable.Set[Int]=Set(2, 4, 3, 5)

//two or more elements(-= has a varargs field)
scala>set -=(2, 3)
res1: scala.collection.mutable.Set[Int]=Set(4, 5)

//multiple elements defined in another sequence
scala>set --=Array(4,5)
res2: scala.collection.mutable.Set[Int]=Set()
```

如上例所示,还有更多使用集合的方法,包括 clear()和 remove()。

```
scala>val set=scala.collection.mutable.Set(1, 2, 3, 4, 5)
set: scala.collection.mutable.Set[Int]=Set(2, 1, 4, 3, 5)
//clear
scala>set.clear()

scala>set
res0: scala.collection.mutable.Set[Int]=Set()

//remove
scala>val set=scala.collection.mutable.Set(1, 2, 3, 4, 5)
set: scala.collection.mutable.Set[Int]=Set(2, 1, 4, 3, 5)

scala>set.remove(2)
res1: Boolean=true

scala>set
res2: scala.collection.mutable.Set[Int]=Set(1, 4, 3, 5)

scala>set.remove(40)
res3: Boolean=false
```

2.5 案例分析

在 Spark 中,RDD 是一个基本的数据抽象层,是分布式部署在集群中节点上的对象集合,一旦创建,它们是不可变的。可以在 RDD 上执行转换和动作两种类型的数据操作。转换是惰性的计算,即它们不会在被定义的时候立即计算,只有在 RDD 上执行动作时,转换才会执行。还可以在内存或磁盘上持久化或缓存 RDD,同时 RDD 是容错的,如果某个节点或任务失败,则可以在其他节点上自动重建 RDD,并且完成作业。本节内容将使用在线拍卖系统的数据。这些数据保存在本地文件系统中的 CSV 文件中，数据包含三种类型的产品：Xbox、Cartier 和 Palm。此文件中的每一行代表一个单独的出价。每个出价都有拍卖 ID(AuctionID)、投标金额(Bid)、从拍卖开始的投标时间(Bid Time)、投标人(Bidder)、投标人评级(Bidder Rate)、拍卖开标价(Open Bid)、最终售价(Price)、产品类型(Item Type)和拍卖的天数(Days To Live，DTL)。每个拍卖都有一个拍卖代码相关联，可以拥有多个出价，每一行代表出价。对于每个出价，包含的信息见表 2-2。

表 2-2　案例数据说明

列　　名	类　　型	描　　述
AuctionID	String	拍卖 ID
Bid	Float	投标金额
Bid Time	Float	投标持续时间
Bidder	String	投标人
Bidder Rate	Int	投标人评级
Open Bid	Float	拍卖开标价
Price	Float	最终售价
Item Type	String	产品类型
DTL	Int	拍卖的天数

其中的数据如下所示：

```
3406945791,195,0.93341,sirvinsky,52,9.99,232.5,palm,7
3406945791,200,0.93351,sirvinsky,52,9.99,232.5,palm,7
3406945791,200,1.10953,jaguarhw,1,9.99,232.5,palm,7
3406945791,215,3.68168,lilbitreading,2,9.99,232.5,palm,7
3406945791,205,4.04531,jaguarhw,1,9.99,232.5,palm,7
3406945791,225,4.04568,jaguarhw,1,9.99,232.5,palm,7
3406945791,220,6.60786,robb1069,3,9.99,232.5,palm,7
3406945791,225,6.60799,robb1069,3,9.99,232.5,palm,7
3406945791,230,6.60815,robb1069,3,9.99,232.5,palm,7
3406945791,230,6.67638,jaguarhw,1,9.99,232.5,palm,7
3406945791,232.5,6.67674,jaguarhw,1,9.99,232.5,palm,7
```

2.5.1　启动交换界面

本节将学习实际操作怎样加载和检查数据，可以从现有集合或外部数据源创建 RDD。当数据被加载到 Spark 中时，就创建一个 RDD。通常可以将创建的第一个 RDD 称为输入 RDD 或基础 RDD，意思是这是之后 RDD 转换的基础，将来的转换操作是在其之上进行的。我们使用 Spark 交互界面将拍卖数据加载到 Spark 中。Spark 交互式界面

(REPL)允许以交互方式写入和输出,其支持的语言分别为 Scala、Python 和 R。当输入代码时,交互式界面提供即时反馈;当界面启动时,SparkContext 和 SparkSession 对象被初始化,然后分别使用变量 sc 和 spark 定义这两个对象。

- REPL

REPL 是指交互式解释器环境,其缩写分别表示 R(read)、E(evaluate)、P(print)、L(loop),输入值,交互式解释器会读取输入内容并对它求值,再返回结果,并重复此过程。

```
root@bb8bf6efccc9:~#spark-shell
20/03/05 07:42:31 WARN NativeCodeLoader: Unable to load native-hadoop library for your platform... using builtin-java classes where applicable
Using Spark's default log4j profile: org/apache/spark/log4j-defaults.properties
Setting default log level to "WARN".
To adjust logging level use sc.setLogLevel(newLevel). For SparkR, use setLogLevel(newLevel).
20/03/05 07:42:37 WARN Utils: Service 'SparkUI' could not bind on port 4040. Attempting port 4041.
Spark context Web UI available at http://bb8bf6efccc9:4041
Spark context available as 'sc' (master=local[*], app id=local-1583394157795).
Spark session available as 'spark'.
Welcome to
      ____              __
     / __/__  ___ _____/ /__
    _\ \/ _ \/ _ `/ __/  '_/
   /___/ .__/\_,_/_/ /_/\_\   version 2.4.5
      /_/

Using Scala version 2.11.12 (OpenJDK 64-Bit Server VM, Java 1.8.0_212)
Type in expressions to have them evaluated.
Type :help for more information.

scala>
```

2.5.2 SparkContext 和 SparkSession

用户可能会注意到当前的 Spark 交互界面中使用了 SparkSession 和 SparkContext。在这里回顾一下 Spark 的历史,了解一下这两个对象的由来是很有必要的,因为将会在一段时间内经常使用这两个连接对象。在 Spark 2.0 之前,Spark Context 是任何 Spark 应用程序的入口,用于访问所有的 Spark 功能,并且需要具有所有集群配置和参数的 SparkConf 创建 SparkContext 对象。我们可以使用 Spark Context 仅创建 RDD,并且必须为任何其他 Spark 交互创建特定的 Spark 上下文。从 Spark 2.0 开始,SparkSession 充当所有 Spark 功能的入口点。SparkContext 提供的所有功能也都可以通过 SparkSession

获得。但是，如果有人喜欢使用 SparkContext，还可以继续使用。HiveContext 是 SQLContext 的超集，它可以做 SQLContext 可以做的事情以及其他许多事情，其包括使用更完整的 HiveQL 解析器编写查询，访问 Hive UDF 以及从 Hive 表读取数据的功能。SQLContext 允许连接到不同的数据源，以从中写入或读取数据，但是它有局限性，当 Spark 程序结束或 Spark Shell 关闭时，所有到数据源的链接就都消失了，在下一个会话中将不可用。

从图 2-8 中看到，SparkContext 是访问所有 Spark 功能的渠道；每个 JVM 只存在一个 SparkContext。Spark 驱动程序（Driver Program）使用它连接到集群管理器（Cluster Manager）进行通信，提交 Spark 作业，并知道使用什么资源管理器（YARN、Mesos 或 Standalone）进行通信。驱动程序允许配置 Spark 配置参数，通过 SparkContext 驱动程序可以访问其他上下文对象，如 SQLContext、HiveContext 和 StreamingContext。但是，从 Spark 2.0 开始，SparkSession 可以通过单一、统一的入口访问所有上述 Spark 的功能。除了简化访问 DataFrame 和 Dataset API 外，它还包含了用来操作数据的底层上下文对象。

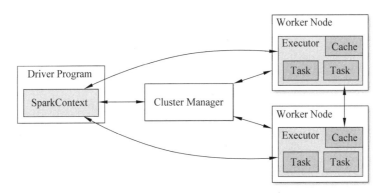

图 2-8　SparkContext 和 Driver Program、Cluster Manager 之间的关系

总而言之，以前通过 SparkContext、SQLContext 或 HiveContext 调用的所有功能现在可以通过 SparkSession 获得。本质上，SparkSession 是使用 Spark 处理数据的单一、统一入口。这样可以减少代码的复杂度，需要实现的编程架构变少，犯错误的可能就会小得多，并且代码可能也不会那么混乱。所以，使用 SparkSession 会简化 Spark 编程。

2.5.3　加载数据

首先启动交互式界面，运行 spark-shell 来完成。一旦启动界面，接下来使用 SparkContext.textFile（）方法将数据加载到 Spark 中。注意，代码中的 sc 是指 SparkContext 对象。

```
scala>val auctionRDD=sc.textFile("/data/auctiondata.csv")
auctionRDD: org.apache.spark.rdd.RDD[String] = /root/data/auctiondata.csv
MapPartitionsRDD[1] at textFile at <console>:24
```

代码 2-28

textFile()方法返回一个 RDD,每行包含一条记录。除了文本文件,Spark 的 API 还支持其他几种数据格式的读取,其中包括:wholeTextFiles()方法读一个目录中包含的多个小文本文件,每一行的数据返回为(文件名,内容);使用 SparkContext 的 sequenceFile[K,V]方法,K 和 V 是文件中的键和值的类型;通过 InputFormat,能够使用 SparkContext.hadoopRDD()方法,它采用任意 JobConf 并输入格式类、键类和值类,这种设置与使用输入源的 Hadoop 作业相同。textFiler()方法为延迟计算的,只是定义了 RDD 加载的过程,并定义了将要使用的数据,但是 RDD 尚未实际创建,仅当 RDD 遇到动作时,才会按照定义创建并加载数据,然后返回结果。

2.5.4 应用操作

可以使用 first()方法返回 auctionRDD 中第一行的数据。

```
scala>auctionRDD.first
res2: String=8213034705,95,2.927373,jake7870,0,95,117.5,xbox,3
```

代码 2-29

这一行数据表示 Xbox 产品的一次出价,其中的数据项使用逗号分隔。当然,auctionRDD 中还包括其他产品的数据,如 Cartier、Palm 等。如果只想查看 Xbox 上的出价,可以使用转换操作仅获得所有 Xbox 的出价信息:

```
scala>val xboxRDD=auctionRDD.filter(line=>line.contains("xbox"))
xboxRDD: org.apache.spark.rdd.RDD[String]=MapPartitionsRDD[2] at filter at <console>:26
```

代码 2-30

为了做到这一点,上面的代码对 auctionRDD 中的每个元素进行 filter()转换,auctionRDD 中的每一个元素就是 CSV 文件中的每一行,所以 filter()转换应用到 RDD 的每一行数据上。filter()转换是基于指定的条件进行过滤。当将 filter()转换应用于 auctionRDD 上时,其中条件检查用以查看该行是否包含单词 Xbox。如果条件为真,则将该行添加到生成的新 RDD,即上面代码中的 xboxRDD。在 filter()转换中使用了匿名函数(line=>line.contains("xbox"))。

filter()转换是将匿名函数应用于 RDD 的每个元素,而这个元素是 CSV 文件中的一行。这是 Scala 匿名函数的语法,它是一个没有命名的函数,其中"=>"匿名函数操作符,其左边部分表示输入变量。在语句中出现匿名函数意味着正在应用这个函数在上面的代码中,输入变量是 line,代表 auctionRDD 中的一行数据。filter()将 line 变量的值传输到匿名函数操作符右边的输出。在这个例子中,匿名函数的输出是调用条件函数 line.contains(),并得到布尔类型的结果值,判断 line 中是否包含 xbox。

由于 Spark 的转换操作是惰性计算的,上面的代码执行后,xboxRDD 和 auctionRDD 并没有真正在内存中实现,但是当在 xboxRDD 调用动作 count()时,Spark 会在内存中物理生成 xboxRDD。同时,在定义 xboxRDD 的过程中包括了 auctionRDD,所以

auctionRDD 也被实际生成。其执行顺序是，当运行该动作时，Spark 将从文本文件中读取并创建 auctionRDD，然后将 filter() 转换应用于 auctionRDD，以产生 xboxRDD。此时，auctionRDD 和 xboxRDD 都会加载在内存中。然后在 xboxRDD 上运行 count()，将 RDD 中的元素总数发送到驱动程序。但是，一旦动作运行完成，auctionRDD 和 xboxRDD 数据将从内存中释放。现在已经看了怎样定义转换和动作，将它们应用到 auctionRDD 上，以检查拍卖数据，希望找到一些问题的答案，例如：

- 有多少个产品被卖出？
- 每个产品有多少个出价？
- 有多少个不同种类的产品？
- 最小的出价数是多少？
- 最大的出价数是多少？
- 平均出价数是多少？

这些问题会在实验内容中找到解决的方法。首先，定义代码中需要引用的变量，根据每行的拍卖数据映射输入位置，就是将 CVS 数据以二维表的格式加载到 RDD，每一个列用一个变量表示，这样可以更容易地引用每个列，代码如下。

```scala
val auctionid=0
val bid=1
val bidtime=2
val bidder=3
val bidderrate=4
val openbid=5
val price=6
val itemtype=7
val daystolive=8
```

代码 2-31

从本地文件系统中，使用 SparkContext 的 textFile() 方法加载 .csv 格式的数据，在 map() 转换中将 split 函数应用到每行上，并使用","符号分割每行，将每行数据转换成一个数组 Array。

```scala
scala>val auctionRDD =sc.textFile("/data/auctiondata.csv")
.map(_.split(","))
auctionRDD: org.apache.spark.rdd.RDD[Array[String]]=MapPartitionsRDD[11] at map at <console>:24
```

代码 2-32

在上面的代码中，map() 转换中使用了匿名函数的语法，但是，利用 Scala 的占位符语法可以得到更简短的代码。

语法解释：如果想让函数文本更简洁，可以把下画线当作一个或更多参数的占位符，只要每个参数在函数文本内仅出现一次。例如下面代码，_ > 0 对于检查值是否大于零的函数来说就是非常短的标注。

```
scala>List(-11, -10, -5, 0, 5, 10).filter(_>0)
res3: List[Int]=List(5, 10)
```

代码 2-33

可以把下画线看作表达式里需要被填入的"空白"。这个空白在每次函数被调用的时候用函数的参数填入。例如,上面代码中,filter()方法会把_>0里的下画线首先用-11替换,如-11>0,然后用-10替换,如-10>0,然后用-5,如-5>0,这样直到 List 的最后一个值。因此,函数文本_>0与稍微冗长一点儿的 x => x>0 相同,代码如下:

```
scala>List(-11, -10, -5, 0, 5, 10).filter(x =>x >0)
res3: List[Int]=List(5, 10)
```

代码 2-34

当把下画线当作参数的占位符时,编译器有可能没有足够的信息推断缺失的参数类型。例如,假设只是写 _ + _:

```
scala>   val f = _ + _
<console>:23: error: missing parameter type for expanded function((x$1, x$2) =>
x$1.$plus(x$2))
         val f =_ +_
               ^
<console>:23: error: missing parameter type for expanded function((x$1:
<error>, x$2) =>x$1.$plus(x$2))
         val f =_ +_
                   ^
```

代码 2-35

这种情况下,可以使用冒号指定类型,如下:

```
scala>val f=(_: Int) + (_: Int)
f: (Int, Int) =>Int=<function2>

scala>f(5,10)
res4: Int=15
```

代码 2-36

请注意_ + _将扩展成带两个参数的函数,这也是仅当每个参数在函数中最多出现一次的情况下才能使用这种短格式的原因,多个下画线指代多个参数,而不是单个参数的重复使用,第一个下画线代表第一个参数,第二个下画线代表第二个参数,以此类推。现在回答第一个问题。

- 有多少个产品被卖出？

```
scala>val items_sold=auctionRDD.map(bid=>bid(auctionid)).distinct.count
items_sold: Long=627
```

代码 2-37

每个 auctionid 代表一个要出售的商品，对该商品的每个出价将是 auctionRDD 数据集中的一个完整的行。一个商品可能有多次出价，因此在数据中代表商品唯一编号的 auctionid 可能在多个行中出现。在上面的代码中，map() 转换将返回一个每行只包含 auctionid 的新数据集，然后在新数据集上调用 distinct() 转换，并返回另一个新的数据集，其中包含所有不重复的 auctionid，最后的 count 动作在第二个新数据集上运行，并返回不同 auctionid 的数量。

- 每个产品类型有多少出价？

在数据中，商品类型 itemtype 可以是 xbox、cartier 或 palm，每个商品类型可能有多个商品。

```
scala>val bids_item=auctionRDD.map(bid=>(bid(itemtype),1)).reduceByKey((x,y)=>x+y).collect()
bids_item: Array[(String, Int)]=Array((palm,5917), (cartier,1953), (xbox,2784))
```

代码 2-38

这时 auctionRDD 中的每个行数据都是一个数组，就可以使用数组取值的方式 bid(itemtype) 获得每行数据的产品类型。所以，map() 转换将 auctionRDD 的每行数组 bid 映射到由 itemtype 和 1 组成的二维元组中。如果想看一看 map() 转换后的数据，则使用 take(1) 动作返回一行数据，代码为

```
scala>val bids_item=auctionRDD.map(bid=>(bid(itemtype),1)).take(1)
bids_item: Array[(String, Int)]=Array((xbox,1))
```

代码 2-39

在这个例子中，reduceByKey() 运行在 map() 转换的键值对 RDD(itemtype,1) 上，并且基于其中的匿名函数((x,y)=>x+y)对键 itemtype 进行聚合操作，如果键相同，就累加值。在 reduceByKey() 转换中定义的匿名函数是求值的总和。reduceByKey() 也返回键值对(itemtype,value)，其中键 itemtype 还是代表产品类型，值 value 为每个类型的总和。最后的 collect() 为动作，收集结果并将其发送给驱动程序。之后可看到上面显示的结果，即每个项目类型的总量。

2.5.5 缓存处理

正如前面提到的，RDD 的转换是惰性计算，这意味着定义 auctionRDD 的时候，还没有在内存中实际生成，直到在其上调用动作之后，auctionRDD 才会在内存中生成，而使用

完之后，auctionRDD 会从内存中释放。每次在 RDD 上调用动作时，Spark 会重新计算 RDD 和其所有的依赖。例如，当计算出价的总计次数时，数据将被加载到 auctionRDD 中，然后应用 count 动作，代码如下。

```
scala>auctionRDD.count
res40: Long=10654
```

代码 2-40

运行完 count 动作之后，数据不在内存中。同样，如果计算 xbox 的总计出价次数时，将会按照定义 RDD 谱系图的先后顺序，先计算 auctionRDD，后计算 xboxRDD，然后在 xboxRDD 上应用 count 动作。运行完后，auctionRDD 和 xboxRDD 都会从内存中释放，代码如下。

```
scala>xboxRDD.count
res41: Long=2784
```

代码 2-41

- RDD 谱系（RDD Lineage）

当从现有 RDD 创建新 RDD 时，新的 RDD 包含指向父 RDD 的指针。类似地，RDD 之间的所有依赖关系将被记录在关系图中，而此时的 RDD 还没有在内存中生成实际的数据。该关系图被称为谱系图。

另外，当需要知道每个商品 auctionid 的总出价次数和出价最大次数时，则需要定义另一个 RDD，代码如下。

```
scala>val bidAuctionRDD =auctionRDD.map(bid=>(bid(auctionid),1))
.reduceByKey((x,y)=>x+y)
bidAuctionRDD: org.apache.spark.rdd.RDD[(String, Int)]=ShuffledRDD[97] at reduceByKey at <console>:34

scala>bidAuctionRDD.collect
res54: Array[(String, Int)] = Array ((3024504428, 1), (3018732453, 11), (3018904443, 24), (8212237522, 10), (3024980402, 26), (3014835507, 27), (3023275213, 7), (3024895548, 7), (1649858595, 7), (8213472092, 3), (8212969221, 19), (3024406300, 19), (1640550476, 23), (3013951754, 18), (3015958025, 20), (3014834982, 20), (8215582227, 16), (3014836964, 16), (8213037774, 16), (8213504270, 20), (8212236671, 43), (1639253454, 2), (1642911743, 3), (3024307014, 6), (8212264580, 22), (8214435010, 35), (3017457773, 17), (3021870696, 9), (3020026227, 20), (1639672910, 4), (3025885755, 7), (3014616784, 23), (8214767887, 9), (3025453701, 7), (3024659380, 26), (8212182237, 5), (3016035790, 11), (8214733985, 7), (3024307294, 3), (1639979107, 16), (3017950485, 20), (3025507248, 7), (3015710025, 7), (3024799631, 18), (8212602164, 50), (3016893433, 13...
```

```
scala>val maxbids=bidAuctionRDD.map(x=>x._2).reduce((x,y)=>Math.max(x,y))
maxbids: Int=75
```

代码 2-42

上面的代码中定义了 bidAuctionRDD，在这个 RDD 上分别调用了 collect() 和 reduce() 动作获得每个商品 auctionid 的总出价次数和出价最大次数的结果。当调用这两个动作时，数据将被加载到 auctionRDD 中，然后计算 bidAuctionRDD，执行相应的动作对 RDD 进行运算并返回结果。上面的代码中，当调用 count()、collect() 或 reduce() 时，每次都是从 auctionRDD 开始重新计算（见图 2-9）。

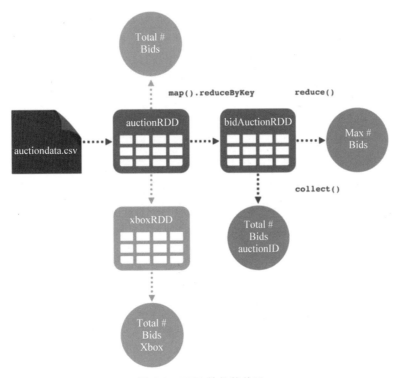

图 2-9　RDD 的依赖关系

上面代码中的每个动作（如 count()、collect() 等）都被独立地调用和从 auctionRDD 开始计算最后的结果。在上一个示例中，当调用 reduce 或 collect 时，每次处理完成后，数据会从内存中删除。当再次调用其中一个操作时，该过程从头开始，将数据加载到内存中。每次运行一个动作时，这些重复生成相同 RDD 的过程，会产生额外代价高的计算，特别是对于迭代算法来说。

可以从图 2-8 中看到 RDD 之间的关系，这相当于一个 RDD 定义的谱系结构。当谱系中有分支，并且多次使用相同的 RDD 时，建议使用 cache() 或 persist() 方法，将 RDD 中的数据缓存到存储介质中，例如内存或磁盘。如果 RDD 已经被计算，并且数据已经被缓存，可以重用此 RDD，而不需要使用任何额外的计算或内存资源。

但是需要小心，不要缓存所有东西，只有那些需要被重复使用和迭代的 RDD 才被缓存。缓存行为取决于有多少可以使用的内存,如果当前内存的容量不能满足缓存数据大小,可以将其缓存到容量很大的磁盘中。下面看一看缓存数据的过程:

第一步定义了关于如何创建 RDD 的说明,此时文件尚未读取,如 auctionRDD。

第二步通过转换定义需要重复使用的 RDD,如 bidAuctionRDD。

第三步在 RDD 上使用 cache()方法。

```
scala>bidAuctionRDD.cache
res10: bidAuctionRDD.type=ShuffledRDD[18] at reduceByKey at <console>:30
```

代码 2-43

执行第三步后,实际上还没有操作对 RDD 进行计算和缓存,只是定义了 RDD 以及 RDD 的转换。当在 bidAuctionRDD 上执行 collect 动作时,开始读取 auctiondata.csv 文件,然后执行转换、缓存和收集数据。下一个应用在 bidAuctionRDD 上的动作,如 count()或 reduce()等,只需使用缓存中的数据,而不是重新加载文件,并执行第二步的转换。

2.6 小　　结

本章介绍了 Spark 数据处理的基本机制。Apache Spark 是一个在 Hadoop 上运行并处理不同类型数据的集群计算框架,对于许多问题来说,是一站式解决方案,因为 Spark 拥有丰富的数据处理资源,最重要的是,它比 Hadoop 的 MapReduce 快 10～20 倍。Spark 通过其基于内存的本质获得了这种计算速度,数据被缓存并存在于存储器(RAM)中,并执行内存中的所有计算。另外,通过本章的学习,理解 RDD 的基本概念,掌握 Spark 程序的基本结构以及基础编程、编译和运行过程。

第 3 章 键值对与分区

本章介绍如何使用键值对 RDD，这是 Spark 中许多操作所需的常见数据类型。键值 RDD 用于执行聚合，通常做一些数据初始的提取、转换和加载，以将数据转换为键值对格式。在键值对 RDD 上可以应用新的操作，例如计数每个产品的评论；将数据与相同的键分组在一起，并将两个不同的 RDD 分组在一起。

另外，本章还将讨论一个高级功能，即分区功能，可让用户跨节点地控制配对 RDD 的布局。使用可以控制的分区，应用程序有时可以通过确保数据在同一个节点上一起访问，大大降低数据分布在不同节点上的通信成本，这样可以显著减少 RDD 计算时间。

3.1 键值对 RDD

到目前为止，我们已经使用了 RDD，其中每行代表一个值，例如整数或字符串。在许多用例中，需要按某个键进行分组或聚合、联结两个 RDD。现在看一下另一个 RDD 类型：键值对 RDD。键值对的数据格式可以在多种编程语言中找到。它是一组数据类型，由带有一组关联值的键标识符组成。使用分布式数据时，将数据组织成键值对是有用的，因为它允许在网络上聚合数据或重新组合数据。与 MapReduce 类似，Spark 以 RDD 的形式支持键值对数据格式。

在 Scala 语言中，Spark 键值对 RDD 的表示是二维元组。键值对 RDD 在许多 Spark 程序中使用。当想在分布式系统中进行值聚合或重新组合时，需要通过其中的键进行索引，例如有一个包含城市级别人口的数据集，并且想要在省级别汇总，那么就需要按省对这些行进行分组，并对每个省所有城市的人口求和；另一个例子是提取客户标识作为键，以查看所有客户的订单。要想满足键值对 RDD 的要求，每一行必须包含一个元组，其中第一个元素代表键，第二个元素代表值。键和值的类型可以是简单的类型，例如整数或字符串，也可以是复杂的类型，例如对象或值的集合或另一个元组。键值对 RDD 带有一组 API，可以围绕键执行常规操作，例如分组、聚合和连接。

```
scala>val rdd=sc.parallelize(List("Spark","is","an", "amazing", "piece",
"of","technology"))
rdd: org.apache.spark.rdd.RDD [String] = ParallelCollectionRDD [0] at
parallelize at <console>:24

scala>val pairRDD=rdd.map(w =>(w.length,w))
```

```
pairRDD: org.apache.spark.rdd.RDD[(Int, String)]=MapPartitionsRDD[1] at map
at <console>:25

scala>pairRDD.collect().foreach(println)
(5,Spark)
(2,is)
(2,an)
(7,amazing)
(5,piece)
(2,of)
(10,technology)
```

代码 3-1

上面的代码创建了键值对 RDD，每一行为一个元组，其中键是长度，值是单词。它们被包裹在一对括号内。一旦以这种方式排列了每一行，就可以通过按键分组轻松发现长度相同的单词。以下各节将介绍如何创建键值对 RDD，以及如何使用关联的转换和操作。

3.1.1 创建

创建键值对最常用的方法有：使用已经存在的非键值对；加载特定数据创建键值对；通过内存中的集合创建键值对。

虽然大多数 Spark 操作适用于包含任何类型对象的 RDD，但是几个特殊操作只能在键值对的 RDD 上使用，例如按键分组或聚合元素，这些操作都需要进行分布式洗牌。键值对操作在 PairRDDFunctions 类中自动封装在元组 RDD 上。键值对 RDD 中的键和值可以是标量值或复杂值，可以是对象、对象集合或另一个元组。当使用自定义对象作为键值对 RDD 中的键时，该对象的类必须同时定义自定义的 equals() 和 hashCode() 方法。

语法解释：Scala 元组结合多个固定数量的元素在一起，使它们可以被作为一个整体进行数据传递。不像一个数组或列表，元组可以容纳不同类型的对象，但它们也是不可改变的。下面是一个包括整数、字符串和 Console 的元组：

```
val t=(1, "hello", Console)
```

代码 3-2

这是语法方糖，是下面代码的简写方式：

```
val t=new Tuple3(1, "hello", Console)
```

代码 3-3

一个元组的实际类型取决于它包含的元素和这些元素的类型和数目。因此，该类型 (99, "Luftballons") 是 Tuple2[Int, String]；而 ('u', 'r', "the", 1, 4, "me") 的类型是

Tuple6[Char，Char，String，Int，Int，String]。元组类型包括 Tuple1、Tuple2、Tuple3 等，至少目前的上限为 22,如果需要更多,可以使用一个集合,而不是一个元组。对于每个 TupleN 类型,其中 1<= N <= 22,Scala 定义了许多元素的访问方法。假定定义一个元组 t 为

```
val t = (4,3,2,1)
```

代码 3-4

要访问元组 t 中的元素,可以使用方法 t._1 访问第一个元素,使用 t._2 访问第二个元素,以此类推。例如,下面的表达式计算 t 的所有元素的总和:

```
val sum=t._1+t._2+t._3+t._4
```

代码 3-5

存在许多格式的数据可以直接加载为键值对,例如 sequenceFile 文件是 Hadoop 用来存储二进制形式的键值对[Key,Value]而设计的一种平面文件。在此示例中,SequenceFile 由键值对(Category,1)组成,当加载到 Spark 中时,会产生键值对 RDD,代码如下。

```
scala>val data=sc.parallelize(List(("key1", 1), ("Key2", 2), ("Key3", 2)))
data: org.apache.spark.rdd.RDD[(String, Int)]=ParallelCollectionRDD[16] at parallelize at <console>:24
scala>data.saveAsSequenceFile("/data/seq-output")
```

代码 3-6

SequenceFile 可用于解决大量小文件问题,SequenceFile 是 Hadoop API 提供的一种二进制文件支持,直接将键值对序列化到文件中,一般对小文件可以使用这种文件合并,即将文件名作为键,文件内容作为值序列化到大文件中,读取 SequenceFile 的示例如下。

```
scala>import org.apache.hadoop.io.{Text, IntWritable}
import org.apache.hadoop.io.{Text, IntWritable}

scala>val result=sc.sequenceFile("/data/seq-output", classOf[Text],
classOf[IntWritable]).map{case (x, y) =>(x.toString, y.get())}
result: org.apache.spark.rdd.RDD[(String, Int)]=MapPartitionsRDD[19] at map
at <console>:26

scala>result.collect
res11: Array[(String, Int)]=Array((key1,1), (Kay2,2), (Key3,2))
```

代码 3-7

➢ def sequenceFile[K，V]（path：String，keyClass：Class[K]，valueClass：Class[V]）：RDD[(K，V)]

使用给定的键和值类型获取 Hadoop SequenceFile 的 RDD。

- path 为输入数据文件的目录,可以是逗号分隔的路径作为输入列表。
- keyClass 为与 SequenceFileInputFormat 关联的键类。
- valueClass 为与 SequenceFileInputFormat 关联的值类。

可以说,键值对 RDD 在许多程序中起着非常有用的构建块的作用。基本上,一些操作允许我们并行操作每个键,通过这一点可以在整个网络上重新组合数据。reduceByKey()方法分别为每个键聚合数据,而 join()方法通过将具有相同键的元素分组将两个 RDD 合并在一起。可以从 RDD 中提取字段,例如客户 ID、事件时间或其他标识符,然后将这些字段用作键值对 RDD 中的键。

- Scala 模式匹配

Scala 提供了强大的模式匹配机制,应用也非常广泛。一个模式匹配包含一系列备选项,每个都开始于关键字 case。每个备选项都包含一个模式及一到多个表达式。箭头符号 => 隔开了模式和表达式。上面的代码中使用了元组匹配模式,可以使用下面的例子学习其语法。

```
val langs=Seq(
  ("Scala", "Martin", "Odersky"),
  ("Clojure", "Rich", "Hickey"),
  ("Lisp", "John", "McCarthy"))
```

代码 3-8

定义 langs 序列(Seq)变量,其中包含三个三维元组。

```
for (tuple <-langs) {
  tuple match {
    case ("Scala", _, _) =>println("Found Scala")
    case (lang, first, last) =>
      println(s"Found other language: $lang ($first, $last)")
  }
}
```

代码 3-9

在 for 循环中定义了 case 模式匹配。第一个 case 匹配一个三元素元组,其中第一个元素是字符串"Scala",忽略第二个和第三个参数;第二个 case 匹配任何三元素元组,元素可以是任何类型,但是由于输入的是 langs,因此它们被推断为字符串。将元素提取为变量 lang、first 和 last,输出结果为

```
Found Scala
Found other language: Clojure(Rich, Hickey)
Found other language: Lisp(John, McCarthy)
```

代码 3-10

在上面的代码中,一个元组可以分解成其组成元素。可以匹配元组中的字面值,在任

何想要的位置，可以忽略不关心的元素。

使用 Scala 和 Python 语言，可以使用 SparkContext.parallelize()方法从内存中的数据集合创建一键值对，代码如下。

```
scala>val dist1=Array(("INGLESIDE",1), ("SOUTHERN",1), ("PARK",1),
("NORTHERN",1))
dist1: Array[(String, Int)]=Array((INGLESIDE,1), (SOUTHERN,1), (PARK,1),
(NORTHERN,1))

scala>val dist1RDD=sc.parallelize(dist1)
dist1RDD: org.apache.spark.rdd.RDD[(String, Int)]=ParallelCollectionRDD[44]
at parallelize at <console>:30

scala>dist1RDD.collect
res29: Array[(String, Int)]= Array((INGLESIDE, 1), (SOUTHERN, 1), (PARK, 1),
(NORTHERN,1))
```

代码 3-11

在这个例子中，首先这是在内存中创建键值对集合 dist1，然后通过 SparkContext.parallelize()方法应用于 dist1 创建键值对 dist1RDD。另外，在一组小文本文件上运行 sc.wholetextFiles 将创建键值对，其中键是文件的名称，而值为文件中的内容。

3.1.2 转换

键值对 RDD 允许使用标准 RDD 可用的所有转换，由于键值对包含元组，因此需要在转换方法中传递可以在元组上操作的函数。下面总结了键值对常用的转换。

■ **基于一个键值对 RDD 的转换**

创建一个键值对 RDD。

```
scala>val rdd=sc.parallelize(List((1, 2), (3, 4), (3, 6)))
rdd: org.apache.spark.rdd.RDD[(Int, Int)] = ParallelCollectionRDD[15] at
parallelize at <console>:24
```

代码 3-12

➤ reduceByKey(func：(V, V)⇒ V, numPartitions：Int)：RDD[(K，V)]

调用包含(K, V)的数据集，返回的结果也为(K, V)。数据集中的每个键对应的所有值被聚集，使用给定的汇总功能 func，其类型必须为(V, V) => V。像 groupByKey，汇总任务的数量通过第二个可选的参数 numPartitions 配置，这个参数用于设置 RDD 的分区数。

```
scala>rdd.reduceByKey((x, y) =>x +y).collect
res5: Array[(Int, Int)]=Array((1,2), (3,10))
```

代码 3-13

➢ groupByKey(numPartitions：Int)：RDD[(K, Iterable[V])]

调用包含(K，V)的数据集，返回(K，Iterable＜V＞)。如果分组的目的是为了对每个键执行聚集,如总和或平均值,使用reduceByKey或aggregateByKey将产生更好的性能。默认情况下,输出的并行任务数取决于RDD谱系中父RDD的分区数,可以通过一个可选的参数 numPartitions 设置不同数量的任务。

```
scala>rdd.groupByKey().collect
res6: Array [(Int, Iterable [Int])] = Array ((1, CompactBuffer (2)), (3, CompactBuffer(4, 6)))
```

代码 3-14

➢ combineByKey[C](createCombiner：(V) ⇒ C, mergeValue：(C, V) ⇒ C, mergeCombiners：(C, C) ⇒ C)：RDD[(K, C)]

使用相同的键组合值,产生与输入不同的结果类型,例子和详细说明见后面的部分。

➢ mapValues[U](f：(V)⇒ U)：RDD[(K, U)]

对键值对 RDD 的每个值应用一个方法,而不用改变键。

```
scala>rdd.mapValues(x =>x+1).collect
res11: Array[(Int, Int)]=Array((1,3), (3,5), (3,7))
```

代码 3-15

➢ flatMapValues[U](f：(V)⇒ TraversableOnce[U])：RDD[(K, U)]

与 mapValues 相似,将键值对中的每个值传递给函数 f 而不改变键,不同的是将数据的内在结构扁平化。

```
scala>rdd.flatMapValues(x =>(x to 5)).collect
res13: Array[(Int, Int)]=Array((1,2), (1,3), (1,4), (1,5), (3,4), (3,5))
```

代码 3-16

➢ keys：RDD[K]

将键值对 RDD 中每个元组的键返回,产生一个 RDD。

```
scala>rdd.keys.collect
res15: Array[Int]=Array(1, 3, 3)
```

代码 3-17

➢ values：RDD[V]

将键值对 RDD 中每个元组的值返回,产生一个 RDD。

```
scala>rdd.values.collect
res20: Array[Int]=Array(2, 4, 6)
```

代码 3-18

➢ sortByKey（ascending：Boolean = true，numPartitions：Int = self.partitions.length)：RDD[(K,V)]

当在数据集(K，V)上被调用时，K 实现了有序化，返回按照键的顺序排列的数据集(K，V)，在布尔参数 ascending 中指定升序或降序。

```
scala>rdd.sortByKey().collect
res25: Array[(Int, Int)]=Array((1,2), (3,4), (3,6))
```

代码 3-19

➢ aggregateByKey[U]（zeroValue：U)(seqOp：(U，V)⇒ U，combOp：(U，U) ⇒ U)(implicit arg0：ClassTag[U])：RDD[(K，U)]

使用给定的组合函数和中性 zeroValue 聚合每个键的值。该函数可以返回与输入键值对 RDD 中的 V 值类型不同的结果类型 U。因此，需要一个用于将 V 合并到 U 中的操作和一个用于合并两个 U 的操作，如在 scala.TraversableOnce 中，前一个函数 seqOp 用于合并分区中的值，后者 combOp 用于在分区之间合并值。为了避免内存分配，这两个函数都允许修改并返回其第一个参数，而不是创建一个新的 U。

```
scala>val pairRDD=sc.parallelize(List( ("cat",2), ("cat", 5), ("mouse", 4),
("cat", 12), ("dog", 12), ("mouse", 2)), 2)
pairRDD: org.apache.spark.rdd.RDD[(String, Int)]=ParallelCollectionRDD[1] at
parallelize at <console>:24

scala>def myfunc(index: Int, iter: Iterator[(String, Int)]) : Iterator[String]={
    | iter.map(x =>"[partID:" + index +", val: " +x +"]")
    | }
myfunc: (index: Int, iter: Iterator[(String, Int)])Iterator[String]

scala>pairRDD.mapPartitionsWithIndex(myfunc).collect
res0: Array[String]=Array([partID:0, val: (cat,2)], [partID:0, val: (cat,5)],
[partID:0, val: (mouse,4)], [partID:1, val: (cat,12)], [partID:1, val: (dog,
12)], [partID:1, val: (mouse,2)])

scala>pairRDD.aggregateByKey(0)(math.max(_, _), _ +_).collect
res1: Array[(String, Int)]=Array((dog,12), (cat,17), (mouse,6))

scala>pairRDD.aggregateByKey(100)(math.max(_, _), _ +_).collect
res2: Array[(String, Int)]=Array((dog,100), (cat,200), (mouse,200))
```

代码 3-20

上面的代码中，通过定义 myfunc 函数，分别打印出 RDD 分区中的内容。

■ **基于两个键值对 RDD 的转换**

创建两个键值对 RDD，分别为

```
scala>val rdd=sc.parallelize(List((1, 2), (3, 4), (3, 6)))
rdd: org.apache.spark.rdd.RDD[(Int, Int)] = ParallelCollectionRDD[42] at
parallelize at <console>:24

scala>val other=sc.parallelize(List((3,9)))
other: org.apache.spark.rdd.RDD[(Int, Int)] = ParallelCollectionRDD[43] at
parallelize at <console>:24
```

代码 3-21

> subtractByKey

从 RDD 中删除 other 中存在的键元素。

```
scala>rdd.subtractByKey(other).collect
res27: Array[(Int, Int)]=Array((1,2))
```

代码 3-22

> join(otherDataset,[numTasks])

在两个 RDD 之间执行内部连接。

```
scala>rdd.join(other).collect
res28: Array[(Int, (Int, Int))]=Array((3,(4,9)), (3,(6,9)))
```

代码 3-23

> rightOuterJoin

在两个 RDD 之间执行连接,其中键必须存在于 other 中。

```
scala>rdd.rightOuterJoin(other).collect
res30: Array[(Int, (Option[Int], Int))]=Array((3,(Some(4),9)), (3,(Some(6),
9)))
```

代码 3-24

> leftOuterJoin

在两个 RDD 之间执行连接,其中键必须存在于 rdd 中。

```
scala>rdd.leftOuterJoin(other).collect
res31: Array[(Int, (Int, Option[Int]))]=Array((1,(2,None)), (3,(4,Some(9))),
(3,(6,Some(9))))
```

代码 3-25

> cogroup(otherDataset,[numTasks])

将两个 RDD 具有相同键的值组合在一起。

```
scala>rdd.cogroup(other).collect
res32: Array[(Int, (Iterable[Int], Iterable[Int]))]=Array((1,(CompactBuffer(2),
CompactBuffer())), (3,(CompactBuffer(4, 6),CompactBuffer(9))))
```

代码 3-26

3.1.2.1 聚合

当使用键值对描述数据集时,通常需要在具有相同键的所有元素上统计数据。对于基本的 RDD 的 fold、combine 和 reduce 操作,在键值对 RDD 上也有基于键的类似操作,这些操作基于相同的键进行汇集。这些操作是转换,而不是动作。

1. reduceByKey

基本上,reduceByKey 函数仅适用于包含键值对元素类型的 RDD,即 Tuple 或 Map 作为数据元素。这是一个转型操作,意味着被惰性评估。我们需要传递一个关联函数作为参数,该函数将应用于键值对 RDD,创建带有结果值的 RDD,即新的键值对。由于分区间可能发生数据 Shuffle,因此此操作是一项涉及全数据集的广泛操作。

在数学中,关联属性是一些二元运算的属性。在命题逻辑中,关联性是在逻辑证明中替换表达式的有效规则。在包含同一个关联运算符的一行中出现两次或更多次的表达式中,只要操作数序列未更改,操作的执行次序就无关紧要。也就是说,重新排列这种表达式中的括号不会改变其值。考虑下面的等式:

$$\left. \begin{array}{l} (2+3)+4=2+(3+4)=9 \\ 2\times(3\times4)=(2\times3)\times4=24 \end{array} \right\} \tag{3-1}$$

关联性让我们可以按顺序并行使用相同的函数。reduceByKey 使用该属性计算 RDD 的结果,RDD 是由分区组成的分布式集合。直观地说,这个函数在重复应用于具有多个分区的同一组 RDD 数据时会产生相同的结果,而不管元素的顺序如何。此外,它首先使用 Reduce 函数在本地执行合并,然后在分区之间发送记录,以准备最终结果。通过下面的代码看一看 reduceByKey 的执行过程。

```
scala>val x =sc.parallelize(Array(("a", 1), ("b", 1), ("a", 1),("a", 1), ("b",
1), ("a", 1),("b", 1), ("b", 1), ("a", 1), ("b", 1), ("a", 1),("b", 1)), 3)
x: org.apache.spark.rdd.RDD[(String, Int)] = ParallelCollectionRDD[5] at
parallelize at <console>:24

scala>x.reduceByKey(_+_).collect()
res3: Array[(String, Int)]=Array((a,6), (b,6))
```

代码 3-27

在图 3-1 中,可以看到 RDD 具有多个键值对元素,如(a,1)和(b,1),以及 3 个分区。在对整个分区之间的数据洗牌之前,先在每个本地分区中进行相同的聚合。可以使用 reduceByKey 与 mapValues 一起计算每个键的平均值,代码和图示(见图 3-2)如下。

```
scala>val rdd=sc.parallelize(List(("panda",0),("pink",3),
("pirate",3),("panda",1),("pink",4)))
rdd: org.apache.spark.rdd.RDD[(String, Int)] = ParallelCollectionRDD[29] at
parallelize at <console>:24
scala>rdd.mapValues(x =>(x, 1)).reduceByKey((x, y) =>(x._1+y._1, x._2+
y._2)).collect
res38: Array[(String, (Int, Int))] = Array((panda, (1, 2)), (pink, (7, 2)),
(pirate,(3,1)))
```

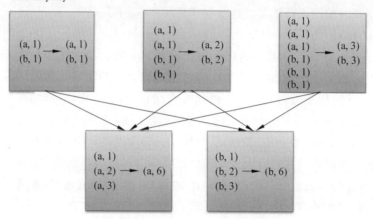

图 3-1 reduceByKey 运行示意图

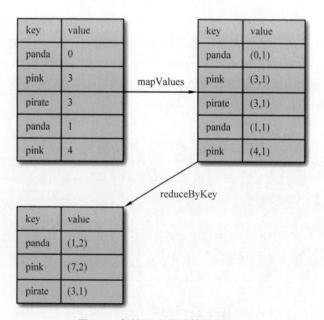

图 3-2 每键平均值计算的数据流

实际上，reduceByKey 是 aggregateByKey 的一个特例。aggregateByKey 有两个参数：一个应用于每个分区的聚合；另一个应用于分区之间的聚合。reduceByKey 在上述两种情况下都使用相同的关联函数，在每个分区上都执行一遍，然后在分区间执行一遍，将第一遍的结果合并为最终结果。

2. combineByKey

combineByKey 调用是一种聚合的优化。使用 combineByKey 值时，每个分区合并为一个值，然后将每个分区值合并为一个值。值得注意的是，组合值的类型不必与原始值的类型相匹配，而且通常不会。combineByKey 函数将 3 个函数作为参数，第一个函数为创建组合器的函数，在 aggregateByKey 函数中，第一个参数只是 zeroValue，在 combineByKey 中提供了一个函数，它将接受当前的值作为参数，并返回将与合成值合并的新值；第二个函数是一个合并函数，它接受一个值并将它合并或组合到先前收集的值中；第三个函数将合并的值组合在一起，基本上这个函数采用在分区级别上产生的新值，并将它们结合起来，直到得到一个最后的结果。下面是一段执行 combineByKey 的代码。

```
scala>val data=sc.parallelize(List(("A", 3), ("A", 9), ("A", 12),("B", 4),
("B", 10), ("B", 11)))
data: org.apache.spark.rdd.RDD[(String, Int)]=ParallelCollectionRDD[0] at
parallelize at <console>:24

scala>val sumCount=data.combineByKey((v)=>(v,1),(acc:(Int,Int),v) =>(acc._1
+v,acc._2+1),(acc1:(Int,Int),acc2:(Int,Int)) =>(acc1._1+acc2._1,acc1._2+
acc2._2))
sumCount: org.apache.spark.rdd.RDD[(String, (Int, Int))]=ShuffledRDD[1] at
combineByKey at <console>:26

scala>sumCount.foreach(println)
(B,(25,3))
(A,(24,3))

scala>val averageByKey= sumCount.map {case(key, value) => (key, value._1 /
value._2.toFloat)}
averageByKey: org.apache.spark.rdd.RDD[(String, Float)]=MapPartitionsRDD[2]
at map at <console>:28

scala>averageByKey.foreach(println)
(A,8.0)
(B,8.333333)
```

代码 3-28

参考上面的代码，combineByKey 需要三个函数，分别为 createCombiner、mergeValue 和 mergeCombiner。

■ createCombiner

```
(v) => (v,1)
```

combineByKey()方法中的第一个函数是必选参数,用作每个键的第一个聚合步骤。当在每个分区中,如果找不到每个键的组合器,createCombiner 会为分区上每个遇到的第一个键创建初始组合器。上面的代码是用在分区中遇到的第一个值和为 1 的键计数器初始化一个tuple,其值为(v, 1),v 代表第一个遇到的值,表示存储组合器的存储内容为(sum,count)。

■ mergeValue

```
(acc:(Int,Int),v) =>(acc._1+v,acc._2+1)
```

这是下一个必需的函数,告诉 combineByKey 当组合器被赋予一个新值时该怎么做。该函数的参数是组合器 acc 和新值 v。组合器的结构在上面被定义为(sum,count)形式的元组,acc._1 执行累加代表组合器中的 sum,acc._2 执行计数代表组合器中的 count。所以,通过将新值 v 添加到组合器元组的第一个元素,同时加 1 到组合器元组的第二个元素合并新值。mergeValue 只有在这个分区上已经创建了初始组合器(在我们的例子中为元组)时才被触发。

■ mergeCombiner

```
(acc1:(Int,Int),acc2:(Int,Int))=>(acc1._1+acc2._1,acc1._2+acc2._2)
```

最终一个必需的函数告诉 combineByKey 如何合并分区之间的两个组合器。在这个例子中,每个分区组合器元组的形式为(sum,count),需要做的是将第一个分区依次到最后一个分区中的组合器加在一起。

最终的目标是逐个计算平均值 averageByKey()。combineByKey()的结果是 RDD,其格式为(label,(sum,count)),因此可以通过使用 map()方法,映射(sum,count)到 sum/count 轻松获取平均值。接下来将数据的子集分解到多个分区,并在实际中看数据的计算方式。

```
分区一
A=3 -->createCombiner(3) ==>accum[A]=(3, 1)
A=9 -->mergeValue(accum[A], 9) ==>accum[A]=(3 +9, 1 +1)
B=11 -->createCombiner(11) ==>accum[B]=(11, 1)
分区二
A=12 -->createCombiner(12) ==>accum[A]=(12, 1)
B=4 -->createCombiner(4) ==>accum[B]=(4, 1)
B=10 -->mergeValue(accum[B], 10) ==>accum[B]=(4 +10, 1 +1)
合并分区
A ==>mergeCombiner((12, 2), (12, 1)) ==>(12 +12, 2 +1)
B ==>mergeCombiner((11, 1), (14, 2)) ==>(11 +14, 1 +2)
sumCount 输出为
Array((A, (24, 3)), (B, (25, 3)))
```

3.1.2.2 分组

使用键值对数据,一个常见的用例是按键分组的数据,例如一起查看客户的所有订单。如果数据已经按照想要的方式组成键值对元组,groupByKey 将使用 RDD 中的键对数据进行分组。在由 K 型键和 V 型值构成的 RDD 上,分组后得到[K, Iterable[V]]类型的 RDD。现在使用 groupByKey 实现上面 reduceByKey 代码的功能。

```
scala>val x=sc.parallelize(Array(("a", 1), ("b", 1), ("a", 1),("a", 1), ("b", 1), ("a", 1),("b", 1), ("b", 1), ("a", 1), ("b", 1), ("a", 1),("b", 1)), 3)
x: org.apache.spark.rdd.RDD[(String, Int)] = ParallelCollectionRDD[4] at parallelize at <console>:24

scala>x.groupByKey().map(t =>(t._1, t._2.sum)).collect
res4: Array[(String, Int)]=Array((a,6), (b,6))
```

代码 3-29

得到的结果与上面的代码一致,但是数据的计算过程不一样。另一方面,当调用 groupByKey 时所有的键值对都在洗牌,在网络中传输了大量不必要的数据。当在一个执行器上有更多的数据在内存中进行洗牌时,Spark 将内存数据溢出到磁盘中。但是,一次只会将一个键数据刷新到磁盘上,因此如果单个键的值超过内存容量,则会发生内存不足的异常。这种情况应该避免。当 Spark 需要溢出到磁盘时,性能会受到严重影响。groupByKey 运行示意图如图 3-3 所示。

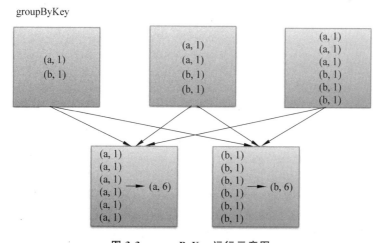

图 3-3 groupByKey 运行示意图

可以尝试的一种优化方法是合并或组合值,因此最终只发送较少的键值对。另外,较少的键值对意味着 Reduce 不会有太多的工作要做,从而带来额外的性能提升。groupByKey()调用不会尝试进行合并或组合值,因此这是一项昂贵的操作。对于一个更大的数据集,洗牌数据量的差异在 reduceByKey()和 groupByKey()之间会变得更加夸张和不同。以下是比 groupByKey 更优化的方法。

- combineByKey()：可用于组合元素，但返回类型与输入值类型不同。
- foldByKey()：使用关联函数和中性 zeroValue 合并每个键的值。

3.1.2.3 连接

将键值对 RDD 与其他键值对 RDD 进行连接，将数据连接在一起可能是键值对中最常见的操作之一，并且有一系列选项，包括左右外连接、交叉连接和内连接。由于数据框功能的增强，这部分功能也可能通过数据框的 join 操作实现。

简单的 join 运算符是内连接，只输出两键值对 RDD 中共同拥有的键。当在其中一个输入 RDD 中具有相同键和多个值的键值对时，结果键值对 RDD 将具有来自两个输入键值对 RDD 的该键的每个可能的值对，下面的代码可以帮助理解这种操作结果。

```
scala>val employees=sc.parallelize(List((31,"Rafferty"), (33,"Jones"), (33,"Heisenberg"),(34,"Robinson"), (34,"Smith"), (30,"Williams")))
employees: org.apache.spark.rdd.RDD[(Int, String)]=ParallelCollectionRDD[60] at parallelize at <console>:24

scala>val departments=sc.parallelize(Array((31, "Sales"), (33, "Engineering"), (34, "Clerical"),(35, "Marketing")))
departments: org.apache.spark.rdd.RDD[(Int, String)]=ParallelCollectionRDD[61] at parallelize at <console>:24
scala>departments.join(employees).collect
res66: Array[(Int, (String, String))]=Array((34,(Clerical,Robinson)), (34,(Clerical,Smith)), (33,(Engineering,Jones)), (33,(Engineering,Heisenberg)), (31,(Sales,Rafferty)))
```

代码 3-30

有时并不需要结果键值对 RDD 中的键同时出现在两个输入键值对 RDD 中。例如，通过建议加入客户信息，如果没有任何建议，可能不想删除客户信息。leftOuterJoin(other) 和 rightOuterJoin(other) 都通过键将两个输入键值对 RDD 连接在一起，其中一个 RDD 可能丢掉无法匹配的键，而另一个 RDD 保存了所有的键。

使用 leftOuterJoin，结果 RDD 将保留所有源 RDD 中的每个键。在结果 RDD 中，与每个键关联的值是一个元组，由输入键值对源 RDD 的值以及来自另一输入键值对 RDD 的值 Option 组成。与 join 类似，每个键可以有多个条目；当这种情况发生时，得到两个值列表之间的笛卡儿乘积。rightOuterJoin 与 rightOuterJoin 几乎相同，除了键必须存在于另一个 RDD 中，并且生成的元组中具有 Option 的为源输入键值对 RDD，而不是另一个。下面使用代码 3-30 中的两个输入键值对 departments 和 employees 演示 leftOuterJoin 和 rightOuterJoin 的用法。

```
scala>departments.leftOuterJoin(employees).collect
res67: Array[(Int, (String, Option[String]))] = Array((34, (Clerical, Some
(Robinson))), (34, (Clerical, Some (Smith))), (35, (Marketing, None)), (33,
(Engineering,Some(Jones))), (33,(Engineering,Some(Heisenberg))), (31,(Sales,
Some(Rafferty))))

scala>departments.rightOuterJoin(employees).collect
res68: Array[(Int, (Option[String], String))] = Array((34, (Some(Clerical),
Robinson)), (34, (Some (Clerical), Smith)), (30, (None, Williams)), (33, (Some
(Engineering), Jones)), (33, (Some (Engineering), Heisenberg)), (31, (Some
(Sales),Rafferty)))
```

代码 3-31

- Option、Some 和 None

强大的 Scala 语言可以使用 Option 类,定义函数返回值,其值可能为 null。简单地说,如果函数成功时返回一个对象,而失败时返回 null,那么可以定义函数的返回值为一个 Option 实例,其中 Option 对象是 Some 类的实例或 None 类的实例。因为 Some 和 None 都是 Option 的子项,所有的函数签名只是声明返回一个包含某种类型的 Option(如下面显示的 Int 类型)。至少,这让用户知道发生了什么。以下是使用 Scala Option 语法的示例。

```
def toInt(in: String): Option[Int]={
  try {
      Some(Integer.parseInt(in.trim))
  } catch {
      case e: NumberFormatException =>None
  }
}
```

代码 3-32

以下是 toInt 函数的工作原理:它需要一个 String 作为参数。如果它可以将 String 转换为 Int,那么它将返回 Some(Int);如果 String 不能转换为 Int,则返回 None。调用此函数的代码如下所示。

```
toInt(someString) match {
    case Some(i) =>println(i)
    case None =>println("That didn't work.")
}
```

代码 3-33

3.1.2.4 排序

对数据进行排序在很多情况下非常有用,特别是在产生后续的输出时。可以使用键值对 RDD 进行排序,前提是在键上定义了一个排序。一旦对数据进行了排序,对排序后的数据进行 collect() 或 save() 操作,将导致有序的数据。

sortByKey 函数作用于键值对形式的 RDD 上,并对键进行排序。它是在 org.apache.spark.rdd.OrderedRDDFunctions 中实现的,具体操作如下。

➢ sortByKey (ascending: Boolean = true, numPartitions: Int = self.partitions.length): RDD[(K, V)]

从函数的实现可以看出,它主要接受两个函数,其含义和 sortBy 一样,这里就不进行解释了。该函数返回的 RDD 一定是 ShuffledRDD 类型,因为对源 RDD 进行排序,必须进行洗牌操作,而洗牌操作的结果 RDD 就是 ShuffledRDD。其实,这个函数的实现很优雅,里面用到了 RangePartitioner,它可以使得相应的范围键数据分到同一个分区中,然后内部用到 mapPartitions 对每个分区中的数据进行排序,而每个分区中数据的排序用到标准的排序机制,避免了大量数据的 shuffle。下面对 sortByKey 的使用进行说明。

```
scala>val a=sc.parallelize(List("wyp", "iteblog", "com", "397090770", "test"), 2)
a: org.apache.spark.rdd.RDD[String] = ParallelCollectionRDD[30] at parallelize at <console>:12

scala>val b=sc. parallelize (1 to a.count.toInt, 2)
b: org.apache.spark.rdd.RDD[Int]=ParallelCollectionRDD[31] at parallelize at <console>:14

scala>val c=a.zip(b)
c: org.apache.spark.rdd.RDD[(String, Int)]=ZippedPartitionsRDD2[32] at zip at <console>:16

scala>c.sortByKey().collect
res11: Array[(String, Int)]=Array((397090770,4), (com,3), (iteblog,2), (test,5), (wyp,1))
```

代码 3-34

上面对键进行了排序,sortBy() 函数中可以对排序方式进行重写,sortByKey() 也有这样的功能。通常在 OrderedRDDFunctions 类中有一个变量 ordering,它是隐式的。

```
private val ordering=implicitly[Ordering[K]]
```

代码 3-35

这就是默认的排序规则,可以对它进行重写,代码如下。

```
scala>val b=sc.parallelize(List(3,1,9,12,4))
b: org.apache.spark.rdd.RDD[Int]=ParallelCollectionRDD[38] at parallelize at <console>:12
```

```
scala>val c=b.zip(a)
c: org.apache.spark.rdd.RDD[(Int, String)]=ZippedPartitionsRDD2[39] at zip at
<console>:16

scala>c.sortByKey().collect
res15: Array[(Int, String)]=Array((1,iteblog), (3,wyp), (4,test), (9,com),
(12,397090770))

scala>implicit val sortIntegersByString=new Ordering[Int]{
    | override def compare(a: Int, b: Int)=
    | a.toString.compare(b.toString)}
sortIntegersByString: Ordering[Int] = $iwC $$iwC $$iwC $$iwC $$iwC $$anon $1
@5d533f7a

scala>  c.sortByKey().collect
res17: Array[(Int, String)]=Array((1,iteblog), (12,397090770), (3,wyp), (4,
test), (9,com))
```

代码 3-36

例子中的 sortIntegersByString 就是修改了默认顺序的排序规则。这样,将默认顺序按照 Int 的大小排序改成对字符串的排序,所以 12 会排序在 3 之前。

3.1.3 动作

与转换一样,所有在基础 RDD 上提供的传统转换操作也可用在键值对 RDD 上。当然,键值对 RDD 可以使用一些额外的操作,首先创建一个 RDD。

```
scala>val rdd=sc.parallelize(List((1, 2), (3, 4), (3, 6)))
rdd: org.apache.spark.rdd.RDD[(Int, Int)] = ParallelCollectionRDD[15] at
parallelize at <console>:24
```

代码 3-37

> **countByKey()：Map[K，Long]**

对每个键进行计数,只有当返回的结果 Map 预计很小时,才使用此方法,因为整个内容都会加载到驱动程序的内存中。要处理非常大的结果,可以考虑使用:

```
rdd.mapValues(_ =>1L).reduceByKey(_ + _)
```

代码 3-38

mapValues 将返回 RDD[T,Long],而不是 Map。

```
scala>rdd.countByKey()
res74: scala.collection.Map[Int,Long]=Map(1 ->1, 3 ->2)
```

代码 3-39

➢ collectAsMap()：Map[K，V]

此函数与 collect() 类似，但对关键值 RDD 起作用并将其转换为 Scala Map，以保留其键值结构，如果键值对 RDD 中同一个键有多个值，则每个键中只有一个值会保留在返回的 Map 中。因为所有的数据都加载到驱动程序的内存中，所以只有在结果数据很小时才使用此方法。

```
scala>rdd.collectAsMap()
res80: scala.collection.Map[Int,Int]=Map(1 ->2, 3 ->6)
```

代码 3-40

➢ lookup(key：K)：Seq[V]

返回与提供键关联的所有值。如果 RDD 具有已知的分区程序，则只搜索该键映射到的分区即可高效地执行此操作。

```
scala>rdd.lookup(3)
res91: Seq[Int]=WrappedArray(4, 6)
```

代码 3-41

3.2 分区和洗牌

我们已经了解了 Apache Spark 如何比 Hadoop 更好地处理分布式计算，还看到了内部工作原理主要是称为弹性分布式数据集的基本数据结构。RDD 是代表数据集的不可变集合，并具有可靠性和故障恢复的内在能力。实际上，RDD 对数据的操作不是基于整个数据块，数据分布于整个集群的分区中，通过 RDD 的抽象层管理和操作数据。因此，数据分区的概念对于 Apache Spark 作业的正常运行至关重要，并且会对性能产生很大影响，决定了资源的利用情况。本节将深入讨论分区和洗牌的概念。

RDD 由数据分区组成，基于 RDD 的所有操作都在数据分区上执行，诸如转换之类的几种操作是在执行器上运行的函数，特定的数据分区也在此执行器上。但是，并非所有操作过程都可以仅由所在的执行器包含的数据分区孤立完成，像聚合这样的操作要求将数据跨节点移到整个集群中。在下面的简单整数 RDD 的操作中，SparkContext 的 parallelize() 函数根据整数序列创建 RDD，然后使用 getNumPartitions() 函数可以获得该 RDD 的分区数。

```
scala>val rdd_one=sc.parallelize(Seq(1,2,3))
rdd_one: org.apache.spark.rdd.RDD[Int] = ParallelCollectionRDD[0] at
parallelize at <console>:24

scala>rdd_one.getNumPartitions
res0: Int=24
```

分区的数量很重要,因为该数量直接影响将要运行 RDD 转换的任务数量。如果分区的数量太少,那么大量数据可能仅使用几个 CPU 内核,从而降低性能,并使集群利用率不足。另一方面,如果分区的数量太大,那么将使用比实际需要更多的资源,并且在多用户的环境中,可能导致正在运行的其他作业的资源匮乏。如果要查看 CPU 的核数,可以使用下面的命令:

```
root@bb8bf6efccc9:~#lscpu | egrep 'CPU\(s\)'
CPU(s):                24
On-line CPU(s) list:   0-23
NUMA node0 CPU(s):     0-11
NUMA node1 CPU(s):     12-23
```

3.2.1 分区

Spark 的分区是存储在集群中节点上的原始数据块,即逻辑划分。RDD 是这种分区的集合,通过 RDD 的抽象概念隐藏了正在处理的分段数据。这种分区结构可帮助 Spark 实现并行化分布式数据处理,并以最小的网络流量在执行程序之间发送数据。

分区的数量对于一个良好的集群性能来说非常重要。如果有很少的分区,将不能充分利用集群中的内存和 CPU 资源,因为某些资源可能处于空闲状态。例如,假设有一个 Spark 集群具有 10 个 CPU 内核,一般来说,一个 CPU 内核负责一个分区的计算,在这种情况下如果有少于 10 个分区,那么一些 CPU 内核将处于空闲状态,所以会浪费资源。此外,由于分区较少,每个分区中就会有更多的数据,这样会造成集群中某些节点内存增加的压力。另一方面,如果有太多的分区,那么每个分区可能具有太少的数据或根本没有数据,也可能降低性能,因为集群中的数据分区可能是跨节点的,从多个节点上汇总分区中的数据需要更多的计算和传输时间。因此,根据 Spark 集群配置情况设置合适的分区非常重要。Spark 只能一次为 RDD 的每个分区分配运行一个并发任务,一次最多的并发任务为集群中的最大 CPU 内核数。所以,如果有一个 10 核 CPU 的集群,那么至少要为 RDD 定义 10 个分区,分区总数一般为内核数的 2~4 倍。默认情况下,Spark 会创建等于集群中 CPU 内核数的分区数,也可以随时更改分区数。下面的例子创建了具有指定分区数的 RDD。

```
scala>val names=Seq("Steve","Andrew","Bob","John","Quinton")
names: Seq[String]=List(Steve, Andrew, Bob, John, Quinton)

scala>val regularRDD=sc.parallelize(names)
regularRDD: org.apache.spark.rdd.RDD[String]=ParallelCollectionRDD[114] at parallelize at <console>:27

scala>regularRDD.partitions.size
res32: Int=24
```

```
scala>val regularRDD=sc.parallelize(names,48)
regularRDD: org.apache.spark.rdd.RDD[String]=ParallelCollectionRDD[116] at
parallelize at <console>:27

scala>regularRDD.partitions.size
res100: Int=48
```

代码 3-42

正如代码中看到的，regularRDD 的默认分区数量等于 24，这是由于当前环境是通过本地模式启动的 spark-shell，本地模式是在具有 24 核 CPU 的 Docker 虚拟实验环境中运行。如果在创建 RDD 时指定了分区数 48，regularRDD 的分区就变成 48。在创建 RDD 时，第二个参数定义了为该 RDD 创建的分区数。一个分区从不跨越多台机器，即同一分区中的所有元组都保证在同一台机器上。集群中的每个工作节点都可以包含一个或多个 RDD 的分区。分区总数是可配置的，默认情况下，它等于所有执行器节点上的内核总数。

Spark 提供了两个内置分区器，分别是哈希分区器和范围分区器。创建 RDD 时，可以通过两种方式指定特定的分区器：一种方式是通过在 RDD 上调用 partitionBy() 方法提供显式指定的分区器；另一种方式是通过转换操作返回新创建的 RDD，其使用转换操作特定的分区器。带有分区器的转换操作有 join()、leftOuterJoin()、rightOuterJoin()、groupByKey()、reduceByKey()、cogroup()、foldByKey()、combineByKey()、sort()、partitionBy()、groupWith()；另外，mapValues()、flatMapValues() 和 filter() 的分区方式与父级 RDD 有关。而像 map() 这样的操作会导致新创建的 RDD 忘记父分区信息，因为像这样的操作理论上可以修改每个记录的键，所以，在这种情况下如果操作在结果 RDD 中保留了分区器，则不再有任何意义，因为现在的键都是不同的。所以，Spark 提供像 mapValues() 和 flatMapValues() 这样的操作，如果不想改变键，可以使用这些操作，从而保留分区器。partitionBy() 是一个转化操作，因此它的返回值总是一个新的 RDD，但它不会改变原来的 RDD。RDD 一旦创建，就无法修改，因此应该对 partitionBy() 的结果进行持久化。如果没有将 partitionBy() 转化操作的结果持久化，那么后面每次用到这个 RDD 时，都会重复对数据进行分区操作。不进行持久化会导致整个 RDD 谱系图重新求值。那样的话，partitionBy() 带来的好处就会被抵消，导致重复对数据进行分区以及跨节点的混洗，和没有指定分区方式时发生的情况十分相似。

哈希分区是 Spark 中的默认分区程序，通过计算 RDD 元组中每个键的哈希值工作，具有相同哈希码的元素最终都位于相同的分区中，如以下代码片段所示。

```
partitionIndex=hashcode(key) %numPartitions
```

如果键相同，则其 hashcode 的结果相同，其对应的值保存在相同的分区上。哈希分区是 Spark 的默认分区器。如果没有提到任何分区器，那么 Spark 将使用哈希分区器对数据进行分区。下面的例子便于更好地理解以上内容。

```
scala>val data=Seq((1,1),(2,4),(4,16),(2,8),(4,64))
data: Seq[(Int, Int)]=List((1,1), (2,4), (4,16), (2,8), (4,64))
scala>import org.apache.spark.HashPartitioner
import org.apache.spark.HashPartitioner
scala>val rdd=sc.parallelize(data).partitionBy(new HashPartitioner(4))
rdd: org.apache.spark.rdd.RDD[(Int, Int)]=ShuffledRDD[1] at partitionBy at
<console>:27

scala>rdd.glom.collect
res0: Array[Array[(Int, Int)]]=Array(Array((4,16), (4,64)), Array((1,1)),
Array((2,4), (2,8)), Array())
```

代码 3-43

> def glom()：RDD[Array[T]]

glom()方法将分区中的数据封装为数组，并将这些分区数组嵌入一个数组中。每个返回的数组都包含一个分区的内容，(4,16)和(4,64)的键都是 4，所以在同一个分区中；(1,1)和(2,4)的键分别为 1 和 2，所以在不同的分区中。

如果 RDD 的键是可排序的，则范围分区器可以基于键的范围进行划分。由于范围分区器必须知道任何分区的开始键和结束键，因此在使用范围分区器之前，需要先对 RDD 进行排序。范围分区器首先需要基于 RDD 为分区分配合理的边界，然后创建一个从键到元素所属分区索引的函数，最后需要根据范围分区器重新划分 RDD，以根据确定的范围正确分配 RDD 元素。看下面的例子：

```
scala>val data=Seq((1,1),(2,4),(4,16),(2,8),(4,64))
data: Seq[(Int, Int)]=List((1,1), (2,4), (4,16), (2,8), (4,64))

scala>val rdd=sc.parallelize(data)
rdd: org.apache.spark.rdd.RDD[(Int, Int)] = ParallelCollectionRDD[14] at
parallelize at <console>:28

scala>import org.apache.spark.RangePartitioner
import org.apache.spark.RangePartitioner

scala>val rangePartitioner=new RangePartitioner(2,rdd)
rangePartitioner: org.apache.spark.RangePartitioner[Int,Int]=org.apache
.spark.RangePartitioner@8ce

scala>val partRDD=rdd.partitionBy(rangePartitioner)
partRDD: org.apache.spark.rdd.RDD[(Int, Int)]=ShuffledRDD[13] at partitionBy
at <console>:28

scala>partRDD.glom.collect
```

```
res3: Array[Array[(Int, Int)]]=Array(Array((1,1), (2,4), (2,8)), Array((4,16),
(4,64)))
```

代码 3-44

哈希分区器已经能够满足绝大部分的情况，但是，由于键的数量分布可能不均匀，所以也会造成分区中的数据分布不均。如果键可以进行排序，则可以采用范围分区器，这样能保证各个分区之间的键是有序的，并且各个分区之间数据量差不多，但是不保证单个分区内键的有序性。范围分区器会将键切分成多段，每段对应一个分区，简单地说，就是将一定范围内的键映射到某一个分区内，划分各个分区键的范围采用的方法为水塘抽样算法。

虽然 Spark 提供的哈希分区器与范围分区已经能够满足大多数用例，但 Spark 还是允许通过提供一个自定义的分区对象控制 RDD 的分区方式，这可以通过在 Spark 中扩展默认的分区类定制需要的分区数量，以及定义存储在这些分区中的数据。要实现自定义的分区器，需要继承 org.apache.spark.Partitioner 类并实现下面三个方法：

(1) numPartitions：Int，定义需要创建的分区数。

(2) getPartition(key：Any)：Int，输入参数为特定的键，返回特定的分区编号，从 0 到 numPartitions－1。

(3) equals()，判断相等性的标准方法。这个方法的实现非常重要，Spark 需要用这个方法检查分区器对象是否和其他分区器实例相同，这样，Spark 才可以判断两个 RDD 的分区方式是否相同。

现在实现一个自定义分区器。

(1) 定义分区器 MyPartitioner。

```
class MyPartitioner extends org.apache.spark.Partitioner {
    //定义分区数为2
    def numPartitions: Int=2

    //如果键为2,则分区编号为0,其他键的分区编号为1
    def getPartition(key: Any) : Int={
      key match {
        case null =>0
        case 2 =>0
        case _ =>numPartitions -1
      }
    }

    override def equals(other: Any): Boolean={
      other match {
        case h: MyPartitioner =>true
        case _ =>false
```

```
            }
          }
        }
```

（2）测试自定义分区器。自定义分区器可以从/data/code/MyPartitioner.txt 中加载。

```
scala>:load /data/code/MyPartitioner.txt
Loading /data/code/MyPartitioner.txt...
defined class MyPartitioner

scala>val data=Seq((1, 1), (2, 4), (4, 16), (2, 8), (4, 64))
data: Seq[(Int, Int)]=List((1,1), (2,4), (4,16), (2,8), (4,64))

scala>val rdd=sc.parallelize(data)
rdd: org.apache.spark.rdd.RDD[(Int, Int)] = ParallelCollectionRDD[0] at
parallelize at <console>:26

scala>val c=rdd.partitionBy(new MyPartitioner)
c: org.apache.spark.rdd.RDD[(Int, Int)]=ShuffledRDD[1] at partitionBy at
<console>:26

scala>rdd.glom.collect
res0: Array[Array[(Int, Int)]]=Array(Array(), Array(), Array(), Array(),
Array((1,1)), Array(), Array(), Array(), Array((2,4)), Array(),
Array(), Array(), Array(), Array((4,16)), Array(), Array(), Array(), Array(),
Array((2,8)), Array(), Array(), Array(), Array((4,64)))

scala>c.glom.collect
res1: Array[Array[(Int, Int)]]=Array(Array((2,4), (2,8)), Array((1,1), (4,16),
(4,64)))
```

代码 3-45

在这个自定义分区器 MyPartitioner 中，简单地将键为 2 的数据放到分区编号为 0 的分区中，其他数据放到分区编号为 1 的分区中。这个自定义分区器可以按哈希分区器和范围分区器的方式使用，只需要创建一个对象，并将其传递给 partitionBy()方法。下面是作用在分区上的其他方法。

➢ def mapPartitions[U](f：(Iterator[T]) ⇒ Iterator[U], preservesPartitioning：Boolean = false)(implicit arg0：ClassTag[U])：RDD[U]

这是一个专门的 map()操作，每个分区函数 f 仅被调用一次，可以通过输入参数 Iterarator[T]将各个分区的全部内容作为值的顺序流使用。自定义函数必须返回另一个 Iterator[U]。合并的结果是迭代器将自动转换为新的 RDD。reservesPartitioning 指示输入函数是否保留分区器,除非这是一对 RDD 并且输入函数不修改键,否则应为 false。

```
scala>val a=sc.parallelize(1 to 9, 3)
a: org.apache.spark.rdd.RDD[Int]=ParallelCollectionRDD[33] at parallelize at
<console>:26

scala>def myfunc[T](iter: Iterator[T]) : Iterator[(T, T)]={
    |    var res=List[(T, T)]()
    |    var pre=iter.next
    |    while (iter.hasNext)
    |    {
    |      val cur=iter.next;
    |      res .::=(pre, cur)
    |      pre=cur;
    |    }
    |    res.iterator
    | }
myfunc: [T](iter: Iterator[T])Iterator[(T, T)]

scala>a.glom.collect
res18: Array[Array[Int]]=Array(Array(1, 2, 3), Array(4, 5, 6), Array(7, 8, 9))

scala>a.mapPartitions(myfunc).glom.collect
res15: Array[Array[(Int, Int)]]=Array(Array((2,3), (1,2)), Array((5,6), (4,
5)), Array((8,9), (7,8)))
```

代码 3-46

myfunc 函数的作用是将分区中数据作为输入,例如分区(1,2,3),然后按顺序进行配对输出(2,3)和(1,2),由于 myfunc 函数以分区数据作为输入,所以最终的输出结果中缺少元组(3,4)和(6,7),如果查看 a 的分区数据,3 和 6 分别为两个分区中的最后一个值,所以无法产生(3,4)和(6,7)元组。

➢ def mapPartitionsWithIndex [U] (f: (Int, Iterator [T]) ⇒ Iterator [U], preservesPartitioning: Boolean = false)(implicit arg0: ClassTag[U]): RDD[U]

与 mapPartitions()类似,但是 f 函数需要参数(Int, Iterator[T]),第一个参数是分区编号,第二个参数是该分区中所有数据的迭代器,在应用 f 函数进行转换之后,输出是一个包含数据列表的迭代器 Iterator[U]。

```
scala>val x=sc.parallelize(List(1,2,3,4,5,6,7,8,9,10), 3)
x: org.apache.spark.rdd.RDD[Int]=ParallelCollectionRDD[22] at parallelize at
<console>:26

scala>def myfunc(index: Int, iter: Iterator[Int]) : Iterator[String]={
```

```
        |     iter.map(x => index +"-" +x)
        | }
myfunc: (index: Int, iter: Iterator[Int])Iterator[String]

scala>x.mapPartitionsWithIndex(myfunc).glom.collect
res17: Array[Array[String]] =Array(Array(0-1, 0-2, 0-3), Array(1-4, 1-5, 1-
6), Array(2-7, 2-8, 2-9, 2-10))
```

代码 3-47

➤ foreachPartition(f：(Iterator[(K，C)])⇒ Unit)：Unit

为每个分区执行 f 函数，通过(Iterator[(K，C)])参数提供分区中的数据项，f 函数没有返回值。

```
scala>val b =sc.parallelize(List(1, 2, 3, 4, 5, 6, 7, 8, 9), 3)
b: org.apache.spark.rdd.RDD[Int] =ParallelCollectionRDD[35] at parallelize at
<console>:26

scala>b.foreachPartition(x =>println(x.reduce(_ +_)))
6
15
24
```

代码 3-48

foreachPartition()方法属于动作操作，而 mapPartitions()是转换操作。此外，在应用场景上的区别是 mapPartitions()可以获取返回值，可以继续在返回的 RDD 上做其他操作，而 foreachPartition 因为没有返回值并且是动作操作，所以一般都用于将数据保存到存储系统中。

3.2.2 洗牌

Spark 中的某些操作会触发一个洗牌事件，也称为 Shuffle，这是 Spark 重新分配数据的机制，以便在不同分区之间进行数据分组。分布式系统的数据查找和交换非常占用系统的计算和带宽资源，所以，合理对数据进行布局可以最小化网络流量，大大提高性能。如果数据是键值对，则分区变得非常必要，因为在 RDD 的转换中，整个网络中数据的洗牌是相当大的。如果相同的键或键范围存储在相同的分区中，则可以将洗牌最小化，并且处理实质上会变得很快。这可能导致洗牌的操作包括重新分区，如 repartition()和 coalesce()；带有 ByKey 的操作，如 groupByKey()和 reduceByKey()，但是不包括 countByKey()；以及连接操作，如 cogroup()和 join()。

实际上，洗牌是消耗资源的操作，因为它涉及磁盘的读写、数据序列化和网络传输。为了组织和汇总数据，Spark 生成一组任务，包括映射任务重新分配数据，以及一组聚合任务来汇总数据。对内部机制来说，来自单个映射任务的结果会保存在内存中，直到内存不足为止。然后，根据目标分区进行排序并写入单个文件中，而聚合任务读取相关的排序块。这通常涉及在执行器和机器之间复制数据,使得洗牌成为复杂而耗费系统资源的操作。为了理解在洗牌过程中会发生什么,可以考虑执行一个 reduceByKey() 方法的操作过程。reduceByKey() 操作需要生成一个新的 RDD,其中的数据是进行了聚合操作的键值对元组,其中的值是将每个键对应的所有值进行聚合计算产生的结果。这个过程面临的挑战是:并非每个键的所有值都同时位于同一个分区,甚至是不在同一台计算机上,而这种分布可能是随机的,但必须在整个 Spark 集群中收集所有这些值,然后进行聚合计算。所以,洗牌的作用是将原来随机存储在分区中的数据根据聚合的要求重新存放,保证在聚合计算时具有相同键的元组可以在同一分区,减少聚合计算时查找和传输元组需要的计算成本和带宽。

在 Spark 中,通常不会因为特定操作将数据跨分区分布在一个指定的位置。在计算过程中,Spark 需要执行全部操作并且将其分成多个任务,单个任务将在单个分区上运行,因此 Spark 要负责组织 reduceByKey() 执行单个聚合任务的所有数据,必须从所有分区中读取,以找到键对应的所有值,然后将各分区中的值汇总,以计算每个键的最终聚合结果,这个移动数据的过程称为洗牌。虽然执行新的洗牌后,每个分区中的元素集合都是确定性的,而且分区本身的排序也是确定性的,但是分区中的元素排序是不确定的,如果希望洗牌后数据可以按照预设的顺序排序,那么可以使用 mapPartitions() 对每个分区进行排序,例如使用.sorted;使用 repartitionAndSortWithinPartitions() 在进行重新分区的同时,有效地对分区进行分类;或者使用 sortBy() 对全局 RDD 进行排序。

```
scala>import org.apache.spark.HashPartitioner
import org.apache.spark.HashPartitioner

scala>val array=Array(2,2,6,6,3,3,4,4,5,5)
array: Array[Int]=Array(2, 2, 6, 6, 3, 3, 4, 4, 5, 5)

scala>val data=sc.parallelize(array, 4)
data: org.apache.spark.rdd.RDD[Int]=ParallelCollectionRDD[42] at parallelize
at <console>:27

scala>data.zipWithIndex().glom.collect
res40: Array[Array[(Int, Long)]]=Array(Array((2,0), (2,1)), Array((6,2), (6,
3), (3,4)), Array((3,5), (4,6)), Array((4,7), (5,8), (5,9)))

scala > data. zipWithIndex ( ). repartitionAndSortWithinPartitions ( new
HashPartitioner(4)).glom.collect
res41: Array[Array[(Int, Long)]]=Array(Array((4,6), (4,7)), Array((5,8), (5,
9)), Array((2,0), (2,1), (6,2), (6,3)), Array((3,4), (3,5)))
```

正如 Spark API 中所写,repartitionAndSortWithinPartitions() 比先调用 repartition() 然后在每个分区内进行排序有效,因为它可以将排序过程推入洗牌的机制中。可以看到,repartitionAndSortWithinPartitions() 主要通过给定的分区器将相同键的元组发送到指定分区，并根据键进行排序，我们可以按照自定义的排序规则进行二次排序。二次排序模式是指先按照键分组，然后按照特定的顺序遍历数。

某些洗牌操作会消耗大量堆内存，因为它们在传输前后使用内存中的数据结构组织记录。具体而言，reduceByKey()和aggregateByKey()在进行映射转换时创建数据的结构，而在进行聚合动作时产生数据。当数据不适合存储在内存中时，Spark会将这些数据溢出到磁盘中，从而增加了磁盘 I/O 的额外开销和垃圾回收。洗牌还会在磁盘上生成大量的中间文件。从 Spark 1.3 开始，这些文件将被保留，直到相应的 RDD 不再使用并被垃圾收集为止。这样做是为了在重新计算定义 RDD 的谱系时不需要重新创建洗牌文件。如果应用程序保留对这些 RDD 的引用或者垃圾回收未频繁引入，垃圾收集可能在很长一段时间后才会发生。这意味着，长时间运行的 Spark 作业可能消耗大量的磁盘空间。在配置 Spark 上下文时，临时存储目录 spark.local.dir 由配置参数指定，这部分内容在性能优化的章节会继续说明。

3.3 共享变量

共享变量是许多函数和方法必须并行使用的变量，可以在并行操作中使用。通常，当 Spark 操作（如 map() 或 reduce()）在远程集群节点上执行时，函数被传递到操作中，而且函数需要的变量会在每个节点任务上复制副本，所以 Spark 操作可以独立执行。这些变量被复制，并且远程计算机上的变量更新都不会传回驱动程序。如果在各个任务之间支持通用的读写共享变量，则效率很低。但是，Spark 实现了两种常用模式，提供了有限类型的共享变量：广播变量和累加器。

3.3.1 广播变量

广播变量是所有执行程序之间的共享变量，是在驱动程序中创建的，然后在执行程序上是只读的。广播变量使 Spark 的操作可以在每台计算机上保留一个只读变量，而不用将其副本与任务一起发送，可以使用它们以有效的方式为每个节点提供大型输入数据集的副本。

可以在 Spark 集群中广播整个数据集，以便执行器可以访问广播的数据。执行器中运行的所有任务都可以访问广播变量。广播使用各种优化的方法使广播数据可供所有执行器访问。因为广播的数据集的尺寸可能很大，这是要解决的重要挑战。执行器通过 HTTP 连接和最新的组件提取数据，类似于 BitTorrent，数据集本身像洪流一样快速地分布到集群中。这使扩展性更强的方法可以将广播变量分发给所有执行程序，而不是让每个执行器一个接一个地从驱动程序中提取数据，当有很多执行器时，这可能导致驱动程序发生故障。

Spark 的动作是通过一组阶段执行的，这些阶段被分布式洗牌操作分割。Spark 自动广播每个阶段中任务所需的通用数据。以这种方式广播的数据以序列化形式缓存，并在运行每个任务之前反序列化。这意味着，仅当跨多个阶段的任务需要相同数据，或以反序列化形式缓存数据非常重要时，显式创建广播变量才有用。广播变量是通过调用

SparkContext.broadcast(v)方法，从变量 v 创建的。广播变量是变量 v 的包装，可以通过调用 value()方法访问其值。让我们看看如何广播一个 Integer 变量，然后在执行器上执行的转换操作中使用广播变量。

```
scala>val rdd_one=sc.parallelize(Seq(1,2,3))
rdd_one: org.apache.spark.rdd.RDD[Int] = ParallelCollectionRDD[0] at parallelize at <console>:24

scala>val i=5
i: Int=5

scala>val bi=sc.broadcast(i)
bi: org.apache.spark.broadcast.Broadcast[Int]=Broadcast(0)

scala>bi.value
res0: Int=5

scala>rdd_one.take(5)
res1: Array[Int]=Array(1, 2, 3)

scala>rdd_one.map(j =>j +bi.value).take(5)
res2: Array[Int]=Array(6, 7, 8)
```

广播变量也可以不仅在原始数据类型上创建，如下面的示例所示，将从驱动程序广播 HashMap。

```
scala>val rdd_one=sc.parallelize(Seq(1,2,3))
rdd_one: org.apache.spark.rdd.RDD[Int] = ParallelCollectionRDD[2] at parallelize at <console>:24

scala>val m=scala.collection.mutable.HashMap(1 ->2, 2 ->3, 3 ->4)
m: scala.collection.mutable.HashMap[Int,Int]=Map(2 ->3, 1 ->2, 3 ->4)

scala>val bm=sc.broadcast(m)
bm: org.apache.spark.broadcast.Broadcast[scala.collection.mutable.HashMap[Int,Int]]=Broadcast(7)

scala>rdd_one.map(j =>j * bm.value(j)).take(5)
res3: Array[Int]=Array(2, 6, 12)
```

广播变量确实会占用所有执行器的内存，而且取决于广播变量中包含的数据大小，这有时可能导致资源问题。有一种方法可以从所有执行程序的内存中删除广播变量。在广播变量上调用 unpersist()会从所有执行器的缓存中删除广播变量的数据，以释放资源。

如果再次使用该变量,则数据将重新传输给执行器,以便再次使用。下面是如何在广播变量上调用 unpersist() 的示例。调用 unpersist() 后,如果再次访问广播变量,将在后台照常工作,执行器再次为该变量提取数据。

```
scala>val rdd_one=sc.parallelize(Seq(1,2,3))
rdd_one: org.apache.spark.rdd.RDD[Int] = ParallelCollectionRDD[4] at parallelize at <console>:24

scala>val k=5
k: Int=5

scala>val bk=sc.broadcast(k)
bk: org.apache.spark.broadcast.Broadcast[Int]=Broadcast(11)

scala>rdd_one.map(j =>j +bk.value).take(5)
res4: Array[Int]=Array(6, 7, 8)

scala>bk.unpersist

scala>rdd_one.map(j =>j +bk.value).take(5)
res6: Array[Int]=Array(6, 7, 8)
```

还可以销毁广播变量,将其从所有执行器中完全删除,并且驱动程序也无法访问它们。这对于在整个集群中最佳地管理资源非常有帮助。在广播变量上调用 destroy() 会破坏与指定广播变量相关的所有数据和元数据。广播变量一旦销毁,将无法再次使用,必须重新创建。以下是销毁广播变量的示例。

```
scala>val rdd_one=sc.parallelize(Seq(1,2,3))
rdd_one: org.apache.spark.rdd.RDD[Int] = ParallelCollectionRDD[7] at parallelize at <console>:24

scala>val k=5
k: Int=5

scala>val bk=sc.broadcast(k)
bk: org.apache.spark.broadcast.Broadcast[Int]=Broadcast(18)

scala>rdd_one.map(j =>j +bk.value).take(5)
res7: Array[Int]=Array(6, 7, 8)

scala>bk.destroy

scala>rdd_one.map(j =>j +bk.value).take(5)
```

```
20/03/06 15:30:05 ERROR Utils: Exception encountered
org.apache.spark.SparkException: Attempted to use Broadcast(18) after it was
destroyed (destroy at <console>:26)
```

3.3.2 累加器

累加器是执行器之间的共享变量，通常用于向 Spark 程序添加计数器。累加器是仅通过关联和交换操作进行累加的变量，因此可以有效地被并行操作支持，可用于实现计数器（如 MapReduce 中的计数器）或求和。Spark 本机支持数字类型的累加器，也可以添加对新类型的支持。我们可以创建命名或未命名的累加器。一个已命名的累加器将在 Web UI 中显示。以下是使用 Spark Context 和 longAccumulator 函数创建和使用整数累加器的示例，以将新创建的累加器变量初始化为零。随着累加器在 map() 转换中的使用，累加器也会增加。操作结束时，累加器的值为 351。

```
scala>val statesPopulationRDD=sc.textFile("/data/statesPopulation.csv")
statesPopulationRDD: org.apache.spark.rdd.RDD [String] = /data/
statesPopulation.csv MapPartitionsRDD[1] at textFile at <console>:24

scala>val acc1=sc.longAccumulator("acc1")
acc1: org.apache.spark.util.LongAccumulator = LongAccumulator (id: 0, name:
Some(acc1), value: 0)

scala>val someRDD=statesPopulationRDD.map(x =>{acc1.add(1); x})
someRDD: org.apache.spark.rdd.RDD[String]=MapPartitionsRDD[2] at map at
<console>:27

scala>acc1.value
res0: Long=0

scala>someRDD.count
res1: Long=351

scala>acc1.value
res2: Long=351

scala>acc1
res3: org.apache.spark.util.LongAccumulator = LongAccumulator (id: 0, name:
Some(acc1), value: 351)
```

内置的累加器可用于许多用例，其中包括：

(1) LongAccumulator：用于计算 64 位整数的和、计数和平均值。

(2) DoubleAccumulator：用于计算双精度浮点数的总和、计数和平均值。

(3) CollectionAccumulator [T]：用于收集元素列表。

尽管上面的例子使用了内置支持的整数类型累加器，我们也可以通过将 AccumulatorV2 子类化创建自己的类型。AccumulatorV2 抽象类具有几种必须重写的方法：reset()用于将累加器重置为零；add()用于将另一个值添加到累加器；merge()将另一个相同类型的累加器合并到该方法中。API 文档中包含其他必须重写的方法。接下来，看一个自定义累加器的实际示例。同样，我们将为此使用 statesPopulation CSV 文件。我们的目标是在自定义累加器中累加年份和人口总数。

步骤 1：导入包含 AccumulatorV2 类的软件包。

```
import org.apache.spark.util.AccumulatorV2
```

步骤 2：包含年份和人口的案例类别。

```
case class YearPopulation(year: Int, population: Long)
```

步骤 3：StateAccumulator 类扩展了 AccumulatorV2。

```
class StateAccumulator extends AccumulatorV2[YearPopulation,
YearPopulation] {
    //为年份和人口数量声明两个变量
    private var year=0
    private var population:Long=0L

    //如果年份和人口数量为零，则返回 isZero
    override def isZero: Boolean=year==0 && population==0L

    //复制累加器并且返回一个新的累加器
    override def copy(): StateAccumulator={
        val newAcc=new StateAccumulator
        newAcc.year=this.year
        newAcc.population=this.population
        newAcc
    }

    //重置年份和人口数量为零
    override def reset(): Unit={ year=0 ; population=0L }

    //添加值到累加器中
    override def add(v: YearPopulation): Unit ={
        year +=v.year
        population +=v.population
    }
```

```
        //合并两个累加器
        override def merge(other: AccumulatorV2[YearPopulation,
YearPopulation]): Unit ={
            other match {
                case o: StateAccumulator =>{
                        year +=o.year
                        population +=o.population
                }
                case _ =>
            }
        }

        //被 Spark 调用的函数,访问累加器的值
        override def value: YearPopulation=YearPopulation(year,
population)
    }
```

步骤4:创建一个新的 StateAccumulator 并将其注册到 SparkContext。

```
val statePopAcc=new StateAccumulator
sc.register(statePopAcc, "statePopAcc")
```

步骤5:将 statesPopulation.csv 阅读为 RDD。

```
val statesPopulationRDD=sc.textFile("statesPopulation.csv")
.filter(_.split(",")(0) !="State")
statesPopulationRDD.take(10)
```

步骤6:使用 StateAccumulator。

```
statesPopulationRDD.map(x =>{
    val toks=x.split(",")
    val year=toks(1).toInt
    val pop=toks(2).toLong
    statePopAcc.add(YearPopulation(year, pop))
    x
}).count
```

步骤7:现在可以检查 StateAccumulator 的值。

```
statePopAcc.value
```

上面的步骤是自定义累加器的分步骤讲解,其中包括数据的提取、累加器的定义、执

行和结果输出，可以将上面每一步的代码汇总到一个文件中。在本教程的虚拟实验环境中集成的上述代码，可以在/data/code/AccumulatorsExample.txt 中找到。可以通过 Scala 的交互界面调用和执行这个文件中的代码，查看运行结果。

```
scala>:load /data/code/AccumulatorsExample.txt
Loading /data/code/AccumulatorsExample.txt...
import org.apache.spark.util.AccumulatorV2
defined class YearPopulation
defined class StateAccumulator
statePopAcc: StateAccumulator=Un-registered Accumulator: StateAccumulator
statesPopulationRDD: org.apache.spark.rdd.RDD[String]=MapPartitionsRDD[2]
at filter at /data/code/AccumulatorsExample.txt:25
res1: Array[String]=Array(Alabama,2010,4785492, Alaska,2010,714031, Arizona,
2010,6408312, Arkansas,2010,2921995, California,2010,37332685, Colorado,2010,
5048644, Delaware,2010,899816, District of Columbia,2010,605183, Florida,2010,
18849098, Georgia,2010,9713521)
res2: Long=350
res3: YearPopulation=YearPopulation(0,0)
```

本节研究了累加器以及如何构建自定义累加器。因此，使用前面的示例，可以创建复杂的累加器，以满足需求。

3.4 Scala 高级语法

3.4.1 高阶函数

高阶函数是指使用其他函数作为参数，或者返回一个函数作为结果的函数。因为在 Scala 中函数使用得最多，该术语可能引起混淆，对于将函数作为参数或返回函数的方法和函数，我们将其定义为高阶函数。从计算机科学的角度看，函数可以具有多种形式，例如一阶函数、高阶函数或纯函数。从数学的角度看也是如此，使用高阶函数时可以执行以下操作之一：

（1）将一个或多个函数作为参数执行某些操作。

（2）将一个函数返回作为结果。

除高阶函数外的所有其他函数均为一阶函数。但是，从数学的角度看，高阶函数也称为运算符或函数。另一方面，如果函数的返回值仅由其输入确定，则称为纯函数。本节将简要讨论为什么以及如何在 Scala 中使用不同的函数范式。本节将讨论纯函数和高阶函数，还将提供使用匿名函数的简要概述，因为在使用 Scala 开发 Spark 应用程序时经常使用匿名函数。

纯函数是这样一种函数，输入输出数据流全是显式的。显式的意思是，函数与外界交换数据只有一个渠道：参数到返回值，函数从函数外部接收的所有输入信息都通过参数传递到该函数内部；函数输出到函数外部的所有信息都通过返回值传递到该函数外部。

如果一个函数通过隐式方式从外界获取数据,或者向外部输出数据,那么该函数就是非纯函数。隐式的意思是,函数通过参数和返回值以外的渠道和外界进行数据交换,如读取全局变量和修改全局变量都叫作以隐式的方式和外界进行数据交换;例如利用输入输出系统函数库读取配置文件,或者输出到文件,打印到屏幕,都叫作以隐式的方式与外界进行数据交换。下面是纯函数与非纯函数的例子。

- 纯函数

```
scala>def add(a:Int,b:Int)=a+b

add: (a: Int, b: Int)Int

scala>var a=1
a: Int=1
```

- 非纯函数

```
scala>def addA(b:Int) = a +b
addA: (b: Int)Int

scala>

scala>def add(a:Int,b:Int) ={
     |    println(s"a:$a b:$b")
     |    a +b
     | }
add: (a: Int, b: Int)Int

scala>def randInt()=Random.nextInt()
<console>:30: error: not found: value Random
       def randInt()=Random.nextInt()
                     ^

scala>import scala.util.Random
import scala.util.Random

scala>def randInt()=Random.nextInt()
randInt: ()Int
```

那么,纯函数有什么优点?纯函数通常比其他函数的代码少,当然这也取决于其他因素,如编程语言。并且由于纯函数看起来像数学函数,因此更容易被解释和理解。纯函数是函数式编程的核心功能,也是一种最佳实践,通常需要使用纯函数构建应用程序的核心部分。在编程领域中,函数是一段通过名称调用的代码,可以传递数据作为参数,以对其进行操作,并可以返回数据传递给函数的参数都会显式传递。另一方面,方法也是一段通过名称调用的代码。但是,一个方法始终与一个对象相关联,作为对象的一个属性。在大多数情况下,方法与函数是相同的,除了以下两个主要区别:

(1) 方法被隐式地传递给被调用的对象。

(2) 方法可以对类中包含的数据进行操作。

有时,在代码中我们不想在使用函数之前先定义一个函数,也许是因为只需要在一个地方被使用,而不需要通过函数名在其他地方调用。在函数式编程中,有一类函数非常适合这种情况,称为匿名函数。Scala 中的匿名函数没有方法名,也不用 def 定义函数。一般地,匿名函数都是一个表达式,因此非常适合替换那些只用一次且任务简单的常规函数,所以使得代码变得更简洁了。匿名函数的语法很简单,箭头"=>"左边是参数列表,右边是函数体。定义匿名函数的语法为

```
(param1, param2) =>[expression]
```

下面的表达式就定义了一个接收 Int 类型输入参数的匿名函数。

```
scala>var inc=(x:Int) =>x+1
inc: Int =>Int=<function1>
```

上述定义的匿名函数,其实是下面这个常规函数的简写:

```
def add(x:Int):Int {
    return x+1;
}
```

以上范例中的 inc 被定义一个值,使用方式如下:

```
scala>var x=inc(7)-1
x: Int=7
```

同样,可以在匿名函数中定义多个参数:

```
scala>var mul=(x: Int, y: Int) =>x*y
mul: (Int, Int) =>Int=<function2>

scala>println(mul(3, 4))
12
```

也可以不给匿名函数设置参数,如下所示:

```
scala>var userDir=() =>{ System.getProperty("user.dir") }
userDir: () =>String=<function0>

scala>println(userDir())
/root
```

下画线"_"可用作匿名函数参数的占位符,但对于每个参数,只能用下画线占位一次。在 Scala 中,_ * _ 表示匿名函数接受两个参数,函数返回值是两个参数的乘积。例如,下列 Scala 代码中的 print(_) 相当于 x => print(x):

```
scala>List(1, 2, 3, 4, 5).foreach(print(_))
12345
scala>List(1, 2, 3, 4, 5).reduceLeft(_+_)
res52: Int=15
```

最常见的一个例子是 Scala 集合类的高阶函数 map():

```
scala>val salaries=Seq(20000, 70000, 40000)
salaries: Seq[Int]=List(20000, 70000, 40000)

scala>val doubleSalary=(x: Int) =>x * 2
doubleSalary: Int=>Int=<function1>

scala>val newSalaries=salaries.map(doubleSalary)
newSalaries: Seq[Int]=List(40000, 140000, 80000)
```

函数 doubleSalary() 有一个整型参数 x,返回 x * 2。一般来说,在"=>"左边的元组是函数的参数列表,而右边表达式的值则为函数的返回值。在 map() 中调用函数 doubleSalary() 将其应用到列表 salaries 中的每一个元素上。为了简化压缩代码,可以使用匿名函数,直接作为参数传递给 map()。注意,在上述示例中 x 没有被显式声明为 Int 类型,这是因为编译器能够根据 map 函数期望的类型推断出 x 的类型。对于上述代码,一种更惯用的写法为

```
scala>val newSalaries=salaries.map(_ * 2)
newSalaries: Seq[Int]=List(40000, 140000, 80000)
```

既然 Scala 编译器已经知道了参数的类型,可以只给出函数的右半部分,不过需要使用"_"代替参数名。同样,可以传入一个对象方法作为高阶函数的参数,这是因为 Scala 编译器会将方法强制转换为一个函数。

```
scala>case class WeeklyWeatherForecast(temperatures: Seq[Double]) {
     |     private def convertCtoF(temp: Double)=temp * 1.8 +32
     |     def forecastInFahrenheit: Seq[Double]=temperatures.map(convertCtoF)
     | }
defined class WeeklyWeatherForecast
```

在这个例子中,方法 convertCtoF() 被传入 forecastInFahrenheit()。这是可以的,因为编译器强制将方法 convertCtoF() 转成了函数 x => convertCtoF(x),x 是编译器生成的变量名,保证在其作用域是唯一的。有一些情况,我们希望生成一个函数,例如:

```
scala>def urlBuilder(ssl: Boolean, domainName: String): (String, String) =>
String ={
     |   val schema=if (ssl) "https://" else "http://"
     |   (endpoint: String, query: String) => s"$schema$domainName/$endpoint?$query"
     | }
urlBuilder: (ssl: Boolean, domainName: String)(String, String) =>String

scala>val domainName="www.example.com"
domainName: String=www.example.com

scala>def getURL=urlBuilder(ssl=true, domainName)
getURL: (String, String) =>String

scala>val endpoint="users"
endpoint: String=users

scala>val query="id=1"
query: String=id=1

scala>val url=getURL(endpoint, query) //"https://www.example.com/users?id=1": String
url: String=https://www.example.com/users?id=1
```

urlBuilder 的返回类型是(String，String) => String，这意味着返回的是匿名函数，其有两个 String 参数，返回一个 String。

在 Scala 相关的教程与参考文档里，经常会看到柯里化函数这个词。但是，对于具体什么是柯里化函数，柯里化函数又有什么作用，其实可能很多用户都会有疑惑，首先看两个简单的函数。

```
scala>def add(x: Int, y: Int) =x +y
add: (x: Int, y: Int)Int

scala>add(2, 1)
res54: Int=3

scala>def addCurry(x: Int)(y: Int) =x +y
addCurry: (x: Int)(y: Int)Int

scala>addCurry(2)(1)
res55: Int=3
```

以上两个函数实现的都是两个整数相加的功能。对于 add 函数，调用的方式为

add(1,2)。对于 addCurry 函数,调用的方式为 addCurry(1)(2),这种方式叫作柯里化。addCurry(1)(2) 实际上是依次调用两个普通函数,第一次使用一个参数 x 调用,返回一个函数类型的值,第二次使用参数 y 调用这个函数类型的值,那么这个函数是什么意思?接收一个 x 为参数,返回一个匿名函数,该匿名函数的定义是:接收一个 Int 型的参数 y,函数体为 x+y。下面对这个函数进行调用。

```
scala>def add(x:Int)=(y:Int)=>x+y
add: (x: Int)Int =>Int

scala>val result=add(1)
result: Int =>Int =<function1>

scala>val sum=result(2)
sum: Int=3
```

例子中返回一个 result,那么 result 的值应该是一个匿名函数:(y: Int)=>1+y,所以,为了得到结果,可以继续调用 result,最后打印的结果是 3。

柯里化函数最大的意义在于,把多个参数的函数等价转化成多个单参数函数的级联,这样,所有的函数就都统一方便做 lambda 演算了。在 Scala 中,函数的柯里化对类型推演也有帮助,Scala 的类型推演是局部的,在同一个参数列表中,后面的参数不能借助前面的参数类型进行推演。通过柯里化函数后,后面的参数可以借助前面的参数类型进行推演。两个参数的函数可以拆分。同理,三个参数的函数也可以柯里化。

```
scala>def add(x:Int)(y:Int)(z:Int)=x +y +z
add: (x: Int)(y: Int)(z: Int)Int

scala>add(10)(10)(10)
res19: Int =30
```

简单看一个柯里化函数 foldLeft() 的定义:
➢ def foldLeft[B](z: B)(op: (B, A) ⇒ B): B

这个函数在集合中很有用,其中 B 表示泛型,第一个(z: B)传递一个 B 类型的参数 z,第二个(op: (B, A) ⇒ B)表示 op 参数表示为一个匿名函数,foldLeft() 函数返回一个 B 类型的参数。foldLeft() 函数将包含两个参数的函数 op 应用于初始值 z 和该集合的所有元素上,从左到右。下面显示的是其用法示例。从初始值 0 开始,此处 foldLeft 将函数 (m, n) => m + n 作为参数 op,应用于列表 array 中的每个元素和先前的累加值 0。

```
scala>val numbers=List(1, 2, 3, 4, 5, 6, 7, 8, 9, 10)
numbers: List[Int]=List(1, 2, 3, 4, 5, 6, 7, 8, 9, 10)

scala>  numbers.foldLeft(0)((m, n) =>m +n)
```

```
res56: Int=55

scala>numbers.foldLeft(0)(_ + _)
res57: Int=55
```

注意，如果使用多个参数列表的柯里化函数，则能够利用 Scala 类型推断使代码更简洁。下画线在 Scala 中很有用，如在初始化某一个变量的时候下画线代表的是这个变量的默认值。在函数中，下画线代表的是占位符，用来表示一个函数的参数，其名字和类型都会被隐式指定。当然，如果 Scala 无法判断下画线代表的类型，就可能报错。另外，Scala 还定义了 foldLeft()另外一种替换方式：

➢ def/:[B](z: B)(op：(B，A)⇒ B)：B

所以，上面的代码也可以写为

```
scala>val res=(0/:numbers) ((m, n) =>m +n)
res: Int=55
```

3.4.2 泛型类

泛型类指可以接受类型参数的类。泛型类在集合类中被广泛使用。泛型类使用方括号[ ]接受类型参数。一个惯例是使用字母 A 作为参数标识符，当然，可以使用任何参数名称。

```
scala>class Stack[A] {
     |   private var elements: List[A]=Nil
     |   def push(x: A) { elements=x :: elements }
     |   def peek: A=elements.head
     |   def pop(): A={
     |     val currentTop=peek
     |     elements=elements.tail
     |     currentTop
     |   }
     | }
defined class Stack
```

上面的 Stack 类的定义中接受类型参数 A，这意味着其内部的列表 elements 只能存储类型 A 的元素，方法 push()只接受类型 A 的实例对象作为参数，将 x 添加到 elements 前面，然后重新分配给一个新的列表。要使用一个泛型类，需要将一个具体类型放到方括号中代替 A。

```
scala>val stack=new Stack[Int]
stack: Stack[Int]=Stack@b0b2fcc
```

```
scala>stack.push(1)

scala>stack.push(2)

scala>stack.pop
res62: Int=2

scala>stack.pop
res63: Int=1
```

上面的实例对象 stack 只能接受整型值，然而，如果类型参数有子类型，则子类型可以被传入：

```
scala>class Fruit
defined class Fruit

scala>class Apple extends Fruit
defined class Apple

scala>class Banana extends Fruit
defined class Banana

scala>val stack=new Stack[Fruit]
stack: Stack[Fruit]=Stack@2d11ac93

scala>val apple=new Apple
apple: Apple=Apple@5e36c9e6

scala>val banana=new Banana
banana: Banana=Banana@115e07de

scala>stack.push(apple)

scala>stack.push(banana)

scala>stack.pop
res66: Fruit=Banana@115e07de

scala>stack.pop
res67: Fruit=Apple@5e36c9e6
```

类 Apple 和类 Banana 都继承自类 Fruit，所以可以把实例对象 apple 和 banana 压入 stack 中。泛型类型的子类不可变，这表示如果有一个 Char 类型的栈 Stack[Char]，那么它不能被用作一个 Int 的栈 Stack[Int]，否则就是不安全的。只有类型 B＝A 时，Stack[A] 是 Stack[B] 的子类才成立。Scala 提供了一种类型参数注释机制，用以控制泛型类型的子类行为。

型变是复杂类型的子类型关系与其组件类型的子类型关系的相关性。Scala 支持泛型类的类型参数的型变注释，允许它们是协变的、逆变的，或在没有使用注释的情况下是不变的。在类型系统中使用型变允许在复杂类型之间建立直观的连接，而缺乏型变则会限制类抽象的重用性。

```
class Foo[+A]      //A covariant class
class Bar[-A]      //A contravariant class
class Baz[A]       //An invariant class
```

1. 协变

使用注释＋A，可以使一个泛型类的类型参数 A 成为协变。对于某些类 class List[＋A]，使 A 成为协变意味着对于两种类型 A 和 B，如果 A 是 B 的子类型，那么 List[A] 就是 List[B] 的子类型。这允许我们使用泛型创建非常有用和直观的子类型关系。

考虑以下简单的类结构：

```
abstract class Animal {
  def name: String
}
case class Cat(name: String) extends Animal
case class Dog(name: String) extends Animal
```

类型 Cat 和 Dog 都是 Animal 的子类型。Scala 标准库有一个通用的不可变的类 sealed abstract class List[＋A]，其中类型参数 A 是协变的。这意味着，List[Cat] 是 List[Animal]，List[Dog] 也是 List[Animal]。直观地说，猫的列表和狗的列表都是动物的列表是合理的，应该能够用它们中的任何一个替换 List[Animal]。

在下例中，方法 printAnimalNames() 将接受动物列表作为参数，并且逐行打印出它们的名称。如果 List[A] 不是协变的，最后两个方法调用将不能编译，这将严重限制 printAnimalNames() 方法的适用性。

```
object CovarianceTest extends App {
  def printAnimalNames(animals: List[Animal]): Unit = {
    animals.foreach { animal =>
      println(animal.name)
    }
  }

  val cats: List[Cat]=List(Cat("Whiskers"), Cat("Tom"))
  val dogs: List[Dog]=List(Dog("Fido"), Dog("Rex"))
```

```
    printAnimalNames(cats)
    //Whiskers
    //Tom

    printAnimalNames(dogs)
    //Fido
    //Rex
}
```

2. 逆变

通过使用注释-A，可以使一个泛型类的类型参数 A 成为逆变。与协变类似，这会在类及其类型参数之间创建一个子类型关系，但其作用与协变完全相反。也就是说，对于某个类 class Writer[-A]，使 A 逆变意味着对于两种类型 A 和 B，如果 A 是 B 的子类型，那么 Writer[B] 是 Writer[A] 的子类型。

考虑在下例中使用上面定义的类 Cat、Dog 和 Animal：

```
abstract class Printer[-A] {
    def print(value: A): Unit
}
```

这里，Printer[A] 是一个简单的类，用来打印某种类型的 A。下面定义一些特定的子类。

```
class AnimalPrinter extends Printer[Animal] {
    def print(animal: Animal): Unit =
        println("The animal's name is: " +animal.name)
}

class CatPrinter extends Printer[Cat] {
    def print(cat: Cat): Unit =
        println("The cat's name is: " +cat.name)
}
```

如果 Printer[Cat] 知道如何在控制台打印出任意 Cat，并且 Printer[Animal] 知道如何在控制台打印出任意 Animal，那么 Printer[Animal] 也应该知道如何打印出 Cat 是合理的。反向关系不适用，因为 Printer[Cat] 并不知道如何在控制台打印出任意 Animal。因此，如果用户愿意，能够用 Printer[Animal] 替换 Printer[Cat]，而使 Printer[A] 逆变允许用户做到这一点。

```
object ContravarianceTest extends App {
    val myCat: Cat=Cat("Boots")

    def printMyCat(printer: Printer[Cat]): Unit={
```

```
    printer.print(myCat)
  }

  val catPrinter: Printer[Cat]=new CatPrinter
  val animalPrinter: Printer[Animal]=new AnimalPrinter

  printMyCat(catPrinter)
  printMyCat(animalPrinter)
}
```

这个程序的输出如下:

```
The cat's name is: Boots
The animal's name is: Boots
```

3. 不变

默认情况下,Scala 中的泛型类是不变的。这意味着,它们既不是协变的,也不是逆变的。在下例中,类 Container 是不变的。Container[Cat] 不是 Container[Animal],反之亦然。

```
class Container[A](value: A) {
  private var _value:A =value
  def getValue: A=_value
  def setValue(value: A): Unit={
    _value=value
  }
}
```

可能看起来一个 Container[Cat] 自然也应该是一个 Container[Animal],但允许一个可变的泛型类成为协变并不安全。在这个例子中,Container 是不变的非常重要。假设 Container 实际上是协变的,可能发生下面的情况:

```
val catContainer: Container[Cat] =new Container(Cat("Felix"))
val animalContainer: Container[Animal]=catContainer
animalContainer.setValue(Dog("Spot"))
val cat: Cat=catContainer.getValue //糟糕,我们最终会将一只狗作为值分配给一只猫
```

幸运的是,编译器在此之前就会阻止我们。

另一个可以帮助理解型变的例子是 Scala 标准库中的 trait Function1[-T,+R]。Function1 表示具有一个参数的函数,其中第一个类型参数 T 表示参数类型,第二个类型参数 R 表示返回类型。Function1 在其参数类型上是逆变的,并且在其返回类型上是协变的。对于这个例子,我们将使用文字符号 A => B 表示 Function1[A,B]。

假设前面使用过的类似 Cat、Dog、Animal 的继承关系，加上以下内容：

```
abstract class SmallAnimal extends Animal
case class Mouse(name: String) extends SmallAnimal
```

假设正在处理接受动物类型的函数，并返回它们的食物类型。如果想要一个 Cat => SmallAnimal（因为猫吃小动物），但是给它一个 Animal => Mouse，程序仍然可以工作。直观地看，一个 Animal => Mouse 的函数仍然会接受一个 Cat 作为参数，因为 Cat 既是一个 Animal，并且这个函数返回一个 Mouse，也是一个 SmallAnimal。既然可以安全地、隐式地用后者代替前者，那么就可以说 Animal => Mouse 是 Cat => SmallAnimal 的子类型。

某些与 Scala 类似的语言以不同的方式支持型变。例如，Scala 中的型变注释与 C# 中的非常相似，在定义类抽象时添加型变注释（声明点型变）。但是，在 Java 中，当类抽象被使用时（使用点型变），才会给出型变注释。

3.4.3 隐式转换

Scala 的隐式转换定义了一套查找机制，当编译器发现代码出现类型转换时，编译器试图寻找一种隐式的转换方法，从而使得编译器能够自我修复完成编译。在 Scala 语言中，隐式转换是一项强大的程序语言功能，它不仅能够简化程序设计，也能够使程序具有很强的灵活性，可以在不修改原有类的基础上，对类的功能进行扩展。例如，在 Spark 源码中，经常会发现 RDD 类没有 reduceByKey()、groupByKey() 等方法定义，但是却可以在 RDD 上调用这些方法，这就是 Scala 隐式转换导致的。如果需要在 RDD 上调用这些函数，RDD 必须是 RDD[(K, V)] 类型，即键值对类型。可以参考 Spark 源码文件，在 RDD 对象上定义一个 rddToPairRDDFunctions 隐式转换。

```
/**
 */
object RDD {

  private[spark] val CHECKPOINT_ALL_MARKED_ANCESTORS =
    "spark.checkpoint.checkpointAllMarkedAncestors"

  //The following implicit functions were in SparkContext before 1.3 and users had to
  //`import SparkContext._` to enable them. Now we move them here to make the compiler find
  //them automatically. However, we still keep the old functions in SparkContext for backward
  //compatibility and forward to the following functions directly.

  implicit def rddToPairRDDFunctions[K, V](rdd: RDD[(K, V)])
```

```
        (implicit kt: ClassTag[K], vt: ClassTag[V], ord: Ordering[K] = null):
    PairRDDFunctions[K, V] = {
        new PairRDDFunctions(rdd)
    }
```

rddToPairRDDFunctions 为隐式转换函数，即将 RDD［(K，V)］类型转换为 PairRDDFunctions 对象，从而可以在原始的 RDD 对象上调用 reduceByKey()之类的方法。rddToPairRDDFunctions 隐式函数位于 1.3 之前的 SparkContext 中，必须使用 import SparkContext._启用它们，现在将它们移出，以使编译器自动找到它们。但是，我们仍将旧功能保留在 SparkContext 中，以实现向后兼容，并直接转发至以下功能。隐式转换是 Scala 的一大特性，如果对其不是很了解，在阅读 Spark 代码时就会感到很困难。上面对 Spark 中的隐式类型转换做了分析，现在从 Scala 语法的角度对隐式转换进行总结。从一个简单例子出发，定义一个函数接受一个字符串参数，并进行输出。

```
scala>def func(msg:String)=println(msg)
func: (msg: String)Unit
scala>func("11")
11

scala>func(11)
<console>:34: error: type mismatch;
 found   : Int(11)
 required: String
       func(11)
            ^
```

这个函数在 func("11")调用时正常，但是在执行 func(11)或 func(1.1)时会报 error：type mismatch 的错误，对于这个问题，有多种解决方式，其中包括：

（1）针对特定的参数类型，重载多个 func 函数，但是需要定义多个函数。

（2）msg 参数使用超类型，如使用 AnyVal 或 Any（Any 是所有类型的超类，具有两个直接子类：AnyVal 和 AnyRef），但是需要在函数中针对特定的逻辑做类型转化，从而进一步处理。

这两个方式使用了面向对象编程的思路，虽然都可以解决该问题，但是不够简洁。在 Scala 中，针对类型转换提供了特有的隐式转化功能。我们通过一个函数实现隐式转化，这个函数可以根据一个变量在需要的时候调用进行类型转换。针对上面的例子，可以定义 intToString 函数：

```
scala>implicit def intToString(i:Int)=i.toString
warning: there was one feature warning; re-run with -feature for details
intToString: (i: Int)String
```

```
scala>func(11)
11
scala>implicit def intToStr(i:Int)=i.toString
warning: there was one feature warning; re-run with -feature for details
intToStr: (i: Int)String

scala>func(11)
<console>:38: error: type mismatch;
 found   : Int(11)
 required: String
Note that implicit conversions are not applicable because they are ambiguous:
 both method intToString of type (i: Int)String
 and method intToStr of type (i: Int)String
 are possible conversion functions from Int(11) to String
       func(11)
           ^
```

此时，在调用 func(11) 的时候，Scala 编译器会自动对参数 11 进行 intToString 函数的调用，从而通过 Scala 的隐式转换实现 func 函数对字符串参数类型的支持。上例中，隐式转换依据的条件是输入参数类型（Int）和目标参数类型（String）的匹配，至于函数名称并不重要。如果取为 intToString，可以直观地表示，如果使用 int2str 也一样。隐式转换只关心类型，所以，如果同时定义两个类型相同的隐式转换函数，但是函数名称不同时，这时函数调用过程中如果需要进行类型转换，就会报二义性的错误，即不知道使用哪个隐式转换函数进行转换。

3.5 案例分析

表 3-1 显示了 /data/sfpd.csv 文件中的字段和说明，并且示范了保存在字段中的数据。该数据集是从 2013 年 1 月至 2015 年 7 月期间某市公安局的报案记录信息。本节将探讨分析这些数据，回答诸如哪个区域的报案记录最多，以及哪个报案类别数量最多等问题。

表 3-1 案例数据项说明

列 名	描 述	值 例
IncidentNum	事件编号	150561637
Category	事件类别	NON-CRIMINAL
Descript	事件描述	FOUND_PROPERTY
DayOfWeek	事件发生的星期	Sunday
Date	事件发生的日期	6/28/15
Time	事件发生的时间	23：50
PdDistrict	公安局	TARAVAL

续表

列　　名	描　　述	值　　例
Resolution	解决方式	NONE
Address	地址	1300_Block_of_LA_PLAYA_ST
X	位置 X 坐标	−122.5091348
Y	位置 Y 坐标	37.76119777
PdID	部门 ID	15056163704013

通过案例分析,熟悉怎样使用 Spark 键值对 RDD 的操作,Spark 为键值对的 RDD 提供特殊操作。键值对 RDD 在许多程序中是一个有用的构建块,因为它们允许并行地对每个键执行操作,或者通过网络重新组合数据。例如,键值对 RDD 具有 reduceByKey() 方法,可以分别为每个键聚合汇总数据,以及用一个 join() 方法可以通过使用相同的键对元素进行分组将两个 RDD 合并在一起。可以从原始数据中提取,例如事件时间、客户 ID 或其他标识符,作为键值对 RDD 中的键。

3.5.1　检查事件数据

首先,快速回顾第 2 章讲的内容,使用 Spark 交互界面加载数据,创建 RDD 并应用转换和操作。首先通过定义变量映射输入字段:

```
val IncidntNum=0
val Category=1
val Descript=2
val DayOfWeek=3
val Date=4
val Time=5
val PdDistrict=6
val Resolution=7
val Address=8
val X=9
val Y=10
val PdId=11
```

代码 3-49

使用 SparkContext 的 textFile() 方法加载 CSV 文件,应用 map() 进行转换,同时使用 split() 分割每行数据中的字段。

```
scala>val sfpd=sc.textFile("/data/sfpd.csv").map(line=>line.split(","))
sfpd: org.apache.spark.rdd.RDD[Array[String]]=MapPartitionsRDD[5] at map at
<console>:24
```

代码 3-50

使用第 2 章学到的方法，检查 sfpd 中的数据。

- sfpd 中的数据是什么样子的？

```
scala>sfpd.first
res2: Array[String]Array(150599321, OTHER_OFFENSES, POSSESSION_OF_BURGLARY_
TOOLS, Thursday, 7/9/15, 23:45, CENTRAL, ARREST/BOOKED, JACKSON_ST/POWELL_ST,
-122.4099006, 37.79561712, 15059900000000)
```

代码 3-51

- 报案记录总数是多少？

```
scala>sfpd.count
res3: Long=383775
```

代码 3-52

- 报案记录的类别是什么？

```
scala>val cat=sfpd.map(inc=>inc(Category)).distinct.collect
cat: Array[String]=Array(PROSTITUTION, DRUG/NARCOTIC, EMBEZZLEMENT, FRAUD,
WEAPON_LAWS, BURGLARY, EXTORTION, WARRANTS, DRIVING_UNDER_THE_INFLUENCE,
TREA, LARCENY/THEFT, BAD CHECKS, RECOVERED_VEHICLE, LIQUOR_LAWS, SUICIDE,
OTHER_OFFENSES, VEHICLE_THEFT, DRUNKENNESS, MISSING_PERSON, DISORDERLY_
CONDUCT, FAMILY_OFFENSES, ARSON, ROBBERY, SUSPICIOUS_OCC, GAMBLING,
KIDNAPPING, RUNAWAY, VANDALISM, BRIBERY, NON-CRIMINAL, SECONDARY_CODES, SEX_
OFFENSES/NON_FORCIBLE, PORNOGRAPHY/OBSCENE MAT, SEX_OFFENSES/FORCIBLE,
FORGERY/COUNTERFEITING, TRESPASS, ASSAULT, LOITERING, STOLEN_PROPERTY)
```

代码 3-53

在下面的操作中，定义代码创建 bayviewRDD，直到添加一个动作才会计算出来。filter 转换用于过滤 sfpd 中包含"BAYVIEW"字符的所有元素。转换的其他示例包括 map()、filter() 和 distinct()。

```
scala>val bayviewRDD=sfpd.filter(incident=>incident.contains("BAYVIEW"))
bayviewRDD: org.apache.spark.rdd.RDD[Array[String]]=MapPartitionsRDD[22] at
filter at <console>:26
```

代码 3-54

语法说明：contains()方法返回 true 或 false，判断集合中是否包含输入参数。

```
scala>val animals=Set("bird", "fish")
animals: scala.collection.immutable.Set[String]=Set(bird, fish)

scala>println(animals.contains("apple"))
```

```
false

scala>println(animals.contains("fish"))
true
```

代码 3-55

当运行一个动作命令时,Spark 将加载数据创建输入 RDD,然后计算任何其他定义 RDD 的转换和动作。在这个例子中,调用 count()动作将导致数据被加载到 sfpd 中,应用 filter()转换,然后计数。

```
scala>val numTenderloin=sfpd.filter(incident=>incident
.contains("TENDERLOIN")).count
numTenderloin: Long=30174
```

代码 3-56

3.5.2 reduceByKey 和 groupByKey

从现有常规 RDD 创建键值对 RDD 有许多方法,最常见的方法是使用 map()转换。创建键值对 RDD 的方式在不同的语言中是不同的。在 Python 和 Scala 中,需要返回一个包含元组的 RDD。

```
scala>val incByCat=sfpd.map(indicent=>(indicent(Category),1))
incByCat: org.apache.spark.rdd.RDD[(String, Int)]=MapPartitionsRDD[15] at map at <console>:28

scala>incByCat.first
res9: (String, Int)=(OTHER_OFFENSES,1)
```

代码 3-57

在这个例子中,通过应用 map()操作将 sfpd 转变为一个名为 incByCat 的键值对 RDD,得到的 RDD 包含如上面代码所示的元组。现在,可以使用 sfpd 数据集得到一些问题的答案。

- 哪三个地区(或类别,或地址)的报案记录数量最多?

数据集 sfpd 中的每一行记录一个事件相关信息,想计算每个区域的报案记录数量,即数据集中这个地区出现多少次,第一步是从 sfpd 上创建一个键值对 RDD。

```
scala>val top3Dists=sfpd.map(inc =>(inc(PdDistrict),1))
top3Dists: org.apache.spark.rdd.RDD[(String, Int)]=MapPartitionsRDD[27] at map at <console>:28
```

代码 3-58

如上,可以通过在 sfpd 上应用 map()转换实现。map()转换导致 sfpd 变换成为由

(PdDistrict,1)元组组成的键值对 RDD,其中每个元素表示在一个地区发生的一个报案记录。当创建一个键值对 RDD 时,Spark 会自动添加一些特定用于键值对 RDD 的其他方法,如 reduceByKey()、groupByKey() 和 combineByKey() 等,这些转换最常见的特征是分布式洗牌操作,需要按键进行分组或聚合。另外,还可以在键值对 RDD 之间进行转换,如 join()、cogroup() 和 subtractByKey() 等。键值对 RDD 也是一种 RDD,因此也支持与其他 RDD 相同的操作,如 filter() 和 map()。

通常,想要查找具有相同键的元素之间的统计信息,reduceByKey() 就是这样一个转换的例子,它运行多个并行聚合操作,每个并行操作对应数据集中的一个键,其中每个操作聚合具有相同键的值。reduceByKey() 返回一个由每个键和对应计算值聚合组成的新 RDD。

```
scala>val top3Dists=sfpd.map(incident =>(incident(PdDistrict), 1))
.reduceByKey((x,y) =>x+y)
top3Dists: org. apache. spark. rdd. RDD [(String, Int)] = ShuffledRDD [29] at
reduceByKey at <console>:32
```

代码 3-59

在上面的代码中,reduceByKey() 转换在由元组(PdDistrict,1)组成的键值对 RDD 上应用了一个简单的求和操作(x,y)=>x+y,它返回一个新的 RDD,其包含每个区域和这个区域的报案记录总和。可以在键值对 RDD 进行排序,前提条件是在键值对 RDD 上定义了一个排序操作 sortByKey(),表示按照键排序。一旦在键值对 RDD 上进行排序,任何将来在其上的 collect() 或 save() 动作调用将导致对数据进行排序。sortByKey() 函数接受一个名为 ascending 的参数,如果其值为 true(默认值),则表示结果按升序排列。

```
scala>val top3Dists=sfpd.map(incident =>(incident(PdDistrict), 1))
.reduceByKey((x,y) =>x+y).map(x=>(x._2,x._1)).sortByKey(false).take(3)
top3Dists: Array [(Int, String)] = Array ((73308, SOUTHERN), (50164, MISSION),
(46877,NORTHERN))
```

代码 3-60

在代码 3-60 的示例中,将 reduceByKey() 的结果应用到另一个 map(x=>(x._2,x._1)) 操作。这个 map() 操作是切换每个元组中元素之间的前后顺序,即互换地区和事件总和的放置顺序,得到一个元组包含总计和地区(sum, district)的数据集,然后将 sortByKey() 应用于此数据集对每个区域的报案记录数量进行排序。由于想要前 3 名,因此需要的结果是降序。将值 false 传递给 sortByKey() 的 ascending 参数,要返回前 3 个元素,则使用 take(3),这将会给出前 3 个元素。也可以使用另外一种方法实现。

```
scala>val top3Dists=sfpd.map(incident=>(incident(PdDistrict),1))
.reduceByKey(_+_).top(3)(Ordering.by(_._2))
```

```
top3Dists: Array[(String, Int)] = Array((SOUTHERN, 73308), (MISSION, 50164),
(NORTHERN, 46877))
```

代码 3-61

在 RDD 上使用 top()方法。top()方法的第一个参数为 3，表示前 3 个元素；两个参数为隐式参数，定义按照元组的第二个值进行排序。Ordering.by(_._2)表示使用元组中的第二个元素排序。

- **def top**(**num**：**Int**)(**implicit ord**：**Ordering**[**T**])：**Array**[**T**]

按照默认（降序）或者根据指定的隐式 Ordering [T]定义，返回前 num 个元素，其排序方式与 takeOrdered 相反。

语法解释：scala.math.Ordering 的伴随对象定义了许多隐式对象，以处理 AnyVal（如 Int、Double）、String 和其他类型的子类型。要按一个或多个成员变量对实例进行排序，可以使用内置排序 Ordering.by 和 Ordering.on。

```
scala>import scala.util.Sorting
import scala.util.Sorting

scala>val pairs=Array(("a", 5, 2), ("c", 3, 1), ("b", 1, 3))
pairs: Array[(String, Int, Int)]=Array((a,5,2), (c,3,1), (b,1,3))

scala>Sorting.quickSort(pairs)(Ordering.by[(String, Int, Int), Int](_._2))

scala>pairs
res16: Array[(String, Int, Int)]=Array((b,1,3), (c,3,1), (a,5,2))

scala>Sorting.quickSort(pairs)(Ordering[(Int, String)].on(x =>(x._3, x._1)))

scala>pairs
res18: Array[(String, Int, Int)]=Array((c,3,1), (a,5,2), (b,1,3))
```

代码 3-62

在 Ordering.by[(String，Int，Int)，Int](_._2)中，[(String，Int，Int)，Int]分别表示三元组的类型(String，Int，Int)和返回值的类型 Int；(_._2)表示使用第二个值进行排序。在 Ordering[(Int，String)].on(x => (x._3, x._1))中，(Int，String)表示返回值的类型；(x => (x._3, x._1))表示先使用第三个值排序，然后使用第二个值排序。通过指定 compare(a：T,b：T)实现 Ordering [T]，用来决定如何对两个实例 a 和 b 进行排序。scala.util.Sorting 类可以使用 Ordering [T]的实例对 Array [T]的集合进行排序，例如：

```
scala>import scala.util.Sorting
import scala.util.Sorting

scala>case class Person(name:String, age:Int)
```

```
defined class Person

scala>val people=Array(Person("bob", 30), Person("ann", 32), Person("carl", 19))
people: Array[Person]=Array(Person(bob,30), Person(ann,32), Person(carl,19))

scala>object AgeOrdering extends Ordering[Person] {
     |   def compare(a:Person, b:Person)=a.age compare b.age
     | }
defined object AgeOrdering

scala>Sorting.quickSort(people)(AgeOrdering)

scala>people
res20: Array[Person]=Array(Person(carl,19), Person(bob,30), Person(ann,32))
```

scala.math.Ordering 和 scala.math.Ordered 都提供了相同的功能，但是方式不同。可以通过扩展 Ordered 给 T 类型一种单独的排序方式。使用 Ordering 可以用许多其他方式对同一类型进行排序。Ordered 和 Ordering 都提供隐式值，它们可以互换使用。可以导入 scala.math.Ordering.Implicits 访问其他隐式排序。

现在用另一种答案回答上面的问题。报案事件次数最多的三个地区是哪里？可以使用 groupByKey()，而不是 reduceByKey()。groupByKey() 将具有相同键的所有对应值分成一组，它不需要任何参数，其结果返回键值对数据集，其中值是迭代列表。

```
scala>val pddists=sfpd.map(x=>(x(PdDistrict),1)).groupByKey.map(x => (x._1,
x._2.size)).map(x =>(x._2,x._1)).sortByKey(false).take(3)
pddists: Array[(Int, String)] = Array ((73308,SOUTHERN), (50164,MISSION),
(46877,NORTHERN))
```

代码 3-63

上面的代码将 groupByKey() 应用于由元组（PdDistrict, 1）组成的数据集上，然后将另一个 map() 转换应用于 groupByKey() 转换的结果上，并返回区域键和迭代列表的长度。也可以使用如下代码完成相同的功能：

```
scala>val pddists=sfpd.map(x=>(x(PdDistrict),1)).groupByKey.map(x => (x._1,
x._2.size)).top(3)(Ordering.by(_._2))
pddists: Array [(String, Int)] = Array ((SOUTHERN, 73308), (MISSION, 50164),
(NORTHERN, 46877))
```

代码 3-64

同时，使用 groupByKey() 和 reduceByKey() 实现了相同的功能，但是它们的内部实现是有区别的，接下来将看到使用 groupByKey() 和使用 reduceByKey() 的区别。在上面的代码中，第一个 map 的转换结果是一个键值对 RDD，由（PdDistrict, 1）组成。

groupByKey()将具有相同键的所有值组合成列表,从而产生一个新的键值对,每个元素由键和列表组成。实际上,groupByKey()将具有相同键的所有对应值分组到 Spark 集群上的同一个节点上。在处理大型数据集时,groupByKey()这种分组操作会导致网络上大量不必要的数据传输。当被分组到单个工作节点上的数据不能全部装载到此节点的内存中时,Spark 会将数据传输到磁盘上。但是,Spark 只能一次处理一个键的数据,因此,如果单个键对应的数据大大超出内存容量,则将存在内存不足的异常。

groupByKey()是在全部的节点上聚合数据,而 reduceByKey()首先在数据所在的本地节点上自动聚合数据,然后洗牌后数据会再次汇总。reduceByKey()可以被认为是一种结合,就是同时实现每个键对于值的聚合和汇总,这比使用 groupByKey()更有效率。洗牌操作需要通过网络发送数据,reduceByKey()在每个分区中将每个键的对应聚合结果作为输出,以减少数据量,从而获得更好的性能。一般来说,reduceByKey()对于大型数据集尤其有效。为了方便理解,下面通过另一个简单的例子说明。

```
scala>val words=Array("one", "two", "two", "three", "three", "three")
words: Array[String]=Array(one, two, two, three, three, three)

scala>val wordsRDD=sc.parallelize(words).map(word =>(word, 1))
wordsRDD: org.apache.spark.rdd.RDD[(String, Int)]=MapPartitionsRDD[45] at map at <console>:26

scala>val wordsCountWithGroup=wordsRDD.groupByKey().map(w =>(w._1, w._2.sum)).collect()
wordsCountWithGroup: Array[(String, Int)]=Array((two,2), (one,1), (three,3))

scala>val wordsCountWithReduce=wordsRDD.reduceByKey(_+_).collect()
wordsCountWithReduce: Array[(String, Int)]=Array((two,2), (one,1), (three,3))
```

代码 3-65

虽然两个函数都能得出正确的结果,但 reduceByKey()函数更适合使用在大数据集上。

3.5.3 三种连接转换

使用键值对的一些最有用的操作是将其与其他类似的数据一起使用,最常见的操作之一是连接两键值对 RDD,可以进行左右外连接(LEFT AND RIGHT OUTER)、交叉连接(CROSS)和内连接(INNER),如图 3-4 所示。

join 是内连接,表示在两个键值对 RDD 中同时存在的键才会出现在输出结果中。leftOuterJoin 是左连接,输出结果中的每个键来自源键值对 RDD,即连接操作的左边部分;rightOuterJoin 类似于 leftOuterJoin,是右连接,输出结果中的每个键来自连接操作的右边部分。在这个例子中,PdDists 是键值对 RDD,其中键为 PdDistrict,值为 Address。

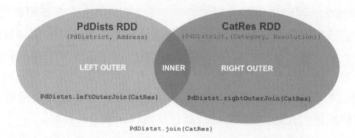

图 3-4 几种 join 转换

```
scala>val PdDists=sfpd.map(x=>(x(PdDistrict),x(Address)))
PdDists: org.apache.spark.rdd.RDD[(String, String)]=MapPartitionsRDD[84] at
map at <console>:40
```

代码 3-66

CatRes 是另一键值对 RDD，其中键为 PdDistrict，值为由 Category 和 Resolution 组成的元组。

```
scala>val CatRes=sfpd.map(x=>(x(PdDistrict),(x(Category),x(Resolution))))
CatRes: org. apache. spark. rdd. RDD [( String, ( String, String ))] =
MapPartitionsRDD[86] at map at <console>:42
```

代码 3-67

由于键 PdDistrict 存在于两个 RDD 中，join 转换的输出格式如下所示，其输出结果也是一个键值对 RDD，由(PdDistrict，(Address，(Category，Resolution)))组成。

```
scala>PdDists.join(CatRes).first
res0: (String, (String, (String, String))) =(INGLESIDE,(DELTA_ST/RAYMOND_AV,
(ASSAULT,ARREST/BOOKED)))
```

代码 3-68

leftOuterJoin 返回另一个键值对 RDD，其中的键全部来自 PdDists。

```
scala>PdDists.leftOuterJoin(CatRes).first
res2: (String, (String, Option[(String, String)])) = (INGLESIDE, (DELTA_ST/
RAYMOND_AV,Some((ASSAULT,ARREST/BOOKED))))
```

代码 3-69

rightOuterJoin 返回另一个键值对 RDD，其中的键全部来自 CatRes。

```
scala>PdDists.rightOuterJoin(CatRes).first
res2: (String, (Option[String], (String, String))) = (INGLESIDE,(Some(DELTA_
ST/RAYMOND_AV),(ASSAULT,ARREST/BOOKED)))
```

代码 3-70

正如看到的,除表示方式上,这三种情况下的结果是相同的,因为 PdDists 和 CatRes 具有相同的键集合。在另一示例中,PdDists 保持不变,定义另一键值对 IncCatRes,是以 IncidntNum 作为键,值是由 Category、Descript 和 Resolution 组成的元组。

```
scala>val IncCatRes=sfpd.map(x=>(x(IncidntNum),(x(Category),x(Descript),
x(Resolution))))
IncCatRes: org.apache.spark.rdd.RDD[(String, (String, String, String))] =
MapPartitionsRDD[12] at map at <console>:34
```

代码 3-71

使用 join 转换的结果是返回一个空集合,因为两个键值对没有任何共同的键。

```
scala>PdDists.join(IncCatRes).first
java.lang.UnsupportedOperationException: empty collection
  at org.apache.spark.rdd.RDD$$anonfun$first$1.apply(RDD.scala:1370)
  at org.apache.spark.rdd.RDDOperationScope$.withScope(RDDOperationScope
.scala:151)
  at org.apache.spark.rdd.RDDOperationScope$.withScope(RDDOperationScope
.scala:112)
  at org.apache.spark.rdd.RDD.withScope(RDD.scala:362)
  at org.apache.spark.rdd.RDD.first(RDD.scala:1367)
  ... 48 elided
```

代码 3-72

3.5.4 执行几个动作

所有动作都可用于键值对 RDD,但是以下几个动作仅适用于键值对 RDD。

➢ def countByKey():Map[K,Long]

将统计每个键的元素总数,仅当预期的结果 Map 集合较小时,才使用此方法,因为整个操作都已加载到驱动程序的内存中。要处理非常大的结果,请考虑使用 rdd.mapValues(_ => 1L).reduceByKey(_ + _),它返回 RDD[T,Long],而不是 Map 集合。

➢ def collectAsMap():Map[K,V]

将结果作为 Map 集合以提供简单的查找,将此 RDD 中的键值对作为 Map 集合返回给驱动程序,如果同一键有多个值,则每个键中仅保留一个值。仅当预期结果数据较小时,才使用此方法,因为所有数据均加载到驱动程序的内存中。

➢ def lookup(key:K):Seq[V]

返回 RDD 中键值的列表。如果 RDD 有一个可知的分区器,仅通过搜索键映射到的分区就可以有效地完成此操作。

例如,如果只想按区域返回报案记录总数,可以在由元组(PdDistrict,1)组成的键值对 RDD 上执行 countByKey()。

```
scala>val num_inc_dist=sfpd.map(incident =>(incident (PdDistrict), 1))
.countByKey()
num_inc_dist: scala.collection.Map[String,Long] = Map(SOUTHERN -> 73308,
INGLESIDE -> 33159, TENDERLOIN -> 30174, MISSION -> 50164, TARAVAL -> 27470,
RICHMOND ->21221, NORTHERN ->46877, PARK ->23377, CENTRAL ->41914, BAYVIEW ->
36111)
```

代码 3-73

仅当结果数据集大小足够小以适应内存时，才能使用此操作。

3.5.5 跨节点分区

本节将使用 RDD 的分区学习如何控制跨节点的数据洗牌。在分布式环境中，如何布置数据会影响性能。最小化网络流量的数据布局可以显著提高性能。Spark RDD 中的数据分为几个分区。可以在 Spark 程序中控制 RDD 的分区，以提高性能。分区在所有应用程序中不一定有帮助。如果有多次重复使用的数据集，则分区是有用的，但是，如果数据集只是被扫描一次，则不需要对数据集的分区进行特别设置。创建具有特定分区的 RDD 有两种方法：

（1）在 RDD 上调用 partitionBy()，提供一个显式的分区器。

（2）在转换中指定分区器，这将返回进行了分区的 RDD。

partitionBy() 是一个转换操作，并使用指定的分区器创建 RDD。要创建 RangePartitioner，需要指定所需的分区数，并提供一键值对 RDD。

```
scala>val pair1=sfpd.map(x=>(x(PdDistrict),(x(Resolution),x(Category))))
pair1: org.apache.spark.rdd.RDD[(String, (String, String))] =
MapPartitionsRDD[28] at map at <console>:32
scala>import org.apache.spark.RangePartitioner
import org.apache.spark.RangePartitioner

scala>val rpart1=new RangePartitioner(4,pair1)
rpart1: org.apache.spark.RangePartitioner[String,(String, String)] =org
.apache.spark.RangePartitioner@8f60c3c6

scala>val partrdd1=pair1.partitionBy(rpart1).persist
partrdd1: org.apache.spark.rdd.RDD[(String, (String, String))]=ShuffledRDD[31]
at partitionBy at <console>:37
```

代码 3-74

HashPartitioner 需要传递一个定义分区数的参数。

```
scala>import org.apache.spark.HashPartitioner
import org.apache.spark.HashPartitioner
scala>val hpart1=new HashPartitioner(100)
```

```
hpart1: org.apache.spark.HashPartitioner = org.apache.spark.HashPartitioner
@64

scala>val partrdd2 =pair1.partitionBy(hpart1).persist
partrdd2: org.apache.spark.rdd.RDD[(String, (String, String))]=ShuffledRDD[32]
at partitionBy at <console>:38
```

代码 3-75

使用键的哈希值将用于分配分区。如果相同的键比较多，其哈希值相同，则数据会大量集中在某个分区中，会出现数据分布不均匀的现象，可能遇到部分集群空闲的情况。使用哈希分区的键值对必须可以是哈希的。使用分区时，会创建一个洗牌作业，应该保留 partitionBy() 的结果，以防止每次使用分区 RDD 时进行重新安排。

在键值对 RDD 上的大量操作一般会接受附加分区参数，如分区数、类型或分区。RDD 上的一些操作自动导致具有已知分区器的 RDD。例如，默认情况下，当使用 sortByKey 时，使用 RangePartitioner，并且 groupByKey 使用的默认分区器是 HashPartitioner。要在聚合和分组操作之外更改分区，可以使用 repartition() 或 coalesce() 函数。

➢ def repartition(numPartitions: Int)(implicit ord: Ordering[T] = null): RDD[T]

返回具有 numPartitions 个分区的新 RDD，可以增加或减少此 RDD 中的并行度。使用洗牌机制重新分配数据。如果要减少此 RDD 中的分区数，请考虑使用 coalesce()，这样可以避免执行洗牌操作。

➢ def coalesce (numPartitions: Int, shuffle: Boolean = false, partitionCoalescer: Option[PartitionCoalescer] = Option.empty)(implicit ord: Ordering[T] = null): RDD[T]

这导致狭窄的依赖性，例如，从 1000 个分区变成 100 个分区，则不会进行洗牌，而是 100 个新分区中的每一个将分配当前分区中的 10 个。如果请求更多的分区，将保持当前的分区数量。

重新分区数据的代价可能相当昂贵，因为重新分区将数据通过全局洗牌生成新的分区。需要确保在使用合并时指定较少的分区数。首先使用 partition.size 确定当前的分区数。在这个例子中，将 reduceByKey() 应用于 RDD，指定分区数作为参数。

```
scala>val dists=sfpd.map(x=>(x(PdDistrict), 1)).reduceByKey(_+_, 5)
dists: org.apache.spark.rdd.RDD[(String, Int)] = ShuffledRDD[15] at
reduceByKey at <console>:32

scala>dists.partitions.size
res25: Int=5

scala>val dists01=dists.coalesce(3)
dists01: org.apache.spark.rdd.RDD[(String, Int)] = CoalescedRDD[18] at
coalesce at <console>:30
```

```
scala>dists01.partitions.size
res29: Int=3
```

要找出分区数，可使用 rdd.partitions.size。在实例中，dists 通过 reduceByKey 传递分区数参数为 5，然后应用 coalesce() 指定减少分区数，在这种情况下为 3。

在 Scala 和 Java 中，可以使用 RDD 上的 partitioner 属性查看 RDD 的分区方式。回看之前使用的示例，当运行命令 partrdd1.partitioner 时，它返回分区类型，在这种情况下为 RangePartitioner。

```
scala>partrdd1.partitioner
res8: Option[org.apache.spark.Partitioner]=Some(org.apache.spark
.RangePartitioner@8f60c3c6)

scala>partrdd2.partitioner
res9: Option[org.apache.spark.Partitioner]=Some(org.apache.spark
.HashPartitioner@64)
```

代码 3-76

由于对 RDD 上的许多操作需要通过网络传输数据，通过按键进行洗牌操作，因此分区可以对许多操作提高性能。对于诸如 reduceByKey() 的操作，当进行预分区时，这些值将在本地节点上进行计算，然后将每个节点的最终结果发送回驱动程序。如果对两个键值对 RDD 进行操作，当进行预分区时，至少有一个 RDD 带有已知分区器，不会被重新洗牌，如果两个 RDD 都具有相同的分区器，则不会在网络上进行洗牌操作。为输出 RDD 设置分区器的操作包括 cogroup()、groupWith()、join()、leftOuterJoin()、rightOuterJoin()、groupByKey()、reduceByKey()、combineByKey()、partitionBy()、sort()，而所有其他操作将产生没有分区器的结果。如果父 RDD 具有分区器，则 mapValues()、flatMapValues() 和 filter() 等操作将导致在输出 RDD 上设置分区器。如果分区的数量太少，即太少的并行性，Spark 将使资源闲置。如果分区太多或并行性太高，则可能影响性能，因为每个分区的开销可以相加，产生总开销。使用 repartition() 随机地将现有的 RDD 进行洗牌，以重新分区，可以使用 coalesce() 代替 repartition() 完成减少分区数量的作业，因为其可以避免洗牌。对于 coalesce(N)，如果 N 大于当前的分区，则需要传递 shuffle = true 给 coalesce()；如果 N 小于当前的分区（即缩小分区），则不要设置 shuffle = true，否则会导致额外的、不必要的洗牌。

3.6 小　　结

在 Apache Spark 中，可以使用 RDD 存储键值对。在很多程序中，键值对 RDD 扮演非常有用的角色。基本上，一些操作允许对每个键并行执行操作，而且可以重新整理网络上的数据。例如，reduceByKey() 方法分别为每个键聚合数据。而 join() 方法则通过用相同的键对元素进行分组合并两个 RDD。本章重点讲解了键值对 RDD 的功能，学习如何创建键值对 RDD 和进行键值对 RDD 的相关操作，如 RDD 中的转换和动作。这里的转换操作包括 groupByKey()、reduceByKey()、join()、leftOuterJoin() 和 rightOuterJoin() 等，而 countByKey() 等是针对键值对 RDD 的动作。

本章还讨论了 Spark 中的分区，可以将其定义为大数据集的划分，并将它们作为整个集群中的多个部分存储。Spark 根据数据局部性原理工作。工作节点需要处理更接近它们的数据。通过执行分区网络，I/O 将会减少，从而可以更快地处理数据。在 Spark 中，像 cogroup()、groupBy()、groupByKey() 等的操作将需要大量的 I/O 操作。在这种情况下，应用分区可以快速减少 I/O 操作的数量，以便加速数据处理。

第 4 章 关系型数据处理

大数据应用程序需要混合处理各种数据源和存储格式。为这些工作负载设计的 MapReduce 系统提供了一个功能强大但低级别的过程式编程。过程式编码通过调用 API 实现数据的读取，需要了解特定 API 的使用规范，并且需要用户进行手动优化，以实现高性能，因此出现了很多工具试图通过大数据系统接口提供关系型方法提高用户体验。关系型方法是通过 SQL 实现数据读取的，这是一种标准的应用于关系数据库上的查询语言，为用户提供了统一的查询格式。只要是熟悉关系数据库操作的用户，就可以轻松使用，而且可以自动实现优化处理。目前，Pig、Hive、Dremel 和 Shark 等工具都可以提供利用 SQL 实现丰富的查询功能。

尽管关系型系统的普及表明用户通常更喜欢编写 SQL 查询，但关系型方法对于许多大数据应用程序来说是不够的。首先，用户想要对半结构或非结构化的各种数据源执行 ETL，需要根据数据类型定制代码；其次，想要执行高级分析，例如机器学习和图处理，这些高级分析在关系型系统中难以表达。实践中，大多数数据管道在理想情况下将结合使用关系查询和复杂的过程算法表达，但是这两类系统（关系型和过程型）到目前为止很大程度上仍然是分离的，迫使用户只能选择其中一种模式。Spark SQL 建立于早先的 Shark 项目上，其不是强迫用户在关系或程序两种模式之间选择，Spark SQL 可让用户无缝地混合这两种模式。Spark SQL 结合两种模式的优点，弥合了两种模式之间的差距。与 Apache Spark 其他主要的组件一样，Spark SQL 也是一种特殊的基于大量分布式内存计算的组件，是建立在底层的 Spark 核心 RDD 数据模型之上的。Spark SQL 使用关系型数据结构保存和查询，可以持久结构化和半结构化数据。Spark SQL 可以使用 SQL、HiveQL 和自定义类似 SQL 的数据集 API，可以将其称为针对结构化查询的领域特定语言。Spark SQL 以批处理和流式传输模式支持结构化查询，后者作为 Spark SQL 的单独模块与 Spark Streaming 集成实现结构化流。

Spark SQL 是一个基于 Apache Spark 核心运行的库。Spark SQL 的一个用途是执行 SQL 查询，也可用于从现有的 Hive 中读取数据，通过编程语言运行 SQL 时，结果将作为 Dataset 或 DataFrame 返回。还可以使用命令行，或者使用 JDBC 和 ODBC 与 SQL 接口进行交互（见图 4-1）。从 Spark 2.0 起，Spark SQL 实际上已经成为内存分布式数据高层接口，将 RDD 隐藏在更高层次的抽象背后。Spark SQL 启用 Hive 支持，我们可以使用 HiveQL 语法读取和写入基于 Hive 部署的数据。通过 Spark SQL 执行的选择查询都将生成一个 Catalyst 表达式树，同时进一步优化到大型分布式数据集上。像 SQL 和 NoSQL 数据库一样，Spark SQL 使用逻辑查询计划优化器生成代码，通常比自定义代码好。Spark SQL 具有二进制行格式的 Tungsten 执行引擎，以提供性能查询优化。另外，Spark SQL 引入了一个名为 Dataset 的表格数据抽象，旨在使结构化表格数据定义更加简单、快捷。

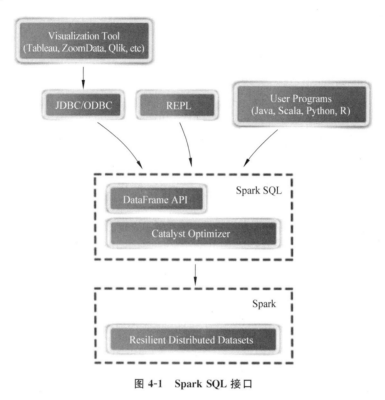

图 4-1　Spark SQL 接口

4.1　Spark SQL 概述

Spark SQL 是用于结构化数据处理的 Spark 模块。与基本的 RDD API 不同，Spark SQL 的接口提供了更多有关数据结构和类型的信息，Spark SQL 使用这些额外的信息执行性能优化。用户可以使用 SQL 语法和 API 等多种方法与 Spark SQL 进行交互操作，但是后台使用相同的执行引擎计算结果，与用来表达计算的编程语言无关。这种统一意味着开发人员可以轻松地在不同的 API 之间切换，从而提供最自然的方式表达给定的转换。

Spark SQL 的一种用途是执行 SQL 查询，可用于从现有的 Hive 中读取数据，返回的结果类型为 Dataset 或 DataFrame，还可以使用命令行或通过 JDBC 和 ODBC 与 SQL 接口进行交互。Dataset 是数据的分布式集合的另一种抽象，是 Spark 1.6 中添加的新接口，具有 RDD 的优点，实现静态类型输入，具有强大的 Lambda 函数能力；并且还有 Spark SQL 优化执行引擎的优点。Spark SQL 可以从 Java 虚拟器对象构造 Dataset，然后在 Dataset 上应用函数转换，例如 map()、flatMap()、filter() 等操作。Dataset API 只在 Scala 和 Java 中可用，Python 不支持 Dataset API，但是由于 Python 的动态特性，Dataset

API 的许多特性也是可用的，例如，我们可以自然地通过 row.columnName 方式访问一行字段，R 的情况也类似。

DataFrame 也是一种 Dataset，由一系列命名列组成。从概念上讲，DataFrame 等效于关系数据库中的表，在 R 和 Python 等编程语言中包含同名的概念，但是 Spark 中的 DataFrame 在后台进行了更丰富的优化。Spark SQL 可以从多种数据源构造 DataFrame，例如结构化数据文件、Hive 中的表、外部数据库或现有 RDD。DataFrame API 在 Scala、Java、Python 和 R 中可用。在 Scala 和 Java 中，DataFrame 由具有 Row 泛型的 Dataset 表示。在 Scala API 中，DataFrame 只是 Dataset[Row]类型别名；而在 Java API 中，用户需要使用 Dataset<Row>代表 DataFrame。

4.1.1 Catalyst 优化器

Catalyst 优化器是 Spark SQL 的核心，是在 Scala 中实现的，它启用了几个关键功能，例如数据结构的推断，这在数据分析工作中非常有用。图 4-2 详细描述了高级转换的过程，从包含 SQL、DataFrames 或 Datasets 的程序经过 Catalyst 优化器最终产生执行代码。

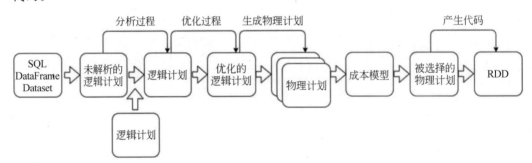

图 4-2　高级转换的过程

这个高级转换过程的内部表示是一个查询计划，描述了查询中定义的数据操作，例如聚合、连接和过滤等。这些操作从输入数据集生成一个新的数据集。在准备好查询计划的初始版本之后，Catalyst 优化器将应用一系列转换操作对查询计划进行优化，最后 Spark SQL 代码生成机制将优化的查询计划解释为准备执行的 RDD 定义脚本。查询计划和优化的查询计划在内部表示为树，因此 Catalyst 优化器的核心是一个通用库，用于表示树并应用规则对其进行操作。在此库之上，还有其他几个更专门用于关系查询处理的库。Catalyst 有两种类型的查询计划：逻辑计划（Logical Plan）和物理计划（Physical Plan）。逻辑计划描述了数据集上的计算，但是不定义如何执行特定计算。物理计划描述了对数据集的计算，并具有如何执行它们的特定定义。初始查询计划本质上是一个未解析的逻辑计划。也就是说，在此阶段我们不知道数据集或列的来源，以及列的类型。在分析过程中，目录信息用于将未解决的逻辑计划转换为已解决的逻辑计划，然后在优化过程中，应用规则生成优化的逻辑计划。下一步，优化器可能会生成多个物理计划，通过成本模型选择最佳计划。

DataFrame 取决于 Catalyst 优化器和 Tungsten 性能的改进，因此，下面简要检查一下 Catalyst 优化器是如何工作的。Catalyst 优化器根据输入的操作指令解析和创建的逻辑计划,然后通过查看操作指令中使用的各种属性和列分析逻辑计划,然后 Catalyst 会进一步尝试对分析后的逻辑计划进行优化,通过组合多个操作并重新排列逻辑计划,以获得更好的性能。例如,在数据分区上有转换和过滤操作,那么过滤数据和应用转换的顺序对于操作的整体性能非常重要,可以对诸如过滤和转换之类的操作进行重新排序,有时可以将多个操作分为一组,并且最大限度地减少在工作节点之间的洗牌数据量。例如,当在不同数据集之间执行联合操作时,Catalyst 优化器可以决定在网络中广播较小的数据集。使用 explain() 查看任何数据框的执行计划。Catalyst 优化器还计算 DataFrame 的列和分区的统计信息,从而提高了执行速度。Spark SQL 通过 Catalyst 生成优化的逻辑计划,然后将其转换为物理计划。相同的操作指令可能生成多个版本的物理计划,并生成相同的结果。从 Spark 2.2 开始,Spark SQL 使用基于成本的优化器(Cost-based Optimizer,CBO)评估选择最佳的物理计划。另外,Spark 2.x 与以前的版本(如 Spark 1.6 和更早的版本)相比,显著提高了性能,其关键是通过 Tungsten 进行了性能改进,Tungsten 实现了全面的内存管理和其他性能的改进,其最重要的内存管理改进是使用对象的二进制编码。二进制编码的对象占用的内存更少,提高了洗牌性能。

4.1.2　DataFrame 与 DataSet

Spark 提供了三种类型的数据结构抽象,包括 RDD、DataFrame 和 DataSet。无论是 DataFrame,还是 DataSet,都以 RDD 为底层进行了结构化的封装。RDD 在前几章已经介绍过,是始于最早可用的 Spark 1.0 版本,DataFrame 最早开始于 Spark 1.3,而 DataSet 是从 Spark 1.6 版本开始的。如果基于相同的数据,可以通过这三种数据结构的抽象获得相同的访问结果,但它们在性能和计算方式上存在差异。对于刚开始学习 Spark 的用户,可能会感到困惑关于怎样了解每个数据结构抽象的相关性,并决定选择其中哪一个。实际上,DataFrame 对于 RDD 带来了数据定义和访问方式的改变,并且进行了许多性能优化。DataSet 也是分布式的数据集合,集成了 RDD 和 DataFrame 的优点,具备静态类型的特点,同时支持 Lambda 函数,但只能在 Scala 和 Java 语言中使用。在 Spark 2.0 后,为了方便开发者,Spark 将 DataFrame 和 DataSet 的 API 融合到一起,提供了结构化的 API,即用户可以通过一套标准的 API 完成对两者的操作。

DataFrame 是 Spark SQL 中结构化数据的一种抽象。在 Apache Spark 之前,只要有人想对大量数据运行类似 SQL 的查询,Apache Hive 就是首选技术。Apache Hive 从本质上将 SQL 查询转换成类似于 MapReduce 的逻辑,从而自动地使在大数据上执行的多种分析变得非常容易,而无须学习用 Java 和 Scala 编写复杂的代码。随着 Apache Spark 的出现,在大数据规模上进行分析的方式发生了转变。Spark SQL 在 Apache Spark 的分布式计算能力之上提供了一个使用 SQL 的数据访问层。实际上,Spark SQL 可用作在线分析处理数据库。Spark SQL 的工作原理是将 SQL 的语句解析为抽象语法树,然后将该计划转换为逻辑计划,将逻辑计划优化为可以执行的物理计划。最终的执行使用底层的 DataFrame API,这个过程是通过 Spark 系统在后台完成的,用户只要熟悉 SQL 语句,就可以轻松完成,无须学习所有内部知识。

DataFrame 是弹性分布式数据集的抽象,使用经过 Catalyst 进行了优化的高级函数进行处理,并且借助 Tungsten 功能实现高性能。可以将 DataSet 视为 RDD 的有效表,具有高度优化的二进制数据表示形式。使用编码器可以实现二进制表示,该编码器将各种对象序列化为二进制结构,以实现比 RDD 数据表示更好的性能。由于 DataFrame 始终在底层使用 RDD,因此 DataFrame 和 DataSet 也完全像 RDD 一样属于分布式数据集,这也意味着数据集是不可变的,每次转换或动作都会创建一个新的数据集。DataFrame 和 DataSet 在概念上类似于关系数据库中的表,因此可以将 DataFrame 和 DataSet 看作由数据行组成的表,每一行包含几列。如前所述,RDD 是数据处理的低层 API,DataFrame 和 DataSet 是在 RDD 之上创建的。通过 DataFrame 和 DataSet,可以将 RDD 的低层内部工作抽象化成关系表操作,并提供高级 API,这些 API 易于使用并提供了许多现成的功能。实际上,DataFrame 组件在 Python、R 和 Julia 等语言中有相似的概念,DataSet 是基于 DataFrame 进行的扩展。

DataFrame 将 SQL 代码和特定领域的语言表达式转换为优化的执行计划,然后在 Spark Core 之上运行,以使 SQL 语句执行各种数据操作。DataFrame 支持许多不同类型的输入数据源和许多类型的操作,其中包括大多数数据库的 SQL 操作,例如连接、分组、聚合和窗口函数。Spark SQL 也与 Hive 查询语言非常相似,并且由于 Spark 为 Hive 提供了自然的适配器,因此,在 Hive 中工作的用户可以轻松地将其知识转移到 Spark SQL 上,从而缩短转换时间。DataFrame 是基于表的概念,该表的操作方式与 Hive 的工作方式非常相似。实际上,Spark 中对表的许多操作类似于 Hive 处理表并在这些表上进行操作的方式。可以将 DataFrame 注册为表,并且可以使用 SQL 语句代替 DataFrame API 对数据进行操作。Spark DataFrame 和 DataSet API 如图 4-3 所示。

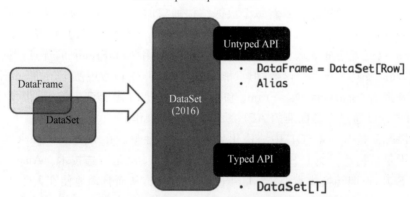

图 4-3 Spark DataFrame 和 DataSet API

从 Spark 2.0 开始,DataSet 具有两个不同的 API 特性:带类型的 API(静态类型)和不带类型的 API(动态类型)。在概念上,DataFrame 视为通用对象 DataSet[Row]集合的别名,其中 Row 是不带类型的 Java 虚拟机对象,相比之下,DataSet 是带类型的 Java 虚拟机对象集合,数据类型可以由 Scala 中的案例类定义或由 Java 中的类指定。由于 Python 和 R 语言在编译时类型是动态的,因此只有不带类型的 API,即 DataFrame,而无法使用 DataSet。Spark SQL 可以三种方式操作数据,包括 SQL、DataFrame API、DataSet API。如果从静态类型和运行时安全性的限制进行比较,SQL 的限制最弱,DataSet API 的限制最强。如果在代码中使用 SQL 语句进行查询,直到运行时才会发现语法错误,所以一般建议通过交互方式执行,而通过 DataFrame 和 DataSet 编程的方式,可以在编译时发现和捕获语法错误,所以编写应用代码时节省了开发人员的时间和成本。如果错误调用了 DataFrame 中不存在的函数,编译器可以捕获这样的错误,但是,只有在运行时才能发现调用了不存在的列,所以 DataFrame 的限制是中间级别。另外,DataSet 实现了最严格的限制,由于所有 DataSet API 都表示为 Lambda 函数和 Java 虚拟机类型对象,因此在编译时就可以检测到任何类型参数的不匹配。如果使用 DataSet 可以在编译时检测到分析错误,进一步保障应用程序的安全性以及减少开发人员排查错误的时间和成本,那么 DataSet 对于开发人员来说是最具限制性的,也是最有效性的,如图 4-4 所示。

图 4-4　SQL、DataFrame、DataSet 的比较

4.1.3　创建结构化数据

　　Spark 中所有功能的入口点是 SparkSession。当启动 spark-shell 时,系统会自动启动一个 SparkSession 实例 Spark,我们可以在创建 DataFrame 和 DataSet 时直接通过 Spark 调用其中的方法。从 Spark 2.0 开始,SparkSession 提供了 Hive 功能的内置支持,包括使用 HiveQL 编写查询,访问 Hive UDF 以及从 Hive 表读取数据的功能。要使用这些功能,不需要具有现有的 Hive 设置。使用 SparkSession,应用程序可以从现有的 RDD、Hive 表或 Spark 数据源创建 DataFrame。

```
scala>val df=spark.read.json("/data/people.json")
df: org.apache.spark.sql.DataFrame=[age: bigint, name: string]

scala>df.show
+----+-------+
| age|   name|
+----+-------+
|null|Michael|
|  30|   Andy|
|  19| Justin|
+----+-------+
```

代码 4-1

如上所述，在 Spark 2.0 中 DataFrame 只是 Scala API 或 Java API 中包含 DataSet[Row] 或 DataSet<Row>的集合。基于 DataFrame 的操作是不带类型的，而 DataSet 是带类型的。

```
scala>df.printSchema()
root
 |--age: long (nullable=true)
 |--name: string (nullable=true)


scala>df.select("name").show()
+-------+
|   name|
+-------+
|Michael|
|   Andy|
| Justin|
+-------+


scala>df.select($"name", $"age" +1).show()
+-------+---------+
|   name|(age +1)|
+-------+---------+
|Michael|     null|
|   Andy|       31|
| Justin|       20|
+-------+---------+


scala>df.filter($"age" >21).show()
+---+----+
|age|name|
+---+----+
| 30|Andy|
+---+----+



scala>df.groupBy("age").count().show()
+----+-----+
| age|count|
+----+-----+
|  19|    1|
```

```
|null|    1|
|  30|    1|
+----+-----+
```

代码 4-2

除了简单的列引用和表达式，DataFrame 还具有丰富的函数库，包括字符串操作、日期算术、常用的数学运算等。SparkSession 上的 sql( ) 函数使应用程序以编程方式运行 SQL 查询，并将结果创建新的 DataFrame。

```
scala>df.createOrReplaceTempView("people")

scala>val sqlDF=spark.sql("SELECT * FROM people")
sqlDF: org.apache.spark.sql.DataFrame=[age: bigint, name: string]

scala>sqlDF.show()
+----+-------+
| age|   name|
+----+-------+
|null|Michael|
|  30|   Andy|
|  19| Justin|
+----+-------+
```

代码 4-3

Spark SQL 中的本地临时视图是基于会话范围的，如果创建它的会话终止，其也将消失。如果要在所有会话之间共享临时视图，并保持活动状态，直到 Spark 应用程序终止，可以创建一个全局临时视图。全局临时视图与系统保留的数据库 global_temp 绑定，必须使用 global_temp 限定名称引用它，例如 SELECT * FROM global_temp.people。

```
scala>df.createGlobalTempView("people")

scala>spark.sql("SELECT * FROM global_temp.people").show()
+----+-------+
| age|   name|
+----+-------+
|null|Michael|
|  30|   Andy|
|  19| Justin|
+----+-------+

scala>spark.newSession().sql("SELECT * FROM global_temp.people").show()
```

```
+----+-------+
| age|   name|
+----+-------+
|null|Michael|
|  30|   Andy|
|  19| Justin|
+----+-------+
```

代码 4-4

从 Spark 2.0 开始，Spark SQL 主要的数据结构抽象就是 DataSet，其表示一个结构化数据，其中定义了数据结构和类型。DataSet 与 RDD 类似，但不是使用 Java 序列化或 Kryo，而是使用专门的编译器串行化对象，以便通过网络进行处理或传输。虽然编译器和标准序列化都负责将对象转换成字节，但编译器是动态生成的代码并使用了某种格式，允许 Spark 执行许多操作，如过滤、排序和散列，而无须字节反序列化到对象中。这里包括一些使用 DataSet 进行结构化数据处理的基本示例。下面的例子用 toDS() 函数创建一个 DataSet。

```
scala>case class Person(name: String, age: Long)
defined class Person

scala>val caseClassDS=Seq(Person("Andy", 32)).toDS()
caseClassDS: org.apache.spark.sql.Dataset[Person] = [name: string, age: bigint]

scala>caseClassDS.show()
+----+---+
|name|age|
+----+---+
|Andy| 32|
+----+---+

scala>val primitiveDS=Seq(1, 2, 3).toDS()
primitiveDS: org.apache.spark.sql.Dataset[Int]=[value: int]

scala>primitiveDS.map(_ +1).collect()
res13: Array[Int]=Array(2, 3, 4)
```

通过 JSON 文件生成一个 DataSet：

```
scala>val peopleDS=spark.read.json("/data/people.json").as[Person]
peopleDS: org.apache.spark.sql.Dataset[Person]=[age: bigint, name: string]

scala>peopleDS.show()
```

```
+----+-------+
| age|   name|
+----+-------+
|null|Michael|
|  30|   Andy|
|  19| Justin|
+----+-------+

scala>peopleDS.printSchema
root
 |--age: long (nullable=true)
 |--name: string (nullable=true)
```

代码 4-5

上面的代码中发生了三件事：

（1）Spark 读取 JSON，推断模式并创建 DataFrame 的集合。

（2）Spark 将数据转换为 DataFrame = DataSet [Row]，这是泛型 Row 对象的集合，因为不需要知道每行中数据的确切类型。

（3）Spark 会根据案例类 Person，将 DataSet [Row]转变为 DataSet[Person]，指定了 Java 虚拟器对象。

大多数人都使用过结构化数据，习惯于以列方式或访问对象中的特定属性查看和处理数据。通过将数据集转变成 DataSet [T]类型的对象集合，可以无缝地获得自定义视图，以及强类型 JVM 对象的编译时安全性。从上面的代码中得到的强类型 DataSet[T]可以使用高级方法轻松显示或处理。

为了有效地支持特定域对象，需要一个编译器将域特定类型 T 映射到 Spark 的内部类型系统。例如，给定一个具有两个字段 name(String)和 age(int)的类 Person，编译器告诉 Spark 在运行时生成代码，以将 Person 对象序列化为二进制结构。这种二进制结构通常具有更低的内存占用，并且针对数据处理的效率进行了优化。要了解数据的内部二进制表示形式，可以调用 schema()函数。

```
scala>peopleDS.schema
res16: org.apache.spark.sql.types.StructType = StructType(StructField(age,
LongType,true), StructField(name,StringType,true))
```

Spark SQL 支持两种将现有 RDD 转换为 DataSet 的方法。第一种方法使用案例类反射推断包含特定对象类型的 RDD 的架构。这种基于反射的方法可以使代码更简洁，当编写 Spark 应用程序时已经了解数据的结构，这种情况下适合使用反射的方法。第二种方法是通过编程接口，该接口允许构造数据结构，然后将其应用于现有的 RDD 上，尽管此方法较为冗长，但可以在运行时获得列及其类型的情况下构造 DataSet。Spark SQL 的 Scala 接口支持自动将包含案例类的 RDD 转换为 DataFrame。案例类定义了表的架构。案例类的参数名称通过反射机制读取,并成为列的名称。案例类也可以嵌套或包含复杂类型,例如 Seqs 或 Arrays。可以将该 RDD 隐式转换为 DataFrame,然后将其注册为表,可以在后续的 SQL 语句中使用。

```
scala>:paste
//Entering paste mode (ctrl-D to finish)

val peopleDF=spark.sparkContext
  .textFile("/data/people.txt")
  .map(_.split(","))
  .map(attributes =>Person(attributes(0), attributes(1).trim.toInt))
  .toDF()

//Exiting paste mode, now interpreting.

peopleDF: org.apache.spark.sql.DataFrame=[name: string, age: bigint]

scala>peopleDF.createOrReplaceTempView("people")

scala>val teenagersDF=spark.sql("SELECT name, age FROM people WHERE age BETWEEN 13 AND 19")
teenagersDF: org.apache.spark.sql.DataFrame=[name: string, age: bigint]

scala>teenagersDF.map(teenager =>"Name: " +teenager(0)).show()
+------------+
|       value|
+------------+
|Name: Justin|
+------------+

scala>teenagersDF.map(teenager =>"Name: " +teenager.getAs[String]("name")).show()
+------------+
|       value|
+------------+
|Name: Justin|
+------------+
```

解决多行语句问题的一种简单方法是在 REPL 中使用:paste 命令。输入多行语句之前,在 REPL 中键入:paste 命令。执行此操作时,REPL 会提示粘贴命令(多行表达式),然后在命令末尾按组合键 Ctrl+D。

当案例类不能被提前定义时,例如记录的结构被写在一个字符串中,或者文本数据集将被解析,而对于不同的用户而言,字段将被进行不同的投影,可以通过三个步骤以编程方式创建一个 DataFrame：

(1) 从原始 RDD 创建一个包含 Row 对象的 RDD。

(2) 创建与 Row 对象结构相匹配的模式，由 StructType 表示。

(3) 通过 SparkSession 提供的 createDataFrame() 方法将模式应用于 RDD。

```
scala>import org.apache.spark.sql.types._
import org.apache.spark.sql.types._

scala>import org.apache.spark.sql.Row
import org.apache.spark.sql.Row

scala>val peopleRDD=spark.sparkContext.textFile("/data/people.txt")
peopleRDD: org.apache.spark.rdd.RDD[String] = /data/people.txt
MapPartitionsRDD[92] at textFile at <console>:31

scala>val schemaString="name age"
schemaString: String=name age

scala>:paste
//Entering paste mode (ctrl-D to finish)

//Generate the schema based on the string of schema
val fields=schemaString.split(" ")
  .map(fieldName=>StructField(fieldName, StringType, nullable=true))
val schema=StructType(fields)

//Convert records of the RDD (people) to Rows
val rowRDD=peopleRDD
  .map(_.split(","))
  .map(attributes =>Row(attributes(0), attributes(1).trim))

//Exiting paste mode, now interpreting.

fields: Array[org.apache.spark.sql.types.StructField] = Array(StructField(name,StringType,true), StructField(age,StringType,true))
schema: org.apache.spark.sql.types.StructType=StructType(StructField(name,StringType,true), StructField(age,StringType,true))
rowRDD: org.apache.spark.rdd.RDD[org.apache.spark.sql.Row] = MapPartitionsRDD[94] at map at <pastie>:45

scala>val peopleDF=spark.createDataFrame(rowRDD, schema)
peopleDF: org.apache.spark.sql.DataFrame=[name: string, age: string]
```

```
scala>peopleDF.createOrReplaceTempView("people")

scala>val results=spark.sql("SELECT name FROM people")
results: org.apache.spark.sql.DataFrame=[name: string]

scala>results.map(attributes =>"Name: " +attributes(0)).show()
+-------------+
|        value|
+-------------+
|Name: Michael|
|   Name: Andy|
| Name: Justin|
+-------------+
```

代码 4-6

下面看另一个将 CSV 文件加载到 DataFrame 中的示例。只要文本文件包含标题，Spark SQL 的 API 就会通过读取标题行推断模式。还可以选择指定用于拆分文本文件行的分隔符，从 CSV 文件的标题行读取并推导出相应的数据结构，并使用逗号","作为分隔符。我们还展示了使用 schema 函数和 printSchema 函数验证输入文件的模式。

```
scala>:paste
//Entering paste mode (ctrl-D to finish)

val statesDF=spark.read.option("header", "true")
            .option("inferschema", "true")
            .option("sep", ",")
            .csv("/data/statesPopulation.csv")

//Exiting paste mode, now interpreting.

statesDF: org.apache.spark.sql.DataFrame=[State: string, Year: int ... 1 more field]

scala>statesDF.schema
res6: org.apache.spark.sql.types.StructType=StructType(StructField(State, StringType, true), StructField ( Year, IntegerType, true ), StructField (Population,IntegerType,true))

scala>statesDF.printSchema
root
 |--State: string (nullable=true)
 |--Year: integer (nullable=true)
 |--Population: integer (nullable=true)
```

使用 StructType 描述数据结构模式，是 StructField 对象的集合。StructType 和 StructField 属于 org.apache.spark.sql.types 包，IntegerType 和 StringType 等数据类型也属于 theorg.apache.spark.sql.types 包，导入这些类，可以显示自定义模式。

```
scala>import org.apache.spark.sql.types.{StructType, IntegerType, StringType}
import org.apache.spark.sql.types.{StructType, IntegerType, StringType}
```

定义一个模式，包含两个字段，一个字段为整数，后跟一个字符串字段。

```
scala>val schema=new StructType().add("i", IntegerType).add("s",StringType)
schema: org.apache.spark.sql.types.StructType = StructType(StructField(i,IntegerType,true), StructField(s,StringType,true))

scala>schema.printTreeString
root
 |--i: integer (nullable=true)
 |--s: string (nullable=true)
```

还有一个使用 prettyJson() 函数打印 JSON 的选项，如下所示。

```
scala>schema.prettyJson
res9: String =
{
  "type" : "struct",
  "fields" : [ {
    "name" : "i",
    "type" : "integer",
    "nullable" : true,
    "metadata" : { }
  }, {
    "name" : "s",
    "type" : "string",
    "nullable" : true,
    "metadata" : { }
  } ]
}
```

Spark SQL 的所有数据类型都位于 org.apache.spark.sql.types 包中，可以通过以下方式访问它们。

```
scala>import org.apache.spark.sql.types._
import org.apache.spark.sql.types._
```

DataType 抽象类是 Spark SQL 中所有内置数据类型的基本类型,例如字符串等。表 4-1 中包括了 Spark SQL 和 DataFrame 支持的数据类型。

表 4-1 Spark SQL 和 DataFrame 支持的数据类型

数据类型	描述
ByteType	表示 1B 有符号整数,数字范围为 −128~127
ShortType	表示 2B 有符号整数,数字范围为 −32768~32767
IntegerType	表示 4B 有符号整数,数字范围为 −2147483648~2147483647
LongType	表示 8B 有符号整数,数字范围为 −9223372036854775808~9223372036854775807
FloatType	表示 4B 的单精度浮点数
DoubleType	表示 8B 的双精度浮点数
DecimalType	表示任意精度有符号的十进制数
StringType	表示字符串值
BinaryType	表示字节序列值
BooleanType	表示布尔值
TimestampType	表示包含字段年、月、日、小时、分钟和秒的值
DateType	表示包含字段年、月、日的值的值
ArrayType	ArrayType (elementType, containsNull),表示包含 elementType 类型的元素序列的值,containsNull 用于指示 ArrayType 值中的元素是否具有空值
MapType	MapType(keyType, valueType, valueContainsNull),表示包含一组键值对,键的数据类型由 keyType 描述,值的数据类型由 valueType 描述,键不允许具有空值,valueContainsNull 用于指示值是否可以为空值
StructType	表示具有 StructFields(fields)序列描述的结构
StructField	表示 StructType 中的一个字段

从 Spark 2.x 开始,Spark SQL 提供另一种方式为复杂数据类型定义模式。首先看一个简单的例子,必须使用 import 语句导入编码器。

```
scala>import org.apache.spark.sql.Encoders
import org.apache.spark.sql.Encoders
```

下面是一个简单的示例,将元组定义为要在 Dataset API 中使用的数据类型。

```
scala>Encoders.product[(Integer, String)].schema.printTreeString
root
 |-- _1: integer (nullable=true)
 |-- _2: string (nullable=true)
```

前面的代码看起来很复杂,因此还可以根据需要定义一个案例类 Record,包括两个字段：一个为 Integer；另一个为 String。

```
scala>case class Record(i: Integer, s: String)
defined class Record
```

使用编码器，可以轻松地在案例类的基础上创建一个模式，从而我们可以轻松地使用各种 API。

```
scala>Encoders.product[Record].schema.printTreeString
root
 |--i: integer (nullable=true)
 |--s: string (nullable=true)
```

4.2 结构化数据操作

现在我们已经知道如何创建 DataFrame 和 DataSet，接下来是学习如何使用提供的结构化操作使用它们。与 RDD 操作不同，结构化操作被设计为更具关系性，这意味着这些操作反映了可以用于 SQL 的表达式，例如投影、过滤、转换和连接等。与 RDD 操作类似，结构化操作分为转换和动作，这与 RDD 中的语义相同。换句话说，结构化转换被懒惰地评估，没有真正生成新数据，而是定义了新数据生成的过程；结构化动作根据定义好的过程产生新数据。结构化操作有时被描述为用于分布式数据操作的领域特定语言（Domain Specific Language，DSL）。领域特定语言是专用于特定应用程序域的计算机语言。Spark SQL 的应用程序域是分布式数据操作，如果曾经使用过 SQL，那么学习结构化操作就相当容易（见表 4-2）。

表 4-2　常用的 Spark SQL 结构化数据操作

操作	描述
select	从 DataFrame 现有的列中选择一个或多个列，可以对列进行变换。这个操作可以称为投影
selectExpr	执行投影时支持强大的 SQL 表达式对列进行转换
filter	和 where 都具有相同的语义
where	类似于 SQL 中的 where 条件，根据给定的布尔条件进行过滤
distinct dropDuplicates	从 DataFrame 中删除重复的行
sort orderBy	根据列对 DataFrame 进行排序
limit	通过获取前 n 行返回一个新的 DataFrame
union	合并两个 DataFrame 并将它们作为新的 DataFrame 返回
withColumn	用于在 DataFrame 中添加新列或替换现有列

续表

操 作	描 述
withColumnRenamed	重命名现有的列
drop	从 DataFrame 中删除一列或多列,如果指定的列名不存在,则不执行任何操作
sample	根据给定的参数随机选择
randomSplit	根据给定的权重将 DataFrame 分为一个或多个 DataFrame,在机器学习模型训练过程中,通常用于将数据集分为训练和测试两部分
join	连接了两个 DataFrame,Spark 支持多种类型的连接
groupby	将 DataFrame 按一列或多列分组,一种常见的模式是在 groupBy 操作之后执行某种聚合
describe	计算有关 DataFrame 中的数字列和字符串列的通用统计信息,可用的统计信息包括计数、平均值、标准方差、最小值、最大值和任意近似的百分位数

4.2.1 选取列

表 4-2 中的大多数 DataFrame 结构化操作都要求指定一个或多个列,可以通过字符串形式指定,也可以将其指定为 Column 类的实例。为什么会有两种选择方式?何时使用呢? 要回答这些问题,需要了解 Column 类提供的功能。从高层次上讲,Column 类提供的功能可以分为以下 3 类。

(1) 数学运算,如加法、乘法等。

(2) 列值或文字之间的逻辑比较,如相等、大于、小于等。

(3) 字符串模式匹配。

有关 Column 类中可用的所有功能,请参阅 Scala 文档中的 org.apache.spark.sql.Column。了解 Column 类提供的功能后,可以得出结论,每当需要指定某种列表达式时,必须将列指定为 Column 类的实例,而不是字符串。本节通过示例更清楚地说明了这一点。引用列的方式有很多,可能会造成混乱。一个常见的问题是何时用,用哪个,这需要对更具体的实际情况进行分析,表 4-3 说明了可用选项。

表 4-3 选取列的可用选项

方 式	例 子	解 释
""	"列名"	将一个列引用为字符串类型
col	col("列名")	通过 col 函数返回 Column 类的实例
column	column("列名")	与 col 类似,此函数返回 Column 类的实例
$	$"列名"	在 Scala 中构造 Column 类的语法糖方式
'	'列名	利用 Scala 符号文字特征在 Scala 中构造 Column 类的语法糖方式

col 和 column 函数是同义词,在 Spark 的 Scala 和 Python 函数库中都可用。如果需

要经常在 Scala 和 Python 之间切换,那么使用 col 函数是很有意义的,这样代码就具有可移植性;如果主要或仅使用 Scala,那么建议使用"'"方式,因为该方式输入的字符更少。DataFrame 类具有自己的 col 函数,该函数用于在执行两个或多个 DataFrame 连接时区分具有相同名称的列。

```
scala>import org.apache.spark.sql.functions._
import org.apache.spark.sql.functions._

scala>val kvDF=Seq((1,2),(2,3)).toDF("key","value")
kvDF: org.apache.spark.sql.DataFrame=[key: int, value: int]

scala>kvDF.columns
res0: Array[String]=Array(key, value)

scala>kvDF.select("key")
res1: org.apache.spark.sql.DataFrame=[key: int]

scala>kvDF.select(col("key"))
res2: org.apache.spark.sql.DataFrame=[key: int]

scala>kvDF.select(column("key"))
res3: org.apache.spark.sql.DataFrame=[key: int]

scala>kvDF.select($"key")
res4: org.apache.spark.sql.DataFrame=[key: int]

scala>kvDF.select('key)
res5: org.apache.spark.sql.DataFrame=[key: int]
```

下面的示例使用了 DataFrame 中的 col 函数。

```
scala>kvDF.select(kvDF.col("key"))
res6: org.apache.spark.sql.DataFrame=[key: int]

scala>kvDF.select('key, 'key >1).show
+---+-------+
|key|(key >1)|
+---+-------+
|  1|  false|
|  2|   true|
+---+-------+
```

上面的示例说明了列表达式"key > 1",因此需要将列指定为 Column 类的实例,如果将该列指定为字符串,则将导致类型不匹配错误。在以下使用各种 DataFrame 结构化操作的示例中,将显示列表达式的更多示例。

4.2.2 选择语句(select、selectExpr)

此转换通常用于执行投影,从 DataFrame 中选择所有列或列的子集。在选择期间,每个列都可以通过表达式进行转换,此转换有两种方式:一种是将列作为字符串;另一种是将列作为 Column 类,不允许混合使用。

```
scala>val df=spark.createDataset(Seq(
     |    ("Ivan", 1, 2), ("Tom", 3, 4), ("Rose", 3, 5), ("John", 4, 6))
     |  ).toDF("col1", "col2", "col3")
df: org.apache.spark.sql.DataFrame =[col1: string, col2: int ... 1 more field]

scala>df.show
+----+----+----+
|col1|col2|col3|
+----+----+----+
|Ivan|   1|   2|
| Tom|   3|   4|
|Rose|   3|   5|
|John|   4|   6|
+----+----+----+
```

代码 4-7

上面的代码创建了一个 DataFrame,列名分别是 col1、col2、col3,类型对应为 String、Integer、Integer。当前有 4 条记录,如上所示。接下来看看选择列的几种调用方式。

```
scala>df.select("col1").collect
res6: Array[org.apache.spark.sql.Row]=Array([Ivan], [Tom], [Rose], [John])

scala>df.select($"col1").collect
res7: Array[org.apache.spark.sql.Row]=Array([Ivan], [Tom], [Rose], [John])

scala>df.select(df.col("col1")).collect
res8: Array[org.apache.spark.sql.Row]=Array([Ivan], [Tom], [Rose], [John])
```

代码 4-8

如果 select()方法中的参数直接用字符串引用 DataFrame 中的字段名,不能对字段名再使用表达式,"$"col1""这种写法是创建 Column 类的实例,所以可以支持表达式:

```
scala>df.select(upper($"col1")).collect
res11: Array[org.apache.spark.sql.Row]=Array([IVAN], [TOM], [ROSE], [JOHN])

scala>df.select(upper("col1")).collect
```

```
<console>:26: error: type mismatch;
 found    : String("col1")
 required: org.apache.spark.sql.Column
       df.select(upper("col1")).collect
```

代码 4-9

上面在 select 中对字段 col1 调用了 upper() 函数转换大小写，"$" 符号是 Scala 的语法糖，而没有加 "$" 符号的语法报错了，提示需要的是 Column 类型，而当前给出的是一个 String 类型，这时的 select 也可以用 selectExpr() 方法替换，如下面的调用。

```
scala>df.selectExpr("upper(col1)", "col2 as col22").show
+-----------+-----+
|upper(col1)|col22|
+-----------+-----+
|       IVAN|    1|
|        TOM|    3|
|       ROSE|    3|
|       JOHN|    4|
+-----------+-----+
```

代码 4-10

代码 4-10 中，selectExpr() 方法使用了两个表达式：一个是将 col1 字段调用 upper 函数；另一个是将 col2 字段改为别名 col22。selectExpr 转换是 select 转换的变体，一个很大的不同是，它接受一个或多个 SQL 表达式，而不是列，但是两者实际上都在执行相同的投影任务。SQL 表达式是一种强大而灵活的构造，使我们可以根据思考方式自然地表达列转换逻辑，可以用字符串格式表示 SQL 表达式，Spark 会将它们解析为逻辑树，以便按正确的顺序对其进行求值。

```
scala>df.select('col1, ('col2 +('col3 * 2)).as("(col2 +col3 * 2)")).show
+----+----------------+
|col1|(col2 +col3 * 2)|
+----+----------------+
|Ivan|               5|
| Tom|              11|
|Rose|              13|
|John|              16|
+----+----------------+
```

代码 4-11

代码 4-11 需要两个列表达式：加和乘，都由 Column 类中的加函数（+）和乘函数（*）实现。默认情况下，Spark 使用列表达式作为结果列的名称，为了使其更具可读性，通常使用 as 函数将其重命名为更易于理解的列名，我们可能会发现，select 转换可用于将一个或多个列添加到 DataFrame。

4.2.3 操作列(withColumn、withColumnRenamed、drop)

withColumn 用于向 DataFrame 添加新列。它需要两个输入参数：列名和通过列表达式产生的值。如果使用 selectExpr 转换，也可以实现几乎相同的目标。但是，如果给定的列名称与现有名称之一匹配，则该列将替换为给定的列表达式。

```
scala>df.withColumn("sum", ('col2 +'col3)).show
+----+----+----+---+
|col1|col2|col3|sum|
+----+----+----+---+
|Ivan|   1|   2|  3|
| Tom|   3|   4|  7|
|Rose|   3|   5|  8|
|John|   4|   6| 10|
+----+----+----+---+

scala>df.withColumn("col2", ('col2 +'col3)).show
+----+----+----+
|col1|col2|col3|
+----+----+----+
|Ivan|   3|   2|
| Tom|   7|   4|
|Rose|   8|   5|
|John|  10|   6|
+----+----+----+
```

withColumnRenamed 用于转换重命名 DataFrame 中的现有列名。

```
scala>df.withColumnRenamed("col2", "col2_rename").show
+----+-----------+----+
|col1|col2_rename|col3|
+----+-----------+----+
|Ivan|          1|   2|
| Tom|          3|   4|
|Rose|          3|   5|
|John|          4|   6|
+----+-----------+----+
```

drop 用于转换只是从 DataFrame 中删除指定的列，可以指定要删除的一个或多个列名，但是只会删除存在的列名，而不会删除那些不存在的列名。可以通过 select 转换仅投影要保留的列，而删除不需要的，但是，如果 DataFrame 有 100 列，而想删除几列，drop 转换比 select 转换更易于使用。

```
scala>df.drop('col2).show
+----+----+
|col1|col3|
+----+----+
|Ivan|   2|
| Tom|   4|
|Rose|   5|
|John|   6|
+----+----+
```

4.2.4 条件语句(where、filter)

条件语句是一个相当简单、易懂的转换,用于过滤不符合给定条件的行,或者说过滤条件计算结果为 false 的行。从另一个角度看,条件语句的行为仅返回满足指定条件的行,给定的条件可以根据需要简单或复杂。使用条件语句需要知道如何利用 Column 类中的一些逻辑比较功能,例如相等、小于、大于和不相等。filter 和 where 转换的行为相同,因此可以选择最适合的过滤器,但是后者比前者更具 SQL 关系性语言的特征。filter() 函数有下面 3 种形式。

- def filter(func：(T)⇒ Boolean)：Dataset[T]
- def filter(conditionExpr：String)：Dataset[T]
- def filter(condition：Column)：Dataset[T]

```
scala>  df.filter($"col1">"Tom").show
+----+----+----+
|col1|col2|col3|
+----+----+----+
+----+----+----+

scala>  df.filter($"col1"==="Tom").show
+----+----+----+
|col1|col2|col3|
+----+----+----+
| Tom|   3|   4|
+----+----+----+

scala>  df.filter("col1='Tom'").show
+----+----+----+
|col1|col2|col3|
+----+----+----+
| Tom|   3|   4|
+----+----+----+
```

```
scala>df.filter("col2=1").show
+----+----+----+
|col1|col2|col3|
+----+----+----+
|Ivan|   1|   2|
+----+----+----+

scala>df.filter($"col2"===3).show
+----+----+----+
|col1|col2|col3|
+----+----+----+
| Tom|   3|   4|
|Rose|   3|   5|
+----+----+----+

scala>df.filter($"col2"===$"col3"-1).show
+----+----+----+
|col1|col2|col3|
+----+----+----+
|Ivan|   1|   2|
| Tom|   3|   4|
+----+----+----+
```

代码 4-12

其中,"==="是在 Column 类中定义的函数,可以判断两个列中每行对应的值是否相等,不等于是=!=。$"col2"是语法糖,返回 Column 对象。下面看一看 where 函数:

- def where(conditionExpr：String)：Dataset[T]
- def where(condition：Column)：Dataset[T]

```
scala>df.where("col1 = 'John'").show
+----+----+----+
|col1|col2|col3|
+----+----+----+
|John|   4|   6|
+----+----+----+

scala>df.where($"col2"=!=3).show
+----+----+----+
|col1|col2|col3|
+----+----+----+
|Ivan|   1|   2|
```

```
|John|   4|   6|
+----+----+----+

scala>df.where($"col3">col("col2")).show
+----+----+----+
|col1|col2|col3|
+----+----+----+
|Ivan|   1|   2|
| Tom|   3|   4|
|Rose|   3|   5|
|John|   4|   6|
+----+----+----+

scala>df.where($"col3">col("col2")+1).show
+----+----+----+
|col1|col2|col3|
+----+----+----+
|Rose|   3|   5|
|John|   4|   6|
+----+----+----+
```

代码 4-13

4.2.5 去除重复(distinct、dropDuplicates)

这两个转换具有相同的行为,但是 dropDuplicates 允许控制将哪些列应用到重复数据删除逻辑中,如果未指定任何内容,则重复数据删除逻辑将使用 DataFrame 中的所有列。

```
scala>df.select('col2).distinct.show
+----+
|col2|
+----+
|   1|
|   3|
|   4|
+----+

scala>df.dropDuplicates("col2").show()
+----+----+----+
|col1|col2|col3|
```

```
+----+----+----+
|Ivan|   1|   2|
| Tom|   3|   4|
|John|   4|   6|
+----+----+----+

scala>df.distinct.show
+----+----+----+
|col1|col2|col3|
+----+----+----+
|John|   4|   6|
|Rose|   3|   5|
| Tom|   3|   4|
|Ivan|   1|   2|
+----+----+----+
```

4.2.6 排序语句(sort、orderBy)

这两种转换都具有相同的语义,orderBy 转换比 sort 转换更具 SQL 关系语言的特征。默认情况下,排序按升序排列,将其更改为降序很容易。如果指定多个列,每个列的顺序可能不同。

- def sort(sortExprs：Column *)：Dataset[T]
- def sort(sortCol：String, sortCols：String *)：Dataset[T]
- def orderBy(sortExprs：Column *)：Dataset[T]
- def orderBy(sortCol：String, sortCols：String *)：Dataset[T]

```
scala>df.sort('col2).show
+----+----+----+
|col1|col2|col3|
+----+----+----+
|Ivan|   1|   2|
|Rose|   3|   5|
| Tom|   3|   4|
|John|   4|   6|
+----+----+----+

scala>df.sort('col2.desc).show
+----+----+----+
|col1|col2|col3|
+----+----+----+
|John|   4|   6|
| Tom|   3|   4|
```

```
|Rose|   3|   5|
|Ivan|   1|   2|
+----+----+----+

scala>df.sort('col2.desc, 'col3.desc).show
+----+----+----+
|col1|col2|col3|
+----+----+----+
|John|   4|   6|
|Rose|   3|   5|
| Tom|   3|   4|
|Ivan|   1|   2|
+----+----+----+
```

4.2.7 操作多表(union、join)

我们之前已经了解到 DataFrame 是不可变的。因此,如果需要将更多行添加到现有 DataFrame 中,则 union 转换可用于此目的,以及将两个 DataFrame 中的行进行组合。此转换要求两个 DataFrame 具有相同的架构,这意味着列名称及其顺序必须完全匹配。

另外,如果要执行任何复杂而有趣的数据分析或处理,通常需要通过连接(join)过程将多个数据集汇总在一起,这是 SQL 中的一种众所周知的技术。执行连接将合并两个数据集的列,并且合并后的 DataFrame 将包含这两个数据集的列。这样,我们就可以用单独数据集无法做到的方式进一步分析合并后的数据集。如果以在线电子商务公司的两个数据集为例,一个代表交易数据,其中包含有关哪些客户购买了哪些产品的信息,另一个代表有关每个客户的详细信息,通过将这两个数据集结合在一起,可以从年龄或位置方面提取关于哪些产品在某些客户群中更受欢迎。这部分介绍如何在 Spark SQL 中使用连接转换及其支持的各种连接。

执行两个数据集的连接需要指定两条信息:第一个是连接表达式,该连接表达式指定应使用每个数据集中的哪些列确定两个数据集中的哪些行将包含在连接的数据集中;第二种是连接类型,该连接类型确定数据集中应包括的内容。表 4-4 描述了 Spark SQL 中支持的连接类型。

表 4-4 Spark SQL 中支持的连接类型

类 型	描 述
内连接	当连接表达式的值为 true 时,从两个数据集中返回行
左外连接	即使连接表达式的值为 false,也从左数据集中返回行
右外连接	即使连接表达式的值为 false,也从右数据集中返回行
外连接	即使连接表达式的值为 false,也从两个数据集中返回行
左反连接	当连接表达式的值为 false 时,仅从左侧数据集中返回行

续表

类型	描述
左半连接	当连接表达式的值为 true 时,仅从左侧数据集中返回行
交叉连接	通过组合左侧数据集中的每一行与右侧数据集中的每一行返回行,行数将是每个数据集大小的乘积

- def union(other：Dataset[T])：Dataset[T]
- def join(right：Dataset[_], joinExprs：Column, joinType：String)：DataFrame
- def join(right：Dataset[_], joinExprs：Column)：DataFrame
- def join(right：Dataset[_], usingColumns：Seq[String], joinType：String)：DataFrame
- def join(right：Dataset[_], usingColumns：Seq[String])：DataFrame
- def join(right：Dataset[_], usingColumn：String)：DataFrame
- def join(right：Dataset[_])：DataFrame
- def joinWith[U](other：Dataset[U], condition：Column)：Dataset[(T, U)]
- def joinWith[U](other：Dataset[U], condition：Column, joinType：String)：Dataset[(T, U)]

先定义两个 DataFrame：

```
scala>val df1=spark.createDataset(Seq(("Ivan", 1, 2), ("Tom", 3, 4), ("John",
3, 5), ("Tom", 4, 6))).toDF("col1", "col2", "col3")
df1: org.apache.spark.sql.DataFrame=[col1: string, col2: int ... 1 more field]

scala>val df2=spark.createDataset(Seq(("Ivan", 2, 2), ("Tom", 3, 5), ("Jack",
3, 5), ("Tom", 4, 6), ("Rose", 1, 2), ("Ivan", 1, 5), ("Marry", 5, 6)))
.toDF("col1", "col2", "col4")
df2: org.apache.spark.sql.DataFrame=[col1: string, col2: int ... 1 more field]

scala>df1.show()
+----+----+----+
|col1|col2|col3|
+----+----+----+
|Ivan|   1|   2|
| Tom|   3|   4|
|John|   3|   5|
| Tom|   4|   6|
+----+----+----+


scala>df2.show()
+-----+----+----+
```

```
|col1|col2|col4|
+-----+----+----+
| Ivan|   2|   2|
|  Tom|   3|   5|
| Jack|   3|   5|
|  Tom|   4|   6|
| Rose|   1|   2|
| Ivan|   1|   5|
|Marry|   5|   6|
+-----+----+----+
```

代码 4-14

4.2.7.1 union

```
scala>df1.union(df2).show
+-----+----+----+
|col1|col2|col3|
+-----+----+----+
| Ivan|   1|   2|
|  Tom|   3|   4|
| John|   3|   5|
|  Tom|   4|   6|
| Ivan|   2|   2|
|  Tom|   3|   5|
| Jack|   3|   5|
|  Tom|   4|   6|
| Rose|   1|   2|
| Ivan|   1|   5|
|Marry|   5|   6|
+-----+----+----+
```

4.2.7.2 内连接

内连接是最常用的连接类型,其连接表达式包含在两个数据集中列的相等性比较。仅当连接表达式的计算结果为 true 时,换句话说,当两个数据集中的连接列值相同时,连接的数据集才包含行,列值没有匹配成功的行将从合并的数据集中排除,如果连接表达式使用相等性比较,则连接表中的行数将仅与较小数据集的大小一样大。在 Spark SQL 中,内连接是默认的连接类型,因此在连接转换中指定内连接是可选的。

```
scala>df1.join(df2, "col1").show

    +----+----+----+----+----+
```

```
|col1|col2|col3|col2|col4|
+----+----+----+----+----+
|Ivan|   1|   2|   1|   5|
|Ivan|   1|   2|   2|   2|
| Tom|   3|   4|   4|   6|
| Tom|   3|   4|   3|   5|
| Tom|   4|   6|   4|   6|
| Tom|   4|   6|   3|   5|
+----+----+----+----+----+
```

代码 4-15

还是内连接,这次用 joinWith,这和 join 的区别是连接后的新数据集的结构不一样,注意和上面进行对比。

```
scala>df1.joinWith(df2, df1("col1") ===df2("col1")).show

+---------+---------+
|       _1|       _2|
+---------+---------+
|[Ivan,1,2]|[Ivan,1,5]|
|[Ivan,1,2]|[Ivan,2,2]|
| [Tom,3,4]| [Tom,4,6]|
| [Tom,3,4]| [Tom,3,5]|
| [Tom,4,6]| [Tom,4,6]|
| [Tom,4,6]| [Tom,3,5]|
+---------+---------+
```

代码 4-16

如上所述,joinWith 将对象完整保留为元组,而 join 将列扁平化为单个名称空间。

4.2.7.3 外连接

代码 4-17 是左外连接,此连接类型的连接数据集包括内部连接的所有行,以及连接表达式计算为 false 的左侧数据集的所有行。对于不匹配的行,它将右数据集的列填充 NULL 值。

```
scala>df1.join(df2, df1("col1") ===df2("col1"), "left_outer").show

+----+----+----+----+----+----+
|col1|col2|col3|col1|col2|col4|
+----+----+----+----+----+----+
|Ivan|   1|   2|Ivan|   1|   5|
|Ivan|   1|   2|Ivan|   2|   2|
```

```
|Tom|   3|   4|Tom|   4|   6|
|Tom|   3|   4|Tom|   3|   5|
|John|  3|   5|null|null|null|
|Tom|   4|   6|Tom|   4|   6|
|Tom|   4|   6|Tom|   3|   5|
+----+----+----+----+----+----+
```

代码 4-17

代码 4-18 是右外连接，此连接类型的行为类似左外连接类型的行为，只是对右数据集采用了相同的处理。换句话说，连接数据集包括内部连接的所有行以及连接表达式计算为 false 的右数据集的所有行。对于不匹配的行，它将为左侧数据集的列填充 NULL 值。

```
scala>df1.join(df2, df1("col1") ===df2("col1"), "right_outer").show

+----+----+----+-----+----+----+
|col1|col2|col3| col1|col2|col4|
+----+----+----+-----+----+----+
|Ivan|   1|   2|Ivan |   2|   2|
|Tom |   4|   6|Tom  |   3|   5|
|Tom |   3|   4|Tom  |   3|   5|
|null|null|null|Jack |   3|   5|
|Tom |   4|   6|Tom  |   4|   6|
|Tom |   3|   4|Tom  |   4|   6|
|null|null|null|Rose |   1|   2|
|Ivan|   1|   2|Ivan |   1|   5|
|null|null|null|Marry|   5|   6|
+----+----+----+-----+----+----+
```

代码 4-18

代码 4-19 是全外连接，此连接类型的行为组合左外连接和右外连接的结果。

```
scala>df1.join(df2, df1("col1") ===df2("col1"), "outer").show

+----+----+----+-----+----+----+
|col1|col2|col3| col1|col2|col4|
+----+----+----+-----+----+----+
|null|null|null|Rose |   1|   2|
|null|null|null|Jack |   3|   5|
|Tom |   3|   4|Tom  |   3|   5|
|Tom |   3|   4|Tom  |   4|   6|
|Tom |   4|   6|Tom  |   3|   5|
|Tom |   4|   6|Tom  |   4|   6|
```

```
|null|null|null|Marry|   5|   6|
|John|   3|   5|null|null|null|
|Ivan|   1|   2|Ivan|   2|   2|
|Ivan|   1|   2|Ivan|   1|   5|
+----+----+----+-----+----+----+
```

代码 4-19

4.2.7.4 左反连接

代码 4-20 为左反连接,通过这种连接类型,可以找出左侧数据集中的哪些行在右侧数据集中没有匹配的行,并且连接的数据集中将仅包含左侧数据集中的列。

```
scala>df1.join(df2, df1("col1") ===df2("col1"), "left_anti").show
+----+----+----+
|col1|col2|col3|
+----+----+----+
|John|   3|   5|
+----+----+----+
```

代码 4-20

4.2.7.5 左半连接

代码 4-21 为左半连接,此连接类型的行为与内连接类型相似,不同之处在于,连接的数据集不包括来自右数据集的列,可以将这种连接类型的行为考虑为与左反连接相反,连接的数据集仅包含匹配的行。

```
scala>df1.join(df2, df1("col1") ===df2("col1"), "left_semi").show
+----+----+----+
|col1|col2|col3|
+----+----+----+
|Ivan|   1|   2|
| Tom|   3|   4|
| Tom|   4|   6|
+----+----+----+
```

代码 4-21

4.2.7.6 交叉连接

就用法而言,因为不需要连接表达式,所以此连接类型是最简单的用法。它的行为可能有些危险,因为它将左数据集中的每一行与右数据集中的每一行连接在一起。连接数据集的大小是两个数据集大小的乘积。例如,如果每个数据集的大小为 1024,则连接的数据集的大小将超过 100 万行。因此,使用此连接类型的方法是在 DataFrame 中显式使用专用转换 crossJoin，而不是将此连接类型指定为字符串。

```
scala>df1.crossJoin(df2).show

+----+----+----+-----+----+----+
|col1|col2|col3| col1|col2|col4|
+----+----+----+-----+----+----+
|Ivan|   1|   2| Ivan|   2|   2|
|Ivan|   1|   2|  Tom|   3|   5|
|Ivan|   1|   2| Jack|   3|   5|
|Ivan|   1|   2|  Tom|   4|   6|
|Ivan|   1|   2| Rose|   1|   2|
|Ivan|   1|   2| Ivan|   1|   5|
|Ivan|   1|   2|Marry|   5|   6|
| Tom|   3|   4| Ivan|   2|   2|
| Tom|   3|   4|  Tom|   3|   5|
| Tom|   3|   4| Jack|   3|   5|
+----+----+----+-----+----+----+
only showing top 10 rows
```

代码 4-22

4.2.7.7 其他连接

下面这个例子还是一个等值连接，与之前的等值连接的区别是调用两个表的重复列，就像自然连接一样。

```
scala>df1.join(df2, Seq("col1", "col2")).show

+----+----+----+----+
|col1|col2|col3|col4|
+----+----+----+----+
|Ivan|   1|   2|   5|
| Tom|   3|   4|   5|
| Tom|   4|   6|   6|
+----+----+----+----+
```

代码 4-23

条件连接：

```
scala>df1.join(df2, df1("col1") ===df2("col1") && df1("col2") >
df2("col2")).show

+----+----+----+----+----+----+
|col1|col2|col3|col1|col2|col4|
```

```
+----+----+----+----+----+----+
|Tom|   4|   6|Tom|   3|   5|
+----+----+----+----+----+----+
```

代码 4-24

4.2.8 聚合操作

对大数据执行任何有趣的分析,通常涉及某种聚合操作以汇总数据,以发现数据中的某种模式和趋势,或生成摘要报告。聚合操作通常需要在整个数据集或多个列上进行某种形式的分组,然后将聚合函数(如求和、计数或平均)应用于每个组。Spark 提供了许多常用的聚合函数,以及将值聚合到集合中的能力,然后可以对其进行进一步分析。行的分组可以在不同的级别完成,并且 Spark 支持以下级别:

(1) 将 DataFrame 视为一个组。

(2) 通过使用一个或多个列将 DataFrame 分为多个组,并对每个组执行一个或多个聚合。

(3) 将 DataFrame 划分为多个窗口,并执行移动平均、累积求和或排名。如果窗口是基于时间的,则可以使用滚动窗口或滑动窗口完成聚合。

在 Spark 中,所有聚合都是通过函数完成的。聚合函数旨在对 DataFrame 中的一组行执行聚合,这些行的集合可以由 DataFrame 中的所有行组成,或者由子集组成。Scala 语言聚合函数完整列表在 org.apache.spark.sql.functions 对象中。表 4-5 显示了常用的聚合函数,并提供了对它们的描述。

表 4-5 常用的聚合函数

函 数	描 述
count(col)	返回每个组的项目数
countDistinct(col)	返回每个组的唯一项数
approx_count_distinct(col)	返回每个组的唯一项的大概数量
min(col)	返回每组给定列的最小值
max(col)	返回每组给定列的最大值
sum(col)	返回每组给定列中值的总和
sumDistinct(col)	返回每组给定列的不同值的总和
avg(col)	返回每组给定列的值的平均值
skewness(col)	返回每组给定列值分布的偏斜度
kurtosis(col)	返回每组给定列值分布的峰度
variance(col)	返回每组给定列值的无偏方差
stddev(col)	返回每组给定列值的标准偏差

续表

函　　数	描　　述
collect_list(col)	返回每组给定列值的集合，返回的集合可能包含重复值
collect_set(col)	返回每组的唯一值的集合

分组函数有如下几种形式：

➤ def groupBy(col1：String,cols：String *)：RelationalGroupedDataset

使用指定的列对数据集进行分组，以便可以在其上运行聚合。

➤ def groupBy(cols：Column *)：RelationalGroupedDataset

使用指定的列对数据集进行分组，因此可以在其上运行聚合。

首先修改上面的数据集，然后对 DataSet 进行一个简单的分组计数。

```
scala>val df=spark.createDataset(Seq(
     |    ("Ivan", 1, 2), ("Tom", 3, 4), ("Rose", 3, 5), ("Tom", 4, 6))
     | ).toDF("col1", "col2", "col3")
df: org.apache.spark.sql.DataFrame=[col1: string, col2: int ... 1 more field]

scala>df.groupBy("col1").count.show
+----+-----+
|col1|count|
+----+-----+
|Rose|    1|
| Tom|    2|
|Ivan|    1|
+----+-----+
```

代码 4-25

代码 4-25 中的 count 是对 groupBy 的分组结果进行计数。这个结果 col1 的显示没有排序，在代码 4-26 中，使用 sort 实现 col1 的两种排序。

```
scala>df.groupBy("col1").count.sort("col1").show
+----+-----+
|col1|count|
+----+-----+
|Ivan|    1|
|Rose|    1|
| Tom|    2|
+----+-----+

scala>df.groupBy("col1").count.sort($"col1".desc).show
+----+-----+
|col1|count|
```

```
+----+-----+
|Tom |   2 |
|Rose|   1 |
|Ivan|   1 |
+----+-----+
```

代码 4-26

代码 4-27 按分组计数大小的逆序排列。

```
scala>df.groupBy("col1").count.sort($"count".desc).show
+----+-----+
|col1|count|
+----+-----+
|Tom |   2 |
|Rose|   1 |
|Ivan|   1 |
+----+-----+
```

代码 4-27

代码 4-28 用 withColumnRenamed 函数给列重命名。

```
scala>df.groupBy("col1").count.withColumnRenamed("count", "cnt")
.sort($"cnt".desc).show
+----+---+
|col1|cnt|
+----+---+
|Tom |  2|
|Rose|  1|
|Ivan|  1|
+----+---+
```

代码 4-28

代码 4-29 直接给出别名。

```
scala>df.groupBy("col1").agg(count("col1").as("cnt")).show
+----+---+
|col1|cnt|
+----+---+
|Rose|  1|
|Tom |  2|
|Ivan|  1|
+----+---+
```

代码 4-29

这里引入了函数 agg，这个函数通常配合 groupBy 使用。有时需要同时在每个分组中执行多个聚合，例如除计数外，我们还想知道最小值和最大值。RelationalGroupedDataset 类提供了一个名为 agg() 的强大函数，该函数可以使用一个或多个列表达式，这意味着可以使用表 4-2 中的任何聚合函数。下面是几种 agg() 函数：

- def agg(expr：Column，exprs：Column＊)：DataFrame
- def agg(exprs：Map［String，String］)：DataFrame
- def agg(exprs：Map［String，String］)：DataFrame
- def agg(aggExpr：(String，String)，aggExprs：(String，String)＊)：DataFrame

下面用几个示例代码区别 Column 类型参数和 String 类型参数。

```
scala>df.groupBy("col1").agg(count("col1"), max("col2"), avg("col3")).show
+----+-----------+---------+---------+
|col1|count(col1)|max(col2)|avg(col3)|
+----+-----------+---------+---------+
|Rose|          1|        3|      5.0|
| Tom|          2|        4|      5.0|
|Ivan|          1|        1|      2.0|
+----+-----------+---------+---------+

scala>df.groupBy("col1").agg("col1"->"count", "col2"->"max", "col3"->
"avg").show
+----+-----------+---------+---------+
|col1|count(col1)|max(col2)|avg(col3)|
+----+-----------+---------+---------+
|Rose|          1|        3|      5.0|
| Tom|          2|        4|      5.0|
|Ivan|          1|        1|      2.0|
+----+-----------+---------+---------+

scala>df.groupBy("col1").agg(Map(("col1", "count"), ("col2", "max"), ("col3",
"avg"))).show
+----+-----------+---------+---------+
|col1|count(col1)|max(col2)|avg(col3)|
+----+-----------+---------+---------+
|Rose|          1|        3|      5.0|
| Tom|          2|        4|      5.0|
|Ivan|          1|        1|      2.0|
+----+-----------+---------+---------+

scala>df.groupBy("col1").agg(("col1", "count"), ("col2", "max"), ("col3",
"avg")).show
+----+-----------+---------+---------+
```

```
|col1|count(col1)|max(col2)|avg(col3)|
+----+-----------+---------+---------+
|Rose|          1|        3|      5.0|
| Tom|          2|        4|      5.0|
|Ivan|          1|        1|      2.0|
+----+-----------+---------+---------+

scala>df.groupBy("col1").agg(count("col1").as("cnt"), max("col2").as("max_col2"), avg("col3").as("avg_col3")).sort($"cnt", $"max_col2".desc).show
+----+---+--------+--------+
|col1|cnt|max_col2|avg_col3|
+----+---+--------+--------+
|Rose|  1|       3|     5.0|
|Ivan|  1|       1|     2.0|
| Tom|  2|       4|     5.0|
+----+---+--------+--------+
```

代码 4-30

4.2.9 用户定义函数

尽管 Spark SQL 为大多数的常见用例提供了大量的内置函数,但是在某些情况下,这些函数都无法提供用例所需的功能。所以,Spark SQL 提供了一种相当简单的工具编写用户定义函数(User-Defined Functions,UDF),并以与使用内置函数类似的方式在 Spark 数据处理逻辑或应用程序中使用。用户定义函数实际上是扩展 Spark 功能,以满足特定需求的方法之一。用户定义函数可以用 Python、Java 或 Scala 编写,可以利用并与任何必要的库集成。由于我们能够使用最适合编写用户定义函数的编程语言,因此开发和测试用户定义函数非常简单、快捷。

从概念上讲,用户定义函数只是常规函数,需要一些输入并产生输出。尽管用户定义函数可以用 Scala、Java 或 Python 编写,但是我们必须意识到用 Python 编写用户定义函数时的性能差异。使用用户定义函数之前必须先向 Spark 注册,以便 Spark 知道将其传送给执行器,以使用和执行。假定执行程序是用 Scala 编写的 JVM 进程,则它们可以在同一进程内本地执行 Scala 或 Java 用户定义函数;如果用户定义函数是用 Python 编写的,则执行程序无法在本地执行它,因此它必须产生一个单独的 Python 进程,才能执行用户定义函数。除产生 Python 进程的成本外,在数据集中的每一行回序列化数据还有很高的成本。

使用用户定义函数涉及三个步骤。第一步是编写一个函数并对其进行测试,第二步是通过将函数名称及其签名传递给 Spark 的 udf()函数向 Spark 注册该函数,最后一步是在 DataFrame 代码中或 SQL 语句查询时使用用户定义函数。在 SQL 查询中使用 UDF 时,注册过程略有不同。

```
scala>case class Student(name:String, score:Int)
defined class Student

scala>val studentDF=Seq(Student("Joe", 85),Student("Jane", 90),
Student("Mary", 55)).toDF()
studentDF: org.apache.spark.sql.DataFrame=[name: string, score: int]

scala>studentDF.createOrReplaceTempView("students")

scala>:paste
//Entering paste mode (ctrl-D to finish)

def letterGrade(score:Int) : String ={
  score match {
      case score if score >100 =>"Cheating"
      case score if score >=90 =>"A"
      case score if score >=80 =>"B"
      case score if score >=70 =>"C"
      case _ =>"F"
  }
}

//Exiting paste mode, now interpreting.

letterGrade: (score: Int)String

scala>val letterGradeUDF=udf(letterGrade(_:Int):String)
letterGradeUDF: org.apache.spark.sql.expressions.UserDefinedFunction =
UserDefinedFunction(<function1>,StringType,Some(List(IntegerType)))

scala>studentDF.select($"name",$"score",letterGradeUDF($"score")
.as("grade")).show
+----+-----+-----+
|name|score|grade|
+----+-----+-----+
| Joe|   85|    B|
|Jane|   90|    A|
|Mary|   55|    F|
+----+-----+-----+

scala> spark.sqlContext.udf.register("letterGrade",letterGrade(_: Int):
String)
res16: org.apache.spark.sql.expressions.UserDefinedFunction =
UserDefinedFunction(<function1>,StringType,Some(List(IntegerType)))
```

```
scala> spark.sql("select name, score, letterGrade(score) as grade from
students").show
20/03/20 09:20:16 WARN ObjectStore: Failed to get database global_temp,
returning NoSuchObjectException
+----+-----+-----+
|name|score|grade|
+----+-----+-----+
| Joe|   85|    B|
|Jane|   90|    A|
|Mary|   55|    F|
+----+-----+-----+
```

4.3 案例分析

表 4-6 显示了 /data/sfpd.csv 文件中的字段和说明,并示范了保存在字段中的数据。该数据集是 2013 年 1 月至 2015 年 7 月期间某市公安局的报案记录信息。

表 4-6 案例分析数据说明

列 名	描 述	值 例
IncidentNum	报案编号	150561637
Category	报案类别	NON-CRIMINAL
Descript	报案描述	FOUND_PROPERTY
DayOfWeek	报案的星期	Sunday
Date	报案发生的日期	6/28/15
Time	报案发生的时间	23:50
PdDistrict	报案区域	TARAVAL
Resolution	解决方式	NONE
Address	地址	1300_Block_of_LA_PLAYA_ST
X	位置 X 坐标	−122.5091348
Y	位置 Y 坐标	37.76119777
PdID	部门 ID	15056163704013

在此案例中,学习通过 DataFrame 定义结构化数据,使用 Spark 提供的 API 探索结构化数据,学习怎样使用用户定义函数和分区。

4.3.1 创建 DataFrame

可以使用 RDD 转换和查询数据,但不能直接使用关系型数据操作。DataFrame 是具有相同数据结构的对象集合,通常 Spark SQL 可以实现关系型数据操作和查询。创建 DataFrame 有两种方法:

(1) 通过 RDD 创建。

(2) 直接从数据源创建。

首先考虑从现有 RDD 创建 DataFrame。可以通过两种方式从现有 RDD 创建 DataFrame:一种是当 RDD 具有定义结构的案例类时,DataFrame 将通过反射推断数据结构;另一种是使用编程接口构建数据结构,并在运行时将其应用于现有的 RDD,当基于某些条件的数据结构是动态生成的,则采用此第二种方法。如果超过 22 个字段,则案例类中字段数的限制为 22,那么也可以使用此方法。让我们看一下通过下面的反射机制推断数据结构。案例类定义了 DataFrame 的数据结构,传递给案例类的参数名称将使用反射读取,名称将成为列的名称。案例类可以嵌套,还可以包含复杂数据,如序列或数组。以下是通过反射从现有 RDD 推断模式创建数据框的步骤。

(1) 创建 RDD。

(2) 定义案例类。

(3) 使用 map() 转换将输入 RDD 转换为包含案例类对象的 RDD,以将案例类映射到 RDD 中的每个元素。

(4) 将生成的 RDD 隐式转换为 DataFrame,可以在 DataFrame 上应用操作和函数。

(5) 要对 DataFrame 中的数据运行 SQL 查询,请将其注册为临时视图。

下面看一下具体实例。

1. 创建 RDD

数据位于 csv 文件中,通过导入 csv 文件并在分隔符",″上分割创建基本 RDD,在这个例子中正在使用 SFPD 数据。

```
scala>val sfpdRDD=sc.textFile("/data/sfpd.csv").map(inc=>inc.split(","))
sfpdRDD: org.apache.spark.rdd.RDD[Array[String]]=MapPartitionsRDD[2] at map at <console>:24
```

代码 4-31

2. 定义案例类

```
scala>case class Incidents(incidentnum:String, category:String,description:
String, dayofweek: String, date: String, time: String, pddistrict: String,
resolution:String, address:String, X:Float,Y:Float, pdid:String)
defined class Incidents
```

代码 4-32

3. 转换 RDD

将输入 RDD 转换为案例类对象 RDD(sfpdCase),将 map() 转换应用于案例类,映射到 RDD 中的每个元素上。

```
scala>val sfpdCase=sfpdRDD.map(inc=>Incidents(inc(0),inc(1),inc(2),inc(3),
inc(4),inc(5),inc(6),inc(7),inc(8),inc(9).toFloat,inc(10).toFloat, inc(11)))
sfpdCase: org.apache.spark.rdd.RDD[Incidents]=MapPartitionsRDD[3] at map at
<console>:28
```

代码 4-33

4. 创建数据框

使用 toDF() 方法将 sfpdCase 隐式转换为 DataFrame,然后可以对 sfpdDF 应用关系型数据操作。

```
scala>val sfpdDF=sfpdCase.toDF()
sfpdDF: org.apache.spark.sql.DataFrame = [incidentnum: string, category:
string ... 10 more fields]
```

代码 4-34

5. 注册临时视图

将 DataFrame 注册为临时视图,以便可以使用 SQL 查询它,现在可以使用 SQL 查询临时视图 sfpd。

```
scala>sfpdDF.createOrReplaceTempView("sfpd")
```

代码 4-35

这个过程采用第一种方式创建 DataFrame。现在来看从现有 RDD 创建数据框的另一种方法,案例类不必提前定义。例如,希望字符串的一部分表示不同的字段,或者根据用户的需要解析文本数据集。在这种情况下,可以通过三个步骤以编程方式创建数据框。

(1) 从原始 RDD 创建包含 Row 对象的 RDD。

(2) 创建由 StructType 表示的数据结构,该结构与创建的 RDD 中的 Row 对象结构相匹配。

(3) 通过 SQLContext 提供的 createDataFrame() 方法将数据结构应用于 RDD 中的 Row 对象。

使用此方法的另一个原因是,当超过 22 个字段时,Scala 中的一个案例类中有 22 个字段的限制。下面用一个简单的例子演示如何以编程方式构建数据结构,以下是将用于创建 DataFrame 的示例数据。

```
150599321,Thursday,7/9/15,23:45,CENTRAL
156168837,Thursday,7/9/15,23:45,CENTRAL
150599321,Thursday,7/9/15,23:45,CENTRAL
```

代码 4-36

有一组用户只对上面第一、第三和最后一列数据感兴趣,分别为事件编号、事件日期和区域,需要对这三个数据进行定义和提取。

1. 首先需要导入必要的类

```
scala>import org.apache.spark.sql.types._
import org.apache.spark.sql.types._
```

代码 4-37

2. 创建 Row RDD

在此步骤中,将数据加载到 RDD 中,将 map 应用于空格分割,然后使用最后的 map() 将该 RDD 转换为 Row RDD。

```
scala>import org.apache.spark.sql.Row
import org.apache.spark.sql.Row

scala>val rowRDD=sc.textFile("/data/sfpd.csv").map(x=>x.split(",")).map(p
=>Row(p(0),p(2),p(4)))
rowRDD: org.apache.spark.rdd.RDD[org.apache.spark.sql.Row] =
MapPartitionsRDD[146] at map at <console>:29

scala>rowRDD.first
res66: org.apache.spark.sql.Row= [150599321,POSSESSION_OF_BURGLARY_TOOLS,7/
9/15]
```

代码 4-38

3. 创建模式

StructType 对象定义了数据结构,需要一个 StructField 对象的数组。StructType 接受的参数为(fields：Array[StructField]);StructField 采用参数(name：String,dataType：DataType, nullable：Boolean = true)。

```
scala > val testsch = StructType(Array(StructField("IncNum",StringType,
nullable=true),StructField("Date",StringType,nullable=true),StructField("
District",StringType,nullable=true)))
testsch: org.apache.spark.sql.types.StructType = StructType(StructField
(IncNum,StringType,true), StructField(Date,StringType,true), StructField
(District,StringType,true))
```

代码 4-39

在代码 4-39 中,正在构建一个名为 testsch 的数据结构,定义了字段 IncNum、Date 和 District。这里的每个字段都是 String(StringType),都可以为 null(nullable = true)。

4. 创建 DataFrame

```
scala>val testDF=spark.createDataFrame(rowRDD,testsch)
testDF: org.apache.spark.sql.DataFrame= [IncNum: string, Date: string ... 1
more field]
```

```
scala>testDF.show
+---------+--------------------+--------+
|   IncNum|                Date|District|
+---------+--------------------+--------+
|150599321|POSSESSION_OF_BUR...|  7/9/15|
|156168837|PETTY_THEFT_OF_PR...|  7/9/15|
|150599321|DRIVERS_LICENSE/S...|  7/9/15|
|150599224|DRIVERS_LICENSE/S...|  7/9/15|
|156169067|   GRAND_THEFT_FROM_...|  7/9/15|
|150599230|MALICIOUS_MISCHIE...|  7/9/15|
|150599309|AGGRAVATED_ASSAUL...|  7/9/15|
|150599133|DRIVERS_LICENSE/S...|  7/9/15|
|150604629|   GRAND_THEFT_FROM_...|  7/9/15|
|150604629|             BATTERY|  7/9/15|
|150599177|PROPERTY_FOR_IDEN...|  7/9/15|
|150599177|DRIVERS_LICENSE/S...|  7/9/15|
|150599155|BATTERY/FORMER_SP...|  7/9/15|
|150599092|DRIVERS_LICENSE/S...|  7/9/15|
|150599183|VIOLATION_OF_REST...|  7/9/15|
|150599183|    DOMESTIC_VIOLENCE|  7/9/15|
|150599183|             BATTERY|  7/9/15|
|150599246|CHILD_ABUSE_(PHYS...|  7/9/15|
|150599246|      WARRANT_ARREST|  7/9/15|
|150599246|ENROUTE_TO_OUTSID...|  7/9/15|
+---------+--------------------+--------+
only showing top 20 rows
```

代码 4-40

通过将数据结构 testsch 应用于包含 Row 对象的 RDD 中，从而创建 DataFrame。创建 DataFrame 后，可以将其注册为临时视图，并且可以使用 SQL 语句查询，如下所示。

```
scala>testDF.createOrReplaceTempView("test")

scala>val incs=sql("SELECT * FROM test")
20/03/20 01: 22: 49 WARN ObjectStore: Failed to get database global_temp,
returning NoSuchObjectException
incs: org.apache.spark.sql.DataFrame =[IncNum: string, Date: string ... 1 more
field]

scala>incs.show(2)
+---------+--------------------+--------+
|   IncNum|                Date|District|
```

```
+---------+----------------------+--------+
|150599321|POSSESSION_OF_BUR...|  7/9/15|
|156168837|PETTY_THEFT_OF_PR...|  7/9/15|
+---------+----------------------+--------+
only showing top 2 rows
```

代码 4-41

4.3.2 操作 DataFrame

本节将使用 DataFrame 函数和 SQL 分析 DataFrame 中的数据。以下列出了一些问题，希望能从实例数据中找到答案。

- 5 个发生报案最多的区域是什么？
- 5 个发生报案最多的街区是什么？
- 前 10 个报案的解决方式是什么？
- 前 10 个报案的类别是什么？

可以在 DataFrame 上执行不同类别的操作。除了这里列出的，还可以在 DataFrame 上使用第 3 章介绍的 RDD 操作，还可以将数据从 DataFrame 输出到表和文件。现在让我们使用这些操作、函数和语言集成查询找到前面问题的答案。

- 5 个发生报案最多的街区是什么？要回答这个问题，需要执行下面几步。

(1) 按地址分组报案记录创建 DataFrame。

```
scala>val incByAdd=sfpdDF.groupBy("address")
incByAdd: org.apache.spark.sql.RelationalGroupedDataset =
RelationalGroupedDataset: [grouping expressions: [address: string], value:
[incidentnum: string, category: string ... 10 more fields], type: GroupBy]
```

代码 4-42

(2) 计算每个地址的报案记录数。

```
scala>val numAdd=incByAdd.count
numAdd: org.apache.spark.sql.DataFrame =[address: string, count: bigint]
```

代码 4-43

(3) 按降序排列上一步的结果。

```
scala>val numAddDesc=numAdd.sort($"count".desc)
numAddDesc: org. apache. spark. sql. Dataset [org. apache. spark. sql. Row] =
[address: string, count: bigint]
```

代码 4-44

(4) 显示前 5 名，找到发生报案记录最多的前 5 名。

```
scala>numAddDesc.show(5)
+--------------------+-----+
|             address|count|
+--------------------+-----+
|800_Block_of_BRYA...|10852|
|800_Block_of_MARK...| 3671|
|1000_Block_of_POT...| 2027|
|2000_Block_of_MIS...| 1585|
|   16TH_ST/MISSION_ST| 1512|
+--------------------+-----+
only showing top 5 rows

top5Add: Unit = ()
```

代码 4-45

（5）可以将上面的语句组合成一个语句，结果显示在这里。

```
scala>sfpdDF.groupBy("address").count.sort($"count".desc).show(5)
+--------------------+-----+
|             address|count|
+--------------------+-----+
|800_Block_of_BRYA...|10852|
|800_Block_of_MARK...| 3671|
|1000_Block_of_POT...| 2027|
|2000_Block_of_MIS...| 1585|
|   16TH_ST/MISSION_ST| 1512|
+--------------------+-----+
only showing top 5 rows
```

代码 4-46

（6）可以使用 SQL 语句回答同样的问题，如下所示。

```
scala>sql("SELECT address, count(incidentnum) AS inccount FROM sfpd GROUP BY
address ORDER BY inccount DESC LIMIT 5").show
+--------------------+--------+
|             address|inccount|
+--------------------+--------+
|800_Block_of_BRYA...|   10852|
|800_Block_of_MARK...|    3671|
|1000_Block_of_POT...|    2027|
|2000_Block_of_MIS...|    1585|
|   16TH_ST/MISSION_ST|    1512|
+--------------------+--------+
```

代码 4-47

现在已经回答了一个问题,可以使用类似的方法回答实例中的其他问题。如果要保存查询结果,可以使用 Spark 的写操作将 DataFrame 保存到/data/top5Add.json 文件中。

```
scala>val top5Add=numAddDesc.limit(5)
top5Add: org.apache.spark.sql.Dataset[org.apache.spark.sql.Row] = [address: string, count: bigint]

scala>top5Add.write.format("json").mode("overwrite").save("/data/top5Add.json")
```

代码 4-48

top5Add 的内容以 JSON 格式保存,当前使用了覆写模式(overwrite),会覆盖原来存在的文件。

4.3.3 按年份组合

数据集中的日期是 dd/mm/yy 格式的字符串,为了按年份组合或进行任何聚合,必须从字符串中提取年份。在这个例子中,使用用户定义函数得到日期字符中的年份,然后基于年份进行组合操作。

用户定义函数允许开发人员定义函数,Spark SQL 提供了像其他查询引擎一样创建用户定义函数的功能,并有两种方式使用用户定义函数:一种是可以在 DataFrame 上进行函数调用;另一种是可以嵌入 SQL 语句中使用。

1)定义用户定义函数

```
scala>:paste
//Entering paste mode (ctrl-D to finish)

val getStr=udf((s:String)=>{
    val lastS=s.substring(s.lastIndexOf('/')+1)
    lastS
})

//Exiting paste mode, now interpreting.

getStr: org.apache.spark.sql.expressions.UserDefinedFunction = UserDefinedFunction(<function1>,StringType,Some(List(StringType)))
```

代码 4-49

2)在 DataFrame 操作中使用用户定义函数

```
scala>sfpdDF.groupBy(getStr(sfpdDF("date"))).count.show
+---------+------+
|UDF(date)| count|
```

```
+---------+------+
|     15| 80760|
|     13|152830|
|     14|150185|
+---------+------+
```

代码 4-50

在上面的例子中定义一个函数 getStr，然后将其注册为用户定义的函数，现在定义和注册在 SQL 语句中使用的功能相同的用户定义函数。

1）定义和注册用户定义函数

```
spark.sqlContext.udf.register("getStr", (s:String)=>{
    val strAfter=s.substring(s.lastIndexOf('/')+1)
    strAfter
})
scala>:paste
//Entering paste mode (ctrl-D to finish)

spark.sqlContext.udf.register("getStr", (s:String)=>{
    val strAfter=s.substring(s.lastIndexOf('/')+1)
    strAfter
})

//Exiting paste mode, now interpreting.

res4: org.apache.spark.sql.expressions.UserDefinedFunction =
UserDefinedFunction(<function1>,StringType,Some(List(StringType)))
```

代码 4-51

2）在 SQL 语句中使用 UDF

```
scala>sql("SELECT getStr(date), count(incidentnum) AS countByYear FROM sfpd
GROUP BY getStr(date) ORDER BY countByYear DESC LIMIT 5").show
20/03/20 11: 55: 51 WARN ObjectStore: Failed to get database global_temp,
returning NoSuchObjectException
+----------------+-----------+
|UDF:getStr(date)|countByYear|
+----------------+-----------+
|              13|     152830|
|              14|     150185|
|              15|      80760|
+----------------+-----------+
```

代码 4-52

4.4 小　　结

　　Spark SQL 是用于结构化数据处理的 Spark 模块。与基本 RDD API 不同，Spark SQL 的接口提供了更多有关数据结构和类型的信息，Spark SQL 使用这些额外的信息执行性能优化。DataFrame 是分布式数据集合，由命名列组织在一起，实现了后台优化技术的关系型数据表。Spark 提供了三种类型的数据结构抽象，其中包括 RDD、DataFrame 和 DataSet。无论是 DataFrame，还是 DataSet，都是以 RDD 为底层进行结构化的封装。

第 5 章

数据流的操作

在当今互连的设备和服务的世界中,我们每天需要花费数小时查看社交媒体上的最新消息、电商平台上的产品优惠信息,或者查看最新新闻或体育更新。无论是完成手头的工作,还是浏览信息或发送电子邮件,都依赖于智能设备和互联网。从发展的趋势看,应用程序、服务的数量和种类只会随着时间的推移而增长,所以智能终端设备无处不在,并且一直在生成大量数据,这种被广泛称之的物联网不断地改变了数据处理的动力。每当我们以某种形式使用智能手机上的任何服务或应用程序时,实时数据处理就会起作用。而且这种实时数据处理能力很大程度上取决于应用程序的质量和价值,因此,很多互联网公司都将重点放在如何应对数据的实用性和及时性等方面的复杂挑战。

互联网服务提供商正在研究和采用一种非常前沿的平台或基础架构,在此基础上构建可扩展性强、接近实时或实时的处理框架。一切都必须是快速的,并且必须对变化和异常做出反应,至关重要的是数据流的处理和使用都必须尽可能接近实时。这些平台或系统每天会处理大量数据,而且是不确定的连续事件流。

与任何其他数据处理系统一样,在数据收集、存储和数据处理方面也面临着相同的基本挑战,但是由于平台的实时需求,因此增加了复杂性。为了收集此类不确定事件流,随后处理所有此类事件,以生成可以利用的数据价值,我们需要使用高度可扩展的专业架构处理大量事件,因此数十年来已经构建了许多系统用来处理实时的连续数据流,包括 AMQ、RabbitMQ、Storm、Kafka、Spark、Flink、Gearpump、Apex。

构建用于处理大量流数据的现代系统具有非常灵活和可扩展的技术,这些技术不仅非常高效,而且比以前能更好地帮助实现了业务目标。使用这些技术,可以从各种数据源中获取处理数据,然后根据需要在各种情景中使用。

另外,流式处理是用于从无限制数据中提取信息的技术。鉴于我们的信息系统是基于有限资源(例如内存和存储容量)的硬件构建的,因此它们可能无法容纳无限制的数据集。取而代之的是,我们观察到的数据形式是在处理系统中接收到的,随时间流逝的事件,我们称其为数据流。相反,我们将有界数据视为已知大小的数据集,可以计算有界数据集中的元素数量。如何处理两种类型的数据集?对于批处理,指的是有限数据集的计算分析。实际上,这意味着可以从某种形式的存储中整体上获得和检索这些数据集,我们在计算过程开始时知道数据集的大小,并且处理过程的持续时间受到限制。相反,在流处理中,我们关注数据到达系统时的处理。考虑到数据流的无限性,只要流中一直传递新数据流式处理,就需要持续运行,理论上讲,这可能是永远的。

总体来说,流式处理系统应用编程和操作技术,以利用有限数量的计算资源处理潜在的无限数据流成为可能。

5.1 处理范例

现在,为了了解这种实时流传输体系结构如何工作以提供有价值的信息,需要了解流传输体系结构的基本原则。一方面,对于实时流体系结构而言,能够以非常高的速率获取大量数据;另一方面,还应确保所摄取的数据也得到处理。图 5-1 显示了一个通用的流处理系统,其中生产者将事件放入消息传递系统中,同时消费者从消息传递系统中读取消息。

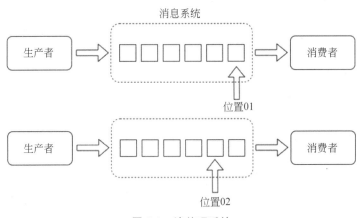

图 5-1 流处理系统

实时流数据的处理可以分为以下三个基本范例:
(1) 至少一次。
(2) 最多一次。
(3) 恰好一次。

下面看一下这三个流处理范例对我们的业务用例意味着什么。虽然对实时事件的恰好处理一次对我们来说是最终的目标,但要始终在不同的情况下实现此目标非常困难,如果实时的复杂性超过这种保证的益处,必须妥协选择其他基本范例。

5.1.1 至少一次

至少一次范例涉及一种机制,当实际处理完事件并且获得结果之后,才保存刚才接收了最后一个事件的位置,这样,如果发生故障并且事件消费者重新启动,消费者将重新读取旧事件并对它们进行处理。但是,由于不能保证接收的事件被全部或部分处理,因此如果事件再次被提取,则可能导致事件重复。这导致事件至少被处理一次的行为。理论上,至少一次范例适用的应用程序涉及更新某些瞬时行情的自动收录器。任何累积总和、计数器或对准确性有依赖的聚合计算(例如求和、分组等)都不适用这种处理范例,因为重复事件将导致不正确的结果。消费者的操作顺序如下:①保存结果;②保存偏移量。图 5-2 显示了如果发生故障并且消费者重新启动时将发生的情况。由于事件已被处理但尚未保存偏移量,因此消费者将读取先前保存的偏移量,从而导致重复。图 5-2 中,事件 0 被处理两次。

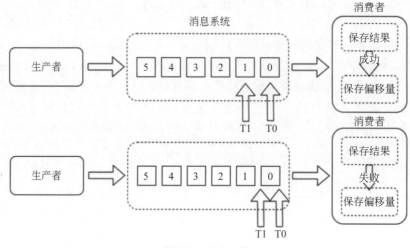

图 5-2　至少一次

5.1.2　最多一次

最多一次范例涉及一种机制,该机制在实际处理事件并将结果保留下来之前,先保存接收到的最后一个事件的位置,这样,如果发生故障并且消费者重新启动,消费者将不会尝试再次读取旧的事件。但是,由于不能保证已接收到的事件都已全部处理,而且它们再也不会被提取,因此可能导致事件丢失,所以导致事件最多处理一次或根本不处理的行为。

理想情况下,最多一次适用的任何应用程序涉及更新即时行情自动收录器,以显示当前值,以及任何累积的总和、计数器或其他汇总的应用程序,要求的条件是精度不是强制性的,或者应用程序不是绝对需要所有事件。任何丢失的事件都将导致错误的结果或结果丢失。消费者的操作顺序如下:①保存偏移量;②保存结果。图 5-3 显示了如果发生故障并且消费者重新启动后会发生的情况。由于存在尚未处理事件但保存了偏移量,因此消费者将从已保存的偏移量中读取数据,从而导致消耗的事件出现间隔。图 5-3 中出现了从未处理的事件 0。

5.1.3　恰好一次

恰好一次范例与至少一次使用范例相似,并且涉及一种机制,该机制仅在事件已被实际处理并且结果被持久化之后,保存最后接收到的事件位置,以便在发生故障时并且消费者重新启动后,消费者将再次读取旧事件并进行处理。但是,由于不能保证接收的事件被全部或部分处理,因此再次提取事件时可能导致事件重复。但是,与至少一次范例不同,重复事件不会被处理并被丢弃,从而导致恰好一次范例。恰好一次范例适用于涉及精确计数器、聚合或通常只需要每个事件仅处理一次且肯定要处理一次(无损失)的任何应用

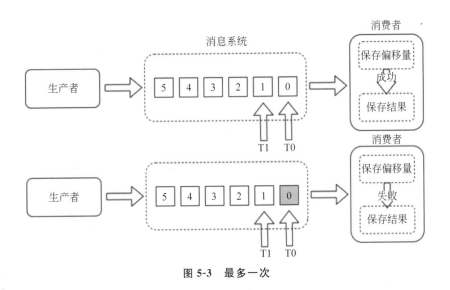

图 5-3 最多一次

程序。消费者的操作顺序如下：①保存结果；②保存偏移量。图 5-4 显示了如果发生故障并且消费者重新启动会发生的情况。由于事件已被处理，但偏移量尚未保存，因此消费者将从先前保存的偏移量中读取数据，从而导致重复。在图 5-4 中事件 0 仅处理一次，因为消费者删除了重复的事件 0。

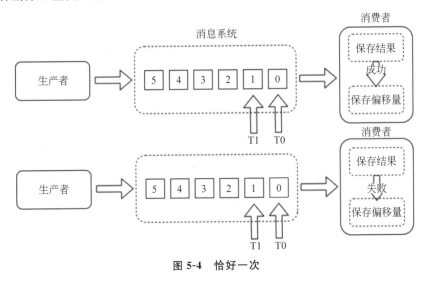

图 5-4 恰好一次

恰好一次范例如何删除重复项？这里有两种技术可以起作用：幂等更新和事务更新。幂等更新涉及基于生成的某些唯一 ID 保存结果，如果存在重复，则生成的唯一 ID 已经存在于结果中（例如数据库），消费者可以删除副本，而无须更新结果。因为并非总是可能而且方便地生成唯一 ID，而且这还需要在消费者上进行额外处理，所以这个过程很复杂。另一点是数据库可以针对结果和偏移量进行分离。事务更新将结果保存在具有事务开始和事务提交阶段的批处理中，以便在发生提交时知道事件已成功处理，因此，当收到重复事件时,可以删除它们而不更新结果。这种技术比幂等更新复杂得多,因为现在我们需要一些事务性数据存储。另一点是数据库针对结果和偏移量必须一致。

Spark Streaming 在 Spark 2.x 中实现了结构化流传输并且支持恰好一次范例,本章后面将会介绍结构化流。

5.2 理解时间

我们可能遇到两种形式的数据:一种是静止的,以文件的形式、数据库的内容或者各种记录的形式;另一种是运动的,作为连续生成的信号序列,如传感器的测量或来自移动车辆的 GPS 信号。

我们已经讨论过,流式处理程序是一个假定其输入数据大小可能无限的程序,更具体地说,流式处理程序假定其输入数据是随时间推移观察到的不确定长度的信号序列。从时间轴的角度看,静止数据是过去的数据,可以说是有界数据集。无论是存储在文件中,还是包含在数据库中,最初都是随着时间推移收集到某个存储中的数据流,例如用户数据库中的上一季度的所有订单、城市出租车行驶的 GPS 坐标等,都是从单个事件开始被收集到存储库中。

但是,更具挑战性的是处理运动的数据。在最初生成数据的时刻与数据被处理的时刻之间存在时间差,该时间增量可能很短,例如在同一数据中心内生成和处理的 Web 日志事件;该时间增量也可能更长,例如汽车通过隧道时的 GPS 数据,只有当车辆离开隧道后重新建立无线连接时,GPS 数据才会被调度。可以看到,其中包含一个事件发生的时间轴,还包含另一个事件经过流式处理系统的时间轴。这些时间表非常重要,我们为它们指定了特定的名称。

■ 事件时间

创建事件的时间,时间信息由生成事件设备的本地时钟提供。

■ 处理时间

流式系统处理事件的时间,这是服务器运行处理逻辑的时钟,通常与技术原因相关,例如计算处理延迟,或作为标准确定重复输出。

当需要相互关联、排序或聚合事件时,这些时间线之间的区别变得非常重要。数据流中的元素始终具有处理时间,因为流处理系统观察到来自数据源新事件然后进行处理,处理运行时可以记录一个时间,这个时间完全独立于流元素的内容。但是,对于大多数数据流,我们另外提到事件时间的概念,即数据流事件实际发生的时间。如果流处理系统具有检测和记录事件的能力,通常将此事件时间作为流中消息有效负载的一部分。在事件中定义时间戳就是在消息生成时添加一个时间寄存器,该时间将成为数据流的一部分,例如某些不起眼的嵌入式设备(一般都有时钟系统)以及金融交易系统中的日志中都存在定义时间戳的做法,都可以作为事件时间。

时间戳的重要性在于,可以考虑使用数据生成的时间分析,例如跑步时使用可穿戴设备,回到家时将设备中的数据同步到手机,查看刚才穿过公园时的心率和速度等详细信息,在将数据上传到某些云服务器时,这些数据是具有时间戳的。时间戳为数据提供了时间的上下文,根据事件发生时记录的时间戳进行分析才更有意义。因此,基于时间戳的日志构成了当今正在分析数据流的很大一部分,因此这些时间戳有助于弄清楚特定时间在给定系统上发生了什么。当将数据从创建数据的各种系统或设备传输到处理该数据的集群,通常会出现令人难以捉摸的情况,这是因为跨系统之间的传输操作容易发生不同形式的故障,如延迟、重新排序或丢失。通常,用户希望框架具有容错机制为这种可能发生的故障提供技术解决,而且不牺牲系统的响应能力。为了实现这种愿景,基于事件时间的流处理系统需要解决两个原则问题:其一是可以清楚标记正确和重新排序的结果;其二是可以产生中间预期结果。这两个原则构成事件时间处理的基础。在 Spark 中,此功能仅由结构化流提供,离散化流缺乏对事件时间处理的内置支持。

5.3 离散化流

Spark Streaming 是 Spark 核心的扩展组件之一,可扩展地实现实时数据流的高吞吐量、容错处理。数据可以从诸如 Kafka、Flume、Kinesis 或 TCP 套接字的许多来源中获取,并且可以使用由高级功能表达的复杂算法进行处理。处理后的数据可以推送到文件系统、数据库和实时仪表板,也可以将 Spark 的机器学习和图处理算法应用于数据流。

Spark Streaming 总体框架如图 5-5 所示。首先是要处理的数据必须来自某个外部动态数据源,如传感器、移动应用程序、Web 客户端、服务器日志等,这个数据通过消息机制传送给数据采集系统,如 Kafka、Flume 等,递送或沉积在文件系统中。

图 5-5　Spark Streaming 总体框架

然后是流处理过程,获得的数据由 Spark Streaming 系统进行处理,接下来是基于 NoSQL 的数据存储,如 HBase 等用于存储处理的数据,该系统必须能够实现低延迟的、快速的读写操作,最后是通过终端应用程序显示或分析。终端应用程序可以包括仪表板、商业智能工具和其他使用已处理的流数据进行分析的应用程序,输出的数据也可以存储在数据库中,以便稍后进一步处理。

Spark Streaming 的工作原理如图 5-6 所示。Spark 数据流接收实时输入数据流并将数据分成批,然后由 Spark 引擎进行处理,以批量生成最终的结果流。

图 5-6　Spark Streaming 的工作原理

Spark Streaming 提供称为离散化数据流(Discretized Stream, DStream)的高级抽象,可以简称离散流,它代表连续产生的数据流。可以从诸如 Kafka、Flume 和 Kinesis 等来源的输入数据流中创建离散流,或者通过对其他离散流应用高级操作创建。在内部,离散流可以表示为一个批次接着一个批次以 RDD 为底层结构的数据流。

数据流本身是连续的,为了处理数据流,需要批量化。Spark Streaming 将数据流分割成 x 毫秒的批次,这些批次总称离散流。离散流是这种批次的一组序列,其中序列中的每个小批量表示为 RDD,数据流被分解成时间间隔相同的 RDD 段。按照 Spark 批处理的间隔,在离散流中的每个 RDD 包含了由 Spark Streaming 应用程序接收的记录。

有两种类型的离散流操作:转换和输出。在 Spark 应用程序中,在离散流上应用转换操作,例如 map()、reduce() 和 join() 等,处理其中的每个 RDD,在这个过程中创造新的 RDD,施加在离散流上的任何转换会应用到上一级离散流,然后依次施加转换到每个 RDD 上。输出是类似 RDD 操作的动作,因为它们将数据写到外部系统。在 Spark 数据流中,它们在每个时间步长周期性运行,批量生成输出。

5.3.1 一个例子

在详细介绍 Spark 数据流程序之前,先看一个简单的 Spark 数据流程序,这个程序通过 Spark Streaming 的 TCP 套接字接口侦听 NetCat 发生的数据,统计接收到的文本数据中的字数,这段代码的主程序为

```
import org.apache.spark.SparkConf
import org.apache.spark.streaming.{Seconds, StreamingContext}

object NetworkWordCount {
  def main(args: Array[String]) {
    if (args.length <2) {
      System.err.println("Usage: NetworkWordCount <hostname><port>")
      System.exit(1)
    }
    val sparkConf=new SparkConf().setAppName("NetworkWordCount")
.setMaster("local[2]")
    val ssc=new StreamingContext(sparkConf, Seconds(10))
    val lines=ssc.socketTextStream(args(0), args(1).toInt)
    val words=lines.flatMap(_.split(" "))
    val wordCounts=words.map(x =>(x, 1)).reduceByKey(_ + _)
    wordCounts.print()
    ssc.start()
    ssc.awaitTermination()
  }
}
```

代码 5-1

这段代码是一个简单的 Spark 应用程序，首先导入与 Spark 数据流相关的类，主要是 SparkConf 和 StreamingContext。SparkConf 用来设置启动 Spark 应用程序的参数，创建的应用的名称为 NetworkWordCount，并带有两个执行线程（local[2]）的本地 StreamingContext，批处理时间间隔为 10s。StreamingContext 是所有完成 Spark Streaming 功能的主要入口点，使用 ssc.socketTextStream 可以创建一个离散流，代表一个来自 TCP 套接字源的流数据，通过参数传入，args(0)指定为主机名（如 localhost）和 args(1)指定为端口（如 9999）。lines 为离散流对象，表示将从 NetCat 数据服务器接收的数据流，此离散流中的每条记录都是一行文本。接下来，_.split(" ")将包含空格字符的行分割成单词，flatMap()将包含多个单词的集合扁平化拆分成包含独立单词的离散流，通过从源离散流中的每条输入记录生成多个新记录创建新的输出离散流。在这种情况下，每一行将被分割成多个单词并且创建 words 离散流。接下来，通过在 words 离散流上应用聚合操作统计这些单词的数量。首先，通过 map()操作将 words 一对一转换成包含键值对(word,1)的离散流，然后通过 reduceByKey()获得每批数据中的单词统计离散流 wordCounts。最后，wordCounts.print()将打印每秒输入的单词计数。注意，当描述完这些操作过程后，这个单词计数的数据流应用程序仅定义了需要执行的计算过程，但是尚未开始实际处理。在所有转换操作设置完成后如果要开始处理，最终需要调用 ssc.start。

在虚拟实验环境中已经编译和打包了上面的应用程序，我们需要通过 spark-submit 启动这个应用程序包。首先需要运行 Netcat 作为数据服务器，使用 Docker exec 命令进入容器中打开一个终端界面。

```
root@48feaa001420:~# { while :; do echo "Hello Apache Spark"; sleep 0.05; done; } | netcat -l -p 9999
```

代码 5-2

使用 Docker exec 命令进入容器中打开另一个终端界面，运行 Spark 应用程序。

```
root@48feaa001420:~# spark-submit --class NetworkWordCount /data/application/simple-streaming/target/scala-2.11/simple-streaming_2.11-0.1.jar localhost 9999
20/03/26 08:28:39 WARN NativeCodeLoader: Unable to load native-hadoop library for your platform... using builtin-java classes where applicable
-------------------------------------------
Time: 1585211330000 ms
-------------------------------------------
(Hello,1028)
(Apache,1028)
(Spark,1028)


-------------------------------------------
Time: 1585211340000 ms
-------------------------------------------
```

```
(Hello,188)
(Apache,188)
(Spark,188)
```

代码 5-3

就这样,第一个终端窗口负责发送数据(见代码 5-2),第二个终端窗口负责接收处理数据(见代码 5-3)。

5.3.2 StreamingContext

StreamingContext 是流传输的主要入口点,本质上负责流传输应用程序,包括检查点、转换和对 RDD 的 DStreams 的操作。StreamingContext 是所有数据流功能切入点,提供了访问方法,可以创建来自各种输入源的离散流。StreamingContext 可以从现有 SparkContext 或 SparkConf 创建,其指定了 Master URL 和应用程序名称等其他配置信息。

➢ new StreamingContext(conf:SparkConf,batchDuration:Duration)

通过提供新的 SparkContext 所需的配置创建 StreamingContext。

➢ new StreamingContext(sparkContext:SparkContext,batchDuration:Duration)

使用现有的 SparkContext 创建一个 StreamingContext。

上面 StreamingContext 两个构造的第二个参数都是 batchDuration,这是数据流被分批的时间间隔。无论使用 Spark 交互界面或创建一个独立的应用程序,都需要创建一个新的 StreamingContext。要初始化 Spark 数据流程序,必须创建一个 StreamingContext 对象,它是所有 Spark 数据流功能的主要入口点。可以通过两种方式创建新的 StreamingContext。

(1) 如果是在 Spark 应用程序中,StreamingContext 对象可以从 SparkConf 对象创建。

```
import org.apache.spark._
import org.apache.spark.streaming._

val conf=new SparkConf().setAppName(appName).setMaster(master)
val ssc=new StreamingContext(conf, Seconds(1))
```

代码 5-4

appName 参数是应用程序在集群监控界面上显示的名称。master 可以是 Spark、Mesos 或 YARN 集群 URL,或者以本地模式运行的特殊字符串 local[*]。实际上,当在集群上运行时,不需要在应用程序中硬编码 master,而是使用 spark-submit 启动应用程序并设置 master 参数。但是,对于本地测试和单元测试,可以通过 local[*] 运行 Spark Streaming(检测本地系统中的核心数)。注意,这在内部创建一个 SparkContext (所有 Spark 功能的起始点),可以通过 ssc.sparkContext 进行访问。批处理间隔必须根据应用程序的延迟要求和可用的集群资源进行设置。

(2) 如果通过 spark-shell 打开交互界面,StreamingContext 对象也可以从现有的 SparkContext 对象创建。

```
scala>import org.apache.spark.streaming._
import org.apache.spark.streaming._

scala>val ssc=new StreamingContext(sc, Seconds(10))
ssc: org.apache.spark.streaming.StreamingContext = 
org.apache.spark.streaming.StreamingContext@3c4231e5
```

代码 5-5

定义好 StreamingContext 后,必须执行以下操作:
(1) 通过创建输入离散流定义输入源。
(2) 通过将转换和输出操作应用于 DStream 定义流式计算。
(3) 使用 StreamingContext.start 开始接收数据。
(4) 使用 StreamingContext.awaitTermination 等待处理停止(手动或由于错误导致)。
(5) 可以使用 StreamingContext.stop 手动停止处理。

注意,一旦 StreamingContext 对象已经开始启动,就不能建立或添加新的数据流操作,只能按照定义好的操作运行;一旦当前的 StreamingContext 对象被停止,就无法重新启动这个 StreamingContext 对象;只有一个 StreamingContext 对象可以同时在 JVM 中处于活动状态;StreamingContext 对象上的 stop()方法也会停止 SparkContext 对象;如果仅停止 StreamingContext 对象,可以将 stop()方法的可选参数 stopSparkContext 设置为 false;只要先前的 StreamingContext 对象在创建下一个之前停止,而且不停止 SparkContext 对象,就可以使用这个 SparkContext 对象重复创建 StreamingContext 对象。

➢ stop(stopSparkContext: Boolean = ...): Unit

这个方法立即停止 StreamingContext()的执行,不等待所有接收的数据被处理。默认情况下,如果没有指定 stopSparkContext 参数,SparkContext 对象将被停止,也可以使用 SparkConf 对象配置 spark.streaming.stopSparkContextByDefault 参数配置此隐式行为。

5.3.3 输入流

可以使用 StreamingContext 创建多种类型的输入流,例如 receiverStream 和 fileStream。在代码 5-1 中,lines 是一个输入离散流,通过 socketTextStream 从 NetCat 服务器接收数据流。每个输入流与接收器(Receiver)对象相关联,该对象接收数据并将其存储在内存中进行处理。

➢ abstract class Receiver[T] extends Serializable

这是接收外部数据的抽象类,接收器可以在 Spark 集群的工作节点上运行,可以通过定义方法 onStart()和 onStop()定义自定义接收器,onStart()定义开始接收数据所需的设置步骤，onStop()定义停止接收数据所需的清除步骤，接收到异常时可以通过restart()重新启动接收机或通过stop()完全停止接收机。

Spark Streaming具有两类输入源：第一类是StreamingContext中直接提供的输入源，如textFileStream和socketTextStream等；第二类是通过额外的接口获得Kafka、Flume、Kinesis等输入流。如果要在Spark Streaming应用程序中并行接收多个输入源，就需要创建同样多个接收器同时接收多个数据流，而且接收器占据分配给Spark Streaming应用程序的一个CPU核心，所以，Spark Streaming应用程序需要至少分配两个CPU内核，其中一个内核运行接收器，余下的内核用来处理接收到的数据。当本地运行Spark Streaming应用程序时，请勿使用local或local[1]设置master参数，因为这意味着只有一个线程用于在本地运行任务，这个线程将用于运行接收器，不会留出线程处理接收到的数据。因此，当通过本地模式运行Spark Streaming应用程序时，始终使用local[n]设置master参数，其中n要大于需要运行接收器的数量。如果将此规则扩展到Spark集群上，分配给Spark Streaming应用程序的内核数量必须大于接收器数量，否则系统将收到数据，但无法处理。

当数据被接收并且复制存储在Spark中时，接收器正确地向可靠的数据源发送确认，可靠的数据源（如Kafka和Flume）实现了传输数据的确认机制，接收器可以确认接收的数据，可以确保在产生故障时不会丢失任何数据。如果接收器不向数据源发送确认信息，可以使用不支持发送确认的数据源，也可以使用可靠的数据源，但是不需要进行复杂的确认。

下面介绍几种接收器。socketTextStream已经在代码5-1中使用了，通过TCP套接字接口接收文本数据，创建一个离散流。

➢ socketTextStream(hostname：String，port：Int，storageLevel：StorageLevel＝StorageLevel.MEMORY_AND_DISK_SER_2)：ReceiverInputDStream[String]

从hostname：port地址接收数据创建输入流，使用TCP套接字接收数据，使用UTF8编码接收文本，换行作为分隔。

hostname：要连接的用于接收数据的主机名。

port：要连接的用于接收数据的端口。

storageLevel：接收对象的存储级别（默认值为StorageLevel.MEMORY_AND_DISK_SER_2）。

除套接字外，StreamingContext提供了从文件创建离散流作为输入源的方法，即从与Hadoop兼容的任何文件系统上读取文件数据。

➢ def fileStream[K：ClassTag，V：ClassTag，F <：NewInputFormat[K，V]：ClassTag](directory：String)：InputDStream[(K，V)]

创建一个输入流，该输入流监视文件系统中的新文件，并使用给定的键值类型和输入格式读取它们。必须通过将文件从同一文件系统中的一个位置移动到受监控目录中，以点"."开头的隐含文件名将被忽略。

➢ textFileStream(directory：String)：DStream[String]

创建一个输入流，该输入流监视文件系统中的新文件，并将其作为文本文件读取，键的数据类型为 LongWritable,值的数据类型为 Text,输入格式为 TextInputFormat。必须通过将文件从同一文件系统中的一个位置移动到受监控目录中,以点"."开头的隐含文件名将被忽略。在虚拟环境的终端界面启动 spark-shell,使用 textFileStream 创建输入流。

```
scala>import org.apache.spark.streaming._
import org.apache.spark.streaming._

scala>val ssc=new StreamingContext(sc, Seconds(10))
ssc: org.apache.spark.streaming.StreamingContext =org.apache.spark
.streaming.StreamingContext@54a5eff

scala>val lines=ssc.textFileStream("/data/input")
lines: org.apache.spark.streaming.dstream.DStream[String]=org.apache
.spark.streaming.dstream.MappedDStream@3a70acd5

scala>val words=lines.flatMap(_.split(" "))
words: org.apache.spark.streaming.dstream.DStream[String]=org.apache
.spark.streaming.dstream.FlatMappedDStream@c4fc610

scala>val wordCounts=words.map(x =>(x, 1)).reduceByKey(_+_)
wordCounts: org.apache.spark.streaming.dstream.DStream[(String, Int)]=
org.apache.spark.streaming.dstream.ShuffledDStream@3a5922ec

scala>wordCounts.print()

scala>ssc.start()

scala>ssc.awaitTermination()
-------------------------------------------
Time: 1585054770000 ms
-------------------------------------------
```

代码 5-6

此时应该能看到终端界面中每 10s 刷新一次。现在打开另一个终端界面,将文本文件添加到/data/input 目录中。

```
cp /usr/local/spark/README.md /root/data/input/1.txt
```

一旦将文件添加到目录中,应该可以在执行程序的终端中看到刚添加文件的单词统计输出。

```
-------------------------------------------
Time: 1585054780000 ms
```

```
------------------------------------------
(stream,1)
(review,1)
(its,1)
([run,1)
(can,6)
(guidance,2)
(have,1)
(locally,2)
(sc.parallelize(1,1)
(,72)
...
```

要停止流式传输,在运行程序的终端中使用组合键 Ctrl + C。还可以使用 QueueStream 创建基于 RDD 队列的离散流,推送到队列中的每个 RDD 将被视为离散流中的一批数据,并像流一样处理。

➢ def queueStream[T: ClassTag](queue: Queue[RDD[T]], oneAtATime: Boolean = true): InputDStream[T]

下面的代码每隔 1s 创建一个 RDD 放入队列中,QueueStream 每隔 1s 接收队列中的数据进行处理。

```
scala>import org.apache.spark.rdd.RDD
import org.apache.spark.rdd.RDD

scala>import org.apache.spark.streaming.{Seconds, StreamingContext}
import org.apache.spark.streaming.{Seconds, StreamingContext}

scala>import scala.collection.mutable.Queue
import scala.collection.mutable.Queue

scala>val ssc=new StreamingContext(sc, Seconds(1))
ssc: org.apache.spark.streaming.StreamingContext =
org.apache.spark.streaming.StreamingContext@3031d9e9

scala>val rddQueue=new Queue[RDD[Int]]()
rddQueue: scala.collection.mutable.Queue[org.apache.spark.rdd.RDD[Int]] =
Queue()

scala>val inputStream=ssc.queueStream(rddQueue)
inputStream: org.apache.spark.streaming.dstream.InputDStream[Int] =
org.apache.spark.streaming.dstream.QueueInputDStream@80f3111
```

```
scala>val mappedStream=inputStream.map(x =>(x %10, 1))
mappedStream: org.apache.spark.streaming.dstream.DStream[(Int, Int)] =
org.apache.spark.streaming.dstream.MappedDStream@222e9ace

scala>val reducedStream=mappedStream.reduceByKey(_ +_)
reducedStream: org.apache.spark.streaming.dstream.DStream[(Int, Int)] =
org.apache.spark.streaming.dstream.ShuffledDStream@6a636c62

scala>reducedStream.print()

scala>ssc.start()

scala>for (i <-1 to 30) {
     |       rddQueue.synchronized {
     |         rddQueue +=ssc.sparkContext.makeRDD(1 to 1000, 10)
     |       }
     |       Thread.sleep(1000)
     |    }
-------------------------------------------
Time: 1585059428000 ms
-------------------------------------------
(0,100)
(1,100)
(2,100)
(3,100)
(4,100)
(5,100)
(6,100)
(7,100)
(8,100)
(9,100)
```

➢ def rawSocketStream[T: ClassTag](hostname: String, port: Int, storageLevel: StorageLevel = StorageLevel.MEMORY_AND_DISK_SER_2): ReceiverInputDStream[T]

从网络地址 hostname:port 创建一个输入流,这个输入流将数据作为序列化的块接收,可以将其直接推送到块管理器,而无须反序列化它们,这是接收数据最有效的方法。

➢ def binaryRecordsStream(directory: String, recordLength: Int): DStream[Array[Byte]]

创建一个输入流,该输入流监视文件系统中的新文件,并将它们读取为二进制文件,假定每条记录的长度固定,每条记录生成一个字节数组,则必须通过将文件从同一文件系统中的一个位置移动到受监控目录中,以点"."开头的隐含文件名将被忽略。

5.4 离散流的操作

Spark Streaming 是基于离散流构建的，离散流是数据流的一种基本抽象，表示连续的、分批次的数据流。在内部，离散流由连续的一系列 RDD 组成，这是 Spark 不可变的分布式数据集，离散流中的每个 RDD 都包含一定时间段的数据，如图 5-7 所示。

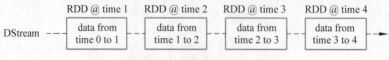

图 5-7 一定时间段的数据流

对离散流应用的任何操作都将转换为底层 RDD 上的操作，如代码 5-1 将输入流 lines 通过 flatMap() 转换为包含单词的离散流 words，如图 5-8 所示。

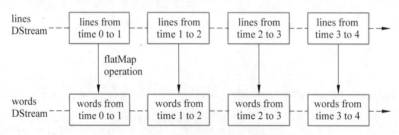

图 5-8 对每个时间段的数据进行转换操作

离散流本质上根据时间间隔不断地将数据流划分为较小的块，称为微批（Micro-Batch），将每个单独的微批实现为 RDD，然后将其作为常规 RDD 进行处理。每个这样的微批处理都是独立处理的，微批处理之间不会保持任何状态，从而使处理本质上是无状态的。假设批处理间隔为 5s，然后在消耗事件时，每隔 5s 创建一个微批，并将微批移交给 RDD 进行进一步处理。Spark Streaming 的主要优点之一是，处理微批的 API 与 Spark 紧密地集成到一起，并与 Spark 的其余组件无缝结合。

我们已经了解了 Spark Streaming 的核心概念 DStream，以及如何将微批执行模型与函数编程 API 融合在一起，从而为 Spark 上的流处理提供完整的基础。接下来将探究 Spark Streaming 通过 DStream 抽象提供的 API，以流方式实现任意复杂的业务逻辑。从 API 的角度看，DStream 将其大部分工作委托给 Spark 中的基础数据结构 RDD，所以，理解 RDD 概念及其 API 对于理解 DStream 的工作方式至关重要，离散流上的转换类似 Spark 核心 RDD 的转换。RDD 是一个单一的数据结构，作为其 API 和库的基本元素，也是一个表示一堆元素的多态集合，其中要分析的数据表示为任意 Scala 类型。数据集分布在集群的执行器上，并使用这些机器进行处理。自从 Spark SQL 引入以来，DataFrame 和 Dataset 抽象成为 Spark 的推荐编程接口。在最新版本中，仅函数库程序员需要了解 RDD API。尽管 RDD 在接口级别上并不经常可见，但它们仍可驱动核心引擎的分布式计算功能。为了了解 Spark 的工作原理，建议通过前面几章了解 RDD 级别编程的一些基本知识。

5.4.1　基本操作

DStream 编程 API 由转换或高阶函数组成，并将另一个函数作为参数。在 API 级别，DStream[T]是强类型数据结构，表示类型 T 的数据流。DStream 是不可变的，这意味着我们无法在适当位置更改其内容。相反，通过对输入 DStream 进行一系列转换实现预期的应用程序逻辑。每次转换都会创建一个新的 DStream，用来表示来自父 DStream 转换后的数据。DStream 转换是惰性的，这意味着在系统需要具体化结果之前，实际不会处理原始数据通过输出操作向流接收器发送消息时，将触发此数量流的处理过程。

DStream 是一种数据流的抽象，其中的元素在时间维度上分为微批，每个微批由 RDD 表示，如图 5-7 所示。在执行级别，Spark Streaming 的主要任务是计划和管理及时收集数据块并将其交付给 Spark 核心，Spark 核心引擎把操作序列应用于数据，构成应用程序逻辑。

由于离散流由 RDD 组成，因此转换也适用于每个 RDD 生成转换后的 RDD，然后创建转换后的离散流，每次转换都会创建特定的离散流派生类。与 RDD 类似，转换允许修改来自输入离散流的数据。离散流支持常规 RDD 上可用的以元素为中心的转换，从而在 Spark 中统一了批处理和流模式之间的开发经验。一些常见的转换如下，通过删除隐式参数简化签名。

➢ map[U](mapFunc：(T)=＞U)：DStream[U]

通过传递源离散流的每个元素到函数 mapFunc 进行运算，返回一个新的离散流，而 RDD 结构保持不变。像在 RDD 中一样，这种转换适合进行大规模并行操作，因为其输入是否处于特定位置相对于其余数据并不重要。

➢ flatMap[U](flatMapFunc：(T)⇒ TraversableOnce[U])：DStream[U]

与 map 类似，但每个输入项可以映射到 0 个或更多的输出项。flatmap()不返回 U 类型的元素，而是返回一个 TraversableOnce[U]类型，所有 Scala 集合都实现了 TraversableOnce 接口，可用作此函数的目标类型。

➢ mapPartitions[U](mapPartFunc：(Iterator[T])⇒ Iterator[U]，preservePartitioning：Boolean = false)：DStream[U]

就像在 RDD 上定义的同名函数一样，使我们可以直接在 RDD 的每个分区上应用映射操作，结果产生一个新的 DStream[U]。此函数很有用，因为它使我们可以执行特定于执行器的行为。也就是说，某些逻辑不会对每个元素重复执行，而是会对处理数据的每个执行器执行一次。一个经典的示例是初始化随机数生成器，然后将其用于分区上的每个元素，可通过 Iterator[T]访问；另一个有用的情况是减少昂贵资源（如服务器或数据库连接）的创建，并重用此类资源处理每个输入元素。另一个优点是，初始化代码直接在执行程序上运行，使我们可以在分布式计算过程中使用不可序列化的库。

➢ filter(filterFunc：(T)⇒ Boolean)：DStream[T]

通过仅选择 filterFunc 返回 true 的源离散流的记录返回新的离散流。

> repartition(numPartitions: Int): DStream[T]

通过创建更多或更少的分区更改此离散流中的并行级别。

> union(that: DStream[T]): DStream[T]

返回一个新的离散流,它包含源离散流和另一个离散流中元素的并集。

> count(): DStream[Long]

通过计算源离散流的每个 RDD 中的元素数量,返回单元素 RDD 的新离散流。

> reduce(reduceFunc: (T, T) ⇒ T): DStream[T]

通过使用函数 func(其接受两个参数并返回一个)聚合源离散流的每个 RDD 中的元素返回单个元素 RDD 的新离散流。该函数应该是关联的和可交换的,以便可以并行计算。

> countByValue(numPartitions: Int = ssc.sc.defaultParallelism): DStream[(T, Long)]

当调用 K 类元素的离散流时,返回新的(K,Long)键值对 DStream,其中每个键的值是源离散流的每个 RDD 中键的频次。

> reduceByKey(reduceFunc: (V, V) ⇒ V, numPartitions: Int): DStream[(K, V)]

当调用(K,V)键值对离散流时,返回新的(K,V)键值对离散流,其中使用给定的 reduce 函数聚合每个键的值。默认情况下,它使用 Spark 的默认并行任务数进行分组。本地模式任务数为 2;集群模式中的数字由配置属性 spark.default.parallelism 确定。可以传递可选的 numPartitions 参数设置不同数量的任务。

> join[W](other: DStream[(K, W)], numPartitions: Int): DStream[(K, (V, W))]

当包含(K,V)和(K,W)键值对的两个离散流被调用时,返回一个新的(K,(V,W))键值对离散流,每个键对应所有的元素。

> cogroup[W](other: DStream[(K, W)], numPartitions: Int): DStream[(K, (Iterable[V], Iterable[W]))]

当调用(K,V)和(K,W)键值对的 DStream 时,返回一个新的 DStream(K, Seq [V], Seq [W])元组。

5.4.2 transform

从上面的代码可以看到这些转换操作是针对单个元素进行的,如经典的 map()、filter()等。这些操作遵循相同的分布式执行原则,并遵守相同的序列化约束。还有一些操作,如 transform()和 foreachRDD(),它们是针对 RDD 而不是元素进行操作。这些操作由 Spark Streaming 调度程序执行,并且提供给这些操作的函数在驱动程序中。在这些操作的范围内,可以实现跨越微批处理范围的逻辑,如簿记历史或维护应用程序级计数器。它们还提供对所有 Spark 执行上下文的访问。在这些运算符中,我们可以与 Spark SQL、Spark ML 进行交互,甚至管理流应用程序的生命周期。这些操作是循环流式微批处理调度、元素级转换和 Spark 运行时上下文之间的真正桥梁。

transform()允许将任意的 RDD 转换方法应用于离散流。

> transform[U](transformFunc: (RDD[T]) ⇒ RDD[U]): DStream[U]

> transform[U](transformFunc: (RDD[T], Time) ⇒ RDD[U]): DStream[U]

Spark Streaming 提供了两个 transform() 转换：第一个 transformFunc 的输入参数只有 RDD[T]；第二个 transformFunc 的输入参数有两个，分别是 RDD[T] 和批次时间 Time，可以获取到批次时间，可以依据批次时间进行处理。transform() 将 transformFunc 函数应用于一个数据批的 RDD[T] 上，应用任何未在 DStream API 中公开的 RDD 操作，如将数据流中的每个批处理与其他数据集相结合的功能，而这个数据集不会直接暴露在 DStream API 中，可以轻松使用 transform() 做到这一点，可以通过将输入数据流与预定义的垃圾邮件信息进行实时数据清理，然后基于它进行过滤。注意，提供的函数在每个批次间隔中被调用，这允许根据批次间隔进行 RDD 操作，对于 RDD 操作、分区数、广播变量等，可以在批次之间更改。下面的代码利用 transform() 将批处理中键值为"Hello"的结果过滤掉。

```scala
import org.apache.spark.SparkConf
import org.apache.spark.streaming.{Seconds, StreamingContext}

object TransformFilterWord {

  def main(args: Array[String]): Unit ={
    val conf=new SparkConf().setMaster("local[2]").setAppName("TransformFilterWord")
    val ssc=new StreamingContext(conf, Seconds(5))
    val lines=ssc.socketTextStream("localhost", 9999)
    val words=lines.flatMap(_.split(" ")) //not necessary since Spark 1.3 // Count each word in each batch
    val pairs=words.map(word =>(word, 1))
    val wordCounts=pairs.reduceByKey(_ + _)

    val cleanedDStream=wordCounts.transform(rdd =>{
      rdd.filter(a =>!a._1.equals("Hello"))
    })
    cleanedDStream.print()
    ssc.start()
    ssc.awaitTermination()
  }

}
```

可以参考代码 5-2 和代码 5-3 的执行过程验证上面的 transform() 方法的运行结果。使用 Docker exec 命令进入容器中打开另一个终端界面，运行 Spark 应用程序，然后观察运行结果。

```
spark-submit --class TransformFilterWord /data/application/simple-streaming/target/scala-2.11/simple-streaming_2.11-0.1.jar localhost 9999
```

5.4.3 连接操作

值得强调的是,可以轻松地在 Spark 数据流中执行不同种类的连接,流可以非常容易地与其他流连接。

```
val stream1: DStream[String, String] =...
val stream2: DStream[String, String] =...
val joinedStream=stream1.join(stream2)
```

代码 5-7

在代码 5-8 中,由 stream1 生成的 RDD 将与由 stream2 生成的 RDD 相连,默认为 innerJoin,也可以做 leftOuterJoin、rightOuterJoin、fullOuterJoin。此外,在数据流的窗口上进行连接通常很有用,也很容易。

```
val windowedStream1=stream1.window(Seconds(20))
val windowedStream2=stream2.window(Minutes(1))
val joinedStream=windowedStream1.join(windowedStream2)
```

代码 5-8

下面是另一个连接窗口流与数据集的例子,使用了之前已经说明的 transform() 操作。

```
val dataset: RDD[String, String]=...
val windowedStream=stream.window(Seconds(20))...
val joinedStream=windowedStream.transform { rdd =>rdd.join(dataset) }
```

代码 5-9

实际上,也可以动态更改要加入的数据集,transform 中的函数每个批次间隔进行计算,因此将使用 dataset 引用指向的当前数据集。

5.4.4 SQL 操作

可以轻松地在数据流上使用 DataFrame 和 SQL 操作,必须使用 StreamingContext 中的 SparkContext 创建一个 SparkSession,并且必须可以在驱动程序故障时重新启动,这是通过创建 SparkSession 的延迟实例化对象完成的。下面的例子会修改前面的字计数,使用 DataFrame 和 SQL 生成字数。每个 RDD 被转换成 DataFrame,并注册为一个临时表,然后使用 SQL 查询。

```
val words: DStream[String] =...

words.foreachRDD { rdd =>

  //Get the singleton instance of SparkSession
```

```
val spark=SparkSession.builder.config(rdd.sparkContext.getConf)
.getOrCreate()
import spark.implicits._

//Convert RDD[String] to DataFrame
val wordsDataFrame=rdd.toDF("word")

//Create a temporary view
wordsDataFrame.createOrReplaceTempView("words")

//Do word count on DataFrame using SQL and print it
val wordCountsDataFrame =
  spark.sql("select word, count(*) as total from words group by word")
wordCountsDataFrame.show()
}
```

代码 5-10

另一方面,用户也可能在来自不同线程的流数据定义的表上运行 SQL 查询,即与正在运行的 StreamingContext 是异步的,只要确保将 StreamingContext 设置为记住足够的流数据即可运行查询,否则由于不知道任何异步 SQL 查询,StreamingContext 将在查询完成之前删除旧的流数据。例如,如果要查询最后一批数据,但是查询可能需要 5min 才能运行,用户可以调用 streamingContext.remember(Minutes(5))。

5.4.5 输出操作

输出操作允许离散流中的数据推给外部系统,如数据库或文件系统。由于输出操作实际上允许转换后的数据通过外部系统使用,所以它们引发的所有离散流转换的实际执行,类似 RDD 操作中的动作,目前包括以下输出操作。

➢ print()

在运行流应用程序的驱动程序节点上,打印离散流中每批数据的前十个元素,这对开发和调试很有用。

➢ saveAsTextFiles(prefix,[suffix])

将此离散流的内容另存为文本文件,每个批处理间隔的文件名是根据前缀和后缀 prefix-TIME_IN_MS [.suffix]生成的。

➢ saveAsObjectFiles(prefix,[suffix])

将此离散流的内容另存为序列化 Java 对象,每个批处理间隔的文件名是根据前缀和后缀 prefix-TIME_IN_MS [.suffix]生成的。

➢ saveAsHadoopFiles(prefix,[suffix])

将此离散流的内容另存为 Hadoop 文件,每个批处理间隔的文件名是根据前缀和后缀 prefix-TIME_IN_MS [.suffix]生成的。

➢ foreachRDD(func)

对于从数据流生成的每个 RDD 应用函数 func,这是最通用的输出运算符。此功能应将每个 RDD 中的数据推送到外部系统,例如将 RDD 保存到文件,或将其通过网络写入数据库。注意,函数 func 在运行应用程序的驱动程序进程中执行,并且通常会在其中包含 RDD 的动作,将强制离散流中 RDD 的计算。

foreachRDD 有一个强大的功能,允许数据被发送到外部系统。然而,了解如何正确、有效地使用这种功能很重要,以下是一些常见的错误,需要避免。

通常,将数据写入外部系统需要创建一个连接对象,例如 TCP 连接到远程服务器,并用它将数据发送到远程系统。为此,开发人员可能会不经意地尝试在 Spark 驱动程序创建一个连接对象,然后尝试使用它在 Spark 工作节点上保存 RDD 记录。

```
dstream.foreachRDD { rdd =>
  val connection=createNewConnection()  //executed at the driver
  rdd.foreach { record =>
    connection.send(record) //executed at the worker
  }
}
```

代码 5-11

代码 5-11 是不正确的,这需要被序列化,并将连接对象从驱动程序发送到工作节点,这样的连接对象在跨机器之间是不能转换的。这种错误可能表现为序列化错误(连接对象是不可序列化的)和初始化错误(需要在工作节点初始化连接对象)等。正确的解决办法是在工作节点创建连接对象(见代码 5-12),然而,这可能导致另一个常见的错误,为每个记录创建一个新的连接。

```
dstream.foreachRDD { rdd =>
  rdd.foreach { record =>
    val connection=createNewConnection()
    connection.send(record)
    connection.close()
  }
}
```

代码 5-12

通常,创建一个连接对象有时间和资源开销,因此,创建和销毁每个连接对象会招致不必要的高开销,并能显著降低系统的整体吞吐量。一个更好的解决方案是使用 foreachPartition() 创建一个单一的连接对象,并使用该连接在 RDD 分区中发送所有记录。

```
dstream.foreachRDD { rdd =>
  rdd.foreachPartition { partitionOfRecords =>
```

```
    val connection=createNewConnection()
    partitionOfRecords.foreach(record =>connection.send(record))
    connection.close()
  }
}
```

代码 5-13

上面的代码将分摊许多记录上的连接创建开销。最后,可以通过在多个 RDD 或批次之间重用连接对象进一步优化。与将多个批次的 RDD 推送到外部系统时可以重用的连接对象相比,它可以维护一个静态的连接对象池,从而进一步减少开销。

```
dstream.foreachRDD { rdd =>
  rdd.foreachPartition { partitionOfRecords =>
    //ConnectionPool is a static, lazily initialized pool of connections
    val connection=ConnectionPool.getConnection()
    partitionOfRecords.foreach(record =>connection.send(record))
    ConnectionPool.returnConnection(connection)
                              //return to the pool for future reuse
  }
}
```

代码 5-14

在池中的连接应该按需延迟创建,并且如果一段时间不使用,则进行超时处理,这实现了数据到外部系统最有效地传送。

另外需要注意:离散流通过输出操作被执行,就像 RDD 的动作,具体就是在离散流输出操作内的 RDD 动作迫使所接收的数据处理。因此,如果应用程序没有任何输出操作,或只有一个输出操作 foreachRDD()但是其中没有任何 RDD 行动,就什么都不会得到执行。该系统将简单地接收数据并丢弃。默认情况下,输出的动作一次执行一个,以应用程序中定义的顺序执行。

5.4.6 窗口操作

流处理系统通常处理实时发生的行动,如社交媒体消息、网页单击、电子商务交易,金融事件或传感器读数也是此类事件的常见例子。我们可能有兴趣查看最近一段时间内发生的事件,例如最后 15 分钟或最后一个小时,甚至两者都可以。此外,流处理系统应该长时间运行,处理连续的数据流。随着这些事件的不断出现,较旧的事件通常与我们要完成的任何处理越来越不相关,所以需要定期和基于时间的数据流操作,可以称之为基于时间窗口的操作,如果是执行聚合操作,就是每 X 时间段进行分组,例如每小时最大和最低环境温度或每 15 分钟的总能耗都是窗口聚合的操作。如果时间段是连续且不重叠的,可以称此为固定时间段的分组,其中每个组都跟随前一个组并且不重叠,从而使时间窗口滚动。当需要定期生成数据汇总时,选择使用滚动窗口,每个周期都独立于以前的周期。滑动窗口是一段时间内的聚合,报告周期比聚合周期短。滑动窗口具有两个时间规格的聚合:窗口长度和报告周期,它通常解读为每隔时间周期 X 进行一次聚合函数的报告,聚合函数本身的周期为 $Y,X<Y$。例如,对过去一天的平均股价每小时报告一次。我们可能已经注意到,如果将滑动窗口与平均值函数进行组合,就是滑动窗口最广为人知的形式,通常称为移动平均值。

Spark Streaming 提供窗口处理,可让我们在事件的滑动窗口上应用转换,在指定的间隔内创建滑动窗口。每次窗口在源离散流上滑动时,落入特定窗口的 RDD 将被合并和操作产生窗口化离散流。图 5-9 说明了这个滑动窗口。

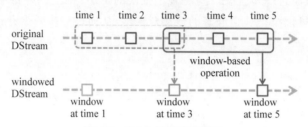

图 5-9　Spark 流的窗口操作

如图 5-9 所示,每当窗口滑过源离散流时,落在窗口内的源 RDD 被组合起来并进行操作,以产生窗口化的离散流,图中的操作使用最近 3 个时间单位的窗口数据,并以 2 个时间单位滑动这个窗口,这表明任何窗口操作都需要指定两个参数。

(1) 窗口长度(Window Length),表示窗口持续时间,图 5-9 中为 3。

(2) 滑动间隔(Sliding Interval),表示执行窗口操作的时间间隔,图 5-9 中为 2。

这两个参数必须是源离散流批次间隔的倍数。图 5-9 中,源离散流批次间隔为 1。下面用一个例子说明窗口操作,扩展前面的示例(见代码 5-1),通过对数据的持续 30s,每隔 10s 生成单词统计,要做到这一点,必须使用 reduceByKeyAndWindow 操作完成。

```
val windowedWordCounts = words.map(x => (x, 1)).reduceByKeyAndWindow(_ + _,
Seconds(30), Seconds(10))
```

代码 5-15

下面是一些常见的窗口操作,所有这些操作都使用了上述两个参数:窗口长度(windowLength)和滑动间隔(slideInterval)。

➢ window(windowLength, slideInterval)

返回基于源离散流的窗口批次创建的新离散流。

➢ countByWindow(windowLength, slideInterval)

返回流中元素的滑动窗口数。

➢ reduceByWindow(func, windowLength, slideInterval)

返回一个新的单元素流,通过使用 func 在滑动间隔内通过流中的元素聚合创建。该函数应该是关联的和可交换的,以便它可以并行计算。

> reduceByKeyAndWindow(func, windowLength, slideInterval, [numTasks])

当在键值对(K,V)离散流上调用时,返回一个新的键值对(K,V)离散流,其中每个键的值使用给定的聚合函数在滑动窗口的批次中进行计算。默认情况下,它使用 Spark 的默认并行任务数进行分组(2 为本地模式,集群模式中的数值由配置属性 spark.default.parallelism 确定),也可以通过设置可选的 numTasks 参数设置不同数量的任务。

> reduceByKeyAndWindow(func, invFunc, windowLength, slideInterval, [numTasks])

这个方法是一个更有效的版本,使用前一窗口的聚合值递增地计算每个窗口的聚合值。这是通过聚合进入滑动窗口的新数据并"逆向聚合"离开窗口的旧数据完成的,例如在窗口滑动时增加和减少键的计数。但是,它仅适用于可逆聚合函数,即具有相应的逆聚合功能(作为 invFunc 参数)。同上一种方法,聚合任务的数量可以通过可选参数配置。注意,必须启用检查点才能使用此操作。

> countByValueAndWindow(windowLength, slideInterval, [numTasks])

当在键值对(K,V)离散流上调用时,返回一个新的键值对(K,Long)离散流,其中每个键对应的值是键在滑动窗口内的频次。像 reduceByKeyAndWindow 一样,通过可选参数可以配置聚合任务的数量。

5.4.7 有状态转换

Spark Streaming 使用离散流的概念,离散流本质上是作为 RDD 的数据微批处理。我们还看到基于离散流上可能的转换类型,离散流上的转换可以分为两种类型:无状态转换和有状态转换。在无状态转换中,每个微批数据的处理均不依赖于先前的数据批次,因此,这是无状态转换,每个批处理都独立于之前发生的任何事情。在有状态转换中,每个微批数据的处理完全或部分取决于先前的数据批。因此,这是一个有状态的转换,每个批次都考虑该批次之前发生的情况,然后在计算该批次中的数据时使用之前的信息。无状态转换通过将转换应用于离散流中的每个 RDD 将一个离散流转换为另一个,诸如 map()、flatMap()、union()、join()和 reduceByKey()之类的转换都是无状态转换的示例。在离散流上运行有状态转换,计算取决于先前的处理状态。countByValueAndWindow()、reduceByKeyAndWindow()、mapWithState()和 updateStateByKey 等操作都是有状态转换的示例。实际上,所有基于窗口的转换都是有状态的,因为根据窗口操作的定义,需要跟踪离散流的窗口长度和滑动间隔。

许多复杂的数据流处理管道必须在一段时间内保持状态,例如需要实时了解网站上的用户行为,则必须将网站上每个用户会话的信息保持为持久状态,并根据用户的操作持续更新此状态,这种有状态的数据流式计算可以使用其 updateStateByKey()操作实现。

> updateStateByKey[S](updateFunc:(Iterator[(K, Seq[V], Option[S])]) ⇒ Iterator[(K, S)], partitioner:Partitioner, rememberPartitioner:Boolean, initialRDD:RDD[(K, S)]):DStream[(K, S)]

返回一个新"状态"的离散流,在该离散流中,通过将给定函数应用于键的先前状态和每个键的新值更新每个键的状态,参数定义如下。

S：状态类型

updateFunc：状态更新方法。注意,该方法可能使用与输入键不同的键生成不同的元组。因此,可能以这种方式删除键或添加键。开发人员决定是否记住分区器,尽管键被改变了。

partitioner：用于控制新离散流中每个 RDD 分区的分区器。

rememberPartitioner：是否记住生成的 RDD 中的分区对象。

initialRDD：每个键的初始状态值。

有这样一个用例需要维护当前键值对离散流的状态,以便在下一个离散流中使用它。例如,单词 Apache 在上一个数据批中出现了一次,则将这个单词的出现次数计算为 1。对于代码 5-1,在下一个数据批中,它的状态将会丢失,需要重新计数,如果又出现一个单词 Apache,其值仍然为 1,如果要保持 Apache 的计数状态,在下一个数据批中出现 Apache 时,将这个单词的出现次数累计为 2,需要使用 updateStateByKey(func)方法实现这个功能,代码如下。

```scala
import org.apache.spark.SparkConf
import org.apache.spark.streaming.{Seconds, StreamingContext}

object StatefulNetworkWordCount {

  def main(args: Array[String]) {
    val conf=new SparkConf().setMaster("local[2]").setAppName("StatefulNetworkWordCount")
    val ssc=new StreamingContext(conf, Seconds(5))
    ssc.checkpoint(".")
    val lines=ssc.socketTextStream("localhost", 9999)
    val words=lines.flatMap(_.split(" "))
    val pairs=words.map(word =>(word, 1))
    val runningCounts=pairs.updateStateByKey[Int](updateFunction _)
    runningCounts.print()
    ssc.start()
    ssc.awaitTermination()
  }

  def updateFunction(newValues: Seq[Int], runningCount: Option[Int]): Option[Int] ={
    val newCount=runningCount.getOrElse(0) +newValues.sum
    Some(newCount)
  }
}
```

代码 5-16

可以参考代码 5-2 和代码 5-3 的执行过程验证上面的 updateStateByKey()方法的运行结果。使用 Docker exec 命令进入容器中打开另一个终端界面,运行 Spark 应用程序,然后观察运行结果。

```
spark-submit --class StatefulNetworkWordCount /data/application/simple-
streaming/target/scala-2.11/simple-streaming_2.11-0.1.jar localhost 9999
```

代码 5-17

updateStateByKey(func)操作允许在使用新的信息持续更新时保持任意状态,使用这个方法,有两个步骤:定义可以是任意数据类型的状态;指定函数如何更新状态,函数中使用以前的状态以及来自输入流的新值。

对于每个批次,Spark 将对所有现存的键应用状态更新方法 func(),无论它们是否在一个数据批中有新数据。如果更新方法返回 None,则键值对将被消除。假设想保持在文本数据流中每个单词的累计频次,在代码 5-16 中,updateFunction(func)方法应用于 pairs 离散流上,pairs 包含单词键值对(word,1),对每个单词调用更新方法。累计频次 runningCount:Option[Int]是原来的状态,被定义为一个整数;newValues:Seq[Int]是多个"1"的序列,每个"1"代表当前数据批中单词出现一次;newCount 就是当前的状态,是原来状态与新值相加的结果。使用 updateStateByKey()需要配置检查点目录,检查点将在后面部分详细讨论。

生成环境的流式应用必须全天候运行,因此,对于与应用逻辑无关的失败,必须是弹性的,如系统故障、JVM 崩溃等。为了使这成为可能,Spark 流应用程序需要检查点获得足够的信息容错存储系统,使得它可以从故障中恢复。有两种类型的数据可以被设置检查点:

■ 元数据检查点

保存定义流计算的信息到容错存储上(如 HDFS),这是用来从运行流式应用的驱动程序节点的故障中恢复。元数据包括用于创建流应用程序的配置;定义流应用程序的离散流操作;未完成批次,批次的作业进入队列中但尚未完成。

■ 数据检查点

将生成的 RDD 保存到可靠存储中,对于跨越多个批次合并数据的有状态转换,这是一种必要的条件。在这样的转化中,生成的 RDD 取决于前面批次的 RDD,这会导致依赖链的长度随时间的增加而变长。为了避免恢复时间(正比于依赖链)无限制地增加,有状态转换的中间 RDD 被周期性地通过检查点保存到可靠的存储上,以切断依赖链。

总而言之,元数据检查点主要用于从驱动程序故障中恢复,如果使用有状态转换,数据或 RDD 检查点是必需的。对于具有以下任何需求的应用程序,必须启用检查点。

■ 有状态转换的使用

如果任何一个 updateStateByKey()或 reduceByKeyAndWindow()在应用程序中被使用,则必须提供检查点的目录,以允许定期检查点 RDD。

■ 从运行应用程序的驱动程序上进行故障恢复

元数据检查点使用进度信息进行恢复。

检查点在容错、可靠的文件系统(如 HDFS 等)上设定一个目录,检查点信息将被保存,通过使用 streamingContext.checkpoint(checkpointDirectory)方法完成,这将允许使

用有状态的转换。此外,如果想使应用程序可以从驱动程序故障中恢复,应重写流应用程序,使其有以下行为:

(1)当应用程序被首次启动,它会创建一个新的 StreamingContext,设置好所有的数据流,然后调用 start()。

(2)当应用程序失败后重新启动,将从检查点目录中的数据重新创建 StreamingContext。

这种行为通过简单地使用 StreamingContext.getOrCreate 实现,代码如下。

```
//Function to create and setup a new StreamingContext
def functionToCreateContext(): StreamingContext ={
  val ssc=new StreamingContext(...)        //new context
  val lines=ssc.socketTextStream(...)      //create DStreams
  ...
  ssc.checkpoint(checkpointDirectory)      //set checkpoint directory
  ssc
}

//Get StreamingContext from checkpoint data or create a new one
val context=StreamingContext.getOrCreate(checkpointDirectory,
functionToCreateContext _)

//Do additional setup on context that needs to be done,
//irrespective of whether it is being started or restarted
context. ...

//Start the context
context.start()
context.awaitTermination()
```

代码 5-18

如果 checkpointDirectory 存在,那么上下文将被从检查点数据重建,如果该目录不存在,即第一次运行,则该函数 functionToCreateContext 将被调用创建新的上下文并设置离散流。除了使用 getOrCreate(),还需要确保自动重新启动失败的驱动程序,这只能由用来运行应用程序的设施基础部署完成。

注意,RDD 的检查点产生了保存到可靠存储的计算成本,这可能导致这些批次的处理时间增加,因此进行检查的时间间隔需要被仔细设置。对于小批量(如 1s),每批次进行检查可显著降低操作量。相反,检查的时间间隔过长,会引起 RDD 的谱系和任务尺寸增长,这可能有不利影响。对于需要 RDD 检查点的有状态转换,该默认间隔是批处理间隔的倍数,其至少 10s,可以通过 dstream.checkpoint(checkpointInterval)设置。通常情况下,一个离散流的 5~10 个滑动间隔作为一个检查点间隔是一个不错的选择。

无法从 Spark Streaming 中的检查点恢复累加器和广播变量。如果启用检查点并同时使用累加器或广播变量,则必须为累加器和广播变量创建延迟实例化的单例实例,以便在驱动程序发生故障重新启动后可以重新实例化它们,在下面的示例中显示。

```scala
object WordBlacklist {

  @volatile private var instance: Broadcast[Seq[String]]=null

  def getInstance(sc: SparkContext): Broadcast[Seq[String]]={
    if (instance==null) {
      synchronized {
        if (instance==null) {
          val wordBlacklist=Seq("a", "b", "c")
          instance=sc.broadcast(wordBlacklist)
        }
      }
    }
    instance
  }
}

object DroppedWordsCounter {

  @volatile private var instance: LongAccumulator=null

  def getInstance(sc: SparkContext): LongAccumulator={
    if (instance==null) {
      synchronized {
        if (instance==null) {
          instance=sc.longAccumulator("WordsInBlacklistCounter")
        }
      }
    }
    instance
  }
}

wordCounts.foreachRDD { (rdd: RDD[(String, Int)], time: Time) =>
  //Get or register the blacklist Broadcast
  val blacklist=WordBlacklist.getInstance(rdd.sparkContext)
  //Get or register the droppedWordsCounter Accumulator
  val droppedWordsCounter=DroppedWordsCounter.getInstance(rdd
.sparkContext)
  //Use blacklist to drop words and use droppedWordsCounter to count them
```

```
val counts=rdd.filter { case (word, count) =>
  if (blacklist.value.contains(word)) {
    droppedWordsCounter.add(count)
    false
  } else {
    true
  }
}.collect().mkString("[", ", ", "]")
val output="Counts at time " +time +" " +counts
})
```

5.5 结构化流

结构化流是基于 Spark SQL 引擎构建的可伸缩且容错的流处理引擎,可以像对静态数据进行批处理计算一样表示流计算。当流数据继续到达时,Spark SQL 引擎将负责逐步递增地运行它并更新最终结果,可以在 Scala、Java、Python 或 R 中使用 Dataset 或 DataFrame API 表示流聚合、事件时间窗口、流到批处理的连接等,计算可以在同一个优化的 Spark SQL 引擎上执行。最后,系统通过检查点和预写日志实现端到端的恰好一次容错保证。简而言之,结构化流提供了快速的、可扩展的、容错的、端到端的恰好一次流处理,而用户不必推理流。

在内部,默认情况下结构化流查询使用微批量处理引擎,该引擎将数据流作为一系列小批量作业处理,从而实现了低至 100ms 的端到端延迟以及恰好一次的容错保证。但是,从 Spark 2.3 开始,Spark Streaming 引入了一种新的低延迟处理模式,称为连续处理。该模式可以实现至少一次容错,低至 1ms 的端到端延迟。在不更改查询中的 DataSet 或 DataFrame 操作的情况下,我们将能够根据应用程序需求选择模式。

5.5.1 一个例子

假设要保持从数据服务器上侦听 TCP 套接字的文本数据,并且运行字数统计,让我们看看如何使用结构化流实现这个功能。可以从 Spark 的安装目录中直接运行该示例,这里逐步介绍示例并了解其工作原理。首先,必须导入必要的类并创建本地 SparkSession,这是与 Spark 相关的所有功能的起点。

```
import org.apache.spark.sql.functions._
import org.apache.spark.sql.SparkSession

val spark=SparkSession
  .builder
  .appName("StructuredNetworkWordCount")
```

```
    .getOrCreate()

import spark.implicits._
```

代码 5-19

其次,创建一个 DataFrame 流,表示从侦听 localhost:9999 的服务器接收的文本数据,并操作该 DataFrame,以计算字数。

```
val lines=spark.readStream
  .format("socket")
  .option("host", "localhost")
  .option("port", 9999)
  .load()

val words=lines.as[String].flatMap(_.split(" "))
val wordCounts=words.groupBy("value").count()
```

lines 表示一个包含流文本数据的无界表,添加到流中的新记录就像将行追加到 lines 表中一样。该表包含一列名为"value"的字符串,流文本数据中的每一行都成为表中的一行。由于我们正在设置转换并且尚未开始启动,因此当前未接收到任何数据。接下来,使用.as[String]将 DataFrame 转换为包含字符串的 DataSet,以便可以应用 flatMap 操作将每一行拆分为多个单词,结果的 words 包含所有单词。最后,通过对 words 中的唯一值进行分组,并对其进行计数定义 wordCounts,这是一个 DataFrame 流,它表示结构化流中正在运行的字数。现在我们在流数据设置了查询,剩下的就是实际开始接收数据并计算字数了。为此,我们将其设置为在每次更新计数时将完整的计数集打印到控制台,此操作由 outputMode("complete")指定,然后使用 start()启动流计算。

```
val query=wordCounts.writeStream
  .outputMode("complete")
  .format("console")
  .start()

query.awaitTermination()
```

执行此代码后,流计算将在后台开始,query 对象是激活的流查询句柄,并且已使用 awaitTermination()等待查询终止,以防止该查询处于活动状态时退出该过程。要实际执行此示例代码,可以在自己的 Spark 应用程序中编译代码,也可以在 Spark 的安装目录中直接运行示例。下面的运行过程使用了虚拟环境中 Spark 安装目录中的例子。首先需要通过使用以下命令启动 Netcat 数据服务,先进入虚拟环境的终端,然后运行命令。

```
docker exec -it spark /bin/bash
root@48feaa001420:~#{ while :; do echo "Hello Apache Spark"; sleep 0.05; done; }
| netcat -l -p 9999
```

代码 5-20

命令中的 spark 是第 1 章介绍的 Docker 容器名称,然后打开虚拟环境的另一个终端,可以使用如下代码:

```
spark-submit --class StructuredNetworkWordCount /data/application/simple-
streaming/target/scala-2.11/simple-streaming_2.11-0.1.jar localhost 9999
```

代码 5-21

然后,在第一个运行 Netcat 服务的终端中会不断地自动输入"Hello Apache Spark",在第二个终端中进行统计计数和打印,输出内容类似代码 5-22。

```
Batch: 0
-------------------------------------------
+-----+-----+
|value|count|
+-----+-----+
+-----+-----+


-------------------------------------------
Batch: 1
-------------------------------------------
+------+-----+
| value|count|
+------+-----+
|Apache|  927|
| Hello|  927|
| Spark|  927|
+------+-----+
```

代码 5-22

StreamingContext 是所有完成 Spark 流功能的主要入口点,创建一个带有两个执行线程的本地 StreamingContext,批处理间隔为 1s。使用 ssc.socketTextStream 可以创建一个 DStream,它代表一个来自 TCP 源的流数据,通过参数传入,指定为主机名(如 localhost)和端口(如 9999)。lines 为 DStream,表示将从数据服务器接收的数据流。此 DStream 中的每条记录都是一行文本。接下来,要将空格字符的行分割成单词。flatMap 是一对多的 DStream 操作,通过从源 DStream 中的每个记录生成多个新记录创建新的 DStream。在这种情况下,每一行将被分割成多个单词,并将单词流表示为 words。接下来,想计算这些单词的数量,通过 map 操作,words 一对一变换转换成包含键值对(word,

1)的 DStream，然后通过 reduceByKey()获得每批数据中的单词频率 wordCounts，最后，wordCounts.print()将打印每秒产生的几个计数。注意，当执行这些操作之后，Spark 数据流仅定了启动时需要执行的计算，并且尚未开始实际处理。在所有转换设置完成后如果要开始处理，最终需要调用 ssc.start()。

5.5.2　工作机制

结构化数据流传输中的关键思想是将实时数据流视为被连续添加的表，这导致一个新的流处理模型，该模型与批处理模型非常相似，就像在静态表上一样将流计算表示为类似批处理的标准查询，Spark 在无界输入表上将其作为增量查询运行。将新数据从离散流添加到无边界表如图 5-10 所示。

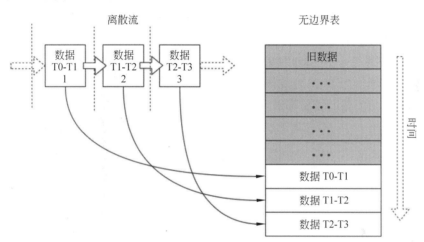

图 5-10　将新数据从离散流添加到无边界表

在输入上进行查询将生成结果表，在每个触发间隔新行将附加到输入表中，并最终更新结果表。无论何时更新结果表，我们都希望将更改后的结果行写入外部接收器。图 5-11 显示了无边界表的输出。

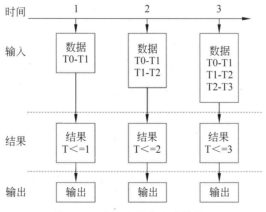

图 5-11　在无边界表上计算结果

随着离散流随时间不断变化，越来越多的数据被处理以生成结果，因此，使用无边界表生成结果表，可以将输出或结果表写入称为外部接收器，输出被定义为写到外部存储器的内容，可以在不同的模式下定义输出，其模式包括完全模式、追加模式和更新模式。

（1）完全模式表示将整个更新的结果表写入外部存储器，由存储连接器决定如何处理整个表的写入。

（2）追加模式表示仅将自上次触发以来追加在结果表中的新行写入外部存储器，这仅适用于结果表中预期现有行不会更改的查询。

（3）更新模式表示仅将自上次触发以来在结果表中已更新的行写入外部存储。注意，这与完整模式的不同之处在于，此模式仅输出自上次触发以来已更改的行，如果查询不包含聚合，则等同于追加模式。

结构化流以 Spark SQL 的 DataFrame 和 DataSet 为基础，通过扩展这些 Spark SQL API 以支持流工作负载，并且继承了 Spark SQL 引入的高级语言特性以及底层的优化，包括 Catalyst 查询优化器的使用以及由 Tungsten 提供的低开销内存管理和代码生成，可以在所有支持 Spark SQL 的开发语言中使用结构化流，这些开发语言包括 Scala、Java、Python 和 R，但是某些高级状态管理功能当前仅在 Scala 中可用。由于 Spark SQL 中使用了中间查询表示形式，因此无论使用哪种语言绑定，程序的性能都是相同的。结构化流引入了在所有窗口和聚合操作中事件时间的支持，事件生成时间而不是处理时间可以使得逻辑编程变得容易。

借助 Spark 生态系统中结构化流的可用性，Spark 设法统一了经典批处理和基于流的数据处理之间的开发经验。本节将按照结构化流创建流作业的通常步骤，检查结构化流的编程模型。

- 初始化 Spark。
- 从源获取流数据。
- 定义要应用于流数据的操作。
- 输出结果数据。

SparkSession 成为结构化流和批处理应用程序的单一入口点，因此我们需要首先初始化 SparkSession 对象。

```
import org.apache.spark.sql.SparkSession

val spark=SparkSession
  .builder()
  .appName("StreamProcessing")
  .master("local[*]")
  .getOrCreate()
```

代码 5-23

使用 Spark 交互界面时，已经提供 spark 作为 SparkSession 对象，不需要创建任何其他上下文即可使用结构化流。SparkSession 提供了一个生成器方法 readStream()，该方法调用 format() 以指定数据流的源并提供配置。例如，代码 5-24 中创建了一个文件流源。使用 format() 方法指定源的类型，schema() 使我们能够为数据流提供数据结构模式，这对于某些源类型是必需的，例如此文件类型源。

```
val fileStream=spark.readStream
  .format("json")
  .schema(schema)
  .option("mode","DROPMALFORMED")
  .load("/tmp/datasrc")
```

代码 5-24

每个数据流源实现都有不同的选项，有些具有可调参数。在代码 5-24 中，我们将选项 mode 设置为 DROPMALFORMED，此选项指示 JSON 流处理器删除既不符合 JSON 格式，也不符合 schema 的任何行。在后台，readStream() 方法将创建一个 DataStreamReader 实例，该实例负责管理不同的选项，在此 DataStreamReader 实例上调用 load() 会验证各种设置的选项，如果一切检查完毕，将返回流式 DataFrame。在我们的示例中，此流式 DataFrame 表示数据流，通过监视提供的路径/tmp/datasrc，使用提供的数据格式（schema）将该路径中的每个新文件进行解析，这样数据流被处理产生，所有格式错误的文件都将从该数据流中删除。

加载数据流的过程是惰性的，当前我们只是得到了数据流的表示形式，是一个流式 DataFrame 实例。可以在其上应用一系列转换，以实现特定业务逻辑。在数据流实现之前，创建流 DataFrame 不会导致实际消耗或处理任何数据。

从 Spark v2.4.0 开始，支持的流数据源包括 JSON、ORC、Parquet、CSV、text、textFile，这些都是基于文件的流数据源，基本功能是监视文件系统中的路径并使用原子方式在其中存放文件，然后将检测到的新文件由指定的格式化程序解析，另外还包括套接字、Kafka 以及 Rate 数据源。Rate 数据源可以作为测试数据源，以每秒指定的行数生成数据，每个输出行包含一个时间戳和一个值，其中时间戳是包含消息分发时间的 Timestamp 类型，而值是包含消息计数的 Long 类型，从第一行的 0 开始，此源旨在进行测试和基准测试。

调用 load() 方法的结果是产生流式 DataFrame，可以使用 DataSet 或 DataFrame API 表示要应用于数据流中的业务逻辑，以实现我们的特定用例。这里需要回顾一下结构化数据中的内容，DataFrame 是 DataSet [Row] 的别名，尽管从技术上来说这似乎是一个很小的区别，但是在 Scala 中使用时，DataSet 会提供一个静态类型接口，而 DataFrame 的用法是无类型的，如果在动态类型语言 Python 中使用结构化 API 时，DataFrame 是唯一可用的 API，则在静态类型的 DataSet 上使用操作时，也会对性能产生影响。当使用 SQL 表达式时，尽管查询计划程序可以解释并进一步优化 DataFrame，但是 DataSet 操作中提供的变量和方法对于查询计划程序而言是不透明的，因此运行速度可能比完全相同的 DataFrame 慢。

假设我们正在使用来自传感器网络的数据，在代码 5-25 中，从 sensorStream 中选择字段 deviceId、timestamp、sensorType 和 value，并仅过滤出传感器类型为温度且其值超过给定的阈值。

```
val highTempSensors=sensorStream
  .select($"deviceId", $"timestamp", $"sensorType", $"value")
  .where($"sensorType"==="temperature" && $"value" >threshold)
```

代码 5-25

同样，可以汇总数据并将操作应用于一段时间。下面的示例显示了我们可以使用事件本身的时间戳信息定义一个 5min 的时间窗口，该时间窗口将每分钟滑动一次，在窗口操作中应用事件时间后面会有详细的描述。

```
val avgBySensorTypeOverTime=sensorStream
  .select($"timestamp", $"sensorType", $"value")
  .groupBy(window($"timestamp", "5 minutes", "1 minute"), $"sensorType")
  .agg(avg($"value")
```

基于数据流的 DataFrame 或 DataSet 不支持一些标准的 DataFrame 或 DataSet 操作。

（1）数据流 DataSet 不支持多个流聚合（即数据流 DataFrame 上的聚合链）。

（2）数据流 DataSet 不支持 limit() 和 take(n)。

（3）数据流 DataSet 不支持 distinct() 操作。

（4）仅在聚合之后且在完整输出模式下，数据流 DataSet 才支持 sort() 操作。

（5）数据流 DataSet 不支持很少类型的外部连接。

此外，有些 DataSet() 方法在数据流上不适用，它们是立即运行查询并返回结果的操作，这对于流数据集没有意义，可以通过显式启动流查询完成这些功能，例如：

（1）count() 方法无法从数据流 DataSet 中返回单个计数，而是使用 ds.groupBy().count() 返回包含运行计数的数据流 DataSet。

（2）foreach() 方法需要使用 ds.writeStream.foreach() 的方式。

（3）show() 方法可以使用控制台接收器代替。

如果尝试这些操作中的任何一个，将看到一个 AnalysisException 异常，例如 operation XYZ is not supported with streaming DataFrames/Datasets。尽管将来的 Spark 版本可能会支持其中一些功能，但从根本上讲，还有一些功能很难有效地在流数据上实现，例如不支持对输入流进行排序，因为它需要跟踪流中接收到的所有数据，从根本上讲这很难有效执行。但是，在对数据流应用聚合函数后一些不被支持的操作将被定义，尽管我们无法对数据流进行计数，但可以根据每分钟的时间窗口进行分组后计数，也可以计算某种类型的设备数。在代码 5-26 中，定义了每种 sensorType 在每分钟的事件计数。

```
val avgBySensorTypeOverTime=sensorStream
  .select($"timestamp", $"sensorType")
```

```
  .groupBy(window($"timestamp", "1 minutes", "1 minute"), $"sensorType")
  .count()
```

代码 5-26

尽管某些操作,例如 count()或 limit(),数据流操作不能直接支持,但其他一些数据流操作在计算上却很困难,例如 distinct()要过滤数据流中的重复项,将需要记住到目前为止经过的所有数据,并将每个新记录与已经看到的所有记录进行比较。第一个条件将需要无限的存储空间,第二个条件将具有 $O(n^2)$ 的计算复杂度,随着元素数 n 的增加,该复杂度变得难以承受。但是,如果可以定义一个键告知是否在过去的某个时刻已经看到这个元素,则可以使用它删除重复项。

```
stream.dropDuplicates("<key-column>")
```

代码 5-27

到目前为止,我们介绍的操作包括创建流和对其进行转换,但是这些都是声明性的,定义了从何处使用数据以及要对其应用哪些操作,但是仍然没有实际的数据加载到流系统中。在启动数据流之前,需要首先定义输出数据的去向和方式。

(1)输出接收器的详细信息(format()方法和 path 选项),包括数据格式、位置等。

(2)输出模式(outputMode()方法)用来指定要写入输出接收器的内容。

(3)查询名称(queryName()方法,可选)用来指定查询的唯一名称,以进行标识。

(4)触发间隔(trigger()方法,可选),如果未指定触发间隔,则先前的处理完成后系统将检查新数据的可用性,如果由于先前的处理尚未完成而错过了触发时间,则系统将立即触发处理。

(5)检查点位置(checkpointLocation 选项),对于某些可以确保端到端容错的输出接收器,请指定系统将在其中写入所有检查点信息的位置,这应该是与 HDFS 兼容的容错文件系统中的目录。

从 API 角度看,通过在数据流 DataFrame 或 DataSet 上调用 writeStream()实现数据流的实际加载。如代码 5-28 所示,在数据流 DataSet 上调用 writeStream()会创建一个 DataStreamWriter,这是一个构建器实例,提供了用于配置数据流处理过程中输出行为的方法。

```
val query=stream.writeStream
  .format("json")
  .queryName("json-writer")
  .outputMode("append")
  .option("path", "/target/dir")
  .option("checkpointLocation", "/checkpoint/dir")
  .trigger(ProcessingTime("5 seconds"))
  .start()
```

代码 5-28

format()方法使我们可以通过提供内置接收器的名称或自定义接收器的完全限定名称指定输出接收器。从 Spark v2.4.0 开始,以下流接收器可用:

■ **控制台接收器**

打印到标准输出的接收器,它显示了可通过 numRows 选项配置的行数。

■ **文件接收器**

基于文件和特定格式的接收器,可将结果写入文件系统,通过提供格式名称指定格式:csv、hive、json、orc、parquet、avro 或 text。

■ **Kafka 接收器**

一种特定于 Kafka 的生产者接收器,能够写入一个或多个 Kafka 主题。

■ **内存接收器**

使用提供的查询名称作为表名称创建内存表,该表接收流结果的连续更新。

■ **foreach 接收器**

提供一个编程接口访问流内容,每次一个元素。

■ **foreachBatch 接收器**

foreachBatch 是一个程序接收器接口,提供对完整 DataFrame 的访问,该 DataFrame 对应结构化流执行的每个基础微批。

使用 outputMode()方法指定如何将记录添加到数据流的输出,支持的三种模式为附加、更新和完全。

■ **附加**

附加(默认模式)仅将最终记录添加到输出流,当传入流的任何新记录都无法修改其值时,该记录被视为最终的,对于线性变换,例如应用投影、过滤和映射产生的线性变换,情况总是如此,此模式保证每个结果记录仅输出一次。

■ **更新**

自上次触发以来,将新的和更新的记录添加到输出流。这种模式仅在聚合的上下文中更新才有意义,聚合的值会随着新记录的到达而发生变化,如果一个以上的输入记录更改一个结果,则触发间隔之间的所有更改将整理到一个输出记录中。

■ **完全**

此模式输出完整数据流的内部表示,也与聚合有关。对于非聚合流,需要记住到目前为止经过数据流的所有记录,这是不现实的。从实践的角度看,仅当我们需要汇总低基数标准的值时,才建议使用完整模式,例如按国家或地区划分的访问者数量,因为我们知道国家或地区的数量是有限的。

当数据流的查询包含聚合时,最终的定义将变得很简单。在聚合计算中,当新传入的记录符合使用的聚合条件时,可能会更改现有的聚合值。按照定义,在知道其值是最终值之前无法使用附加模式输出记录。因此,附加输出模式与聚合查询结合仅限于使用事件时间表示聚合并且定义了水印查询。在这种情况下,附加模式将在水印到期后立即输出一个事件,因此认为没有新记录可以更改汇总值,附加模式下的输出事件将被延迟,通过聚合时间窗口加上水印偏移量。

借助 queryName()方法,可以为某些接收器使用的查询提供名称,并在 Spark 控制台的作业描述中展现该名称。使用 option() 方法,可以为数据流提供特定的键值对配置,类似于定义数据源的配置。每个接收器可以有特定的配置,我们可以使用此方法自定义。可以根据需要添加任意多个 option() 方法,以配置接收器。options() 方法是使用 Map[String,String] 作为配置选项的替代方法,该 Map 包含所要设置的键值配置参数。这种选择对外部化配置模型更友好,因为在这种情况下事先不知道要传递到接收器配置的设置。可选的 trigger() 方法使我们可以指定想要产生结果的频率。默认情况下,结构化流将处理输入并尽快地产生结果。指定触发条件后,将在每个触发间隔产生输出。trigger() 可以使用以下几种触发器:

(1) ProcessingTime(<interval>),让我们指定一个时间间隔 interval,该时间间隔决定了查询结果的频率。

(2) Once(),一种特殊的触发器,使我们可以执行一次流作业,这对于测试以及将定义的流作业作为单次批处理操作很有用。

(3) Continuous(<checkpoint-interval>),此触发器将执行引擎切换到实验性连续引擎,以进行低延迟处理,checkpoint-interval 参数指定用于数据弹性的异步检查点的频率,请勿将其与 ProcessingTime 触发器的批处理间隔混淆。

为了实现数据流计算,需要启动数据流的处理过程。start() 方法将之前定义的完整作业描述具体化为数据流的计算,并启动内部调度过程从源接收数据,处理生成数据流并传送到接收器。start() 方法返回 StreamingQuery 对象,该对象是用于管理每个数据流查询的各个生命周期的对象,这意味着可以在同一 SparkSession 中彼此独立地同时启动和停止多个查询。

5.5.3 窗口操作

事件时间是嵌入数据本身的时间。对于许多应用程序,我们可能希望对事件时间进行操作。例如,如果要获取每分钟由物联网设备生成的事件,可能要使用生成数据的事件时间,而不是 Spark 接收到的时间,事件时间在此模型中非常自然地表示为:设备中的每个事件是表中的一行,而事件时间是该行中的列值。为了说明这一概念,下面探索一个熟悉的示例,考虑用于监视本地天气状况的气象站网络。一些远程站通过移动网络连接,可以保障数据的实时传输,而另一些是托管的远程站,可以访问质量不稳定的互联网连接。天气监视系统不能依赖事件的到达顺序依次处理,因为该顺序主要取决于事件连接的网络速度和可靠性。取而代之的是,气象应用程序依赖于每个气象站为提交事件加盖时间戳,然后我们的数据流处理程序将使用这些时间戳计算天气预报系统的基于时间的聚合。

数据流处理引擎可以使用事件时间的能力很重要,因为我们通常对事件产生的相对顺序感兴趣,而不是对事件处理的顺序感兴趣。这样一来,基于窗口的聚合(如每分钟的事件数)成为事件时间列上一种特殊的分组和聚合类型,每个时间窗口都是一个组,每行可以属于多个窗口或组,因此可以在静态数据集(例如穿戴设备)上收集事件日志,然后传递给数据流处理系统,可以在数据流上一致地定义基于事件时间窗口的聚合查询,这使得基于事件时间的窗口操作变得更加容易。

此外，此模型自然会根据事件时间处理比预期晚到达的数据。由于 Spark 可以不断地更新结果表，因此它具有完全控制权，可以在有较晚数据时更新旧聚合，并可以清除旧聚合以控制中间状态数据的大小。从 Spark 2.1 开始支持水印功能，该功能允许用户指定最新数据的阈值，并允许引擎相应地清除旧状态。

滑动事件时间窗口上的聚合对于结构化数据流而言非常简单，并且与分组聚合非常相似。在分组汇总中，在用户指定的分组列中为每个唯一值维护汇总值（如计数）。在基于窗口的聚合的情况下，每行记录都包含事件时间，其所属的每个窗口都会维护聚合值。下面通过图 5-12 了解这部分知识。想象一下，修改代码 5-19，数据流现在包含字符行以及生成行的时间。我们希望在 10min 窗口内对字数进行计数，每 5min 更新一次。也就是说，在 10min 的窗口 12:00-12:10、12:05-12:15、12:10-12:20 之间接收单词，并统计每个窗口的单词计数。注意，12:00-12:10 表示数据在 12:00 之后但 12:10 之前到达。现在考虑在 12:07 收到单词(owl cat)，将会增加对应于两个窗口 12:00-12:10 和 12:05-12:15 中的单词计数，因此单词计数将通过分组键（即单词）和窗口（通过事件时间计算）索引，计算结果保存在结果表中。

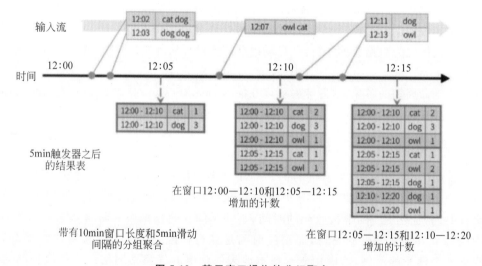

图 5-12 基于窗口操作的分组聚合

由于此窗口化类似于分组，因此在代码中可以使用 groupBy()和 window()操作表示窗口化聚合（见代码 5-29）。

```
//Split the lines into words, retaining timestamps
val words=lines.as[(String, Timestamp)].flatMap(line =>
  line._1.split(" ").map(word =>(word, line._2))
).toDF("word", "timestamp")

//Group the data by window and word and compute the count of each group
val windowedCounts=words.groupBy(
```

```
      window($"timestamp", windowDuration, slideDuration), $"word"
    ).count().orderBy("window")
```

代码 5-29

在虚拟实验环境中已经编译和打包了上面的应用程序，需要通过 spark-submit 启动这个应用程序包。首先需要运行 Netcat 作为数据服务器，使用 Docker exec 命令进入容器中打开一个终端界面。

```
root@48feaa001420:~# { while :; do echo "Hello Apache Spark"; sleep 0.05; done; } | netcat -l -p 9999
```

代码 5-30

然后打开虚拟环境的另一个终端界面，运行下面的代码。

```
spark-submit --class StructuredNetworkWordCountWindowed /data/application/simple-streaming/target/scala-2.11/simple-streaming_2.11-0.1.jar localhost 9999 10 5
```

代码 5-31

最后，在第一个运行 Netcat 服务的终端中会不断地自动输入"Hello Apache Spark"，在第二个终端中进行统计计数和打印，输出内容类似代码 5-32。

```
-------------------------------------------
Batch: 0
-------------------------------------------
+------+----+-----+
|window|word|count|
+------+----+-----+
+------+----+-----+


-------------------------------------------
Batch: 1
-------------------------------------------
+------------------------------------------+------+-----+
|window                                    |word  |count|
+------------------------------------------+------+-----+
|[2020-04-03 09:08:35, 2020-04-03 09:08:45]|Apache|225  |
|[2020-04-03 09:08:35, 2020-04-03 09:08:45]|Hello |225  |
|[2020-04-03 09:08:35, 2020-04-03 09:08:45]|Spark |225  |
|[2020-04-03 09:08:40, 2020-04-03 09:08:50]|Apache|282  |
|[2020-04-03 09:08:40, 2020-04-03 09:08:50]|Spark |282  |
|[2020-04-03 09:08:40, 2020-04-03 09:08:50]|Hello |282  |
|[2020-04-03 09:08:45, 2020-04-03 09:08:55]|Hello |57   |
```

```
|[2020-04-03 09:08:45, 2020-04-03 09:08:55]|Spark |57    |
|[2020-04-03 09:08:45, 2020-04-03 09:08:55]|Apache|57    |
+--------------------------------------------+------+-----+
```

代码 5-32

现在考虑如果事件之一迟到了，应用程序会发生什么。例如，流式处理程序在12:11（处理时间）接收到在12:04（事件时间）生成的单词，应用程序应使用12:04而不是12:11更新窗口 12:00-12:10 的旧计数，这种计算方式很自然地发生在基于窗口的分组操作中，结构化流可以长时间保持部分聚合的中间状态，以便后期数据可以正确更新旧窗口的聚合，如图 5-13 所示。

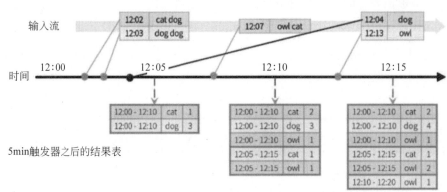

图 5-13　在窗口分组聚合中处理延迟数据

但是，要连续几天运行此查询，系统必须限制其累积在内存中间状态的数量。这意味着，系统需要知道何时可以从内存状态中删除旧聚合，因为应用程序将不再接收该聚合的最新数据。为此，在 Spark 2.1 中引入了水印功能，该功能使引擎自动跟踪数据中的当前事件时间，并尝试相应地清除旧状态。可以通过指定事件时间列以及期望数据延迟的阈值定义查询的水印。对于在时间 T 结束的特定窗口，引擎将维持状态并允许延迟数据更新状态，直到引擎发现最大事件时间减去延迟阈值小于 T。换句话说，阈值内的延迟数据将被汇总，但阈值后的数据将开始被丢弃。下面通过一个例子理解这一点，可以使用 withWatermark() 在前面的示例中轻松定义水印，如下所示。

```
//Split the lines into words, retaining timestamps
    val words=lines.as[(String, Timestamp)].flatMap(line =>
      line._1.split(" ").map(word =>(word, line._2))
    ).toDF("word", "timestamp")
    //Group the data by window and word and compute the count of each group
    val windowedCounts=words
```

```
      .withWatermark("timestamp", delayDuration)
      .groupBy(
        window($"timestamp", windowDuration, slideDuration), $"word"
      ).count().orderBy("window")
```

代码 5-33

测试这段代码,可以在虚拟实验环境中运行下面的代码,然后查看运行结果。

```
spark-submit --class StructuredNetworkWordCountWindowedWaterMark /data
/application/simple-streaming/target/scala-2.11/simple-streaming_2.11-0.1
.jar localhost 9999 10 5
```

代码 5-34

5.6 案例分析

数据流是连续到达的无限序列数据。流式处理将不断流动的输入数据分成独立单元进行处理,是对流数据的低延迟处理和分析。Spark Streaming 是 Spark API 核心的扩展,可实现实时数据的可扩展、高吞吐量、容错流式处理。Spark Streaming 适用于大量数据一旦到达即可快速处理的用例。实时用例包括:

- 网站监控、网络监控。
- 欺诈识别。
- 网页单击。
- 广告。
- 物联网传感器。

Spark Streaming 将数据流划分为每 X 秒的批次,称为 DStream,它在内部是一系列 RDD,如图 5-14 所示。Spark 应用程序使用 Spark API 处理 RDD,并且批处理返回 RDD 操作的处理结果。

图 5-14　将数据流划分为每 X 秒的批次

Spark Streaming 支持 HDFS 目录、TCP 套接字、Kafka、Flume 等数据源。数据流可以使用 Spark 的核心 API、DataFrames SQL 或机器学习 API 进行处理,并且可以保存到文件系统、HDFS、数据库或提供 Hadoop OutputFormat 的任何数据源。

本节将创建离散流并将输出保存到 HBase 表。这里讨论的示例是监控油井的应用程序,由石油钻井平台的传感器产生的数据流通过 Spark Streaming 进行处理并将结果存储在 HBase 中,供其他分析和报告工具使用,如图 5-15 所示。

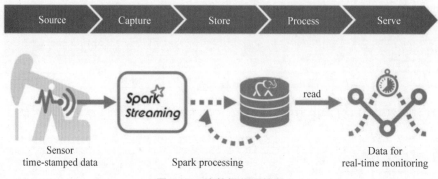

图 5-15 流数据处理阶段

要在 HBase 中存储数据流中的每一个事件，还需要筛选和存储报警信息，以及每天的汇总统计信息。Spark Streaming 示例流程首先读取传感器产生的日志信息，然后处理流数据，并将处理后的数据写入 HBase 表。Spark Streaming 示例代码执行以下操作：

- 读取日志信息。
- 处理流数据。
- 将处理后的数据写入 HBase 表。

汇总统计的代码执行以下操作：

- 读取写入 HBase 的数据。
- 计算每日摘要统计信息。
- 写汇总统计到 HBase 表。

5.6.1 探索数据

传感器日志信息的数据列包括日期、时间和一些与来自传感器读数相关的度量，如 psi、流量等，另外还包括传感器的维护和生产厂家的信息。

5.6.1.1 传感器日志

```
scala>:paste
//Entering paste mode (ctrl-D to finish)

val schema =
    StructType(
      Array(
        StructField("resid", StringType, nullable=false),
        StructField("date", StringType, nullable=false),
        StructField("time", StringType, nullable=false),
        StructField("hz", DoubleType, nullable=false),
        StructField("disp", DoubleType, nullable=false),
        StructField("flo", LongType, nullable=false),
```

```
        StructField("sedPPM", DoubleType, nullable=false),
        StructField("psi", LongType, nullable=false),
        StructField("chlPPM", DoubleType, nullable=false)
    )
)

//Exiting paste mode, now interpreting.

schema: org.apache.spark.sql.types.StructType = StructType(StructField
(resid,StringType,false), StructField(date,StringType,false), StructField
(time,StringType,false), StructField(hz,DoubleType,false), StructField
(disp,DoubleType,false), StructField(flo,LongType,false), StructField
(sedPPM,DoubleType,false), StructField(psi,LongType,false), StructField
(chlPPM,DoubleType,false))

scala>case class Sensor(resid: String, date: String, time: String, hz: Double,
disp: Double, flo: Double, sedPPM: Double, psi: Double, chlPPM: Double)
defined class Sensor
scala>val df=spark.read.schema(schema).csv("/data/sensordata.csv")
.as[Sensor]
df: org.apache.spark.sql.Dataset[Sensor] = [sensorname: string, date: string
... 7 more fields]

scala>df.show(5)
+-------+-------+----+-----+-----+---+------+---+------+
|  resid|   date|time|   hz| disp|flo|sedPPM|psi|chlPPM|
+-------+-------+----+-----+-----+---+------+---+------+
|COHUTTA|3/10/14|1:01|10.27| 1.73|881|  1.56| 85|  1.94|
|COHUTTA|3/10/14|1:02| 9.67|1.731|882|  0.52| 87|  1.79|
|COHUTTA|3/10/14|1:03|10.47|1.732|882|   1.7| 92|  0.66|
|COHUTTA|3/10/14|1:05| 9.56|1.734|883|  1.35| 99|  0.68|
|COHUTTA|3/10/14|1:06| 9.74|1.736|884|  1.27| 92|  0.73|
+-------+-------+----+-----+-----+---+------+---+------+
only showing top 5 rows
```

5.6.1.2 维护信息

```
scala>:paste
//Entering paste mode (ctrl-D to finish)

  val maintSchema =
    StructType(
```

```
            Array(
                StructField("resid", StringType, nullable=false),
                StructField("eventDate", StringType, nullable=false),
                StructField("technician", StringType, nullable=false),
                StructField("description", StringType, nullable=false)
            )
        )

//Exiting paste mode, now interpreting.

maintSchema: org.apache.spark.sql.types.StructType=StructType(StructField
(resid,StringType,false), StructField (eventDate, StringType, false),
StructField (technician, StringType, false), StructField (description,
StringType,false))
scala>    case class Maint (resid: String, eventDate: String, technician:
String, description: String)
scala>df.show(5)
+----------+---------+----------+---------------------+
|     resid|eventDate|technician|          description|
+----------+---------+----------+---------------------+
|   COHUTTA|  3/15/11|  J.Thomas|              Install|
|   COHUTTA|  2/20/12|  J.Thomas|           Inspection|
|   COHUTTA|  1/13/13|  J.Thomas|           Inspection|
|   COHUTTA|  6/15/13|  J.Thomas|        Tighten Mounts|
|   COHUTTA|  2/27/14|  J.Thomas|           Inspection|
+----------+---------+----------+---------------------+
only showing top 5 rows
```

5.6.1.3 生产厂家

```
scala>:paste
//Entering paste mode (ctrl-D to finish)

val pumpInfoSchema =
    StructType(
        Array(
            StructField("resid", StringType, nullable=false),
            StructField("pumpType", StringType, nullable=false),
            StructField("purchaseDate", StringType, nullable=false),
            StructField("serviceDate", StringType, nullable=false),
            StructField("vendor", StringType, nullable=false),
            StructField("longitude", FloatType, nullable=false),
```

```
            StructField("latitude", FloatType, nullable=false)
    )
  )

//Exiting paste mode, now interpreting.

pumpInfoSchema: org.apache.spark.sql.types.StructType = StructType
(StructField(resid,StringType,false), StructField(pumpType,StringType,
false), StructField(purchaseDate,StringType,false), StructField
(serviceDate,StringType,false), StructField(vendor,StringType,false),
StructField(longitude,FloatType,false), StructField(latitude,FloatType,
false))

scala> case class PumpInfo(resid: String, pumpType: String, purchaseDate:
String, serviceDate: String, vendor: String, longitude: Float, latitude:
Float)
defined class PumpInfo

scala> val df = spark.read.schema(pumpInfoSchema).csv("/data/sensorvendor.
csv").as[PumpInfo]
df: org.apache.spark.sql.Dataset[PumpInfo] =[resid: string, pumpType: string
... 5 more fields]

scala>df.show(5)
+---------+--------+------------+-----------+--------+---------+---------+
|     resid|pumpType|purchaseDate|serviceDate|  vendor|longitude| latitude|
+---------+--------+------------+-----------+--------+---------+---------+
|  COHUTTA|HYDROPUMP|    11/27/10|    3/15/11|HYDROCAM|29.687277|-91.16249|
|NANTAHALLA|HYDROPUMP|   11/27/10|    3/15/11|HYDROCAM|29.687128| -91.1625|
|THERMALITO|HYDROPUMP|    5/25/08|    9/26/09| GENPUMP|29.687277|-91.16249|
|    BUTTE|HYDROPUMP|     5/25/08|    9/26/09| GENPUMP| 29.68693| -91.1625|
|    CARGO|HYDROPUMP|     5/25/08|    9/26/09| GENPUMP|29.683147|-91.14545|
+---------+--------+------------+-----------+--------+---------+---------+
only showing top 5 rows
```

5.6.1.4 HBase 表

传感器日志流数据的 HBase 表模式如下。

(1) Row key：(resid ＋ date ＋ time)的复合型键。

(2) data 列族：包括与输入数据字段对应的列。

(3) alerts 列族：具有对应报警值的列。注意，data 和 alert 列族可能设置为在一段时间后过期。

每日统计汇总的 HBase 表模式如下。

(1) Row key：(resid ＋ date)的复合型键。

(2) stats 列族：最小值、最大值和平均值的列。

数据格式如图 5-16 所示。

Row key	CF data		CF alerts		CF stats		
	hz	... psi	psi	...	hz_avg	...	psi_min
COHUTTA_3/10/14_1:01	10.37	84	0				
COHUTTA_3/10/14					10		0

图 5-16 数据格式

创建 HBase 表。

```
hbase(main):001:0>create 'sensor',{NAME=>'data'},{NAME=>'alert'},{NAME=>'stats'}
Created table sensor
Took 1.2132 seconds
=>Hbase::Table - sensor
hbase(main):002:0>list
TABLE
sensor
1 row(s)
Took 0.0462 seconds
=>["sensor"]
hbase(main):004:0>scan 'sensor'
ROW                                COLUMN+CELL
0 row(s)
Took 0.1649 seconds
```

5.6.2 创建数据流

传感器数据来自逗号分隔的 CSV 文件，将其保存到一个目录中，Spark Streaming 将监视目录并处理添加到该目录中的任何文件。如前所述，Spark 数据流支持不同的流式数据源，为简单起见，此示例将使用 CSV 文件。

下面的函数将 Sensor 对象转换为 HBase Put 对象，该对象用于将行插入 HBase 中。可以使用 Spark 的 TableOutputFormat 类写入 HBase 表，这与从 MapReduce 写入 HBase 表的方式类似。下面使用 TableOutputFormat 类设置写入 HBase 的配置，将通过示例应用程序代码完成这些步骤。首先使用 Scala 案例类定义与传感器数据 CSV 文件对应的 Sensor 模式。

```
case class Sensor(resid: String, date: String, time: String, hz: Double, disp:
Double, flo: Double, sedPPM: Double, psi: Double, chlPPM: Double )
extends Serializable
```

代码 5-35

parseSensor()方法解析 CSV 文件，根据逗号分隔符提取数值，用其定义 Sensor 类。

```
def parseSensor(str: String): Sensor ={
    val p =str.split(",")
    Sensor(p(0), p(1), p(2), p(3).toDouble, p(4).toDouble, p(5).toDouble,
p(6).toDouble, p(7).toDouble, p(8).toDouble)
  }
```

代码 5-36

本节将创建离散流，这里显示的是 Spark 数据流代码的基本步骤：
- 初始化一个 Spark 的 StreamingContext 对象。
- 使用 StreamingContext 对象创建一个离散流，用来表示输入数据流，在 DStream 对象上应用转换和输出操作。
- 开始接收数据，并使用 StreamingContext.start()处理。
- 使用 streamingContext.awaitTermination()停止处理。

通过下面的代码显示这些步骤，Spark 数据流应用的最佳运行方案是通过使用 Maven 或 SBT 构建独立的应用程序。第一步是建立一个 StreamingContext，这是用于流功能的主入口点，在这个例子中将使用 2s 批次时间间隔。

```
val sparkConf=new SparkConf().setAppName("HBaseStream")
val ssc=new StreamingContext(sparkConf, Seconds(2))
val linesDStream=ssc.textFileStream("/root/data/stream")
val sensorDStream=linesDStream.map(Sensor.parseSensor)
```

代码 5-37

可以创建表示源数据的离散流 linesDStream，如图 5-17 所示。在这个例子中使用 StreamingContext.textFileStream()方法创建输入流，同时监视并处理在该目录中创建的任何文件。

这种摄取类型支持将新文件写入目录的工作流程，并使用 Spark Streaming 检测它们，提取并处理数据，这种摄取类型只能将文件移动或复制到目录中使用。linesDStream 表示传入的数据流，其中每个记录是一行文本流。一个离散流的内部是 RDD 的序列，每个 RDD 之间的时间间隔为 2s。接下来，解析数据行为 Sensor 对象，使用 linesDStream.map()操作，map()操作在 RDD 上应用 parseSensor()方法，产生包含 Sensor 对象的 RDD。

施加在离散流上的任何操作，被转移为对底层 RDD 的操作，对 linesDStream 上每个 RDD 的 map()操作，将产生 sensorDStream 中的每个 RDD，接下来使用 Dstream

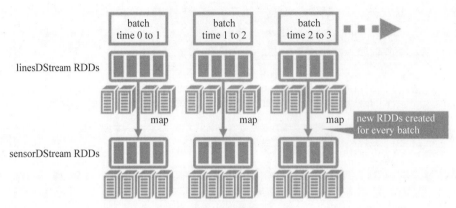

图 5-17　创建输入流

.foreachRDD() 方法应用处理在离散流上的 RDD。对低 PSI 的传感器对象进行过滤，以创建一个警报传感器对象的 RDD，然后使用 convertToPut() 和 convertToPutAlert() 将 Sensor 数据转换给 HBase Put 对象。

```
sensorDStream.foreachRDD { rdd =>
    //对低PSI值的传感器对象进行过滤
    val alertRDD = rdd.filter(sensor => sensor.psi < 5.0)
    alertRDD.take(1).foreach(println)
    //将传感器数据转换成put对象,写入HBase表的列族中
    rdd.map(Sensor.convertToPut)
      .saveAsHadoopDataset(jobConfig)
    alertRDD.map(Sensor.convertToPutAlert)
      .saveAsHadoopDataset(jobConfig)
}
```

代码 5-38

要开始接收数据时，必须明确调用 StreamingContext.start() 方法，然后调用 awaitTermination() 方法，等待流计算完成。

```
println("start streaming")
ssc.start()
ssc.awaitTermination()
```

代码 5-39

本节将被处理的流数据保存到 HBase 表中。注册 DataFrame 作为一个表，这时能够在随后的 SQL 语句中使用它，现在可以检查数据。这个 convertToPut() 方法将 Sensor 对象转换成 HBase 的 Put 对象，其用于在 HBase 表中插入行。

```
def convertToPut(sensor: Sensor): (ImmutableBytesWritable, Put)={
    val dateTime=sensor.date +" " +sensor.time
```

```
        //创建一个组合行键: sensorid_date time
        val rowkey=sensor.resid +"_" +dateTime
        val put=new Put(Bytes.toBytes(rowkey))
        //增加列族数据
        put.addColumn(cfDataBytes, colHzBytes, Bytes.toBytes(sensor.hz))
        put.addColumn(cfDataBytes, colDispBytes, Bytes.toBytes(sensor.disp))
        put.addColumn(cfDataBytes, colFloBytes, Bytes.toBytes(sensor.flo))
        put.addColumn(cfDataBytes, colSedBytes, Bytes.toBytes(sensor.sedPPM))
        put.addColumn(cfDataBytes, colPsiBytes, Bytes.toBytes(sensor.psi))
        put.addColumn(cfDataBytes, colChlBytes, Bytes.toBytes(sensor.chlPPM))
        return (new ImmutableBytesWritable(Bytes.toBytes(rowkey)), put)
    }
```

代码 5-40

接下来使用 PairRDDFunctions.saveAsHadoopDataset()方法写入传感器和警报数据。使用 saveAsHadoopDataset()方法写入 HBase 表中如图 5-18 所示。

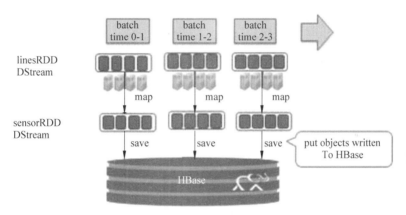

图 5-18　使用 saveAsHadoopDataset()方法写入 HBase 表中

这将使用该存储系统的 Hadoop Configuration 对象将 RDD 输出到任何 Hadoop 支持的存储系统上,将 sensorRDD 对象转换为 Put 对象,然后使用 saveAsHadoopDataset()方法写入到 HBase 表中。现在要读取 HBase 传感器表数据,然后计算每日摘要统计信息并将这些统计信息写入统计信息列族。在以下代码中,读取传感器表 psi 列的数据,使用 StatCounter 计算此数据的统计数据,然后将统计数据写入传感器统计数据列系列。

```
val conf =HBaseConfiguration.create()
conf.set(TableInputFormat.INPUT_TABLE, HBaseSensorStream.tableName)
//读取列族 psi 列中的数据
conf.set(TableInputFormat.SCAN_COLUMNS, "data:psi")
//加载(row key,row Result)RDD 元组
val hBaseRDD =sc.newAPIHadoopRDD(conf, classOf[TableInputFormat],
```

```
    classOf[org.apache.hadoop.hbase.io.ImmutableBytesWritable],
    classOf[org.apache.hadoop.hbase.client.Result])
//转换(row key, row Result)元组为 resultRDD
val resultRDD=hBaseRDD.map(tuple => tuple._2)
val keyValueRDD=resultRDD.
        map(result => (Bytes.toString(result.getRow())
        .split(" ")(0), Bytes.toDouble(result.value)))
//通过rowkey分组，得到列值的统计
val keyStatsRDD=keyValueRDD.
        groupByKey()
        .mapValues(list => StatCounter(list))
keyStatsRDD.map { case (k, v) => convertToPut(k, v) }
    .saveAsHadoopDataset(jobConfig)
```

代码 5-41

newAPIHadoopRDD()的输出是键值对 RDD，PairRDDFunctions.saveAsHadoopDataset()方法将 Put 对象保存到 HBase 表。下面是代码运行的步骤和输出结果。

步骤1：启动流媒体应用。

```
spark-submit --class HBaseSensorStream /data/application/sensor-streaming/
target/scala-2.11/sensor-streaming-assembly-0.1.jar
```

代码 5-42

步骤2：将流数据文件复制到流目录。

```
cp /data/sensordata.csv /root/data/stream/
```

代码 5-43

步骤3：可以扫描写入表的数据，但是无法从 shell 界面读取二进制 double 值。启动 hbase shell 命令，扫描 data 列族和 alert 列族。

```
hbase(main):007:0>scan 'sensor', {COLUMNS=>['data'], LIMIT =>1}
ROW                                              COLUMN+CELL
 ANDOUILLE_3/10/14 10:01                         column=data:chlPPM, timestamp=
1586161685698, value=?\xF7\x0A=p\xA3\xD7\x0A
 ANDOUILLE_3/10/14 10:01                         column=data:disp, timestamp=
1586161685698, value=?\xFB|\xED\x91hr\xB0
 ANDOUILLE_3/10/14 10:01                         column=data:flo, timestamp=
1586161685698, value=@\x93\xEC\x00\x00\x00\x00\x00
 ANDOUILLE_3/10/14 10:01                         column=data:hz, timestamp=
1586161685698, value=@#\xA3\xD7\x0A=p\xA4
 ANDOUILLE_3/10/14 10:01                         column=data:psi, timestamp=
1586161685698, value=@S\x00\x00\x00\x00\x00\x00
```

```
ANDOUILLE_3/10/14 10:01                  column=data:sedPPM, timestamp
=1586161685698, value=?\xD3333333
1 row(s)
Took 0.0186 seconds

hbase(main):006:0>scan 'sensor', {COLUMNS=>['alert'], LIMIT =>2}
ROW                                       COLUMN+CELL
 LAGNAPPE_3/14/14 19:39                   column=alert:psi, timestamp=
1586161686313, value=\x00\x00\x00\x00\x00\x00\x00\x00
 LAGNAPPE_3/14/14 19:41                   column=alert:psi, timestamp=
1586161686313, value=\x00\x00\x00\x00\x00\x00\x00\x00
2 row(s)
```

代码 5-44

步骤 4：启动以下程序之一读取数据并计算每日统计的数据。

（1）计算一列的统计信息。

```
root@48feaa001420:~# spark-submit --class HBaseReadWrite /data/application/
sensor-streaming/target/scala-2.11/sensor-streaming-assembly-0.1.jar
20/04/06 13:35:19 WARN NativeCodeLoader: Unable to load native-hadoop library
for your platform... using builtin-java classes where applicable
(COHUTTA_3/10/14,95.0)
(COHUTTA_3/10/14,88.0)
(COHUTTA_3/10/14,(count: 958, mean: 87.586639, stdev: 7.309181, max:
100.000000, min: 75.000000))
```

代码 5-45

（2）计算整列的统计信息。

```
root@48feaa001420:~# spark-submit --class HBaseReadRowWriteStats /data/
application/sensor-streaming/target/scala-2.11/sensor-streaming-assembly
-0.1.jar
20/04/06 13:37:56 WARN NativeCodeLoader: Unable to load native-hadoop library
for your platform... using builtin-java classes where applicable
root
 |--rowkey: string (nullable=true)
 |--hz: double (nullable=false)
 |--disp: double (nullable=false)
 |--flo: double (nullable=false)
 |--sedPPM: double (nullable=false)
 |--psi: double (nullable=false)
 |--chlPPM: double (nullable=false)
```

```
+------------------+----+-----+------+------+----+------+
|            rowkey| hz |disp |  flo |sedPPM| psi|chlPPM|
+------------------+----+-----+------+------+----+------+
|ANDOUILLE_3/10/14 |9.82|1.718|1275.0|   0.3|76.0|  1.44|
|ANDOUILLE_3/10/14 |9.88|1.716|1273.0|   0.1|80.0|  0.89|
+------------------+----+-----+------+------+----+------+
only showing top 2 rows

[MOJO_3/10/14,87.20876826722338]
[CARGO_3/11/14,87.2901878914405]
root
 |-- rowkey: string (nullable =true)
 |-- maxhz: double (nullable =true)
 |-- minhz: double (nullable =true)
 |-- avghz: double (nullable =true)
 |-- maxdisp: double (nullable =true)
 |-- mindisp: double (nullable =true)
 |-- avgdisp: double (nullable =true)
 |-- maxflo: double (nullable =true)
 |-- minflo: double (nullable =true)
 |-- avgflo: double (nullable =true)
 |-- maxsedPPM: double (nullable =true)
 |-- minsedPPM: double (nullable =true)
 |-- avgsedPPM: double (nullable =true)
 |-- maxpsi: double (nullable =true)
 |-- minpsi: double (nullable =true)
 |-- avgpsi: double (nullable =true)
 |-- maxchlPPM: double (nullable =true)
 |-- minchlPPM: double (nullable =true)
 |-- avgchlPPM: double (nullable =true)

[MOJO_3/10/14,10.5,9.5,9.999457202505226,3.345,1.828,2.6188089770354934,
1770.0,967.0,1385.8131524008352,2.0,0.0,0.9798121085594999,100.0,75.0,
87.20876826722338,2.0,0.5,1.2699686847599168]
[CARGO_3/11/14, 10.5, 9.5, 10.010824634655517, 3.864, 1.983, 2.948458246346556,
1579.0, 810.0, 1204.7265135699374, 2.0, 0.0, 0.9811482254697279, 100.0, 75.0,
87.2901878914405,2.0,0.5,1.2506784968684743]
SensorStatsRow(MOJO_3/10/14,10.5,9.5,9.999457202505226,3.345,1.828,
2.6188089770354934,1770.0,967.0,1385.8131524008352,2.0,0.0,
0.9798121085594999,100.0,75.0,87.20876826722338,2.0,0.5,1.2699686847599168)
SensorStatsRow(CARGO_3/11/14,10.5,9.5,10.010824634655517,3.864,1.983,
2.948458246346556,1579.0,810.0,1204.7265135699374,2.0,0.0,0.9811482254697279,
100.0,75.0,87.2901878914405,2.0,0.5,1.2506784968684743)
```

代码 5-46

(3) 启动 HBase Shell 并扫描统计信息。

```
hbase(main):002:0>scan 'sensor', {COLUMNS=>['stats'], LIMIT =>1}
ROW                                        COLUMN+CELL
 ANDOUILLE_3/10/14                         column=stats:chlPPMmax,
timestamp=1586180290366, value=@\x00\x00\x00\x00\x00\x00\x00
 ANDOUILLE_3/10/14                         column=stats:chlPPMmin,
timestamp=1586180290366, value=?\xE0\x00\x00\x00\x00\x00\x00
 ANDOUILLE_3/10/14                         column=stats:dispavg,
timestamp=1586180290366, value=?\xF9\x83KY3\x88\x8D
 ANDOUILLE_3/10/14                         column=stats:dispmax,
timestamp=1586180290366, value=@\x00\xE7l\x8BC\x95\x81
 ANDOUILLE_3/10/14                         column=stats:dispmin,
```

代码 5-47

5.6.3 转换操作

本节将介绍如何在离散流上应用操作。现在，有了输入数据流，有一些问题需要回答，例如：

- 产生低压警报传感器的生产厂家和维护信息是什么？

为了回答这些问题，在刚创建的离散流中过滤警报数据，并与供应商和维护信息进行连接操作，这些信息在产生数据流之前被读入并缓存。每个 RDD 被转换成 DataFrame，并注册为一个临时表，然后使用 SQL 查询，下面是查询回答的第一个问题。

```
val pumpRDD=sc.textFile("/root/data/sensorvendor.csv").map(parsePumpInfo)
val maintRDD=sc.textFile("/root/data/sensormaint.csv").map(parseMaint)
val maintDF=maintRDD.toDF()
val pumpDF=pumpRDD.toDF()
maintDF.createOrReplaceTempView("maint")
pumpDF.createOrReplaceTempView("pump")
sensorDStream.foreachRDD(rdd =>{
    rdd.filter { sensor =>sensor.psi <5.0 }.toDF.registerTempTable("alert")
    val alertPumpMaint=sqlContext.sql("select a.resid,a.date,a.psi,
p.pumpType,p.vendor,m.date,m.technician from alert a join pump p on a.resid =
p.resid join maint m on p.resid=m.resid")
    alertPumpMaint.show()
})
```

代码 5-48

Spark Streaming 提供了一组关于离散流的转换，这些转换类似 RDD 上的转换，包括 map()、flatMap()、filter()、join() 和 reduceByKey() 等。Spark Streaming 还提供诸如 reduce() 和 count() 等运算符，这些运算符返回由单一元素组成的离散流，但是，在不同于

RDD 的 reduce() 和 count() 运算符，这些不触发离散流上的实际计算，它们不是动作，而是定义另一个离散流。有状态的转换可以跨越批次保持状态，使用数据或来自先前批的中间结果计算当前批次的结果，包括基于滑动窗口的转换和跨越时间的跟踪状态。流式转换应用于在离散流中的每个 RDD，依次施加转换到 RDD 的元素。动作是输出运算符，调用时在离散流上触发计算，它们包括：

(1) print() 将每个批次的前 10 个元素打印到控制台，通常用于调试和测试。

(2) saveAsObjectFile()、saveAsTextFiles() 和 saveAsHadoopFiles() 函数将数据流输出为 Hadoop 兼容的文件格式。

(3) foreachRDD() 运算符应用到离散流的每个批次内的 RDD 上。

下面是代码运行的步骤和输出结果。

```
root@48feaa001420:~#spark-submit --class SensorStreamSQL /data/application/sensor-streaming/target/scala-2.11/sensor-streaming-assembly-0.1.jar
20/04/06 14:35:26 WARN NativeCodeLoader: Unable to load native-hadoop library for your platform... using builtin-java classes where applicable
Starting streaming process
Low pressure alert
Sensor(NANTAHALLA,3/13/14,2:05,0.0,0.0,0.0,1.73,0.0,1.51)
Alert pump maintenance data
+-----------+-------+----+---------+------------+-----------+---------+----------+-----------+-----------+
|      resid|   date| psi| pumpType|purchaseDate|serviceDate|   vendor| eventDate|technician |description|
+-----------+-------+----+---------+------------+-----------+---------+----------+-----------+-----------+
|NANTAHALLA |3/13/14| 0.0|HYDROPUMP|    11/27/10|    3/15/11|HYDROCAM |   3/15/11|  J.Thomas |    Install|
+-----------+-------+----+---------+------------+-----------+---------+----------+-----------+-----------+
only showing top 1 row
```

代码 5-49

5.6.4 窗口操作

通过窗口操作，可以在数据的滑动窗口上应用转换，可以多批次合并结果，在 StreamingContext 中指定的时间间隔进行计算。

在图 5-19 中，Original DStream 以 1s 的间隔进入。滑动窗口的长度由 window length 指定，在这种情况下为 3 个单位，窗口在离散流上按照指定的滑动间隔进行滑动，在这种情况下是 2 个单元。窗口长度和滑动间隔必须是离散流批次间隔的倍数，当前为 1s。当窗口在离散流上滑动时，所有落在该窗口中的 RDD 被组合，该操作被应用于组合的 RDD 上，产生了窗口流中的 RDD，所有窗口操作都需要以下两个参数。

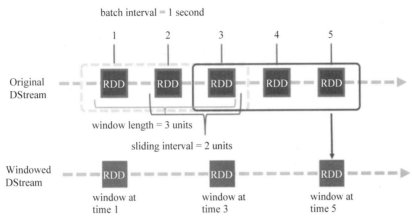

图 5-19　数据的滑动窗口

- 窗口长度：是指窗口的持续时间，在此示例中，窗口长度为 3 个单位。
- 滑动间隔：是指操作窗口执行的间隔，在此例子中，滑动间隔是 2 个单位。

再次，这两个参数必须是离散流的批次间隔的倍数。例如，要每 4s 生成单词计数，并且持续 6s 的数据，可应用 reduceByKey 操作在键值对离散流上，使用 reduceByKeyAndWindow 窗口操作设置窗口长度为 6，滑动间隔为 4。

```
val windowsWordCounts = pairs.reduceByKeyAndWindow(a: Int, b: Int) = > (a + b),
Seconds(6),Seconds(4))
```

代码 5-50

使用窗口操作回答以下两个问题：
- 传感器事件计数是多少？
- 什么是最大、最小和平均的 psi？

为了回答这些问题，将在窗口流上使用操作。每 2s 的时间间隔使用持续 6s 的窗口数据流回答上述两个问题。

```
sensorDStream.window(Seconds(6), Seconds(2))
    .foreachRDD { rdd =>
     if (!rdd.partitions.isEmpty) {
       val sensorDF=rdd.toDF()
       println("sensor data")
       sensorDF.show()
       sensorDF.createOrReplaceTempView("sensor")
        val res= spark.sql ("SELECT resid, date, count(resid) as total FROM sensor GROUP BY resid, date")
       println("sensor count ")
       res.show
       val res2=spark.sql("SELECT resid, date, MAX(psi) as maxpsi, min(psi) as minpsi, avg(psi) as avgpsi FROM sensor GROUP BY resid,date")
```

```
        println("sensor max, min, averages ")
        res2.show
    }
```

代码 5-51

在代码 5-51 中,通过 res 可以回答第一个问题,通过 res2 的结果回答了什么是最大、最小和平均的 psi,使用相同的窗口操作在每个传感器 RDD 上收集 psi 数据。现在,让我们看一看代码运行的步骤和输出结果。

```
root @ 48feaa001420: ~ # spark - submit - - class SensorStreamWindow /data/
application/sensor-streaming/target/scala-2.11/sensor-streaming-assembly
-0.1.jar
20/04/06 14:35:29 WARN NativeCodeLoader: Unable to load native-hadoop library
for your platform... using builtin-java classes where applicable
Starting streaming process
Sensor count
+-----+-------+-----+
|resid|   date|total|
+-----+-------+-----+
| CHER|3/10/14|  958|
+-----+-------+-----+
only showing top 1 row

Sensor max, min, averages
+-----+-------+------+------+-----------------+
|resid|   date|maxpsi|minpsi|           avgpsi|
+-----+-------+------+------+-----------------+
| CHER|3/10/14| 100.0|  75.0|87.44885177453027|
+-----+-------+------+------+-----------------+
only showing top 1 row

Sensor count
+-----+-------+-----+
|resid|   date|total|
+-----+-------+-----+
| CHER|3/10/14|  958|
+-----+-------+-----+
only showing top 1 row

Sensor max, min, averages
+-----+-------+------+------+-----------------+
|resid|   date|maxpsi|minpsi|           avgpsi|
+-----+-------+------+------+-----------------+
```

代码 5-52

- 在什么情况下窗口操作非常有用？

5.7 小　　结

本章介绍了流式处理程序的基础知识；介绍了怎样在 Spark Streaming 中操作离散化流和结构化流，还介绍了 Spark 数据流的输入源类型以及各种数据流操作。

第6章 分布式的图处理

Spark GraphX 是一个分布式图处理框架,是基于 Spark 平台提供对图计算和图挖掘简洁易用的、丰富的接口,极大地满足了对分布式图处理的需求。众所周知,社交网络中人与人之间有很多关系链,例如 Twitter、Facebook、微博和微信等,这些都是大数据产生的地方,都需要图计算,现在的图处理基本都是分布式的图处理,并非单机处理。Spark GraphX 由于底层是基于 Spark 处理的,所以自然就是一个分布式的图处理系统。

6.1 理解图的概念

图论算法在计算机科学中扮演着很重要的角色,它提供了对很多问题都有效的一种简单而系统的建模方式。很多问题都可以转化为图论问题,然后用图论的基本算法加以解决。图论算法的主要研究对象是图(Graph),是数据结构和算法学中最强大的框架之一,几乎可以用来表现所有类型的结构或系统,从交通网络到通信网络,从下棋游戏到最优流程,从任务分配到人际交互网络,图都有广阔的用武之地。而要进入图论的世界,清晰、准确的基本概念是必须的前提和基础,下面对其最核心和最重要的概念进行说明。

图并不是仅指图形图像或地图,而是代表一种复杂的网络数据结构。通常把图视为一种由点(Vertex)组成的抽象网络,网络中的各点可以通过边(Edge)实现彼此的连接,表示两点有关联。注意图定义中的两个关键字,由此得到两个最基本的概念,即点和边。另外,图也是一种复杂的非线性结构,在图结构中,每个元素都可以有零个或多个前驱元素,也可以有零个或多个后继元素,也就是说,元素之间的关系是任意的。从数学概念上讲,图由点的有穷非空集合和点之间边的集合组成,通常表示为 $G(V,E)$,其中 G 表示一个图,V 是图 G 中点的集合,E 是图 G 中边的集合。

一个图 G 由两类元素构成,分别为点(或节点)和边,如图 6-1 所示,每条边有两个点作为其端点,我们称这条边连接了它的两个端点,因此边可定义为由两个点构成的集合,在有向图中为有序对。边是有方向的。一个点一般表示为一个点或小圆圈。一个图 G 的点集合一般记作 $V(G)$,当不发生混淆时,可简记为 V。图 G 的阶为其点数目,即 $|V(G)|$。一条边一般表示为连接其两个端点的曲线。以两个点 u、v 为端点的边一般记作 (u,v)、$\{u,v\}$ 或 uv,一条边连接两个点 u 和 v 时,则称 u 与 v 相邻。图 G 的边集一般记作 $E(G)$,当不发生混淆时,可简记为 E,如图 6-2 所示,点集 $V=\{1,2,3,4,5,6\}$,边集

$E=\{\{1,2\},\{1,5\},\{2,3\},\{2,5\},\{3,4\},\{4,5\},\{4,6\}\}$。

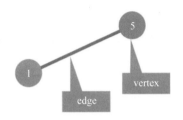

图 6-1 图的基本组成

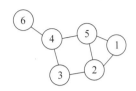

图 6-2 点集和边集

若两个点之间有一条边,则这两个点相邻。关联一个点 v 边的条数称为点 v 的度数或价。距离是两个点之间经过最短路径的边的数目,通常用 $d_G(u,v)$ 表示。点 v 的偏心率用来表示连接图 G 中的点 v 到图 G 中其他点之间的最大距离,用符号 $\epsilon_G(v)$ 表示。图的直径,表示取遍图的所有点得到的偏心率的最大值,记作 $\text{diam}(G)$。与图直径相对的概念是图半径,表示图的所有点的偏心率的最小值,记作 $\text{rad}(G)$,这两者间的关系是 $\text{diam}(G) \leqslant 2\text{rad}(G)$。如果给图的每条边规定一个方向,那么得到的图称为有向图,其边也称为有向边。在有向图中,与一个节点关联的边有出边和入边之分,而与一个有向边关联的两个点也有始点和终点之分。相反,边没有方向的图称为无向图。

正则图是指各点的度均相同的无向简单图。在图论中,正则图中的每个点具有相同数量的邻点,即每个点具有相同的度或价态。正则的有向图也必须满足更多的条件,即每个点的内外自由度要彼此相等。具有 k 个自由度的点的正则图被称为 k 度的 k-正则图。此外,奇数程度的正则图形将包含偶数个点。最多 2 个等级的正则图很容易分类:0-正则图由断开的点组成,1-正则图由断开的边缘组成,2-正则图由断开的循环和无限链组成,3-正则图被称为立方图。强规则图也是常规图,其中每个相邻的点对具有相同数量的相邻数目,并且每个不相邻的点对具有相同数量的 n 个相邻的相邻公共点。常规但不太规则的最小图是循环图和 6 个点的循环图。

为了更好地理解图的概念,让我们看一下通常使用社交软件的方式,每天都可以使用智能手机在朋友圈中张贴消息或更新状态,我们的朋友也可以发布自己的消息,如照片和视频,我们有朋友、朋友还会有朋友等,社交软件的设置可让我们结交新朋友或从朋友列表中删除朋友。社交软件还具有权限设置的功能,可以对谁看到什么以及可以与谁进行通信进行精细控制。当考虑社交软件平台具有十亿个用户时,管理所有用户以及用户之间的关系和权限变得非常庞大和复杂。我们需要建立有关用户和关系数据的存储和检索,以便允许回答这样的问题,例如:X 是 Y 的朋友吗?X 和 Y 是直接关联,还是在两个步之内的间接关联?X 有多少个朋友?可以尝试从一个简单的数据结构开始,使每个人都有一个朋友数组,因此可以用数组的长度回答第三个问题,也可以只扫描数组并快速回答第一个问题,而第二个问题需要做更多的工作。如下面的示例所示,通过使用专门的数据结构解决该问题,在代码 6-1 中创建了一个案例类 Person,然后添加朋友建立 John、Ken、Mary、Dan 用户之间的关系。

```
scala>:paste
//Entering paste mode (ctrl-D to finish)

  case class Person(name: String) {
    val friends=scala.collection.mutable.ArrayBuffer[Person]()

    def numberOfFriends()=friends.length

    def isFriend(other: Person)=friends.find(_.name==other.name)

    def isConnectedWithin2Steps(other: Person)={
      for {f <-friends} yield {
        f.name==other.name ||
          f.isFriend(other).isDefined
      }
    }.find(_==true).isDefined
  }

//Exiting paste mode, now interpreting.

defined class Person

scala>val john=Person("John")
john: Person=Person(John)

scala>val ken=Person("Ken")
ken: Person=Person(Ken)

scala>val mary=Person("Mary")
mary: Person=Person(Mary)

scala>val dan=Person("Dan")
dan: Person=Person(Dan)

scala>john.numberOfFriends
res0: Int=0

scala>john.friends +=ken
res1: john.friends.type=ArrayBuffer(Person(Ken))

scala>john.numberOfFriends
res2: Int=1
```

```
scala>ken.friends +=mary
res3: ken.friends.type=ArrayBuffer(Person(Mary))

scala>ken.numberOfFriends
res4: Int=1

scala>mary.friends +=dan
res5: mary.friends.type=ArrayBuffer(Person(Dan))

scala>mary.numberOfFriends
res6: Int=1

scala>john.isFriend(ken)
res7: Option[Person]=Some(Person(Ken))

scala>john.isFriend(mary)
res8: Option[Person]=None

scala>john.isFriend(dan)
res9: Option[Person]=None

scala>john.isConnectedWithin2Steps(ken)
res10: Boolean=true

scala>john.isConnectedWithin2Steps(mary)
res11: Boolean=true

scala>john.isConnectedWithin2Steps(dan)
res12: Boolean=false
```

代码 6-1

如果为所有用户构建 Person() 实例并将朋友添加到数组中,如前面的代码所示,将能够对谁是朋友以及两者之间的关系进行很多查询。图 6-3 显示了 Person() 实例的数据结构以及它们在逻辑上的相互关系。

如果可以使用图 6-3 查找 John 的朋友,则可以快速找出直接朋友(边为 1)、间接朋友(边为 2)和朋友的朋友(边为 3)。可以轻松扩展 Person() 类并提供越来越多的功能回答不同的问题。通过图 6-3 显示了人与人之间的朋友关系,以及如何在人与人之间的关系网格中吸引每个人的所有朋友。

这种基于数学方式描述的图便于我们使用数学算法遍历和查询图,可以将这些技术应用于计算机科学以开发编程方法实现这些算法,并且可以达到一定的规模效率。我们已经尝试实现使用案例类 Person 程序构成一个图的结构,但这只是最简单的用例。实际上有很多可能的复杂扩展,例如要回答的以下问题:找到从 X 到 Y 的最佳路径,实际的

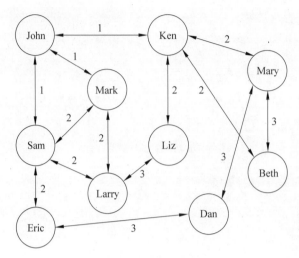

图 6-3 用户关系图

应用就是 GPS 会找到前往目的地的最佳方法；认识到可能导致图分区的关键边，这个问题的一个示例是确定连接各个城市的 Internet 服务、水管或电力线的关键链接，如果关键链接中断，将生成两个连接良好的城市子图，但是两个子图之间没有任何通信。

如果要回答上述问题，将产生几种算法，例如最小生成树、最短路径、页面排名（Page Rank）、交替最小二乘（Alternating Least Squares，ALS）、最大切割-最小流量（Max-Cut Min-Flow）算法等，适用于广泛的用例，例如社交媒体软件的用户关系、网络搜索引擎的页面排名、航班时刻表、GPS 导航等，其中我们可以清楚地看到基于点和边的数据结构，可以使用各种图算法进行分析，以产生不同的业务用例。

6.2 图并行系统

传统的数据分析方法侧重于事物本身，即实体，例如银行交易、资产注册等。而图数据不仅关注事物，还关注事物之间的联系。例如，如果在通话记录中发现张三曾打电话给李四，就可以将张三和李四关联起来，这种关联关系提供了与两者相关的有价值的信息，这样的信息是不可能仅从两者单纯的个体数据中获取的。从社交网络到语言建模，以图为结构的数据规模和重要性日益增长，推动了许多新的图并行系统的发展。在社交网络及商品推荐场景中，对象和数据往往以图的形式展现出来，图计算系统在机器学习和数据挖掘中的重要性越来越凸显。随着计算规模和应用场景的增加，大量图计算框架不断出现，例如 Google Pregel、Spark GraphX 和 GraphLab 等图并行系统。

数据并行系统，像 Spark 和 MapReduce 等计算框架主要用于对数据集进行各种运算，在数据内部之间关联度不高的计算场景下能有很高效的处理，由于数据之间的独立性，每部分数据都可以被分别进行处理，系统可以达到很高的并发度并具有良好的扩展性，可以简单地通过增加计算资源（CPU 或节点数目）获取更高的处理能力。实际应用中，数据内部可能存在较高的关联度，如社交网络中不同用户之间就存在相关性。

在对这样的数据进行处理时,并行计算框架就会面临较大的挑战,会引入大量的连接(Join)和聚集(Aggregation)操作,带来大量的计算和数据迁移,严重消耗集群资源,因此对图计算算法的优化就显得极为重要。针对数据并行计算框架在处理图计算时遇到的挑战,大量的图并行计算框架被开发出来,图并行计算主要针对图数据结构的特点,对数据进行更好的组织,充分挖掘图结构的特点,优化计算框架,以达到较好的分布式计算性能。大部分图计算框架的原理都是对图数据进行分布式存储,在图数据上进行计算、传输和更新操作。通过操作图点的数据及与点相连的边上的数据,产生发送给与其相连的点的消息,消息通过网络或其他方式传输给指定点,点在收到消息或状态后进行更新,生成新的图数据。

在了解图并行系统之前,需要先了解关于通用的分布式图计算框架的两个常见问题:图存储模式和图计算模式。大规模图的存储总体上有边分割(Edge-Cut)和点分割(Vertex-Cut)两种存储方式。2013年,GraphLab 2.0将其存储方式由边分割变为点分割,性能上得到很大提升,目前基本被业界广泛接受并使用。边分割的每个点都存储一次,但有的边会被打断分到两台机器上。这样做的好处是节省存储空间;坏处是对图进行基于边的计算时,对于一条两个点被分到不同机器上的边来说,要跨机器通信传输数据,内网通信流量大。点分割的每条边只存储一次,都只出现在一台机器上。邻居多的点会被复制到多台机器上,增加了存储开销,同时会引发数据同步问题。好处是可以大幅减少内网通信量。虽然两种方法互有利弊,但现在点分割占上风,各种分布式图计算框架都将自己底层的存储形式变成了点分割。主要原因有两个:①磁盘价格下降,存储空间不再是问题,而内网的通信资源没有突破性进展,集群计算时内网带宽是宝贵的,时间比磁盘更珍贵。这一点类似于常见的空间换时间的策略;②在当前的应用场景中,绝大多数网络都是无标度网络,遵循幂律分布,不同点的邻居数量相差非常悬殊。而边分割会使多邻居的点相连的边大多数被分到不同的机器上,这样的数据分布会使得内网带宽更捉襟见肘,于是边分割存储方式被渐渐抛弃。

但是,当图数据被分割后进入不同计算节点进行计算的时候,由于在不同节点中对于同一个节点有可能有多个副本,这个节点副本之间如何进行数据交换协同也成为一个难题,于是GAS(Gather Apply Scatter)模型就被提出来解决这个难题。GAS模型主要分为3个阶段:Gather阶段、Apply阶段和Scatter阶段。Gather阶段的主要工作发生在各个计算节点,搜集这个计算节点图数据中某个点的相邻边和点的数据进行计算(例如,在PageRank算法中计算某个点相邻的点的数量)。Apply阶段的主要工作是将各个节点计算得到的数据(例如,在PageRank算法中各计算节点计算出的同一节点的相邻节点数)统一发送到某个计算节点,由这个计算节点对图节点的数据进行汇总求和计算,这样就得到这个图点的所有相邻节点的总数。Scatter阶段的主要工作是将中心计算节点计算的图点的所有相邻节点总数发送更新给各个计算节点,这些收到更新信息的节点将会更新本计算节点中与这个图点相邻的点以及边的相关数据。

Pregel框架由谷歌提出,用于解决机器学习的数据同步和算法迭代,是基于BSP(Bulk Synchronous message Passing)思想的图并行计算框架,它以点为中心,不断在点上进行算法迭代和数据同步。在Pregel计算模型中,输入数据是一个有向图,该有向图的每一个点包含点 ID 和属性值，这些属性可以被修改，其初始值由用户定义。有向边记录了源点和目的点的 ID，并且也拥有用户定义的属性值。Pregel 以点为中心，对边进行切割，将图数据分成若干个分区。每一个分区包含一组点以及以这组点为源点构成的边。

GraphLab 由 CMU 的 Select 实验室提出，它是一个异步分布式共享存储模型。在 GraphLab 模型中，运行在点上的用户自定义程序可以对图中的点和边数据进行共享访问。程序可以访问当前作用的点、点相连接的边（包括入边和出边），以及相邻的点。GraphLab 在进行图运算时，点是其最小的并行粒度和通信粒度，某个点可能被部署到多台机器上，其中一台机器上的为主点，其余机器上的为镜像点，与主点的数据保持同步。对边而言，GraphLab 将其部署在某一台机器上，当图比较密，即边的数目较大时，可以减少边数据的存储量。GraphLab（图 6-4）通过限制可表达的计算类型和引入新技术划分图进行并行分布，可以比一般的数据并行系统更高效地执行复杂的图算法。

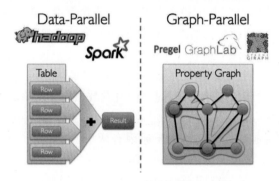

图 6-4 图并行系统

为了使图并行系统实现显得性能提高，需要对其表达能力产生限制，但是这会限制它们在典型的图数据分析管道中表达许多重要阶段的能力。此外，虽然图并行系统针对像页面排名这样的迭代扩散算法进行了优化，但它们并不适用于构建图数据结构，这种结构需要随时大规模地更新或者跨越多个图进行计算等更基本的操作。而且，Hadoop 的任务通常需要数据在图结构系统之外的移动，并且通常更自然地表达为在传统的数据并行系统中的表操作，例如 MapReduce 的并行数据处理。此外，如何看待数据取决于要实现的目标，并且在整个分析过程中相同的原始数据可能需要许多不同的表格和图表视图（见图 6-5）。

GraphLab 通常需要能够在相同物理数据的表格和图表视图之间移动，并利用每个视图的属性轻松高效地表达计算。但是，现有的 GraphLab 图形分析管道组成图并行处理和数据并行系统，导致大量的数据移动和重复，并导致了复杂的编程模型（见图 6-6）。

GraphX 是构建于 Spark 上的图计算模型，GraphX 利用 Spark 框架提供的内存缓存 RDD、DAG 和基于数据依赖的容错等特性，实现高效健壮的图计算框架。GraphX 同样基于 GAS 模型，该模型将点分配给集群中各个节点进行存储，增大并行度，并解决真实情况下常会遇到的高出度点的情况。GraphX 模型也是以边为中心，对点进行切割的。

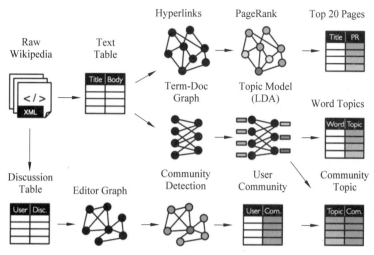

图 6-5　图的分析过程

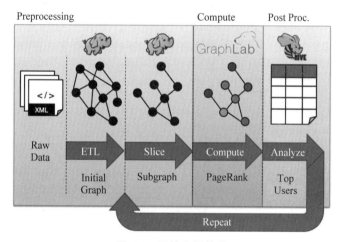

图 6-6　图的分析管道

6.3　一个例子

首先，通过 Spark 的交互界面创建一个小型的社交网络，并探索网络中不同人员之间的关系。工作流程是在交互界面中进行操作，需要导入 GraphX 和 RDD 包，以便可以调用其 API。

```
scala>import org.apache.spark.graphx._
import org.apache.spark.graphx._

scala>import org.apache.spark.rdd.RDD
import org.apache.spark.rdd.RDD
```

代码 6-2

SparkContext 可以作为 Spark 程序的主要入口点，是在 Spark 交互界面中自动创建的，还提供了有用的方法通过集合创建 RDD，或将本地或 Hadoop 文件系统中的数据加载到 RDD 中并将输出数据保存在磁盘上。在此示例中，将使用两个 CSV 文件 people.csv 和 links.csv，包含在目录 /data 中，输入以下命令，以将这些文件加载到 Spark 中。

```
scala>val people=sc.textFile("/data/people.csv")
people: org.apache.spark.rdd.RDD[String]=/data/people.csv MapPartitionsRDD[1] at textFile at <console>:28

scala>val links=sc.textFile("/data/links.csv")
links: org.apache.spark.rdd.RDD[String]=/data/links.csv MapPartitionsRDD[3] at textFile at <console>:28
```

代码 6-3

加载 CSV 文件得到两个字符串的 RDD，要创建图，还需要将这些字符串解析为点和边的集合。在继续之前，先介绍一些关键的定义和图的抽象概念。在 Spark 中，图的抽象概念是由属性图表示的，属性图是在每个点和边上附加用户定义对象，这些对象的类描述了图的属性，属性图通过 Graph 类定义为

```
class Graph[VD, ED] {
val vertices: VertexRDD[VD]
val edges: EdgeRDD[ED,VD]
}
```

代码 6-4

实际上，这是通过对 Graph、VertexRDD 和 EdgeRDD 类进行参数化定义属性图，其中的 VD 和 ED 表示点或边的属性。此外，图的每条边定义为单向关系，但是任意一对点之间可以存在多条边。Graph 类提供了获取方法访问其点和边，它们被抽象为 RDD 的子类 VertexRDD［VD］和 EdgeRDD［ED,VD］,此处的 VD 和 ED 为 Scala 的类型参数。在社交网络示例中，这些类型的参数可以是原始类型（如 String），也可以是用户定义的类（如 Person 类）。注意，Spark 中的属性图是有向多重图，意味着该图被允许在任意一对点之间具有多条边，而且每条边都是有方向的，并定义了单向关系。例如，在某些社交媒体中很容易理解，用户可以关注另一个用户，但是反之则不行；对于类似朋友关系，需要建立双向链接，需要在节点之间定义两条边，分别指向相反的方向，关系的其他属性可以存储为边的属性。

接下来，将 RDD 转换为 VertexRDD 和 EdgeRDD，回到上面的示例，分三步构造属性图，如下所示。

（1）定义一个案例类 Person，名称和年龄作为类参数，以后需要对 Person 进行模式匹配时，案例类非常有用。

```
scala>case class Person(name: String, age: Int)
defined class Person
```

代码 6-5

（2）将两个 CSV 文件中的每一行分别解析为 Person 和 Edge 类型的新对象，并将结果集合定义为 RDD［(VertexId, Person)］和 RDD［Edge［String］］。

```
scala>val peopleRDD: RDD[(VertexId, Person)]=people.map(_.split(','))
.map(row =>(row(0).toInt, Person(row(1), row(2).toInt)))
peopleRDD: org.apache.spark.rdd.RDD[(org.apache.spark.graphx.VertexId,
Person)]=MapPartitionsRDD[5] at map at <console>:31
scala>type Connection=String
defined type alias Connection

scala>val linksRDD: RDD[Edge[Connection]]=links.map(_.split(',')).map(row
=>Edge(row(0).toInt, row(1).toInt, row(2)))
linksRDD: org.apache.spark.rdd.RDD[org.apache.spark.graphx
.Edge[Connection]]=MapPartitionsRDD[7] at map at <console>:31
```

代码 6-6

在 GraphX 中，VertexId 定义为 Long 类型。Edge 定义为

```
class Edge(srcId:VertexId, dstId:VertexId, attr:ED)
```

类参数 srcId 和 dstId 表示一个边的起始点和目标点 VertexId。在社交网络示例中，两个人之间的链接是单向的，其属性在 Connection 类型的 attr 中进行了描述。注意，我们将 Connection 定义为 String 的类型别名，为了清楚起见，通常将 Edge 的类型参数赋予一个有意义的名称。

（3）使用工厂方法 Graph()创建社交网络图，并将其命名为 tinySocial。

```
scala>val tinySocial: Graph[Person, Connection]=Graph(peopleRDD, linksRDD)
tinySocial: org.apache.spark.graphx.Graph[Person,Connection] =
org.apache.spark.graphx.impl.GraphImpl@2dfc833b
```

代码 6-7

关于此构造函数，有两点需要注意。前面说过图的成员点和边是 VertexRDD［VD］和 EdgeRDD［ED, VD］的实例，但是将 RDD［(VertexId, Person)］和 RDD［Edge［Connection］］传递给工厂方法 Graph()，这是因为 VertexRDD［VD］和 EdgeRDD［ED, VD］分别是 RDD［(VertexId, Person)］和 RDD［Edge［Connection］］的子类。另外，VertexRDD［VD］增加了一个约束，VertexID 仅发生一次，表示社交网络中的两个用户不能具有相同的点 ID。此外，VertexRDD［VD］和 EdgeRDD［ED, VD］提供了其他几种操作转换点和边属性，后面章节中会有更多这样的内容。最后，通过 collect()方法查看网络

中的点和边。

```
scala>tinySocial.vertices.collect()
res0: Array[(org.apache.spark.graphx.VertexId, Person)]=Array((4,Person(Dave,25)),
(6,Person(Faith,21)), (8,Person(Harvey,47)), (2,Person(Bob,18)),
(1,Person(Alice,20)), (3,Person(Charlie,30)), (7,Person(George,34)),
(9,Person(Ivy,21)), (5,Person(Eve,30)))

scala>tinySocial.edges.collect()
res1: Array[org.apache.spark.graphx.Edge[Connection]] = Array(Edge(1,2,
friend), Edge(1,3,sister), Edge(2,4,brother), Edge(3,2,boss), Edge(4,5,
client), Edge(1,9,friend), Edge(6,7,cousin), Edge(7,9,coworker), Edge(8,9,
father))
```

代码 6-8

现在，我们只想打印出 tinySocial 中特定的用户关系，需要定义一个关系列表 profLinks。

```
scala>val profLinks: List[Connection]=List("coworker", "boss", "employee",
"client", "supplier")
profLinks: List[Connection]=List(coworker, boss, employee, client, supplier)
```

代码 6-9

可以通过 filter()方法过滤出特定关系的边，然后遍历过滤后的边，提取相应点的名称，并打印起始点和目标点之间的连接，以下代码实现了这种方法。

```
scala>:paste
//Entering paste mode (ctrl-D to finish)

  val profNetwork=tinySocial.edges.filter {
    case Edge(_, _, link) =>profLinks.contains(link)
  }

  for {Edge(src, dst, link) <-profNetwork.collect()
      srcName=(peopleRDD.filter { case (id, person) =>id==src } first)._
2.name
      dstName=(peopleRDD.filter { case (id, person) =>id==dst } first)._
2.name
      } println(srcName +" is a "+link +" of "+dstName)

//Exiting paste mode, now interpreting.

warning: there were two feature warnings; re-run with -feature for details
Charlie is a boss of Bob
```

```
Dave is a client of Eve
George is a coworker of Ivy
profNetwork: org.apache.spark.rdd.RDD[org.apache.spark.graphx
.Edge[Connection]]=MapPartitionsRDD[38] at filter at <pastie>:35
```

代码 6-10

代码 6-10 有两个问题：首先，不是很简洁，也不是很富有表现力；其次，for 循环中的过滤操作效率不高，需要读两遍图中的数据。GraphX 库提供了两种查看数据的方式：以图的方式或以表的方式，表中可以分别为边、点或三元组。对于每种方式，GraphX 库都提供了一系列丰富的操作，并进行了优化。通常可以轻松地使用预定义的图操作或算法处理图形，例如可以简化前面的代码并使之更高效，如下所示。

```
scala>:paste
//Entering paste mode (ctrl-D to finish)

    tinySocial.subgraph(epred =(edge) =>profLinks.contains(edge.attr))
        .triplets
        .foreach(t =>println(t.srcAttr.name +" is a " +t.attr +" of " +t.dstAttr
.name))

//Exiting paste mode, now interpreting.

Charlie is a boss of Bob
George is a coworker of Ivy
Dave is a client of Eve
```

代码 6-11

我们仅使用 subgraph() 操作过滤边，然后使用三元组视图同时访问边和点的属性，三元组运算符返回 RDD 为 EdgeTriplet[Person, Connection]。注意，EdgeTriplet 只是一个别名，代表三元组((VertexId, Person), (VertexId, Person), Connection)的参数化类型，其包含起始节点、目标节点和边属性的所有信息。

6.4　创建和探索图

6.3 节构建了一个微型的社交网络，从本节开始将使用来自各种应用程序的真实数据集。实际上，图可用于表示任何复杂的系统，因为它描述了系统组件之间的交互。尽管不同系统的形式、大小、性质和粒度各不相同，但是图论提供了一种通用语言和一组工具表示和分析复杂系统。

在本节，我们遇到的第一种通信网络是电邮通信图。可以将组织内交换电子邮件的历史记录映射到通信图，以了解组织背后隐藏的某种结构。这样的图表还可用于确定组织中有影响力的人员或枢纽，但是不一定是高级职位。电邮通信图是有向图的典型示例，因为每封电子邮件都是从起始节点链接到目标节点。我们将使用的语料库是由158名员工生成的电子邮件数据库,是在网络上向公众开放的大量公司电子邮件集合之一。另一个示例是成分与合成物网络,是一个二分图,将节点分为两个不相交的集合:成分节点和合成物节点。当食品成分中存在化学合成物时,将会存在一个成分与化合物链接。从成分与合成物网络可以创建所谓的调料网络。每当一对成分共享至少一种合成物时,调料网络就不会将食品成分与化合物连接起来,而是将这对成分链接在一起。在本节,我们将构建成分与合成物网络,在6.5节根据需要对图进行转换和成形,将从成分与合成物网络构建调料网络。分析此类图非常有趣,因为它们可以帮助我们更多地了解食物搭配和饮食文化,调料网络还可以帮助食品科学家或业余厨师创建新食谱。本节中探讨的最后一个数据集是社交媒体的自我中心网络的集合。数据集包括用户个人资料、他们的朋友圈和他们的自我中心网络。

作为Apache Spark组件,GraphX主要实现了图的并行计算,位于Spark核心组件之上的分布式图处理框架。开发GraphX程序,首先需要将Spark和GraphX函数库导入项目中,如下所示。

```
import org.apache.spark._
import org.apache.spark.graphx._
//To make some of the examples work we will also need RDD
import org.apache.spark.rdd.RDD
```

代码6-12

如果不使用Spark交互界面,还需要一个SparkContext。

6.4.1 属性图

属性图是一个有向多重图,用户定义的对象附加到每个点和边。有向多重图是具有潜在多个平行边的有向图,共享相同的起始点和目标点,支持平行边的能力简化了在同一点之间可以存在多个关系的建模场景(如同事和朋友)。每个点都有唯一的64位长点标识符VertexId,GraphX不会对点标识符施加任何排序约束,类似地,边具有对应的起始点和目标点标识符。

属性图在点类型VD和边类型ED上进行参数化,这些对象类型分别与每个点和边关联。当对象类型是原始数据类型时,如是int、double等时,GraphX优化点和边类型的表示,通过将其存储在专门的数组中减少内存占用。在某些情况下,可能希望在同一个图中具有不同属性类型的点,可以通过继承实现,例如,将用户和产品建模为二分图,可能会执行以下操作。

```
class VertexProperty()
case class UserProperty(val name: String) extends VertexProperty
case class ProductProperty(val name: String, val price: Double) extends VertexProperty
```

```
//The graph might then have the type:
var graph: Graph[VertexProperty, String]=null
```

代码 6-13

像 RDD 一样,属性图是不可变的、分布式的和容错的,通过生成新图完成对图的值或结构的更改。注意,原始图的重要部分(即未受影响的结构、属性和索引)在新图中重复使用,可降低此内在函数的数据结构成本。使用一系列点分割启发式方法,在执行器之间划分图结构,图的每个分区都可以在发生故障的情况下在不同的计算机上重新创建。逻辑上,属性图对应一对带有类型的集合(vertices 和 edges),其中为每个点和边定义了属性,因此 Graph 类包含了访问点和边的成员。

```
class Graph[VD, ED] {
  val vertices: VertexRDD[VD]
  val edges: EdgeRDD[ED]
}
```

代码 6-14

类 VertexRDD[VD] 和 EdgeRDD[ED] 扩展和优化了 RDD[(VertexId, VD)] 和 RDD[Edge[ED]] 版本, VertexRDD[VD] 和 EdgeRDD[ED] 提供了基于图计算和利用内部优化的附加功能。假设要构建一个由 GraphX 项目中的各种协作者组成的属性图,点属性可能包含用户名和职业,可以用描述协作者之间关系的字符串注释边。属性图的定义如图 6-7 所示。

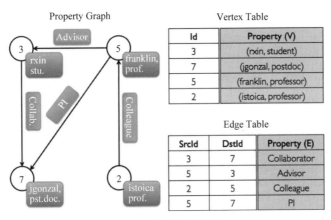

图 6-7 属性图的定义

结果图具有的类型签名将为

```
val userGraph: Graph[(String, String), String]
```

代码 6-15

有许多方法可以构建属性图,包括从原始文件、RDD、合成生成器,最通用的方法是使用Graph对象。例如,以下代码从RDD集合中构建一个图。

```
val sc: SparkContext
//为点创建RDD
val users: RDD[(VertexId, (String, String))] =
  sc.parallelize(Array((3L, ("rxin", "student")), (7L, ("jgonzal", "postdoc")),
                      (5L, ("franklin", "prof")), (2L, ("istoica", "prof"))))
//为边创建RDD
val relationships: RDD[Edge[String]] =
  sc.parallelize(Array(Edge(3L, 7L, "collab"),    Edge(5L, 3L, "advisor"),
                      Edge(2L, 5L, "colleague"), Edge(5L, 7L, "pi")))
//定义默认用户,以防用户丢失
val defaultUser=("John Doe", "Missing")
//构建初始图
val graph=Graph(users, relationships, defaultUser)
```

代码6-16

上面的例子中使用了Edge案例类,具有srcId和dstId属性,分别对应起始点和目标点的标识符。此外,Edge案例类具有attr成员,存储边属性。可以使用graph.vertices和graph.edges成员将图解构为相应的点和边视图。

```
val graph: Graph[(String, String), String] //Constructed from above
//计算所有postdoc用户
graph.vertices.filter { case(id, (name, pos)) =>pos =="postdoc" }.count
//计算所有边,满足srcId>dstId
graph.edges.filter(e =>e.srcId >e.dstId).count
```

代码6-17

graph.vertices返回一个继承RDD[(VertexId,(String,String))]类的VertexRDD[(String,String)]类,因此使用case表达式解构元组。另一方面,graph.edges返回一个包含Edge[String]对象的EdgeRDD类,也可以使用案例类构造函数,如下所示。

```
graph.edges.filter { case Edge(src, dst, prop) =>src >dst }.count
```

代码6-18

除了属性图的点和边视图外,GraphX还公开了一个三元组视图。三元组视图逻辑上连接点和边属性,产生包含EdgeTriplet类实例的RDD[EdgeTriplet[VD, ED]],此连接可以用以下SQL表达式表示。

```
SELECT src.id, dst.id, src.attr, e.attr, dst.attr
FROM edges AS e LEFT JOIN vertices AS src, vertices AS dst
ON e.srcId=src.Id AND e.dstId=dst.Id
```

代码6-19

或用图形表示,如图 6-8 所示。

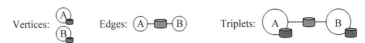

图 6-8　GraphX 的三元组视图

EdgeTriplet 类通过分别添加包含起始和目标属性的 srcAttr 和 dstAttr 成员扩展 Edge 类。可以使用图的三元组视图呈现描述用户之间关系的字符串集合。

```
val graph: Graph[(String, String), String] //Constructed from above
//使用三元组视图创建 RDD
val facts: RDD[String] =
  graph.triplets.map(triplet =>
    triplet.srcAttr._1 +" is the "+triplet.attr +" of "+triplet.dstAttr._1)
facts.collect.foreach(println(_))
```

代码 6-20

6.4.2　构建器

在 GraphX 中有四个用于构建属性图的函数,每一个都要求应该以指定的方式构造数据。第一个是代码 6-7 中的 Graph 工厂方法,在名为 Graph 的伴随对象的 apply() 方法中定义,如下所示。

```
def apply[VD, ED](
    vertices: RDD[(VertexId, VD)],
    edges: RDD[Edge[ED]],
    defaultVertexAttr: VD=null)
  : Graph[VD, ED]
```

代码 6-21

如之前所见,此函数采用了两个 RDD 集合:RDD [(VertexId,VD)] 和 RDD [Edge [ED]] 作为点和边的参数,并且构造了 Graph [VD,ED] 参数。defaultVertexAttr 属性用于为点分配默认属性,该点存在于边 edges 中,但不存在于顶点 vertices 中,如果容易获得边和点 RDD 集合时,使用 Graph 工厂方法很方便。但是,另一种更常见的情况是原始数据集仅表示边。在这种情况下,GraphX 提供以下在 GraphLoader 类中定义的 edgeListFile 函数。

```
def edgeListFile(
    sc: SparkContext,
    path: String,
    canonicalOrientation: Boolean=false,
    minEdgePartitions: Int=1)
  : Graph[Int, Int]
```

代码 6-22

该函数以包含边列表的文件路径作为参数，其中每一行代表图的边，由两个整数表示为 sourceID 和 destinationID。阅读文件列表时，该函数将忽略以"♯"开头的任何注释行，然后根据指定的边以及相应的点构造一个图。minEdgePartitions 参数指定要生成的最小边分区数，如果 HDFS 文件具有更多的块，则边分区可能比指定的更多。

与 GraphLoader.edgeListFile() 相似，第三个函数 Graph.fromEdges() 使我们可以从 RDD［Edge［ED］］集合创建图，使用 edges 指定的 VertexID 参数以及 defaultValue 参数作为默认属性自动创建点。

```
def fromEdges[VD, ED](
    edges: RDD[Edge[ED]],
    defaultValue: VD)
: Graph[VD, ED]
```

代码 6-23

最后一个图构建器函数是 Graph.fromEdgeTuples，它仅从边元组的 RDD 创建图，形式为 RDD［(VertexId，VertexId)］类型的集合。默认情况下，为边缘分配属性值 1。

```
def fromEdgeTuples[VD](
    rawEdges: RDD[(VertexId, VertexId)],
    defaultValue: VD,
    uniqueEdges: Option[PartitionStrategy]=None)
: Graph[VD, Int]
```

代码 6-24

6.4.3 创建图

现在打开 Spark 交互界面构建三种类型的图：电邮通信网络有向图、成分与化合物连接的二分图，以及使用构建器产生的多图。我们将建立的第一个图是电邮通信网络。如果重新启动了 Spark Shell，则需要再次导入 GraphX 库。首先，在虚拟实验环境中有一个数据集/data/emailEnron.txt，包含员工之间电子邮件通信的邻接列表，表示了邮件之间的传递关系，可以将文件路径传递给 GraphLoader.edgeListFile() 方法。

```
scala>import org.apache.spark.graphx._
import org.apache.spark.graphx._

scala>import org.apache.spark.rdd._
import org.apache.spark.rdd._

scala>val emailGraph=GraphLoader.edgeListFile(sc, "/data/emailEnron.txt")
emailGraph: org.apache.spark.graphx.Graph[Int,Int]=
org.apache.spark.graphx.impl.GraphImpl@7d6c383d
```

代码 6-25

注意，GraphLoader.edgeListFile()方法始终返回图对象，其点和边属性的类型为Int，默认值为1，可以通过查看图表中的前五个点和边进行检查。

```
scala>emailGraph.vertices.take(5)
res15: Array[(org.apache.spark.graphx.VertexId, Int)] = Array((18624,1),
(32196,1), (32432,1), (9166,1), (7608,1))

scala>emailGraph.edges.take(5)
res16: Array[org.apache.spark.graphx.Edge[Int]]=Array(Edge(0,1,1), Edge(1,0,
1), Edge(1,2,1), Edge(1,3,1), Edge(1,4,1))
```

代码 6-26

第一个节点(19021,1)的点 ID 为 19021，并且其属性确实设置为1，类似地，第一条边Edge(0,1,1)表示起始点为 0 和目标点为 1 之间的通信，边具有方向。为了表达无向图或双向图，可以在两个方向上链接每个点。例如，在电子邮件网络中，可以验证 19021 节点同时具有传入和传出链接，首先收集与节点 19021 通信的目标节点。

```
scala>emailGraph.edges.filter(_.srcId==19021).map(_.dstId).collect()
res17: Array[org.apache.spark.graphx.VertexId]=Array(696, 4232, 6811, 8315,
26007)
```

代码 6-27

事实证明，这些相同的节点也是 19021 的传入边的起始节点。

```
scala>emailGraph.edges.filter(_.dstId==19021).map(_.srcId).collect()
res18: Array[org.apache.spark.graphx.VertexId]=Array(696, 4232, 6811, 8315,
26007)
```

代码 6-28

在某些应用程序中，将系统视图表示为二分图很有用。二分图由两组节点组成，同一组中的节点不能连接，只能连接属于不同组的节点。这种图的一个示例是食品成分与化合物网络。在这里我们将处理文件 ingr_info.tsv、comp_info.tsv 和 ingr_comp.tsv，这些文件位于/data 文件夹中，前两个文件分别包含有关食品成分和化合物的信息。让我们使用 scala.io.Source 的 Source.fromFile()方法快速查看这两个文件的第一行，对该方法的唯一要求是简单地检查文本文件的开头。

```
scala>import scala.io.Source
import scala.io.Source

scala>Source.fromFile("/data/ingr_info.tsv").getLines().take(7)
.foreach(println)
#id    ingredient name      category
0      magnolia_tripetala   flower
```

```
1    calyptranthes_parriculata     plant
2    chamaecyparis_pisifera_oil    plant derivative
3    mackerel     fish/seafood
4    mimusops_elengi_flower     flower
5    hyssop     herb

scala>Source.fromFile("/data/comp_info.tsv").getLines().take(7)
.foreach(println)
#id    Compound name    CAS number
0      jasmone     488-10-8
1      5-methylhexanoic_acid     628-46-6
2      l-glutamine     56-85-9
3      1-methyl-3-methoxy-4-isopropylbenzene     1076-56-8
4      methyl-3-phenylpropionate     103-25-3
5      3-mercapto-2-methylpentan-1-ol_(racemic)     227456-27-1

scala>    Source.fromFile("/data/ingr_comp.tsv").getLines().take(7).foreach(println)
#ingredient id    compound id
1392     906
1259     861
1079     673
22       906
103      906
1005     906
```

代码 6-29

实际上，当前数据集没有以图构建器期望的形式出现。数据集有两个问题，首先不能简单地从邻接列表中创建图，因为成分和化合物的索引都从零开始并且彼此重叠，如果两个节点碰巧具有相同的点 ID，则无法区分两个节点；其次有两种节点：成分和化合物。为了创建二分图，首先需要创建名为 Ingredient 和 Compound 的案例类，并使用 Scala 的继承，以便这两个类成为 FNNode 类的子级。

```
scala>class FNNode(val name: String) extends Serializable
defined class FNNode

scala> case class Ingredient (override val name: String, category: String)
extends FNNode(name)
defined class Ingredient

scala> case class Compound (override val name: String, cas: String) extends
FNNode(name)
defined class Compound
```

代码 6-30

之后，需要将所有的 Compound 和 Ingredients 对象加载到 RDD [FNNode] 集合中，这部分需要一些数据处理。

```
scala>:paste
//Entering paste mode (ctrl-D to finish)

val ingredients: RDD[(VertexId, FNNode)]=sc.textFile("/data/ingr_info.tsv")
    .filter(!_.startsWith("#"))
    .map {
      line =>
        val row=line split '\t'
        (row(0).toInt, Ingredient(row(1), row(2)))
    }

//Exiting paste mode, now interpreting.

ingredients: org.apache.spark.rdd.RDD[(org.apache.spark.graphx.VertexId,
FNNode)]=MapPartitionsRDD[3] at map at <pastie>:35
```

代码 6-31

在代码 6-32 中，首先将 comp_info.tsv 中的文本加载到 RDD[String] 中，并过滤掉以"#"开头的注释行，然后将制表符分隔的行解析为 RDD[(VertexId，FNNode)] 类型的 ingredients，最后对 comp_info.tsv 实现相似的操作，并创建一个 RDD[(VertexId，FNNode)] 类型的 compounds。

```
scala>:paste
//Entering paste mode (ctrl-D to finish)

  val compounds: RDD[(VertexId, FNNode)]=sc.textFile("/data/comp_info.tsv")
    .filter(!_.startsWith("#"))
    .map {
      line =>
        val row=line.split('\t')
        (10000L +row(0).toInt, Compound(row(1), row(2)))
    }

//Exiting paste mode, now interpreting.

compounds: org.apache.spark.rdd.RDD[(org.apache.spark.graphx.VertexId,
FNNode)]=MapPartitionsRDD[7] at map at <pastie>:35
```

代码 6-32

由于每个节点的索引应该唯一，因此必须将 compounds 索引的范围移动 10000L，以使没有索引同时指向一种成分和一种化合物。接下来，创建一个 RDD [Edge [Int]] 集合，命名为 ingr_comp.tsv 的数据集。

```
scala>:paste
//Entering paste mode (ctrl-D to finish)

  val links: RDD[Edge[Int]]=sc.textFile("/data/ingr_comp.tsv")
    .filter(!_.startsWith("#"))
    .map {
      line =>
        val row=line.split('\t')
        Edge(row(0).toInt, 10000L +row(1).toInt, 1)
    }

//Exiting paste mode, now interpreting.

links: org.apache.spark.rdd.RDD[org.apache.spark.graphx.Edge[Int]] =
MapPartitionsRDD[11] at map at <pastie>:32
```

代码 6-33

解析数据集中邻接列表的行时，要将化合物的索引移动 10000L，因为我们事先从数据集描述中知道了数据集中有多少种成分和化合物。接下来，由于成分和化合物之间的链接不包含任何权重或有意义的属性，因此仅将 Edge 类的参数设置为 Int 类型，并将每个链接属性的默认值设置为 1，最后将两组节点集合 ingredients 和 compounds 连接起来形成一个 RDD，并将其与 links 一起传递给 Graph()工厂方法。

```
scala>val nodes=ingredients ++compounds
nodes: org.apache.spark.rdd.RDD[(org.apache.spark.graphx.VertexId, FNNode)]
=UnionRDD[12] at $plus$plus at <console>:33

scala>val foodNetwork=Graph(nodes, links)
foodNetwork: org.apache.spark.graphx.Graph[FNNode,Int] =
org.apache.spark.graphx.impl.GraphImpl@1435103b
```

代码 6-34

下面看一下成分与化合物图 foodNetwork 的内部数据。

```
scala>def showTriplet(t: EdgeTriplet[FNNode, Int]): String="The ingredient "
++t.srcAttr.name ++" contains " ++t.dstAttr.name
showTriplet: (t: org.apache.spark.graphx.EdgeTriplet[FNNode,Int])String

scala>foodNetwork.triplets.take(5).foreach(showTriplet _ andThen println _)
The ingredient calyptranthes_parriculata contains citral_(neral)
```

```
The ingredient chamaecyparis_pisifera_oil contains undecanoic_acid
The ingredient hyssop contains myrtenyl_acetate
The ingredient hyssop contains 4-(2,6,6-trimethyl-cyclohexa-1,3-dienyl)but
-2-en-4-one
The ingredient buchu contains menthol
```

代码 6-35

首先,定义了一个名为 showTriplet() 的辅助函数,该函数返回成分与化合物三元组描述,然后取前五个三元组并将它们打印在控制台上。在代码 6-35 中,使用了 Scala 的函数组合(showTriplet _ andThen println _),并将其传递给 foreach() 方法。

作为最后一个例子,根据前面介绍的社交媒体数据集构建一个自我中心网络,这是个人联系的图表示。准确地说,自我中心网络集中于单个节点,仅表示该节点与其邻居之间的链接。仅以建立一个人的自我中心网络为例,使用的数据集文件放在 /data 中,它们的描述如下。

ego.edges:这是自我中心网络的有向边,中心节点没有出现在此列表中,但是假定它关注的每个节点 ID 都出现在文件中。

ego.feat:这是每个节点的特征。

ego.featnames:这是每个特征维度的名称。如果用户的个人资料中具有此属性,则此功能为 1,否则为 0。

首先,从 Breeze 库中导入绝对值函数和 SparseVector 类,下面将使用它们。

```
scala>import scala.math.abs
import scala.math.abs

scala>import breeze.linalg.SparseVector
import breeze.linalg.SparseVector
```

代码 6-36

然后,为 SparseVector[Int] 定义一个名为 Feature 的类型同义词。

```
scala>type Feature=breeze.linalg.SparseVector[Int]
defined type alias Feature
```

代码 6-37

使用以下代码,可以读取 ego.feat 文件中的特征并将其放入键值对集合中,键和值分别为 Long 和 Feature 类型。

```
scala>  import scala.io.Source
import scala.io.Source

scala>:paste
```

Spark 大数据处理与分析

```
//Entering paste mode (ctrl-D to finish)

 val featureMap: Map[Long, Feature]=Source.fromFile("/data/ego.feat")
   .getLines()
   .map {
     line =>
       val row=line.split(' ')
       val key=abs(row.head.hashCode.toLong)
       val feat=SparseVector(row.tail.map(_.toInt))
       (key, feat)
   }.toMap

//Exiting paste mode, now interpreting.

featureMap: Map[Long,Feature]=Map(421252149 ->SparseVector(1319)((0,0),
(1,1), (2,0), (3,0), (4,0), (5,0), (6,0), (7,0), (8,0), (9,0), (10,0), (11,0),
(12,0), (13,0), (14,0), (15,0), (16,0), (17,0), (18,0), (19,0), (20,0), (21,0),
(22,0), (23,0), (24,0), (25,0), (26,0), (27,0), (28,0), (29,0), (30,0), (31,0),
(32,0), (33,0), (34,0), (35,0), (36,0), (37,0), (38,0), (39,0), (40,0), (41,0),
(42,0), (43,0), (44,0), (45,0), (46,0), (47,0), (48,0), (49,0), (50,0), (51,0),
(52,0), (53,0), (54,0), (55,0), (56,0), (57,0), (58,0), (59,0), (60,0), (61,0),
(62,0), (63,0), (64,0), (65,0), (66,0), (67,0), (68,0), (69,0), (70,0), (71,0),
(72,0), (73,0), (74,0), (75,0), (76,0), (77,0), (78,0), (79,0), (80,0), (81,0),
(82,0), (83,0), (84,0), (85,0), (86,0), (87,0), (88,0), (89,0), (90,0), (91,0),
(92...
```

代码 6-38

下面快速浏览 ego.feat 文件,以了解前面的 RDD 转换正在做什么以及为什么需要它。ego.feat 中每一行的形式如图 6-9 所示。

图 6-9 ego.feat 中每一行的形式

每行中的第一个数字对应自我中心网络中的节点 ID,其余的 0 和 1 数字表示此特定节点具有的特征,例如节点 ID 之后的第一个为性别特征,如果为 1,则代表该节点具有此特征；如果为0，则反之。实际上，每个特征都是由（description：value）形式设计的。我们需要进行一些数据整理，自我网络中的每个顶点都应具有Long类型的顶点ID，但是数据集中的节点ID超出了Long的允许范围，例如114985346359714431656，因此必须为节点创建新索引。其次，需要解析数据中的0和1字符串，以创建具有更方便形式的特征向量。通常需要对节点ID对应的字符串进行哈希处理，如下所示。

```
val key=abs(row.head.hashCode.toLong)
```

代码6-39

然后，利用Breeze库中的SparseVector有效地存储特征索引。接下来，可以读取ego.edges文件，在自我中心网络中创建链接的集合RDD［Edge［Int］］。相对之前的示例，将自我中心网络建模为加权图。精确地，每个链接的属性将对应每个连接节点对具有的共同特征的数量（计算两个节点特征向量的内积），通过以下转换完成。

```
scala>:paste
//Entering paste mode (ctrl-D to finish)

  val edges: RDD[Edge[Int]]=sc.textFile("/data/ego.edges")
    .map {
      line =>
        val row=line split ' '
        val srcId=abs(row(0).hashCode.toLong)
        val dstId=abs(row(1).hashCode.toLong)
        val srcFeat=featureMap(srcId)
        val dstFeat=featureMap(dstId)
        val numCommonFeats=srcFeat dot dstFeat
        Edge(srcId, dstId, numCommonFeats)
    }

//Exiting paste mode, now interpreting.

edges: org.apache.spark.rdd.RDD[org.apache.spark.graphx.Edge[Int]] = MapPartitionsRDD[32] at map at <pastie>:36
```

代码6-40

最后，可以使用Graph.fromEdges()函数创建一个自我中心网络，此函数将RDD［Edge［Int］］集合和点的默认值作为参数。

```
scala>val egoNetwork: Graph[Int, Int]=Graph.fromEdges(edges, 1)
egoNetwork: org.apache.spark.graphx.Graph[Int,Int] =
org.apache.spark.graphx.impl.GraphImpl@659d6f74
```

代码6-41

可以检查自我中心网络中具有共同特征的链接数量。

```
scala>   egoNetwork.edges.filter(_.attr==3).count()
res2: Long=1852

scala>   egoNetwork.edges.filter(_.attr==2).count()
res3: Long=9353

scala>   egoNetwork.edges.filter(_.attr==1).count()
res4: Long=107934
```

代码 6-42

6.4.4 探索图

下面探索这三个图,并介绍网络节点的重要属性,即节点的度。节点的度代表其与其他节点的链接数。在有向图中,可以区分节点的传入度或入度(即其传入链接的数量)与节点的传出度或出度(即其传出链接的数量)。下面探讨三个示例网络的度分布。

```
scala>emailGraph.numEdges
res15: Long=367662

scala>emailGraph.numVertices
res16: Long=36692
```

代码 6-43

实际上,在此示例中员工的入度和出度完全相同,因为电子邮件网络图是双向的,可以通过查看平均度确认。

```
scala>emailGraph.inDegrees.map(_._2).sum / emailGraph.numVertices
res17: Double=10.020222391802028

scala>emailGraph.outDegrees.map(_._2).sum / emailGraph.numVertices
res18: Double=10.020222391802028
```

代码 6-44

如果想找到发送电子邮件给最多人的人,则可以定义并使用以下 max 函数。

```
scala>:paste
//Entering paste mode (ctrl-D to finish)

def max(a: (VertexId, Int), b: (VertexId, Int)): (VertexId, Int) ={
    if (a._2 >b._2) a else b
  }
```

```
//Exiting paste mode, now interpreting.

max: (a: (org.apache.spark.graphx.VertexId, Int), b: (org.apache.spark.
graphx.VertexId, Int))(org.apache.spark.graphx.VertexId, Int)
```
代码 6-45

让我们看一下输出：

```
scala>emailGraph.outDegrees.reduce(max)
res19: (org.apache.spark.graphx.VertexId, Int)=(5038,1383)
```
代码 6-46

此人可以是管理员工或普通员工，其已经充当了组织的枢纽。同样，可以定义一个 min 函数查找人。下面使用代码 6-47 检查电邮通信网络中是否有一些孤立的员工组。

```
scala>emailGraph.outDegrees.filter(_._2<=1).count
res20: Long=11211
```
代码 6-47

似乎有很多员工仅从一位员工（也许是老板或人力资源部门）接收电子邮件。对于二分图成分与化合物，还可以研究哪种食物中化合物的数量最多，或者哪种化合物在成分列表中最普遍。

```
scala>foodNetwork.outDegrees.reduce(max)
res21: (org.apache.spark.graphx.VertexId, Int)=(908,239)

scala>foodNetwork.vertices.filter(_._1==908).collect()
res22: Array[(org.apache.spark.graphx.VertexId, FNNode)] = Array((908,
Ingredient(black_tea,plant derivative)))

scala>foodNetwork.inDegrees.reduce(max)
res23: (org.apache.spark.graphx.VertexId, Int)=(10292,299)

scala>foodNetwork.vertices.filter(_._1==10292).collect()
res24: Array[(org.apache.spark.graphx.VertexId, FNNode)] = Array((10292,
Compound(1-octanol,111-87-5)))
```
代码 6-48

前两个问题的答案是红茶（black_tea）和化合物 1-辛醇（1-octanol）。同样，可以计算自我网络中的连接度。让我们看一下网络中的最大度和最小度。

```
scala>egoNetwork.degrees.reduce(max)
res25: (org.apache.spark.graphx.VertexId, Int)=(1643293729,1084)

scala>:paste
//Entering paste mode (ctrl-D to finish)

def min(a: (VertexId, Int), b: (VertexId, Int)): (VertexId, Int)={
    if (a._2 <b._2) a else b
}

//Exiting paste mode, now interpreting.

min: (a: (org.apache.spark.graphx.VertexId, Int), b: (org.apache.spark
.graphx.VertexId, Int))(org.apache.spark.graphx.VertexId, Int)

scala>egoNetwork.degrees.reduce(min)
res26: (org.apache.spark.graphx.VertexId, Int)=(687907923,1)
```

代码 6-49

假设现在要获得度的直方图数据,可以编写以下代码做到这一点。

```
scala>egoNetwork.degrees.map(t =>(t._2, t._1)).groupByKey.map(t =>(t._1, t._
2.size)).sortBy(_._1).collect()
res27: Array[(Int, Int)] =Array((1,15), (2,19), (3,12), (4,17), (5,11), (6,19),
(7,14), (8,9), (9,8), (10,10), (11,1), (12,9), (13,6), (14,7), (15,8), (16,6),
(17,5), (18,5), (19,7), (20,6), (21,8), (22,5), (23,8), (24,1), (25,2), (26,5),
(27,8), (28,4), (29,6), (30,7), (31,5), (32,10), (33,6), (34,10), (35,5), (36,9),
(37,7), (38,8), (39,5), (40,4), (41,3), (42,1), (43,3), (44,5), (45,7), (46,6),
(47,3), (48,6), (49,1), (50,9), (51,5), (52,8), (53,8), (54,4), (55,2), (56,5),
(57,7), (58,4), (59,8), (60,9), (61,12), (62,5), (63,15), (64,5), (65,7), (66,6),
(67,9), (68,4), (69,5), (70,4), (71,7), (72,9), (73,10), (74,2), (75,6), (76,7),
(77,10), (78,7), (79,9), (80,5), (81,3), (82,4), (83,7), (84,7), (85,4), (86,6),
(87,6), (88,10), (89,4), (90,6), (91,3), (92,4), (93,7), (94,4), (95,6)...
```

代码 6-50

6.5 图运算符

GraphX 将图计算和数据计算集成到一个系统中,数据不仅可以被当作图进行操作,同样也可以被当作表进行操作。它支持大量图计算的基本操作,如 subgraph()、mapReduceTriplets()等,也支持数据并行计算的基本操作,如 map()、reduce()、filter()、join()等。通过对上述这些操作的组合,GraphX 可以实现一些通用图计算的数据模型,如 Pregel 等。经过优化,GraphX 在保持数据操作灵活性的同时,可以达到或接近专用图处理框架的性能。GraphX 项目的目标是通过一个可组合的 API 在一个系统中进行统一图并行和数据并行计算。GraphX 使用户能够以图与集合的形式查看数据，而无须移动或重复数据。通过结合图并行系统的最新计算，GraphX 能够优化图操作的执行。

正如 RDD 具有基本操作 map()、filter() 和 reduceByKey()，属性图也具有基本操作集合，可以使用用户定义函数，并生成具有转换的属性和结构的新图。在 Graph 中定义了具有优化实现的核心运算符，并且在 GraphOps 类中定义了表示为核心运算符组合的便利运算符，所以图的常用算法是集中抽象到 GraphOps 类中，在 Graph 里做了隐式转换，将 Graph 转换为 GraphOps。

```
implicit def graphToGraphOps[VD: ClassTag, ED: ClassTag]
    (g: Graph[VD, ED]): GraphOps[VD, ED]=g.ops
```

代码 6-51

然后就可以通过 Graph 对象调用 GraphOps 类中的方法，例如，可以通过以下方法计算每个点的度数，inDegrees() 是在 GraphOps 类中定义的。

```
val graph: Graph[(String, String), String]
//Use the implicit GraphOps.inDegrees operator
val inDegrees: VertexRDD[Int]=graph.inDegrees
```

代码 6-52

区分核心图操作和 GraphOps 类的原因是能够在将来支持不同的图表示，每个图表示必须提供核心操作的实现，并且重用 GraphOps 类中定义的许多有用操作。以下是在 Graph 和 GraphOps 中定义函数的快速汇总，但为了简单起见，统一作为 Graph 的成员呈现。注意，已经简化了一些功能签名，例如删除了默认参数和类型约束，并且已经删除了一些更高级的函数，因此请参阅 API 文档，以获取正式的操作列表。

- **关于图的信息**
  - val numEdges：Long
  - val numVertices：Long
  - val inDegrees：VertexRDD[Int]
  - val outDegrees：VertexRDD[Int]
  - val degrees：VertexRDD[Int]
- **关于图的集合视图**
  - val vertices：VertexRDD[VD]
  - val edges：EdgeRDD[ED]
  - val triplets：RDD[EdgeTriplet[VD, ED]]
- **关于缓存图的方法**
  - def persist（newLevel：StorageLevel = StorageLevel.MEMORY_ONLY）：Graph[VD, ED]

- def cache()：Graph[VD, ED]
- def unpersistVertices(blocking：Boolean = true)：Graph[VD, ED]

■ 改变分区

- def partitionBy(partitionStrategy：PartitionStrategy)：Graph[VD, ED]

■ 关于相邻三联体的综合信息

- def collectNeighborIds（edgeDirection：EdgeDirection）：VertexRDD[Array[VertexId]]
- def collectNeighbors（edgeDirection：EdgeDirection）：VertexRDD[Array[(VertexId, VD)]]
- def aggregateMessages[Msg：ClassTag](sendMsg：EdgeContext[VD, ED, Msg] => Unit, mergeMsg：(Msg, Msg) => Msg, tripletFields：TripletFields = TripletFields.All)：VertexRDD[A]

■ 迭代图并行计算

- def pregel[A]（initialMsg：A, maxIterations：Int, activeDirection：EdgeDirection)(vprog：(VertexId, VD, A) => VD, sendMsg：EdgeTriplet[VD, ED] => Iterator[(VertexId,A)], mergeMsg：(A, A) => A)：Graph[VD, ED]

■ 基本图算法

- def pageRank（tol：Double, resetProb：Double = 0.15)：Graph[Double, Double]
- def connectedComponents()：Graph[VertexId, ED]
- def triangleCount()：Graph[Int, ED]
- def stronglyConnectedComponents(numIter：Int)：Graph[VertexId, ED]}

6.5.1 属性运算符

■ 顶底和边的转换

- def mapVertices[VD2](map：(VertexId, VD) => VD2)：Graph[VD2, ED]
- def mapEdges[ED2](map：Edge[ED] => ED2)：Graph[VD, ED2]
- def mapEdges[ED2](map：(PartitionID, Iterator[Edge[ED]]) => Iterator[ED2])：Graph[VD, ED2]
- def mapTriplets[ED2](map：EdgeTriplet[VD, ED] => ED2)：Graph[VD, ED2]
- def mapTriplets[ED2](map：(PartitionID, Iterator[EdgeTriplet[VD, ED]]) => Iterator[ED2])：Graph[VD, ED2]

与 RDD 的 map()运算符一样，属性图包含 mapVertices()、mapEdges()和 mapTriplets()等方法，这些运算符中的每一个产生一个新的图，其点或边属性被用户定义的 map()函数修改。注意，在每种情况下图结构都不受影响，这是这些运算符的一个关键特征，它允许生成的图重用原始图形的结构索引，以下代码片段（代码 6-53 和代码 6-54)在逻辑上是等效的,但是第一个片段不保留结构索引,并且不会从 GraphX 系统优化中受益。

```
val newVertices = graph.vertices.map { case (id, attr) => (id, mapUdf(id, attr)) }
val newGraph=Graph(newVertices, graph.edges)
```

代码 6-53

而是使用 mapVertices()保存索引。

```
val newGraph=graph.mapVertices((id, attr) =>mapUdf(id, attr))
```

代码 6-54

这些运算符通常用于初始化特定计算或项目的图,以避免不必要的属性,例如给出一个以度为点属性的图,为页面排序进行初始化。

```
//定义一个图,点属性为出度
val inputGraph: Graph[Int, String]=
  graph.outerJoinVertices(graph.outDegrees)((vid, _, degOpt) =>degOpt
.getOrElse(0))
//构造一个图,每个边包含权重,每个点是初始化的页面排序
val outputGraph: Graph[Double, Double] =
  inputGraph.mapTriplets(triplet =>1.0 / triplet.srcAttr).mapVertices((id,
_) =>1.0)
```

代码 6-55

6.5.2 结构运算符

■ 修改图的结构
- def reverse:Graph[VD, ED]
- def subgraph(epred:EdgeTriplet[VD,ED] => Boolean = (x => true), vpred:(VertexId, VD) => Boolean = ((v, d) => true)):Graph[VD, ED]
- def mask[VD2, ED2](other:Graph[VD2, ED2]):Graph[VD, ED]
- def groupEdges(merge:(ED, ED) => ED):Graph[VD, ED]

目前,GraphX 只支持一套简单的常用结构运算符,其中包括 reverse()、subgraph()、mask()和 groupEdges(),预计将来会增加更多。

reverse()运算符返回一个新的图,其所有边的方向都相反,这在例如尝试计算逆页面排序时是有用的,因为反向操作不会修改点或边属性以及不改变边的数量,无须数据移动或重复,所以可以有效地实现。

subgraph()使用两个返回布尔值的条件判定函数作为参数,第一个判定函数为 epred,输入参数为 EdgeTriplet,并在三元组满足该判定条件时返回 true;第二个判定函

数为 vpred，输入一对(VertexId，VD)，并在点满足判定条件时返回 true。使用这些判定条件，subgraph()返回图中的点必须包含满足点判定，而且图中的边必须满足边判定。默认情况下，点或边判定函数在未提供时设置为返回 true。这意味着，可以只传递边判定，或只传递点判定，或两者都传递。如果仅将点判定传递给 subgraph()，并且滤除了一个连接的两个顶，则这个连接对应的边也会自动被滤除。在很多情况下，subgraph()运算符非常方便，例如，在实践中图通常具有孤立的点或具有缺失点信息的边，可以使用subgraph()消除这些图元素。subgraph()的另一种情况是可以删除图中的中心点，这种节点有太多的连接。例如，在以下代码中删除断开的链接。

（1）为点创建 RDD。

```
scala>:paste
//Entering paste mode (ctrl-D to finish)

val users: RDD[(VertexId, (String, String))] =
  sc.parallelize(Array((3L, ("rxin", "student")), (7L, ("jgonzal", "postdoc")),
                       (5L, ("franklin", "prof")), (2L, ("istoica", "prof")),
                       (4L, ("peter", "student"))))

//Exiting paste mode, now interpreting.

users: org.apache.spark.rdd.RDD[(org.apache.spark.graphx.VertexId, (String,
String))]=ParallelCollectionRDD[100] at parallelize at <pastie>:34
```

代码 6-56

（2）为边创建 RDD。

```
scala>:paste
//Entering paste mode (ctrl-D to finish)

val relationships: RDD[Edge[String]] =
  sc.parallelize(Array(Edge(3L, 7L, "collab"),    Edge(5L, 3L, "advisor"),
                       Edge(2L, 5L, "colleague"), Edge(5L, 7L, "pi"),
                       Edge(4L, 0L, "student"),   Edge(5L, 0L, "colleague")))

//Exiting paste mode, now interpreting.

relationships: org.apache.spark.rdd.RDD[org.apache.spark.graphx
.Edge[String]]=ParallelCollectionRDD[101] at parallelize at <pastie>:34
```

代码 6-57

(3)定义默认的用户。

```
scala>val defaultUser=("John Doe", "Missing")
defaultUser: (String, String)=(John Doe,Missing)
```

代码 6-58

(4)构建初始 Graph。

```
scala>val graph=Graph(users, relationships, defaultUser)
graph: org.apache.spark.graphx.Graph[(String, String),String]=org.apache
.spark.graphx.impl.GraphImpl@3517a60
scala>:paste
//Entering paste mode (ctrl-D to finish)

graph.triplets.map(
  triplet =>triplet.srcAttr._1 +" is the " +triplet.attr +" of " +triplet
.dstAttr._1
).collect.foreach(println(_))

//Exiting paste mode, now interpreting.

rxin is the collab of jgonzal
franklin is the advisor of rxin
istoica is the colleague of franklin
franklin is the pi of jgonzal
peter is the student of John Doe
franklin is the colleague of John Doe
```

代码 6-59

注意,用户 0L 没有相应的信息,但是连接到用户 4L(peter)和 5L(franklin)。

(5)移除缺失点以及连接到它们的边,通过移出用户 0L 断开与用户 4L 和 5L 的连接。

```
scala>val validGraph=graph.subgraph(vpred=(id, attr) =>attr._2 !=
"Missing")
validGraph: org.apache.spark.graphx.Graph[(String, String),String] = org.
apache.spark.graphx.impl.GraphImpl@43995813

scala>validGraph.vertices.collect.foreach(println(_))
(2,(istoica,prof))
(3,(rxin,student))
(4,(peter,student))
(5,(franklin,prof))
```

```
(7,(jgonzal,postdoc))

scala>:paste
//Entering paste mode (ctrl-D to finish)

validGraph.triplets.map(
  triplet =>triplet.srcAttr._1 +" is the " +triplet.attr +" of " +triplet
.dstAttr._1
).collect.foreach(println(_))

//Exiting paste mode, now interpreting.

rxin is the collab of jgonzal
franklin is the advisor of rxin
istoica is the colleague of franklin
franklin is the pi of jgonzal
```

代码 6-60

mask() 运算符通过图进行过滤,由图中的点和边构建子图,例如表达式 graph.mask(anotherGraph) 返回一个 graph 的子图,该图包含在 anotherGraph 中找到的点和边。mask() 可以与 subgraph() 运算符一起使用,以基于另一个相关图的属性过滤图。考虑以下情况,我们想找到图的连接部分,但是要在结果图中删除缺少属性信息的点。可以通过 connectedComponent() 找到连接的部分,并一起使用 mask() 和 subgraph(),以获得所需的结果,代码如下所示。

(1) 获得连接的部分。

```
scala>val ccGraph=graph.connectedComponents()
ccGraph: org.apache.spark.graphx.Graph[org.apache.spark.graphx.VertexId,
String]=org.apache.spark.graphx.impl.GraphImpl@5025b871
scala>ccGraph.edges.collect.foreach(println(_))
Edge(3,7,collab)
Edge(5,3,advisor)
Edge(2,5,colleague)
Edge(5,7,pi)
Edge(4,0,student)
Edge(5,0,colleague)
```

代码 6-61

(2) 移除缺失属性信息的点以及连接到它们的边。

```
scala>val validGraph=graph.subgraph(vpred=(id, attr) =>attr._2 !=
"Missing")
```

```
validGraph: org.apache.spark.graphx.Graph[(String, String),String]=org
.apache.spark.graphx.impl.GraphImpl@54d1dfa1
scala>validGraph.edges.collect.foreach(println(_))
Edge(3,7,collab)
Edge(5,3,advisor)
Edge(2,5,colleague)
Edge(5,7,pi)
```

代码 6-62

(3) 使用子图过滤。

```
scala>val validCCGraph=ccGraph.mask(validGraph)
validCCGraph: org. apache. spark. graphx. Graph [org. apache. spark. graphx.
VertexId,String]=org.apache.spark.graphx.impl.GraphImpl@17645849

scala>validCCGraph.edges.collect.foreach(println(_))
Edge(3,7,collab)
Edge(5,3,advisor)
Edge(2,5,colleague)
Edge(5,7,pi)
```

代码 6-63

Spark 的属性图允许将任何连接的节点配对，所以可以构造多边图。groupEdges()运算符是另一种结构运算符，将每对节点之间的重复边合并为一条边。为此，groupEdges()需要一个名为 merge() 的函数作为参数，该参数接受一对边属性，类型为 ED 类型，并将它们组合为相同类型的单个属性值，groupEdges()返回的图与原始图具有相同的类型。

6.5.3 联结运算符

■ 连接 RDD 和图

- def joinVertices[U](table：RDD[(VertexId，U)])(mapFunc：(VertexId，VD，U) => VD)：Graph[VD，ED]
- def outerJoinVertices[U，VD2](table：RDD[(VertexId，U)])(mapFunc：(VertexId，VD，Option[U]) => VD2)：Graph[VD2，ED]

在许多情况下，有必要使用图联结外部集合数据，例如可能有额外的用户属性，要与现有的图合并，或者可能希望将点属性从一个图拉到另一个。可以使用联结运算符完成这些任务，其中包括 joinVertices() 和 outerJoinVertices() 等。

joinVertices() 在 Graph[VD,ED] 对象上调用，需要两个输入参数，作为柯里化参数传递。首先，joinVertices() 将图的顶点属性与 RDD[(VertexId，U)] 类型的输入点 table 连接。其次，还将用户定义的 mapFunc() 函数传递给 joinVertices()，该函数将每个顶点的原始属性和传递属性联结到一个新的属性中，此新属性的返回类型必须与原始属性相同。此外,在传递的 RDD 中没有匹配值的顶点将保留其原始值。第二个联结运算符是 outerJoinVertices(),是比 joinVertices() 更通用的方法。虽然 outerJoinVertices() 仍然将顶点 RDD 和用户定义的 mapFunc 作为参数,但允许 mapFunc 函数更改顶点属性类型。此外,即使原始图中的所有顶点都不在联结的 table 中,也将对其进行转换。因此,mapFunc 函数采用类型参数 Option [U] 代替了 joinVertices 中的简单 U 类型。注意,这两个联结运算符使用了多个参数列表的柯里化函数模式,例如 f(a)(b)。虽然可以将 f(a)(b) 同样写成 f(a,b),但这意味着 b 上的类型推断不会取决于 a,因此需要为用户定义的函数提供类型注释。

- Scala 柯里化函数

柯里化(Currying)函数是一个带有多个参数,并引入一个函数链中的函数,每个函数都使用一个参数。柯里化函数用多个参数表定义,如下所示。

```
def strcat(s1: String)(s2: String)=s1+s2
```

代码 6-64

或者,还可以使用以下语法定义柯里化函数。

```
def strcat(s1: String)=(s2: String) =>s1+s2
```

代码 6-65

以下是调用柯里化函数的语法。

```
strcat("foo")("bar")
```

代码 6-66

可以根据需要在柯里化函数上定义两个以上的参数。尝试下面一个简单的示例程序,用来了解如何使用柯里化函数。

```
object Demo {
    def main(args: Array[String]) {
        val str1:String="Hello, "
        val str2:String="Scala!"

        println( "str1 +str2 =" +strcat(str1)(str2) )
    }

    def strcat(s1: String)(s2: String)={
        s1+s2
    }
}
```

代码 6-67

上面代码的运行结果为

```
str1+str2=Hello, Scala!
```

代码 6-68

现在用一个例子说明这两个联结运算符的差异，让我们制作一个电影演员的信息图。

```
scala>:paste
//Entering paste mode (ctrl-D to finish)

  val actors: RDD[(VertexId, String)]=sc.parallelize(List(
    (1L, "George Clooney"), (2L, "Julia Stiles"),
    (3L, "Will Smith"), (4L, "Matt Damon"),
    (5L, "Salma Hayek")))

//Exiting paste mode, now interpreting.

actors: org.apache.spark.rdd.RDD [(org.apache.spark.graphx.VertexId,
String)]=ParallelCollectionRDD[277] at parallelize at <pastie>:33
```

代码 6-69

如果两个人一起在电影中出现，则图中的两个人将建立联系，每条边的属性将包含电影标题。下面将该信息加载到称为 movies 的边 RDD 中。

```
scala>:paste
//Entering paste mode (ctrl-D to finish)

  val movies: RDD[Edge[String]]=sc.parallelize(List(
    Edge(1L, 4L, "Ocean's Eleven"), Edge(2L, 4L, "Bourne Ultimatum"),
    Edge(3L, 5L, "Wild Wild West"), Edge(1L, 5L, "From Dusk Till Dawn"),
    Edge(3L, 4L, "The Legend of Bagger Vance")))

//Exiting paste mode, now interpreting.

movies: org.apache.spark.rdd.RDD[org.apache.spark.graphx.Edge[String]] =
ParallelCollectionRDD[278] at parallelize at <pastie>:33
```

代码 6-70

现在，构建图并查看其中的内容。

```
scala>val movieGraph=Graph(actors, movies)
movieGraph: org.apache.spark.graphx.Graph[String,String]=org.apache.spark
.graphx.impl.GraphImpl@24e3ff69
```

```
scala>movieGraph.triplets.foreach(t =>println(t.srcAttr +" & " +t.dstAttr +
" appeared in " +t.attr))
Julia Stiles & Matt Damon appeared in Bourne Ultimatum
Will Smith & Salma Hayek appeared in Wild Wild West
George Clooney & Salma Hayek appeared in From Dusk Till Dawn
George Clooney & Matt Damon appeared in Ocean's Eleven
Will Smith & Matt Damon appeared in The Legend of Bagger Vance
```

代码 6-71

图中的点仅包含每个演员的名称。

```
scala>movieGraph.vertices.foreach(println)
(2,Julia Stiles)
(4,Matt Damon)
(3,Will Smith)
(5,Salma Hayek)
(1,George Clooney)
```

代码 6-72

假设可以访问演员简介的数据集,将这样的数据集加载到顶点 RDD 中。

```
scala>case class Biography(birthname: String, hometown: String)
defined class Biography

scala>:paste
//Entering paste mode (ctrl-D to finish)

  val bio: RDD[(VertexId, Biography)]=sc.parallelize(List(
    (2, Biography("Julia O'Hara Stiles", "NY City, NY, USA")),
    (3, Biography("Willard Christopher Smith Jr.", "Philadelphia, PA, USA")),
    (4, Biography("Matthew Paige Damon", "Boston, MA, USA")),
    (5, Biography("Salma Valgarma Hayek-Jimenez", "Coatzacoalcos, Veracruz, Mexico")),
    (6, Biography("José Antonio Domínguez Banderas", "Málaga, Andalucía, Spain")),
    (7, Biography("Paul William Walker IV", "Glendale, CA, USA"))))

//Exiting paste mode, now interpreting.

bio: org. apache. spark. rdd. RDD [( org. apache. spark. graphx. VertexId,
Biography)]=ParallelCollectionRDD[296] at parallelize at <pastie>:35
```

代码 6-73

我们将使用 joinVertices() 将此信息加入 movieGraph 中,为此创建一个用户定义的函数,该函数将演员的家乡附加到他们的名字之后。

```
scala>def appendHometown(id: VertexId, name: String, bio: Biography): String
=name +":" +bio.hometown
appendHometown: (id: org.apache.spark.graphx.VertexId, name: String, bio:
Biography)String
```

代码 6-74

记住,joinVertices()映射函数应返回一个字符串,因为这时原始图的点属性类型为字符串。现在,可以将演员介绍加入 movieGraph 的点属性中。

```
scala>val movieJoinedGraph=movieGraph.joinVertices(bio)(appendHometown)
movieJoinedGraph: org.apache.spark.graphx.Graph[String,String] =
org.apache.spark.graphx.impl.GraphImpl@808a07b

scala>movieJoinedGraph.vertices.foreach(println)
(1,George Clooney)
(5,Salma Hayek:Coatzacoalcos, Veracruz, Mexico)
(3,Will Smith:Philadelphia, PA, USA)
(4,Matt Damon:Boston, MA, USA)
(2,Julia Stiles:NY City, NY, USA)
```

代码 6-75

接下来,使用 outerJoinVertices() 运算符,然后查看两者之间的差异。这一次,将直接传递匿名映射函数联结演员名字和介绍,并返回一个包含这两个值的二元组。

```
scala>val movieOuterJoinedGraph=movieGraph.outerJoinVertices(bio)((_, name,
bio) =>(name, bio))
movieOuterJoinedGraph: org.apache.spark.graphx.Graph[(String, Option
[Biography]),String]=org.apache.spark.graphx.impl.GraphImpl@5abf71b5
```

代码 6-76

注意,outerJoinVertices()如何将点的属性类型从字符串更改为元组(String,Option[Biography]),下面打印点。

```
scala>movieOuterJoinedGraph.vertices.foreach(println)
(3,(Will Smith,Some(Biography(Willard Christopher Smith Jr.,Philadelphia, PA,
USA))))
(5,(Salma Hayek,Some(Biography(Salma Valgarma Hayek-Jimenez,Coatzacoalcos,
Veracruz, Mexico))))
(1,(George Clooney,None))
(4,(Matt Damon,Some(Biography(Matthew Paige Damon,Boston, MA, USA))))
(2,(Julia Stiles,Some(Biography(Julia O'Hara Stiles,NY City, NY, USA))))
```

代码 6-77

如前所述，即使在传递给 outerJoinVertices() 的简介数据集中没有"George Clooney"，其新属性也已更改为 None，这是可选类型 Option[Biography] 的有效实例，有时可以在 Option[T] 上定义 getOrElse() 方法从可选值中提取信息，为不存在的点提供默认的新属性值。

```
scala>val movieOuterJoinedGraph=movieGraph.outerJoinVertices(bio)((_, name,
bio) =>(name, bio.getOrElse(Biography("NA", "NA"))))
movieOuterJoinedGraph: org.apache.spark.graphx.Graph[(String, Biography),
String]=org.apache.spark.graphx.impl.GraphImpl@59aac4dd

scala>movieOuterJoinedGraph.vertices.foreach(println)
(1,(George Clooney,Biography(NA,NA)))
(5,(Salma Hayek,Biography(Salma Valgarma Hayek - Jimenez,Coatzacoalcos,
Veracruz,Mexico)))
(3,(Will Smith,Biography(Willard Christopher Smith Jr.,Philadelphia,PA,
USA)))
(2,(Julia Stiles,Biography(Julia O'Hara Stiles,NY City,NY,USA)))
(4,(Matt Damon,Biography(Matthew Paige Damon,Boston,MA,USA)))
```

代码 6-78

或者，可以为联结的点创建新的返回类型，例如可以创建一个 Actor 类型，然后生成一个新图，类型为 Graph[Actor, String]，如下所示。

```
scala>case class Actor(name: String, birthname: String, hometown: String)
defined class Actor

scala>:paste
//Entering paste mode (ctrl-D to finish)

  val movieOuterJoinedGraph=movieGraph.outerJoinVertices(bio)((_, name, b)
=>b match {
    case Some(bio) =>Actor(name, bio.birthname, bio.hometown)
    case None =>Actor(name, "", "")
  })

//Exiting paste mode, now interpreting.

movieOuterJoinedGraph: org.apache.spark.graphx.Graph[Actor,String] =
org.apache.spark.graphx.impl.GraphImpl@3f13c612
```

代码 6-79

列出新图中的点，看一看是不是得到了预期的结果。

```
scala>movieOuterJoinedGraph.vertices.foreach(println)
(1,Actor(George Clooney,,))
(5,Actor(Salma Hayek,Salma Valgarma Hayek-Jimenez,Coatzacoalcos,Veracruz,
Mexico))
(4,Actor(Matt Damon,Matthew Paige Damon,Boston, MA, USA))
(3,Actor(Will Smith,Willard Christopher Smith Jr.,Philadelphia, PA, USA))
(2,Actor(Julia Stiles,Julia O'Hara Stiles,NY City, NY, USA))
```

代码 6-80

注意，尽管"Antonio Banderas"和"Paul Walker"存在于 bio 中，但它们不属于原始图中的节点，所以不会创建新顶点。

6.5.4 点和边操作

GraphX 将存储在图内的点和边 RDD 视图暴露出来，然而 GraphX 以优化的数据结构维护点和边，这些数据结构提供额外的功能，该点和边分别返回 VertexRDD 和 EdgeRDD 集合，这些集合的类型分别是 RDD[(VertexID，VD)]和 RDD[Edge[ED]]的子类型。在本节中，回顾一些在这些类型中有用的附加功能。

首先介绍 VertexRDD 和 EdgeRDD 的映射操作。mapValues()将一个 map()函数作为输入参数，该函数转换 VertexRDD 中的每个点属性，然后返回一个新的 VertexRDD 对象，同时保留原始的点索引。mapValues()方法被重载，因此 map()函数可以采用 VD 或 (VertexId，VD)类型的参数作为输入，新顶点属性的类型可以与 VD 类型不同。

- def mapValues[VD2](map：VD => VD2)：VertexRDD[VD2]
- def mapValues[VD2](map：(VertexId，VD) => VD2)：VertexRDD[VD2]

为了说明问题，可获取 movieJoinedGraph 中明星和简介的 VertexRDD 集合。

```
scala>val actorsBio=movieJoinedGraph.vertices
actorsBio: org.apache.spark.graphx.VertexRDD[String]=VertexRDDImpl[299] at
RDD at VertexRDD.scala:57

scala>actorsBio.foreach(println)
(2,Julia Stiles:NY City, NY, USA)
(5,Salma Hayek:Coatzacoalcos, Veracruz, Mexico)
(1,George Clooney)
(3,Will Smith:Philadelphia, PA, USA)
(4,Matt Damon:Boston, MA, USA)
```

代码 6-81

现在，可以使用 mapValues()将其名称提取到新的 VertexRDD 集合中。

```
scala>actorsBio.mapValues(s =>s.split(':')(0)).foreach(println)
(4,Matt Damon)
```

```
(2,Julia Stiles)
(3,Will Smith)
(1,George Clooney)
(5,Salma Hayek)
```

使用重载的 mapValues()方法，可以将点 ID 包含在 map()函数的输入参数中，并且仍然得到类似的结果。

```
scala>actorsBio.mapValues((vid,s) =>s.split(':')(0)).foreach(println)
(4,Matt Damon)
(1,George Clooney)
(5,Salma Hayek)
(3,Will Smith)
(2,Julia Stiles)
```

代码 6-82

还有一种 mapValues()方法可用于转换 EdgeRDD：
- def mapValues[ED2](f：Edge[ED] => ED2)：EdgeRDD[ED2]

同样，mapValues()仅更改边属性，不会删除边或添加边，也不会修改边的方向。接下来是过滤 VertexRDD 的操作。

使用 filter()方法，还可以过滤 VertexRDD 集合。在不更改点索引的情况下，filter()删除不满足用户定义判定条件的点。与 mapValues()不同，filter()没有重载，因此判定的类型必须为(VertexId, VD) => Boolean，总结如下。
- def filter(pred：(VertexId, VD) => Boolean)：VertexRDD[VD]

除 filter()之外，diff()操作还过滤 VertexRDD 集合内部的点，使用另一个 VertexRDD 集合作为输入，并从原始集合中移除也在输入集合中的顶点。
- def diff(other：VertexRDD[VD])：VertexRDD[VD]

GraphX 没有为 EdgeRDD 集合提供类似的 filter()操作，因为使用结构运算符 subgraph()可以直接有效地过滤边。

以下连接运算符针对 VertexRDD 集合进行了优化。
- def innerJoin[U, VD2](other：RDD[(VertexId, U)])(f：(VertexId, VD, U) => VD2)：VertexRDD[VD2]
- def leftJoin[U, VD2](other：RDD[(VertexId, VD2)])(f：(VertexId, VD, Option[U]) => VD2)：VertexRDD[VD2]

第一个运算符是 innerJoin()，可以将 VertexRDD 和用户定义的函数 f()作为输入参数，使用此功能将原始集合和输入 VertexRDD 集合中都存在的点属性结合在一起。换句话说，innerJoin()返回点的相交集合并根据 f()函数合并其属性，因此给定 moviegraph 的点 RDD，innerJoin()的结果将不包含"George Clooney""Paul Walker"和"Jose AntonioDomínguezBanderas"。

```
scala>val actors=movieGraph.vertices
actors: org.apache.spark.graphx.VertexRDD[String]=VertexRDDImpl[288] at RDD
at VertexRDD.scala:57

scala>actors.innerJoin(bio)((vid, name, b) =>name +" is from " +b.hometown)
.foreach(println)
(4,Matt Damon is from Boston, MA, USA)
(2,Julia Stiles is from NY City, NY, USA)
(5,Salma Hayek is from Coatzacoalcos, Veracruz, Mexico)
(3,Will Smith is from Philadelphia, PA, USA)
```

代码 6-83

第二个运算符 leftJoin() 类似在 Graph [VD,ED]中定义的运算符 outerJoinVertices()，除了输入 VertexRDD 集合外，还接受类型为(VertexId，VD，Option [U])=> VD2 的用户定义函数 f()。生成的 VertexRDD 也将包含与原始 VertexRDD 相同的点。由于函数 f()的第三个输入参数是 Option [U]，因此它可以处理原始 VertexRDD 集合中不存在的点。使用前面的示例，将执行以下操作。

```
scala>:paste
//Entering paste mode (ctrl-D to finish)

  actors.leftJoin(bio)((vid, name, b) =>b match {
    case Some(bio) =>name +" is from " +bio.hometown
    case None =>name +"\'s hometown is unknown"
  }).foreach(println)

//Exiting paste mode, now interpreting.

(3,Will Smith is from Philadelphia, PA, USA)
(5,Salma Hayek is from Coatzacoalcos, Veracruz, Mexico)
(2,Julia Stiles is from NY City, NY, USA)
(4,Matt Damon is from Boston, MA, USA)
(1,George Clooney's hometown is unknown)
```

代码 6-84

在 GraphX 中，存在用于连接两个 EdgeRDD 的运算符 innerJoin。

➢ def innerJoin[ED2，ED3](other：EdgeRDD[ED2])(f：(VertexId，VertexId，ED，ED2) => ED3)：EdgeRDD[ED3]

类似于 VertexRDD 的 innerJoin()方法，除了其输入函数具有类型 f：(VertexId，VertexId，ED，ED2) => ED3，而且 innerJoin()使用与原始 EdgeRDD 相同的分区策略。

以前我们已经看到了 reverse()操作，可以反转图的所有边。当只想反转图中边的子集时,以下定义为 EdgeRDD 对象的 reverse()方法就很有用。

➢ def reverse：EdgeRDD[ED]

例如,我们知道图属性在 GraphX 中是有方向的,建模无向图的唯一方法是为每个边添加反向链接,使用 reverse()运算符轻松完成此操作。如下所示,首先将 movieGraph 图的边提取到 EdgeRDD 中：

```
scala>val movies=movieGraph.edges
movies: org.apache.spark.graphx.EdgeRDD[String]=EdgeRDDImpl[290] at RDD at
EdgeRDD.scala:41

scala>movies.foreach(println)
Edge(1,4,Ocean's Eleven)
Edge(2,4,Bourne Ultimatum)
Edge(3,5,Wild Wild West)
Edge(3,4,The Legend of Bagger Vance)
Edge(1,5,From Dusk Till Dawn)
```

代码 6-85

然后,创建一个反向链接的新 EdgeRDD 集合,然后使用这两个 EdgeRDD 集合的并集获得双向图。

```
scala>val bidirectedGraph=Graph(actors, movies union movies.reverse)
bidirectedGraph: org.apache.spark.graphx.Graph[String,String]=org.apache
.spark.graphx.impl.GraphImpl@152c0025
```

打印新的边集合。

```
scala>bidirectedGraph.edges.foreach(println)
Edge(2,4,Bourne Ultimatum)
Edge(1,5,From Dusk Till Dawn)
Edge(4,2,Bourne Ultimatum)
Edge(5,1,From Dusk Till Dawn)
Edge(3,5,Wild Wild West)
Edge(5,3,Wild Wild West)
Edge(1,4,Ocean's Eleven)
Edge(4,1,Ocean's Eleven)
Edge(3,4,The Legend of Bagger Vance)
Edge(4,3,The Legend of Bagger Vance)
```

代码 6-86

6.5.5 收集相邻信息

在进行图计算时,我们可能希望使用邻近信息,例如邻近顶点的属性,两个运算符

collectNeighborIds()和 collectNeighbors()允许执行此操作。collectNeighborIds()仅将每个节点的邻居点 ID 收集到 VertexRDD 中,而 collectNeighbors()还会收集其属性:

- def collectNeighborIds(edgeDirection：EdgeDirection)：VertexRDD[Array[VertexId]]
- def collectNeighbors(edgeDirection：EdgeDirection)：VertexRDD[Array[(VertexId，VD)]]

这两个方法通过属性图调用,并与 EdgeDirection 一起作为输入参数传递。EdgeDirection 属性可以采用四个可能的值。

Edge.Direction.In：每个点仅收集具有传入链接的相邻属性。

Edge.Direction.Out：每个点仅收集具有传出链接的相邻属性。

Edge.Direction.Either：每个顶点都收集其所有邻居的属性。

Edge.Direction.Both：每个顶点都收集同时具有传入和传出链接的相邻属性。

```
scala>val nodes=ingredients ++compounds
nodes: org.apache.spark.rdd.RDD[(org.apache.spark.graphx.VertexId, FNNode)]
=UnionRDD[345] at $plus$plus at <console>:36

scala>val foodNetwork=Graph(nodes, links)
foodNetwork: org.apache.spark.graphx.Graph[FNNode,Int]=org.apache.spark
.graphx.impl.GraphImpl@176ec7ba
```

代码 6-87

要创建新的调料网络,需要知道哪些成分共享某些合成物,这可以通过首先收集 foodNetwork 图中每个合成物节点的成分 ID 完成,就是将具有相同合成物的成分 ID 收集并分组到元组的 RDD 集合中(compound id, Array[ingredient id]),如下所示。

```
scala>val similarIngr: RDD[(VertexId, Array[VertexId])]=foodNetwork
.collectNeighborIds(EdgeDirection.In)
similarIngr: org.apache.spark.rdd.RDD[(org.apache.spark.graphx.VertexId,
Array[org.apache.spark.graphx.VertexId])] = VertexRDDImpl[363] at RDD at
VertexRDD.scala:57
```

代码 6-88

接下来,创建一个函数 pairIngredients(),参数的类型为(compound id, Array[ingredient id]),并在数组中的每对成分之间创建一条边。

```
scala>:paste
//Entering paste mode (ctrl-D to finish)

  def pairIngredients(ingPerComp: (VertexId, Array[VertexId])): Seq[Edge
[Int]] =
    for {
```

```
        x <-ingPerComp._2
        y <-ingPerComp._2
        if x !=y
     } yield Edge(x, y, 1)

//Exiting paste mode, now interpreting.

pairIngredients: (ingPerComp: (org.apache.spark.graphx.VertexId, Array[org.
apache.spark.graphx.VertexId]))Seq[org.apache.spark.graphx.Edge[Int]]
```

代码 6-89

一旦有了这些信息,就可以为每对共享网络中相同合成物的成分创建 EdgeRDD 集合,如下所示。

```
scala>val flavorPairsRDD: RDD[Edge[Int]]=similarIngr flatMap
pairIngredients
flavorPairsRDD: org.apache.spark.rdd.RDD[org.apache.spark.graphx.Edge[Int]]
=MapPartitionsRDD[364] at flatMap at <console>:36
```

代码 6-90

最后,可以创建新的调料网络。

```
scala>val flavorNetwork=Graph(ingredients, flavorPairsRDD).cache
flavorNetwork: org.apache.spark.graphx.Graph[FNNode,Int] =
org.apache.spark.graphx.impl.GraphImpl@38ffea9f
```

代码 6-91

在 flavorNetwork 中打印前 5 个三元组。

```
scala>flavorNetwork.triplets.take(5).foreach(println)
((3, Ingredient(mackerel, fish/seafood)), (9, Ingredient(peanut_butter, plant
derivative)),1)
((3, Ingredient(mackerel, fish/seafood)), (9, Ingredient(peanut_butter, plant
derivative)),1)
((3, Ingredient(mackerel, fish/seafood)), (9, Ingredient(peanut_butter, plant
derivative)),1)
((3, Ingredient(mackerel, fish/seafood)), (9, Ingredient(peanut_butter, plant
derivative)),1)
((3, Ingredient(mackerel, fish/seafood)), (9, Ingredient(peanut_butter, plant
derivative)),1)
```

代码 6-92

我们会发现,很多成分之间共享相同的合成物,当一对成分共享一个以上的化合物时,可能出现重复的边。假设要将每对成分之间的平行边分组为一条边,该边包含两种成分之间共享的化合物的数量。可以使用 groupEdges() 方法做到这一点。

```
scala>val flavorWeightedNetwork =
flavorNetwork.partitionBy(PartitionStrategy.EdgePartition2D)
.groupEdges((x, y) =>x +y)
flavorWeightedNetwork: org.apache.spark.graphx.Graph[FNNode,Int]=org
.apache.spark.graphx.impl.GraphImpl@7289694e

scala>:paste
//Entering paste mode (ctrl-D to finish)
```

代码 6-93

现在,打印共享最多化合物的 5 对成分。

```
flavorWeightedNetwork.triplets.
    sortBy(t =>t.attr, false).take(5)
    .foreach(t =>println(t.srcAttr.name +" and " +t.dstAttr.name +" share " +
t.attr +" compounds."))

//Exiting paste mode, now interpreting.

bantu_beer and beer share 227 compounds.
beer and bantu_beer share 227 compounds.
roasted_beef and grilled_beef share 207 compounds.
grilled_beef and roasted_beef share 207 compounds.
grilled_beef and fried_beef share 200 compounds.
```

代码 6-94

6.6 Pregel[**]

从数学角度来说,图是非常有用的抽象,可用来解决许多实际的计算问题,例如借助 PageRank 图算法,可以搜索近 50 亿个网页;除了网络搜索外,还有其他应用程序,例如社交媒体需要对其进行迭代图处理。图本质上具有递归数据结构,因为点的属性取决于其相邻节点的属性,而邻居的属性又依赖于其邻居的属性。因此,许多重要的图算法迭代地重新计算每个点的属性,直到达到一个固定点的条件,目前提出了一系列图并行抽象表达这些迭代算法。本节将学习如何使用计算模型 Pregel 完成此类任务。Pregel 最初由谷歌提出,并已被 Spark 用作迭代图形计算的通用编程接口。我们将了解 Pregel 计算模型,通过具体示例说明 Spark 中 Pregel 运算符的接口和实现,并且能够使用 Pregel 接口制定自己的算法。

Pregel 的计算过程是由一系列被称为"超步"的迭代组成的。一次块同步并行计算模型（Bulk Synchronous Parallel Computing Model，BSP）计算过程包括一系列全局超步。所谓的超步，就是计算中的一次迭代，每个超步主要包括三个组件。

局部计算：每个参与的处理器都有自身的计算任务。

通信：处理器群相互交换数据。

栅栏同步（Barrier Synchronization）：当一个处理器遇到路障或栅栏时，会等其他所有处理器完成它们的计算步骤。

在每个超步中，每个顶点上面都会并行执行用户自定义的函数，该函数描述了一个顶点 V 在一个超步 S 中需要执行的操作。该函数可以读取前一个超步（S－1）中其他顶点发送给顶点 V 的消息，执行相应计算后，修改顶点 V 及其出射边的状态，然后沿着顶点 V 的出射边发送消息给其他顶点，而且一个消息可能经过多条边的传递后被发送到任意已知 ID 的目标顶点上。这些消息将会在下一个超步（S＋1）中被目标顶点接收，然后像上述过程一样开始下一个超步（S＋1）的迭代过程。在第 0 个超步，所有顶点处于活跃状态。当一个顶点不需要继续执行进一步的计算时，就会把自己的状态设置为"停机"，进入非活跃状态。当一个处于非活跃状态的顶点收到来自其他顶点的消息时，Pregel 计算框架必须根据条件判断决定是否将其显式唤醒进入活跃状态。当图中所有的顶点都已经标识其自身达到"非活跃（inactive）"状态，并且没有消息在传送的时候，算法就可以停止运行。在 Pregel 计算过程中，一个算法什么时候可以结束，是由所有顶点的状态决定的。

与其他标准的 Pregel 实现不同，GraphX 中的点只能将消息发送到相邻点，并且使用用户定义的消息传递函数并行完成消息构造，这些限制允许在 GraphX 中进行额外优化。

6.6.1　一个例子

在介绍 Pregel API 之前，先用一个假设的社交网络示例说明这些概念。假设每个人都需要一种算法尝试使自己的财富平均化，当然这只是一个例子，但这将有助于阐明 Pregel 的工作方式。本质上讲，每个人都会将自己的财富与朋友进行比较，然后将其中的一些财富发送给那些财富少的人。在这种情况下，可以使用 Double 作为算法的消息类型，在每次迭代的开始，每个人都会首先收到朋友在上一次迭代中捐赠的款项。根据他们对朋友现在拥有的资产的了解，他们会将自己的新财富与朋友的状况进行比较。这意味着他们需要找出收入减少的人，然后计算应该发送多少给这些朋友，同时他们还决定保留多少资金。正如描述的那样，每个 Pregel 迭代都包含三个连续的任务，这就是为什么将其称为超步的原因，因此他们首先需要一个 mergeMsg 函数合并可能从富裕的朋友那里收到的入站汇款。

```
scala>def mergeMsg(fromA: Double, fromB: Double): Double=fromA +fromB
mergeMsg: (fromA: Double, fromB: Double)Double
```

代码 6-95

其次，还需要一个称为顶点程序的函数，以计算在上一个超集中收到钱后拥有的钱。

```
scala> def vprog(id: VertexId, balance: Double, credit: Double) = balance
+credit
vprog: (id: org.apache.spark.graphx.VertexId, balance: Double, credit:
Double)Double
```

代码 6-96

最后,还需要一个名为 sendMsg 的函数在朋友之间进行汇款。

```
scala>:paste
//Entering paste mode (ctrl-D to finish)

  def sendMsg(t: EdgeTriplet[Double, Int]) =
    if (t.srcAttr <=t.dstAttr) Iterator.empty
    else Iterator((t.dstId, t.srcAttr * 0.05), (t.srcId, -t.srcAttr * 0.05))

//Exiting paste mode, now interpreting.

sendMsg: (t: org.apache.spark.graphx.EdgeTriplet[Double,Int])Iterator[(org.
apache.spark.graphx.VertexId, Double)]
```

代码 6-97

从上一个函数签名可以看出,sendMsg 将边缘三元组作为输入,而不是顶点,因此可以访问源节点和目标节点。下面通过考虑三个朋友之间的三角网络进一步简化示例。

```
scala>val nodes: RDD[(Long, Double)]=sc.parallelize(List((1,10.0),(2,3.0),(3,
5.0)))
nodes: org.apache.spark.rdd.RDD[(Long, Double)]=ParallelCollectionRDD[403]
at parallelize at <console>:33

scala>val edges=sc.parallelize(List(Edge(1,2,1),Edge(2,1,1),Edge(1,3,1),
Edge(3,1,1),Edge(2,3,1),Edge(3,2,1)))
edges: org.apache.spark.rdd.RDD[org.apache.spark.graphx.Edge[Int]] =
ParallelCollectionRDD[404] at parallelize at <console>:33

scala>val graph=Graph(nodes, edges)
graph: org.apache.spark.graphx.Graph[Double,Int]=org.apache.spark.graphx
.impl.GraphImpl@5a94bd21

scala>graph.vertices.foreach(println)
(2,3.0)
(3,5.0)
(1,10.0)
```

代码 6-98

让我们看一下输出。

```
scala>val afterOneIter=graph.pregel(0.0, 1)(vprog, sendMsg, mergeMsg)
afterOneIter: org.apache.spark.graphx.Graph[Double,Int] =
org.apache.spark.graphx.impl.GraphImpl@2616f1aa

scala>afterOneIter.vertices.foreach(println)
(3,5.25)
(1,9.0)
(2,3.75)
```

代码 6-99

可以验证现在一切正常，如果增加最大迭代次数呢？让我们看看会发生什么。

```
scala>val afterTenIter=graph.pregel(0.0, 10)(vprog, sendMsg, mergeMsg)
afterTenIter: org.apache.spark.graphx.Graph[Double,Int] =
org.apache.spark.graphx.impl.GraphImpl@dbebab8
scala>afterTenIter.vertices.foreach(println)
(1,5.999611965064453)
(2,6.37018749852539)
(3,5.630200536410156)

scala>val afterHundredIters=graph.pregel(0.0, 100)(vprog, sendMsg,
mergeMsg)
afterHundredIters: org.apache.spark.graphx.Graph[Double,Int]=org.apache
.spark.graphx.impl.GraphImpl@7cc6b019

scala>afterHundredIters.vertices.foreach(println)
(1,6.206716647163644)
(3,5.586245079113054)
(2,6.207038273723298)
```

代码 6-100

即使进行了 100 次迭代，也可以看到账户余额并没有收敛到理想值 6 美元，而是在其附近波动。在简单示例中，这是可以预期的。

6.6.2 Pregel 运算符

现在，正式化 Pregel 操作员的编程接口。它的定义如下：

```
class GraphOps[VD, ED] {
  def pregel[A]
      (initialMsg: A,
       maxIter: Int=Int.MaxValue,
```

```
            activeDir: EdgeDirection=EdgeDirection.Out)
        (vprog: (VertexId, VD, A) =>VD,
         sendMsg: EdgeTriplet[VD, ED] =>Iterator[(VertexId, A)],
         mergeMsg: (A, A) =>A)
        : Graph[VD, ED]
}
```

代码 6-101

Pregel()方法在属性图上调用,并返回具有相同类型和结构的新图。当边保持完整时,顶点的属性可能从一个超集更改为下一个超集。Pregel 接受以下两个参数列表:第一个列表包含①用户定义的类型 A 的初始消息——算法开始时,每个顶点都会接收到此消息;②迭代的最大次数;③发送消息所沿的边缘方向。

当没有更多消息要发送时,或者达到指定的最大迭代次数时,Pregel 算法终止。在实施算法时,务必限制迭代次数,尤其是在不能保证算法收敛的情况下。如果未指定有效边沿方向,则 Pregel 会假定仅针对每个顶点的出站边发送消息。而且,如果一个顶点在上一个超集中未接收到消息,则在当前超集的末尾将不会沿其输出边缘发送任何消息。

此外,第二个参数列表必须包含三个函数。

➢ vprog:(VertexId, VD, A) => VD

此函数是点程序,将更新点的属性,这些点从先前的迭代中接收到消息。

➢ mergeMsg:(A, A) => A

此函数用于合并每个点要接收的消息。

➢ sendMsg:EdgeTriplet[VD, ED] => Iterator[(VertexId, A)]

此函数采用三元组,并创建要发送到起始节点或目标节点的消息。

6.6.3 标签传播算法

以下部分将使用 Pregel 接口实现社区检测算法。标签传播算法(Label Propagation Algorithm,LPA)是一种基于图的半监督学习算法,其基本思路是从已标记的节点标签信息预测未标记的节点标签信息,利用样本间的关系建立完全图模型,适用于无向图。根据 LPA 算法基本理论,每个节点的标签按相似度传播给相邻节点,在节点传播的每一步,每个节点根据相邻节点的标签更新自己的标签,与该节点相似度越大,其相邻节点对其标注的影响权值越大,相似节点的标签越趋于一致,其标签就越容易传播。在标签传播过程中,保持已标注数据的标签不变,使其像一个源头把标签传向未标注数据。最终,当迭代过程结束时,相似节点的概率分布也趋于相似,可以划分到同一个类别中,从而完成标签传播过程。

通过在 Pregel 中实现此算法,我们希望获得一个图,其中点属性是社区隶属关系的标签。因此,首先通过将每个点的标签设置为其标识符初始化 LPA 图。

```
val lpaGraph=graph.mapVertices { case (vid, _) =>vid }
```

代码 6-102

接下来，定义发送给 Map[Label,Long]的消息的类型，该消息将社区标签与具有该标签的邻居数量相关联。将发送到每个节点的初始消息只是一个空映射：

```
type Label=VertexId
val initialMessage=Map[Label, Long]()
```

代码 6-103

遵循 Pregel 编程模型，我们定义了 sendMsg 函数，每个节点使用该函数将其当前标签通知其邻居。对于每个三元组，源节点将收到目标节点的标签，反之亦然。

```
def sendMsg(e: EdgeTriplet[Label, ED]): Iterator[(VertexId, Map[Label, Long])] =
    Iterator((e.srcId, Map(e.dstAttr ->1L)), (e.dstId, Map(e.srcAttr ->1L)))
```

代码 6-104

上一个函数在每次迭代中都会返回其大多数邻居当前所属的社区的标签（即 VertexId 属性）。我们还需要一个 mergeMsg 函数合并节点收到的所有消息。它的邻居变成一张地图。如果两个消息都包含相同的标签，则只需简单地为该标签的相应邻居数进行汇总求和。

```
def mergeMsg(count1: Map[Label, Long], count2: Map[Label, Long]):
Map[VertexId, Long]={
  (count1.keySet ++count2.keySet).map { i =>val count1Val=count1
.getOrElse(i, 0L)
    val count2Val=count2.getOrElse(i, 0L) i ->(count1Val +count2Val)
  }.toMap
}
```

代码 6-105

最后，可以通过调用图中的 pregel()方法运行 LPA 算法，以实现社会财富均等化。

```
lpaGraph.pregel(initialMessage, 50)(vprog, sendMsg, mergeMsg)
```

代码 6-106

LPA 的主要优点是它的简单性和时间效率。实际上，已经观察到收敛的迭代次数与图的大小无关，而每次迭代都具有线性时间复杂度。尽管标签传播算法有其优点，但不一定会收敛，并且还可能导致不感兴趣的解决方案。

6.6.4 PageRank 算法

PageRank 即网页排名，又称网页级别，是 Google 创始人拉里·佩奇和谢尔盖·布林于 1997 年构建早期的搜索系统原型时提出的链接分析算法，该算法成为其他搜索引擎和学术界十分关注的计算模型。目前很多重要的链接分析算法都是在 PageRank 算法基础上衍生出来的。PageRank 也可以用来测量图中每个点的重要性,假设从 u 到 v 的边表示为 u 对 v 重要性的一种度量。例如,如果一个用户被很多其他用户关注,则此用户会有更高的排名。GraphX 自带了 PageRank 静态和动态方法实现,静态的 PageRank 运行一个固定次数的迭代,而动态的 PageRank 一直运行,排名最终收敛到一个指定的误差范围内,可以直接通过 Graph 调用这些 GraphOps 中的方法。

GraphX 还包括一个社交网络数据集,可以运行 PageRank,用户为 data/graphx/users.txt,用户之间的关系为 data/graphx/followers.txt,计算每个用户的排名,如下所示。

```
scala>import org.apache.spark.graphx.GraphLoader
import org.apache.spark.graphx.GraphLoader

//加载边为 Graph
scala>val graph=GraphLoader
.edgeListFile(sc, "/spark/data/graphx/followers.txt")
graph: org.apache.spark.graphx.Graph[Int,Int] =
org.apache.spark.graphx.impl.GraphImpl@153f8c6a

//运行 PageRank
scala>val ranks=graph.pageRank(0.0001).vertices
ranks: org.apache.spark.graphx.VertexRDD[Double]=VertexRDDImpl[3479] at RDD at VertexRDD.scala:57

//用户和排名进行 join 操作
scala>:paste
//Entering paste mode (ctrl-D to finish)

val users=sc.textFile("/spark/data/graphx/users.txt").map { line =>
  val fields=line.split(",")
  (fields(0).toLong, fields(1))
}

//Exiting paste mode, now interpreting.

users: org.apache.spark.rdd.RDD[(Long, String)]=MapPartitionsRDD[3488] at map at <pastie>:34
scala>:paste
//Entering paste mode (ctrl-D to finish)

val ranksByUsername=users.join(ranks).map {
```

```
    case (id, (username, rank)) =>(username, rank)
}

//Exiting paste mode, now interpreting.

ranksByUsername: org.apache.spark.rdd.RDD[(String, Double)] =
MapPartitionsRDD[3492] at map at <pastie>:37

//打印结果
scala>println(ranksByUsername.collect().mkString("\n"))
(justinbieber,0.15007622780470478)
(matei_zaharia,0.7017164142469724)
(ladygaga,1.3907556008752426)
(BarackObama,1.4596227918476916)
(jeresig,0.9998520559494657)
(odersky,1.2979769092759237)
```

代码 6-107

我们已经看到 GraphX 中页面排名算法的使用方法，下面来看如何使用 Pregel 轻松实现这种著名的网页搜索算法，现在将简单地解释 Pregel 的实现方式。

（1）首先，初始化 PageRank 图，将每个边属性设置为 1 除以出度，每个点属性设置为 1.0。

```
val rankGraph: Graph[(Double, Double), Double] =
//Associate the degree with each vertex
  graph.outerJoinVertices(graph.outDegrees) {
    (vid, vdata, deg) =>deg.getOrElse(0)
  }.mapTriplets(e =>1.0 / e.srcAttr)
   .mapVertices((id, attr) =>(0.0, 0.0))
```

代码 6-108

（2）按照 Pregel 的抽象定义，实现 PageRank 所需的三个函数。首先，定义点程序如下。

```
val resetProb=0.15

def vProg(id: VertexId, attr: (Double, Double), msgSum: Double): (Double, Double)
={
  val (oldPR, lastDelta)=attr
  val newPR=oldPR+(1.0 -resetProb) * msgSum(newPR, newPR -oldPR)
}
```

代码 6-109

接下来创建消息函数。

```
val tol=0.001
def sendMessage(edge: EdgeTriplet[(Double, Double), Double])={
  if (edge.srcAttr._2 >tol) {
    Iterator((edge.dstId, edge.srcAttr._2 * edge.attr))
  } else {
    Iterator.empty
  }
}
```

代码 6-110

第三个函数为 mergeMsg，只是简单地增加等级。

```
def mergeMsg(a: Double, b: Double): Double=a +b
```

代码 6-111

然后将获得点排名，如下所示。

```
rankGraph.pregel(initialMessage, activeDirection=
  EdgeDirection.Out)(vProg, sendMsg, mergeMsg).mapVertices((vid, attr) =>
  attr._1)
```

代码 6-112

6.7 案例分析

在案例分析中，将使用飞行数据更详细地描述创建属性图的每一步，使用航班数据作为输入数据，机场是属性图中的点，路线是边。使用 2014 年 1 月的航班信息，对于每个航班，都有表 6-1 所示的信息。

表 6-1 航班数据

字　　段	描　　述	例　　子
dOfM(String)	一个月中的某天	1
dOfW(String)	星期几	4
carrier(String)	运营商代码	AA
tailNum(String)	飞机的唯一标识符——尾号	N787AA
flnum(Int)	航班号	21
org_id(String)	始发机场编号	12478
origin(String)	始发机场代码	JFK

续表

字 段	描 述	例 子
dest_id(String)	目的地机场编号	12892
dest(String)	目的地机场代码	LAX
crsdeptime(Double)	预定出发时间	900
deptime(Double)	实际出发时间	855
depdelaymins(Double)	出发延迟分钟	0
crsarrtime(Double)	预定到达时间	1230
arrtime(Double)	实际到达时间	1237
arrdelaymins(Double)	到达延迟分钟	7
crselapsedtime(Double)	经过时间	390
dist(Int)	距离	2475

在这种情况下,将机场表示为顶点,将路线表示为边。我们希望了解有出发或到达的机场的数量。

6.7.1 定义点

首先,导入 GraphX 包。

```
scala>import org.apache.spark.graphx.{Edge, Graph, VertexId}
import org.apache.spark.graphx.{Edge, Graph, VertexId}

scala>import scala.util.Try
import scala.util.Try
```

代码 6-113

下面使用 Scala 案例类定义与 CSV 数据文件对应的数据结构 Flight。

```
scala>:paste
//Entering paste mode (ctrl-D to finish)

case class Flight(dofM: String, dofW: String, carrier: String, tailnum: String,
            flnum: Int, org_id: Long, origin: String, dest_id: Long, dest: String,
            crsdeptime: Double, deptime: Double, depdelaymins: Double, crsarrtime: Double,
            arrtime: Double, arrdelay: Double, crselapsedtime: Double, dist: Int)
```

```
//Exiting paste mode, now interpreting.

defined class Flight
```

代码 6-114

下面的函数将数据文件中的一行解析为 Flight 类。

```
scala>:paste
//Entering paste mode (ctrl-D to finish)

  def parseFlight(str: String): Flight={
    val line=str.split(',')
    Flight(line(0), line(1), line(2),
      line(3), line(4).toInt, line(5).toLong,
      line(6), line(7).toLong, line(8),
      line(9).toDouble, line(10).toDouble,
      line(11).toDouble, line(12).toDouble,
      Try(line(13).toDouble).getOrElse(0.0),
      Try(line(14).toDouble).getOrElse(0.0),
      line(15).toDouble, line(16).toInt)
  }

//Exiting paste mode, now interpreting.

parseFlight: (str: String)Flight
```

代码 6-115

下面将 CSV 文件中的数据加载到 RDD 中,使用 first() 动作返回 RDD 中的第一个元素。

```
scala>val textRDD=sc.textFile("/data/rita2014jan.csv")
textRDD: org.apache.spark.rdd.RDD[String] = /data/rita2014jan.csv MapPartitionsRDD[1] at textFile at <console>:26
//用方法 parseFlight() 解析每行 RDD
scala>val flightsRDD=textRDD.map(parseFlight).cache()
flightsRDD: org.apache.spark.rdd.RDD[Flight]=MapPartitionsRDD[2] at map at <console>:29
scala>flightsRDD.first
res9: Flight=Flight(1, 3, AA, N338AA, 1, 12478, JFK, 12892, LAX, 900.0, 914.0, 14.0, 1225.0, 1238.0, 13.0, 385.0, 2475)
```

代码 6-116

将机场定义为点,可以具有与之关联的属性,点具有的属性为机场名称(name:

String)。

```
//创建机场 RDD
scala> val airports = flightsRDD.map(flight => (flight.org_id, flight.origin)).distinct
airports: org.apache.spark.rdd.RDD[(Long, String)] = MapPartitionsRDD[6] at distinct at <console>:27
scala> airports.take(1)
res0: Array[(Long, String)] = Array((14057,PDX))
//定义默认点 nowhere
scala> val nowhere = "nowhere"
nowhere: String = nowhere
//打印机场信息
scala> val airportMap = airports.map { case ((org_id), name) => (org_id -> name) }.collect.toList.toMap
airportMap: scala.collection.immutable.Map[Long, String] = Map(13024 -> LMT, 10785 -> BTV, 14574 -> ROA, 14057 -> PDX, 13933 -> ORH, 10918 -> ...
```

代码 6-117

6.7.2 定义边

边是机场之间的路线，必须具有始发点（org_id：Long）和目标点（dest_id：Long），并且可以具有属性距离（dist：Int）。边 RDD 具有的形式为（src_id，dest_id，dist）。

```
//创建路径 RDD(srcid, destid, distance)
scala> val routes = flightsRDD.map(flight => ((flight.org_id, flight.dest_id), flight.dist)).distinct
routes: org.apache.spark.rdd.RDD[((Long, Long), Int)] = MapPartitionsRDD[10] at distinct at <console>:27
scala> routes.take(2)
res16: Array[((Long, Long), Int)] = Array(((14869,14683),1087), ((14683,14771),1482))
//创建边 RDD(srcid, destid, distance)
scala> val edges = routes.map { case ((org_id, dest_id), distance) => Edge(org_id.toLong, dest_id.toLong, distance) }
edges: org.apache.spark.rdd.RDD[org.apache.spark.graphx.Edge[Int]] = MapPartitionsRDD[11] at map at <console>:27

scala> edges.take(1)
res17: Array[org.apache.spark.graphx.Edge[Int]] = Array(Edge(14869,14683,1087))
```

代码 6-118

6.7.3 创建图

要创建属性图,需要具有点 RDD、边 RDD 和一个默认顶点。创建一个称为 graph 的属性图,然后回答几个问题。

```
//定义图
scala>val graph=Graph(airports, edges, nowhere)
graph: org.apache.spark.graphx.Graph[String,Int] =
org.apache.spark.graphx.impl.GraphImpl@422179c7

scala>graph.vertices.take(2)
res3: Array[(org.apache.spark.graphx.VertexId, String)]=Array((10208,AGS),
(10268,ALO))

scala>graph.edges.take(2)
res4: Array[org.apache.spark.graphx.Edge[Int]]=Array(Edge(10135,10397,692),
Edge(10135,13930,654))
```

代码 6-119

- 有几个机场?

```
scala>val numairports=graph.numVertices
numairports: Long=301
```

代码 6-120

- 有几条路线?

```
scala>val numroutes=graph.numEdges
numroutes: Long=4090
```

代码 6-121

- 哪些路线的距离大于 1000 英里(1 英里=1609.344 米)?

```
scala>graph.edges.filter { case (Edge(org_id, dest_id, distance)) =>distance
>1000 }.take(3)
res15: Array[org. apache. spark. graphx. Edge [Int]] = Array (Edge (10140, 10397,
1269), Edge(10140,10821,1670), Edge(10140,12264,1628))
```

代码 6-122

- EdgeTriplet 类扩展 Edge 类,添加了 srcAttr 和 dstAttr 成员,打印输出看一看结果。

```
scala>graph.triplets.take(3).foreach(println)
((10135,ABE),(10397,ATL),692)
```

```
((10135,ABE),(13930,ORD),654)
((10140,ABQ),(10397,ATL),1269)
```

代码 6-123

- 排序并打印前 10 个最长的路线。

```
scala>:paste
//Entering paste mode (Ctrl+D to finish)

graph.triplets.sortBy(_.attr, ascending=false).map(triplet =>
    "Distance " +triplet.attr.toString +" from " +triplet.srcAttr +" to " +
triplet.dstAttr +".").take(10).foreach(println)

//Exiting paste mode, now interpreting.

Distance 4983 from JFK to HNL.
Distance 4983 from HNL to JFK.
Distance 4963 from EWR to HNL.
Distance 4963 from HNL to EWR.
Distance 4817 from HNL to IAD.
Distance 4817 from IAD to HNL.
Distance 4502 from ATL to HNL.
Distance 4502 from HNL to ATL.
Distance 4243 from HNL to ORD.
Distance 4243 from ORD to HNL.
```

代码 6-124

- 计算点的出入度的最大值。

```
//定义一个聚合函数,计算点的出入度的最大值
scala>:paste
//Entering paste mode (Ctrl+D to finish)

  def max(a: (VertexId, Int), b: (VertexId, Int)): (VertexId, Int)={
    if (a._2 >b._2) a else b
  }

//Exiting paste mode, now interpreting.

max: (a: (org.apache.spark.graphx.VertexId, Int), b: (org.apache.spark
.graphx.VertexId, Int))(org.apache.spark.graphx.VertexId, Int)

scala>val maxInDegree: (VertexId, Int)=graph.inDegrees.reduce(max)
maxInDegree: (org.apache.spark.graphx.VertexId, Int)=(10397,152)

scala>val maxOutDegree: (VertexId, Int)=graph.outDegrees.reduce(max)
maxOutDegree: (org.apache.spark.graphx.VertexId, Int)=(10397,153)
```

```
scala>val maxDegrees: (VertexId, Int)=graph.degrees.reduce(max)
maxDegrees: (org.apache.spark.graphx.VertexId, Int)=(10397,305)

//得到10397的机场名称
scala>airportMap(10397)
res0: String=ATL
```

代码 6-125

- 前3个进港航班最多的机场？

```
scala>val maxIncoming=graph.inDegrees.collect.sortWith(_._2 >_._2).map(x =>
(airportMap(x._1), x._2)).take(3)
maxIncoming: Array[(String, Int)]=Array((ATL,152), (ORD,145), (DFW,143))
```

代码 6-126

- 前3个出港航班最多的机场？

```
scala>val maxout=graph.outDegrees.join(airports).sortBy(_._2._1, ascending
=false).take(3)
maxout: Array[(org.apache.spark.graphx.VertexId, (Int, String))]=
Array((10397,(153,ATL)), (13930,(146,ORD)), (11298,(143,DFW)))
```

代码 6-127

6.7.4 PageRank

另一个 GraphX 运算符是 PageRank，是基于谷歌 PageRank 算法的。PageRank 通过确定哪些顶点与其他顶点的边最多，衡量图中每个顶点的重要性。在示例中，可以使用 PageRank 测量哪些机场与其他机场的联系最多，确定哪些机场最重要。必须指定误差，这是收敛的量度。

- 根据 PageRank，最重要的机场是哪些？

```
scala>val ranks=graph.pageRank(0.1).vertices
ranks: org.apache.spark.graphx.VertexRDD[Double]=VertexRDDImpl[164] at RDD
at VertexRDD.scala:57
//联结机场RDD
scala>val temp=ranks.join(airports)
temp: org.apache.spark.rdd.RDD[(org.apache.spark.graphx.VertexId, (Double,
String))]=MapPartitionsRDD[173] at join at <console>:29

scala>temp.take(1)
res1: Array[(org.apache.spark.graphx.VertexId, (Double, String))]=
Array((15370,(1.0946033493995184,TUL)))

//进行排序
```

```
scala>val temp2=temp.sortBy(_._2._1,false)
temp2: org.apache.spark.rdd.RDD[(org.apache.spark.graphx.VertexId, (Double,
String))]=MapPartitionsRDD[178] at sortBy at <console>:27

scala>temp2.take(2)
res2: Array[(org.apache.spark.graphx.VertexId, (Double, String))]=
Array((10397,(11.080729516515449,ATL)), (13930,(11.04763496562952,ORD)))

scala>val impAirports=temp2.map(_._2._2)
impAirports: org.apache.spark.rdd.RDD[String]=MapPartitionsRDD[179] at map
at <console>:27
//获得前4个重要的机场
scala>impAirports.take(4)
res3: Array[String]=Array(ATL, ORD, DFW, DEN)
```

代码 6-128

6.7.5 Pregel

许多重要的图算法是迭代算法,因为点的性质取决于它们的邻居。Pregel 是谷歌研发的一种迭代图处理模型,使用图中的点传递一系列消息迭代序列。GraphX 实现了类似 Pregel 的批量同步消息传递 API。使用 GraphX 中的 Pregel 实现时,点只能将消息发送到相邻的顶点。Pregel 运算符在一系列超步中执行,在每个超步中,顶点从上一个超步接收入站消息的汇总,为点属性计算一个新值,在下一个超步中,将消息发送到相邻顶点。当没有更多的消息时,Pregel 运算符将结束迭代,并返回最终图。Pregel 计算过程如图 6-10 所示。

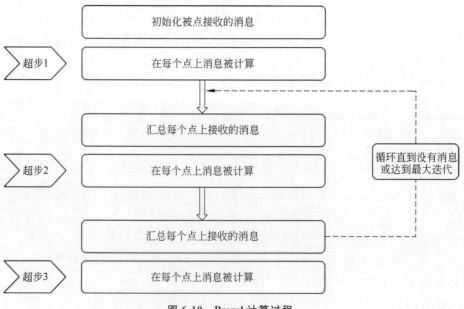

图 6-10　Pregel 计算过程

下面的代码使用 Pregel 计算最便宜的机票,其中使用的公式为:50+距离/20。

```
//起始点
scala>val sourceId: VertexId=13024
sourceId: org.apache.spark.graphx.VertexId=13024
//定义一个图,其中的边包含机票计算公式
scala>val gg=graph.mapEdges(e =>50.toDouble +e.attr.toDouble/20)
gg: org.apache.spark.graphx.Graph[String,Double]=org.apache.spark.graphx
.impl.GraphImpl@eba03c9
//初始化图,起始点为 0.0,其他所有点都是距离无穷大
scala>val initialGraph=gg.mapVertices((id, _) =>if (id==sourceId) 0.0 else
Double.PositiveInfinity)
initialGraph: org.apache.spark.graphx.Graph[Double,Double] =
org.apache.spark.graphx.impl.GraphImpl@2ab0ee54
//在图上调用 pregel()方法
scala>:paste
//Entering paste mode (ctrl-D to finish)

val sssp=initialGraph.pregel(Double.PositiveInfinity)(
//Vertex Program
(id, dist, newDist) =>math.min(dist, newDist),
triplet =>{
  //Send Message
  if (triplet.srcAttr +triplet.attr <triplet.dstAttr) {
   Iterator((triplet.dstId, triplet.srcAttr +triplet.attr))
  } else {
   Iterator.empty
  }
},
//Merge Message
(a,b) =>math.min(a,b)
)


//Exiting paste mode, now interpreting.

sssp: org.apache.spark.graphx.Graph[Double,Double]=org.apache.spark
.graphx.impl.GraphImpl@1d7f6ec1
//routes, lowest flight cost
scala>println(sssp.edges.take(4).mkString("\n"))
Edge(10135,10397,84.6)
Edge(10135,13930,82.7)
Edge(10140,10397,113.45)
```

```
Edge(10140,10821,133.5)
//routes with airport codes, lowest flight cost
scala>sssp.edges.map{ case ( Edge(org_id, dest_id,price))=>( airportMap(org_
id), airportMap(dest_id), price)) }.takeOrdered(10)(Ordering.by(_._3))
res6: Array[(String, String, Double)]=Array((WRG,PSG,
51.55), (PSG,WRG,51.55), (CEC,ACV,52.8), (ACV,CEC,52.8), (ORD,MKE,53.35),
(IMT,RHI,53.35), (MKE,ORD,53.35), (RHI,IMT,53.35), (STT,SJU,53.4), (SJU,STT,
53.4))
//airports, lowest flight cost
scala>println(sssp.vertices.take(4).mkString("\n"))
(10208,277.79999999999995)
(10268,260.7)
(14828,261.65)
(14698,125.25)
//airport codes, sorted lowest flight cost
scala>sssp.vertices.collect.map(x =>(airportMap(x._1), x._2)).sortWith(_._2
< _._2)
res8: Array[(String, Double)]= Array((LMT,0.0), (PDX,62.05), (SFO,65.75),
(EUG,117.35), (RDM,117.85), (SEA,118.5), (MRY,119.6), (MOD,119.65), (SMF,
120.05), (CIC,123.4), (FAT,123.65), (SBP,125.25), (RNO,125.35), (MMH,125.4),
(RDD,125.7), (BFL,127.65), (ACV,128.25), (SBA,128.85), (CEC,130.95), (BUR,
132.05), (MFR,132.2), (LAX,132.6), (LGB,133.45), (ONT,133.9), (SNA,134.35),
(OTH,136.35), (LAS,136.45), (PSP,136.8), (SAN,138.1), (OAK,139.2), (SJC,
140.5), (BOI,141.85), (SLC,143.55), (SUN,145.1), (PSC,146.75), (PHX,148.3),
(JAC,152.6), (TUS,153.3), (BZN,156.1), (ASE,158.15), (ABQ,160.55), (DEN,
161.6), (COS,163.95), (GEG,179.7), (MSP,183.35), (OKC,184.95), (MCI,
186.14999999999998), (CLD,186.89999999999998), (DFW,188.95), (ANC,
189.14999999999998), (SMX,189.3), (SAT,189.85), (AUS,190.95), (YUM,1...
```

代码 6-129

6.8 小 结

对于图形和图形并行计算，Apache Spark 提供了 GraphX API。在本章中，介绍了 Spark 中 GraphX API 以及属性图的概念；介绍了图形运算符和 Pregel API，另外还介绍了 GraphX 的方法和 GraphX 的用例。

第 7 章 机器学习*

机器学习是一门多领域交叉学科,涉及概率论、统计学、逼近论、凸分析、算法复杂度理论等多门学科,专门研究计算机怎样模拟或实现人类的学习行为,以获取新的知识或技能,重新组织已有的知识结构使之不断改善自身的性能。本章将学习怎样定义 Spark 机器学习库;学习三种流行的机器学习技术:分类、聚类和协同过滤(推荐算法),并利用协同过滤预测用户会喜欢什么。

7.1 MLlib

本节将讨论机器学习概念以及如何使用 Apache Spark MLlib 组件运行预测分析,将使用示例应用程序介绍 Spark 机器学习领域中功能强大的 API。

目前,Spark 机器学习是 Apache Spark 生态系统中重要的大数据分析库,如图 7-1 所示。Spark 机器学习 API 包括两个名为 spark.mllib 和 spark.ml 的软件包。spark.mllib 软件包基于 RDD 的原始机器学习 API,其提供机器学习的基本统计算法,包括相关性、分类和回归、协同过滤、聚类和降维。另一方面,spark.ml 包提供了建立在 DataFrame 上的机器学习 API,DataFrame 正在成为 Spark SQL 库的核心部分。使用该包可用于开发和管理机器学习管道,还提供特征提取器、转换器、选择器,以及机器学习技术,如分类和回归,以及聚集算法。

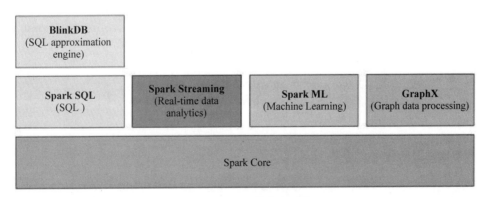

图 7-1 Spark 的生态系统

从 Spark 2.0 开始，spark.mllib 软件包中基于 RDD 的 API 已进入维护模式，更新的机器学习 API 是在 spark.ml 包中。在 spark.mllib 中，Spark 仍将支持基于 RDD 的 API，并提供错误修复，但不会向基于 RDD 的 API 添加新功能。在 Spark 2.x 版本中，Spark 将继续在 spark.ml 包中添加基于 DataFrame API 的功能，以完成基于 RDD 的 API 所实现的功能。估计到 Spark 2.3，当通过 DataFrame 实现了基于 RDD API 的功能后，将不推荐使用基于 RDD 的 API。预计在 Spark 3.0 中将删除基于 RDD 的 API。目前，Spark 处在 RDD 和 DataFrame 混合使用的阶段。

为什么要将 MLlib 切换到基于 DataFrame 的 API 呢？

DataFrame 提供比 RDD 更加用户友好的 API。DataFrame 的许多优点包括 Spark 数据源、SQL 查询、Tungsten 和 Catalyst 优化以及跨语言的统一 API。基于 DataFrame 的 MLlib 为跨机器学习算法和跨多种语言提供了统一的 API。DataFrame 有助于实际的机器学习进行数据管道建立，特别是应用于特征变换。

7.2 数 据 类 型

MLlib 支持单个机器上存储的局部向量和矩阵，以及由一个或多个 RDD 支持的分布式矩阵。局部向量和局部矩阵是简单的数据类型，用作公共接口。局部向量和矩阵的基本线性代数运算由 Breeze 提供。另外，在有监督学习的训练示例中使用了 MLlib 中的标记点数据类型。

7.2.1 局部向量

局部向量将具有整数型、基于 0 的索引和双精度类型的值，存储在一台机器上。MLlib 支持两种类型的局部向量：稠密和稀疏。稠密向量由表示其输入值的双精度数组支持，而稀疏向量由两个并行数组支持：索引和值。例如，一个向量(1.0,0.0,3.0)可以用稠密格式表示为[1.0,0.0,3.0]，或者以(3,[0,2],[1.0,3.0])的稀疏格式表示，其中第一个值 3 为向量的大小，第二个值表示向量中有值数据的索引，第三个值表示向量的值。局部向量的基类是 Vector，提供了两个实现：DenseVector 和 SparseVector。建议使用 Vectors 中实现的工厂方法创建局部向量。Scala 默认导入 scala.collection.immutable.Vector，所以必须明确导入 org.apache.spark.ml.linalg.Vector。

```
scala>import org.apache.spark.ml.linalg.{Vectors, Vector}
import org.apache.spark.ml.linalg.{Vectors, Vector}
```

代码 7-1

➤ 创建稠密向量(1.0, 0.0, 3.0)

```
scala>val dv: Vector=Vectors.dense(1.0, 0.0, 3.0)
dv: org.apache.spark.ml.linalg.Vector=[1.0,0.0,3.0]
```

代码 7-2

➢ 通过指定非零条目的索引和值，创建一个稀疏向量(1.0,0.0,3.0)

```
scala>val sv1: Vector=Vectors.sparse(3, Array(0, 2), Array(1.0, 3.0))
sv1: org.apache.spark.ml.linalg.Vector=(3,[0,2],[1.0,3.0])
```

代码 7-3

➢ 通过指定非零条目创建一个稀疏向量(1.0,0.0,3.0)

```
scala>val sv2: Vector=Vectors.sparse(3, Seq((0, 1.0), (2, 3.0)))
sv2: org.apache.spark.ml.linalg.Vector=(3,[0,2],[1.0,3.0])
```

代码 7-4

代码 7-2、代码 7-3、代码 7-4 分别使用不同的方法创建局部向量，并且包含相同的元素。

7.2.2 标签向量

标签向量是一个稠密或稀疏的局部向量，而且关联了标签。在 MLlib 中，标签向量用于有监督学习算法。因为使用双精度存储标签，所以可以在回归和分类中使用标签向量。对于二元分类，标签应该是 0(负)或 1(正)。对于多类分类，标签应该是从零开始的类索引：0,1,2…。标签向量由案例类 LabeledPoint 表示。

```
scala>import org.apache.spark.ml.linalg.Vectors
import org.apache.spark.ml.linalg.Vectors

scala>import org.apache.spark.ml.feature.LabeledPoint
import org.apache.spark.ml.feature.LabeledPoint
```

代码 7-5

➢ 使用正标签和稠密特征向量创建标签向量

```
scala>val pos=LabeledPoint(1.0, Vectors.dense(1.0, 0.0, 3.0))
pos: org.apache.spark.ml.feature.LabeledPoint=(1.0,[1.0,0.0,3.0])
```

代码 7-6

➢ 使用负标签和稀疏特征向量创建标签向量

```
scala>val neg=LabeledPoint(0.0, Vectors.sparse(3, Array(0, 2), Array(1.0, 3.0)))
neg: org.apache.spark.ml.feature.LabeledPoint=(0.0,(3,[0,2],[1.0,3.0]))
```

代码 7-7

在实践中，使用稀疏的训练数据是很常见的。Spark ML 支持以 LIBSVM 格式存储的阅读训练样本，这是 LIBSVM 和 LIBLINEAR 使用的默认格式，是一种文本格式，其中每行代表使用以下格式标记的稀疏特征向量：

```
label index1:value1 index2:value2 ...
```

代码7-8

索引一开始就按升序排列。加载后,特征索引将转换为基于零的索引。libsvm 包用于将 LIBSVM 数据加载为 DataFrame 的数据源 API。加载的 DataFrame 有两列:包含作为双精度存储的标签和包含作为向量存储的特征。要使用 LIBSVM 格式的数据源,需要在 DataFrameReader 中将格式设置为 libsvm,并可以指定 option,例如:

```
val df=spark.read.format("libsvm").option("numFeatures", "780")
                    .load("data/mllib/sample_libsvm_data.txt")
```

代码7-9

libsvm 数据源支持以下选项。

➢ numFeatures

指定特征的数量,如果未指定或不是正数,特征的数量将自动确定,但需要额外计算的代价。当数据集已经被分割成多个文件并且想单独加载时,这也是有用的,因为某些特征可能不存在于某些文件中,这导致特征数量可能不一致,需要特别指定。

➢ vectorType

特征向量类型,稀疏(默认)或稠密。

• LIBSVM

LIBSVM 是台湾大学林智仁(Lin Chih-Jen)教授等开发设计的一个简单、易于使用和快速有效的 SVM 模式识别与回归的软件包,它不但提供了编译好的可在 Windows 系列系统的执行文件,还提供了源代码,方便改进、修改以及在其他操作系统上应用;该软件对 SVM 所涉及的参数调节相对较少,提供了很多的默认参数,利用这些默认参数可以解决很多问题;并提供了交叉检验(Cross Validation)的功能。

7.2.3 局部矩阵

局部矩阵具有整数类型的行和列索引以及双精度类型的值,它们存储在单个计算机上。MLlib 支持稠密矩阵(其条目值以列优先顺序存储在单个双精度数组中)和稀疏矩阵(其非零条目值以列优先顺序和压缩稀疏列格式存储)。

例如,下面的稠密矩阵:

$$\begin{bmatrix} 1.0 & 2.0 \\ 3.0 & 4.0 \\ 5.0 & 6.0 \end{bmatrix} \quad (7-1)$$

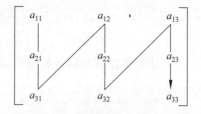

图 7-2 按列排序从左到右, 从上到下存储

以矩阵大小(3,2)存储在一维数组[1.0,3.0,5.0,2.0,4.0,6.0]中。局部矩阵的基类是 Matrix,提供了两个实现:DenseMatrix 和 SparseMatrix。建议使用在矩阵中实现的工厂方法创建局部矩阵。请记住,MLlib 中的局部矩阵以列优先顺序存储。

```
scala>import org.apache.spark.ml.linalg.{Matrix, Matrices}
import org.apache.spark.ml.linalg.{Matrix, Matrices}
```

代码 7-10

- 创建稠密矩阵((1.0,2.0),(3.0,4.0),(5.0,6.0))

```
scala>val dm: Matrix=Matrices.dense(3, 2, Array(1.0, 3.0, 5.0, 2.0, 4.0, 6.0))
dm: org.apache.spark.ml.linalg.Matrix =
1.0  2.0
3.0  4.0
5.0  6.0
```

代码 7-11

- 创建稀疏矩阵((9.0,0.0),(0.0,8.0),(0.0,6.0))

```
scala>val sm: Matrix=Matrices.sparse(3, 2, Array(0, 1, 3), Array(0, 2, 1),
Array(9, 6, 8))
sm: org.apache.spark.ml.linalg.Matrix =
3 x 2 CSCMatrix
(0,0) 9.0
(2,1) 6.0
(1,1) 8.0

scala>sm.toDense
res4: org.apache.spark.ml.linalg.DenseMatrix =
9.0  0.0
0.0  8.0
0.0  6.0
```

代码 7-12

- def sparse(numRows: Int, numCols: Int, colPtrs: Array[Int], rowIndices: Array[Int], values: Array[Double]): Matrix

使用列优先顺序格式，创建一个稀疏矩阵。

numRows：行数。

numCols：列数。

colPtrs：对应新列开始的索引。

rowIndices：行索引。

values：按列分布的非零值。

通过对上面例子的详细描述，学习怎样创建稀疏矩阵。例子中，sparse()方法的参数分别为 numRows=3、numCols=2、colPtrs=Array(0,1,3)、rowIndices=Array(0,2,1)、values=Array(9,6,8)，其中 numRows 和 numCols 代表此矩阵为 3 行 2 列；values 代表

矩阵中的非零数值为9、6、8,其顺序是按列分布排序的;rowIndices 数组的长度与数值的个数相同,数组中的每个值代表对应数值的行索引;colPtrs 数组的长度等于 numCols+1,一般第一个元素为0,代表从第一个值9开始,第二个元素为1-0=1,代表第一列只包含一个值9,第三个元素为3-1=2,代表第二列包括两个值6和8。

7.2.4 分布矩阵

分布矩阵具有长整型行和列索引以及双精度值,它们以分布式方式存储在一个或多个 RDD 中。选择正确的格式存储大型的分布式矩阵非常重要。将分布式矩阵转换为不同的格式可能需要全局洗牌,这相当耗费系统资源。到目前为止,已经实现了四种类型的分布矩阵。基本类型称为 RowMatrix,是面向行的分布式矩阵,例如特征向量的集合,行索引不具有意义。RowMatrix 条目的保存格式为 RDD,每行是一个局部向量。假设 RowMatrix 的列数并不是很大,因此如果单个局部向量可以合理地传递给驱动程序,也可以使用单个节点进行存储和操作。IndexedRowMatrix 与 RowMatrix 类似,但具有行索引,可用于识别行和执行连接操作。CoordinateMatrix 是以坐标列表格式存储的分布式矩阵,其条目的保存格式为 RDD。BlockMatrix 是分布式矩阵,其由包含 MatrixBlock 的 RDD 组成。MatrixBlock 是(Int,Int,Matrix)的元组。

7.2.4.1 RowMatrix

RowMatrix 就是将每行对应一个 RDD,将矩阵的每行分布式存储,矩阵的每行是一个局部向量。由于每一行均由局部向量表示,因此列数受整数范围限制,但实际上应小得多。

```
scala>import org.apache.spark.mllib.linalg.Vectors
import org.apache.spark.mllib.linalg.Vectors

scala>import org.apache.spark.mllib.linalg.distributed.RowMatrix
import org.apache.spark.mllib.linalg.distributed.RowMatrix
```

代码 7-13

创建 RDD[Vector]:

```
scala>val trainRDD=spark.sparkContext.parallelize(Seq(
     |         Vectors.dense(2.0, 3.0, 4.0),
     |         Vectors.dense(5.0, 5.0, 5.0),
     |         Vectors.dense(2.0, 3.0, 4.0)))
trainRDD: org.apache.spark.rdd.RDD[org.apache.spark.mllib.linalg.Vector] =
ParallelCollectionRDD[0] at parallelize at <console>:25
```

代码 7-14

从 RDD[Vector]创建 RowMatrix:

```
scala>val mat: RowMatrix=new RowMatrix(trainRDD)
mat: org.apache.spark.mllib.linalg.distributed.RowMatrix =
org.apache.spark.mllib.linalg.distributed.RowMatrix@14e8304b
```

代码 7-15

得到 RowMatrix 的长度：

```
scala>val m=mat.numRows()
m: Long=3

scala>val n=mat.numCols()
n: Long=3
```

代码 7-16

7.2.4.2 IndexedRowMatrix

IndexedRowMatrix 类似于 RowMatrix，但行索引有意义。它由带索引行的 RDD 存储，因此每行都由长整型索引和局部向量表示。IndexedRowMatrix 可以用 RDD[IndexedRow]实例创建，其中 IndexedRow 是一个基于(Long, Vector)的包装器。IndexedRowMatrix 可以通过删除行索引转换为 RowMatrix。

```
scala>import org.apache.spark.mllib.linalg.distributed.{IndexedRow,
IndexedRowMatrix}
import org.apache.spark.mllib.linalg.distributed.{IndexedRow,
IndexedRowMatrix}
scala>val rows=spark.sparkContext.parallelize(Seq(
     |       IndexedRow(0, Vectors.dense(1, 3)),
     |       IndexedRow(1, Vectors.dense(4, 5))))
rows: org.apache.spark.rdd.RDD[org.apache.spark.mllib.linalg.distributed
.IndexedRow]=ParallelCollectionRDD[9] at parallelize at <console>:28
```

代码 7-17

用 RDD[IndexedRow]创建 IndexedRowMatrix：

```
scala>val mat02: IndexedRowMatrix=new IndexedRowMatrix(rows)
mat02: org.apache.spark.mllib.linalg.distributed.IndexedRowMatrix =
org.apache.spark.mllib.linalg.distributed.IndexedRowMatrix@46b4cddb
```

代码 7-18

得到长度：

```
scala>val m02=mat02.numRows()
m02: Long=2
```

```
scala>val n02=mat02.numCols()
n02: Long=2
```

代码 7-19

去掉行索引：

```
scala>val rowMat: RowMatrix=mat02.toRowMatrix()
rowMat: org.apache.spark.mllib.linalg.distributed.RowMatrix =
org.apache.spark.mllib.linalg.distributed.RowMatrix@435e857c
```

代码 7-20

7.2.4.3　CoordinateMatrix

CoordinateMatrix 也是分布式矩阵，每个条目由 RDD 保存。每个条目是（i：Long，j：Long，value：Double）的一个元组，其中 i 是行索引，j 是列索引，value 是条目值。CoordinateMatrix 只有在矩阵的两个维度都很大且矩阵非常稀疏时才能使用。CoordinateMatrix 可以由 RDD［MatrixEntry］实例创建，其中 MatrixEntry 是基于（Long，Long，Double）的包装器。可以通过调用 toIndexedRowMatrix 将 CoordinateMatrix 转换为具有稀疏行的 IndexedRowMatrix。目前还不支持 CoordinateMatrix 的其他计算。

```
scala>import org.apache.spark.mllib.linalg.distributed.{MatrixEntry,
CoordinateMatrix}
import org.apache.spark.mllib.linalg.distributed.{MatrixEntry,
CoordinateMatrix}

scala>val entries03=spark.sparkContext.parallelize(Seq(
     |        MatrixEntry(0, 1, 1), MatrixEntry(0, 2, 2), MatrixEntry(0, 3, 3),
     |        MatrixEntry(0, 4, 4), MatrixEntry(2, 3, 5), MatrixEntry(2, 4, 6),
     |        MatrixEntry(3, 4, 7)))
entries03: org.apache.spark.rdd.RDD[org.apache.spark.mllib.linalg
.distributed.MatrixEntry]=ParallelCollectionRDD[13] at parallelize at
<console>:30
```

代码 7-21

用 RDD［MatrixEntry］创建 CoordinateMatrix：

```
scala>val mat03: CoordinateMatrix=new CoordinateMatrix(entries03)
mat03: org.apache.spark.mllib.linalg.distributed.CoordinateMatrix =
org.apache.spark.mllib.linalg.distributed.CoordinateMatrix@17c158ca
```

代码 7-22

得到长度：

```
scala>val m03=mat03.numRows()
m03: Long=4

scala>val n03=mat03.numCols()
n03: Long=5
```

代码 7-23

转换成 IndexRowMatrix,其中的行为稀疏向量：

```
scala>val indexedRowMatrix=mat03.toIndexedRowMatrix()
indexedRowMatrix: org.apache.spark.mllib.linalg.distributed
.IndexedRowMatrix =
org.apache.spark.mllib.linalg.distributed.IndexedRowMatrix@c34e260
```

代码 7-24

7.2.4.4 BlockMatrix

BlockMatrix 是分布式矩阵,由多个 MatrixBlock 组成,每个 MatrixBlock 是以 RDD 方式保存的。MatrixBlock 是((Int,Int),Matrix)的元组,其中(Int,Int)是块的索引, Matrix 是给定索引的子矩阵,其大小为 rowsPerBlock×colsPerBlock。BlockMatrix 支持加和乘另一个 BlockMatrix。BlockMatrix 还有一个帮助函数 validate,可用来检查 BlockMatrix 的设置是否正确。

BlockMatrix 可以通过调用 toBlockMatrix 方便地从 IndexedRowMatrix 或 CoordinateMatrix 创建。toBlockMatrix 默认创建大小为 1024×1024 的块。用户可以通过 toBlockMatrix(rowsPerBlock,colsPerBlock)方法提供值改变块的大小。

```
scala > import org.apache.spark.mllib.linalg.distributed.{MatrixEntry,
CoordinateMatrix, BlockMatrix}
import org.apache.spark.mllib.linalg.distributed.{MatrixEntry,
CoordinateMatrix, BlockMatrix}

scala>val entries04=spark.sparkContext.parallelize(Seq(
     |      MatrixEntry(0, 0, 1.2),
     |      MatrixEntry(1, 0, 2.1),
     |      MatrixEntry(6, 1, 3.7)))
entries04: org.apache.spark.rdd.RDD[org.apache.spark.mllib.linalg
.distributed.MatrixEntry]=ParallelCollectionRDD[18] at parallelize at
<console>:31
```

代码 7-25

用 RDD[MatrixEntry]创建 CoordinateMatrix：

```
scala>val coordMat: CoordinateMatrix=new CoordinateMatrix(entries04)
coordMat: org.apache.spark.mllib.linalg.distributed.CoordinateMatrix =
org.apache.spark.mllib.linalg.distributed.CoordinateMatrix@2142b70d
```

代码 7-26

将 CoordinateMatrix 转换为 BlockMatrix：

```
scala>val matA: BlockMatrix=coordMat.toBlockMatrix().cache()
matA: org.apache.spark.mllib.linalg.distributed.BlockMatrix =
org.apache.spark.mllib.linalg.distributed.BlockMatrix@42e58f8e
```

代码 7-27

验证 BlockMatrix 的设置是否正确。当它是无效的时，则抛出一个异常。

```
scala>matA.validate()
```

代码 7-28

计算 A^T A：

```
scala>val ata=matA.transpose.multiply(matA)
ata: org.apache.spark.mllib.linalg.distributed.BlockMatrix =
org.apache.spark.mllib.linalg.distributed.BlockMatrix@7e09407a
```

代码 7-29

7.3 统 计 基 础

给定一个数据集，数据分析师一般会先观察数据集的基本情况，称之为汇总统计或者概要性统计。一般的概要性统计用于概括一系列观测值，包括位置或集中趋势（如算术平均值、中位数、众数和四分位均值）、展型（如四分位间距、绝对偏差和绝对距离偏差、各阶矩等）、统计离差、分布的形状、依赖性等。spark.mllib 库也提供了一些基本的统计分析工具，包括相关性、分层抽样、假设检验、随机数生成等，在 RDD 和数据帧数据进行汇总统计功能，使用皮尔逊或斯皮尔曼方法计算数据之间的相关性；还提供了假设检验和随机数据生成的支持。

7.3.1 相关分析

计算两个系列数据之间的相关性是统计中的常见操作。spark.mllib 提供了灵活性计算许多序列之间的成对相关性。目前支持的相关分析是皮尔逊和斯皮尔曼。org.apache.spark.ml.stat 也提供了计算序列之间相关性的方法。

```
scala>import org.apache.spark.ml.linalg.{Matrix, Vectors}
import org.apache.spark.ml.linalg.{Matrix, Vectors}
```

```
scala>import org.apache.spark.ml.stat.Correlation
import org.apache.spark.ml.stat.Correlation

scala>import org.apache.spark.sql.Row
import org.apache.spark.sql.Row

scala>val data=Seq(
     |   Vectors.sparse(4, Seq((0, 1.0), (3, -2.0))),
     |   Vectors.dense(4.0, 5.0, 0.0, 3.0),
     |   Vectors.dense(6.0, 7.0, 0.0, 8.0),
     |   Vectors.sparse(4, Seq((0, 9.0), (3, 1.0)))
     | )
data: Seq[org.apache.spark.ml.linalg.Vector]=List((4,[0,3],[1.0,-2.0]),
[4.0,5.0,0.0,3.0], [6.0,7.0,0.0,8.0], (4,[0,3],[9.0,1.0]))

scala>val df=data.map(Tuple1.apply).toDF("features")
df: org.apache.spark.sql.DataFrame=[features: vector]

scala>val Row(coeff1: Matrix)=Correlation.corr(df, "features").head
coeff1: org.apache.spark.ml.linalg.Matrix =
1.0                    0.055641488407465814   NaN   0.4004714203168137
0.055641488407465814   1.0                    NaN   0.9135958615342522
NaN                    NaN                    1.0   NaN
0.4004714203168137     0.9135958615342522     NaN   1.0
scala>val Row(coeff2: Matrix)=Correlation.corr(df, "features", "spearman").head
coeff2: org.apache.spark.ml.linalg.Matrix =
1.0                    0.10540925533894532    NaN   0.40000000000000174
0.10540925533894532    1.0                    NaN   0.9486832980505141
NaN                    NaN                    1.0   NaN
0.40000000000000174    0.9486832980505141     NaN   1.0
```

代码 7-30

- 皮尔逊相关系数(Pearson's correlation coefficient)

皮尔逊相关系数评估两个连续变量之间的线性关系。当一个变量的变化与另一个变量的比例变化相关时,关系是线性的。例如,可能使用皮尔逊相关系数评估生产设备温度的升高是否与巧克力涂层厚度的降低有关。皮尔逊相关系数是一个介于－1和1的值,当两个变量的线性关系增强时,相关系数趋于1或－1;当一个变量增大,另一个变量也增大时,表明它之间是正相关的,相关系数大于0;如果一个变量增大,另一个变量却减小,表明它之间是负相关的,相关系数小于0;如果相关系数等于0,表明它们之间不存在线性相关关系。皮尔逊相关系数的计算公式如下:

$$\rho_{X,Y}=\frac{\text{cov}(X,Y)}{\sigma_X\sigma_Y} \qquad (7\text{-}2)$$

分子是协方差,分母是两个变量标准差的乘积。显然,要求 X 和 Y 的标准差都不能为 0。

- 斯皮尔曼相关系数(Spearman's correlation coefficient)

斯皮尔曼相关系数评估两个连续或有序变量之间的单调关系。在单调关系中,变量趋于一起变化,但不一定以恒定速率变化。斯皮尔曼相关系数基于每个变量的排名值,而不是原始数据。斯皮尔曼相关系数通常用于评估涉及序数变量的关系。例如,可以使用斯皮尔曼相关系数评估员工完成测试练习的顺序是否与他们受雇的月数有关。

$$r_s = \rho_{rg_X, rg_Y} = \frac{\text{cov}(rg_X, rg_Y)}{\sigma_{rg_X} \sigma_{rg_Y}} \tag{7-3}$$

7.3.2 假设检验

假设检验是统计学中一个强大的工具,用来确定一个结果是否具有统计显著性,这个结果是否偶然发生。spark.ml 目前支持皮尔逊卡方检验(χ^2)独立性测试。ChiSquareTest 针对标签上的每个特征进行皮尔逊独立性测试。对于每个特征,将(feature, label)对转换为列矩阵,针对该列矩阵计算卡方统计量。所有标签和特征值必须是分类的。

```
scala>import org.apache.spark.ml.linalg.{Vector, Vectors}
import org.apache.spark.ml.linalg.{Vector, Vectors}

scala>import org.apache.spark.ml.stat.ChiSquareTest
import org.apache.spark.ml.stat.ChiSquareTest

scala>val data=Seq(
    |   (0.0, Vectors.dense(0.5, 10.0)),
    |   (0.0, Vectors.dense(1.5, 20.0)),
    |   (1.0, Vectors.dense(1.5, 30.0)),
    |   (0.0, Vectors.dense(3.5, 30.0)),
    |   (0.0, Vectors.dense(3.5, 40.0)),
    |   (1.0, Vectors.dense(3.5, 40.0))
    | )
data: Seq[(Double, org.apache.spark.ml.linalg.Vector)]=List((0.0,[0.5,10.0]), (0.0,[1.5,20.0]), (1.0,[1.5,30.0]), (0.0,[3.5,30.0]), (0.0,[3.5,40.0]), (1.0,[3.5,40.0]))

scala>val df=data.toDF("label", "features")
df: org.apache.spark.sql.DataFrame=[label: double, features: vector]

scala>val chi=ChiSquareTest.test(df, "features", "label").head
chi: org.apache.spark.sql.Row = [[0.6872892787909721, 0.6822703303362126], WrappedArray(2, 3),[0.75,1.5]]
scala>println("pValues=" +chi.getAs[Vector](0))
```

```
pValues=[0.6872892787909721,0.6822703303362126]

scala> println("degreesOfFreedom = " + chi.getSeq[Int](1).mkString("[",
",", "]"))
degreesOfFreedom=[2,3]

scala>println("statistics=" +chi.getAs[Vector](2))
statistics=[0.75,1.5]
```

代码 7-31

卡方检验：卡方检验就是统计样本的实际观测值与理论推断值的偏离程度,实际观测值与理论推断值的偏离程度决定了卡方值的大小,卡方值越大,越不符合；卡方值越小,偏差越小,越趋于符合。若两个值完全相等,卡方值就为 0,表明理论值完全符合。卡方检验是以 χ^2 分布为基础的一种常用假设检验方法,它的无效假设 H_0 是：观察频数与期望频数没有差别。该检验的基本思想是：首先假设 H_0 成立,基于此前提计算出 χ^2 值,它表示观察值与理论值之间的偏离程度。根据 χ^2 分布及自由度可以确定在 H_0 假设成立的情况下获得当前统计量及更极端情况的概率 P。如果 P 值很小,说明观察值与理论值偏离程度太大,应当拒绝无效假设,表示比较资料之间有显著差异；否则就不能拒绝无效假设,尚不能认为样本代表的实际情况和理论假设有差别。

7.3.3 摘要统计

在 spark.ml 包中,Summarizer 提供了 DataFrame 的向量列摘要统计信息。可用的度量是每列数据的最大值、最小值、平均值、方差和非零数以及总数。下面的示例演示如何使用 Summarizer 为输入 DataFrame 的向量列（带有和不带有权重列）计算均值和方差。

```
scala>import org.apache.spark.ml.linalg.{Vector, Vectors}
import org.apache.spark.ml.linalg.{Vector, Vectors}

scala>import org.apache.spark.ml.stat.Summarizer
import org.apache.spark.ml.stat.Summarizer

scala>import spark.implicits._
import spark.implicits._

scala>import Summarizer._
import Summarizer._

scala>val data=Seq(
    |   (Vectors.dense(2.0, 3.0, 5.0), 1.0),
    |   (Vectors.dense(4.0, 6.0, 7.0), 2.0)
    | )
```

```
data: Seq[(org.apache.spark.ml.linalg.Vector, Double)]=List(([2.0,3.0,5.0],
1.0), ([4.0,6.0,7.0],2.0))

scala>val df=data.toDF("features", "weight")
df: org.apache.spark.sql.DataFrame=[features: vector, weight: double]

scala>val (meanVal, varianceVal)=df.select(metrics("mean", "variance")
     | .summary($"features", $"weight").as("summary")).select("summary.mean",
"summary.variance").as[(Vector, Vector)].first()
meanVal: org.apache.spark.ml.linalg.Vector =[3.333333333333333,5.0,
6.333333333333333]
varianceVal: org.apache.spark.ml.linalg.Vector=[2.0,4.5,2.0]

scala>println(s"with weight: mean=${meanVal}, variance=${varianceVal}")
with weight: mean =[3.333333333333333, 5.0, 6.333333333333333], variance =[2.0,
4.5,2.0]

scala>val(meanVal2, varianceVal2)=df.select(mean($"features"),
variance($"features")).as[(Vector, Vector)].first()
meanVal2: org.apache.spark.ml.linalg.Vector=[3.0,4.5,6.0]
varianceVal2: org.apache.spark.ml.linalg.Vector=[2.0,4.5,2.0]

scala>println(s"without weight: mean=${meanVal2}, sum=${varianceVal2}")
without weight: mean=[3.0,4.5,6.0], sum=[2.0,4.5,2.0]
```

7.4 算法概述

　　MLlib 中包括了 Spark 的机器学习功能,实现了可以在计算机集群上并行完成的机器学习算法。MLlib 拥有多种机器学习算法,用于二元以及多元分类和回归问题的解决,这些方法包括线性模型、决策树和朴素贝叶斯方法等;使用基于交替最小二乘算法建立协同过滤推荐模型。这部分将使用协同过滤算法预测用户会喜欢什么样的电影。MLlib 还提供了基于 K 均值的聚类,经常用于大型数据集的数据挖掘,支持使用 RowMatrix 类进行降维,提供奇异值分解和主成分分析的功能(见表 7-1)。

表 7-1　MLlib 中的机器学习算法

机器学习算法	描述
分类和回归	包括线性模型、决策树和朴素贝叶斯
协同过滤	支持基于交替最小二乘算法的协同过滤推荐模型
聚集	支持 K 均值算法
降维	支持使用 RowMatrix 类进行降维,其提供奇异值分解和主成分分析的功能
特征抽取和转换	包括常用的几个特征转换的类

目前,机器学习领域包括许多算法,同时还有更多新颖的算法被设计和开发。如果要搞清楚所有算法的原理,其学习曲线会非常陡峭。初学者经常面临如何从各种各样的机器学习算法中选择解决不同问题的方法,要解决该问题,可以考虑几个因素:数据量的大小和性质;可以接收的计算时间;任务的紧迫程度以及期望挖掘的内容。即使是经验丰富的数据科学家,也无法在尝试所有可能的算法之前就可以确定哪个算法的性能最好。但是,初学者应该知道机器学习算法的功能和适用的实际问题。本小节只是希望能够提供一些指导性的建议,可以根据一些因素选择用于解决问题可能性较大的算法。本节提供两种方式对机器学习算法(见图7-3)进行分类:第一种是通过学习方式进行分类,包括有监督学习和无监督学习,有监督学习算法使用带有标记的数据训练模型,而无监督学习算法不需要;第二种是按形式或功能上的相似性将算法分组。

图 7-3 机器学习算法

7.4.1 有监督学习

利用一组已知类别的样本训练分类器(用于分类的机器学习算法称为分类器),然后调整分类器的参数使其达到一定的分类精度,这个过程被称为有监督学习。有监督学习是通过有标记的训练数据进行建模,然后进行推断的机器学习任务。训练数据包括实际的分类结果,可以将其理解为试卷的正确答案,学生可以通过正确答案判断是否学会了对应的知识点,这个过程可以理解为有监督学习的建模。对于分类器来说,就是找到特定方程的解法。对于相似的新问题,学生通过获得的知识找对应的答案,这个过程可以看作分类器进行推断的过程(使用上面的解法代入新的数据,最后得到结果)。在有监督学习中,每个训练数据实例都由一个输入对象(通常为一组向量,称为特征)和一个期望的输出值(也称为标签)组成。监督学习算法分析训练数据,产生一个可以用来推断的运算方程,可以通过新的输入对象计算出新的输出值。在训练过程中,如果得到性能最佳的运算方程,将允许使用该运算方程预测未分类的实例。这就要求机器学习算法通过监督学习的方式从一种已知数据推断出未知的结果。监督学习可以分为两类:分类和回归。

分类(Classification)：如果数据用来预测一个类别变量，那么监督学习算法又称作分类，如对一张图片标注标签(狗或者猫)。如果只有两个标签，则称作二元分类问题，当类别大于两个时，称作多元分类问题。分类的例子包括垃圾邮件检测、客户流失预测、情感分析、犬种检测等。

回归(Regression)：当预测变量为连续变量时，问题就转化为一个回归问题。回归问题根据先前观察到的数据预测数值；回归的例子包括房价预测、股价预测、身高-体重预测等。

分类算法是解决分类问题的方法，是数据挖掘、机器学习和模式识别中一个重要的研究领域。分类算法通过对已知类别训练集的分析，从中发现分类规则，以此预测新数据的类别。分类算法的应用非常广泛，如银行中风险评估、客户类别分类、文本检索和搜索引擎分类、安全领域中的入侵检测以及软件项目中的应用等。基于监督学习的分类算法将输入数据指定到属于若干预先定义的分类中。一些常见的使用分类的案例包括信用卡欺诈检测和垃圾邮件检测，这两者都是二元分类问题，只有两种类别(是与非)。分类数据被标记，例如标记为垃圾邮件或非垃圾邮件、欺诈或非欺诈。分类算法通过训练模型为新数据分配标签或类别，可以根据预先确定的特征进行分类。

7.4.2 无监督学习

如果训练数据没有标签，则说明没有先验知识，无监督学习需要从数据中计算出内在的规律，可以将训练数据想象成没有标准答案的试卷。一般来说，无监督学习适用于难以人工标注类别或进行人工类别标注的成本太高，希望计算机能代替完成这些工作，或至少提供一些帮助。根据没有被标记的训练数据解决模式识别中的各种问题，称为无监督学习。无监督学习在没有标签的情况下自主获取输入数据本身的内在意义，例如聚类算法获取输入对象的内在分组模式。另外，用户还需要对通过无监督学习获取的内在意义进行理解，有时候可能找到未曾发现的知识。机器学习算法可以根据标题和内容将新闻文章分组到不同的类别。聚类算法发现数据集合中发生的分组。聚类算法仅基于数据本身对一组数据进行分组，事先不需要知道数据的任何分组信息。

聚类算法通过分析输入实例之间的相似性将其进行分类。聚集使用无监督的算法，其前提不需要输出。没有任何已知的类被用作参考，这与有监督算法是不同的。在聚类中，算法通过分析输入示例之间的相似性将对象分组，聚集用途包括搜索结果的分组；数据的分组例如查找相似客户；异常检测例如欺诈检测；文本分组例如对书籍进行分类。图 7-4 中给出了一组原始数据点。聚类算法的目标是创造一定数量的簇，使得簇中的点表示最相似的，或最近的数据。

使用 K-均值的聚类算法，开始初始化所有的坐标为重心。有多种方法可以初始化点，包括随机的方式。随着算法的迭代，每个点根据距离度量，通常为欧几里得距离，分配给其最接近的重心。然后，在每次迭代中，对于所有被分配给重心的点，重心被更新为"中心"。算法根据多个参数条件停止运行，条件包括：从最后一次迭代中值的最小变化；足够小的簇内距离；足够大的簇间距离。

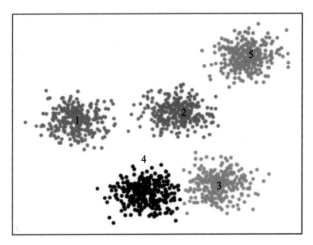

图 7-4 聚类分组

7.4.3 多种算法介绍

从功能角度来说,可以根据机器学习算法的共性(如功能或运作方式)对机器学习算法分类,例如基于树的方法和基于神经网络的方法。一般来说,这是对机器学习算法进行分组的最有效的方法,但仍然有一些算法可以适合多个类别。下面的介绍尽量选择主观上最适合的分组处理这些情况。

1. 回归算法

回归算法涉及将变量之间的关系进行建模,然后使用模型进行的预测,通过度量预测值与实际值之间的误差完成变量之间关系的迭代完善。回归算法是数学建模、分类和预测中最古老但功能非常强大的工具之一,已被选入统计机器学习中。目前,可能的回归算法包括普通最小二乘回归、线性回归、逻辑回归、逐步回归、多元自适应回归样条、局部估计的散点图平滑。

2. 基于实例算法

基于实例的学习模型是一个决策问题,模型中包含训练数据的实例。通过与存储在模型中的训练数据进行比较,对新输入的实例生成一个类别标签。模型训练过程不会从具体实例中生成抽象结果。这样的算法通常为示例数据建立的数据库,并使用相似性度量将新数据与数据库中的数据进行比较,以便找到最佳匹配并做出预测。基于实例算法的重点是存储实例以及实例之间的相似性度量。目前,可能的基于实例算法包括 k 最近邻居、学习矢量量化、自组织图、本地加权学习、支持向量机。

3. 正则化算法

正则化算法是对另一种算法(通常是回归算法)的扩展。该算法根据模型的复杂性对模型进行优化,倾向于更易于泛化的简单模型。这里单独列出了正则化算法,因为它们是流行的、功能强大的,且通常简单地对其他算法进行了修改。目前,可能的正则化算法包括岭回归、最小绝对收缩和选择算子、弹性网、最小角度回归。

4. 决策树算法

决策树方法构建了一个决策模型,是基于数据中属性的实际值制定的。决策树有很多不同的变体,但是它们都做相同的事情,细分特征空间到最相似标签的区域。决策树最容易理解和实现,但是当分支耗费过多而且树非常深时,很容易导致过拟合。决策树可以进行有关分类和回归问题的数据训练。决策树通常快速、准确,在机器学习中很受欢迎。目前,决策树算法有分类和回归树、迭代二分频器 3(ID3)、C4.5 和 C5.0(不同版本)、卡方自动交互检测(CHAID)、决策树桩、M5、条件决策树。

5. 贝叶斯算法

贝叶斯算法将贝叶斯定理明确应用于分类和回归等问题。当前,可能的贝叶斯算法是朴素贝叶斯、高斯朴素贝叶斯、多项式朴素贝叶斯、平均—依赖估计量(AODE)、贝叶斯信仰网络(BBN)、贝叶斯网络(BN)。

6. 聚类算法

像回归一样,聚类描述问题的类别和方法的类别。聚类方法通常通过建模方法(如基于质心和层次的方法)进行组织,涉及使用数据中的固有结构最优地将数据组织成具有最大共性的集合。当前,可能的聚类算法包括 K 均值、K 中位数、期望最大化(EM)、层次聚类。

7. 关联规则学习算法

关联规则学习算法提取的规则,可以最佳地解释数据中变量之间的关系。这些规则可以在大型多维数据集中发现重要和有用的关联。目前,可能的关联规则学习算法包括 Apriori 算法、离散算法。

8. 人工神经网络算法

人工神经网络是受生物神经网络的结构和功能启发而设计的模型。它们属于模式匹配的类别,通常用于回归和分类问题。实际上,这个算法是一个巨大的子类别,由数百种算法和各种问题类型的变体组成。深度学习也是神经网络当前发展最快的一个分支,单独进行分类,这里只是列举了比较经典的人工神经网络算法。目前,可能的人工神经网络算法包括感知器、多层感知器(MLP)、反向传播、随机梯度下降、霍普菲尔德网络、径向基函数网络(RBFN)。

9. 深度学习算法

深度学习算法是人工神经网络的一种现代更新,利用当前大量廉价的计算实现。深度学习算法关注的是构建更大和更复杂的神经网络,并且如上所述,许多算法都涉及被标记的模拟超大数据集,如图像、文本、音频和视频。目前,可能的深度学习算法包括卷积神经网络(CNN)、递归神经网络(RNN)、长短期记忆网络(LSTM)、堆叠式自动编码器、深玻尔兹曼机(DBM)、深度信仰网络(DBN)。

10. 降维算法

像聚类方法一样,降维算法寻找和利用数据中的固有结构,通过无监督学习的方式用较少的信息汇总或描述数据。如果数据维度很高,可视化会变得相当困难,降维算法可以增强数据可视化,也可用于删除冗余特征解决多重共线性问题。另外,低维数据有助于减少存储空间和训练的时间。目前,可能的减维算法包括主成分分析(PCA)、主成分回归

(PCR)、偏最小二乘回归(PLSR)、萨蒙地图、多维缩放(MDS)、投影追踪、线性判别分析(LDA)、混合判别分析(MDA)、二次判别分析(QDA)、弹性判别分析(FDA)。

11. 集成算法

集成算法由多个较弱的模型组成,每个模型经过独立训练,然后以某种方式集成在一起进行总体预测。集成算法主要解决组合哪些弱学习模型以及如何将它们组合在一起。目前,可能的集成算法包括提升(Boosting)、自举聚合(Bagging)、AdaBoost、加权平均值(Blending)、堆叠概括(Stacking)、梯度提升机(GBM)、梯度增强回归树(GBRT)、随机森林。

- 有监督和无监督机器学习的区别是什么?
- 为什么分类被看作有监督学习的算法,而聚类被看作无监督学习的算法?
- 基于客户原来的评价,分析喜欢哪个餐厅,应该使用什么算法?
- 检测通过欺诈尝试登录 Web 网站,应该使用什么算法?
- 判断哪些学生可以通过考试,哪些学生不能通过考试,应该使用什么算法?
- 基于类别元数据对音乐专辑进行分类,应该使用什么算法?

7.4.4 协同过滤

推荐系统是构建智能推荐器系统时最常用的技术,随着收集有关用户的更多信息,该系统可以学习为潜在用户提供更好的推荐。大多数购物或内容网站都使用系统过滤作为其复杂推荐系统的一部分,可以使用此技术构建推荐器。推荐系统简单来说是利用兴趣相投、拥有共同体验群体的喜好为潜在用户提供可能感兴趣的信息,需要由用户通过合作的机制给予信息相当程度的回应(如为产品或内容评分)并记录下来,这个过程可以为后续算法的筛选和过滤提供数据。所以,推荐系统又可分为评分和过滤两个部分,其后成为电子商务中很重要的一环,即根据某顾客以往的购买行为,通过协同过滤系统对比相似顾客群的购物行为,为顾客提供可能喜欢的产品。因此,推荐系统是指能够预测用户可能偏好的系统,本节重点介绍协同过滤的算法。协同过滤有以下两种形式。

(1) 基于用户的协同过滤:基于用户的协同过滤算法先使用统计技术寻找与目标用户有相同喜好的邻居,然后根据目标用户的邻居的喜好产生向目标用户的推荐。基本原理是利用用户访问行为的相似性互相推荐用户可能感兴趣的资源,如图 7-5 所示。

图 7-5 示意出基于用户的协同过滤算法的基本原理,假设用户 A 喜欢项目 A 和项目 C,用户 B 喜欢项目 B,用户 C 喜欢项目 A、项目 C 和项目 D;从这些用户的历史喜好信息中,可以发现用户 A 和用户 C 的口味和偏好比较类似,同时,用户 C 还喜欢项目 D,那么可以推断用户 A 可能也喜欢项目 D,因此可以将项目 D 推荐给用户 A。

(2) 基于项目的协同过滤:根据所有用户对项目或者信息的评价,发现项目和项目之间的相似度,然后根据用户的历史偏好信息将类似的项目推荐给该用户,如图 7-6 所示。

图 7-6 示意出基于项目的协同过滤推荐的基本原理,用户 A 喜欢项目 A 和项目 C,用户 B 喜欢项目 A、项目 B 和项目 C,用户 C 喜欢项目 A,从这些用户的历史喜好中可以发现项目 A 与项目 C 比较类似,喜欢项目 A 的用户都喜欢项目 C,基于这个判断,用户 C 可能也喜欢项目 C,所以推荐系统将项目 C 推荐给用户 C。

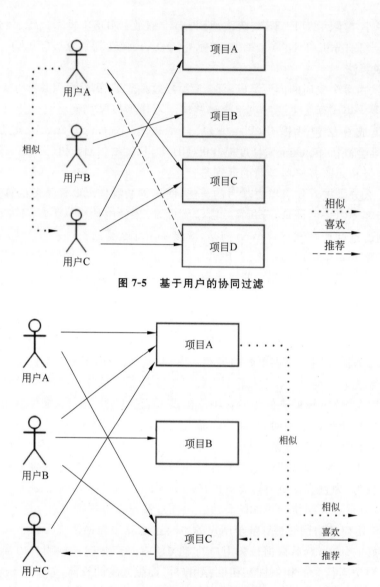

图 7-5　基于用户的协同过滤

图 7-6　基于项目的协同过滤

7.5　交叉验证

交叉验证用于评估机器学习模型应用到新数据上的稳定性,主要用于目标是预测的任务中,估计预测模型在实践中的执行准确度。在训练数据上拟合的模型无法保证能够准确应用于从未见过的真实数据,这是因为训练数据和真实数据中样本的概率分布可能不同,可能会有噪声对模型训练产生影响。所以,在训练模型时,尽量保证可以正确地从数据中获取大多数模式,并且噪声不会产生过多的影响。于是,可以先在一个子集上进行分析,其他子集后续用来进行分析的确认及验证。一开始的子集被称为训练集。其他的子集则被称为验证集或测试集。拟合的过程是对模型的参数进行调整,以使模型尽可能反映训练集的特征。如果从同一个训练样本中选择独立的样本作为验证集合,当模型因训练集过小或参数不合适而产生过拟合时,可以通过验证集予以评估。所以,交叉验证也是一种预测模型拟合性能的方法。常见的交叉验证形式包括以下几种。

1. Hold-Out 验证

随机从最初的样本中选出部分,形成交叉验证数据,剩余的就当作训练数据。Hold-Out 是基本的划分方法,字面意思是留出来一部分,即将数据集直接按照一定比例划分,例如常用的 2/8、3/7,含义为训练数据为 80%、70%,相应的测试数据占 20%、30%。然而,这种方式只进行了一次划分,数据结果具有偶然性,如果在某次划分中,训练集的数据不具有普遍性,而测试集里的数据存在不同的统计分布,这样就会导致最终的预测结果与测试结果不一致。

2. 标准 K 折交叉验证

标准 K 折交叉验证将训练集分割成 K 个子样本,一个单独的子样本被保留作为验证模型的数据,其他 $K-1$ 个样本进行训练。交叉验证重复 K 次,每个子样本被验证一次,平均 K 次的结果或使用其他结合方式,最终得到一个单一模型估计测度。其中,K 一般取 5 或 10。如果采用 Hold-Out 验证方式,数据划分具有偶然性;交叉验证通过多次划分,大大降低了这种由一次随机划分带来的偶然性,同时通过多次划分,多次训练,模型也能遇到各种各样的数据,从而提高其泛化能力。与 Hold-Out 相比,对数据的使用效率更高,5 折交叉验证,则训练集比测试集为 4∶1;如果是 10 折交叉验证,则训练集比测试集为 9∶1。数据量越大,模型准确率越高。

3. 分层 K 折交叉验证

在某些情况下,训练数据的响应变量可能存在很大的不平衡。例如,在有关房屋价格的数据集中,可能有大量具有高价格的房屋;或者在分类的情况下,负样品可能比正样品多几倍。对于此类问题,对标准 K 折交叉验证进行细微的变化,使每折数据包含每个目标类别的样本百分比与全部数据中的样本相同,或者对于预测问题,平均响应值约为在所有倍数上相等。这种变化也称为分层 K 折。

上面说明的交叉验证技术也称为非穷举交叉验证,不需要计算所有分割原始样本的方法,只确定需要分割出多少个子集即可。下面说明的方法称为穷举交叉验证,该方法计算将数据分为训练集和测试集所有的可能方式。

4. 留一验证

留一验证是指只使用一个样本作为验证数据,剩余的样本留下来当作训练数据,是一种特殊的交叉验证方式。如果样本容量为 N,则 $K=N$,进行 N 折交叉验证,每次留下一个样本进行验证,主要针对小样本数据。

7.6 机器学习管道**

什么是机器学习管道?实际上,管道是日常生活中的一个自然概念,例如生产车间的流水线。如果考虑汽车组装流水线,假设装配线中的某些步骤是安装发动机,然后安装发动机罩并安装车轮。装配线上的汽车只能一次完成三个步骤中的一个。汽车安装发动机后,它将继续安装发动机罩,为下一辆汽车留下发动机安装设施。装配流水线上最多应该有 3 辆车,分别是第一辆车移动到车轮安装,第二辆车移动到引擎盖安装,第三辆车开始安装引擎。如果安装发动机需要 20min,安装引擎盖需要 5min,安装轮子需要 10min,当流水线上一次只有一辆汽车存在,如果三辆车装备完成,将需要 $105=3\times(20+5+10)$min;当流水线上可以同时存在三辆车,三辆车装备完成将需要 $75=20+20+5+10+10+10$min,所以管道模型的目的就是提高生产效率。机器学习管道包括用于机器学习工作流程中的创建、调优和检查等过程,用户更多地关注数据需求和机器学习任务,而不是花费时间和精力在设计基础架构和实现分布式计算。机器学习管道还包括特征工程与模型组合的自动迭代,最终找到最优的解决方案。

7.6.1 概念介绍

机器学习管道可以用来定义工作流程,自动完成模型训练。管道的工作方式是使一系列数据可以在模型中进行转换和关联,模型可以进行测试和评估。机器学习管道包括几个训练模型的步骤,每个步骤都可以重复迭代执行,以不断提高模型的准确性并获得最优的结果。通过定义机器学习管道,模型训练过程可以被有效控制,可以灵活分解和替换。在模型训练的过程中,机器学习算法可以在训练数据中找到将输入数据映射到标签(要预测的答案)的模式,然后保存这些模式到模型中。模型可以具有许多依赖性,并且可以存储所有组件,以确保所有功能都可以脱机使用,也可以联机进行部署。

当今的许多机器学习模型大部分是需要经过大量数据进行训练之后,才能执行特定任务,可以提供从"发生了什么(分析数据)"到"可能发生什么(预测结果)"的解决方法。这些模型很复杂,需要不停地进行运算,这个过程是重复的基于上一次的运算结果进行数学计算,并在每次迭代中进行改进,使其更接近最佳的结果。数据科学家希望可以获得更多的数据,可以源源不断地输入到机器学习管道中。典型的机器学习管道包括数据采集、数据清理、特征提取(标注和降维)、模型验证、可视化。Spark 机器学习工作流如图 7-7 所示。

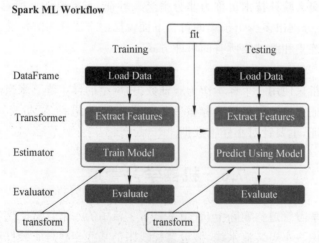

图 7-7　Spark 机器学习工作流

在构建管道的初始阶段，数据质量及其可访问性是将遇到的两个主要挑战。如果想从原始数据中获得有意义的信息，机器学习管道的首要任务是定义数据收集和数据清理，但是在实际应用环境中会有很大的难度。机器学习管道通常还涉及一系列数据转换和训练模型阶段，会按照一定的标准被定义为操作序列，其中包括转换器（Transformer）、估算器（Estimator）、评价器（Evaluator）。这些阶段按顺序执行，并且在流经管道中的每个阶段时输入的数据被进行了转换。

机器学习开发框架需要通过支持分布式计算的实用程序帮助组装管道组件，还需要的功能有容错能力、资源管理、可扩展性和可维护性。另外，机器学习开发框架还包括模型导入/导出、交叉验证、选择参数，以及从多个数据源汇总数据；特征提取、选择和统计；管道的持久化，可以保存和加载模型。

7.6.2　Spark 管道

从 Spark 1.2 开始引入了机器学习管道概念，提供 API 创建和执行复杂的机器学习工作流程。其目标是通过标准化让用户快速轻松地组装和配置分布式机器学习管道。Spark 机器学习管道 API 在 org.apache.spark.ml 包中可用，可以将多个机器学习算法组合到一个管道中。Spark 机器学习 API 具有两个名为 spark.mllib 和 spark.ml 的软件包。spark.mllib 软件包是在 RDD 之上构建的 API，而 spark.ml 软件包提供了构建在 DataFrame 上的 API。使用 DataFrame 作为机器学习算法的操作形式，可以容纳各种数据类型。本节将介绍 Spark 机器学习管道的几个关键概念，其中管道概念主要受 scikit-learn 项目的启发。

1. 转换器（Transformer）

转换器是一种抽象，包含特征转换器和训练过的模型。从技术上讲，转换器实现了方法 transform()，其功能是将一个 DataFrame 附加一个或多个列转换成另一个。例如，特征转换器可以使用 DataFrame 读取初始数据列，然后将其映射成新的特征向量列，生成新的 DataFrame；训练过的模型通过 DataFrame 读取包含特征向量的列，预测每个特征向量的标签，然后输出一个新的 DataFrame，包括了预测标签。

2. 估算器（Estimator）

估算器是学习算法的抽象概念，其中包括了进行拟合和训练数据的算法。从技术上讲，估算器实现了方法 fit()，用来接受 DataFrame 并产生模型（转换器）。例如，LogisticRegression 算法是一个估算器，调用 fit() 训练出 LogisticRegressionModel，它是模型，也是转换器。

在训练机器学习模型中，通常需要运行一系列算法对数据进行处理和拟合。例如，简单的自然语言处理工作流可能包括几个阶段，首先将每个文档的文本分割成单词；然后将每个文档的单词转换为特征向量；最后使用特征向量和标签拟合预测模型，可以将这样的工作流程定义为机器学习管道（Pineline）。管道由 PipelineStage（转换器和估算器）序列组成，并且按特定顺序运行。下面将具体讲解转换器和估算器在 Spark 机器学习管道中的作用，并使用这个简单的自然语言处理流程作为示例。

实际上，机器学习管道由包含特定阶段的序列组成，每个阶段可以是转换器或估算器。这些阶段按顺序运行，DataFrame 通过每个阶段时被转换。如果通过的阶段为转换器，则在 DataFrame 上调用 transform（）方法；如果通过的阶段为估算器，调用 fit（）方法生成一个转换器，会成为 PipelineModel 的一部分，或者经过拟合的 Pipeline；可以继续在 DataFrame 上调用这个转换器的 transform（）方法。图 7-8 为训练模型阶段使用的机器学习管道。

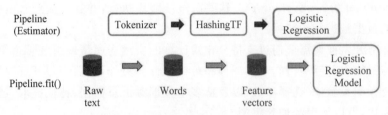

图 7-8　训练模型阶段使用的机器学习管道

图 7-8 中包含了由三个阶段组成的机器学习管道，前两个 Tokenizer 和 HashingTF 是转换器，第三个 LogisticRegression 是一个估算器；还表示了流经管道各个阶段的数据变化，其中圆柱形表示 DataFrame。原始 DataFrame（Raw text）包括原始文本文档和标签，通过调用 Pipeline.fit（）方法，Tokenizer.transform（）方法将原始 DataFrame 中的文本文档分割成单词，转换成新的单词 DataFrame（Words），HashingTF.transform（）方法将单词 DataFrame 转换为特征向量，转换成新的特征向量 DataFrame（Feature vectors）。由于 LogisticRegression 是一个估算器，所以机器学习管道调用 LogisticRegression.fit（）生成 LogisticRegressionModel。如果机器学习管道还有更多的估算器，那么在将此 DataFrame 传递到下一个阶段之前，在此 DataFrame 上调用 LogisticRegressionModel 的 transform（）方法。从上面的例子看，机器学习管道整体可以作为估算器，所以运行 fit（）方法之后，生成一个 PipelineModel 转换器。然后，PipelineModel 转换器可以用在测试数据上，图 7-9 说明了这个过程。PipelineModel 具有与机器学习管道相同的级数，但所有估算器都已成为转换器。当在测试数据集上调用 PipelineModel 中的 transform（）方法时，数据按顺序通过已经拟合过的机器学习管道，每个阶段的 transform（）方法更新 DataFrame 并将其传递到下一个阶段。这种机器学习管道的机制有助于确保训练和测试数据通过相同的处理步骤。

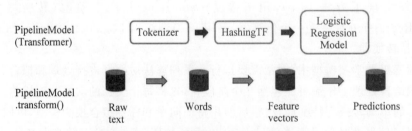

图 7-9　机器学习管道应用测试数据的过程

机器学习管道中阶段被指定为有序数组。示例中的 Pineline 全部为线性，即 Pipeline 中的每个阶段使用前一阶段产生的数据。只要管道中的数据流形成有向非循环图，就有可能创建非线性 Pipeline。当前，数据流图根据每个阶段的输入和输出列名称（通常通过参数指定)隐式指定。如果管道形成有向非循环图,则必须按拓扑顺序指定阶段。

由于 Pipeline 可以对具有不同类型的 DataFrame 进行操作,因此不能使用编译时类型检查。在实际运行 Pipeline 之前,Pipeline 和 PipelineModel 在进行运行时检查。此类型检查是使用 DataFrame 模式完成的,描述了 DataFrame 中列的数据类型。

管道中的阶段应该是唯一的实例,例如同一个实例 myHashingTF 不应该被插入 Pipeline 两次,因为阶段必须有唯一的 ID。然而,不同的实例 myHashingTF1 和 myHashingTF2(都是 HashingTF 类型)都可以放入同一个管道,因为使用不同的 ID 创建不同的实例。

估算器和转换器使用统一的 API 指定参数。Param 是具有独立文件的命名参数,ParamMap 是一组键值对(参数,值)。将参数传递给算法主要有两种方法:

(1) 为实例设置参数,如果 lr 是 LogisticRegression 的实例,则可以调用 lr.setMaxIter(10) 使 lr.fit() 最多使用 10 次迭代。

(2) 将 ParamMap 传递给 fit()或 transform()方法。ParamMap 中的任何参数都将覆盖以前通过 setter()方法指定的参数。

参数属于估计器和转换器的特定实例。如果有两个 LogisticRegression 实例 lr1 和 lr2,则可以使用指定的两个 maxIter 参数构建 ParamMap,ParamMap(lr1.maxIter->10,lr2.maxIter->20)。如果管道中有两个带有 maxIter 参数的算法,这种方式将很有用。通常,将模型或管道保存到存储中可供以后使用。从 Spark 1.6 开始,模型导入和导出的功能已添加到 API 中。下面的示例描述了文本处理的机器学习管道执行的过程。

```
scala>import org.apache.spark.ml.{Pipeline, PipelineModel}
import org.apache.spark.ml.{Pipeline, PipelineModel}

scala>import org.apache.spark.ml.classification.LogisticRegression
import org.apache.spark.ml.classification.LogisticRegression

scala>import org.apache.spark.ml.feature.{HashingTF, Tokenizer}
import org.apache.spark.ml.feature.{HashingTF, Tokenizer}

scala>import org.apache.spark.ml.linalg.Vector
import org.apache.spark.ml.linalg.Vector

scala>import org.apache.spark.sql.Row
import org.apache.spark.sql.Row
```

代码 7-32

准备训练数据。

```
scala>val training=spark.createDataFrame(Seq(
    |   (0L, "a b c d e spark", 1.0),
    |   (1L, "b d", 0.0),
```

```
            |  (2L, "spark f g h", 1.0),
            |  (3L, "hadoop mapreduce", 0.0)
            |)).toDF("id", "text", "label")
training: org.apache.spark.sql.DataFrame=[id: bigint, text: string ... 1 more
field]

scala>training.show
+---+----------------+-----+
| id|            text|label|
+---+----------------+-----+
|  0|   a b c d e spark|  1.0|
|  1|             b d|  0.0|
|  2|       spark f g h|  1.0|
|  3| hadoop mapreduce|  0.0|
+---+----------------+-----+
```

代码 7-33

配置 ML 管道,由 tokenizer、hashingTF 和 lr 三个阶段组成。

```
scala>val tokenizer=new Tokenizer().setInputCol("text")
.setOutputCol("words")
tokenizer: org.apache.spark.ml.feature.Tokenizer=tok_d33aebff5942

scala>val hashingTF=new HashingTF().setNumFeatures(1000)
.setInputCol(tokenizer.getOutputCol).setOutputCol("features")
hashingTF: org.apache.spark.ml.feature.HashingTF=hashingTF_214a5ff53c51

scala>val lr=new LogisticRegression().setMaxIter(10).setRegParam(0.001)
lr: org. apache. spark. ml. classification. LogisticRegression = logreg
_6b1ab2bbcffb

scala>val pipeline=new Pipeline().setStages(Array(tokenizer, hashingTF, lr))
pipeline: org.apache.spark.ml.Pipeline=pipeline_b07867b9cf3e
```

代码 7-34

使用 fit()方法将训练文档传递给管道。

```
scala>val model=pipeline.fit(training)
model: org.apache.spark.ml.PipelineModel=pipeline_b07867b9cf3e
```

代码 7-35

现在,可以保存拟合后的管道。

```
scala>model.write.overwrite().save("/tmp/spark-logistic-regression-model")
```

代码 7-36

也可以保存没有执行 fit() 的管道。

```
scala>pipeline.write.overwrite().save("/tmp/unfit-lr-model")
```

代码 7-37

加载保存的管道。

```
scala> val sameModel=PipelineModel.load("/tmp/spark-logistic-regression-model")
sameModel: org.apache.spark.ml.PipelineModel=pipeline_b07867b9cf3e
```

代码 7-38

准备测试文档为没有标记的元组(id,text)。

```
scala>val test=spark.createDataFrame(Seq(
    | (4L, "spark i j k"),
    | (5L, "l m n"),
    | (6L, "spark hadoop spark"),
    | (7L, "apache hadoop")
    | )).toDF("id", "text")
test: org.apache.spark.sql.DataFrame=[id: bigint, text: string]
```

代码 7-39

在测试文档上进行预测。

```
scala>model.transform(test).select("id", "text", "probability",
    | "prediction").collect().foreach { case Row(id: Long,
    | text: String, prob: Vector, prediction: Double) =>
    | println(s"($id, $text) -->prob=$prob, prediction=$prediction")
    | }
(4, spark i j k) -->prob=[0.15964077387874118, 0.8403592261212589], prediction=1.0
(5, l m n) -->prob=[0.8378325685476612, 0.16216743145233875], prediction=0.0
(6, spark hadoop spark) --> prob=[0.06926633132976273, 0.9307336686702373], prediction=1.0
(7, apache hadoop) --> prob=[0.9821575333444208, 0.01784246665557917], prediction=0.0
```

代码 7-40

打印参数对(名称：数值),名称中包含 LogisticRegression 实例的唯一 ID (20733c862f55)。

```
scala>println("Model was fit using parameters: " +lr.extractParamMap)
Model was fit using parameters: {
    logreg_20733c862f55-aggregationDepth: 2,
    logreg_20733c862f55-elasticNetParam: 0.0,
    logreg_20733c862f55-family: auto,
    logreg_20733c862f55-featuresCol: features,
    logreg_20733c862f55-fitIntercept: true,
    logreg_20733c862f55-labelCol: label,
    logreg_20733c862f55-maxIter: 10,
    logreg_20733c862f55-predictionCol: prediction,
    logreg_20733c862f55-probabilityCol: probability,
    logreg_20733c862f55-rawPredictionCol: rawPrediction,
    logreg_20733c862f55-regParam: 0.001,
    logreg_20733c862f55-standardization: true,
    logreg_20733c862f55-threshold: 0.5,
    logreg_20733c862f55-tol: 1.0E-6
}
```

代码 7-41

可替代地使用 ParamMap 中的不同方法指定参数。

```
scala>import org.apache.spark.ml.param.ParamMap
import org.apache.spark.ml.param.ParamMap

scala>val paramMap=ParamMap(lr.maxIter ->20).put(lr.maxIter, 30).put(lr.regParam ->0.1, lr.threshold ->0.55)
paramMap: org.apache.spark.ml.param.ParamMap =
{
    logreg_20733c862f55-maxIter: 30,
    logreg_20733c862f55-regParam: 0.1,
    logreg_20733c862f55-threshold: 0.55
}
```

代码 7-42

从上面的例子中可以看到，maxIter 参数被重新赋值，并替代了原来的值，而且一个 put()可以定义多个参数。

组合多个 ParamMap。

```
scala>val paramMap2=ParamMap(lr.probabilityCol ->"myProbability")
paramMap2: org.apache.spark.ml.param.ParamMap =
{
    logreg_20733c862f55-probabilityCol: myProbability
}
```

```
scala>val paramMapCombined=paramMap ++paramMap2
paramMapCombined: org.apache.spark.ml.param.ParamMap =
{
    logreg_20733c862f55-maxIter: 30,
    logreg_20733c862f55-probabilityCol: myProbability,
    logreg_20733c862f55-regParam: 0.1,
    logreg_20733c862f55-threshold: 0.55
}
```

代码 7-43

使用 paramMapCombined 中定义的参数学习新的模型，并且覆盖之前 lr 中的参数。

```
scala>val model2=pipeline.fit(training, paramMapCombined)
model2: org.apache.spark.ml.PipelineModel=pipeline_7a5c909d61d5

scala>val logRegModel=model2.stages.last.asInstanceOf[org.apache.spark.ml
.classification.LogisticRegressionModel]
logRegModel: org.apache.spark.ml.classification.LogisticRegressionModel =
LogisticRegressionModel: uid=logreg_20733c862f55, numClasses=2, numFeatures
=1000

scala>println("Model 2 was fit using parameters: " +logRegModel
.extractParamMap)
Model 2 was fit using parameters: {
    logreg_20733c862f55-aggregationDepth: 2,
    logreg_20733c862f55-elasticNetParam: 0.0,
    logreg_20733c862f55-family: auto,
    logreg_20733c862f55-featuresCol: features,
    logreg_20733c862f55-fitIntercept: true,
    logreg_20733c862f55-labelCol: label,
    logreg_20733c862f55-maxIter: 30,
    logreg_20733c862f55-predictionCol: prediction,
    logreg_20733c862f55-probabilityCol: myProbability,
    logreg_20733c862f55-rawPredictionCol: rawPrediction,
    logreg_20733c862f55-regParam: 0.1,
    logreg_20733c862f55-standardization: true,
    logreg_20733c862f55-threshold: 0.55,
    logreg_20733c862f55-tol: 1.0E-6
}
```

代码 7-44

7.6.3 模型选择

本节介绍如何使用 MLlib 提供的工具调整机器学习算法和管道,其内置的交叉验证和其他工具允许用户优化算法和管道中的超参数。机器学习中的一个重要任务是选择模型,或者使用数据为给定任务找到最佳模型或参数,这也被称为调优。可以对单个估计器进行调整,也可以对整个机器学习管道(包括多个算法、特征工程和其他步骤)进行调整,可以一次调优整个管道,而不是分别对管道中的每个元素进行调优。MLlib 支持使用 CrossValidator 和 TrainValidationSplit 等工具进行模型选择,其中涉及的组件和项目包括:估计器是需要调优的算法或管道;ParamMap 设置可供选择的参数,有时通过 ParamGridBuilder 设置参数网格;评估器(Evaluator)是用来在测试数据上衡量拟合模型表现如何的指标。当在程序中应用这些组件和项目时,其工作过程如下。

(1)将输入的数据按照一定的比例和方法分成独立的训练和测试数据集。

(2)对于每个训练数据和测试数据的组合,遍历 ParamMap 中的参数,使用这些参数训练估算器得到模型,并使用评估器验证模型的性能。

(3)选择性能最佳的参数组产生最终的模型。

针对回归问题,可以选择 RegressionEvaluator;针对二元分类问题,可以选择 BinaryClassificationEvaluator;针对多元分类问题,可以选择 MulticlassClassificationEvaluator。在选择最佳 ParamMap 的参数组时,默认度量指标可以由评估器中的 setMetricName()方法设置。

7.6.3.1 CrossValidator

CrossValidator 首先将数据集分成几组,分别用作训练数据和测试数据。例如,当 $K=3$ 时,CrossValidator 将生成 3 个(training,test)数据对,其中每个数据对使用 2/3 的数据训练模型,使用 1/3 的数据测试模型。CrossValidator 首先将数据集分成一组折叠,这些折叠用作单独的训练和测试数据集。为了评估特定的 ParamMap,通过将估算器拟合到 3 个不同的(training,test)数据集上,CrossValidator 为 3 个模型计算出平均评估指标。确定最佳的 ParamMap 之后,CrossValidator 使用最佳的 ParamMap 和整个数据集重新拟合估算器。

下面的示例演示如何使用 CrossValidator 从参数网格中进行选择。请注意,在参数网格上进行交叉验证的成本很高。在下面的示例中,参数网格中 hashingTF.numFeatures 有 3 个值,lr.regParam 有 2 个值,而 CrossValidator 使用 2 折。将这几个数相乘,会有(3×2)×2=12 个不同的模型被训练。在实际设置中,尝试更多的参数并使用更多的折叠数(通常 $k=3$ 和 $k=10$)是很常见的。换句话说,虽然使用 CrossValidator 成本可能很高,需要的计算时间比较长,但是这也是一种公认的用于选择参数的方法,该方法在统计上比启发式手动调整更合理。

```
scala> import org.apache.spark.ml.Pipeline
import org.apache.spark.ml.Pipeline
```

```
scala>import org.apache.spark.ml.classification.LogisticRegression
import org.apache.spark.ml.classification.LogisticRegression

scala>import org.apache.spark.ml.evaluation.BinaryClassificationEvaluator
import org.apache.spark.ml.evaluation.BinaryClassificationEvaluator

scala>import org.apache.spark.ml.feature.{HashingTF, Tokenizer}
import org.apache.spark.ml.feature.{HashingTF, Tokenizer}

scala>import org.apache.spark.ml.linalg.Vector
import org.apache.spark.ml.linalg.Vector

scala>import org.apache.spark.ml.tuning.{CrossValidator, ParamGridBuilder}
import org.apache.spark.ml.tuning.{CrossValidator, ParamGridBuilder}

scala>import org.apache.spark.sql.Row
import org.apache.spark.sql.Row
```

代码 7-45

准备训练数据。

```
scala>val training=spark.createDataFrame(Seq(
     |     (0L, "a b c d e spark", 1.0),
     |     (1L, "b d", 0.0),
     |     (2L, "spark f g h", 1.0),
     |     (3L, "hadoop mapreduce", 0.0),
     |     (4L, "b spark who", 1.0),
     |     (5L, "g d a y", 0.0),
     |     (6L, "spark fly", 1.0),
     |     (7L, "was mapreduce", 0.0),
     |     (8L, "e spark program", 1.0),
     |     (9L, "a e c l", 0.0),
     |     (10L, "spark compile", 1.0),
     |     (11L, "hadoop software", 0.0)
     |   )).toDF("id", "text", "label")
training: org.apache.spark.sql.DataFrame=[id: bigint, text: string ... 1 more field]

scala>training.show
+---+----------------+-----+
| id|            text|label|
+---+----------------+-----+
|  0| a b c d e spark|  1.0|
```

```
|  1|            b d|  0.0|
|  2|     spark f g h|  1.0|
|  3|hadoop mapreduce|  0.0|
|  4|     b spark who|  1.0|
|  5|           g d a y|  0.0|
|  6|       spark fly|  1.0|
|  7|    was mapreduce|  0.0|
|  8| e spark program|  1.0|
|  9|         a e c l|  0.0|
| 10|    spark compile|  1.0|
| 11|  hadoop software|  0.0|
+---+----------------+-----+
```

代码 7-46

配置 ML 管道，由 tokenizer、hashingTF 和 lr 三个阶段组成。

```
scala>val tokenizer=new Tokenizer().setInputCol("text")
.setOutputCol("words")
tokenizer: org.apache.spark.ml.feature.Tokenizer=tok_2d74c623b391

scala>val hashingTF=new HashingTF().setInputCol(tokenizer.getOutputCol)
.setOutputCol("features")
hashingTF: org.apache.spark.ml.feature.HashingTF=hashingTF_9d7dce2a61ed

scala>val lr=new LogisticRegression().setMaxIter(10)
lr: org. apache. spark. ml. classification. LogisticRegression = logreg
_ea85c25b7a9e

scala>val pipeline=new Pipeline().setStages(Array(tokenizer, hashingTF, lr))
pipeline: org.apache.spark.ml.Pipeline=pipeline_51032200df93
```

代码 7-47

使用 ParamGridBuilder 构建一个参数网格保存和检索参数。

```
scala>val paramGrid=new ParamGridBuilder().addGrid(hashingTF.numFeatures,
Array(10, 100, 1000)).addGrid(lr.regParam,Array(0.1, 0.01)).build()
paramGrid: Array[org.apache.spark.ml.param.ParamMap] =
Array({
    hashingTF_9d7dce2a61ed-numFeatures: 10,
    logreg_ea85c25b7a9e-regParam: 0.1
}, {
    hashingTF_9d7dce2a61ed-numFeatures: 100,
```

```
        logreg_ea85c25b7a9e-regParam: 0.1
}, {
        hashingTF_9d7dce2a61ed-numFeatures: 1000,
        logreg_ea85c25b7a9e-regParam: 0.1
}, {
        hashingTF_9d7dce2a61ed-numFeatures: 10,
        logreg_ea85c25b7a9e-regParam: 0.01
}, {
        hashingTF_9d7dce2a61ed-numFeatures: 100,
        logreg_ea85c25b7a9e-regParam: 0.01
}, {
        hashingTF_9d7dce2a61ed-numFeatures: 1000,
        logreg_ea85c25b7a9e-regParam: 0.01
})
```

代码 7-48

hashingTF.numFeatures 有 3 个值,lr.regParam 有 2 个值,这个网格有 3×2=6 种参数组合。现在,将管道视为估算器,将其包装在 CrossValidator 实例中。这将使我们能够为所有 Pipeline 阶段共同选择参数。CrossValidator 需要一个估算器、参数网格和评估器,此处的评估器是 BinaryClassificationEvaluator,默认指标是 areaUnderROC。

```
scala>val cv=new CrossValidator().setEstimator(pipeline).setEvaluator(new
BinaryClassificationEvaluator).setEstimatorParamMaps(paramGrid)
.setNumFolds(2)
cv: org.apache.spark.ml.tuning.CrossValidator=cv_16c0f7c44720
```

代码 7-49

运行交叉验证,选择最好的参数组合。

```
scala>val cvModel=cv.fit(training)
cvModel: org.apache.spark.ml.tuning.CrossValidatorModel=cv_16c0f7c44720
```

代码 7-50

准备测试文档。

```
scala>val test=spark.createDataFrame(Seq(
     |     (4L, "spark i j k"),
     |     (5L, "l m n"),
     |     (6L, "mapreduce spark"),
     |     (7L, "apache hadoop")
     | )).toDF("id", "text")
test: org.apache.spark.sql.DataFrame=[id: bigint, text: string]
```

代码 7-51

cvModel 使用最好的模型在测试文档上进行预测。

```
scala>cvModel.transform(test).select("id", "text", "probability",
"prediction").collect().foreach { case Row(id: Long,
     |     text: String, prob: Vector, prediction: Double) =>
     |         println(s"($id, $text) -->prob=$prob, prediction=$prediction")
     |   }
(4, spark i j k) -->prob=[0.25803432137769916, 0.7419656786223008], prediction
=1.0
(5, l m n) -->prob=[0.9187600482920034, 0.08123995170799662], prediction=0.0
(6, mapreduce spark) - - > prob = [0. 43181531442975374, 0. 5681846855702464],
prediction=1.0
(7, apache hadoop) - - > prob = [0. 6766544523285499, 0. 32334554767145013],
prediction=0.0
```

代码 7-52

7.6.3.2 TrainValidationSplit

除 CrossValidator 外，Spark 还提供 TrainValidationSplit 用于超参数调整。TrainValidationSplit 仅对每个参数组合进行一次评估，而对于 CrossValidator 而言，需要进行 K 次评估，因此计算成本低。但是，当训练数据集不够大时，不会产生可靠的结果。与 CrossValidator 不同，TrainValidationSplit 创建单个（training，test）数据对，使用 trainRatio 参数将数据集分为两部分。例如，在 trainRatio = 0.75 的情况下，TrainValidationSplit 将生成训练和测试数据对，其中 75% 的数据用于训练，25% 的数据用于验证。像 CrossValidator 一样，TrainValidationSplit 最终使用最佳的 ParamMap 和整个数据集拟合估算器。

```
scala>import org.apache.spark.ml.evaluation.RegressionEvaluator
import org.apache.spark.ml.evaluation.RegressionEvaluator

scala>import org.apache.spark.ml.regression.LinearRegression
import org.apache.spark.ml.regression.LinearRegression

scala>import org.apache.spark.ml.tuning.{ParamGridBuilder,
TrainValidationSplit}
import org.apache.spark.ml.tuning.{ParamGridBuilder, TrainValidationSplit}
```

代码 7-53

准备训练和测试数据。

```
scala>val data=spark.read.format("libsvm").load("/root/data/example/mllib/
sample_linear_regression_data.txt")
```

```
data: org.apache.spark.sql.DataFrame=[label: double, features: vector]

scala>data.show
+--------------------+--------------------+
|               label|            features|
+--------------------+--------------------+
|  -9.490009878824548|(10,[0,1,2,3,4,5,...|
|  0.2577820163584905|(10,[0,1,2,3,4,5,...|
|  -4.438869807456516|(10,[0,1,2,3,4,5,...|
| -19.782762789614537|(10,[0,1,2,3,4,5,...|
|  -7.966593841555266|(10,[0,1,2,3,4,5,...|
|  -7.896274316726144|(10,[0,1,2,3,4,5,...|
|  -8.464803554195287|(10,[0,1,2,3,4,5,...|
|   2.12145926662251364|(10,[0,1,2,3,4,5,...|
|   1.0720117616524107|(10,[0,1,2,3,4,5,...|
| -13.772441561702871|(10,[0,1,2,3,4,5,...|
|  -5.082010756207233|(10,[0,1,2,3,4,5,...|
|   7.887786536531237|(10,[0,1,2,3,4,5,...|
|  14.323146365332388|(10,[0,1,2,3,4,5,...|
| -20.057482615789212|(10,[0,1,2,3,4,5,...|
| -0.8995693247765151|(10,[0,1,2,3,4,5,...|
|  -19.16829262296376|(10,[0,1,2,3,4,5,...|
|   5.601801561245534|(10,[0,1,2,3,4,5,...|
| -3.2256352187273354|(10,[0,1,2,3,4,5,...|
|   1.5299675726687754|(10,[0,1,2,3,4,5,...|
|  -0.250102447941961|(10,[0,1,2,3,4,5,...|
+--------------------+--------------------+
only showing top 20 rows

scala>val Array(training, test)=data.randomSplit(Array(0.9, 0.1), seed = 12345)
training: org.apache.spark.sql.Dataset[org.apache.spark.sql.Row] = [label: double, features: vector]
test: org.apache.spark.sql.Dataset[org.apache.spark.sql.Row] = [label: double, features: vector]

scala>val lr=new LinearRegression().setMaxIter(10)
lr: org.apache.spark.ml.regression.LinearRegression=linReg_4653e1bfeb16
```

代码 7-54

使用 ParamGridBuilder 构建参数网格。

```
scala>val paramGrid=new ParamGridBuilder().addGrid(lr.regParam, Array(0.1,
0.01)).addGrid(lr.fitIntercept).addGrid(lr
     |     .elasticNetParam, Array(0.0, 0.5, 1.0)).build()
paramGrid: Array[org.apache.spark.ml.param.ParamMap] =
Array({
    linReg_4653e1bfeb16-elasticNetParam: 0.0,
    linReg_4653e1bfeb16-fitIntercept: true,
    linReg_4653e1bfeb16-regParam: 0.1
}, {
    linReg_4653e1bfeb16-elasticNetParam: 0.0,
    linReg_4653e1bfeb16-fitIntercept: true,
    linReg_4653e1bfeb16-regParam: 0.01
}, {
    linReg_4653e1bfeb16-elasticNetParam: 0.0,
    linReg_4653e1bfeb16-fitIntercept: false,
    linReg_4653e1bfeb16-regParam: 0.1
}, {
    linReg_4653e1bfeb16-elasticNetParam: 0.0,
    linReg_4653e1bfeb16-fitIntercept: false,
    linReg_4653e1bfeb16-regParam: 0.01
}, {
    linReg_4653e1bfeb16-elasticNetParam: 0.5,
    linReg_4653e1bfeb16-fitIntercept: true,
    linReg_4653e1bfeb16-regParam: 0.1
}, {
    linReg_4653e1bfeb16-elasticNetParam: 0.5,
    linReg_4653e1bfeb16-fitIntercept: true,
    linReg_4653e1bfeb16-regPa...
scala>
```

代码 7-55

TrainValidationSplit 会调用所有的参数组合,使用评估器确定最好的模型。其包括线性回归评估器、评估器参数集合和估算器。80%的数据用作训练数据,20%的数据用作测试数据。

```
scala>val trainValidationSplit=new TrainValidationSplit()
.setEstimator(lr).setEvaluator(new RegressionEvaluator)
.setEstimatorParamMaps(paramGrid).setTrainRatio(0.8)
trainValidationSplit: org.apache.spark.ml.tuning.TrainValidationSplit = tvs
_ec6640a05517
```

代码 7-56

运行 TrainValidationSplit,选择最好的参数组合。

```
scala>val model=trainValidationSplit.fit(training)
model: org.apache.spark.ml.tuning.TrainValidationSplitModel =
tvs_ec6640a05517
```

代码 7-57

在测试数据上进行预测。

```
scala>model.transform(test).select("features", "label", "prediction").show()
+--------------------+--------------------+--------------------+
|            features|               label|          prediction|
+--------------------+--------------------+--------------------+
|(10,[0,1,2,3,4,5,...|  -23.51088409032297|  -1.6659388625179559|
|(10,[0,1,2,3,4,5,...| -21.432387764165806|   0.3400877302576284|
|(10,[0,1,2,3,4,5,...| -12.977848725392104|  -0.023355359093652395|
|(10,[0,1,2,3,4,5,...| -11.827072996392571|    2.56426840211084171|
|(10,[0,1,2,3,4,5,...| -10.945919655782932|  -0.1631314487734783|
|(10,[0,1,2,3,4,5,...|   -10.58331129986813|    2.517790654691453|
|(10,[0,1,2,3,4,5,...| -10.288657252388708|  -0.9443474180536754|
|(10,[0,1,2,3,4,5,...|   -8.822357870425154|   0.6872889429113783|
|(10,[0,1,2,3,4,5,...|   -8.772667465932606|   -1.485408580416465|
|(10,[0,1,2,3,4,5,...|   -8.605713514762092|    1.110272909026478|
|(10,[0,1,2,3,4,5,...|   -6.544633229269576|    3.04545997786111285|
|(10,[0,1,2,3,4,5,...|   -5.055293333055445|   0.6441174575094268|
|(10,[0,1,2,3,4,5,...|   -5.039628433467326|    0.9572366607107066|
|(10,[0,1,2,3,4,5,...|   -4.937258492902948|    0.2292114538379546|
|(10,[0,1,2,3,4,5,...|   -3.741044592262687|    3.343205816009816|
|(10,[0,1,2,3,4,5,...|   -3.731112242951253|   -2.6826413698701064|
|(10,[0,1,2,3,4,5,...|   -2.109441044710089|   -2.1930034039595445|
|(10,[0,1,2,3,4,5,...|  -1.8722161156986976|   0.495472703300052423|
|(10,[0,1,2,3,4,5,...|  -1.10097507895899774|  -0.9441633113006601|
|(10,[0,1,2,3,4,5,...|  -0.481152112266405217| -0.6756196573079968|
+--------------------+--------------------+--------------------+
only showing top 20 rows
```

代码 7-58

7.7 实例分析

上节的实例通过协同过滤算法进行用户偏好的预测，并且利用决策树进行飞机延误法的分析。

7.7.1 预测用户偏好

下面利用协同过滤预测用户会喜欢什么，以电影推荐为例。协同过滤算法的工作过程是将收集到的用户偏好数据输入,并创建可用于建议或预测的模型。在图 7-10 中,Ted 对电影 B 和 D 进行了评价(4 和 3),Carol 对电影 A 和 C 进行了评价(3 和 2),Bob 对电影 B 和 C 进行了评价(5 和 2),Alice 对电影 C 进行了评价(4),使用这些数据建立一个模型,可以预测用户对其他电影的评价。Spark 协同过滤算法采用交替最小二乘法(又称最小平方法),近似将 K 维的稀疏用户项目评分矩阵分解为两个稠密矩阵的乘积,分别是长度为 $U \times K$ 的用户(User)因子矩阵和 $I \times K$ 的项目(Item)因子矩阵。这两个因子矩阵也被称为潜在特征模型,用户因子矩阵试图描述每个用户潜在或隐藏的特征,项目因子矩阵试图描述每部电影的潜在特征,代表交替最小二乘法尝试发现的隐藏特征。这个过程用到矩阵分解。什么是矩阵分解?矩阵分解是线性代数中矩阵的一系列数学运算。具体而言,矩阵分解是将矩阵分解为矩阵的乘积。在协作过滤的情况下,矩阵分解算法将用户和项目交互矩阵分解为两个较低维的矩形矩阵的乘积。一个矩阵可以看作用户矩阵,其中行代表用户,列是潜在因素。另一个矩阵是项目矩阵,其中行是潜在因子,列表示项目。

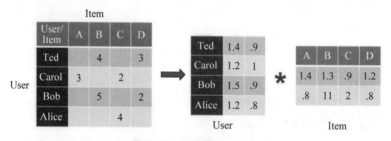

图 7-10 交替最小二乘法

交替最小二乘法也是矩阵分解算法,以并行方式运行。Apache Spark ML 中实现了交替最小二乘,并针对大规模的协作式过滤问题而构建。交替最小二乘在解决评分数据的扩展性和稀疏性方面做得非常出色,并且可以很好地扩展到非常大的数据集。交替最小二乘法是一种迭代算法,在每次迭代期间,该算法可交替地固定一个因子矩阵,并解决另一个因子矩阵,这个过程一直持续,直到收敛。最小二乘法是一种数学优化技术,通过最小化误差的平方和寻找数据的最佳函数匹配。利用最小二乘法可以简便地求得未知的数据,并使得这些求得的数据与实际数据之间误差的平方和最小。交替最小二乘法的训练过程需要两个损失函数:首先保持用户矩阵固定,并使用项目矩阵进行梯度下降;然后保持项目矩阵固定,并使用用户矩阵进行梯度下降,而且训练数据分布在机器集群的多个分区上,可以并行运行且梯度下降,实现数据扩展性。

一个典型的机器学习的工作流程如图 7-11 所示。为了进行预测,将执行以下步骤:加载样本数据,并且将数据解析成用于交替最小二乘法的输入格式;将数据拆分为两部分,一部分用于构建模型,另一部分用于测试模型;然后运行交替最小二乘法建立和训练用户的产品矩阵模型;使用训练数据做出预测,并观察结果;使用测试数据试验模型。在下面的示例中,从 ratings.dat 数据集中加载评价数据,每一行都包括用户 ID、电影 ID、评价(1~5)和时间戳。

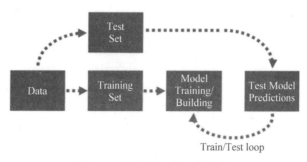

图 7-11　机器学习的工作流程

```
scala>import org.apache.spark.mllib.recommendation
.{ ALS, MatrixFactorizationModel, Rating }
import org.apache.spark.mllib.recommendation
.{ALS, MatrixFactorizationModel, Rating}
```

在这一步中，加载评价数据到 ratingText，加载数据为 RDD。

```
scala>val ratingText=sc.textFile("/data/ratings.dat")
ratingText: org. apache. spark. rdd. RDD [String] = /root/data/ratings.dat
MapPartitionsRDD[1] at textFile at <console>:25

scala>ratingText.take(2)
res3: Array[String]=Array(1::1193::5::978300760, 1::661::3::978302109)
```

代码 7-59

转换 ratingText 为 RDD，将 parseRating 函数适用于 ratingText 的每个元素，并返回一个新的评价对象 ratingsRDD，因为将利用这些数据构建矩阵模型，所以需要缓存。

```
scala>def parseRating(str: String): Rating={
     |    val fields=str.split("::")
     |    Rating(fields(0).toInt, fields(1).toInt, fields(2).toDouble)
     | }
parseRating: (str: String)org.apache.spark.mllib.recommendation.Rating

scala>val ratingsRDD=ratingText.map(parseRating).cache()
ratingsRDD: org.apache.spark.rdd.RDD[org.apache.spark.mllib.recommendation
.Rating]=MapPartitionsRDD[2] at map at <console>:29
```

parseRating 函数解析评价数据文件中的每一行，将其转换为 MLlib 的 Rating 类，将以此作为 ALS.run() 方法的输入。下一步，将数据分为两部分，一部分用于训练模型，一部分用于测试模型。在这里显示的代码使用了 Hold-Out 分割数据，80％的数据用来训练，20％的数据用来测试，然后运行交替最小二乘法建立和训练用户和产品矩阵模型。

```
scala>val splitsratingsRDD.randomSplit(Array(0.8, 0.2), 0L)
splits: Array[org.apache.spark.rdd.RDD[org.apache.spark.mllib
.recommendation.Rating]] =Array(MapPartitionsRDD[3] at randomSplit at
<console>:31, MapPartitionsRDD[4] at randomSplit at <console>:31)

scala>val trainingRatingsRDD=splits(0).cache()
trainingRatingsRDD: org.apache.spark.rdd.RDD[org.apache.spark.mllib
.recommendation.Rating]=MapPartitionsRDD[3] at randomSplit at <console>:31

scala>val testRatingsRDD=splits(1).cache()
testRatingsRDD: org.apache.spark.rdd.RDD[org.apache.spark.mllib
.recommendation.Rating]=MapPartitionsRDD[4] at randomSplit at <console>:31
```

代码 7-60

使用 ALS.train()调用交替最小二乘法构建一个新的用户和产品矩阵模型,使用的参数为(rank=20,iterations=10),交替最小二乘法中最重要的超参数为

maxIter:要运行的最大迭代次数(默认为 10)。

rank:模型中潜在因子的数量(默认为 10)。

regParam:交替最小二乘中的正则化参数(默认为 1.0)。

```
scala>val model=ALS.train(trainingRatingsRDD, 10, 20)
model: org.apache.spark.mllib.recommendation.MatrixFactorizationModel =
org.apache.spark.mllib.recommendation.MatrixFactorizationModel@6f2f9ba4
```

代码 7-61

目前已经训练了一个模型 model,若想得到测试数据的电影预测评价,首先用 testRatingsRDD 创建新的 RDD,其中包括测试用户 ID 和影片 ID,没有任何评价。

```
scala>val testUserProductRDD=testRatingsRDD.map {
    | case Rating(user, product, rating) =>(user, product)
    | }
testUserProductRDD: org.apache.spark.rdd.RDD[(Int, Int)]=
MapPartitionsRDD[392] at map at <console>:35
```

代码 7-62

然后,调用 model.predict()方法,输入新的 testUserProductRDD,以获取每个测试用户 ID 和影片 ID 对应的预测评级。

```
scala>val predictionsForTestRDD=model.predict(testUserProductRDD)
prdictionsForTestRDD: org.apache.spark.rdd.RDD[org.apache.spark.mllib
.recommendation.Rating]=MapPartitionsRDD[401] at map at
MatrixFactorizationModel.scala:140
```

代码 7-63

接下来对比测试评级的预测结果。这里，创建用户 ID、ID 电影收视率键值对，之后就可以比较测试评级的预测评级。

```
scala>val predictionsKeyedByUserProductRDD=predictionsForTestRDD.map {
    | case Rating(user, product, rating) =>((user, product), rating)
    |}
predictionsKeyedByUserProductRDD: org.apache.spark.rdd.RDD[((Int, Int), Double)]=MapPartitionsRDD[402] at map at <console>:43
```

为比较准备测试数据。

```
scala>val testKeyedByUserProductRDD=testRatingsRDD.map {
    | case Rating(user, product, rating) =>((user, product), rating)
    |}
testKeyedByUserProductRDD: org.apache.spark.rdd.RDD[((Int, Int), Double)] = MapPartitionsRDD[403] at map at <console>:35
```

将预测结果与测试数据结合。

```
scala>val testAndPredictionsJoinedRDD=testKeyedByUserProductRDD
.join(predictionsKeyedByUserProductRDD)
testAndPredictionsJoinedRDD: org.apache.spark.rdd.RDD[((Int, Int), (Double, Double))]=MapPartitionsRDD[406] at join at <console>:47

scala>testAndPredictionsJoinedRDD.take(10).mkString("\n")
res5: String =
((233,1265),(4.0,4.460843005222394))
((1308,1042),(4.0,3.1014835510132865))
((5686,2967),(1.0,2.103888739955093))
((4447,1100),(1.0,1.4102976702457886))
((2131,512),(2.0,3.111590795245745))
((3093,955),(5.0,4.443509525728583))
((2109,3928),(2.0,4.038725293203363))
((3242,1690),(1.0,3.2002316015918826))
((4270,3616),(3.0,3.55205292499131))
((3650,2701),(3.0,1.9368462777917386))
```

代码 7-64

通过比较评分的预测，将预测评级为高，而实际评分较低，可作为误报。下面代码中，测试的评级<=1，而预测的评级>=4，为误报。

```
scala>val falsePositives=testAndPredictionsJoinedRDD.filter { case ((user,
product), (ratingT, ratingP)) =>(ratingT <=1 && ratingP >=4) }
```

```
falsePositives: org.apache.spark.rdd.RDD[((Int, Int), (Double, Double))] =
MapPartitionsRDD[409] at filter at <console>:49

scala>falsePositives.take(2)
res6: Array[((Int, Int), (Double, Double))] =Array(((1038,3545),(1.0,
4.64155564571005)), ((5878,2875),(1.0,4.1482372423348295)))
```

代码 7-65

该模型也可以通过平均绝对误差计算实际测试评价和预测评价之间的绝对误差的平均值判断模型的训练效果。

```
scala>val meanAbsoluteError=testAndPredictionsJoinedRDD.map {
    |       case ((user, product), (testRating, predRating)) =>
    |         val err=(testRating -predRating)
    |         Math.abs(err)
    |    }.mean()
meanAbsoluteError: Double=0.6895645970856591
```

代码 7-66

在下面的代码中,创建一个 ID 为 0 的新用户电影评价 newRatingsRDD,然后与 ratingsRDD 合并成 unionRatingsRDD,最后输出到 ALS 返回一个新的推荐模型 model。现在,可以通过调用 model.recommendProducts()获得建议,输入参数用户 ID=0 和建议项目的数量=5。

```
scala>val newRatingsRDD=sc.parallelize(Array(Rating(0,260,4),Rating(0,1,3)))
newRatingsRDD: org.apache.spark.rdd.RDD[org.apache.spark.mllib
.recommendation.Rating]=ParallelCollectionRDD[413] at parallelize at
<console>:25

scala>val unionRatingsRDD=ratingsRDD.union(newRatingsRDD)
unionRatingsRDD: org.apache.spark.rdd.RDD[org.apache.spark.mllib
.recommendation.Rating]=UnionRDD[414] at union at <console>:33

scala>val model=new ALS().setRank(20).setIterations(10).run(unionRatingsRDD)
model: org.apache.spark.mllib.recommendation.MatrixFactorizationModel=org
.apache.spark.mllib.recommendation.MatrixFactorizationModel@5859f307

scala>val topRecsForUser=model.recommendProducts(0, 5)
topRecsForUser: Array[org.apache.spark.mllib.recommendation.Rating]=
Array(Rating(0, 1651, 4.026343140072196), Rating(0, 260, 3.9826456201257963),
Rating(0,2323,3.955009095763199), Rating(0,1196,3.860915147369469), Rating(0,
1198,3.6932753705094252))
```

代码 7-67

7.7.2 分析飞行延误

这个实例的数据来自航班信息,对于每次航班,都有表 7-2 所示的信息。

表 7-2 数据描述

字 段 名	字 段 描 述	例 子
dOfM(String)	一个月中的某天	1
dOfW(String)	星期几	4
carrier(String)	运营商代码	AA
tailNum(String)	飞机的唯一标识符——尾号	N787AA
flnum(Int)	航班号	21
org_id(String)	始发机场编号	12478
origin(String)	始发机场代码	JFK
dest_id(String)	目的地机场编号	12892
dest(String)	目的地机场代码	LAX
crsdeptime(Double)	预定出发时间	900
deptime(Double)	实际出发时间	855
depdelaymins(Double)	出发延迟分钟	0
crsarrtime(Double)	预定到达时间	1230
arrtime(Double)	实际到达时间	1237
arrdelaymins(Double)	到达延迟分钟	7
crselapsedtime(Double)	经过时间	390
dist(Int)	距离	2475

这个任务是通过构建决策树预测飞机是否晚点,如果延迟 40min,则 delayed 为 Yes,否则为 No。训练决策树用到的特征字段包括 dofM、dofW、crsdeptime、crsarrtime、carrier、crselapsedtime、origin、dest,标记字段为 delayed。首先,从 CSV 文件加载和解析数据。

导入需要的软件包。

```
scala>import org.apache.spark.mllib.regression.LabeledPoint
import org.apache.spark.mllib.regression.LabeledPoint

scala>import org.apache.spark.mllib.linalg.Vectors
import org.apache.spark.mllib.linalg.Vectors

scala>import org.apache.spark.mllib.tree.DecisionTree
```

```
import org.apache.spark.mllib.tree.DecisionTree

scala>import org.apache.spark.mllib.tree.model.DecisionTreeModel
import org.apache.spark.mllib.tree.model.DecisionTreeModel

scala>import org.apache.spark.mllib.util.MLUtils
import org.apache.spark.mllib.util.MLUtils
```

代码 7-68

示例中,每个航班是一个项目,使用 case class 定义与 CSV 数据文件中的一行对应的 Flight 模式。

```
scala>case class Flight(dofM: String, dofW: String, carrier: String, tailnum:
String, flnum: Int, org_id: String, origin: String, dest_id: String, dest:
String, crsdeptime: Double, deptime: Double, depdelaymins: Double, crsarrtime:
Double, arrtime: Double, arrdelay: Double, crselapsedtime: Double, dist: Int)
defined class Flight
```

代码 7-69

定义函数将数据文件的一行解析到 Flight 类。

```
//function to parse input into Flight class
scala>def parseFlight(str: String) : Flight={
     |    val line=str.split(",")
     |    Flight(line(0), line(1), line(2), line(3), line(4).toInt, line(5),
line(6), line(7), line(8), line(9).toDouble, line(10).toDouble, line(11).
toDouble, line(12).toDouble, line(13).toDouble, line(14).toDouble, line(15).
toDouble, line(16).toInt)
     | }
parseFlight: (str: String)Flight
```

代码 7-70

从 CSV 文件加载数据,然后进行转换和缓存,调用 first() 返回 RDD 中的第一个元素。

```
scala>val textRDD=sc.textFile("/root/data/rita2014jan.csv")
textRDD: org.apache.spark.rdd.RDD[String] = /root/data/rita2014jan.csv
MapPartitionsRDD[1] at textFile at <console>:29

scala>val flightsRDD=textRDD.map(parseFlight).cache()
flightsRDD: org.apache.spark.rdd.RDD[Flight]=MapPartitionsRDD[2] at map at <
console>:35

scala>flightsRDD.first()
```

```
res0: Flight=Flight(1,3,AA,N338AA,1,12478,JFK,12892,LAX,900.0,914.0,14.0,
1225.0,1238.0,13.0,385.0,2475)
```

代码7-71

要建立分类器模型,首先提取最有助于分类的特征,定义二元类别标签:Yes 为延迟;No 为不延迟。如果延迟超过 40min,飞行就被认为是延迟的。每个项目的特征和标签都包括 dofM、dofW、crsdeptime、crsarrtime、carrier、crselapsedtime、origin、dest、delayed。下面将非数字特征转换为数值,例如运营商 AA 是数字 6,始发机场 ATL 是 273。

创建运营商、始发地和目的地。

```
scala>var carrierMap: Map[String,Int]=Map()
carrierMap: Map[String,Int]=Map()

scala>var index: Int=0
index: Int=0

scala>flightsRDD.map(flight =>flight.carrier).distinct.collect.foreach(x
=>{ carrierMap +=(x ->index); index +=1 })

scala>carrierMap.toString
res2: String=Map(DL ->5, F9 ->10, US ->9, OO ->2, B6 ->0, AA ->6, EV ->12, FL -
>1, UA ->4, MQ ->8, WN ->13, AS ->3, VX ->7, HA ->11)

scala>var originMap: Map[String,Int]=Map()
originMap: Map[String,Int]=Map()

scala>var index1: Int=0
index1: Int=0

scala>flightsRDD.map(flight =>flight.origin).distinct.collect.foreach(x =>
{ originMap +=(x ->index1); index1 +=1 })

scala>originMap.toString
res4: String=Map(ROW ->23, OAJ ->144, GCC ->232, SYR ->80, TYR ->162, TUL ->
180, STL ->203, IDA ->61, ICT ->62, MQT ->37, SWF ->118, EKO ->148, JFK ->216,
LGB ->241, ISP ->101, ART ->288, ORD ->234, STX ->170, EGE ->159, LWS ->132,
TWF ->229, LAS ->44, BET ->286, GSP ->117, DAY ->123, KOA ->252, BUR ->292, DRO
->276, PVD ->31, BRD ->77, SPS ->1, CLD ->184, SGF ->86, CDV ->222, STT ->214,
OTZ ->279, AVL ->199, BOI ->12, PSP ->150, SAF ->40, FWA ->146, MHT ->186, SBN
->206, RDM ->182, PSG ->59, LAX ->294, BQN ->293, HSV ->257, RIC ->6, BTM ->
217, LSE ->33, FCA ->55, JAC ->110, ATL ->273, CHA ->112, BQK ->96, MIA ->176,
GUC ->282, SBP ->163, BFL ->74, DHN ->51, FLG ->155, BRO ->274, LAN ->192, FSM
->15, RAP ->285, EAU ->1...
```

```
scala>var destMap: Map[String, Int]=Map()
destMap: Map[String,Int]=Map()

scala>var index2: Int=0
index2: Int=0

scala>flightsRDD.map(flight => flight.dest).distinct.collect.foreach(x =>{
destMap +=(x ->index2); index2 +=1 })

scala>destMap.toString
res13: String=Map(ROW ->23, OAJ ->144, GCC ->232, SYR ->80, TYR ->162, TUL ->
180, STL ->203, IDA ->61, ICT ->62, MQT ->37, SWF ->118, EKO ->148, JFK ->216,
LGB ->241, ISP ->101, ART ->288, ORD ->234, STX ->170, EGE ->159, LWS ->132,
TWF ->229, LAS ->44, BET ->286, GSP ->117, DAY ->123, KOA ->252, BUR ->292, DRO
->276, PVD ->31, BRD ->77, SPS ->1, CLD ->184, SGF ->86, CDV ->222, STT ->214,
OTZ ->279, AVL ->199, BOI ->12, PSP ->150, SAF ->40, FWA ->146, MHT ->186, SBN
->206, RDM ->182, PSG ->59, LAX ->294, BQN ->293, HSV ->257, RIC ->6, BTM ->
217, LSE ->33, FCA ->55, JAC ->110, ATL ->273, CHA ->112, BQK ->96, MIA ->176,
GUC ->282, SBP ->163, BFL ->74, DHN ->51, FLG ->155, BRO ->274, LAN ->192, FSM
->15, RAP ->285, EAU ->...
```

代码 7-72

定义特征向量。

```
scala>val mlprep=flightsRDD.map(flight =>{
    |       val monthday=flight.dofM.toInt -1         //category
    |       val weekday=flight.dofW.toInt -1          //category
    |       val crsdeptime1=flight.crsdeptime.toInt
    |       val crsarrtime1=flight.crsarrtime.toInt
    |       val carrier1=carrierMap(flight.carrier)   //category
    |       val crselapsedtime1=flight.crselapsedtime.toDouble
    |       val origin1=originMap(flight.origin)      //category
    |       val dest1=destMap(flight.dest)            //category
    |       val delayed=if (flight.depdelaymins.toDouble >40) 1.0 else 0.0
    |       Array(delayed.toDouble, monthday.toDouble, weekday.toDouble,
crsdeptime1. toDouble, crsarrtime1. toDouble, carrier1. toDouble,
crselapsedtime1.toDouble, origin1.toDouble, dest1.toDouble)
    |    })
mlprep: org.apache.spark.rdd.RDD[Array[Double]]=MapPartitionsRDD[28] at map
at <console>:43
scala>mlprep.take(1)
res14: Array[Array[Double]]=Array(Array(0.0, 0.0, 2.0, 900.0, 1225.0, 6.0, 385.
0, 216.0, 294.0))
```

代码 7-73

从包含 RDD 的特征数组中创建包含 LabeledPoints 数组的 RDD，其中定义了数据点的特征向量和标签。

```
//Making LabeledPoint of features -this is the training data for the model
scala>val mldata=mlprep.map(x =>LabeledPoint(x(0), Vectors.dense(x(1),
x(2), x(3), x(4), x(5), x(6), x(7), x(8))))
mldata: org.apache.spark.rdd.RDD [org.apache.spark.mllib.regression.
LabeledPoint]=MapPartitionsRDD[29] at map at <console>:45

scala>mldata.take(1)
res15: Array[org.apache.spark.mllib.regression.LabeledPoint]=Array((0.0,[0.
0,2.0,900.0,1225.0,6.0,385.0,216.0,294.0]))
```

代码 7-74

接下来数据被拆分，以获得延迟和不延迟航班的合适百分比，然后将其分为训练数据集和测试数据集。mldata0 是 85% 的非延迟，mldata1 是 100% 的延迟，将 mldata0 与 mldata1 合并为 mldata2。

```
scala>val mldata0=mldata.filter(x =>x.label==0).randomSplit(Array(0.85,
0.15))(1)
mldata0: org.apache.spark.rdd.RDD[org.apache.spark.mllib.regression
.LabeledPoint]=MapPartitionsRDD[32] at randomSplit at <console>:47

scala>val mldata1=mldata.filter(x =>x.label !=0)
mldata1: org.apache.spark.rdd.RDD[org.apache.spark.mllib.regression
.LabeledPoint] =MapPartitionsRDD[33] at filter at <console>:47

scala>val mldata2=mldata0 ++mldata1
mldata2: org.apache.spark.rdd.RDD[org.apache.spark.mllib.regression
.LabeledPoint]=UnionRDD[34] at $plus$plus at <console>:51
```

分割 mldata2 为训练和测试数据集。

```
scala>val splits=mldata2.randomSplit(Array(0.7, 0.3))
splits: Array[org.apache.spark.rdd.RDD[org.apache.spark.mllib.regression
.LabeledPoint]]=Array(MapPartitionsRDD[35] at randomSplit at <console>:53,
MapPartitionsRDD[36] at randomSplit at <console>:53)

scala>val (trainingData, testData)=(splits(0), splits(1))
trainingData: org.apache.spark.rdd.RDD[org.apache.spark.mllib.regression
.LabeledPoint]=MapPartitionsRDD[35] at randomSplit at <console>:53
testData: org.apache.spark.rdd.RDD[org.apache.spark.mllib.regression
.LabeledPoint]=MapPartitionsRDD[36] at randomSplit at <console>:53
```

```
scala>testData.take(1)
res16: Array[org.apache.spark.mllib.regression.LabeledPoint]=Array((0.0,
[23.0,4.0,900.0,1225.0,6.0,385.0,216.0,294.0]))
```

代码 7-75

接下来，准备决策树所需参数的值。

categoricalFeaturesInfo：指定哪些特征是分类的，以及每个特征可以采用多少种分类值。这是从特征索引到该特征的类别数量的映射。第一个分类特征 categoricalFeaturesInfo =（0—>31）代表月中的日期，具有 31 个类别（值从 0 到 31）。第二个 categoricalFeaturesInfo =（1—>7）表示星期几，并指定特征索引 1 到 7 个类别。运营商分类特征是索引 4，值可以从 0 到不同运营商的数量。

maxDepth：是指树的最大深度。

maxBins：是指离散化连续特征时使用的数据块数。

impurity：是指在节点处的标签均匀性的不纯度测量。

通过将输入特征与这些特征相关联的标记输出之间进行关联训练该模型。使用 DecisionTree.trainClassifier()方法训练模型，该方法返回 DecisionTreeModel。

为 dofM、dofW、carrier、origin、dest 设置范围。

```
scala>var categoricalFeaturesInfo=Map[Int, Int]()
categoricalFeaturesInfo: scala.collection.immutable.Map[Int,Int]=Map()

scala>categoricalFeaturesInfo +=(0 ->31)

scala>categoricalFeaturesInfo +=(1 ->7)

scala>categoricalFeaturesInfo +=(4 ->carrierMap.size)

scala>categoricalFeaturesInfo +=(6 ->originMap.size)

scala>categoricalFeaturesInfo +=(7 ->destMap.size)

scala>val numClasses=2
numClasses: Int=2
```

代码 7-76

定义其他参数。

```
scala>val impurity="gini"
impurity: String=gini

scala>val maxDepth=9
```

```
maxDepth: Int=9

scala>val maxBins=7000
maxBins: Int=7000

scala > val model = DecisionTree.trainClassifier (trainingData, numClasses,
categoricalFeaturesInfo,
     |      impurity, maxDepth, maxBins)
model: org.apache.spark.mllib.tree.model.DecisionTreeModel =
DecisionTreeModel classifier of depth 9 with 581 nodes

scala>model.toDebugString
res22: String =
"DecisionTreeModel classifier of depth 9 with 581 nodes
  If (feature 0 in {10.0,24.0,25.0,14.0,20.0,21.0,13.0,17.0,22.0,27.0,12.0,
18.0,16.0,11.0,26.0,23.0,30.0,19.0,15.0})
    If (feature 4 in {0.0,5.0,10.0,1.0,6.0,9.0,13.0,2.0,7.0,3.0,11.0,8.0,4.0})
      If (feature 2 <=1151.0)
        If (feature 0 in {24.0,25.0,14.0,13.0,17.0,12.0,18.0,16.0,11.0,19.0,15.0})
          If (feature 6 in {88.0,247.0,288.0,196.0,46.0,152.0,228.0,29.0,179.0,
211.0,106.0,238.0,121.0,61.0,132.0,133.0,1.0,248.0,201.0,102.0,260.0,38.0,
297.0,165.0,252.0,197.0,156.0,109.0,256.0,212.0,129.0,237.0,2.0,266.0,148.0,
264.0,279.0,118.0,281.0,54.0,181.0,219.0,76.0,7.0,245.0,39.0,98.0,208.0,
103.0,66.0,251.0,241.0,162.0,112.0,194.0,50.0,67.0,199.0,182.0,154.0,143.0,
87.0,158.0,186.0,55.0,119.0,246.0,190.0,19.0,239....
```

代码 7-77

Model.toDebugString 打印出决策树。接下来,使用测试数据获得预测,然后将航班延迟的预测与实际航班延迟进行比较。错误的预测率是错误预测除以测试数据值的总数,约为 31%。

在测试数据上进行评估,并且计算误差。

```
scala>val labelAndPreds=testData.map { point =>
    |   val prediction=model.predict(point.features)
    |   (point.label, prediction)
    | }
labelAndPreds: org.apache.spark.rdd.RDD[(Double, Double)]=
MapPartitionsRDD[75] at map at <console>:43

scala>labelAndPreds.take(3)
res24: Array[(Double, Double)]=Array((0.0,0.0), (0.0,0.0), (0.0,1.0))

scala>val wrongPrediction=(labelAndPreds.filter{
```

```
         |   case (label, prediction) =>( label !=prediction)
         | })
wrongPrediction: org.apache.spark.rdd.RDD[(Double, Double)] =
MapPartitionsRDD[76] at filter at <console>:45

scala>wrongPrediction.count()
res25: Long=11109

scala>val ratioWrong=wrongPrediction.count().toDouble/testData.count()
ratioWrong: Double=0.31526520418877885
```

代码 7-78

7.8 小 结

从 Apache Spark 项目发布之初，MLlib 就被认为是 Spark 成功的基础。MLlib 的关键优势在于允许数据科学家更多地专注于数据和模型，而不需要考虑怎样实现分布式数据基础架构和配置问题。Spark 的核心组件是基于分布式系统实现的，MLib 可以利用 Spark 集群优势提高机器学习的规模和速度。目前，MLlib 实现了大部分机器学习算法，Spark 提供了开放社区允许对现有机器学习框架进行构建和扩展。通过本章的学习，了解了机器学习的基本算法，MLlib 用到的数据类型和 API，最后通过实例程序介绍了机器学习算法的应用。

第 8 章 特征工程**

特征是数据中抽取出的对结果预测有用的信息,可以是文本或者数值。特征工程是使用专业背景知识和技巧处理数据,使得特征能在机器学习算法上发挥更好作用的过程。这个过程包含了特征提取、特征构建、特征选择等模块。特征工程的目的是筛选出更好的特征,获取更好的训练数据。因为好的特征具有更强的灵活性,可以用简单的模型做训练,更可以得到优秀的结果,"工欲善其事,必先利其器",特征工程可以理解为利其器的过程。本节介绍 Spark 用于处理特征的算法,大致分为以下几组。

特征提取:从原始数据中提取特征。

特征转换:缩放、转化或修改特征。

特征选择:从更多的特征中选择一个子集。

局部敏感哈希:解决高维空间中近似或精确的近邻搜索。

8.1 特征提取

在机器学习、模式识别和图像处理中,特征提取是从一组初始的测量数据开始,构建旨在提供有价值的和非冗余的派生值或特征,以利于后续机器学习和泛化过程,并在某些情况下更好地被人类解释。在图形处理中,特征提取一般也与降维有关。

8.1.1 TF-IDF

TF-IDF(Term Frequency-Inverse Document Frequency,TF 表示词频,IDF 表示逆向文件频率)是一种自然语言学习的统计方法,用以评估字词在一个文件集或一个语料库中的重要程度。字词的重要性随着其在文件中出现的次数成正比而增加,但同时会随着其在语料库中出现的频率成反比而下降。基于 TF-IDF 加权的各种形式常被搜索引擎应用,作为返回信息与用户查询之间相关程度的度量或评级。

如果用 t 表示一个词条,用 d 表示一个文档,用 D 表示一个语料库,$TF(t,d)$ 表示词条 t 在文档 d 中出现的次数,而 $DF(t,D)$ 表示词条 t 在语料库 D 中出现的次数。如果只使用 $TF(t,d)$ 衡量词条 t 的重要性,那么很容易过度强调经常出现的词条,但其缺少有用的信息,例如英文中的冠词 a、the 和 of,和中文的助词"的""地"和"得"等。如果一个词条经常在整个语料库 D 中出现,这意味对于特定文档 d,其没有提供特定的信息,而 $DF(t,D)$ 可以度量词条 t 提供多少信息量。

$$\text{IDF}(t, D) = \log \frac{|D|+1}{\text{DF}(t,D)+1} \tag{8-1}$$

其中 $|D|$ 是语料库中文档的总数。由于式(8-1)使用了对数,所以当一个词条在所有文档中都出现,则 DF(t,D) 值为 0。如果词条不在语料库中,为了防止除数为零,通常将分母调整为 DF$(t,D)+1$。最终,TF-IDF 的值为 TF 和 IDF 的乘积。

$$\text{TF}-\text{IDF}(t,d,D) = \text{TF}(t,d) \cdot \text{IDF}(t,D) \tag{8-2}$$

如果在某一特定文档中,一个词条出现的频率比较高,而在整个语料库中出现的频率比较低,则可以产生出高权重的 TF-IDF。因此,TF-IDF 值倾向于过滤掉常见的词条,而保留重要的词条。

实际上,TF-IDF 的定义有很多变种,这里用上面的公式定义举一个例子理解其概念。假如在一个文档中词条"大数据"出现了 3 次,那么"大数据"在该文档中的 TF(t,d) 就是 3,如果"大数据"在 99 个文档中都出现过,而语料库中的文档总数是 999,则 DF(t,D) 是 $\log \frac{(999+1)}{(99+1)} = 1$,最后 TF-IDF 的值为 $3 \times 1 = 3$。

在 Spark 中,HashingTF 和 CountVectorizer 均可用于生成词条频率向量。HashingTF 是一个转换器,它将多组项转换成固定长度的特征向量。在自然语言处理中,需要对文本中的单词或词组进行频率计算。HashingTF 使用特征哈希(Feature Hashing 或 Hashing Trick),即通过应用散列函数将原始特征(一系列单词或词组)映射到索引,然后根据映射的索引计算词频,其使用的散列函数是 MurmurHash3,这种方法避免了计算全局词汇索引映射的需要,这对于大型语料库来说可以避免代价昂贵的计算,但是另外具有潜在的散列索引冲突,其中不同的原始特征可能在散列之后变成相同的词汇。为了减少散列索引发生碰撞的机会,可以增加目标特征维度,即散列表的桶数。由于使用简单的模将散列函数转换为列索引,因此建议使用 2 的幂作为特征维度,否则特征将不会均匀地映射到向量索引。默认的特征尺寸是 $2^{18}=262144$。可选的二进制切换参数控制词汇频率计数,当设置为真时,所有非零频率计数都被设置为 1,这对于模拟二进制计数而不是整数计数的离散概率模型特别有用。使用 IDF 估算器对数据集进行拟合并生成 IDFModel,IDFModel 采用特征向量(通常由 HashingTF 或 CountVectorizer 创建)并按比例量化每一列,本质上是对语料库中经常出现的列添加权重。

在下面的代码段中,从一组句子开始,使用 Tokenizer 将每个句子分成单词。对于每个句子(单词袋),使用 HashingTF 将句子散列成一个特征向量,然后使用 IDF 重新调整特征向量的权重,当使用文本作为特征时,通常会提高性能,经过处理的特征向量可以传递给机器学习算法。

```
scala>import org.apache.spark.ml.feature.{HashingTF, IDF, Tokenizer}
import org.apache.spark.ml.feature.{HashingTF, IDF, Tokenizer}

scala>val sentenceData=spark.createDataFrame(Seq(
    |  (0.0, "Hi I heard about Spark"),
    |  (0.0, "I wish Java could use case classes"),
```

```
      |   (1.0, "Logistic regression models are neat")
      |  )).toDF("label", "sentence")
sentenceData: org.apache.spark.sql.DataFrame=[label: double, sentence: string]

scala>val tokenizer=new Tokenizer().setInputCol("sentence")
.setOutputCol("words")
tokenizer: org.apache.spark.ml.feature.Tokenizer=tok_1588061c5487

scala>val wordsData=tokenizer.transform(sentenceData)
wordsData: org.apache.spark.sql.DataFrame=[label: double, sentence: string
... 1 more field]

scala>val hashingTF=new HashingTF()
hashingTF: org.apache.spark.ml.feature.HashingTF=hashingTF_3b9077cfb7fe
scala>val hashingTF=new HashingTF().setInputCol("words")
.setOutputCol("rawFeatures").setNumFeatures(20)
hashingTF: org.apache.spark.ml.feature.HashingTF=hashingTF_a7e6b47cbb50

scala>val featurizedData=hashingTF.transform(wordsData)
featurizedData: org.apache.spark.sql.DataFrame = [label: double, sentence:
string ... 2 more fields]

scala>val idf=new IDF().setInputCol("rawFeatures").setOutputCol("features")
idf: org.apache.spark.ml.feature.IDF=idf_d997c028b7bb

scala>val idfModel=idf.fit(featurizedData)
idfModel: org.apache.spark.ml.feature.IDFModel=idf_d997c028b7bb

scala>val rescaledData=idfModel.transform(featurizedData)
rescaledData: org.apache.spark.sql.DataFrame = [label: double, sentence:
string ... 3 more fields]

scala>featurizedData.take(1)
res12: Array[org.apache.spark.sql.Row]=Array([0.0,Hi I heard about Spark,
WrappedArray(hi, i, heard, about, spark),(20,[0,5,9,17],[1.0,1.0,1.0,2.0])])

scala>rescaledData.take(1)
res15: Array[org.apache.spark.sql.Row]=Array([0.0,Hi I heard about Spark,
WrappedArray(hi, i, heard, about, spark),(20,[0,5,9,17],[1.0,1.0,1.0,2.0]),
(20,[0,5,9,17],[0.6931471805599453,0.6931471805599453,0.28768207245178085,
1.3862943611198906])])
```

代码 8-1

- MurmurHash3

MurmurHash 是一个非加密哈希函数,适用于一般的基于哈希的查找,是由 Austin Appleby 在 2008 年创建的,目前在 Github 上与其测试套件 SMHasher 一起托管,其也存在一些变种,所有这些都已经被公开。其名称来自两个基本操作,即乘法(MU)和旋转(R),在其内部循环中使用。与密码散列函数不同,MurmurHash 不是专门设计成难以被反向破解的,所以不适用于密码学。目前的版本是 MurmurHash3,产生一个 32 位或 128 位散列值。使用 128 位时,x86 和 x64 版本不会生成相同的值,因为算法针对各自的平台进行了优化。

8.1.2 Word2Vec

Word2Vec 计算词汇的分布式矢量表示,分布式表示的主要优点在于向量空间中相似的词汇之间距离是靠近的,可以通过空间向量计算分析词汇的语义,这使得对新模式的泛化更容易,模型估计的适应性更强。词汇的分布式向量表示在许多自然语言处理应用中被证明是有用的,例如命名实体识别、消歧、解析、标记和机器翻译。

在 Spark 的 Word2Vec 的实现中,使用了 Skip-Gram 模型。Skip-Gram 的训练目标是学习单词向量表示,有利于在相同句子中更好地预测其上下文。在数学上,给定训练词汇的序列 $w_1, w_2, \cdots, w_T$,Skip-Gram 的目标是最大化平均对数似然。

$$\frac{1}{T}\sum_{t=1}^{T}\sum_{j=-k}^{j=k}\log p(w_{t+j} \mid w_t) \tag{8-3}$$

其中 k 是训练窗口的大小。在 Skip-Gram 模型中,每个词 w 与两个向量 u_w 和 v_w 相关联,这两个向量分别是 w 的词向量表示。如果给定 w_j,正确预测词 w_i 的概率由 Softmax 模型决定。

$$p(w_i \mid w_j) = \frac{\exp(u_{w_i}^\top v_{w_j})}{\sum_{l=1}^{V}\exp(u_l^\top v_{w_j})} \tag{8-4}$$

其中 V 是词汇大小。基于 Softmax 的 Skip-Gram 模型的计算成本非常高,因为 $\log p(w_i|w_j)$ 的计算成本与 V 成正比,可以很容易地达到数百万的数量级。为了加快 Word2Vec 的训练,使用分层 Softmax,它将 $\log p(w_i|w_j)$ 的计算复杂度降低到 $O(\log(V))$。

Word2Vec 是一个估算器,接受文档的单词序列并训练 Word2VecModel。模型将每个单词映射到一个唯一的固定大小的向量。Word2VecModel 使用文档中所有单词的平均值将每个文档转换为一个向量,这个向量然后可以作为文档的特征用来预测和文档相似性计算等。在下面的代码段中,从一组文档开始,每个文档都被表示为一个单词序列。对于每个文档,把它转换成一个特征向量,可以把这个特征向量传递给一个机器学习算法。

```
scala>import org.apache.spark.ml.feature.Word2Vec
import org.apache.spark.ml.feature.Word2Vec

scala>import org.apache.spark.ml.linalg.Vector
```

```
import org.apache.spark.ml.linalg.Vector

scala>import org.apache.spark.sql.Row
import org.apache.spark.sql.Row
```

代码 8-2

输入数据，每一行代表一句话或文档的词袋。

```
scala>val documentDF=spark.createDataFrame(Seq(
     |       "Hi I heard about Spark".split(" "),
     |       "I wish Java could use case classes".split(" "),
     |       "Logistic regression models are neat".split(" ")
     |    ).map(Tuple1.apply)).toDF("text")
documentDF: org.apache.spark.sql.DataFrame=[text: array<string>]

scala>documentDF.show
+--------------------+
|                text|
+--------------------+
|[Hi, I, heard, ab...|
|[I, wish, Java, c...|
|[Logistic, regres...|
+--------------------+
```

代码 8-3

学习从单词到向量的映射。

```
scala>val word2Vec=new Word2Vec().setInputCol("text")
.setOutputCol("result").setVectorSize(3).setMinCount(0)
word2Vec: org.apache.spark.ml.feature.Word2Vec=w2v_58b619bf7883

scala>val model=word2Vec.fit(documentDF)
model: org.apache.spark.ml.feature.Word2VecModel=w2v_58b619bf7883

scala>val result=model.transform(documentDF)
result: org.apache.spark.sql.DataFrame=[text: array<string>, result: vector]

scala>result.collect().foreach { case Row(text: Seq[_], features: Vector) =>
     |       println(s"Text: [${text.mkString(", ")}] =>\nVector: $features\n")
     |    }
Text: [Hi, I, heard, about, Spark] =>
Vector: [0.03173386193811894,0.009443491697311401,0.024377789348363876]
```

```
Text: [I, wish, Java, could, use, case, classes] =>
Vector: [0.025682436302304268,0.0314303718706859,-0.01815584538105343]

Text: [Logistic, regression, models, are, neat] =>
Vector: [0.022586782276630402,-0.016012012958526661,0.05122732147574425]
```

代码 8-4

- softmax 函数

softmax 函数用于多种分类方法,如多项逻辑回归(也称为 softmax 回归)、多类线性判别分析、朴素贝叶斯分类器和人工神经网络。具体来说,在多项逻辑回归和线性判别分析中,函数的输入是 K 个不同的线性函数的结果,给定样本向量 x 和加权向量 w 的第 j 个类的预测概率为

$$P(y=j \mid x)=\frac{e^{x^\mathrm{T} w_j}}{\sum_{k=1}^{K} e^{x^\mathrm{T} w_k}} \tag{8-5}$$

这可以看作 K 线性函数 $x \mapsto x^\mathrm{T} w_1, \cdots, x \mapsto x^\mathrm{T} w_K$ 和 softmax 函数(其中 $x^\mathrm{T} w$ 表示为 x 和 w 的内积)的组合。该操作相当于应用通过 w 定义的线性算子到向量 x,从而将原始的、可能是高维的输入向量转换成 K 维空间 R^K。

- Skip-Gram

Word2Vec 模型中,主要有 Skip-Gram 和 CBOW 两种模型(见图 8-1),从直观上理解,Skip-Gram 是给定输入词预测上下文,而 CBOW 是给定上下文预测输入词。

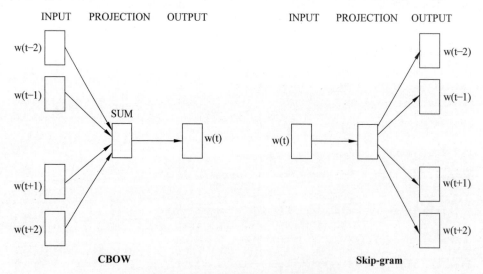

图 8-1　CBOW 和 Skip-Gram 两种模型

8.1.3　CountVectorizer

CountVectorizer 和 CountVectorizerModel 旨在帮助将文本文档集合转换为词汇计

数向量。当预定义字典不可用时，CountVectorizer 可用作估算器提取词汇表，并生成一个 CountVectorizerModel，该模型为基于这些词汇的文档生成稀疏矩阵表示，然后将其传递给其他算法。

在拟合过程中，CountVectorizer 将在语料库中按照频率大小排序选择词汇，通过指定词汇必须出现的文档最小数量，一个可选的参数 minDF 影响拟合过程，另一个可选的二进制开关参数控制输出向量，如果设置为 true，则所有非零计数都设置为 1。这对于模拟二进制计数，而不是整数计数的离散概率模型特别有用。假设有以下 DateFrame，包括列 id 和 texts。

```
id  | texts
---|----------
 0  | Array("a", "b", "c")
 1  | Array("a", "b", "b", "c", "a")
```

代码 8-5

文本中的每一行都是一个 Array [String]类型的文档，通过 CountVectorizer 的拟合产生一个带有词汇表（a，b，c）的 CountVectorizerModel，然后转换后的输出列 vector 包含：

```
id  | texts                          | vector
---|--------------------------------|----------------
 0  | Array("a", "b", "c")           | (3,[0,1,2],[1.0,1.0,1.0])
 1  | Array("a", "b", "b", "c", "a") | (3,[0,1,2],[2.0,2.0,1.0])
```

代码 8-6

每个向量表示文档中词汇的出现次数。

```
scala>import org.apache.spark.ml.feature.{CountVectorizer,
CountVectorizerModel}
import org.apache.spark.ml.feature.{CountVectorizer, CountVectorizerModel}

scala>val df=spark.createDataFrame(Seq(
    |  (0, Array("a", "b", "c")),
    |  (1, Array("a", "b", "b", "c", "a"))
    |)).toDF("id", "words")
df: org.apache.spark.sql.DataFrame =[id: int, words: array<string>]

scala>val cvModel: CountVectorizerModel=new CountVectorizer().setInputCol
("words").setOutputCol("features").setVocabSize(3).setMinDF(2).fit(df)
cvModel: org. apache. spark. ml. feature. CountVectorizerModel = cntVec
_5074dfb20769
```

```
scala>val cvm =new CountVectorizerModel(Array("a", "b", "c"))
.setInputCol("words").setOutputCol("features")
cvm: org. apache. spark. ml. feature. CountVectorizerModel = cntVecModel
_8e78064be4b8

scala>cvModel.transform(df).select("features").show()
+--------------------+
|            features|
+--------------------+
|(3,[0,1,2],[1.0,1...|
|(3,[0,1,2],[2.0,2...|
+--------------------+
```

代码 8-7

8.2 特征转换

8.2.1 Tokenizer

Tokenizer 的处理过程是将文本分解成单个词汇的过程。下面的例子展示了如何将句子拆分成单词序列。RegexTokenizer 允许基于正则表达式匹配更高级的处理，默认情况下，pattern 参数被用作分隔符分割输入文本（正则表达式默认值为\\s＋），或者用户可以将 gaps 参数设置为 false，指示正则表达式 pattern 指定了词汇，而不是分割间隙，并查找所有匹配结果。

```
scala>import org.apache.spark.ml.feature.{RegexTokenizer, Tokenizer}
import org.apache.spark.ml.feature.{RegexTokenizer, Tokenizer}

scala>import org.apache.spark.sql.functions._
import org.apache.spark.sql.functions._

scala>val sentenceDataFrame=spark.createDataFrame(Seq(
    |   (0, "Hi I heard about Spark"),
    |   (1, "I wish Java could use case classes"),
    |   (2, "Logistic,regression,models,are,neat")
    |)).toDF("id", "sentence")
sentenceDataFrame: org.apache.spark.sql.DataFrame =[id: int, sentence: string]

scala>

scala>val tokenizer=new Tokenizer().setInputCol("sentence")
.setOutputCol("words")
```

```
tokenizer: org.apache.spark.ml.feature.Tokenizer=tok_c0f6a3c47f23

scala>val regexTokenizer=new RegexTokenizer().setInputCol("sentence")
.setOutputCol("words").setPattern("\\W")
regexTokenizer: org. apache. spark. ml. feature. RegexTokenizer = regexTok
_0a7025a2ca35

scala>val countTokens=udf { (words: Seq[String]) =>words.length }
countTokens: org. apache. spark. sql. expressions. UserDefinedFunction =
UserDefinedFunction ( < function1 >, IntegerType, Some ( List ( ArrayType
(StringType,true))))

scala>val tokenized=tokenizer.transform(sentenceDataFrame)
tokenized: org.apache.spark.sql.DataFrame = [id: int, sentence: string ... 1
more field]

scala > tokenized. select ( " sentence ", " words ") . withColumn ( " tokens ",
countTokens(col("words"))).show(false)
+-------------------------------+------------------------------+----+
|sentence                       |words                         |tokens|
+-------------------------------+------------------------------+----+
|Hi I heard about Spark         |[hi, i, heard, about, spark]  |5   |
|I wish Java could use case classes |[i, wish, java, could, use, case, classes]|7   |
|Logistic,regression,models,are,neat|[logistic,regression,models,are,neat]|1   |
+-------------------------------+------------------------------+----+

scala>val regexTokenized=regexTokenizer.transform(sentenceDataFrame)
regexTokenized: org.apache.spark.sql.DataFrame = [id: int, sentence: string
... 1 more field]

scala> regexTokenized. select ( " sentence ", " words ") . withColumn ( " tokens ",
countTokens(col("words"))).show(false)
+-------------------------------+------------------------------+----+
|sentence                       |words                         |tokens|
+-------------------------------+------------------------------+----+
|Hi I heard about Spark         |[hi, i, heard, about, spark]  |5   |
|I wish Java could use case classes |[i, wish, java, could, use, case, classes]|7   |
|Logistic,regression,models,are,neat|[logistic, regression, models, are, neat] |5   |
+-------------------------------+------------------------------+----+
```

代码 8-8

8.2.2　StopWordsRemover

停止词是需要从输入文本中排除的词，通常是因为词经常出现并且不具有具体的含义。StopWordsRemover 将一系列字符串作为输入（例如 Tokenizer 处理后的输出），并从这些输入序列中删除所有停用词。停用词的列表由 stopWords 参数指定，可以通过调用 StopWordsRemover.loadDefaultStopWords(language) 访问某些语言的默认停用词，其中可用的选项是 danish, dutch, english, finnish, french, german, hungarian, italian, norwegian, portuguese, russian, spanish, swedish 和 turkish。布尔型参数 caseSensitive 指示匹配是否区分大小写，默认为 false。假设有以下 DataFrame，包含列 id 和 raw。

```
id | raw
---|----------
 0 | [I, saw, the, red, baloon]
 1 | [Mary, had, a, little, lamb]
```

代码 8-9

将 raw 作为 StopWordsRemover 的输入列，filtered 作为输出列，应该得到以下内容。

```
id | raw                          | filtered
---|------------------------------|----------------------
 0 | [I, saw, the, red, baloon]   | [saw, red, baloon]
 1 | [Mary, had, a, little, lamb] | [Mary, little, lamb]
```

代码 8-10

在 filtered 中，停用词 I, the, had 和 a 已被过滤掉。

```
scala>import org.apache.spark.ml.feature.StopWordsRemover
import org.apache.spark.ml.feature.StopWordsRemover

scala>val remover=new StopWordsRemover().setInputCol("raw")
.setOutputCol("filtered")
remover: org.apache.spark.ml.feature.StopWordsRemover=stopWords_bcd87f61a74e

scala>val dataSet=spark.createDataFrame(Seq(
     |   (0, Seq("I", "saw", "the", "red", "balloon")),
     |   (1, Seq("Mary", "had", "a", "little", "lamb"))
     | )).toDF("id", "raw")
dataSet: org.apache.spark.sql.DataFrame =[id: int, raw: array<string>]

scala>

scala>remover.transform(dataSet).show(false)
```

```
+---+--------------------------+---------------------+
|id |raw                       |filtered             |
+---+--------------------------+---------------------+
|0  |[I, saw, the, red, balloon]|[saw, red, balloon] |
|1  |[Mary, had, a, little, lamb]|[Mary, little, lamb]|
+---+--------------------------+---------------------+
```

代码 8-11

8.2.3 n-gram

n-gram 是 n 个连续单词的序列，n 是某个整数。NGram 类可用来将输入特征转换成 n-gram。n-gram 将字符串序列作为输入，参数 n 用于确定每个 n-gram 中连续单词的数量，输出将由 n-gram 序列组成，其中每个 n-gram 由一个以空格分隔的 n 个连续单词的字符串表示。如果输入序列包含少于 n 个字符串，则不会生成输出。

```
scala>import org.apache.spark.ml.feature.NGram
import org.apache.spark.ml.feature.NGram

scala>val wordDataFrame=spark.createDataFrame(Seq(
     |  (0, Array("Hi", "I", "heard", "about", "Spark")),
     |  (1, Array("I", "wish", "Java", "could", "use", "case", "classes")),
     |  (2, Array("Logistic", "regression", "models", "are", "neat"))
     |)).toDF("id", "words")
wordDataFrame: org.apache.spark.sql.DataFrame =[id: int, words: array<string>]

scala>val ngram=new NGram().setN(2).setInputCol("words")
.setOutputCol("ngrams")
ngram: org.apache.spark.ml.feature.NGram=ngram_c2b7dcbc9a97

scala>val ngramDataFrame=ngram.transform(wordDataFrame)
ngramDataFrame: org.apache.spark.sql.DataFrame =[id: int, words: array
<string>... 1 more field]

scala>ngramDataFrame.select("ngrams").show(false)
+------------------------------------------------------------+
|ngrams                                                      |
+------------------------------------------------------------+
|[Hi I, I heard, heard about, about Spark]                   |
|[I wish, wish Java, Java could, could use, use case, case classes]|
|[Logistic regression, regression models, models are, are neat]|
+------------------------------------------------------------+
```

代码 8-12

8.2.4　Binarizer

二值化是将数字特征根据阈值转换成二进制(0/1)特征的过程。Binarizer 采用通用参数 inputCol 和 outputCol，以及阈值 threshold。大于阈值的特征值被二值化为 1.0；等于或小于阈值的值被二值化为 0.0。inputCol 支持 Vector 和 Double 类型。

```
scala>import org.apache.spark.ml.feature.Binarizer
import org.apache.spark.ml.feature.Binarizer

scala>val data=Array((0, 0.1), (1, 0.8), (2, 0.2))
data: Array[(Int, Double)]=Array((0,0.1), (1,0.8), (2,0.2))

scala>val dataFrame=spark.createDataFrame(data).toDF("id", "feature")
dataFrame: org.apache.spark.sql.DataFrame=[id: int, feature: double]

scala>val binarizer: Binarizer=new Binarizer().setInputCol("feature")
.setOutputCol("binarized_feature").setThreshold(0.5)
binarizer: org.apache.spark.ml.feature.Binarizer=binarizer_ecd8c65d1d28

scala>val binarizedDataFrame=binarizer.transform(dataFrame)
binarizedDataFrame: org.apache.spark.sql.DataFrame=[id: int, feature: double
... 1 more field]

scala>println(s"Binarizer output with Threshold=${binarizer.getThreshold}")
Binarizer output with Threshold=0.5

scala>binarizedDataFrame.show()
+---+-------+-----------------+
| id|feature|binarized_feature|
+---+-------+-----------------+
|  0|    0.1|              0.0|
|  1|    0.8|              1.0|
|  2|    0.2|              0.0|
+---+-------+-----------------+
```

代码 8-13

8.2.5　PCA

PCA(主成分分析)是一个统计的过程，使用正交变换将一组可能的相关变量观测值转换成一组线性不相关的变量值，称为主成分。一个 PCA 类使用主成分分析的方法训练一个模型投影向量到低维空间。下面的例子说明了如何将 5 维的特征向量映射为三维的主成分。

```
scala>import org.apache.spark.ml.feature.PCA
import org.apache.spark.ml.feature.PCA

scala>import org.apache.spark.ml.linalg.Vectors
import org.apache.spark.ml.linalg.Vectors

scala>val data=Array(
    | Vectors.sparse(5, Seq((1, 1.0), (3, 7.0))),
    | Vectors.dense(2.0, 0.0, 3.0, 4.0, 5.0),
    | Vectors.dense(4.0, 0.0, 0.0, 6.0, 7.0)
    | )
data: Array[org.apache.spark.ml.linalg.Vector]=Array((5,[1,3],[1.0,7.0]),
[2.0,0.0,3.0,4.0,5.0], [4.0,0.0,0.0,6.0,7.0])

scala>val df=spark.createDataFrame(data.map(Tuple1.apply))
.toDF("features")
df: org.apache.spark.sql.DataFrame=[features: vector]

scala>val pca=new PCA().setInputCol("features")
.setOutputCol("pcaFeatures").setK(3).fit(df)
pca: org.apache.spark.ml.feature.PCAModel=pca_85a461ad106b

scala>val result=pca.transform(df).select("pcaFeatures")
result: org.apache.spark.sql.DataFrame =[pcaFeatures: vector]

scala>result.show(false)
+-----------------------------------------------------------+
|pcaFeatures                                                |
+-----------------------------------------------------------+
|[1.6485728230883807,-4.013282700516296,-5.524543751369388] |
|[-4.645104331781534,-1.1167972663619026,-5.524543751369387]|
|[-6.428880535676489,-5.337951427775355,-5.524543751369389] |
+-----------------------------------------------------------+
```

代码 8-14

8.2.6 PolynomialExpansion

PolynomialExpansion 是一个将特征展开到多元空间的处理过程,运用于特征值进行一些多项式的转化,如平方、三次方,通过设置 n-degree 参数结合原始的维度定义,如设置 degree 为 2,就可以将 (x,y) 转化为 (x,x^2,y,xy,y^2)。下面的例子展示了如何将特征展开为一个 3-degree 多项式空间。

```
scala>import org.apache.spark.ml.feature.PolynomialExpansion
import org.apache.spark.ml.feature.PolynomialExpansion

scala>import org.apache.spark.ml.linalg.Vectors
import org.apache.spark.ml.linalg.Vectors

scala>val data=Array(
    |   Vectors.dense(2.0, 1.0),
    |   Vectors.dense(0.0, 0.0),
    |   Vectors.dense(3.0, -1.0)
    | )
data: Array[org.apache.spark.ml.linalg.Vector]=Array([2.0,1.0], [0.0,0.0],
[3.0,-1.0])

scala>val df =spark.createDataFrame(data.map(Tuple1.apply))
.toDF("features")
df: org.apache.spark.sql.DataFrame = [features: vector]

scala>val polyExpansion=new PolynomialExpansion().setInputCol("features")
.setOutputCol("polyFeatures").setDegree(3)
polyExpansion: org. apache. spark. ml. feature. PolynomialExpansion = poly
_a99f07202fbd

scala>val polyDF=polyExpansion.transform(df)
polyDF: org. apache. spark. sql. DataFrame = [features: vector, polyFeatures:
vector]

scala>polyDF.show(false)
+----------+--------------------------------------------------+
|features  |polyFeatures                                      |
+----------+--------------------------------------------------+
|[2.0,1.0] |[2.0,4.0,8.0,1.0,2.0,4.0,1.0,2.0,1.0]             |
|[0.0,0.0] |[0.0,0.0,0.0,0.0,0.0,0.0,0.0,0.0,0.0]             |
|[3.0,-1.0]|[3.0,9.0,27.0,-1.0,-3.0,-9.0,1.0,3.0,-1.0]        |
+----------+--------------------------------------------------+
```

代码 8-15

8.2.7 Discrete Cosine Transform

离散余弦变换(Discrete Cosine Transform，DCT)将在时域中的长度为 N 的实数序列转换成另一个在频域中的长度为 N 的实值序列。DCT 类提供此功能，实现 DCT-II( ) 方法并通过 $1/\sqrt{2}$ 比例缩放结果，使得用于变换产生的表示矩阵为单一实体，无偏移被施加到所述变换的序列，例如变换序列的第 0 个元素是第 0 个 DCT 系数，而不是 $N/2$。

```
scala>import org.apache.spark.ml.feature.DCT
import org.apache.spark.ml.feature.DCT

scala>import org.apache.spark.ml.linalg.Vectors
import org.apache.spark.ml.linalg.Vectors

scala>val data=Seq(
     |   Vectors.dense(0.0, 1.0, -2.0, 3.0),
     |   Vectors.dense(-1.0, 2.0, 4.0, -7.0),
     |   Vectors.dense(14.0, -2.0, -5.0, 1.0))
data: Seq[org.apache.spark.ml.linalg.Vector]=List([0.0,1.0,-2.0,3.0],
[-1.0,2.0,4.0,-7.0], [14.0,-2.0,-5.0,1.0])

scala>val df = spark.createDataFrame(data.map(Tuple1.apply))
.toDF("features")
df: org.apache.spark.sql.DataFrame=[features: vector]

scala>val dct =new DCT().setInputCol("features")
.setOutputCol("featuresDCT").setInverse(false)
dct: org.apache.spark.ml.feature.DCT=dct_def77e623740

scala>val dctDf=dct.transform(df)
dctDf: org.apache.spark.sql.DataFrame = [features: vector, featuresDCT: vector]

scala>dctDf.select("featuresDCT").show(false)
+--------------------------------------------------+
|featuresDCT                                       |
+--------------------------------------------------+
|[1.0,-1.1480502970952693,2.0000000000000004,-2.7716385975338604]|
|[-1.0,3.378492794482933,-7.000000000000001,2.9301512653149677] |
|[4.0,9.304453421915744,11.000000000000002,1.5579302036357163]  |
+--------------------------------------------------+
```

代码 8-16

- DCT

离散傅里叶变换需要进行复数运算,尽管有 FFT 可以提高运算速度,但在图像编码,特别是在实时处理中非常不便。离散傅里叶变换在实际的图像通信系统中很少使用,但它具有理论的指导意义。根据离散傅里叶变换的性质,实偶函数的傅里叶变换只含实的余弦项,因此构造了一种实数域的变换——离散余弦变换(DCT)。通过研究发现,DCT除具有一般的正交变换性质外,其变换阵的基向量近似于 Toeplitz 矩阵的特征向量,后者体现了人类的语言、图像信号的相关特性。因此,在对语音、图像信号进行各种正交变换中,DCT 被认为是一种准最佳变换。在近几年颁布的一系列视频压缩编码的国际标准建议中,都把 DCT 作为其中的一个基本处理模块。

DCT 除上述介绍的几个特点(即实数变换、确定的变换矩阵、准最佳变换性能)外,二维 DCT 还是一种可分离的变换,可以用两次一维变换得到二维变换结果。最常用的一种离散余弦变换的类型是下面给出的第二种类型,通常所说的离散余弦变换指的就是这种。它的逆也就是下面给出的第三种类型,通常相应地被称为"反离散余弦变换""逆离散余弦变换"或者 IDCT。

有两个相关的变换:一个是离散正弦变换(Discrete Sine Transform,DST),相当于一个长度大概是它两倍的实奇函数的离散傅里叶变换;另一个是改进的离散余弦变换(Modified Discrete Cosine Transform,MDCT),相当于对交叠的数据进行离散余弦变换。

8.2.8 StringIndexer

StringIndexer 是将标签的字符串列转换成标签索引列,索引的取值范围为[0, numLabels],按照标签的出现频率进行排序,并且支持四种排序选项。

(1) frequencyDesc:按标签频率的降序(最频繁的标签分配为 0)。

(2) frequencyAsc:按标签频率的升序(最不频繁的标签分配为 0)。

(3) alphabetDesc:按字母顺序的降序。

(4) alphabetAsc:按字母顺序的升序。

默认选项为 frequencyDesc。如果用户选择保留,则看不见的标签将放置在索引 numLabels 处;如果输入列为数字,则将其强制转换为字符串并为字符串值编制索引。当下游管道组件(例如估算器或转换器)使用此字符串索引标签时,必须将组件的输入列设置为此字符串索引列名称,在许多情况下可以使用 setInputCol 设置输入列。

假设有如下 DataFrame 包含 id 和 category 列。

代码 8-17

category 是具有"a""b"和"c"三个标签的字符串列。应用 StringIndexer 并将 category 作为输入列,categoryIndex 作为输出列,应该得到以下内容。

```
1  | b       | 2.0
2  | c       | 1.0
3  | a       | 0.0
4  | a       | 0.0
5  | c       | 1.0
```

代码 8-18

"a"变为索引 0.0,因为它是最常见的,其次是"c"变为索引 1.0 和"b"变为索引 2.0。此外,当使用 StringIndexer 拟合一个数据集并且用它进行其他转换时,还有以下三个策略处理看不见的标签。

- 抛出一个异常(默认)。
- 跳过含有完全看不见的标签行。
- 将看不见的标签放在一个特殊的附加桶中,如索引 numLabels。

回到前面的例子,但这次重新使用先前定义的 StringIndexer,得到如下数据集。

```
id | category
----|----------
0  | a
1  | b
2  | c
3  | d
4  | e
```

代码 8-19

如果还没有设置 StringIndexer,如何处理看不到的标签或将其设置为 error,一个异常将被抛出,但是如果曾要求 setHandleInvalid("skip"),则将产生以下数据集。

```
id | category | categoryIndex
----|----------|---------------
0  | a        | 0.0
1  | b        | 2.0
2  | c        | 1.0
```

代码 8-20

请注意,包含"d"或"e"的行不会出现,如果调用 setHandleInvalid("keep"),将产生以下数据集。

```
id | category | categoryIndex
----|----------|---------------
0  | a        | 0.0
1  | b        | 2.0
2  | c        | 1.0
```

```
  3 | d       | 3.0
  4 | e       | 3.0
```

代码 8-21

含有"d"或"e"的行被映射到索引"3.0"。

```
scala>import org.apache.spark.ml.feature.StringIndexer
import org.apache.spark.ml.feature.StringIndexer

scala>val df=spark.createDataFrame(
    |   Seq((0, "a"), (1, "b"), (2, "c"), (3, "a"), (4, "a"), (5, "c"))
    |).toDF("id", "category")
df: org.apache.spark.sql.DataFrame =[id: int, category: string]

scala>val indexer=new StringIndexer().setInputCol("category")
.setOutputCol("categoryIndex")
indexer: org.apache.spark.ml.feature.StringIndexer=strIdx_13ff7dc1a41d

scala>val indexed=indexer.fit(df).transform(df)
indexed: org.apache.spark.sql.DataFrame =[id: int, category: string ... 1 more field]

scala>indexed.show()
+---+--------+-------------+
| id|category|categoryIndex|
+---+--------+-------------+
|  0|       a|          0.0|
|  1|       b|          2.0|
|  2|       c|          1.0|
|  3|       a|          0.0|
|  4|       a|          0.0|
|  5|       c|          1.0|
+---+--------+-------------+
```

代码 8-22

8.2.9 IndexToString

与 StringIndexer 对称，IndexToString 将标签索引列映射回包含原始字符串的标签列。一个常见的使用情形是用 StringIndexer 从标签产生索引，使用索引训练模型，然后使用 IndexToString 从具有预测索引的列中返回原始标签，但是我们可以自由地提供自己的标签。在 StringIndexer 例子的基础上，假设有一个 DataFrame 包含 id 和 categoryIndex。

```
id | categoryIndex
----|----------------
0   | 0.0
1   | 2.0
2   | 1.0
3   | 0.0
4   | 0.0
5   | 1.0
```

代码 8-23

将 categoryIndex 作为 IndexToString 输入列，originalCategory 作为输出列，能找回原来的标签，将从列的元数据推断。

```
id | categoryIndex | originalCategory
----|---------------|------------------
0   | 0.0           | a
1   | 2.0           | b
2   | 1.0           | c
3   | 0.0           | a
4   | 0.0           | a
5   | 1.0           | c
```

代码 8-24

```
scala>import org.apache.spark.ml.attribute.Attribute
import org.apache.spark.ml.attribute.Attribute

scala>import org.apache.spark.ml.feature.{IndexToString, StringIndexer}
import org.apache.spark.ml.feature.{IndexToString, StringIndexer}

scala>val df=spark.createDataFrame(Seq(
    |   (0, "a"),
    |   (1, "b"),
    |   (2, "c"),
    |   (3, "a"),
    |   (4, "a"),
    |   (5, "c")
    |)).toDF("id", "category")
df: org.apache.spark.sql.DataFrame=[id: int, category: string]

scala>val indexer=new StringIndexer().setInputCol("category")
.setOutputCol("categoryIndex").fit(df)
indexer: org.apache.spark.ml.feature.StringIndexerModel=strIdx_a7b1ea964da7
```

```
scala>val indexed=indexer.transform(df)
indexed: org.apache.spark.sql.DataFrame=[id: int, category: string ... 1 more field]

scala>println(s"Transformed string column '${indexer.getInputCol}' " +
     |   s"to indexed column '${indexer.getOutputCol}'")
Transformed string column 'category' to indexed column 'categoryIndex'

scala>indexed.show()
+---+--------+-------------+
| id|category|categoryIndex|
+---+--------+-------------+
|  0|       a|          0.0|
|  1|       b|          2.0|
|  2|       c|          1.0|
|  3|       a|          0.0|
|  4|       a|          0.0|
|  5|       c|          1.0|
+---+--------+-------------+

scala>val inputColSchema=indexed.schema(indexer.getOutputCol)
inputColSchema: org.apache.spark.sql.types.StructField = StructField(categoryIndex,DoubleType,true)

scala>println(s"StringIndexer will store labels in output column metadata: " +
     |   s"${Attribute.fromStructField(inputColSchema).toString}\n")
StringIndexer will store labels in output column metadata: {"vals":["a","c","b"],"type":"nominal","name":"categoryIndex"}

scala>val converter=new IndexToString().setInputCol("categoryIndex")
.setOutputCol("originalCategory")
converter: org.apache.spark.ml.feature.IndexToString=idxToStr_6c16029b021c

scala>val converted=converter.transform(indexed)
converted: org.apache.spark.sql.DataFrame = [id: int, category: string ... 2 more fields]

scala>

scala>println(s"Transformed indexed column '${converter.getInputCol}' back to original string " +
     |   s"column '${converter.getOutputCol}' using labels in metadata")
Transformed indexed column 'categoryIndex' back to original string column 'originalCategory' using labels in metadata
```

```
scala>converted.select("id", "categoryIndex", "originalCategory").show()
+---+-------------+----------------+
| id|categoryIndex|originalCategory|
+---+-------------+----------------+
|  0|          0.0|               a|
|  1|          2.0|               b|
|  2|          1.0|               c|
|  3|          0.0|               a|
|  4|          0.0|               a|
|  5|          1.0|               c|
+---+-------------+----------------+
```

代码 8-25

8.2.10 OneHotEncoder

OneHotEncoder 将标签索引列映射到二进制向量列，其中只包含一个有效位，这种编码允许需要连续特征值的算法（如逻辑回归）使用类别特征。

```
scala>import org.apache.spark.ml.feature.{OneHotEncoder, StringIndexer}
import org.apache.spark.ml.feature.{OneHotEncoder, StringIndexer}

scala>val df=spark.createDataFrame(Seq(
     |   (0, "a"),
     |   (1, "b"),
     |   (2, "c"),
     |   (3, "a"),
     |   (4, "a"),
     |   (5, "c")
     | )).toDF("id", "category")
df: org.apache.spark.sql.DataFrame=[id: int, category: string]

scala>val indexer=new StringIndexer().setInputCol("category")
.setOutputCol("categoryIndex").fit(df)
indexer: org.apache.spark.ml.feature.StringIndexerModel=strIdx_960fe46d3016

scala>val indexed=indexer.transform(df)
indexed: org.apache.spark.sql.DataFrame=[id: int, category: string ... 1 more field]

scala>val encoder =new OneHotEncoder().setInputCol("categoryIndex")
.setOutputCol("categoryVec")
encoder: org.apache.spark.ml.feature.OneHotEncoder =oneHot_e70bbac6206f
```

```
scala>val encoded=encoder.transform(indexed)
encoded: org.apache.spark.sql.DataFrame =[id: int, category: string ... 2 more
      fields]

scala>encoded.show()
+---+--------+-------------+-------------+
| id|category|categoryIndex|  categoryVec|
+---+--------+-------------+-------------+
|  0|       a|          0.0|(2,[0],[1.0])|
|  1|       b|          2.0|    (2,[],[])|
|  2|       c|          1.0|(2,[1],[1.0])|
|  3|       a|          0.0|(2,[0],[1.0])|
|  4|       a|          0.0|(2,[0],[1.0])|
|  5|       c|          1.0|(2,[1],[1.0])|
+---+--------+-------------+-------------+
```

代码 8-26

8.2.11 VectorIndexer

VectorIndexer 将分类特征索引为向量数据集,既可以自动决定哪些特征是分类的,也可以将原始值转换成分类索引,具体而言,执行以下操作。

(1) 获得一个向量类型的输入以及 maxCategories 参数。

(2) 基于不同特征值的数量识别哪些特征需要被类别化,其中最多 maxCategories 个特征需要被类别化。

(3) 对于每一个类别特征,从 0 开始计算类别索引。

(4) 对类别特征进行索引,然后将原始特征值转换为索引。

索引后的类别特征可以帮助决策树等算法恰当地处理类别型特征,并得到较好的结果。在下面的例子中,读入一个数据集,然后使用 VectorIndexer 决定哪些特征需要作为类别特征,将类别特征转换为它的索引。

```
scala>import org.apache.spark.ml.feature.VectorIndexer
import org.apache.spark.ml.feature.VectorIndexer

scala>import org.apache.spark.ml.linalg.Vectors
import org.apache.spark.ml.linalg.Vectors

scala>val data=Seq(
     |        Vectors.sparse(3, Array(0, 1, 2), Array(2.0, 5.0, 7.0)),
     |        Vectors.sparse(3, Array(0, 1, 2), Array(3.0, 5.0, 9.0)),
     |        Vectors.sparse(3, Array(0, 1, 2), Array(4.0, 7.0, 9.0)),
```

```
     |  Vectors.sparse(3, Array(0, 1, 2), Array(2.0, 4.0, 9.0)),
     |  Vectors.sparse(3, Array(0, 1, 2), Array(9.0, 5.0, 7.0)),
     |  Vectors.sparse(3, Array(0, 1, 2), Array(2.0, 5.0, 9.0)),
     |  Vectors.sparse(3, Array(0, 1, 2), Array(2.0, 5.0, 7.0)),
     |  Vectors.sparse(3, Array(0, 1, 2), Array(3.0, 4.0, 9.0)),
     |  Vectors.sparse(3, Array(0, 1, 2), Array(8.0, 4.0, 9.0)),
     |  Vectors.sparse(3, Array(0, 1, 2), Array(3.0, 6.0, 2.0)),
     |  Vectors.sparse(3, Array(0, 1, 2), Array(5.0, 9.0, 2.0)))
data: Seq[org.apache.spark.ml.linalg.Vector]=List((3,[0,1,2],[2.0,5.0,
7.0]), (3,[0,1,2],[3.0,5.0,9.0]), (3,[0,1,2],[4.0,7.0,9.0]), (3,[0,1,2],[2.0,
4.0,9.0]), (3,[0,1,2],[9.0,5.0,7.0]), (3,[0,1,2],[2.0,5.0,9.0]), (3,[0,1,2],
[2.0,5.0,7.0]), (3,[0,1,2],[3.0,4.0,9.0]), (3,[0,1,2],[8.0,4.0,9.0]), (3,[0,1,
2],[3.0,6.0,2.0]), (3,[0,1,2],[5.0,9.0,2.0]))

scala>val df=spark.createDataFrame(data.map(Tuple1.apply)).toDF("features")
df: org.apache.spark.sql.DataFrame=[features: vector]

scala>val indexer=new VectorIndexer().setInputCol("features")
.setOutputCol("indexedFeatures").setMaxCategories(5)
indexer: org.apache.spark.ml.feature.VectorIndexer=vecIdx_695bb0c7d21c

scala>val indexerModel=indexer.fit(df)
indexerModel: org.apache.spark.ml.feature.VectorIndexerModel = vecIdx
_695bb0c7d21c

scala>val categoricalFeatures: Set[Int] =indexerModel.categoryMaps
.keys.toSet
categoricalFeatures: Set[Int]=Set(1, 2)

scala>println(s"Chose ${categoricalFeatures.size} categorical features: " +
categoricalFeatures.mkString(", "))
Chose 2 categorical features: 1, 2

scala>val indexedData=indexerModel.transform(df)
indexedData: org.apache.spark.sql.DataFrame = [features: vector,
indexedFeatures: vector]

scala>indexedData.show(false)
+-----------------------------+-------------------------+
|features                     |indexedFeatures          |
+-----------------------------+-------------------------+
|(3,[0,1,2],[2.0,5.0,7.0])    |(3,[0,1,2],[2.0,1.0,1.0])|
|(3,[0,1,2],[3.0,5.0,9.0])    |(3,[0,1,2],[3.0,1.0,2.0])|
```

```
|(3,[0,1,2],[4.0,7.0,9.0])|(3,[0,1,2],[4.0,3.0,2.0])|
|(3,[0,1,2],[2.0,4.0,9.0])|(3,[0,1,2],[2.0,0.0,2.0])|
|(3,[0,1,2],[9.0,5.0,7.0])|(3,[0,1,2],[9.0,1.0,1.0])|
|(3,[0,1,2],[2.0,5.0,9.0])|(3,[0,1,2],[2.0,1.0,2.0])|
|(3,[0,1,2],[2.0,5.0,7.0])|(3,[0,1,2],[2.0,1.0,1.0])|
|(3,[0,1,2],[3.0,4.0,9.0])|(3,[0,1,2],[3.0,0.0,2.0])|
|(3,[0,1,2],[8.0,4.0,9.0])|(3,[0,1,2],[8.0,0.0,2.0])|
|(3,[0,1,2],[3.0,6.0,2.0])|(3,[0,1,2],[3.0,2.0,0.0])|
|(3,[0,1,2],[5.0,9.0,2.0])|(3,[0,1,2],[5.0,4.0,0.0])|
+-------------------------+-------------------------+
```

代码 8-27

在上面的实例中,特征向量包含 3 个特征,即特征 0、特征 1、特征 2。如第一行对应的特征分别是 2.0、5.0、7.0,VectorIndexer 将其转换为 2.0、1.0、1.0。只有特征 1 和特征 2 被转换了,特征 0 没有被转换,这是因为特征 0 有 6 种取值,分别为 2.0、3.0、4.0、5.0、8.0、9.0,多于前面的设置 setMaxCategories(5),因此被视为连续值,不会被转换。

特征 1 的转换方式如下:

```
(4,5,6,7,9)-->(0,1,2,3,4,5)
```

代码 8-28

特征 2 的转换方式如下:

```
(2,7,9)-->(0,1,2)
```

代码 8-29

对照最后 DataFrame 第一行的输出格式说明,转换前的值如下:

```
(3,[0,1,2],[2.0,5.0,7.0])
```

代码 8-30

转换后的值如下:

```
(3,[0,1,2],[2.0,1.0,1.0])
```

代码 8-31

8.2.12 Interaction

Interaction 是一个转换器,用来加载向量或双值列,并生成一个单一向量,其包含从每个输入列中一个值的所有组合的乘积,例如有 2 个向量类型的列,其每个具有 3 个维度的输入列,那么将得到一个 9 维向量作为输出列,假设有一个 DataFrame 包含列"id1""vec 1"和"vec 2"。

```
id|vec1          |vec2
---|--------------|--------------
 1 |[1.0,2.0,3.0] |[8.0,4.0,5.0]
 2 |[4.0,3.0,8.0] |[7.0,9.0,8.0]
 3 |[6.0,1.0,9.0] |[2.0,3.0,6.0]
 4 |[10.0,8.0,6.0]|[9.0,4.0,5.0]
 5 |[9.0,2.0,7.0] |[10.0,7.0,3.0]
 6 |[1.0,1.0,4.0] |[2.0,8.0,4.0]
```

代码 8-32

应用 Interaction 到这些输入列上，然后 interactedCol 作为输出列，包含：

```
id|vec1         |vec2          |interactedCol
---|------------|------------- |--------------------------------
 1 |[1.0,2.0,3.0]|[8.0,4.0,5.0] |[8.0,4.0,5.0,16.0,8.0,10.0,24.0,12.0,15.0]
 2 |[4.0,3.0,8.0]|[7.0,9.0,8.0] |[56.0,72.0,64.0,42.0,54.0,48.0,112.0,144.0,128.0]
 3 |[6.0,1.0,9.0]|[2.0,3.0,6.0] |[36.0,54.0,108.0,6.0,9.0,18.0,54.0,81.0,162.0]
 4 |[10.0,8.0,6.0]|[9.0,4.0,5.0]|[360.0,160.0,200.0,288.0,128.0,160.0,216.0,96.0,120.0]
 5 |[9.0,2.0,7.0]|[10.0,7.0,3.0]|[450.0,315.0,135.0,100.0,70.0,30.0,350.0,245.0,105.0]
 6 |[1.0,1.0,4.0]|[2.0,8.0,4.0] |[12.0,48.0,24.0,12.0,48.0,24.0,48.0,192.0,96.0]
```

代码 8-33

代码如下。

```
scala>
import org.apache.spark.ml.feature.Interaction

scala>import org.apache.spark.ml.feature.VectorAssembler
import org.apache.spark.ml.feature.VectorAssembler

scala>val df=spark.createDataFrame(Seq(
     |    (1, 1, 2, 3, 8, 4, 5),
     |    (2, 4, 3, 8, 7, 9, 8),
     |    (3, 6, 1, 9, 2, 3, 6),
     |    (4, 10, 8, 6, 9, 4, 5),
     |    (5, 9, 2, 7, 10, 7, 3),
     |    (6, 1, 1, 4, 2, 8, 4)
     |)).toDF("id1", "id2", "id3", "id4", "id5", "id6", "id7")
```

```
df: org.apache.spark.sql.DataFrame=[id1: int, id2: int ... 5 more fields]

scala>val assembler1=new VectorAssembler().setInputCols(Array("id2","id3",
"id4")).setOutputCol("vec1")
assembler1: org.apache.spark.ml.feature.VectorAssembler = vecAssembler
_4be42f312aab

scala>val assembled1=assembler1.transform(df)
assembled1: org.apache.spark.sql.DataFrame = [id1: int, id2: int ... 6 more
fields]

scala>val assembler2=new VectorAssembler().setInputCols(Array("id5","id6",
"id7")).setOutputCol("vec2")
assembler2: org.apache.spark.ml.feature.VectorAssembler = vecAssembler_
fbad7aa97d71

scala>val assembled2 =assembler2.transform(assembled1).select("id1","vec1",
"vec2")
assembled2: org.apache.spark.sql.DataFrame = [id1: int, vec1: vector ... 1 more
field]

scala>val interaction=new Interaction().setInputCols(Array("id1","vec1",
"vec2")).setOutputCol("interactedCol")
interaction: org.apache.spark.ml.feature.Interaction = interaction
_f0818f401e2d

scala>val interacted=interaction.transform(assembled2)
interacted: org.apache.spark.sql.DataFrame=[id1: int, vec1: vector ... 2 more
fields]

scala>interacted.show(truncate=false)
+---+-------------+-------------+-------------------------------------------------------+
|id1|vec1         |vec2         |interactedCol                                          |
+---+-------------+-------------+-------------------------------------------------------+
|1  |[1.0,2.0,3.0]|[8.0,4.0,5.0]|[8.0,4.0,5.0,16.0,8.0,10.0,24.0,12.0,15.0]             |
|2  |[4.0,3.0,8.0]|[7.0,9.0,8.0]|[56.0,72.0,64.0,42.0,54.0,48.0,112.0,144.0,128.0]      |
|3  |[6.0,1.0,9.0]|[2.0,3.0,6.0]|[36.0,54.0,108.0,6.0,9.0,18.0,54.0,81.0,162.0]         |
```

```
|4  |[10.0,8.0,6.0]|[9.0,4.0,5.0] |[360.0,160.0,200.0,288.0,128.0,160.0,216.0,
96.0,120.0]|
|5  |[9.0,2.0,7.0] |[10.0,7.0,3.0]|[450.0,315.0,135.0,100.0,70.0,30.0,350.0,
245.0,105.0] |
|6  |[1.0,1.0,4.0] |[2.0,8.0,4.0] |[12.0,48.0,24.0,12.0,48.0,24.0,48.0,192.0,
96.0]          |
+---+--------------+--------------+---------------------------------------
-----------------------------+
```

代码 8-34

8.2.13　Normalizer

Normalizer 是一个转换器,其作用范围是每一行,使每一个行向量归一化为一个单位范数。这里需要指定参数 p,用来指定 p-范数用于归一化(默认情况下,p=2)。这种归一化可以帮助标准化输入的数据,并提高学习算法的行为。下面的例子演示了如何加载一个 libsvm 格式的数据集,然后归一化每个行,使其具有单位 L^1 范数和单位 L^∞ 范数。

```
scala>import org.apache.spark.ml.feature.Normalizer
import org.apache.spark.ml.feature.Normalizer

scala>import org.apache.spark.ml.linalg.Vectors
import org.apache.spark.ml.linalg.Vectors

scala>val dataFrame=spark.createDataFrame(Seq(
    |  (0, Vectors.dense(1.0, 0.5, -1.0)),
    |  (1, Vectors.dense(2.0, 1.0, 1.0)),
    |  (2, Vectors.dense(4.0, 10.0, 2.0))
    |)).toDF("id", "features")
dataFrame: org.apache.spark.sql.DataFrame=[id: int, features: vector]

scala>val normalizer=new Normalizer().setInputCol("features").setOutputCol
("normFeatures").setP(1.0)
normalizer: org.apache.spark.ml.feature.Normalizer =normalizer_5dd6c243055f

scala>val l1NormData=normalizer.transform(dataFrame)
l1NormData: org.apache.spark.sql.DataFrame =[id: int, features: vector ... 1
more field]

scala>println("Normalized using L^1 norm")
Normalized using L^1 norm

scala>l1NormData.show()
```

```
+---+--------------+------------------+
| id|      features|       normFeatures|
+---+--------------+------------------+
|  0|[1.0,0.5,-1.0]|    [0.4,0.2,-0.4]|
|  1| [2.0,1.0,1.0]|   [0.5,0.25,0.25]|
|  2|[4.0,10.0,2.0]|[0.25,0.625,0.125]|
+---+--------------+------------------+

scala> val lInfNormData = normalizer.transform(dataFrame, normalizer.p -> Double.PositiveInfinity)
lInfNormData: org.apache.spark.sql.Dataset[org.apache.spark.sql.Row] = [id: int, features: vector ... 1 more field]

scala>println("Normalized using L^inf norm")
Normalized using L^inf norm

scala>lInfNormData.show()
+---+--------------+--------------+
| id|      features|   normFeatures|
+---+--------------+--------------+
|  0|[1.0,0.5,-1.0]|[1.0,0.5,-1.0]|
|  1| [2.0,1.0,1.0]| [1.0,0.5,0.5]|
|  2|[4.0,10.0,2.0]| [0.4,1.0,0.2]|
+---+--------------+--------------+
```

代码 8-35

- **范数**

知道距离的定义是一个宽泛的概念，只要满足非负、自反、三角不等式，就可以称之为距离。范数是一种强化了的距离概念，它在定义上比距离多了一条数乘的运算法则。有时候为了便于理解，可以把范数当作距离理解。在数学上，范数包括向量范数和矩阵范数，向量范数表征向量空间中向量的大小，矩阵范数表征矩阵引起变化的大小。一种非严密的解释是，对应向量范数，向量空间中的向量都是有大小的，这个大小是用范数度量的，不同的范数可以度量向量的大小，就好比米和尺都可以度量距离的远近；对于矩阵范数，若学过线性代数，通过运算 $AX=B$ 可以将向量 X 转化为 B，矩阵范数就是用来度量这个变化大小的。

在 n 维实向量空间 $\mathbb{R}^n$ 中，向量 $x=(x_1,x_2,\cdots,x_n)$ 的长度通常由欧几里得范数给出，那么：

$$\| x \|_2 = (x_1^2 + x_2^2 + \cdots + x_n^2)^{\frac{1}{2}} \tag{8-6}$$

式(8-6)是两点 x 和 y 之间的欧几里得距离，是两点之间直线的长度 $\| x-y \|_2$。在许多情况下，欧几里得距离不足以捕获给定空间中的实际距离。出租车司机在网格街道计划中提出了类似的建议，但是他应该测量的不是直线到目的地的长度，而是直角距离

(rectilinear distance),其考虑到街道是正交的或相互平行。p-范数的这一类概括了这两个例子,并在数学、物理学和计算机科学的许多部分有丰富的应用。对于实数 $p \geq 1$,x 的 p-norm 或 L^p-norm 由式(8-7)定义:

$$\|x\|_p = (|x_1|^p + |x_2|^p + \cdots + |x_n|^p)^{\frac{1}{p}} \tag{8-7}$$

当 p 取 $1,2,\infty$ 的时候,分别是以下几种最简单的情形。

1-范数是经常见到的一种范数,它的定义如下:

$$\|x\|_1 = \sum_i |x_i| \tag{8-8}$$

表示向量 x 中非零元素的绝对值之和。1-范数有很多名字,例如曼哈顿距离、最小绝对误差等。使用 1-范数可以度量两个向量间的差异,如绝对误差和(Sum of Absolute Difference):

$$\mathrm{SAD}(x_1, x_2) = \sum_i |x_{1i} - x_{2i}| \tag{8-9}$$

由于 1-范数的天然性质,对 1-范数优化是一个稀疏解,因此 1-范数也被叫作稀疏规则算子。通过 1-范数可以实现特征的稀疏,去掉一些没有信息的特征,例如在对用户的电影爱好进行分类的时候,用户有 100 个特征,可能只有十几个特征对分类有用,大部分特征(如身高、体重等)可能都是无用的,利用 1-范数就可以过滤掉。

2-范数是最常用的范数,用得最多的度量距离——欧氏距离就是一种 2-范数,它的定义如下:

$$\|x\|_2 = \sqrt{\sum_i x_i^2} \tag{8-10}$$

表示向量元素的平方和再开平方。像 1-范数一样,2-范数也可以度量两个向量间的差异,如平方差和(Sum of Squared Difference):

$$\mathrm{SSD}(x_1, x_2) = \sum_i (x_{1i} - x_{2i})^2 \tag{8-11}$$

2-范数通常被用来做优化目标函数的正则化项,防止模型为了迎合训练集而过于复杂造成过拟合的情况,从而提高模型的泛化能力。

当 $p = \infty$ 时,也就是 ∞-范数,它主要用来度量向量元素的最大值。∞-范数的定义为

$$\|x\|_\infty = \sqrt{\sum_1^n x_i^\infty}, x = (x_1, x_2, \cdots, x_n) \tag{8-12}$$

与 0-范数一样,通常大家都用式(8-13)。

$$\|x\|_\infty = \max(|x_i|) \tag{8-13}$$

8.2.14 StandardScaler

对于同一个特征,不同样本中的取值可能相差很大,一些异常小或异常大的数据会误导模型的正确训练;另外,如果数据的分布很分散,也会影响训练结果。以上两种方式都会产生非常大的方差。此时,可以将特征中的值进行标准差标准化,即转换为均值为 0,方差为 1 的正态分布。如果特征非常稀疏,并且有大量的 0(现实应用中很多特征都具有这个特点),Z-score 标准化的过程几乎就是一个除 0 的过程,结果不可预料。所以,在训

练模型之前,一定要对特征的数据分布进行探索,并考虑是否有必要将数据进行标准化。基于特征值的均值(Mean)和标准差(Standard Deviation)进行数据的标准化,其计算公式为:标准化数据=(原数据-均值)/标准差。标准化后的变量值围绕 0 上下波动,若大于 0,则说明高于平均水平;若小于 0,则说明低于平均水平。因为在原始资料中,各变量的范围大不相同,对于某些机器学习的算法,若没有做过标准化,目标函数会无法适当地运作。例如,多数分类器利用两点间的距离计算两点的差异,若其中一个特征具有非常广的范围,那么两点间的差异就会被该特征左右,因此,所有特征都该被标准化,这样才能粗略地使各特征依比例影响距离。另一个做特征缩放的理由是它能加速梯度下降法的收敛。

StandardScaler 作用的范围是每一行,使每一个行向量标准化都具有单位标准偏差和零均值,或其中之一,需要如下两个参数。

withStd:默认为 true,按比例缩放数据到单位标准偏差。

withMean:默认为 false,在缩放前使用均值居中数据,这将构建一个稠密矩阵输出,所以,当输入稀疏矩阵时要小心。

StandardScaler 是一个估算器,其可以在数据集上拟合,以产生一个 StandardScalerModel;这相当于计算汇总统计,然后该模型可以转换数据集中的一个向量列,使其具有单位标准偏差和零平均值的特征,或其中之一。

需要注意的是,如果一个特征的标准偏差为零,它将在这个特征的向量中返回默认值 0.0。下面的例子演示了如何加载 libsvm 格式的数据集,然后归一化每个特征,使其具有单位标准偏差。

```
scala>import org.apache.spark.ml.feature.StandardScaler
import org.apache.spark.ml.feature.StandardScaler

scala>val dataFrame=spark.read.format("libsvm").load("/spark/data/example/
mllib/sample_libsvm_data.txt")
dataFrame: org.apache.spark.sql.DataFrame=[label: double, features: vector]
```

setWithMean 表示是否减均值,setWithStd 表示是否将数据除以标准差,这里是没有减均值但将数据除以标准差。

```
scala>val scaler=new StandardScaler().setInputCol("features").setOutputCol
("scaledFeatures").setWithStd(true).setWithMean(false)
scaler: org.apache.spark.ml.feature.StandardScaler=stdScal_3902362fa7e8
```

通过拟合 StandardScaler 计算汇总统计。

```
scala>val scalerModel=scaler.fit(dataFrame)
scalerModel: org.apache.spark.ml.feature.StandardScalerModel =
stdScal_3902362fa7e8
```

归一化每个特征到单位标准偏差。

```
scala>val scaledData=scalerModel.transform(dataFrame)
scaledData: org.apache.spark.sql.DataFrame = [label: double, features:
vector ... 1 more field]

scala>scaledData.show()
+-----+--------------------+--------------------+
|label|            features|      scaledFeatures|
+-----+--------------------+--------------------+
|  0.0|(692,[127,128,129...|(692,[127,128,129...|
|  1.0|(692,[158,159,160...|(692,[158,159,160...|
|  1.0|(692,[124,125,126...|(692,[124,125,126...|
|  1.0|(692,[152,153,154...|(692,[152,153,154...|
|  1.0|(692,[151,152,153...|(692,[151,152,153...|
|  0.0|(692,[129,130,131...|(692,[129,130,131...|
|  1.0|(692,[158,159,160...|(692,[158,159,160...|
|  1.0|(692,[99,100,101,...|(692,[99,100,101,...|
|  0.0|(692,[154,155,156...|(692,[154,155,156...|
|  0.0|(692,[127,128,129...|(692,[127,128,129...|
|  1.0|(692,[154,155,156...|(692,[154,155,156...|
|  0.0|(692,[153,154,155...|(692,[153,154,155...|
|  0.0|(692,[151,152,153...|(692,[151,152,153...|
|  1.0|(692,[129,130,131...|(692,[129,130,131...|
|  0.0|(692,[154,155,156...|(692,[154,155,156...|
|  1.0|(692,[150,151,152...|(692,[150,151,152...|
|  0.0|(692,[124,125,126...|(692,[124,125,126...|
|  0.0|(692,[152,153,154...|(692,[152,153,154...|
|  1.0|(692,[97,98,99,12...|(692,[97,98,99,12...|
|  1.0|(692,[124,125,126...|(692,[124,125,126...|
+-----+--------------------+--------------------+
only showing top 20 rows
```

代码 8-36

8.2.15 MinMaxScaler

MinMaxScaler 作用的范围是每一行,重新缩放每个特征到特定范围内,通常在 [0,1],需要如下参数。

min:0.0 为默认值,转换后的下限,由所有特征共享。

max:1.0 为默认值,转换后的上限,由所有特征共享。

MinMaxScaler 对数据集计算汇总统计并产生 MinMaxScalerModel,然后该模型可以独立地转换每个特征,使得其在给定的范围内。

$$\text{Rescaled}(e_i) = \frac{e_i - E_{\min}}{E_{\max} - E_{\min}} \times (\max - \min) + \min \qquad (8\text{-}14)$$

对于 $E_{\max} == E_{\min}$ 的情况,$\text{Rescaled}(e_i) = 0.5 \times (\max + \min)$。请注意,由于零值可能被转换为非零值,转换器的输出将是 DenseVector,即使稀疏矩阵作为输入。下面的例子演示了如何加载 LibSVM 格式的数据集,然后重新调整每个特征为 $[0,1]$。

```
scala>import org.apache.spark.ml.feature.MinMaxScaler
import org.apache.spark.ml.feature.MinMaxScaler

scala>import org.apache.spark.ml.linalg.Vectors
import org.apache.spark.ml.linalg.Vectors

scala>val dataFrame=spark.createDataFrame(Seq(
     |   (0, Vectors.dense(1.0, 0.1, -1.0)),
     |   (1, Vectors.dense(2.0, 1.1, 1.0)),
     |   (2, Vectors.dense(3.0, 10.1, 3.0))
     | )).toDF("id", "features")
dataFrame: org.apache.spark.sql.DataFrame = [id: int, features: vector]
scala>val scaler=new MinMaxScaler().setInputCol("features")
.setOutputCol("scaledFeatures")
scaler: org.apache.spark.ml.feature.MinMaxScaler=minMaxScal_4c96b5ef3f2b
```

计算汇总统计,产生 MinMaxScalerModel。

```
scala>val scalerModel=scaler.fit(dataFrame)
scalerModel: org. apache. spark. ml. feature. MinMaxScalerModel = minMaxScal
_4c96b5ef3f2b
```

重新按比例调整每个特征到范围 $[\min, \max]$。

```
scala>val scaledData=scalerModel.transform(dataFrame)
scaledData: org.apache.spark.sql.DataFrame = [id: int, features: vector ... 1
more field]

scala> println (s" Features scaled to range: [${ scaler. getMin }, ${ scaler.
getMax}]")
Features scaled to range: [0.0, 1.0]

scala>scaledData.select("features", "scaledFeatures").show()
+--------------+--------------+
|      features|scaledFeatures|
+--------------+--------------+
|[1.0,0.1,-1.0]| [0.0,0.0,0.0]|
```

```
|[2.0,1.1,1.0]|[0.5,0.1,0.5]|
|[3.0,10.1,3.0]|[1.0,1.0,1.0]|
+--------------+--------------+
```

代码 8-37

8.2.16 MaxAbsScaler

MaxAbsScaler 转换向量行的数据集,重新缩放每个特征到范围[−1,1],通过除以每个特征的最大绝对值,它不移位或居中数据,因此不破坏任何稀疏性。

MaxAbsScaler 对数据集计算汇总统计,并产生 MaxAbsScalerModel,然后该模型可以独立地转换每个特征为范围[−1,1]。下面的例子演示了如何加载 LibSVM 格式的数据集,然后重新调整每个特征为[−1,1]。

```
scala>import org.apache.spark.ml.feature.MaxAbsScaler
import org.apache.spark.ml.feature.MaxAbsScaler

scala>import org.apache.spark.ml.linalg.Vectors
import org.apache.spark.ml.linalg.Vectors

scala>val dataFrame=spark.createDataFrame(Seq(
    | (0, Vectors.dense(1.0, 0.1, -8.0)),
    | (1, Vectors.dense(2.0, 1.0, -4.0)),
    | (2, Vectors.dense(4.0, 10.0, 8.0))
    | )).toDF("id", "features")
dataFrame: org.apache.spark.sql.DataFrame =[id: int, features: vector]

scala>val scaler=new MaxAbsScaler().setInputCol("features")
.setOutputCol("scaledFeatures")
scaler: org.apache.spark.ml.feature.MaxAbsScaler=maxAbsScal_26cca37ab1f7
```

计算汇总统计,并且产生 MaxAbsScalerModel。

```
scala>val scalerModel=scaler.fit(dataFrame)
scalerModel: org. apache. spark. ml. feature. MaxAbsScalerModel = maxAbsScal
_26cca37ab1f7
```

重新按比例调整每个特征到范围[−1,1]。

```
scala>val scaledData=scalerModel.transform(dataFrame)
scaledData: org.apache.spark.sql.DataFrame =[id: int, features: vector ... 1 more field]

scala>scaledData.select("features", "scaledFeatures").show()
```

```
+--------------+----------------+
|      features|   scaledFeatures|
+--------------+----------------+
|[1.0,0.1,-8.0]|[0.25,0.01,-1.0]|
|[2.0,1.0,-4.0]|  [0.5,0.1,-0.5]|
|[4.0,10.0,8.0]|   [1.0,1.0,1.0]|
+--------------+----------------+
```

代码 8-38

8.2.17 Bucketizer

Bucketizer 将连续的特征列转换成特征桶列,这些桶由用户指定,拥有一个 splits 参数。例如商城的人群,如果把人分为 50 岁以上和 50 岁以下太不精准,应该分为 20 岁以下,20～30 岁,30～40 岁,40～50 岁,50 岁以上,这时须用到数值离散化的处理方法。离散化就是把特征进行适当的离散处理,如上面所说的年龄是一个连续的特征,但是把它分为不同的年龄阶段就是离散化了,这样更利于分析用户行为进行精准推荐。Bucketizer 能方便地将一堆数据分成不同的区间,它需要设置参数 splits。

splits:如果有 $n+1$ 个 splits,那么将有 n 个桶。桶由 split x 和 split y 共同确定,它的值范围为[x,y],如果是最后一个桶,范围将是[x,y]。splits 应该严格递增。负无穷和正无穷必须明确地提供用来覆盖所有的双精度值,否则超出 splits 的值将会被认为是一个错误。splits 的两个例子是 Array(Double.NegativeInfinity, 0.0, 1.0, Double.PositiveInfinity) 和 Array(0.0, 1.0, 2.0)。

注意,如果并不知道目标列的上界和下界,应该添加 Double.NegativeInfinity 和 Double.PositiveInfinity 作为边界,从而防止潜在的超过边界的异常。以下示例演示了如何将一列双精度数据转换为另一个索引列。

```
scala>import org.apache.spark.ml.feature.Bucketizer
import org.apache.spark.ml.feature.Bucketizer

scala>val splits=Array(Double.NegativeInfinity, -0.5, 0.0, 0.5, Double
.PositiveInfinity)
splits: Array[Double]=Array(-Infinity, -0.5, 0.0, 0.5, Infinity)

scala>val data=Array(-999.9, -0.5, -0.3, 0.0, 0.2, 999.9)
data: Array[Double]=Array(-999.9, -0.5, -0.3, 0.0, 0.2, 999.9)

scala>val dataFrame=spark.createDataFrame(data.map(Tuple1.apply)).toDF("features")
dataFrame: org.apache.spark.sql.DataFrame=[features: double]

scala>val bucketizer=new Bucketizer().setInputCol("features")
.setOutputCol("bucketedFeatures").setSplits(splits)
bucketizer: org.apache.spark.ml.feature.Bucketizer=bucketizer_5c90c0ea99ee
```

转换原始数据为桶索引。

```
scala>val bucketedData=bucketizer.transform(dataFrame)
bucketedData: org.apache.spark.sql.DataFrame =
[features: double, bucketedFeatures: double]

scala> println(s"Bucketizer output with ${bucketizer.getSplits.length-1} buckets")
Bucketizer output with 4 buckets

scala>bucketedData.show()
+--------+----------------+
|features|bucketedFeatures|
+--------+----------------+
|  -999.9|             0.0|
|    -0.5|             1.0|
|    -0.3|             1.0|
|     0.0|             2.0|
|     0.2|             2.0|
|   999.9|             3.0|
+--------+----------------+
```

代码 8-39

8.2.18 ElementwiseProduct

ElementwiseProduct 对每一个输入向量乘以一个给定的权重向量,换句话说,就是通过一个乘子对数据集的每一列进行缩放,可以表示为在输入向量 v 和转换向量 w 之间的 Hadamard 乘积,以产生结果向量为

$$\begin{pmatrix} v_1 \\ \vdots \\ v_N \end{pmatrix} \circ \begin{pmatrix} w_1 \\ \vdots \\ w_N \end{pmatrix} = \begin{pmatrix} v_1 w_1 \\ \vdots \\ v_N w_N \end{pmatrix} \tag{8-15}$$

下面的例子展示了如何使用一个变换向量值转化向量。

```
scala>import org.apache.spark.ml.feature.ElementwiseProduct
import org.apache.spark.ml.feature.ElementwiseProduct

scala>import org.apache.spark.ml.linalg.Vectors
import org.apache.spark.ml.linalg.Vectors

scala>val dataFrame=spark.createDataFrame(Seq(
     |   ("a", Vectors.dense(1.0, 2.0, 3.0)),
     |   ("b", Vectors.dense(4.0, 5.0, 6.0)))).toDF("id", "vector")
```

```
dataFrame: org.apache.spark.sql.DataFrame = [id: string, vector: vector]

scala>val transformingVector=Vectors.dense(0.0,1.0,2.0)
transformingVector: org.apache.spark.ml.linalg.Vector = [0.0,1.0,2.0]

scala>val transformer=new
ElementwiseProduct().setScalingVec(transformingVector)
.setInputCol("vector").setOutputCol("transformedVector")
transformer: org. apache. spark. ml. feature. ElementwiseProduct = elemProd
_1945a75a91ff

scala>transformer.transform(dataFrame).show()
+---+-------------+-----------------+
| id|       vector|transformedVector|
+---+-------------+-----------------+
|  a|[1.0,2.0,3.0]|    [0.0,2.0,6.0]|
|  b|[4.0,5.0,6.0]|   [0.0,5.0,12.0]|
+---+-------------+-----------------+
```

代码 8-40

- Hadamard 乘积

在数学中，Hadamard 乘积（也称为 Schur 乘积或 entrywise 乘积）是一个二元运算，它采用两个相同维数的矩阵并且相乘，生成另一个矩阵，其中元素 i、j 是原始的两个矩阵元素 i、j 的乘积。它不应该与更常见的矩阵产品混淆。这归因于法国数学家雅克·哈达玛（Jacques Hadamard）或德国数学家伊萨·舒尔（Issai Schur）的名字。

8.2.19　SQLTransformer

SQLTransformer 实现由 SQL 语句定义的转换，目前只支持 SQL 语法，例如 "SELECT ... FROM __THIS__ ..."，其中"__THIS__"代表输入数据集的基础表。select 子句指定字段、常量和表达式的输出进行显示，并且可以是 Spark SQL 支持任何 select 子句。用户还可以使用 Spark SQL 内置函数和用户定义函数对这些选定的列进行操作。例如，SQLTransformer 支持的语句：

```
SELECT a, a +b AS a_b FROM __THIS__
SELECT a, SQRT(b) AS b_sqrt FROM __THIS__ where a >5
SELECT a, b, SUM(c) AS c_sum FROM __THIS__ GROUP BY a, b
```

代码 8-41

假设有一个 DataFrame 包含的列为 id、v1 和 v2：

```
id |  v1 |  v2
----|-----|-----
 0  | 1.0 | 3.0
 2  | 2.0 | 5.0
```

那么，SQLTransformerwith 语句"SELECT *, (v1 + v2) AS v3, (v1 * v2) AS v4 FROM __THIS__":的输出为

```
id |  v1 |  v2 |  v3 |  v4
----|-----|-----|-----|-----
 0  | 1.0 | 3.0 | 4.0 | 3.0
 2  | 2.0 | 5.0 | 7.0 |10.0
```

代码 8-42

代码如下。

```
scala>import org.apache.spark.ml.feature.SQLTransformer
import org.apache.spark.ml.feature.SQLTransformer

scala>val df=spark.createDataFrame(
    | Seq((0, 1.0, 3.0), (2, 2.0, 5.0))).toDF("id", "v1", "v2")
df: org.apache.spark.sql.DataFrame =[id: int, v1: double ... 1 more field]

scala>val sqlTrans=new SQLTransformer().setStatement(
    | "SELECT *, (v1 +v2) AS v3, (v1 * v2) AS v4 FROM __THIS__")
sqlTrans: org.apache.spark.ml.feature.SQLTransformer=sql_50ab9032d703

scala>sqlTrans.transform(df).show()
+---+---+---+---+----+
| id| v1| v2| v3|  v4|
+---+---+---+---+----+
|  0|1.0|3.0|4.0| 3.0|
|  2|2.0|5.0|7.0|10.0|
+---+---+---+---+----+
```

代码 8-43

8.2.20 VectorAssembler

VectorAssembler 是一个转换器,其结合给定列的列表到单一向量列。其作用是结合原始特性和不同特征转换器产生的特征到一个特征向量,用了训练机器学习模型,如逻辑回归和决策树。VectorAssembler 接受以下输入列类型：所有数值类型、布尔型和向量类型。在每一行中,输入列的值将被按指定的顺序连接成一个向量。假设有一个 DataFrame,包含的列分别为 id、hour、mobile、userFeatures 和 clicked。

```
 id | hour | mobile | userFeatures     | clicked
----|------|--------|------------------|--------
 0  | 18   | 1.0    | [0.0, 10.0, 0.5] | 1.0
```

代码 8-44

userFeatures 是包含三个用户特征的向量列。要结合 hour、mobile 和 userFeatures 特征到一个特征向量 features 中,并用它预测 clicked 的结果。如果设置 VectorAssembler 的输入列为 hour、mobile 以及 userFeatures,输出列为 features,则改造后应该得到以下 DataFrame。

```
 id | hour | mobile | userFeatures     | clicked | features
----|------|--------|------------------|---------|------------------------
 0  | 18   | 1.0    | [0.0, 10.0, 0.5] | 1.0     | [18.0, 1.0, 0.0, 10.0, 0.5]
```

代码如下。

```
scala>import org.apache.spark.ml.feature.VectorAssembler
import org.apache.spark.ml.feature.VectorAssembler

scala>import org.apache.spark.ml.linalg.Vectors
import org.apache.spark.ml.linalg.Vectors

scala>val dataset=spark.createDataFrame(
     |   Seq((0, 18, 1.0, Vectors.dense(0.0, 10.0, 0.5), 1.0))
     | ).toDF("id", "hour", "mobile", "userFeatures", "clicked")
dataset: org.apache.spark.sql.DataFrame =[id: int, hour: int ... 3 more fields]

scala>val assembler=new VectorAssembler().setInputCols(Array("hour",
"mobile", "userFeatures")).setOutputCol("features")
assembler: org. apache. spark. ml. feature. VectorAssembler = vecAssembler
_65ad0e36e9ee

scala>val output=assembler.transform(dataset)
output: org.apache.spark.sql.DataFrame =[id: int, hour: int ... 4 more fields]

scala>println("Assembled columns 'hour', 'mobile', 'userFeatures' to vector
column 'features'")
Assembled columns 'hour', 'mobile', 'userFeatures' to vector column 'features'

scala>output.select("features", "clicked").show(false)
+-------------------------+-------+
|features                 |clicked|
+-------------------------+-------+
```

```
|[18.0,1.0,0.0,10.0,0.5]|1.0     |
+------------------------+-------+
```

代码 8-45

8.2.21 QuantileDiscretizer

QuantileDiscretizer 将连续型特征转换为被分箱的类别特征，分箱的数量由 numBuckets 参数决定，分箱的范围由渐进算法决定，可能使用的实际分箱会比这个值小，例如不同的输入值个数不足以创造足够的不同分位数。

NaN 值：在 QuantileDiscretizer 过滤中，NaN 值会从列中被除去，这将产生一个 Bucketizer 模型进行预测。在转换过程中，当 Bucketizer 发现数据集中有 NaN 值，会产生一个错误，但用户也可以通过设置 handleInvalid，选择保留或删除数据集内的 NaN 值。如果用户选择保留 NaN 值，它将被特殊处理，并放入自己的桶中。例如，使用 4 个桶，则非 NaN 的数据将被放入 buckets[0-3]，但 NaN 的会放在一个特殊的 bucket[4] 中。

算法：分箱范围使用近似算法。逼近的精度可以由 relativeError 参数控制。如果设为零，则确切地进行分位数计算，但计算确切位数会消耗更多的计算资源，下部和上部箱边界分别是-Infinity 和＋Infinity，其涵盖所有实际值。假设 DataFrame 包含的列有 id 和 hour：

```
id | hour
----|------
 0  | 18.0
----|------
 1  | 19.0
----|------
 2  | 8.0
----|------
 3  | 5.0
----|------
 4  | 2.2
```

代码 8-46

hour 是具有双精度类型的连续特征，想将连续特征划分为类别之一，考虑到 numBuckets ＝ 3，应该得到以下 DataFrame。

```
id | hour | result
----|------|------
 0  | 18.0 | 2.0
----|------|------
 1  | 19.0 | 2.0
----|------|------
```

```
   2 | 8.0 | 1.0
----|------|------
   3 | 5.0 | 1.0
----|------|------
   4 | 2.2 | 0.0
```

代码 8-47

代码如下。

```
scala>import org.apache.spark.ml.feature.QuantileDiscretizer
import org.apache.spark.ml.feature.QuantileDiscretizer

scala>val data=Array((0, 18.0), (1, 19.0), (2, 8.0), (3, 5.0), (4, 2.2))
data: Array[(Int, Double)]=Array((0,18.0), (1,19.0), (2,8.0), (3,5.0), (4,2.2))

scala>val df=spark.createDataFrame(data).toDF("id", "hour")
df: org.apache.spark.sql.DataFrame =[id: int, hour: double]

scala>val discretizer=new QuantileDiscretizer().setInputCol("hour")
.setOutputCol("result").setNumBuckets(3)
discretizer: org.apache.spark.ml.feature.QuantileDiscretizer =
quantileDiscretizer_90ae4654fb10

scala>val result=discretizer.fit(df).transform(df)
result: org.apache.spark.sql.DataFrame = [id: int, hour: double ... 1 more
field]

scala>result.show()
+---+----+------+
| id|hour|result|
+---+----+------+
|  0|18.0|   2.0|
|  1|19.0|   2.0|
|  2| 8.0|   1.0|
|  3| 5.0|   1.0|
|  4| 2.2|   0.0|
+---+----+------+
```

代码 8-48

8.2.22 Imputer

Imputer 转换器添加数据集中的丢失值,或者使用丢失值所在列的平均值或中值。输入列应该是 DoubleType 或 FloatType。目前,Imputer 不支持类别特征,并可能对包含类别特征的列产生不正确的值。注意,所有输入列中的 null 值都被视为丢失,所以也被估算。假设 DataFrame 包含的列为 a 和 b:

```
      a     |     b
------------|------------
     1.0    | Double.NaN
     2.0    | Double.NaN
 Double.NaN |    3.0
     4.0    |    4.0
     5.0    |    5.0
```

代码 8-49

在这个例子中,Imputer 将替换所有出现的 Double.NaN(默认为丢失的值),使用在相应列中其他值计算的平均值(默认插补策略)。在这个例子中,列 a 和 b 中的替代值分别是 3.0 和 4.0。改造后的输出列中,丢失值将被对应列的平均值替换。

```
      a     |     b      | out_a | out_b
------------|------------|-------|-------
     1.0    | Double.NaN |  1.0  |  4.0
     2.0    | Double.NaN |  2.0  |  4.0
 Double.NaN |    3.0     |  3.0  |  3.0
     4.0    |    4.0     |  4.0  |  4.0
     5.0    |    5.0     |  5.0  |  5.0
```

代码 8-50

代码如下。

```
scala>import org.apache.spark.ml.feature.Imputer
import org.apache.spark.ml.feature.Imputer

scala>val df=spark.createDataFrame(Seq(
    |   (1.0, Double.NaN),
    |   (2.0, Double.NaN),
    |   (Double.NaN, 3.0),
    |   (4.0, 4.0),
    |   (5.0, 5.0)
    | )).toDF("a", "b")
df: org.apache.spark.sql.DataFrame = [a: double, b: double]

scala>val imputer=new Imputer().setInputCols(Array("a", "b"))
.setOutputCols(Array("out_a", "out_b"))
imputer: org.apache.spark.ml.feature.Imputer=imputer_143727445c95

scala>val model=imputer.fit(df)
```

```
model: org.apache.spark.ml.feature.ImputerModel=imputer_143727445c95

scala>model.transform(df).show()
+---+---+-----+-----+
|  a|  b|out_a|out_b|
+---+---+-----+-----+
|1.0|NaN|  1.0|  4.0|
|2.0|NaN|  2.0|  4.0|
|NaN|3.0|  3.0|  3.0|
|4.0|4.0|  4.0|  4.0|
|5.0|5.0|  5.0|  5.0|
+---+---+-----+-----+
```

代码 8-51

8.3 特征选择

8.3.1 VectorSlicer

VectorSlicer 是转换器,用于获取一个特征向量,并输出由原来特征向量的子数组构成的特征向量,其用于从向量列中提取特征。VectorSlicer 接受一个指定索引的向量列,然后通过这些索引选择值输出一个新的向量列。有两种类型的索引。

(1) 整数索引:表示在向量中的索引,setIndices()。

(2) 字符串索引:代表在向量中的特征,setNames()。这就要求向量列有一个 AttributeGroup,其实现了 Attribute 字段名称的匹配。

VectorSlicer 通过整数和字符串指定都是可以接受的。此外,可以同时使用整数索引和字符串索引。至少有一个特征必须被选中。重复的特征是不允许的,所以被选择的指数和名称之间不能有重叠。请注意,如果选择特征名称,则会在遇到空的输入属性时抛出异常。输出向量首先使用选择的索引(按照给定的顺序)调用特征,然后通过选择的名称(按照给定的顺序)调用特性。假设有 DataFrameuserFeatures:

```
userFeatures
------------------
 [0.0, 10.0, 0.5]
```

代码 8-52

userFeatures 是包含三个用户的特征向量列。假设 userFeatures 的第一列全为 0,所以要删除它,只保留最后两列。VectorSlicer 使用 setIndices(1, 2)选择最后两个元素,然后产生一个名为 features 的新向量列。

```
 userFeatures       | features
-------------------|-------------------------------
 [0.0, 10.0, 0.5]  | [10.0, 0.5]
```

代码 8-53

假设有 userFeatures 潜在的输入属性，即["f1"，"f2"，"f3"]，那么可以用 setNames("f2"，"f3")选择它。

```
 userFeatures       | features
-------------------|-------------------------------
 [0.0, 10.0, 0.5]  | [10.0, 0.5]
 ["f1", "f2", "f3"]| ["f2", "f3"]
```

代码 8-54

代码如下。

```
scala>import java.util.Arrays
import java.util.Arrays

scala > import org. apache. spark. ml. attribute.{Attribute, AttributeGroup, NumericAttribute}
import org. apache. spark. ml. attribute.{Attribute, AttributeGroup, NumericAttribute}

scala>import org.apache.spark.ml.feature.VectorSlicer
import org.apache.spark.ml.feature.VectorSlicer

scala>import org.apache.spark.ml.linalg.Vectors
import org.apache.spark.ml.linalg.Vectors

scala>import org.apache.spark.sql.Row
import org.apache.spark.sql.Row

scala>import org.apache.spark.sql.types.StructType
import org.apache.spark.sql.types.StructType

scala>val data=Arrays.asList(
    |   Row(Vectors.sparse(3, Seq((0, -2.0), (1, 2.3)))),
    |   Row(Vectors.dense(-2.0, 2.3, 0.0))
    | )
data: java.util.List[org.apache.spark.sql.Row] = [[(3,[0,1],[-2.0,2.3])], [[-2.0,2.3,0.0]]]
```

```
scala>val defaultAttr=NumericAttribute.defaultAttr
defaultAttr: org.apache.spark.ml.attribute.NumericAttribute={"type":"numeric"}

scala>val attrs=Array("f1", "f2", "f3").map(defaultAttr.withName)
attrs: Array[org.apache.spark.ml.attribute.NumericAttribute] =Array({
"type":"numeric","name":"f1"}, {"type":"numeric","name":"f2"}, {"type":
"numeric","name":"f3"})

scala> val attrGroup=new AttributeGroup("userFeatures", attrs.asInstanceOf
[Array[Attribute]])
attrGroup: org.apache.spark.ml.attribute.AttributeGroup ={"ml_attr":{
"attrs":{"numeric":[{"idx":0,"name":"f1"},{"idx":1,"name":"f2"},{"idx":2,
"name":"f3"}]},"num_attrs":3}}

scala>val dataset=spark.createDataFrame(data, StructType(Array(attrGroup
.toStructField())))
dataset: org.apache.spark.sql.DataFrame=[userFeatures: vector]

scala>val slicer =new VectorSlicer().setInputCol("userFeatures")
.setOutputCol("features")
slicer: org.apache.spark.ml.feature.VectorSlicer=vectorSlicer_0a05aca9c4df

scala>slicer.setIndices(Array(1)).setNames(Array("f3"))
res35: slicer.type=vectorSlicer_0a05aca9c4df

scala>//or slicer.setIndices(Array(1, 2)), or slicer.setNames(Array("f2", "f3"))

scala>val output=slicer.transform(dataset)
output: org.apache.spark.sql.DataFrame =[userFeatures: vector, features: vector]

scala>output.show(false)
+---------------------+-------------+
|userFeatures         |features     |
+---------------------+-------------+
|(3,[0,1],[-2.0,2.3]) |(2,[0],[2.3])|
|[-2.0,2.3,0.0]       |[2.3,0.0]    |
+---------------------+-------------+
```

代码 8-55

8.3.2 RFormula

RFormula 选择由 R 模型公式指定的列。目前,支持 R 运算符的有限子集,包括'~'

'.'：''＋'和'－'。基本操作符的含义是：
- ～表示分离目标和术语。
- ＋表示连接术语，"＋0"表示除去截距。
- －表示删除一个术语，"－1"表示除去截距。
- :表示相互作用（数值的乘法，或二元分类值）。
- .表示除目标外的所有列。

假设 a 和 b 是双列，用下面这个简单的例子说明 RFormula 的效果。

```
y ~ a + b
```

代码 8-56

表示模型：

```
y ~ w0 + w1 * a + w2 * b
```

代码 8-57

其中 w0 是截距，w1、w2 为系数。

```
y ~ a + b + a:b - 1
```

代码 8-58

表示模型：

```
y ~ w1 * a + w2 * b + w3 * a * b
```

代码 8-59

其中，w1、w2 和 w3 为系数。

RFormula 产生一个特征矢量列和一个双精度或字符串的标签列。例如，当公式被用在 R 语言的线性回归时，字符串输入栏将是 One-hot 编码，并且数字列将转换为双精度。如果标签列是字符串类型，其会使用 StringIndexer 先转换成双精度。如果在 DataFrame 中标签列不存在，输出标签列将从公式中指定的响应变量被创建。假设 DataFrame 包含的列为 id、country、hour 和 clicked：

```
id | country | hour | clicked
---|---------|------|--------
 7 | "US"    | 18   | 1.0
 8 | "CA"    | 12   | 0.0
 9 | "NZ"    | 15   | 0.0
```

代码 8-60

如果用 RFormula 带有公式的字符串 clicked～country＋hour，表明要基于 country 和 hour 预测 clicked，改造后应该得到以下 DataFrame：

```
id | country | hour | clicked | features         | label
---|---------|------|---------|------------------|-------
 7 | "US"    | 18   | 1.0     | [0.0, 0.0, 18.0] | 1.0
 8 | "CA"    | 12   | 0.0     | [0.0, 1.0, 12.0] | 0.0
 9 | "NZ"    | 15   | 0.0     | [1.0, 0.0, 15.0] | 0.0
```

代码 8-61

代码如下。

```
scala>import org.apache.spark.ml.feature.RFormula
import org.apache.spark.ml.feature.RFormula

scala>val dataset=spark.createDataFrame(Seq(
    |  (7, "US", 18, 1.0),
    |  (8, "CA", 12, 0.0),
    |  (9, "NZ", 15, 0.0)
    |)).toDF("id", "country", "hour", "clicked")
dataset: org.apache.spark.sql.DataFrame = [id: int, country: string ... 2 more fields]

scala>val formula=new RFormula().setFormula("clicked ~ country + hour")
    .setFeaturesCol("features").setLabelCol("label")
formula: org.apache.spark.ml.feature.RFormula = RFormula(clicked ~ country + hour) (uid=rFormula_7340c58620d2)

scala>val output=formula.fit(dataset).transform(dataset)
output: org.apache.spark.sql.DataFrame = [id: int, country: string ... 4 more fields]

scala>output.select("features", "label").show()
+--------------+-----+
|      features|label|
+--------------+-----+
|[0.0,0.0,18.0]|  1.0|
|[1.0,0.0,12.0]|  0.0|
|[0.0,1.0,15.0]|  0.0|
+--------------+-----+
```

代码 8-62

8.3.3 ChiSqSelector

ChiSqSelector 代表卡方特征选择，使用具有分类特征的标签数据进行操作。ChiSqSelector 使用卡方独立测试决定选择哪些特征。它支持五种选择方法：

numTopFeatures、percentile、fpr、fdr、fwe。

numTopFeatures：根据卡方检验选择固定数量的顶级特征。这类似于产生具有最大预测能力的特征。

percentile：类似于 numTopFeatures，但是选择所有特征的一部分，而不是固定的数字。

fpr：选择 p 值低于阈值的所有特征，从而控制选择的误报率。

fdr：使用 Benjamini-Hochberg 过程选择虚假发现率低于阈值的所有特征。

few：选择 p 值低于阈值的所有特征。阈值由 1/numFeatures 缩放，从而控制选择的总体误差(family-wise error rate)。默认情况下，选择方法是 numTopFeatures，顶级要素的默认数量设置为 50。用户可以使用 setSelectorType 选择一种方法。假设有一个 DataFrame 含有 id、features 和 clicked 三列，其中 clicked 为需要预测的目标。

```
id | features              | clicked
---|----------------------|--------
 7 | [0.0, 0.0, 18.0, 1.0] | 1.0
 8 | [0.0, 1.0, 12.0, 0.0] | 0.0
 9 | [1.0, 0.0, 15.0, 0.1] | 0.0
```

代码 8-63

如果使用 numTopFeatures = 1 的 ChiSqSelector，然后根据标签 clicked，特征向量的最后一列被选为最有用的特征。

```
id | features              | clicked | selectedFeatures
---|----------------------|---------|------------------
 7 | [0.0, 0.0, 18.0, 1.0] | 1.0     | [1.0]
 8 | [0.0, 1.0, 12.0, 0.0] | 0.0     | [0.0]
 9 | [1.0, 0.0, 15.0, 0.1] | 0.0     | [0.1]
```

代码 8-64

代码如下。

```
scala>import org.apache.spark.ml.feature.ChiSqSelector
import org.apache.spark.ml.feature.ChiSqSelector

scala>import org.apache.spark.ml.linalg.Vectors
import org.apache.spark.ml.linalg.Vectors

scala>

scala>val data=Seq(
     |  (7, Vectors.dense(0.0, 0.0, 18.0, 1.0), 1.0),
     |  (8, Vectors.dense(0.0, 1.0, 12.0, 0.0), 0.0),
```

```
            |  (9, Vectors.dense(1.0, 0.0, 15.0, 0.1), 0.0)
            | )
data: Seq[(Int, org.apache.spark.ml.linalg.Vector, Double)] = List((7,[0.0,
0.0,18.0,1.0],1.0), (8,[0.0,1.0,12.0,0.0],0.0), (9,[1.0,0.0,15.0,0.1],0.0))

scala>

scala>val df=spark.createDataset(data).toDF("id", "features", "clicked")
df: org.apache.spark.sql.DataFrame = [id: int, features: vector ... 1 more
field]

scala>val selector=new ChiSqSelector().setNumTopFeatures(1).setFeaturesCol
("features").setLabelCol("clicked").setOutputCol("selectedFeatures")
selector: org.apache.spark.ml.feature.ChiSqSelector = chiSqSelector
_060a4c0d78ed

scala>val result=selector.fit(df).transform(df)
result: org.apache.spark.sql.DataFrame = [id: int, features: vector ... 2 more
fields]

scala>println(s"ChiSqSelector output with top ${selector.getNumTopFeatures}
features selected")
ChiSqSelector output with top 1 features selected

scala>result.show()
+---+------------------+-------+----------------+
| id|          features|clicked|selectedFeatures|
+---+------------------+-------+----------------+
|  7|[0.0,0.0,18.0,1.0]|    1.0|          [18.0]|
|  8|[0.0,1.0,12.0,0.0]|    0.0|          [12.0]|
|  9|[1.0,0.0,15.0,0.1]|    0.0|          [15.0]|
+---+------------------+-------+----------------+
```

代码 8-65

卡方检验：卡方检验是用途非常广的一种假设检验方法，它在分类资料统计推断中的应用包括：两个率或两个构成比比较的卡方检验、多个率或多个构成比比较的卡方检验，以及分类资料的相关分析等。卡方检验就是统计样本的实际观测值与理论推断值之间的偏离程度，实际观测值与理论推断值之间的偏离程度决定卡方值的大小，卡方值越大，越不符合；卡方值越小，偏差越小，越趋于符合；若两个值完全相等，卡方值就为 0，表明理论值完全符合。

8.4 局部敏感哈希

局部敏感哈希(Locality Sensitive Hashing,LSH)是一类重要的哈希技术,这是常用于聚集算法,近似大型数据集的最近邻搜索和异常检测。局部敏感哈希的总体思路是:使用一个家族的函数将数据点哈希到桶中,使相互靠近的数据点具有很高概率在相同的桶中,而彼此远离数据点更可能都在不同的桶中。下面是局部敏感哈希系列的正式定义。

在度量空间 (M, d) 中,其中 M 是一个集合,d 是 M 上的距离函数,LSH 家族是函数 h 的家族,其满足以下属性:

$$\forall p, q \in M,$$
$$d(p,q) \leqslant r1 \Rightarrow \Pr(h(p)=h(q)) \geqslant p1 \quad (8\text{-}16)$$
$$d(p,q) \geqslant r2 \Rightarrow \Pr(h(p)=h(q)) \leqslant p2$$

这个局部敏感哈希家族被称为 $(r1, r2, p1, p2)$-sensitive。在 Spark 中,不同局部敏感哈希家族都在单独的类(如 MinHash)和特征转换的 API 实现,在每个类中提供近似相似连接和近似最近相邻。

在局部敏感哈希中定义一个假阳性作为一对远输入特征(与 $d(p,q) \geqslant r2$),该散列到相同的桶中,并且定义一个假阴性作为一对近的特征(与 $d(p,q) \leqslant r1$),该散列到不同的桶中。

8.4.1 局部敏感哈希操作

本节描述局部敏感哈希可用哪些主要类型的操作,一个被拟合的局部敏感哈希模型对这些操作提供了方法。

8.4.1.1 特征变换

特征变换是基本功能添加散列值作为一个新列,这对于降维有用。用户可通过设置指定输入和输出列名 inputCol 和 outputCol。

局部敏感哈希也支持多个哈希表。用户可通过设置 numHashTables 指定哈希表的数量。这也被用于 OR-amplification 在大致相似性连接和近似相邻中。增加哈希表的数量会增加精度,但也会增加沟通成本和运行时间。

outputCol 类型就是 Seq[Vector],其中数组的长度等于 numHashTables,向量的维度当前设置为 1。在未来的版本中,将实现 AND-amplification,使用户可以指定这些向量的维度。

8.4.1.2 近似相似性连接

近似相似性连接得到两个数据集,并且近似返回数据集中的行对,其距离小于用户定义的阈值。近似相似性连接同时支持连接两个不同的数据集和自连接。自连接会产生一些重复的对。

近似相似性连接可同时接收转化和未转化的数据集作为输入。如果使用未转换的数据集，它会自动转换。在这种情况下，散列签名会被创建为 outputCol。

在被连接的数据集中，原始数据集可以使用 datasetA 和 datasetB 被查询。距离列将被添加到输出数据集显示每对返回行之间的真实距离。

8.4.1.3 近似最近邻搜索

近似最近邻搜索获得数据集（特征向量）和一个键（单个特征向量），并且近似返回在数据集中的指定行数，最接近向量。

近似最近邻搜索同时接受转化和未转化的数据集作为输入。如果使用未转换的数据集，它会自动转换。在这种情况下，散列签名会被创建为 outputCol。

距离列将被添加到输出数据集，以显示每个输出行和搜索键之间的真实距离。

注意，近似最近邻搜索将返回比 k 少（当没有足够的候选项在哈希桶中时）。

8.4.2 局部敏感哈希算法

8.4.2.1 分时段随机投影的欧氏距离

分时段随机投影是局部敏感哈希家族的欧氏距离。欧几里得距离被定义为

$$d(\boldsymbol{x}, \boldsymbol{y}) = \sqrt{\sum_i (x_i - y_i)^2} \tag{8-17}$$

局部敏感哈希家族投影特征向量到随机单位向量，并且分配投影的结果到哈希桶中。

$$h(\boldsymbol{x}) = \left\lfloor \frac{\boldsymbol{x} \cdot \boldsymbol{v}}{r} \right\rfloor \tag{8-18}$$

其中 r 是一个用户定义的桶长度。桶长度可用于控制散列桶的平均大小，以及桶的数量。较大的桶长度（也指更少的桶）增加了特征被哈希到同一桶中的概率（增加真假阳性的数量）。分时段的随机投影接受任意的向量作为输入的特征，并支持稀疏和密集向量。

```
scala>import org.apache.spark.ml.feature.BucketedRandomProjectionLSH
import org.apache.spark.ml.feature.BucketedRandomProjectionLSH

scala>import org.apache.spark.ml.linalg.Vectors
import org.apache.spark.ml.linalg.Vectors

scala>import org.apache.spark.sql.functions.col
import org.apache.spark.sql.functions.col

scala>val dfA=spark.createDataFrame(Seq(
     |  (0, Vectors.dense(1.0, 1.0)),
     |  (1, Vectors.dense(1.0, -1.0)),
     |  (2, Vectors.dense(-1.0, -1.0)),
     |  (3, Vectors.dense(-1.0, 1.0))
     | )).toDF("id", "features")
```

```
dfA: org.apache.spark.sql.DataFrame =[id: int, features: vector]

scala>val dfB=spark.createDataFrame(Seq(
     |    (4, Vectors.dense(1.0, 0.0)),
     |    (5, Vectors.dense(-1.0, 0.0)),
     |    (6, Vectors.dense(0.0, 1.0)),
     |    (7, Vectors.dense(0.0, -1.0))
     |)).toDF("id", "features")
dfB: org.apache.spark.sql.DataFrame =[id: int, features: vector]

scala>val key=Vectors.dense(1.0, 0.0)
key: org.apache.spark.ml.linalg.Vector =[1.0,0.0]

scala>val brp=new BucketedRandomProjectionLSH().setBucketLength(2.0)
.setNumHashTables(3).setInputCol("features").setOutputCol("hashes")
brp: org.apache.spark.ml.feature.BucketedRandomProjectionLSH = brp-lsh
_626478c9acf5

scala>val model=brp.fit(dfA)
model: org.apache.spark.ml.feature.BucketedRandomProjectionLSHModel=brp-
lsh_626478c9acf5

scala>println("The hashed dataset where hashed values are stored in the column
'hashes':")
The hashed dataset where hashed values are stored in the column 'hashes':

scala>model.transform(dfA).show(false)
+---+------------+------------------------+
|id |features    |hashes                  |
+---+------------+------------------------+
|0  |[1.0,1.0]   |[[0.0], [0.0], [-1.0]] |
|1  |[1.0,-1.0]  |[[-1.0], [-1.0], [0.0]]|
|2  |[-1.0,-1.0] |[[-1.0], [-1.0], [0.0]]|
|3  |[-1.0,1.0]  |[[0.0], [0.0], [-1.0]] |
+---+------------+------------------------+

scala>println("Approximately joining dfA and dfB on Euclidean distance smaller
than 1.5:")
Approximately joining dfA and dfB on Euclidean distance smaller than 1.5:

scala>model.approxSimilarityJoin(dfA, dfB, 1.5, "EuclideanDistance")
.select(col("datasetA.id").alias("idA"),
     | col("datasetB.id").alias("idB"),
```

```
        | col("EuclideanDistance")).show(false)
+---+---+------------------+
|idA|idB|EuclideanDistance|
+---+---+------------------+
|1  |4  |1.0               |
|0  |6  |1.0               |
|1  |7  |1.0               |
|3  |5  |1.0               |
|0  |4  |1.0               |
|3  |6  |1.0               |
|2  |7  |1.0               |
|2  |5  |1.0               |
+---+---+------------------+

scala> println ( " Approximately searching dfA for 2 nearest neighbors of the key:")
Approximately searching dfA for 2 nearest neighbors of the key:

scala>model.approxNearestNeighbors(dfA, key, 2).show(false)
+---+----------+-------------------------+-------+
|id |features  |hashes                   |distCol|
+---+----------+-------------------------+-------+
|0  |[1.0,1.0] |[[0.0], [0.0], [-1.0]]   |1.0    |
|1  |[1.0,-1.0]|[[-1.0], [-1.0], [0.0]]  |1.0    |
+---+----------+-------------------------+-------+
```

代码 8-66

8.4.2.2 MinHash 的 Jaccard 距离

MinHash 是局部敏感哈希家族的 Jaccard 距离，这里输入的特征是自然数集。两组集合的 Jaccard 距离由它的交叉和联合的基数定义。

$$d(\boldsymbol{A},\boldsymbol{B}) = 1 - \frac{|\boldsymbol{A} \cap \boldsymbol{B}|}{|\boldsymbol{A} \cup \boldsymbol{B}|} \tag{8-19}$$

MinHash 将随机散列函数 g 应用到集合中的每个元素，获得所有散列值的最小值。

$$h(\boldsymbol{A}) = \min_{a \in A}(g(a)) \tag{8-20}$$

MinHash 输入集被表示为二级制向量，其中所述向量索引表示元素本身，非零值的向量表示集合中元素的存在。尽管稠密和稀疏两种向量被 MinHash 支持，但是为了效率，典型地推荐稀疏矢量。例如：

```
Vectors.sparse(10, Array[(2, 1.0), (3, 1.0), (5, 1.0)])
```

代码 8-67

这意味，在空间中有 10 个元素。这个集合包含元素 2、元素 3 和元素 5。所有的非零值都被视为二进制"1"值。

注意：MinHash 不能转换空集，这意味着任何输入向量必须至少有 1 个非零项。

```
scala>import org.apache.spark.ml.feature.MinHashLSH
import org.apache.spark.ml.feature.MinHashLSH

scala>import org.apache.spark.ml.linalg.Vectors
import org.apache.spark.ml.linalg.Vectors

scala>import org.apache.spark.sql.functions.col
import org.apache.spark.sql.functions.col
scala>val dfA=spark.createDataFrame(Seq(
    |   (0, Vectors.sparse(6, Seq((0, 1.0), (1, 1.0), (2, 1.0)))),
    |   (1, Vectors.sparse(6, Seq((2, 1.0), (3, 1.0), (4, 1.0)))),
    |   (2, Vectors.sparse(6, Seq((0, 1.0), (2, 1.0), (4, 1.0))))
    | )).toDF("id", "features")
dfA: org.apache.spark.sql.DataFrame=[id: int, features: vector]

scala>val dfB=spark.createDataFrame(Seq(
    |   (3, Vectors.sparse(6, Seq((1, 1.0), (3, 1.0), (5, 1.0)))),
    |   (4, Vectors.sparse(6, Seq((2, 1.0), (3, 1.0), (5, 1.0)))),
    |   (5, Vectors.sparse(6, Seq((1, 1.0), (2, 1.0), (4, 1.0))))
    | )).toDF("id", "features")
dfB: org.apache.spark.sql.DataFrame =[id: int, features: vector]

scala>val key=Vectors.sparse(6, Seq((1, 1.0), (3, 1.0)))
key: org.apache.spark.ml.linalg.Vector =(6,[1,3],[1.0,1.0])

scala>val mh=new MinHashLSH().setNumHashTables(5).setInputCol("features")
.setOutputCol("hashes")
mh: org.apache.spark.ml.feature.MinHashLSH=mh-lsh_923018668855

scala>val model=mh.fit(dfA)
model: org.apache.spark.ml.feature.MinHashLSHModel=mh-lsh_923018668855

scala>println("The hashed dataset where hashed values are stored in the column 'hashes':")
The hashed dataset where hashed values are stored in the column 'hashes':

scala>model.transform(dfA).show(false)
+---+--------------------+---------------------------------+
|id |features            |hashes                           |
```

```
+---+------------------+---------------------------------+
|0  |(6,[0,1,2],[1.0,1.0,1.0])|[[-2.031299587E9], [-1.974869772E9],
[-1.974047307E9], [4.95314097E8], [7.01119548E8]] |
|1  |(6,[2,3,4],[1.0,1.0,1.0])|[[-2.031299587E9], [-1.758749518E9],
[-4.86208737E8], [1.247220523E9], [-1.59182918E9]]|
|2  |(6,[0,2,4],[1.0,1.0,1.0])|[[-2.031299587E9], [-1.758749518E9],
[-1.974047307E9], [4.95314097E8], [-1.59182918E9]]|
+---+------------------------+-----------------------------
-----------------------------------------------------------+

scala>println("Approximately joining dfA and dfB on Jaccard distance smaller than 0.6:")
Approximately joining dfA and dfB on Jaccard distance smaller than 0.6:

scala>model.approxSimilarityJoin(dfA, dfB, 0.6, "JaccardDistance")
.select(col("datasetA.id").alias("idA"),
    | col("datasetB.id").alias("idB"),
    | col("JaccardDistance")).show()
+---+---+---------------+
|idA|idB|JaccardDistance|
+---+---+---------------+
|  0|  5|            0.5|
|  1|  5|            0.5|
|  2|  5|            0.5|
|  1|  4|            0.5|
+---+---+---------------+

scala> println("Approximately searching dfA for 2 nearest neighbors of the key:")
Approximately searching dfA for 2 nearest neighbors of the key:

scala>model.approxNearestNeighbors(dfA, key, 2).show(false)
+---+------------------------+-----------------------------
-------------------------------------------------+-------+
|id |features                |hashes                       |distCol|
+---+------------------------+-----------------------------
-------------------------------------------------+-------+
|0  |(6,[0,1,2],[1.0,1.0,1.0])|[[-2.031299587E9], [-1.974869772E9],
[-1.974047307E9], [4.95314097E8], [7.01119548E8]]|0.75   |
+---+------------------------+-----------------------------
-------------------------------------------------+-------+
```

代码 8-68

8.5 小　　结

在本章中，学习了 Apache Spark MLlib 中用于完成特征工程的工具集。根据具体问题，执行特征选择有很多不同的选项，如 TF-IDF、Word2Vec 和 Vectorizers 用于文本分析问题，适合文本的特征选择；对于特征转换，可以使用各种缩放器、编码器和离散器；对于向量的子集，可以使用 VectorSlicer 和 Chi-Square Selector，它们使用标记的分类特征决定选择哪些特征。

第9章 算法汇总**

9.1 决策树和集成树

决策树和集成树是分类和回归的机器学习任务流行的方法。决策树的使用很广泛，因为它很容易解释，处理类别特征，延伸到多类分类设置，不需要扩展功能，就能够捕捉到非线性和特征的交互。集成树算法，例如随机森林和提升，在分类和回归任务中表现最佳。

9.1.1 决策树

在 spark.ml 中实现支持决策树的二进制、多分类和回归，同时使用连续和分类功能。按行实现分区的数据，允许使用数百万，甚至数十亿的实例进行分布式训练。API 和 MLlib 决策树的主要区别是：

（1）对于 ML 管道的支持。
（2）决策树被分离用于分类与回归。
（3）使用 DataFrame 的元数据区分连续和分类特征。

决策树管道 API 提供了比原来的 API 更多的功能。特别地，对于分类，用户可以获取每个类（又名类条件概率）的预测概率；对于回归，用户可以得到预测的偏置样本方差。Spark 在这里列出了输入和输出（预测）列类型。所有输出列都是可选的；排除一个输出列，设置其相应参数为空字符串。

■ 输入列（见表 9-1）

表 9-1 输入列

参数名称	类型	默认	描述
labelCol	Double	"label"	标签预测
featuresCol	Vector	"features"	特征向量

■ 输出列（见表 9-2）

表 9-2 输出列

参数名称	类型	默认	描述	注意
predictionCol	Double	"prediction"	预测标签	

续表

参数名称	类 型	默 认	描 述	注意
rawPredictionCol	Vector	"rawPrediction"	长度为 n 个类的向量,在进行预测的树节点上有训练实例标签的数量	只有分类
probabilityCol	Vector	"probability"	长度为 n 个类的向量,等于归一化为多项式分布的 rawPrediction	只有分类
varianceCol	Double		预测的偏差的样本方差	只有回归

基于 spark.ml 包决策树的例子见 9.2.2.2 节。

9.1.1.1 基于 RDD

决策树是一种贪婪算法,执行特征空间的递归二进制分区。该树为每个最底部(叶子)的分区预测相同的标签,通过从一组可能的分割中选择最佳分割贪婪地选择每个分区,以使树节点的信息增益最大化。换句话说,在每个树节点处选择的拆分是从集合 $\text{argmax}_s IG(D,s)$ 中选择的,其中 $IG(D,s)$ 是将分割 s 应用于数据集 D 时的信息增益。

节点的不纯度是节点上标记均质性的量度,当前的实现提供了两种用于分类的不纯度度量:基尼指数和信息熵;用于回归的不纯度度量——方差(见表 9-3)。

表 9-3 方差

不纯度	任务	公式	描述
基尼指数	分类	$\sum_{i=1}^{C} f_i(1-f_i)$	f_i 是标签 i 在一个节点的频率,C 是唯一标签的个数
信息熵	分类	$\sum_{i=1}^{C} -f_i \log(f_i)$	f_i 是标签 i 在一个节点的频率,C 是唯一标签的个数
方差	回归	$\frac{1}{N}\sum_{i=1}^{N}(y_i-\mu)^2$	y_i 是一个实例的标签,N 是实例的个数,μ 是由 $\frac{1}{N}\sum_{i=1}^{N} y_i$ 给出的平均值

信息增益是父节点杂质与两个子节点杂质的加权和之间的差。假设一个分割 s 将大小为 N 的数据集 D 分为两个大小分别为 N_{left} 和 N_{right} 的数据集 D_{left} 和 D_{right},则信息增益为

$$IG(D,s) = \text{Impurity}(D) - \frac{N_{\text{left}}}{N}\text{Impurity}(D_{\text{left}}) - \frac{N_{\text{right}}}{N}\text{Impurity}(D_{\text{right}})$$

对于单机实施中的小型数据集,每个连续特征的分割候选通常是特征的唯一值。一些实现是对特征值进行排序,然后将排序后的唯一值用作拆分候选,以便更快地进行树计算。对于大型分布式数据集,对特征值进行排序非常昂贵。此实现通过对数据的采样部分执行分位数计算获取一组近似的拆分候选集。有序拆分将创建箱,可以使用 maxBins 参数指定此类箱的最大数量。请注意,箱的数量不能大于实例的数量,这种情况很少见,因为 maxBins 的默认值为 32。如果不满足条件,则树算法会自动减少箱的数量。

对于具有 M 个可能值(类别)的分类特征,可以提出 $2^{M-1}-1$ 分割候选。对于二进制 (0/1)分类和回归,可以通过按平均标签对分类特征值进行排序减少拆分候选的数量。例如,对于具有一个分类特征为(A,B,C)的二元分类问题,标签 1 的相应比例为(0.2,0.6, 0.4),则分类特征按(A,C,B)排序,两个拆分的候选对象为(A|C,B)和(A,C|B),"|"表示分割。

在多类分类中,将尽可能使用所有 $2^{M-1}-1$ 可能的拆分,当 $2^{M-1}-1$ 大于参数 maxBins 时,使用(启发式)的方法类似于用于二元分类和回归的方法,该 M 分类的特征值由不纯度排序,并将得到 $M-1$ 分割候选项。

当满足以下条件之一时,递归树构造将在节点处停止:
(1) 节点深度等于 maxDepth 训练参数。
(2) 没有分割的候选项会导致信息增益大于 minInfoGain。
(3) 没有分割的候选项产生至少具有 minInstancesPerNode 训练实例的子节点。

上面通过讨论不同的参数,涉及一些使用决策树的准则。下面按重要性从高到低的顺序列出了这些参数,新用户应主要考虑"问题指定参数"部分和 maxDepth 参数。

■ 问题指定参数

这些参数描述了要解决的问题和数据集,应该指定它们,而不需要调整。

algo:决策树的类型,分类或回归。

numClasses:类别数,仅用于分类。

categoricalFeaturesInfo:指定哪些是类别特征,以及每个特征可以采用多少类别值。这是从特征索引到特征类别数的映射,该映射中未包含的所有特征均视为连续特征,例如 Map(0—>2,4—>10)指定特征 0 为二进制(采用值 0 或 1),并且特征 4 具有 10 个类别 {0,1,…,9}。请注意,特征索引从 0 开始,特征 0 和特征 4 分别是实例的特征向量中第 1 个和第 5 个元素。请注意,不必指定 categoricalFeaturesInfo。该算法仍将运行,并且可以获得合理的结果,但是如果正确指定分类特征,则性能会更好。

■ 停止条件

这些参数确定树何时停止构建,添加新节点。调整这些参数时,请小心验证保留的测试数据,以免过度拟合。

maxDepth:树的最大深度,较深的树更具表现力,可能允许更高的准确性,但它们的训练成本更高,并且更可能过拟合。

minInstancesPerNode:要进一步拆分节点,其每个子节点必须至少收到此数量的训练实例,通常与 RandomForest 一起使用,因为它们比单独树的训练更深入。

minInfoGain:对于要进一步拆分的节点,设置拆分后信息增益必须至少改善的值。

■ 可调参数

这些参数可以调整,调整时请小心验证保留的测试数据,以免过度拟合。

maxBins:离散化连续特征时使用的桶数。增加 maxBins 允许算法考虑更多拆分候选并做出细粒度的拆分决策,但是也增加了计算和通信。请注意,该 maxBins 参数必须至少是任何分类特征的最大分类数 M。

maxMemoryInMB:用于收集足够统计信息的内存量。保守地将默认值选择为 256MB,

以使决策算法可以在大多数情况下使用。增加 maxMemoryInMB（如果有可用的内存）可以通过较少的数据传递加快训练速度，但是，由于每次迭代的通信量可以与 maxMemoryInMB 成正比，因此，可能随着 maxMemoryInMB 的增长产生的加快效果递减。为了更快地进行处理，决策树算法收集有关要拆分的节点组的统计信息（而不是一次分配 1 个节点）。一组中可以处理的节点数由内存需求（取决于每个特征）决定，maxMemoryInMB 参数以兆字节为单位指定每个工作节点可用于这些统计信息的内存限制。

subsamplingRate：用于学习决策树的训练数据的比例，此参数与训练集成树最相关，例如使用 RandomForest 和 GradientBoostedTrees，在此情况下可以对原始数据进行二次采样。对于训练单个决策树，此参数的用处不大，因为训练实例的数量通常不是主要约束。

impurity：用于在候选分割之间进行选择的不纯度测量，此测量必须与 algo 参数匹配。

■ 缓存和检查点

MLlib 1.2 添加了一些参数，可以扩展到更大（更深）的树和树组合，当 maxDepth 被设定为大值时，这些参数对于开启节点 ID 缓存和检查点是有用的；当 numTrees 设置为大值时，这些参数对于 RandomForest 也很有用。

useNodeIdCache：如果将其设置为 true，则算法将避免在每次迭代时将当前模型（一棵或多棵树）传递给执行程序，这对于深树（加快工作节点的计算速度）和大型随机森林（减少每次迭代的通信量）很有用。默认情况下，该算法将当前模型传达给执行者，以便执行者可以将训练实例与树节点进行匹配，启用此设置后，算法将改为缓存此信息。节点 ID 缓存会生成一系列 RDD（每次迭代 1 个），这种较长的谱系可能导致性能问题，但是，通过检查点中间的 RDD 可以缓解这些问题。请注意，检查点仅在 useNodeIdCache 设置为 true 时适用。

checkpointDir：用于检查点节点 ID 缓存 RDD 的目录。

checkpointInterval：用于检查点节点 ID 缓存 RDD 的频率。该值设置得太低，将导致写入 HDFS 的额外开销；如果执行程序失败，并且需要重新计算 RDD，将其设置得过高会导致问题。

计算的成本与训练实例的数量、特征数量和 maxBins 参数具有近似线性的比例，通信量与特征数量和 maxBins 具有近似线性的比例。实现的算法读取稀疏和密集数据，但是并未针对稀疏输入进行优化。

下面的示例演示如何加载 LibSVM 数据文件，将其解析为 RDD，LabeledPoint 然后使用决策树（以 Gini 作为杂质度量且最大树深度为 5）进行分类。计算测试误差，以测量算法准确性。

```
scala>import org.apache.spark.mllib.tree.DecisionTree
import org.apache.spark.mllib.tree.DecisionTree

scala>import org.apache.spark.mllib.tree.model.DecisionTreeModel
import org.apache.spark.mllib.tree.model.DecisionTreeModel

scala>import org.apache.spark.mllib.util.MLUtils
```

```
import org.apache.spark.mllib.util.MLUtils

scala>val data=MLUtils.loadLibSVMFile(sc, "/spark/data/mllib/sample_libsvm_
data.txt")
data: org.apache.spark.rdd.RDD[org.apache.spark.mllib.regression
.LabeledPoint] =MapPartitionsRDD[6] at map at MLUtils.scala:86

scala>val splits=data.randomSplit(Array(0.7, 0.3))
splits: Array[org.apache.spark.rdd.RDD[org.apache.spark.mllib.regression
.LabeledPoint]]=Array(MapPartitionsRDD[7] at randomSplit at <console>:28,
MapPartitionsRDD[8] at randomSplit at <console>:28)

scala>val (trainingData, testData) =(splits(0), splits(1))
trainingData: org.apache.spark.rdd.RDD[org.apache.spark.mllib.regression
.LabeledPoint]=MapPartitionsRDD[7] at randomSplit at <console>:28
testData: org.apache.spark.rdd.RDD[org.apache.spark.mllib.regression
.LabeledPoint]=MapPartitionsRDD[8] at randomSplit at <console>:28

scala>val numClasses=2
numClasses: Int=2

scala>val categoricalFeaturesInfo=Map[Int, Int]()
categoricalFeaturesInfo: scala.collection.immutable.Map[Int,Int]=Map()

scala>val impurity="gini"
impurity: String=gini

scala>val maxDepth=5
maxDepth: Int=5

scala>val maxBins=32
maxBins: Int=32

scala > val model = DecisionTree. trainClassifier (trainingData, numClasses,
categoricalFeaturesInfo,
     |   impurity, maxDepth, maxBins)
model: org.apache.spark.mllib.tree.model.DecisionTreeModel =
DecisionTreeModel classifier of depth 2 with 5 nodes

scala>val labelAndPreds=testData.map { point =>
     |   val prediction=model.predict(point.features)
     |   (point.label, prediction)
     | }
```

```
labelAndPreds: org.apache.spark.rdd.RDD[(Double, Double)]=MapPartitionsRDD[24]
at map at <console>:30

scala>val testErr=labelAndPreds.filter(r =>r._1 !=r._2).count().toDouble /
testData.count()
testErr: Double=0.0

scala>println(s"Test Error=$testErr")
Test Error=0.0

scala>println(s"Learned classification tree model:\n ${model
.toDebugString}")
Learned classification tree model:
 DecisionTreeModel classifier of depth 2 with 5 nodes
  If (feature 434 <=70.5)
   If (feature 100 <=193.5)
    Predict: 0.0
   Else (feature 100 >193.5)
    Predict: 1.0
  Else (feature 434 >70.5)
    Predict: 1.0


scala>model.save(sc, "/tmp/myDecisionTreeClassificationModel")

scala>val sameModel=DecisionTreeModel
.load(sc, "/tmp/myDecisionTreeClassificationModel")
sameModel: org.apache.spark.mllib.tree.model.DecisionTreeModel =
DecisionTreeModel classifier of depth 2 with 5 nodes
```

下面的示例演示如何加载 LibSVM 数据文件,将其解析为 RDD,LabeledPoint 然后使用决策树执行回归,并以方差作为杂质度量,最大树深度为 5。计算均方误差(MSE)的方法是最后评估拟合优度。

```
scala>import org.apache.spark.mllib.tree.DecisionTree
import org.apache.spark.mllib.tree.DecisionTree

scala>import org.apache.spark.mllib.tree.model.DecisionTreeModel
import org.apache.spark.mllib.tree.model.DecisionTreeModel

scala>import org.apache.spark.mllib.util.MLUtils
import org.apache.spark.mllib.util.MLUtils
```

```
scala>val data=MLUtils.loadLibSVMFile(sc, "/spark/data/mllib/sample_libsvm_
data.txt")
data: org.apache.spark.rdd.RDD[org.apache.spark.mllib.regression
.LabeledPoint]=MapPartitionsRDD[53] at map at MLUtils.scala:86

scala>val splits=data.randomSplit(Array(0.7, 0.3))
splits: Array[org.apache.spark.rdd.RDD[org.apache.spark.mllib.regression
.LabeledPoint]]=Array(MapPartitionsRDD[54] at randomSplit at <console>:32,
MapPartitionsRDD[55] at randomSplit at <console>:32)

scala>val (trainingData, testData)=(splits(0), splits(1))
trainingData: org.apache.spark.rdd.RDD[org.apache.spark.mllib.regression
.LabeledPoint]=MapPartitionsRDD[54] at randomSplit at <console>:32
testData: org.apache.spark.rdd.RDD[org.apache.spark.mllib.regression
.LabeledPoint]=MapPartitionsRDD[55] at randomSplit at <console>:32

scala>val categoricalFeaturesInfo=Map[Int, Int]()
categoricalFeaturesInfo: scala.collection.immutable.Map[Int,Int]=Map()

scala>val impurity="variance"
impurity: String=variance

scala>val maxDepth=5
maxDepth: Int=5

scala>val maxBins=32
maxBins: Int=32

scala>val model=DecisionTree.trainRegressor(trainingData, categoricalFeaturesInfo,
impurity,
     |   maxDepth, maxBins)
model: org.apache.spark.mllib.tree.model.DecisionTreeModel =
DecisionTreeModel regressor of depth 1 with 3 nodes

scala>val labelsAndPredictions=testData.map { point =>
     |   val prediction=model.predict(point.features)
     |   (point.label, prediction)
     | }
labelsAndPredictions: org.apache.spark.rdd.RDD[(Double, Double)] =
MapPartitionsRDD[68] at map at <console>:34

scala>val testMSE=labelsAndPredictions.map{ case (v, p) =>math.pow(v -p, 2) }
.mean()
testMSE: Double=0.03846153846153847
```

```
scala>println(s"Test Mean Squared Error=$testMSE")
Test Mean Squared Error=0.03846153846153847

scala>println(s"Learned regression tree model:\n ${model.toDebugString}")
Learned regression tree model:
 DecisionTreeModel regressor of depth 1 with 3 nodes
  If (feature 434 <=70.5)
   Predict: 0.0
  Else (feature 434 >70.5)
   Predict: 1.0


scala>model.save(sc, "/tmp/myDecisionTreeRegressionModel")

scala>val sameModel=DecisionTreeModel
.load(sc, "/tmp/myDecisionTreeRegressionModel")
sameModel: org. apache. spark. mllib. tree. model. DecisionTreeModel =
DecisionTreeModel regressor of depth 1 with 3 nodes
```

9.1.2 集成树

RDD API 和 DataFrame API 支持两个主要的树集成算法：随机森林（Random Forests）和梯度提升树（Gradient-Boosted Trees，GBTs），两者都采用 spark.mllib 或 spark.ml 决策树作为其基本模型。DataFrame API 和原来的 MLlib 集成 API 之间的主要区别是：

（1）对于 DataFrame 和 pipeline 的支持。
（2）分类与回归的分离。
（3）使用 DataFrame 的元数据区分连续和分类特征。
（4）随机森林具有更多的功能，特征重要性的估计，以及分类中的每一个类的预测概率，也称为类条件概率。

本节主要介绍基于 spark.mllib 的算法应用，基于 spark.ml 的应用见 9.2.2 节。

9.1.2.1 随机森林

随机森林是集成决策树，其结合大量的决策树可以降低过度拟合的风险。spark.ml 实现支持二元分类、多元分类和回归随机森林，同时使用连续和类别特征。关于算法本身的更多信息，可以参阅 spark.mllib 随机森林文档。Spark 在这里列出输入和输出（预测）列类型。所有输出列都是可选的；排除一个输出列，设置其相应参数为空字符串。

■ 输入列（见表 9-4）

表 9-4 输入列

参数名称	类型	默认	描述
labelCol	Double	"prediction"	预测标签
featuresCol	Vector	"rawPrediction"	特征向量

■ 输出列(预测),见表 9-5

表 9-5 输出列

参数名称	类型	默认	描述	注意
predictionCol	Double	"prediction"	预测标签	
rawPredictionCol	Vector	"rawPrediction"	长度为 n 个类的向量,在进行预测的树节点上有训练实例标签的数量	只有分类
probabilityCol	Vector	"probability"	长度为 n 个类的向量,等于归一化为多项式分布的 rawPrediction	只有分类

9.1.2.2 梯度提升树

梯度提升树是集成决策树,是迭代的训练决策树,以尽量减少损失函数。在 spark.ml 中实现了支持二元分类和回归梯度提升树,可以同时使用连续和类别特征。关于算法本身的更多信息,可以参见 spark.mllib 上的文档。Spark 在这里列出输入和输出(预测)列类型,所有输出列都是可选的;排除一个输出列,设置其相应参数为空字符串。

■ 输入列(见表 9-6)

表 9-6 输入列

参数名称	类型	默认	描述
labelCol	Double	"prediction"	预测标签
featuresCol	Vector	"rawPrediction"	特征向量

请注意,GBTClassifier 目前只支持二进制标签。

■ 输出列(预测),见表 9-7

表 9-7 输出列

参数名称	类型	默认	描述
predictionCol	Double	"prediction"	预测标签

将来,GBTClassifier 也将输出列 rawPrediction 和 probability,就像 RandomForestClassifier 做的一样。

9.1.2.3 基于 RDD

集成方法是一种学习算法,该算法创建一组由其他基模型构成的模型。spark.mllib 支持两种主要的集成算法:GradientBoostedTrees 和 RandomForest。两者都使用决策树作为其基础模型。梯度提升树和随机森林都是树集成学习算法,但训练过程是不同的,需要进行一些实际的权衡。

（1）梯度提升树一次训练一棵树，因此与随机森林相比，它们的训练时间更长。随机森林可以并行训练多棵树。另一方面，与随机森林相比，梯度提升树使用较小（较浅）的树通常是合理的，并且训练较小的树所需的时间更少。

（2）随机森林可能不太容易过度拟合，在随机森林中训练更多的树可以减少过度拟合的可能性，但是使用梯度提升树训练更多的树则可以增加过度拟合的可能性。从统计语言的角度来说，随机森林通过使用更多的树减少方差，而 GBT 通过使用更多的树减少方差。

（3）随机森林可能更容易调整，因为性能随树的数量单调提高，如果树的数量太大，梯度提升树的性能可能会开始下降。

简而言之，两种算法都是有效的，并且选择应基于特定的数据集。随机森林是决策树的集成，是用于分类和回归的最成功的机器学习模型之一。它们结合了许多决策树，以降低过度拟合的风险。像决策树一样，随机森林处理类别特征，扩展到多类分类设置，不需要特征缩放，并且能够捕获非线性和特征之间的关系。spark.mllib 支持基于随机森林的二元和多分类以及进行回归，可以使用连续和类别特征，并且使用现有的决策树实现随机森林。随机森林分别训练一组决策树，因此可以并行进行训练。该算法将随机性注入训练过程中，因此每个决策树都略有不同，然后每棵树的预测进行合并，可以减少预测的误差，从而提高测试数据的性能。注入训练过程的随机性包括：

（1）在每次迭代中对原始数据集进行二次采样，以获得不同的训练集（也称为自举）。

（2）在每个树节点上，考虑要分割特征的不同随机子集。

除这些随机化外，决策树训练的方式与单个决策树的训练方式相同。

为了对新实例进行预测，随机森林必须聚合其决策树集中的预测。对于分类和回归，此聚合的执行方式有所不同。分类采用投票的方法，每棵树的预测被计为一种分类的投票，预测的标签将是获得最多选票的类别。回归采用求平均的方法，每棵树都预测一个真实的数值，标签被预测为每个决策树预测的平均值。

由于决策树指南中介绍了这些参数，因此我们省略了一些决策树参数。这里提到的前两个参数最重要，对其进行调整通常可以提高性能。

numTrees：森林中的树木数量。增加树的数量将减少预测的方差，从而提高测试模型阶段的准确性，训练时间在树木数量上大致呈线性增加。

maxDepth：森林中每棵树的最大深度。深度的增加使模型更具表现力，但是深树需要更长的训练时间，也更容易过度拟合。通常，对比单个决策树训练，随机森林使用更深的树是可以接受的，一棵树更可能过度拟合，但是由于对森林中的多棵树进行平均而减少了方差。

接下来的两个参数通常不需要调整，但是可以对其进行调整，以加快训练速度。

subsamplingRate：此参数指定用于训练森林中每棵树的数据集的大小，是原始数据集大小的一部分。建议使用默认值（1.0），但降低此比例可以加快训练速度。

featureSubsetStrategy：用在每个树节点处分割的候选特征的数量，指定为特征总数的分数或函数。减少此数字将加快训练速度，但是如果太低，有时会影响性能。

下面的示例演示了如何加载 LibSVM 数据文件，将其解析为 LabeledPoint，然后使用随机森林进行分类,计算测试误差,以测量算法的准确性。

```
scala>import org.apache.spark.mllib.tree.RandomForest
import org.apache.spark.mllib.tree.RandomForest

scala>import org.apache.spark.mllib.tree.model.RandomForestModel
import org.apache.spark.mllib.tree.model.RandomForestModel

scala>import org.apache.spark.mllib.util.MLUtils
import org.apache.spark.mllib.util.MLUtils
```

■ 加载数据

```
scala>val data=MLUtils.loadLibSVMFile(sc, "/spark/data/mllib/sample_libsvm_data.txt")
data: org.apache.spark.rdd.RDD[org.apache.spark.mllib.regression
.LabeledPoint]=MapPartitionsRDD[18] at map at MLUtils.scala:86
```

■ 将数据按比例分成训练集(0.7)和测试集(0.3)

```
scala>val splits=data.randomSplit(Array(0.7, 0.3))
splits: Array[org.apache.spark.rdd.RDD[org.apache.spark.mllib.regression
.LabeledPoint]] =Array(MapPartitionsRDD[19] at randomSplit at <console>:28,
MapPartitionsRDD[20] at randomSplit at <console>:28)
```

■ 训练模型,categoricalFeaturesInfo 为空,表明所有特征为连续值

```
scala>val (trainingData, testData)=(splits(0), splits(1))
trainingData: org.apache.spark.rdd.RDD[org.apache.spark.mllib.regression
.LabeledPoint]=MapPartitionsRDD[19] at randomSplit at <console>:28
testData: org.apache.spark.rdd.RDD[org.apache.spark.mllib.regression
.LabeledPoint]=MapPartitionsRDD[20] at randomSplit at <console>:28

scala>val numClasses=2
numClasses: Int=2

scala>val categoricalFeaturesInfo=Map[Int, Int]()
categoricalFeaturesInfo: scala.collection.immutable.Map[Int,Int]=Map()

scala>val numTrees=3 //Use more in practice.
numTrees: Int=3

scala>val featureSubsetStrategy="auto" //Let the algorithm choose
.featureSubsetStrategy: String=auto
```

```
scala>val impurity="gini"
impurity: String=gini

scala>val maxDepth=4
maxDepth: Int=4

scala>val maxBins=32
maxBins: Int=32

scala > val model = RandomForest.trainClassifier (trainingData, numClasses,
categoricalFeaturesInfo,
     | numTrees, featureSubsetStrategy, impurity, maxDepth, maxBins)
model: org.apache.spark.mllib.tree.model.RandomForestModel=
TreeEnsembleModel classifier with 3 trees
```

■ 在测试实例上评估模型，并计算测试错误

```
scala>val labelAndPreds=testData.map { point =>
     |    val prediction=model.predict(point.features)
     |    (point.label, prediction)
     | }
labelAndPreds: org.apache.spark.rdd.RDD[(Double, Double)]=MapPartitionsRDD[39]
at map at <console>:30

scala>val testErr=labelAndPreds.filter(r => r._1 != r._2).count.toDouble /
testData.count()
testErr: Double=0.041666666666666664

scala>println(s"Test Error =$testErr")
Test Error=0.041666666666666664

scala > println ( s " Learned classification forest model: \ n ${ model.
toDebugString}")
Learned classification forest model:
 TreeEnsembleModel classifier with 3 trees

  Tree 0:
    If (feature 386 <=15.5)
     If (feature 303 <=4.5)
      If (feature 434 <=79.5)
       Predict: 0.0
      Else (feature 434 >79.5)
```

```
      Predict: 1.0
    Else (feature 303 >4.5)
      Predict: 0.0
  Else (feature 386 >15.5)
    Predict: 0.0
 Tree 1:
   If (feature 351 <=36.0)
    Predict: 0.0
   Else (feature 351 >36.0)
    Predict: 1.0
 Tree 2:
   If (feature 405 <=21.0)
    If (feature 298 <=253.5)
     Predict: 0.0
    Else (feature 298 >253.5)
     Predict: 1.0
   Else (feature 405 >21.0)
    Predict: 1.0
```

■ 保存和加载模型

```
scala>model.save(sc, "/tmp/myRandomForestClassificationModel")
scala>val sameModel=RandomForestModel
.load(sc, "/tmp/myRandomForestClassificationModel")
sameModel: org.apache.spark.mllib.tree.model.RandomForestModel =
TreeEnsembleModel classifier with 3 trees
```

下面的示例演示了如何加载 LibSVM 数据文件，将其解析为 LabeledPoint，然后使用随机森林执行回归，最后计算均方误差（MSE）以评估拟合度。

```
scala>import org.apache.spark.mllib.tree.RandomForest
import org.apache.spark.mllib.tree.RandomForest

scala>import org.apache.spark.mllib.tree.model.RandomForestModel
import org.apache.spark.mllib.tree.model.RandomForestModel

scala>import org.apache.spark.mllib.util.MLUtils
import org.apache.spark.mllib.util.MLUtils
```

■ 加载数据

```
scala>val data=MLUtils.loadLibSVMFile(sc, "/spark/data/mllib/sample_libsvm_data.txt")
```

```
data: org.apache.spark.rdd.RDD[org.apache.spark.mllib.regression
.LabeledPoint] =MapPartitionsRDD[68] at map at MLUtils.scala:86
```

■ 将数据按比例分成训练集(0.7)和测试集(0.3)

```
scala>val splits=data.randomSplit(Array(0.7, 0.3))
splits: Array[org.apache.spark.rdd.RDD[org.apache.spark.mllib.regression
.LabeledPoint]]=Array(MapPartitionsRDD[69] at randomSplit at <console>:32,
MapPartitionsRDD[70] at randomSplit at <console>:32)

scala>val (trainingData, testData) =(splits(0), splits(1))
trainingData: org.apache.spark.rdd.RDD[org.apache.spark.mllib.regression
.LabeledPoint]=MapPartitionsRDD[69] at randomSplit at <console>:32
testData: org.apache.spark.rdd.RDD[org.apache.spark.mllib.regression
.LabeledPoint]=MapPartitionsRDD[70] at randomSplit at <console>:32
```

■ 训练模型，categoricalFeaturesInfo 为空，表明所有特征为连续值

```
scala>val numClasses=2
numClasses: Int=2

scala>val categoricalFeaturesInfo=Map[Int, Int]()
categoricalFeaturesInfo: scala.collection.immutable.Map[Int,Int]=Map()

scala>val numTrees=3 //Use more in practice.
numTrees: Int=3

scala>val featureSubsetStrategy="auto" //Let the algorithm choose.
featureSubsetStrategy: String=auto

scala>val impurity="variance"
impurity: String=variance

scala>val maxDepth=4
maxDepth: Int=4

scala>val maxBins=32
maxBins: Int=32

scala>val model=RandomForest.trainRegressor
(trainingData, categoricalFeaturesInfo,
    | numTrees, featureSubsetStrategy, impurity, maxDepth, maxBins)
model: org.apache.spark.mllib.tree.model.RandomForestModel =
TreeEnsembleModel regressor with 3 trees
```

■ 在测试实例上评估模型并计算测试错误

```
scala>val labelsAndPredictions=testData.map { point =>
     |   val prediction=model.predict(point.features)
     |   (point.label, prediction)
     | }
labelsAndPredictions: org.apache.spark.rdd.RDD[(Double, Double)] =
MapPartitionsRDD[86] at map at <console>:34

scala>val testMSE=labelsAndPredictions.map{ case(v, p) =>math.pow((v - p),
2)}.mean()
20/04/27 07:18:00 WARN BLAS: Failed to load implementation from: com.github
.fommil.netlib.NativeSystemBLAS
20/04/27 07:18:00 WARN BLAS: Failed to load implementation from: com.github
.fommil.netlib.NativeRefBLAS
testMSE: Double=0.0

scala>println(s"Test Mean Squared Error=$testMSE")
Test Mean Squared Error=0.0

scala>println(s"Learned regression forest model:\n ${model.toDebugString}")
Learned regression forest model:
 TreeEnsembleModel regressor with 3 trees

  Tree 0:
    If (feature 490 <=43.0)
     Predict: 0.0
    Else (feature 490 >43.0)
     Predict: 1.0
  Tree 1:
    If (feature 406 <=9.5)
     Predict: 0.0
    Else (feature 406 >9.5)
     If (feature 327 <=81.0)
      Predict: 1.0
     Else (feature 327 >81.0)
      Predict: 0.0
  Tree 2:
    If (feature 512 <=1.5)
     If (feature 511 <=1.5)
      Predict: 1.0
     Else (feature 511 >1.5)
      Predict: 0.0
    Else (feature 512 >1.5)
     Predict: 0.0
```

■ 保存和加载模型

```
scala>model.save(sc, "/tmp/myRandomForestRegressionModel")

scala>val sameModel=RandomForestModel.load(sc, "/tmp/
myRandomForestRegressionModel")
sameModel: org.apache.spark.mllib.tree.model.RandomForestModel =
TreeEnsembleModel regressor with 3 trees
```

梯度提升树是决策树的集成,是以最小化损失函数为代价迭代地训练决策树。像决策树一样,梯度提升树处理类别特征,扩展到多分类设置,不需要特征缩放,并且能够捕获非线性和特征之间的关系。spark.mllib 支持使用连续和类别特征进行二元分类和回归的梯度提升树,使用现有的决策树实现。梯度提升树尚不支持多类分类,对于多类问题,请使用决策树或随机森林,参阅决策树指南,以获取有关树的更多信息。

梯度提升以迭代方式训练决策树序列,在每次迭代中,该算法使用当前集成预测每个训练实例的标签,然后将该预测与真实标签进行比较。接下来,重新标记数据集,以将更多的重点放在预测效果较差的训练实例上,因此,在下一次迭代中决策树将有助于纠正先前的错误。重新标记实例的特定机制由损失函数定义(如下所述),每次迭代梯度提升树都会进一步减少训练数据上的损失函数。

表 9-8 列出了梯度提升树在当前 spark.mllib 中支持的损失函数,请注意每种损失函数都适用于分类或回归,但不同时适用于两者。

表 9-8 损失函数

损失函数	任务	公　式	描　述
对数	分类	$2\sum_{i=1}^{N}\log(1+\exp(-2y_iF(x_i)))$	两次二项式负对数似然
平方误差	回归	$\sum_{i=1}^{N}(y_i-F(x_i))^2$	也称为 L_2 损失函数,回归任务的默认损失
绝对误差	回归	$\sum_{i=1}^{N}\|y_i-F(x_i)\|$	也称为 L_1 损失函数,对于离群值,比平方误差更健壮

符号:N=实例数,y_i=实例 i 的标签,x_i=实例 i 的特征,$F(x_i)$=模型对于实例 i 的预测标签。

通过讨论各种参数(包括一些使用梯度提升树的准则),由于决策树指南中介绍了这些参数,因此省略了一些决策树参数。

loss:有关损失函数及其对任务的适用性的信息,参见表 9-8。根据数据集的不同,不同的损失函数可能产生明显不同的结果。

numIterations:设置集成中树木的数量,每次迭代都会生成一棵树。增加此数字可使模型更具表现力,从而提高训练数据的准确性,但是如果太大,则可能降低测试阶段的精度。

learningRate：不需要调整此参数。如果算法行为不稳定，则减小该值可以提高稳定性。

algo：使用树的[Strategy]参数设置算法或任务。

当训练更多树木时，梯度增强可能会过拟合，为了防止过度拟合，在训练时进行验证很有用，提供了 runWithValidation()方法使用此选项。此方法以一对 RDD 作为参数，第一个是训练数据集，第二个是验证数据集，当验证错误的改善不超过某个公差时，训练将停止，由 BoostingStrategy 中的 validationTol 参数提供。在实践中，验证误差最初会减小，随后会增大。在某些情况下，验证误差不会单调变化，建议用户设置足够大的负公差，并使用 evaluateEachIteration 给出每次迭代的误差或损失，调整迭代次数检查验证曲线。

下面的示例演示了如何加载 LibSVM 数据文件，将其解析为 LabeledPoint，然后使用带有对数损失函数的梯度增强树进行分类，计算测试误差，以测量算法的准确性。

```
scala>import org.apache.spark.mllib.tree.GradientBoostedTrees
import org.apache.spark.mllib.tree.GradientBoostedTrees

scala>import org.apache.spark.mllib.tree.configuration.BoostingStrategy
import org.apache.spark.mllib.tree.configuration.BoostingStrategy

scala>import org.apache.spark.mllib.tree.model.GradientBoostedTreesModel
import org.apache.spark.mllib.tree.model.GradientBoostedTreesModel

scala>import org.apache.spark.mllib.util.MLUtils
import org.apache.spark.mllib.util.MLUtils
```

■ 加载数据

```
scala>val data=MLUtils.loadLibSVMFile(sc, "/spark/data/mllib/sample_libsvm_
data.txt")
data: org.apache.spark.rdd.RDD[org.apache.spark.mllib.regression
.LabeledPoint]=MapPartitionsRDD[6] at map at MLUtils.scala:86
```

■ 将数据按比例分成训练集(0.7)和测试集(0.3)

```
scala>val splits=data.randomSplit(Array(0.7, 0.3))
splits: Array[org.apache.spark.rdd.RDD[org.apache.spark.mllib.regression
.LabeledPoint]]=Array(MapPartitionsRDD[7] at randomSplit at <console>:29,
MapPartitionsRDD[8] at randomSplit at <console>:29)

scala>val (trainingData, testData)=(splits(0), splits(1))
trainingData: org.apache.spark.rdd.RDD[org.apache.spark.mllib.regression
.LabeledPoint]=MapPartitionsRDD[7] at randomSplit at <console>:29
testData: org.apache.spark.rdd.RDD[org.apache.spark.mllib.regression
.LabeledPoint]=MapPartitionsRDD[8] at randomSplit at <console>:29
```

- **训练 GradientBoostedTrees 模型，分类任务默认使用对数损失函数**

```
scala>val boostingStrategy=BoostingStrategy
.defaultParams("Classification")
boostingStrategy: org.apache.spark.mllib.tree.configuration
.BoostingStrategy =BoostingStrategy(org.apache.spark.mllib.tree
.configuration.Strategy@298eca94,org.apache.spark.mllib.tree.loss.LogLoss$
@6a51a39d,100,0.1,0.001)

scala > boostingStrategy. numIterations = 3 //Note: Use more iterations in
practice.
boostingStrategy.numIterations: Int=3

scala>boostingStrategy.treeStrategy.numClasses=2
boostingStrategy.treeStrategy.numClasses: Int=2

scala>boostingStrategy.treeStrategy.maxDepth=5
boostingStrategy.treeStrategy.maxDepth: Int=5
```

- **空的 categoricalFeaturesInfo 表示所有特征都是连续的**

```
scala>boostingStrategy.treeStrategy.categoricalFeaturesInfo=Map[Int, Int]()
boostingStrategy.treeStrategy.categoricalFeaturesInfo: Map[Int,Int]=Map()

scala>val model=GradientBoostedTrees.train(trainingData, boostingStrategy)
model: org.apache.spark.mllib.tree.model.GradientBoostedTreesModel =
TreeEnsembleModel classifier with 3 trees
```

- **在测试实例上评估模型并计算测试错误**

```
scala>val labelAndPreds=testData.map { point =>
    |   val prediction=model.predict(point.features)
    |   (point.label, prediction)
    | }
labelAndPreds: org.apache.spark.rdd.RDD[(Double, Double)]=MapPartitionsRDD[78]
at map at <console>:31

scala>val testErr=labelAndPreds.filter(r => r._1 != r._2).count.toDouble /
testData.count()
20/04/27 15:40:48 WARN BLAS: Failed to load implementation from: com.github
.fommil.netlib.NativeSystemBLAS
20/04/27 15:40:48 WARN BLAS: Failed to load implementation from: com.github
.fommil.netlib.NativeRefBLAS
testErr: Double=0.07692307692307693
```

```
scala>println(s"Test Error=$testErr")
Test Error=0.07692307692307693

scala>println(s"Learned classification GBT model:\n ${model.toDebugString}")
Learned classification GBT model:
 TreeEnsembleModel classifier with 3 trees

  Tree 0:
    If (feature 405 <=21.0)
     If (feature 100 <=193.5)
      Predict: -1.0
     Else (feature 100 >193.5)
      Predict: 1.0
    Else (feature 405 >21.0)
     Predict: 1.0
  Tree 1:
    If (feature 490 <=43.0)
     If (feature 435 <=32.5)
      If (feature 155 <=230.5)
       Predict: -0.4768116880884702
      Else (feature 155 >230.5)
       Predict: -0.47681168808847035
     Else (feature 435 >32.5)
      Predict: 0.4768116880884694
    Else (feature 490 >43.0)
     If (feature 241 <=169.5)
      If (feature 124 <=49.5)
       If (feature 155 <=59.0)
        Predict: 0.4768116880884702
       Else (feature 155 >59.0)
        Predict: 0.4768116880884703
      Else (feature 124 >49.5)
       Predict: 0.4768116880884703
     Else (feature 241 >169.5)
      Predict: 0.47681168808847035
  Tree 2:
    If (feature 406 <=140.5)
     If (feature 435 <=32.5)
      If (feature 329 <=154.0)
       Predict: -0.43819358104272055
      Else (feature 329 >154.0)
       Predict: -0.43819358104272066
```

```
      Else (feature 435 >32.5)
        Predict: 0.43819358104271977
     Else (feature 406 >140.5)
      If (feature 245 <=1.5)
        If (feature 490 <=153.5)
          Predict: 0.4381935810427206
        Else (feature 490 >153.5)
          Predict: 0.43819358104272066
      Else (feature 245 >1.5)
          Predict: 0.43819358104272066
```

■ 保存和加载模型

```
scala>model.save(sc, "/tmp/myGradientBoostingClassificationModel")

scala>val sameModel=GradientBoostedTreesModel
.load(sc,"/tmp/myGradientBoostingClassificationModel")
sameModel: org.apache.spark.mllib.tree.model.GradientBoostedTreesModel =
TreeEnsembleModel classifier with 3 trees
```

下面的示例演示了如何加载 LibSVM 数据文件，将其解析为 LabeledPoint，然后使用以平方误差为损失函数的梯度增强树执行回归，最后计算均方误差（MSE）以评估拟合度。

```
scala>import org.apache.spark.mllib.tree.GradientBoostedTrees
import org.apache.spark.mllib.tree.GradientBoostedTrees

scala>import org.apache.spark.mllib.tree.configuration.BoostingStrategy
import org.apache.spark.mllib.tree.configuration.BoostingStrategy

scala>import org.apache.spark.mllib.tree.model.GradientBoostedTreesModel
import org.apache.spark.mllib.tree.model.GradientBoostedTreesModel

scala>import org.apache.spark.mllib.util.MLUtils
import org.apache.spark.mllib.util.MLUtils
```

■ 加载数据

```
scala>val data=MLUtils.loadLibSVMFile(sc, "/spark/data/mllib/sample_libsvm_
data.txt")
data: org.apache.spark.rdd.RDD[org.apache.spark.mllib.regression
.LabeledPoint]=MapPartitionsRDD[115] at map at MLUtils.scala:86
```

■ 将数据按比例分成训练集(0.7)和测试集(0.3)

```
scala>val splits=data.randomSplit(Array(0.7, 0.3))
splits: Array[org.apache.spark.rdd.RDD[org.apache.spark.mllib.regression
.LabeledPoint]]=Array(MapPartitionsRDD[116] at randomSplit at <console>:34,
MapPartitionsRDD[117] at randomSplit at <console>:34)

scala>val (trainingData, testData)=(splits(0), splits(1))
trainingData: org.apache.spark.rdd.RDD[org.apache.spark.mllib.regression
.LabeledPoint]=MapPartitionsRDD[116] at randomSplit at <console>:34
testData: org.apache.spark.rdd.RDD[org.apache.spark.mllib.regression
.LabeledPoint]=MapPartitionsRDD[117] at randomSplit at <console>:34
```

■ 训练 GradientBoostedTrees 模型，回归任务默认使用平方误差损失函数

```
scala>val boostingStrategy=BoostingStrategy.defaultParams("Regression")
boostingStrategy: org.apache.spark.mllib.tree.configuration
.BoostingStrategy =BoostingStrategy(org.apache.spark.mllib.tree
.configuration.Strategy@25cc8a11,org.apache.spark.mllib.tree.loss
.SquaredError$@29fccb14,100,0.1,0.001)

scala > boostingStrategy.numIterations = 3 //Note: Use more iterations in
practice.
boostingStrategy.numIterations: Int=3

scala>boostingStrategy.treeStrategy.maxDepth=5
boostingStrategy.treeStrategy.maxDepth: Int=5

scala>boostingStrategy.treeStrategy.categoricalFeaturesInfo =Map[Int, Int]()
boostingStrategy.treeStrategy.categoricalFeaturesInfo: Map[Int,Int]=Map()

scala>val model=GradientBoostedTrees.train(trainingData, boostingStrategy)
model: org.apache.spark.mllib.tree.model.GradientBoostedTreesModel =
TreeEnsembleModel regressor with 3 trees
```

■ 在测试实例上评估模型并计算测试错误

```
scala>val labelsAndPredictions=testData.map { point =>
     |   val prediction=model.predict(point.features)
     |   (point.label, prediction)
     | }
labelsAndPredictions: org.apache.spark.rdd.RDD[(Double, Double)] =
MapPartitionsRDD[165] at map at <console>:36
```

```
scala>val testMSE=labelsAndPredictions.map{ case(v, p) =>math.pow((v -p),
2)}.mean()
testMSE: Double=0.058823529411764705

scala>println(s"Test Mean Squared Error=$testMSE")
Test Mean Squared Error=0.058823529411764705

scala>println(s"Learned regression GBT model:\n ${model.toDebugString}")
Learned regression GBT model:
 TreeEnsembleModel regressor with 3 trees

  Tree 0:
    If (feature 406 <=22.0)
     If (feature 99 <=35.0)
      Predict: 0.0
     Else (feature 99 >35.0)
      Predict: 1.0
    Else (feature 406 >22.0)
     Predict: 1.0
  Tree 1:
     Predict: 0.0
  Tree 2:
     Predict: 0.0
```

■ 保存和加载模型

```
scala>model.save(sc, "/tmp/myGradientBoostingRegressionModel")

scala>val sameModel=GradientBoostedTreesModel
.load(sc,"/tmp/myGradientBoostingRegressionModel")
sameModel: org.apache.spark.mllib.tree.model.GradientBoostedTreesModel =
TreeEnsembleModel regressor with 3 trees
```

9.2 分类和回归

　　SPARK MLlib 包支持二元分类、多元分类和回归分析的各种方法。表 9-9 列出了每类问题支持的算法。本节主要介绍 spark.ml 包中的各种方法。

表 9-9　问题类型和支持方法

问 题 类 型	支 持 方 法
二元分类	Linear SVMs，Logistic Regression，Decision Trees，Random Forests，Gradient-Boosted Trees，Naive Bayes

续表

问题类型	支持方法
多元分类	Logistic Regression, Decision Trees, Random Forests, Naive Bayes
回归分析	Linear Least Squares, Lasso, Ridge Regression, Decision Trees, Random Forests, Gradient-Boosted Trees, Isotonic Regression

9.2.1 线性方法

Spark 实现了流行的线性方法,如逻辑回归和 L_1 或 L_2 正则化的线性最小二乘法。Spark 还包括一个弹性网络的 DataFrame API,是 Zou 等提出的 L_1 和 L_2 正则化的混合体,通过正则化和弹性网络进行变量选择。在数学上,它被定义为 L_1 和 L_2 正则化项的凸组合:

$$\alpha(\lambda\|w\|_1) + (1-\alpha)\left(\frac{\lambda}{2}\|w\|_2^2\right), \quad \alpha \in [0,1], \lambda \geqslant 0 \tag{9-1}$$

通过恰当地设定 α,弹性网络既包含 L_1,又包含 L_2 正则化作为特例。例如,如果一个线性回归模型是用弹性网络参数 α 设置为 1 训练的,则相当于一个 Lasso 模型。另一方面,如果 α 被设置为 0,则训练的模型变为岭回归模型。Spark 实施管道 API 的线性回归和逻辑回归弹性网络正则化。

许多标准的机器学习方法可以被表述为一个凸优化问题,也就是寻找一个依赖变量向量 w(称为代码中的权重)的凸函数 f 的最小化的任务,其具有 d 条目。在形式上,Spark 可以把它写成优化问题 $\min_{w \in \mathbb{R}^d} f(w)$ 目标函数的形式为

$$f(w) := \lambda R(w) + \frac{1}{n}\sum_{i=1}^{n} L(w; x_i, y_i) \tag{9-2}$$

这里,向量 $x_i \in \mathbb{R}^d$ 是训练数据的例子,对于 $1 \leqslant i \leqslant n$ 和 $y_i \in \mathbb{R}$ 是它对应的标签,预测。如果 $L(w; x, y)$ 可以表示为 $w^T x$ 和 y 的函数,则 Spark 称该方法为线性的。spark.mllib 的几个分类和回归算法属于这个类别,在这里讨论。

目标函数 f 有两部分:控制模型复杂度的正则化器和测量训练数据模型误差的损失。损失函数 $L(w; .)$ 通常是 w 的一个凸函数。固定正则化参数 $\lambda \geqslant 0$(在代码中为 regParam)定义了最小化损失(即训练误差)和最小化模型复杂性(即避免过拟合)这两个目标之间的折中。表 9-10 总结了 SPARK.MLlib 支持的方法损失函数及其梯度或子梯度。

表 9-10 SPARK.MLlib 支持的方法损失函数及其梯度或子梯度

损失函数方法	损失函数 $L(w; x, y)$	渐变或次渐变
铰链损失	$\max\{0, 1-yw^T x\}, y \in \{-1, +1\}$	$\begin{cases} -y \cdot x & \text{if } yw^T x < 1, \\ 0 & \text{其他} \end{cases}$
逻辑损失	$\log(1+\exp(-yw^T x)), y \in \{-1, +1\}$	$-y\left(1 - \dfrac{1}{1+\exp(-yw^T x)}\right) \cdot x$
平方损失	$\dfrac{1}{2}(w^T x - y)^2, y \in \mathbb{R}$	$(w^T x - y) \cdot x$

请注意，在上面的数学公式中，二元标签 y 表示为 +1（正数）或 -1（负数），便于公式化。但是，在 SPARK.MLlib 中负标签用 0 表示，而不是用 -1 表示，以便与多类标签保持一致。正则化的目的是鼓励简单的模型，避免过度拟合。SPARK.MLlib 中支持的正则化见表 9-11。

表 9-11　SPARK.MLlib 中支持的正则化

正则化方法	正则化 $R(w)$	渐变或次渐变
zero(unregularized)	0	0
L2	$\frac{1}{2}\|w\|_2^2$	w
L1	$\|w\|_1$	$\text{sign}(w)$
弹性网络	$\alpha\|w\|_1+(1-\alpha)\frac{1}{2}\|w\|_2^2$	$\alpha\text{sign}(w)+(1-\alpha)w$

这里，$\text{sign}(w)$ 是向量，由 w 的所有条目的 $\text{sign}(\pm 1)$ 组成。L2 正则化问题比 L1 正则化问题更容易解决，然而 L1 正则化可以帮助提高权重的稀疏性，从而导致更小和更易解释的模型，后者可以用于特征选择。弹性网络是 L1 和 L2 正则化的组合。不建议在没有正则化的情况下对模型进行训练，尤其是在训练样例数量较少的情况下。

9.2.2　分类

9.2.2.1　逻辑回归

逻辑回归是预测分类响应的流行方法。广义线性模型的一个特例是预测结果的概率。在 spark.ml 中，逻辑回归可以通过使用二项逻辑回归预测一个二元结果，或者它可以通过多分类逻辑回归预测一个多分类结果。使用 family 参数在这两个算法之间进行选择，或者将其保留，Spark 将推断出正确的变体，通过将 family 参数设置为 multinomial，多项逻辑回归可用于二元分类，会产生两套系数和两个截距。当在具有恒定非零列的数据集上，不带截距拟合 LogisticRegressionModel 时，Spark MLlib 为恒定的非零列输出零系数，这种行为与 R 语言中的 glmnet 相同，但与 LibSVM 不同。

1. 二元逻辑回归

逻辑回归广泛用于预测二元响应。它是式(9-2)中描述的线性方法，在 logistic 损失给出的公式中具有损失函数：

$$L(w;x,y):=\log(1+\exp(-yw^\mathrm{T}x)) \tag{9-3}$$

对于二元分类问题，算法输出一个二元逻辑回归模型。给定一个新的数据点，用 x 表示，该模型通过应用逻辑函数做出如下预测：

$$f(z)=\frac{1}{1+e^{-z}} \tag{9-4}$$

其中 $z=w^\mathrm{T}x$。默认情况下，如果 $f(w^\mathrm{T}x)>0.5$，则结果为正，否则为负，尽管与线性 SVM 不同，逻辑回归模型的原始输出 $f(z)$ 有一个概率解释（即表示 x 为正的概率）。

二元逻辑回归可以推广到多项逻辑回归训练和预测多元分类问题。例如，对于 K 可能的结果，可以选择其中一个结果作为"支点"，其他 $K-1$ 结果可以分别与枢纽结果进行回归。在 spark.mllib 中，第一类 0 被选为"支点"类。对于多元分类问题，该算法将输出一个多项逻辑回归模型，其中包含对第一类进行回归的 $K-1$ 二元逻辑回归模型。给定一个新的数据点，$K-1$ 模型将被运行，最大概率的类被选择作为预测类。Spark 实现了用两种算法解决逻辑回归问题：小批量梯度下降和 L-BFGS。Spark 推荐使用 L-BFGS，以加速收敛。下面的例子显示了如何训练的二项模型和为二元分类使用弹性净正则化的多项逻辑回归模型。elasticNetParam 对应于 α，regParam 对应于 λ。

```
scala>import org.apache.spark.ml.classification.LogisticRegression
import org.apache.spark.ml.classification.LogisticRegression
```

代码 9-1

■ 加载训练数据

```
scala>val training=spark.read.format("libsvm").load("/spark/data/example/
mllib/sample_libsvm_data.txt")
training: org.apache.spark.sql.DataFrame=[label: double, features: vector]

scala>val lr=new LogisticRegression().setMaxIter(10).setRegParam(0.3)
.setElasticNetParam(0.8)
lr: org.apache.spark.ml.classification.LogisticRegression =logreg_8f4d315ead25

scala>
```

代码 9-2

■ 拟合模型

```
scala>val lrModel=lr.fit(training)
lrModel: org.apache.spark.ml.classification.LogisticRegressionModel=logreg
_8f4d315ead25
```

代码 9-3

■ 打印逻辑回归的系数和截距

```
scala>println(s"Coefficients: ${lrModel.coefficients} Intercept: ${lrModel
.intercept}")
Coefficients: (692,[244,263,272,300,301,328,350,351,378,379,405,406,407,428,
433,434,455,456,461,462,483,484,489,490,496,511,512,517,539,540,568],
[-7.353983524188197E-5,-9.102738505589466E-5,-1.9467430546904298E-4,
-2.0300642473486668E-4,-3.1476183314863995E-5,-6.842977602660743E-5,
1.5883626898239883E-5,1.4023497091372047E-5,3.5432047524968605E-4,
```

```
1.1443272898171087E-4,1.0016712383666666E-4,6.014109303795481E-4,
2.840248179122762E-4,-1.1541084736508837E-4,3.85996886312906E-4,
6.35019557424107E-4,-1.1506412384575676E-4,-1.5271865864986808E-4,
2.804933808994214E-4,6.070117471191634E-4,-2.008459663247437E-4,
-1.421075579290126E-4,2.739010341160883E-4,2.7730456249968115E-4,
-9.838027027269332E-5,-3.808522443517704E-4,-2.5315198008555033E-4,
2.7747714770754307E-4,-2.443619763919199E-4,-0.0015394744687597765,
-2.3073328411331293E-4]) Intercept: 0.22456315961250325
```

代码 9-4

■ 为二元分类设置 family 为 multinomial

```
scala>val mlr=new LogisticRegression().setMaxIter(10).setRegParam(0.3)
.setElasticNetParam(0.8).setFamily("multinomial")
mlr: org. apache. spark. ml. classification. LogisticRegression = logreg
_2c2e16eac30e

scala>val mlrModel=mlr.fit(training)
mlrModel: org. apache. spark. ml. classification. LogisticRegressionModel =
logreg_2c2e16eac30e
```

代码 9-5

■ 打印逻辑回归的系数和截距

```
scala>println(s"Multinomial coefficients: ${mlrModel.coefficientMatrix}")
Multinomial coefficients: 2 x 692 CSCMatrix
(0,244) 4.290365458958277E-5
(1,244) -4.290365458958294E-5
(0,263) 6.488313287833108E-5
(1,263) -6.488313287833092E-5
(0,272) 1.2140666790834663E-4
(1,272) -1.2140666790834657E-4
(0,300) 1.3231861518665612E-4
(1,300) -1.3231861518665607E-4
(0,350) -6.775444746760509E-7
(1,350) 6.775444746761932E-7
(0,351) -4.899237909429297E-7
(1,351) 4.899237909430322E-7
(0,378) -3.5812102770679596E-5
(1,378) 3.581210277067968E-5
(0,379) -2.3539704331222065E-5
(1,379) 2.353970433122204E-5
(0,405) -1.90295199030314E-5
```

```
(1,405) 1.90295199030314E-5
……

scala>println(s"Multinomial intercepts: ${mlrModel.interceptVector}")
Multinomial intercepts: [-0.12065879445860686,0.12065879445860686]
```

代码 9-6

逻辑回归的 spark.ml 实现也支持在训练集上提取模型的摘要。请注意，预测和度量被保存为在 BinaryLogisticRegressionSummary 中的 DataFrame，被标注为 @transient，因此仅在驱动程序上可用。

LogisticRegressionTrainingSummary 提供了 LogisticRegressionModel 的摘要。目前仅支持二元分类，并且必须将摘要明确地转换为 BinaryLogisticRegressionTrainingSummary。当支持多元分类时，可能会改变，继续前面的例子。

```
scala>import org.apache.spark.ml.classification
.{BinaryLogisticRegressionSummary, LogisticRegression}
import org.apache.spark.ml.classification.{BinaryLogisticRegressionSummary,
LogisticRegression}
```

代码 9-7

■ 从上例训练的 **LogisticRegressionModel** 抽取摘要

```
scala>val trainingSummary=lrModel.summary
trainingSummary: org.apache.spark.ml.classification
.LogisticRegressionTrainingSummary =org.apache.spark.ml.classification
.BinaryLogisticRegressionTrainingSummary@305a362a
```

代码 9-8

■ 获得每个迭代的目标

```
scala>val objectiveHistory=trainingSummary.objectiveHistory
objectiveHistory: Array[Double]=Array(0.6833149135741672,
0.6662875751473734, 0.6217068546034618, 0.6127265245887887,
0.6060347986802873, 0.6031750687571562, 0.5969621534836274,
0.5940743031983118, 0.5906089243339022, 0.5894724576491042,
0.5882187775729587)

scala>println("objectiveHistory:")
objectiveHistory:

scala>objectiveHistory.foreach(loss =>println(loss))
0.6833149135741672
```

```
0.6662875751473734
0.6217068546034618
0.6127265245887887
0.6060347986802873
0.6031750687571562
0.5969621534836274
0.5940743031983118
0.5906089243339022
0.5894724576491042
0.5882187775729587
```

代码 9-9

■ 获得度量用来在测试数据上判断性能,转换总结为 BinaryLogisticRegressionSummary

```
scala>val binarySummary=trainingSummary.asInstanceOf
[BinaryLogisticRegressionSummary]
binarySummary: org.apache.spark.ml.classification
.BinaryLogisticRegressionSummary =org.apache.spark.ml.classification
.BinaryLogisticRegressionTrainingSummary@305a362a
```

■ 获得 ROCDataFrame 和 areaUnderROC

```
scala>val roc=binarySummary.roc
roc: org.apache.spark.sql.DataFrame=[FPR: double, TPR: double]

scala>roc.show()
+---+--------------------+
|FPR|                 TPR|
+---+--------------------+
|0.0|                 0.0|
|0.0| 0.017543859649122806|
|0.0| 0.035087719298245614|
|0.0| 0.052631578947368425|
|0.0| 0.070175438596491220|
|0.0| 0.087719298245614030|
|0.0| 0.105263157894736840|
|0.0| 0.122807017543859640|
|0.0| 0.140350877192982450|
|0.0| 0.157894736842105250|
|0.0| 0.175438596491228060|
|0.0| 0.192982456140350870|
|0.0| 0.210526315789473670|
|0.0| 0.228070175438596480|
|0.0| 0.245614035087719280|
```

```
|0.0|  0.2631578947368421|
|0.0|  0.2807017543859649|
|0.0|  0.2982456140350877|
|0.0|  0.3157894736842105|
|0.0|  0.3333333333333333|
+---+--------------------+
only showing top 20 rows
scala>println(s"areaUnderROC: ${binarySummary.areaUnderROC}")
areaUnderROC: 1.0
```

代码 9-10

■ **设置模型阈值最大化 F-Measure**

```
scala>val fMeasure=binarySummary.fMeasureByThreshold
fMeasure: org.apache.spark.sql.DataFrame = [threshold: double, F-Measure: double]

scala>val maxFMeasure=fMeasure.select(max("F-Measure")).head().getDouble(0)
maxFMeasure: Double=1.0

scala>val bestThreshold=fMeasure.where($"F-Measure" ===maxFMeasure)
.select("threshold").head().getDouble(0)
bestThreshold: Double=0.5585022394278357

scala>lrModel.setThreshold(bestThreshold)
res7: lrModel.type=logreg_8f4d315ead25
```

代码 9-11

2. 多项逻辑回归

多元分类通过多项式逻辑（softmax）回归支持。在多项逻辑回归中，算法产生 K 组系数，或维数 $K \times J$ 的矩阵，其中 K 是结果类的数量，J 是特征的数量。如果该算法适合于截距项，则截距的长度为 K 的向量是可用的。多项系数可用作 coefficientMatrix 矩阵，截距可用作 interceptVector。

在使用多元系列训练的逻辑回归模型上，不支持 coefficients()和 intercept()方法，改用 coefficientMatrix()和 interceptVector()。输出结果类 $k \in 1,2,\cdots,K$ 的条件概率使用 softmax 函数进行建模。

$$P(Y=k \mid \boldsymbol{X}, \boldsymbol{\beta}_k, \beta_{0k}) = \frac{e^{\beta_k \cdot \boldsymbol{X}+\beta_{0k}}}{\sum_{k'=0}^{K-1} e^{\beta_{k'} \cdot \boldsymbol{X}+\beta_{0k'}}} \tag{9-5}$$

Spark 使用多项式响应模型将加权负对数似然最小化，并使用弹性网络（elastic-net）惩罚控制过拟合。

$$\min_{\beta,\beta_0} -\left[\sum_{i=1}^{L} w_i \cdot \log P(Y=y_i \mid x_i)\right] + \lambda\left[\frac{1}{2(1-\alpha)}\|\beta\|_2^2 + \alpha\|\beta\|_1\right] \quad (9\text{-}6)$$

下面的例子展示了如何训练具有弹性网络正则化的多类逻辑回归模型。

```
scala>import org.apache.spark.ml.classification.LogisticRegression
import org.apache.spark.ml.classification.LogisticRegression
```

代码 9-12

■ 加载训练数据

```
scala>val training=spark.read.format("libsvm").load("/spark/data/example/
mllib/sample_multiclass_classification_data.txt")
training: org.apache.spark.sql.DataFrame=[label: double, features: vector]

scala>val lr=new LogisticRegression().setMaxIter(10).setRegParam(0.3)
.setElasticNetParam(0.8)
lr: org.apache.spark.ml.classification.LogisticRegression=logreg_45c92230da22
```

代码 9-13

■ 拟合模型

```
scala>val lrModel=lr.fit(training)
lrModel: org.apache.spark.ml.classification.LogisticRegressionModel=logreg
_45c92230da22
```

代码 9-14

■ 打印多元逻辑回归系数和截距

```
scala>println(s"Coefficients: \n${lrModel.coefficientMatrix}")
Coefficients:
3 x 4 CSCMatrix
(1,2) -0.7803943459681859
(0,3) 0.3176483191238039
(1,3) -0.3769611423403096

scala>println(s"Intercepts: ${lrModel.interceptVector}")
Intercepts: [0.05165231659832854,-0.12391224990853622,0.07225993331020768]
```

代码 9-15

9.2.2.2 决策树分类器

决策树是一种流行的分类和回归方法。以下示例以 LibSVM 格式加载数据集,将其分解为训练集和测试集,在第一个数据集上训练,然后在保留的测试集上进行评估。

Spark 使用两个特征转换器准备数据；这些帮助索引标签和分类特征的类别，将元数据添加到决策树算法可以识别的 DataFrame 中。

```
scala>import org.apache.spark.ml.Pipeline
import org.apache.spark.ml.Pipeline

scala>import org.apache.spark.ml.classification.DecisionTreeClassificationModel
import org.apache.spark.ml.classification.DecisionTreeClassificationModel

scala>import org.apache.spark.ml.classification.DecisionTreeClassifier
import org.apache.spark.ml.classification.DecisionTreeClassifier

scala>import org.apache.spark.ml.evaluation.MulticlassClassificationEvaluator
import org.apache.spark.ml.evaluation.MulticlassClassificationEvaluator

scala> import org.apache.spark.ml.feature.{IndexToString, StringIndexer, VectorIndexer}
import org.apache.spark.ml.feature.{IndexToString, StringIndexer, VectorIndexer}
```

代码 9-16

■ 加载格式为 LibSVM 的数据到 DataFrame 中

```
scala> val data=spark.read.format("libsvm").load("/spark/data/example/mllib/sample_libsvm_data.txt")
data: org.apache.spark.sql.DataFrame=[label: double, features: vector]
```

代码 9-17

■ 索引标签，增加元数据到标签列，拟合整个数据集在索引中包含所有标签

```
scala>val labelIndexer=new StringIndexer().setInputCol("label")
.setOutputCol("indexedLabel").fit(data)
labelIndexer: org.apache.spark.ml.feature.StringIndexerModel = strIdx_d251401baba6
```

代码 9-18

■ 自动识别分类特征和索引，具有大于 4 个不同值的特征被作为连续值处理

```
scala>val featureIndexer=new VectorIndexer().setInputCol("features")
.setOutputCol("indexedFeatures").setMaxCategories(4).fit(data)
featureIndexer: org.apache.spark.ml.feature.VectorIndexerModel = vecIdx_0d7150e8751b
```

代码 9-19

■ 分割数据为训练和测试（30%为测试数据）

```
scala>val Array(trainingData, testData)=data.randomSplit(Array(0.7, 0.3))
trainingData: org.apache.spark.sql.Dataset[org.apache.spark.sql.Row] =
[label: double, features: vector]
testData: org.apache.spark.sql.Dataset[org.apache.spark.sql.Row] = [label:
double, features: vector]
```

代码 9-20

■ 训练决策树模型

```
scala>val dt=new DecisionTreeClassifier().setLabelCol("indexedLabel")
.setFeaturesCol("indexedFeatures")
dt: org.apache.spark.ml.classification.DecisionTreeClassifier =
dtc_e50420acd179
```

代码 9-21

■ 将索引标签转换成原始标签

```
scala>val labelConverter=new IndexToString().setInputCol("prediction")
.setOutputCol("predictedLabel").setLabels(labelIndexer.labels)
labelConverter: org.apache.spark.ml.feature.IndexToString =
idxToStr_c466772ec170
```

代码 9-22

■ 链接索引和树到一个管道中

```
scala > val pipeline = new Pipeline().setStages(Array(labelIndexer,
featureIndexer, dt, labelConverter))
pipeline: org.apache.spark.ml.Pipeline=pipeline_44d35fa1ad84
```

代码 9-23

■ 训练模型

```
scala>val model=pipeline.fit(trainingData)
model: org.apache.spark.ml.PipelineModel=pipeline_44d35fa1ad84
```

代码 9-24

■ 进行预测

```
scala>val predictions=model.transform(testData)
predictions: org.apache.spark.sql.DataFrame=[label: double, features: vector
... 6 more fields]
```

代码 9-25

■ 选择示例行显示

```
scala>predictions.select("predictedLabel", "label", "features").show(5)
+--------------+-----+--------------------+
|predictedLabel|label|            features|
+--------------+-----+--------------------+
|           0.0|  0.0|(692,[122,123,148...|
|           0.0|  0.0|(692,[123,124,125...|
|           0.0|  0.0|(692,[124,125,126...|
|           0.0|  0.0|(692,[124,125,126...|
|           0.0|  0.0|(692,[124,125,126...|
+--------------+-----+--------------------+
only showing top 5 rows
```

代码 9-26

■ 选择预测和真标签,计算测试错误

```
scala>val evaluator=new MulticlassClassificationEvaluator().setLabelCol
("indexedLabel").setPredictionCol("prediction").setMetricName("accuracy")
evaluator: org.apache.spark.ml.evaluation.MulticlassClassificationEvaluator
=mcEval_ec0435d1da2b

scala>val accuracy=evaluator.evaluate(predictions)
accuracy: Double=0.9583333333333334

scala>println("Test Error =" + (1.0 -accuracy))
Test Error=0.04166666666666663

scala>val treeModel=model.stages(2).asInstanceOf[DecisionTreeClassificationModel]
treeModel: org.apache.spark.ml.classification
.DecisionTreeClassificationModel=DecisionTreeClassificationModel (uid=dtc_
e50420acd179) of depth 2 with 5 nodes

scala>println("Learned classification tree model:\n" +treeModel.toDebugString)
Learned classification tree model:
DecisionTreeClassificationModel (uid=dtc_e50420acd179) of depth 2 with 5 nodes
  If (feature 406 <=20.0)
   If (feature 99 in {2.0})
    Predict: 0.0
   Else (feature 99 not in {2.0})
    Predict: 1.0
  Else (feature 406 >20.0)
   Predict: 0.0
```

代码 9-27

9.2.2.3 随机森林分类器

随机森林是一种流行的分类和回归方法。以下示例以 LibSVM 格式加载数据集,将其分解为训练集和测试集,在第一个数据集上训练,然后在保留的测试集上评估。Spark 使用两个特征转换器准备数据;这些帮助索引标签和分类特征的类别,将元数据添加到决策树算法可以识别的 DataFrame 中。

```
scala>import org.apache.spark.ml.Pipeline
import org.apache.spark.ml.Pipeline

scala>import org.apache.spark.ml.classification
.{RandomForestClassificationModel, RandomForestClassifier}
import org.apache.spark.ml.classification.{RandomForestClassificationModel,
RandomForestClassifier}

scala>import org.apache.spark.ml
.evaluation.MulticlassClassificationEvaluator
import org.apache.spark.ml.evaluation.MulticlassClassificationEvaluator

scala> import org.apache.spark.ml.feature.{IndexToString, StringIndexer,
VectorIndexer}
import org.apache.spark.ml.feature.{IndexToString, StringIndexer, VectorIndexer}
```

代码 9-28

■ 加载和解析数据文件,将其转换为 DataFrame

```
scala> val data = spark.read.format("libsvm").load("/spark/data/example/
mllib/sample_libsvm_data.txt")
data: org.apache.spark.sql.DataFrame = [label: double, features: vector]
```

代码 9-29

■ 索引标签,增加元数据到标签列中,拟合所有数据集,在索引中包含所有标签

```
scala>val labelIndexer=new StringIndexer().setInputCol("label")
.setOutputCol("indexedLabel").fit(data)
labelIndexer: org.apache.spark.ml.feature.StringIndexerModel = strIdx
_551d33dd5566
```

代码 9-30

■ 自动识别分类特征和索引,设置 maxCategories,具有大于 4 个不同值的特征被作为连续值处理

```
scala>val featureIndexer=new VectorIndexer().setInputCol("features")
.setOutputCol("indexedFeatures").setMaxCategories(4).fit(data)
```

```
featureIndexer: org. apache. spark. ml. feature. VectorIndexerModel = vecIdx
_8e95643a494d
```

代码 9-31

■ 分割数据为训练和测试（30%为测试数据）

```
scala>val Array(trainingData, testData)=data.randomSplit(Array(0.7, 0.3))
trainingData: org.apache.spark.sql.Dataset[org.apache.spark.sql.Row] =
[label: double, features: vector]
testData: org.apache.spark.sql.Dataset[org.apache.spark.sql.Row] = [label:
double, features: vector]
```

代码 9-32

■ 训练 RandomForest 模型

```
scala>val rf=new RandomForestClassifier().setLabelCol("indexedLabel")
.setFeaturesCol("indexedFeatures").setNumTrees(10)
rf: org.apache.spark.ml.classification.RandomForestClassifier =
rfc_319e21d14e79
```

代码 9-33

■ 将索引标签转换成原始标签

```
scala>val labelConverter =new IndexToString().setInputCol("prediction")
.setOutputCol("predictedLabel").setLabels(labelIndexer.labels)
labelConverter: org.apache.spark.ml.feature.IndexToString =
idxToStr_b8fdfba32f0e
```

代码 9-34

■ 链接索引和树到一个管道中

```
scala>val pipeline=new Pipeline().setStages(Array(labelIndexer,
featureIndexer, rf, labelConverter))
pipeline: org.apache.spark.ml.Pipeline=pipeline_745f2ee48c2b
```

代码 9-35

■ 训练模型

```
scala>val model=pipeline.fit(trainingData)
model: org.apache.spark.ml.PipelineModel=pipeline_745f2ee48c2b
```

代码 9-36

■ 进行预测

```
scala>val predictions=model.transform(testData)
predictions: org. apache. spark. sql. DataFrame = [label: double, features: vector ... 6 more fields]
```

代码 9-37

■ 选择示例行显示

```
scala>predictions.select("predictedLabel", "label", "features").show(5)
+--------------+-----+--------------------+
|predictedLabel|label|            features|
+--------------+-----+--------------------+
|           0.0|  0.0|(692,[95,96,97,12...|
|           1.0|  0.0|(692,[100,101,102...|
|           0.0|  0.0|(692,[121,122,123...|
|           0.0|  0.0|(692,[122,123,124...|
|           0.0|  0.0|(692,[122,123,148...|
+--------------+-----+--------------------+
only showing top 5 rows
```

代码 9-38

■ 选择预测和真标签，计算测试错误

```
scala>val evaluator=new MulticlassClassificationEvaluator().setLabelCol
("indexedLabel").setPredictionCol("prediction").setMetricName("accuracy")
evaluator: org.apache.spark.ml.evaluation.MulticlassClassificationEvaluator
=mcEval_3f0dda1404bf

scala>val accuracy=evaluator.evaluate(predictions)
accuracy: Double=0.9666666666666667

scala>println("Test Error =" + (1.0 - accuracy))
Test Error=0.033333333333333326

scala>val rfModel=model.stages(2)
.asInstanceOf[RandomForestClassificationModel]
rfModel: org.apache.spark.ml.classification.RandomForestClassificationModel
=RandomForestClassificationModel (uid=rfc_319e21d14e79) with 10 trees

scala>println("Learned classification forest model:\n" +rfModel
.toDebugString)
Learned classification forest model:
RandomForestClassificationModel (uid=rfc_319e21d14e79) with 10 trees
```

```
Tree 0 (weight 1.0):
  If (feature 552 <= 0.0)
    If (feature 550 <= 43.0)
      Predict: 0.0
    Else (feature 550 > 43.0)
      Predict: 1.0
  Else (feature 552 > 0.0)
    If (feature 605 <= 0.0)
      Predict: 0.0
    Else (feature 605 > 0.0)
      Predict: 1.0
Tree 1 (weight 1.0):
  If (feature 463 <= 0.0)
    If (feature 317 <= 0.0)
      If (feature 651 <= 0.0)
        Predict: 0.0
      Else (feature 651 > 0.0)
        Predict: 1.0
    Else (feature 317 > 0.0)
      Predict: 1.0
  Else (feature 463 > 0.0)
    Predict: 0.0
...
```

代码 9-39

9.2.2.4 梯度提升树分类

梯度提升树(GBT)是一种流行的分类和回归方法,利用决策树的集成。

以下示例以 LibSVM 格式加载数据集,将其分解为训练集和测试集,在第一个数据集上训练,然后在保留的测试集上评估。Spark 使用两个特征转换器准备数据;这些帮助索引标签和分类特征的类别,将元数据添加到决策树算法可以识别的 DataFrame 中。

```
scala> import org.apache.spark.ml.Pipeline
import org.apache.spark.ml.Pipeline

scala> import org.apache.spark.ml.classification.{GBTClassificationModel,
GBTClassifier}
import org.apache.spark.ml.classification.{GBTClassificationModel, GBTClassifier}

scala> import org.apache.spark.ml.evaluation
.MulticlassClassificationEvaluator
import org.apache.spark.ml.evaluation.MulticlassClassificationEvaluator
```

第9章 算法汇总

```
scala> import org.apache.spark.ml.feature.{IndexToString, StringIndexer, VectorIndexer}
import org.apache.spark.ml.feature.{IndexToString, StringIndexer, VectorIndexer}
```

代码 9-40

■ 加载和解析数据文件

```
scala> val data = spark.read.format("libsvm").load("/spark/data/example/mllib/sample_libsvm_data.txt")
data: org.apache.spark.sql.DataFrame = [label: double, features: vector]
```

代码 9-41

■ 索引标签，增加元数据到标签列，拟合整个数据集，在索引中包含所有的标签

```
scala> val labelIndexer=new StringIndexer().setInputCol("label").setOutputCol("indexedLabel").fit(data)
labelIndexer: org.apache.spark.ml.feature.StringIndexerModel = strIdx_4d85d1d41d81
```

代码 9-42

■ 自动识别分类特征和索引，设置 **maxCategories**，具有大于 **4** 个不同值的特征被作为连续值处理

```
scala> val featureIndexer=new VectorIndexer().setInputCol("features").setOutputCol("indexedFeatures").setMaxCategories(4).fit(data)
featureIndexer: org.apache.spark.ml.feature.VectorIndexerModel = vecIdx_31283371a256
```

代码 9-43

■ 分割数据为训练和测试（30%为测试数据）

```
scala> val Array(trainingData, testData)=data.randomSplit(Array(0.7, 0.3))
trainingData: org.apache.spark.sql.Dataset[org.apache.spark.sql.Row] = [label: double, features: vector]
testData: org.apache.spark.sql.Dataset[org.apache.spark.sql.Row] = [label: double, features: vector]
```

代码 9-44

■ 训练 **GBT** 模型

```
scala> val gbt = new GBTClassifier().setLabelCol("indexedLabel").setFeaturesCol("indexedFeatures").setMaxIter(10)
gbt: org.apache.spark.ml.classification.GBTClassifier=gbtc_928d4fc65752
```

代码 9-45

■ 将索引标签转换成原始标签

```
scala>val labelConverter=new IndexToString().setInputCol("prediction")
.setOutputCol("predictedLabel").setLabels(labelIndexer.labels)
labelConverter: org.apache.spark.ml.feature.IndexToString =
idxToStr_0c8538c39ade
```

代码 9-46

■ 连接索引和 GBT 到管道中

```
scala>val pipeline=new Pipeline().setStages(Array(labelIndexer,
featureIndexer, gbt, labelConverter))
pipeline: org.apache.spark.ml.Pipeline=pipeline_014b373f021b
```

代码 9-47

■ 训练模型

```
scala>val model=pipeline.fit(trainingData)
model: org.apache.spark.ml.PipelineModel=pipeline_014b373f021b
```

代码 9-48

■ 进行预测

```
scala>val predictions=model.transform(testData)
predictions: org. apache. spark. sql. DataFrame = [label: double, features:
vector ... 6 more fields]
```

代码 9-49

■ 选择示例行显示

```
scala>predictions.select("predictedLabel", "label", "features").show(5)
+--------------+-----+--------------------+
|predictedLabel|label|            features|
+--------------+-----+--------------------+
|           0.0|  0.0|(692,[122,123,124...|
|           0.0|  0.0|(692,[123,124,125...|
|           0.0|  0.0|(692,[124,125,126...|
|           0.0|  0.0|(692,[126,127,128...|
|           0.0|  0.0|(692,[150,151,152...|
+--------------+-----+--------------------+
only showing top 5 rows
```

代码 9-50

■ 选择预测和真标签，计算测试错误

```
scala>val evaluator=new MulticlassClassificationEvaluator().setLabelCol
("indexedLabel").setPredictionCol("prediction").setMetricName("accuracy")
evaluator: org.apache.spark.ml.evaluation.MulticlassClassificationEvaluator
=mcEval_c2066bd15b35

scala>val accuracy=evaluator.evaluate(predictions)
accuracy: Double=1.0

scala>println("Test Error =" +(1.0 -accuracy))
Test Error=0.0

scala>val gbtModel=model.stages(2).asInstanceOf[GBTClassificationModel]
gbtModel: org.apache.spark.ml.classification.GBTClassificationModel =
GBTClassificationModel (uid=gbtc_928d4fc65752) with 10 trees

scala>println("Learned classification GBT model:\n" +gbtModel.toDebugString)
Learned classification GBT model:
GBTClassificationModel (uid=gbtc_928d4fc65752) with 10 trees
  Tree 0 (weight 1.0):
    If (feature 434 <=0.0)
     If (feature 99 in {2.0})
      Predict: -1.0
     Else (feature 99 not in {2.0})
      Predict: 1.0
    Else (feature 434 >0.0)
     Predict: -1.0
  Tree 1 (weight 0.1):
    If (feature 434 <=0.0)
     If (feature 545 <=222.0)
      Predict: 0.47681168808847
     Else (feature 545 >222.0)
      Predict: -0.4768116880884712
    Else (feature 434 >0.0)
     If (feature 459 <=151.0)
      Predict: -0.4768116880884701
     Else (feature 459 >151.0)
      Predict: -0.4768116880884712
...
```

代码 9-51

9.2.2.5 多层感知分类

多层感知器分类器(Multilayer Perceptron Classifier,MLPC)是基于前馈人工神经网络的分类器。MLPC 由多个节点层组成,每个层完全连接到网络中的下一层,输入层中的节点表示输入数据。所有其他节点通过带有节点的权重 w 和偏置 b 的输入线性组合映射输入到输出,这可以将 $K+1$ 层的 MLPC 写成矩阵形式,如下:

$$y(\pmb{x}) = f_K(\cdots f_2(\pmb{w}_2^{\mathrm{T}} f_1(\pmb{w}_1^{\mathrm{T}} \pmb{x} + b_1) + b_2) \cdots + b_K) \tag{9-7}$$

在中间层节点使用 sigmoid(logistic)函数:

$$f(z_i) = \frac{1}{1 + e^{-z_i}} \tag{9-8}$$

节点在输出层使用 softmax 功能:

$$f(z_i) = \frac{e^{z_i}}{\sum_{k=1}^{N} e^{z_k}} \tag{9-9}$$

N 节点的数量在输出层中对应类的数量。

MLPC 采用反向传播学习模型。Spark 使用逻辑损失函数进行优化,使用 L-BFGS 作为优化程序。

```
scala>import org.apache.spark.ml.classification
.MultilayerPerceptronClassifier
import org.apache.spark.ml.classification.MultilayerPerceptronClassifier

scala>import org.apache.spark.ml.evaluation
.MulticlassClassificationEvaluator
import org.apache.spark.ml.evaluation.MulticlassClassificationEvaluator
```

代码 9-52

■ 加载和解析数据文件

```
scala > val data = spark.read.format("libsvm").load("/spark/data/example/
mllib/sample_multiclass_classification_data.txt")
data: org.apache.spark.sql.DataFrame = [label: double, features: vector]
```

代码 9-53

■ 分割数据为训练和测试

```
scala>val splits=data.randomSplit(Array(0.6, 0.4), seed=1234L)
splits: Array[org.apache.spark.sql.Dataset[org.apache.spark.sql.Row]] =
Array([label: double, features: vector], [label: double, features: vector])

scala>val train=splits(0)
```

```
train: org.apache.spark.sql.Dataset[org.apache.spark.sql.Row] =
[label: double, features: vector]

scala>val test=splits(1)
test: org.apache.spark.sql.Dataset[org.apache.spark.sql.Row] =
[label: double, features: vector]
```

代码 9-54

- 指定神经网络层，大小为 **4** 的输入层，两个大小为 **5** 和 **4** 的中间层，大小为 **3** 的输出层

```
scala>val layers=Array[Int](4, 5, 4, 3)
layers: Array[Int]=Array(4, 5, 4, 3)
```

代码 9-55

- 创建训练器，设置参数

```
scala>val trainer=new MultilayerPerceptronClassifier().setLayers(layers)
.setBlockSize(128).setSeed(1234L).setMaxIter(100)
trainer: org.apache.spark.ml.classification.MultilayerPerceptronClassifier
=mlpc_66690265bc2c
```

代码 9-56

- 训练模型

```
scala>val model=trainer.fit(train)
model: org.apache.spark.ml.classification
.MultilayerPerceptronClassificationModel=mlpc_66690265bc2c
```

代码 9-57

- 在测试集上计算精度

```
scala>val result=model.transform(test)
result: org.apache.spark.sql.DataFrame=[label: double, features: vector ... 1 more field]

scala>val predictionAndLabels=result.select("prediction", "label")
predictionAndLabels: org.apache.spark.sql.DataFrame = [prediction: double, label: double]

scala>val evaluator=new MulticlassClassificationEvaluator()
.setMetricName("accuracy")
evaluator: org.apache.spark.ml.evaluation.MulticlassClassificationEvaluator
=mcEval_5e61181600fd
```

```
scala>println("Test set accuracy =" +evaluator.evaluate(predictionAndLabels))
Test set accuracy=0.8627450980392157
```

代码 9-58

9.2.2.6 线性支持向量机

支持向量机在高维或无限维空间中构建一个超平面或超平面集合,该空间可用于分类、回归或其他任务。直观地,一个良好的分离是由超平面完成的,其具有到任何类的最接近训练数据点的最大距离,所谓的功能余量。通常,余量越大,分类器的泛化误差越低。LinearSVC 在 Spark ML 中支持具有线性支持向量机的二元分类,使用 OWLQN 优化器优化铰链损耗。

```
scala>import org.apache.spark.ml.classification.LinearSVC
import org.apache.spark.ml.classification.LinearSVC
```

代码 9-59

■ 加载训练数据

```
scala>val training=spark.read.format("libsvm").load("/spark/data/example/
mllib/sample_libsvm_data.txt")
training: org.apache.spark.sql.DataFrame=[label: double, features: vector]

scala>val lsvc=new LinearSVC().setMaxIter(10).setRegParam(0.1)
lsvc: org.apache.spark.ml.classification.LinearSVC=linearsvc_3534f59606d8
```

代码 9-60

■ 拟合模型

```
scala>val lsvcModel=lsvc.fit(training)
lsvcModel: org.apache.spark.ml.classification.LinearSVCModel=linearsvc_
3534f59606d8
```

代码 9-61

■ 打印线性 SVC 的系数和截距

```
scala>println(s"Coefficients: ${lsvcModel.coefficients} Intercept:
${lsvcModel.intercept}")
Coefficients: [0.0,0.0,0.0,0.0,0.0,0.0,0.0,0.0,0.0,0.0,0.0,0.0,0.0,0.0,
0.0,0.0,0.0,0.0,0.0,0.0,0.0,0.0,0.0,0.0,0.0,0.0,0.0,0.0,0.0,0.0,0.0,0.0,
0.0,0.0,0.0,0.0,0.0,0.0,0.0,0.0,0.0,0.0,0.0,0.0,0.0,0.0,0.0,0.0,0.0,0.0,
0.0,0.0,0.0,0.0,0.0,0.0,0.0,0.0,0.0,0.0,0.0,0.0,0.0,0.0,0.0,0.0,0.0,0.0,
0.0,0.0,0.0,0.0,0.0,0.0,0.0,0.0,0.0,0.0,0.0,0.0,0.0,0.0,0.0,0.0,0.0,0.0,
0.0,0.0,0.0,0.0,-5.170630317473439E-4,-1.172288654973735E-4,-8.882754836918948E
```

-5,8.522360710187464E-5,0.0,0.0,-1.3436361263314267E-5,3.729569801338091E
-4,0.0,0.0,0.0,0.0,0.0,0.0,0.0,0.0,0.0,0.0,0.0,0.0,0.0,0.0,0.0,0.0,
8.888949552633658E-4,2.9864059761812683E-4,3.793378816193159E-4,
-1.762328898254081E-4,0.0,1.5028489269747836E-6,1.8056041144946687E-6,
1.8028763260398597E-6,-3.3843713506473646E-6,-4.041580184807502E-6,
2.0965017270015125E-6,8.536116642989494E-5,2.2064177429604464E-4,
2.1677599940575452E-4,-5.472401396558763E-4,0.0,0.0,0.0,0.0,0.0,0.0,
0.0,0.0,0.0,0.0,9.21415502407147E-4,3.1351066886882195E-4,2.481984318412822E
-4,0.0,-4.147738197636148E-5,-3.6832150384497175E-5,0.0,
-3.9652366184583814E-6,-5.1569169804965594E-5,-6.624697287084958E-5,
-2.182148650424713E-5,1.163442969067449E-5,-1.1535211416971104E-6,
3.8138960488857075E-5,1.5823711634321492E-6,-4.784013432336632E-5,
-9.386493224111833E-5,0.0,0.0,0.0,0.0,0.0,0.0,0.0,0.0,0.0,0.0,0.0,
4.3174897827077767E-4,1.7055492867397665E-4,0.0,-2.7978204136148868E-5,
-5.88745220385208E-5,-4.1858794529775E-5,-3.740692964881002E-5,
-3.9787939304887E-5,-5.545881895011037E-5,-4.5050155598421474E-5,
-3.214002494749943E-6,-1.6561868808274739E-6,-4.416063987619447E-6,
-7.9986183315327E-6,-4.729962112535003E-5,-2.516595625914463E-5,-3……

代码 9-62

9.2.2.7 One-vs-Rest 分类(又名 One-vs-All)

One-vs-Rest 将一个给定的二分类算法有效地扩展到多分类问题应用中,也被称为 One-vs-All。One-vs-Rest 被实现为一个估算器,其获得分类器实例,并且为多分类的每个实例创建二元分类问题,第 i 类的分类器被训练用来预测标签是否为 i,区分 i 类与其他类。预测通过评估每个二元分类进行,将置信度最高的分类索引作为标签输出。下面的例子演示如何加载鸢尾属植物数据集,解析为一个 DataFrame,并使用执行多类分类 One-vs-Rest。测试误差被计算,测量算法的精确度。

```
scala>import org.apache.spark.ml.classification.{LogisticRegression, OneVsRest}
import org.apache.spark.ml.classification.{LogisticRegression, OneVsRest}

scala>import org.apache.spark.ml.evaluation
.MulticlassClassificationEvaluator
import org.apache.spark.ml.evaluation.MulticlassClassificationEvaluator
```

代码 9-63

■ 加载数据文件

```
scala>val inputData=spark.read.format("libsvm").load("/spark/data/example/
mllib/sample_multiclass_classification_data.txt")
inputData: org.apache.spark.sql.DataFrame=[label: double, features: vector]
```

代码 9-64

■ 产生训练和测试数据

```
scala>val Array(train, test)=inputData.randomSplit(Array(0.8, 0.2))
train: org.apache.spark.sql.Dataset[org.apache.spark.sql.Row] = [label:
double, features: vector]
test: org.apache.spark.sql.Dataset[org.apache.spark.sql.Row] = [label:
double, features: vector]
```

代码 9-65

■ 初始化基本分类器

```
scala>val classifier=new LogisticRegression().setMaxIter(10).setTol(1E-6)
.setFitIntercept(true)
classifier: org.apache.spark.ml.classification.LogisticRegression = logreg
_4ab3ec576ece
```

代码 9-66

■ 初始化 One-vs-Rest 分类器

```
scala>val ovr=new OneVsRest().setClassifier(classifier)
ovr: org.apache.spark.ml.classification.OneVsRest=oneVsRest_18cdbd6163d0
```

代码 9-67

■ 训练多分类模型

```
scala>val ovrModel=ovr.fit(train)
ovrModel: org.apache.spark.ml.classification.OneVsRestModel=oneVsRest_
18cdbd6163d0
```

■ 在测试数据上为模型打分

```
scala>val predictions=ovrModel.transform(test)
predictions: org.apache.spark.sql.DataFrame = [label: double, features:
vector ... 1 more field]
```

代码 9-68

■ 获得评估器

```
scala>val evaluator=new MulticlassClassificationEvaluator()
.setMetricName("accuracy")
evaluator: org.apache.spark.ml.evaluation.MulticlassClassificationEvaluator
=mcEval_d0b6ab78ccdb
```

代码 9-69

■ 在测试数据上计算分类错误

```
scala>val accuracy=evaluator.evaluate(predictions)
accuracy: Double=0.896551724137931
scala>println(s"Test Error=${1 - accuracy}")
Test Error=0.10344827586206895
```

代码 9-70

9.2.2.8 朴素贝叶斯

朴素贝叶斯分类器是一个概率分类器的家族，基于特征之间的强独立性假定应用贝叶斯定理，spark.ml 实现目前支持多元朴素贝叶斯和伯努利朴素贝叶斯。

```
scala>import org.apache.spark.ml.classification.NaiveBayes
import org.apache.spark.ml.classification.NaiveBayes

scala>import org.apache.spark.ml.evaluation
.MulticlassClassificationEvaluator
import org.apache.spark.ml.evaluation.MulticlassClassificationEvaluator
```

代码 9-71

■ 加载格式为 LibSVM 的数据到 DataFrame 中

```
scala> val data= spark.read.format("libsvm").load("/spark/data/example/
mllib/sample_libsvm_data.txt")
data: org.apache.spark.sql.DataFrame =[label: double, features: vector]
```

代码 9-72

■ 分割数据为训练和测试（30%为测试数据）

```
scala>val Array(trainingData, testData)=data.randomSplit(Array(0.7, 0.3),
seed=1234L)
trainingData: org.apache.spark.sql.Dataset[org.apache.spark.sql.Row] =
[label: double, features: vector]
testData: org.apache.spark.sql.Dataset[org.apache.spark.sql.Row]=[label:
double, features: vector]
```

代码 9-73

■ 训练朴素贝叶斯模型

```
scala>val model=new NaiveBayes().fit(trainingData)
model: org.apache.spark.ml.classification.NaiveBayesModel=
NaiveBayesModel (uid=nb_cce70f29bc75) with 2 classes
```

代码 9-74

■ 选择示例行显示

```
scala>val predictions=model.transform(testData)
predictions: org. apache. spark. sql. DataFrame = [label: double, features:
vector ... 3 more fields]

scala>predictions.show()
+-----+--------------------+--------------------+-----------+----------+
|label|            features|       rawPrediction|probability|prediction|
+-----+--------------------+--------------------+-----------+----------+
|  0.0|(692,[95,96,97,12...|[-173678.60946628...|  [1.0,0.0]|       0.0|
|  0.0|(692,[98,99,100,1...|[-178107.24302988...|  [1.0,0.0]|       0.0|
|  0.0|(692,[100,101,102...|[-100020.80519087...|  [1.0,0.0]|       0.0|
|  0.0|(692,[124,125,126...|[-183521.85526462...|  [1.0,0.0]|       0.0|
|  0.0|(692,[127,128,129...|[-183004.12461660...|  [1.0,0.0]|       0.0|
|  0.0|(692,[128,129,130...|[-246722.96394714...|  [1.0,0.0]|       0.0|
|  0.0|(692,[152,153,154...|[-208696.01108598...|  [1.0,0.0]|       0.0|
|  0.0|(692,[153,154,155...|[-261509.59951302...|  [1.0,0.0]|       0.0|
|  0.0|(692,[154,155,156...|[-217654.71748256...|  [1.0,0.0]|       0.0|
|  0.0|(692,[181,182,183...|[-155287.07585335...|  [1.0,0.0]|       0.0|
|  1.0|(692,[99,100,101,...|[-145981.83877498...|  [0.0,1.0]|       1.0|
|  1.0|(692,[100,101,102...|[-147685.13694275...|  [0.0,1.0]|       1.0|
|  1.0|(692,[123,124,125...|[-139521.98499849...|  [0.0,1.0]|       1.0|
|  1.0|(692,[124,125,126...|[-129375.46702012...|  [0.0,1.0]|       1.0|
|  1.0|(692,[126,127,128...|[-145809.08230799...|  [0.0,1.0]|       1.0|
|  1.0|(692,[127,128,129...|[-132670.15737290...|  [0.0,1.0]|       1.0|
|  1.0|(692,[128,129,130...|[-100206.72054749...|  [0.0,1.0]|       1.0|
|  1.0|(692,[129,130,131...|[-129639.09694930...|  [0.0,1.0]|       1.0|
|  1.0|(692,[129,130,131...|[-143628.65574273...|  [0.0,1.0]|       1.0|
|  1.0|(692,[129,130,131...|[-129238.74023248...|  [0.0,1.0]|       1.0|
+-----+--------------------+--------------------+-----------+----------+
only showing top 20 rows

scala>//Select (prediction, true label) and compute test error

scala>val evaluator=new MulticlassClassificationEvaluator().setLabelCol(
"label").setPredictionCol("prediction").setMetricName("accuracy")
evaluator: org.apache.spark.ml.evaluation.MulticlassClassificationEvaluator
=mcEval_0a46fb9d7c4b

scala>val accuracy=evaluator.evaluate(predictions)
accuracy: Double=1.0
```

```
scala>println("Test set accuracy =" +accuracy)
Test set accuracy=1.0
```

代码 9-75

9.2.3 回归

9.2.3.1 线性回归

用于线性回归模型和模型摘要的接口类似于逻辑回归情况。下面的例子演示了训练弹性网络正则化线性回归模型和提取模型汇总统计。

```
scala>import org.apache.spark.ml.regression.LinearRegression
import org.apache.spark.ml.regression.LinearRegression
```

代码 9-76

■ 加载训练数据

```
scala>val training=spark.read.format("libsvm").load("/spark/data/example/mllib/sample_linear_regression_data.txt")
training: org.apache.spark.sql.DataFrame=[label: double, features: vector]

scala>val lr =new LinearRegression().setMaxIter(10).setRegParam(0.3)
.setElasticNetParam(0.8)
lr: org.apache.spark.ml.regression.LinearRegression=linReg_d95b427bfd2c
```

代码 9-77

■ 拟合模型

```
scala>val lrModel=lr.fit(training)
lrModel: org.apache.spark.ml.regression.LinearRegressionModel = linReg
_d95b427bfd2c
```

代码 9-78

■ 输出线性回归的系数和截距

```
scala>println(s"Coefficients: ${lrModel.coefficients} Intercept: ${lrModel
.intercept}")
Coefficients: [0.0,0.32292516677405936,-0.3438548034562218,
1.9156017023458414,0.05288058680386263,0.765962720459771,0.0,
-0.15105392669186682,-0.21587930360904642,0.22025369188813426]
Intercept: 0.1598936844239736
```

代码 9-79

■ 在训练集合上总结模型,输出一些度量

```
scala>val trainingSummary=lrModel.summary
trainingSummary: org.apache.spark.ml.regression
.LinearRegressionTrainingSummary=org.apache.spark.ml.regression
.LinearRegressionTrainingSummary@75078835

scala>println(s"numIterations: ${trainingSummary.totalIterations}")
numIterations: 7

scala>println(s"objectiveHistory: [${trainingSummary.objectiveHistory
.mkString(",")}]")
objectiveHistory: [0.49999999999999994,0.4967620357443381,0.4936361664340463,
0.4936351537897608,0.4936351214177871,0.49363512062528014,0.4936351206216114]

scala>trainingSummary.residuals.show()
+--------------------+
|           residuals|
+--------------------+
|  -9.889232683103197|
|  0.5533794340053554|
|  -5.204019455758823|
| -20.566886715507508|
|    -9.4497405180564|
|  -6.909112502719486|
|   -10.00431602969873|
|   2.062397807050484|
|  3.1117508432954772|
| -15.893608229419382|
|  -5.036284254673026|
|   6.483215876994333|
|  12.429497299109002|
|  -20.32003219007654|
| -2.0049838218725005|
| -17.867901734183793|
|   7.646455887420495|
| -2.2653482182417406|
|-0.10308920436195645|
|  -1.380034070385301|
+--------------------+
only showing top 20 rows
```

```
scala>println(s"RMSE: ${trainingSummary.rootMeanSquaredError}")
RMSE: 10.189077167598475

scala>println(s"r2: ${trainingSummary.r2}")
r2: 0.022861466913958184
```

代码 9-80

9.2.3.2 广义线性回归

与线性回归相比,假设输出遵循高斯分布,广义线性模型是线性模型的特例,其中响应变量 Y_i 遵循的分布来自指数家族分布。Spark 的 GeneralizedLinearRegression 接口允许灵活指定广义线性模型,可用于各种类型的预测问题,包括线性回归、泊松回归、逻辑回归等。目前,在 spark.ml 中只支持指数系列分布的一个子集。Spark 最多只支持到 4096 特征,通过 GeneralizedLinearRegression 接口,如果超过这个限制,会抛出异常。尽管如此,对于线性和逻辑回归,随着特征的增多,模型可以用 LinearRegression 和 LogisticRegression 估计器训练。广义线性模型需要指数系列分布,能够以它的"经典"或"自然"形式写成,又称为自然指数系列分布。自然指数系列分布的形式如下:

$$f_Y(y \mid \theta, \tau) = h(y, \tau) \exp\left(\frac{\theta \cdot y - A(\theta)}{d(\tau)}\right) \tag{9-10}$$

其中,θ 是需要估算的参数,τ 是离散参数。在广义线性模型中,响应变量 Y_i 被假定为从自然指数族分布中得出。

$$Y_i \sim f(\cdot \mid \theta_i, \tau) \tag{9-11}$$

其中,估算参数 θ_i 与响应变量 μ_i 的期望值相关。

$$\mu_i = A'(\theta_i) \tag{9-12}$$

这里,$A'(\theta_i)$ 由所选分布的形式定义。广义线性模型还允许规定一个链接函数,该函数定义了响应变量 μ_i 的期望值和所谓的线性预测器 η_i 之间的关系。

$$g(\mu_i) = \eta_i = \vec{x}_i^T \cdot \vec{\beta} \tag{9-13}$$

通常,链接函数被选择为使得 $A' = g^{-1}$,其产生感兴趣参数 θ 与线性预测器 η 之间的简化关系。在这种情况下,链接函数 $g(\mu)$ 被认为是"规范"链接函数。

$$\theta_i = A'^{-1}(\mu_i) = g(g^{-1}(\eta_i)) = \eta_i \tag{9-14}$$

广义线性模型找到回归系数 $\vec{\beta}$,可以最大化似然函数。

$$\max_{\vec{\beta}} \mathcal{L}(\vec{\theta} \mid \vec{y}, X) = \prod_{i=1}^{N} h(y_i, \tau) \exp\left(\frac{y_i \theta_i - A(\theta_i)}{d(\tau)}\right) \tag{9-15}$$

其中,估算参数 θ_i 与回归系数 $\vec{\beta}$ 有关。

$$\theta_i = A'^{-1}(g^{-1}(\vec{x}_i \cdot \vec{\beta})) \tag{9-16}$$

Spark 的广义线性回归接口还提供了汇总统计诊断广义线性模型拟合,包括残差、p 值、偏差、赤池信息量准则(Akaike Information Criterion)和其他。可用系列见表 9-12。

■ 可用系列

表 9-12　可用系列

系　　列	响 应 方 式	被支持的连接
Gaussian	Continuous	Identity*，Log，Inverse
Binomial	Binary	Logit*，Probit，CLogLog
Poisson	Count	Log*，Identity，Sqrt
Gamma	Continuous	Inverse*，Idenity，Log
Tweedie	Zero-inflated continuous	Power link function

下面的例子演示了训练广义线性模型与高斯响应，标识链接功能和提取模型汇总统计。

```
scala>import org.apache.spark.ml.regression.GeneralizedLinearRegression
import org.apache.spark.ml.regression.GeneralizedLinearRegression
```

代码 9-81

■ 加载训练数据

```
scala>val dataset=spark.read.format("libsvm").load("/spark/data/example/mllib/sample_linear_regression_data.txt")
dataset: org.apache.spark.sql.DataFrame=[label: double, features: vector]
scala>val glr=new GeneralizedLinearRegression().setFamily("gaussian")
.setLink("identity").setMaxIter(10).setRegParam(0.3)
glr: org.apache.spark.ml.regression.GeneralizedLinearRegression=glm_57277c689abf
```

代码 9-82

■ 拟合模型

```
scala>val model=glr.fit(dataset)
model: org.apache.spark.ml.regression.GeneralizedLinearRegressionModel = glm_57277c689abf
```

代码 9-83

■ 输出广义线性回归的系数和截距

```
scala>println(s"Coefficients: ${model.coefficients}")
Coefficients: [0.010541828081257216,0.8003253100560949,-0.7845165541420371,
2.3679887171421914,0.5010002089857577,1.1222351159753026,-0.2926824398623296,
-0.49837174323213035,-0.6035797180675657,0.6725550067187461]
scala>println(s"Intercept: ${model.intercept}")
Intercept: 0.14592176145232041
```

代码 9-84

■ 在训练集上总结模型和输出一些度量

```
scala>val summary=model.summary
summary: org.apache.spark.ml.regression
.GeneralizedLinearRegressionTrainingSummary=org.apache.spark.ml
.regression.GeneralizedLinearRegressionTrainingSummary@31143d5b

scala>println(s"Coefficient Standard Errors:
${summary.coefficientStandardErrors.mkString(",")}")
Coefficient Standard Errors: 0.7950428434287478,0.8049713176546897,
0.7975916824772489, 0.8312649247659919, 0.7945436200517938, 0.8118992572197593,
0.7919506385542777, 0.7973378214726764, 0.8300714999626418, 0.7771333489686802,
0.463930109648428

scala>println(s"T Values: ${summary.tValues.mkString(",")}")
T Values: 0.013259446542269243,0.9942283563442594,-0.9836067393599172,
2.848657084633759, 0.6305509179635714, 1.382234441029355,-0.3695715687490668,
-0.6250446546128238,-0.7271418403049983, 0.8654306337661122,
0.31453393176593286

scala>println(s"P Values: ${summary.pValues.mkString(",")}")
P Values: 0.989426199114056, 0.32060241580811044, 0.3257943227369877,
0.004575078538306521, 0.5286281628105467, 0.16752945248679119, 0.7118614002322872,
0.5322327097421431, 0.467486325282384, 0.3872259825794293, 0.753249430501097

scala>println(s"Dispersion: ${summary.dispersion}")
Dispersion: 105.60988356821714

scala>println(s"Null Deviance: ${summary.nullDeviance}")
Null Deviance: 53229.3654338832

scala>println(s"Residual Degree Of Freedom Null:
${summary.residualDegreeOfFreedomNull}")
Residual Degree Of Freedom Null: 500

scala>println(s"Deviance: ${summary.deviance}")
Deviance: 51748.8429484264

scala>println(s"Residual Degree Of Freedom:
${summary.residualDegreeOfFreedom}")
Residual Degree Of Freedom: 490

scala>println(s"AIC: ${summary.aic}")
```

```
AIC: 3769.1895871765314

scala>println("Deviance Residuals: ")
Deviance Residuals:

scala>summary.residuals().show()
+--------------------+
|   devianceResiduals|
+--------------------+
|-10.974359174246889|
| 0.8872320138420559|
| -4.596541837478908|
|-20.411667435019638|
|-10.270419345342642|
| -6.015605895679905|
|-10.663939415849267|
| 2.1153960525024713|
| 3.9807132379137675|
|-17.225218272069533|
| -4.611647633532147|
| 6.4176669407698546|
| 11.407137945300537|
| -20.70176540467664|
| -2.683748540510967|
|-16.755494794232536|
|  8.154668342638725|
| -1.4355057987358848|
| -0.6435058688185704|
|  -1.13802589316832|
+--------------------+
only showing top 20 rows
```

代码 9-85

- 赤池信息量准则

赤池信息量准则是衡量统计模型拟合优良性的一种标准,是由日本统计学家赤池弘次创立和发展的。赤池信息量准则建立在熵的概念基础上,可以权衡所估计模型的复杂度和此模型拟合数据的优良性。

9.2.3.3 决策树回归

决策树是受欢迎的分类和回归方法系列。下面例子中,加载 LibSVM 格式的数据集,将其分成训练集和测试集,训练在第一数据集,然后在留存的测试集上评估。Spark 使用特征转换器索引类别特征,添加元数据到该决策树算法可以识别的 DataFrame。

```
scala>import org.apache.spark.ml.Pipeline
import org.apache.spark.ml.Pipeline

scala>import org.apache.spark.ml.evaluation.RegressionEvaluator
import org.apache.spark.ml.evaluation.RegressionEvaluator

scala>import org.apache.spark.ml.feature.VectorIndexer
import org.apache.spark.ml.feature.VectorIndexer

scala>import org.apache.spark.ml.regression.DecisionTreeRegressionModel
import org.apache.spark.ml.regression.DecisionTreeRegressionModel

scala>import org.apache.spark.ml.regression.DecisionTreeRegressor
import org.apache.spark.ml.regression.DecisionTreeRegressor
```

代码 9-86

- 加载格式为 LibSVM 的数据到 DataFrame 中

```
scala> val data = spark.read.format("libsvm").load("/spark/data/example/mllib/sample_libsvm_data.txt")
data: org.apache.spark.sql.DataFrame = [label: double, features: vector]
```

代码 9-87

- 自动识别分类特征和索引
- 如果特征不同值的个数大于 4，则作为连续值

```
scala>val featureIndexer=new VectorIndexer().setInputCol("features")
.setOutputCol("indexedFeatures").setMaxCategories(4).fit(data)
featureIndexer: org.apache.spark.ml.feature.VectorIndexerModel=vecIdx_22ea6e264a28
```

代码 9-88

- 分割数据为训练和测试（30% 为测试数据）

```
scala>val Array(trainingData, testData)=data.randomSplit(Array(0.7, 0.3))
trainingData: org.apache.spark.sql.Dataset[org.apache.spark.sql.Row] =
[label: double, features: vector]
testData: org.apache.spark.sql.Dataset[org.apache.spark.sql.Row] =
[label: double, features: vector]
```

代码 9-89

- 训练 DecisionTree 模型

```
scala>val dt=new DecisionTreeRegressor().setLabelCol("label")
.setFeaturesCol("indexedFeatures")
```

```
dt: org.apache.spark.ml.regression.DecisionTreeRegressor=dtr_d8e21b9502e1
```

代码 9-90

■ 链接索引和树到一个管道中

```
scala>val pipeline=new Pipeline().setStages(Array(featureIndexer, dt))
pipeline: org.apache.spark.ml.Pipeline=pipeline_c396dbb1f2f7
```

代码 9-91

■ 训练模型，运行索引

```
scala>val model=pipeline.fit(trainingData)
model: org.apache.spark.ml.PipelineModel=pipeline_c396dbb1f2f7
```

代码 9-92

■ 进行预测

```
scala>val predictions=model.transform(testData)
predictions: org.apache.spark.sql.DataFrame=[label: double, features: vector ... 2 more fields]
```

代码 9-93

■ 选择示例行显示

```
scala>predictions.select("prediction", "label", "features").show(5)
+----------+-----+--------------------+
|prediction|label|            features|
+----------+-----+--------------------+
|       0.0|  0.0|(692,[98,99,100,1...|
|       0.0|  0.0|(692,[122,123,148...|
|       0.0|  0.0|(692,[123,124,125...|
|       0.0|  0.0|(692,[123,124,125...|
|       0.0|  0.0|(692,[124,125,126...|
+----------+-----+--------------------+
only showing top 5 rows
```

代码 9-94

■ 选择预测和真标签，计算测试错误

```
scala>val evaluator=new RegressionEvaluator().setLabelCol("label")
.setPredictionCol("prediction").setMetricName("rmse")
evaluator: org.apache.spark.ml.evaluation.RegressionEvaluator=regEval_5550a21b1674

scala>val rmse=evaluator.evaluate(predictions)
```

```
rmse: Double=0.19245008972987526

scala>println("Root Mean Squared Error (RMSE) on test data =" +rmse)
Root Mean Squared Error (RMSE) on test data=0.19245008972987526

scala>val treeModel=model.stages(1).asInstanceOf[DecisionTreeRegressionModel]
treeModel: org.apache.spark.ml.regression.DecisionTreeRegressionModel =
DecisionTreeRegressionModel (uid=dtr_d8e21b9502e1) of depth 1 with 3 nodes

scala>println("Learned regression tree model:\n" +treeModel.toDebugString)
Learned regression tree model:
DecisionTreeRegressionModel (uid=dtr_d8e21b9502e1) of depth 1 with 3 nodes
  If (feature 434 <=0.0)
   Predict: 0.0
  Else (feature 434 >0.0)
   Predict: 1.0
```

代码 9-95

9.2.3.4 随机森林回归

随机森林是受欢迎的分类和回归方法系列。下面例子中,加载 LibSVM 格式的数据集,将其分成训练集和测试集,训练在第一数据集,然后在留存的测试集上评估。Spark 使用特征转换器索引类别特征,添加元数据到基于树算法可以识别的 DataFrame。

```
scala>import org.apache.spark.ml.Pipeline
import org.apache.spark.ml.Pipeline

scala>import org.apache.spark.ml.evaluation.RegressionEvaluator
import org.apache.spark.ml.evaluation.RegressionEvaluator

scala>import org.apache.spark.ml.feature.VectorIndexer
import org.apache.spark.ml.feature.VectorIndexer

scala>import org.apache.spark.ml.regression.{RandomForestRegressionModel,
RandomForestRegressor}
import org.apache.spark.ml.regression.{RandomForestRegressionModel,
RandomForestRegressor}
```

代码 9-96

■ 加载和解析数据文件,将其转换为 **DataFrame**

```
scala>val data=spark.read.format("libsvm").load("/spark/data/example/
mllib/sample_libsvm_data.txt")
```

```
data: org.apache.spark.sql.DataFrame=[label: double, features: vector]
```

代码 9-97

■ 自动识别分类特征,并且索引,设置 **maxCategories**,如果特征不同值的个数大于 **4**,则作为连续值

```
scala>val featureIndexer=new VectorIndexer().setInputCol("features")
.setOutputCol("indexedFeatures").setMaxCategories(4).fit(data)
featureIndexer: org.apache.spark.ml.feature.VectorIndexerModel=vecIdx_8686fd13bc82
```

代码 9-98

■ 分割数据到训练和测试集(30% 留存为测试)

```
scala>val Array(trainingData, testData)=data.randomSplit(Array(0.7, 0.3))
trainingData: org.apache.spark.sql.Dataset[org.apache.spark.sql.Row] =
[label: double, features: vector]
testData: org.apache.spark.sql.Dataset[org.apache.spark.sql.Row]=[label:
double, features: vector]
```

代码 9-99

■ 训练 **RandomForest** 模型

```
scala>val rf=new RandomForestRegressor().setLabelCol("label")
.setFeaturesCol("indexedFeatures")
rf: org.apache.spark.ml.regression.RandomForestRegressor=rfr_8b3d97e58278
```

代码 9-100

■ 链接索引和树到一个管道中

```
scala>val pipeline=new Pipeline().setStages(Array(featureIndexer, rf))
pipeline: org.apache.spark.ml.Pipeline=pipeline_a2a6e45d0f75
```

■ 训练模型,返回索引

```
scala>val model=pipeline.fit(trainingData)
model: org.apache.spark.ml.PipelineModel=pipeline_a2a6e45d0f75
```

代码 9-101

■ 进行预测

```
scala>val predictions=model.transform(testData)
predictions: org.apache.spark.sql.DataFrame = [label: double, features:
vector ... 2 more fields]
```

代码 9-102

■ 选择示例行显示

```
scala>predictions.select("prediction", "label", "features").show(5)
+----------+-----+--------------------+
|prediction|label|            features|
+----------+-----+--------------------+
|      0.05|  0.0|(692,[121,122,123...|
|       0.0|  0.0|(692,[122,123,124...|
|       0.0|  0.0|(692,[123,124,125...|
|       0.0|  0.0|(692,[123,124,125...|
|      0.05|  0.0|(692,[125,126,127...|
+----------+-----+--------------------+
only showing top 5 rows
```

代码 9-103

■ 选择预测和真标签，计算测试错误

```
scala>val evaluator=new RegressionEvaluator().setLabelCol("label")
.setPredictionCol("prediction").setMetricName("rmse")
evaluator: org.apache.spark.ml.evaluation.RegressionEvaluator=regEval
_ab1417ac176f

scala>val rmse=evaluator.evaluate(predictions)
rmse: Double=0.06565321642986129

scala>println("Root Mean Squared Error (RMSE) on test data =" +rmse)
Root Mean Squared Error (RMSE) on test data=0.06565321642986129

scala>val rfModel=model.stages(1).asInstanceOf[RandomForestRegressionModel]
rfModel: org.apache.spark.ml.regression.RandomForestRegressionModel =
RandomForestRegressionModel (uid=rfr_8b3d97e58278) with 20 trees

scala>println("Learned regression forest model:\n" +rfModel.toDebugString)
Learned regression forest model:
RandomForestRegressionModel (uid=rfr_8b3d97e58278) with 20 trees
  Tree 0 (weight 1.0):
    If (feature 435 <=0.0)
     If (feature 545 <=252.0)
      Predict: 0.0
     Else (feature 545 >252.0)
      Predict: 1.0
    Else (feature 435 >0.0)
      Predict: 1.0
  Tree 1 (weight 1.0):
```

```
        If (feature 490 <=0.0)
         Predict: 0.0
        Else (feature 490 >0.0)
         Predict: 1.0
      Tree 2 (weight 1.0):
        If (feature 290 <=0.0)
         Predict: 1.0
        Else (feature 290 >0.0)
      ...
```

代码 9-104

9.2.3.5 梯度提升树回归

梯度提升树是流行的利用决策树集成的回归方法。在这个例子中，数据集 GBTRegressor 实际上只需要迭代 1 次，但一般不会。

```
scala>import org.apache.spark.ml.Pipeline
import org.apache.spark.ml.Pipeline

scala>import org.apache.spark.ml.evaluation.RegressionEvaluator
import org.apache.spark.ml.evaluation.RegressionEvaluator

scala>import org.apache.spark.ml.feature.VectorIndexer
import org.apache.spark.ml.feature.VectorIndexer

scala>import org.apache.spark.ml.regression.{GBTRegressionModel, GBTRegressor}
import org.apache.spark.ml.regression.{GBTRegressionModel, GBTRegressor}
```

代码 9-105

■ 加载和解析数据文件，将其转换为 DataFrame

```
scala>val data=spark.read.format("libsvm").load("/spark/data/example/mllib/sample_libsvm_data.txt")
data: org.apache.spark.sql.DataFrame=[label: double, features: vector]
```

代码 9-106

■ 自动识别分类特征，并且索引，设置 **maxCategories**，如果特征不同值的个数大于 **4**，则作为连续值

```
scala>val featureIndexer=new VectorIndexer().setInputCol("features")
 .setOutputCol("indexedFeatures").setMaxCategories(4).fit(data)
featureIndexer: org.apache.spark.ml.feature.VectorIndexerModel=vecIdx_2dc5f8c212c1
```

代码 9-107

■ 分割数据到训练和测试集（30％ 留存为测试）

```
scala>val Array(trainingData, testData)=data.randomSplit(Array(0.7, 0.3))
trainingData: org.apache.spark.sql.Dataset[org.apache.spark.sql.Row] =
[label: double, features: vector]
testData: org.apache.spark.sql.Dataset[org.apache.spark.sql.Row]=[label:
double, features: vector]
```

代码 9-108

■ 训练梯度提升树模型

```
scala>val gbt=new GBTRegressor().setLabelCol("label")
.setFeaturesCol("indexedFeatures").setMaxIter(10)
gbt: org.apache.spark.ml.regression.GBTRegressor=gbtr_307ad34e9fcd
```

代码 9-109

■ 在管道中链接索引器和梯度提升树

```
scala>val pipeline=new Pipeline().setStages(Array(featureIndexer, gbt))
pipeline: org.apache.spark.ml.Pipeline=pipeline_9462b17b4b09
```

代码 9-110

■ 训练模型，运行索引器

```
scala>val model=pipeline.fit(trainingData)
model: org.apache.spark.ml.PipelineModel=pipeline_9462b17b4b09
```

代码 9-111

■ 进行预测

```
scala>val predictions=model.transform(testData)
predictions: org.apache.spark.sql.DataFrame=[label: double, features:
vector ... 2 more fields]
```

代码 9-112

■ 选择示例行显示

```
scala>predictions.select("prediction", "label", "features").show(5)
+----------+-----+--------------------+
|prediction|label|            features|
+----------+-----+--------------------+
|       0.0|  0.0|(692,[95,96,97,12...|
|       0.0|  0.0|(692,[122,123,148...|
|       0.0|  0.0|(692,[124,125,126...|
```

```
|     0.0|  0.0|(692,[124,125,126...|
|     0.0|  0.0|(692,[126,127,128...|
+----------+-----+--------------------+
only showing top 5 rows
```

代码 9-113

■ 选择预测和真标签,计算测试错误

```
scala>val evaluator=new RegressionEvaluator().setLabelCol("label")
.setPredictionCol("prediction").setMetricName("rmse")
evaluator: org.apache.spark.ml.evaluation.RegressionEvaluator=regEval
_f3a7f3b952b3

scala>val rmse=evaluator.evaluate(predictions)
rmse: Double=0.0

scala>println("Root Mean Squared Error (RMSE) on test data ="+rmse)
Root Mean Squared Error (RMSE) on test data=0.0

scala>val gbtModel=model.stages(1).asInstanceOf[GBTRegressionModel]
gbtModel: org.apache.spark.ml.regression.GBTRegressionModel =
GBTRegressionModel (uid=gbtr_307ad34e9fcd) with 10 trees

scala>println("Learned regression GBT model:\n"+gbtModel.toDebugString)
Learned regression GBT model:
GBTRegressionModel (uid=gbtr_307ad34e9fcd) with 10 trees
  Tree 0 (weight 1.0):
    If (feature 434 <=0.0)
     If (feature 99 in {0.0,3.0})
      Predict: 0.0
     Else (feature 99 not in {0.0,3.0})
      Predict: 1.0
    Else (feature 434 >0.0)
     Predict: 1.0
  Tree 1 (weight 0.1):
    Predict: 0.0
  Tree 2 (weight 0.1):
    Predict: 0.0
  Tree 3 (weight 0.1):
    Predict: 0.0
  Tree 4 (weight 0.1):
    Predict: 0.0
  Tree 5 (weight 0.1):
```

```
    Predict: 0.0
Tree 6 (weight 0.1):
    Predict: 0.0
Tree 7 (weight 0.1):
    Predict: 0.0
Tree 8 (weight 0.1):
    Predict: 0.0
Tree 9 (weight 0.1):
    Predict: 0.0
```

代码 9-114

9.2.3.6 生存回归

在 spark.ml 中，我们实现了加速失败时间（Accelerated Failure Time, AFT）模型，该模型是用于审查数据的参数生存回归模型。它描述了对数存活时间的模型，所以通常被称为生存分析对数线性模型。不同于同一个目的的比例风险模型设计，AFT 模型更容易并行化，因为每个实例独立地作为目标函数。对于受试者 $i=1,\cdots,n$ 的随机生命周期 t_i，假定给定协变量 x' 值带有可能的右截尾，AFT 模型下的似然函数为

$$L(\beta,\sigma) = \prod_{i=1}^{n} \left[\frac{1}{\sigma}f_0\left(\frac{\log t_i - x'\beta}{\sigma}\right)\right]^{\delta_i} S_0\left(\frac{\log t_i - x'\beta}{\sigma}\right)^{1-\delta_i} \tag{9-17}$$

其中，δ_i 是发生事件的指标，即未经审查。使用 $\epsilon_i = \dfrac{\log t_i - x'\beta}{\sigma}$，对数似然函数呈现如下形式：

$$\iota(\beta,\sigma) = \sum_{i=1}^{n}\left[-\delta_i\log\sigma + \delta_i\log f_0(\epsilon_i) + (1-\delta_i)\log S_0(\epsilon_i)\right] \tag{9-18}$$

其中，$S_0(\epsilon_i)$ 是基线幸存函数，$f_0(\epsilon_i)$ 是相应的密度函数。

最常用的 AFT 模型是基于生存时间的威布尔分布，寿命威布尔分布对应寿命对数的极值分布。$S_0(\epsilon)$ 函数为

$$S_0(\epsilon_i) = \exp(-e^{\epsilon_i}) \tag{9-19}$$

$f_0(\epsilon_i)$ 函数为

$$f_0(\epsilon_i) = e^{\epsilon_i}\exp(-e^{\epsilon_i}) \tag{9-20}$$

具有威布尔寿命分布的 AFT 模型的对数似然函数为

$$\iota(\beta,\sigma) = -\sum_{i=1}^{n}\left[\delta_i\log\sigma - \delta_i\epsilon_i + e^{\epsilon_i}\right] \tag{9-21}$$

由于最小化等价于最大后验概率的负对数似然度，因此 Spark 用来优化的损失函数是 $-\iota(\beta,\sigma)$。β 和 $\log\sigma$ 的梯度函数分别为

$$\frac{\partial(-\iota)}{\partial\beta} = \sum_{i=1}^{n}\left[\delta_i - e^{\epsilon_i}\right]\frac{x_i}{\sigma} \tag{9-22}$$

$$\frac{\partial(-\iota)}{\partial(\log\sigma)} = \sum_{i=1}^{n}\left[\delta_i + (\delta_i - e^{\epsilon_i})\epsilon_i\right] \tag{9-23}$$

AFT 模型可以表述为凸优化问题,即根据系数向量 β 和尺度参数对数 $\log \sigma$ 寻找凸函数 $-\iota(\beta,\sigma)$ 最小值的任务。底层实现的优化算法是 L-BFGS,该实现与 R 的生存函数 survreg 的结果匹配。

```
scala>import org.apache.spark.ml.linalg.Vectors
import org.apache.spark.ml.linalg.Vectors

scala>import org.apache.spark.ml.regression.AFTSurvivalRegression
import org.apache.spark.ml.regression.AFTSurvivalRegression

scala>val training=spark.createDataFrame(Seq(
    |  (1.218, 1.0, Vectors.dense(1.560, -0.605)),
    |  (2.949, 0.0, Vectors.dense(0.346, 2.158)),
    |  (3.627, 0.0, Vectors.dense(1.380, 0.231)),
    |  (0.273, 1.0, Vectors.dense(0.520, 1.151)),
    |  (4.199, 0.0, Vectors.dense(0.795, -0.226))
    | )).toDF("label", "censor", "features")
training: org.apache.spark.sql.DataFrame =[label: double, censor: double ... 1 more field]

scala>val quantileProbabilities=Array(0.3, 0.6)
quantileProbabilities: Array[Double]=Array(0.3, 0.6)

scala > val aft = new AFTSurvivalRegression ( ). setQuantileProbabilities
(quantileProbabilities).setQuantilesCol("quantiles")
aft: org. apache. spark. ml. regression. AFTSurvivalRegression = aftSurvReg
_e19697fe4c07

scala>val model=aft.fit(training)
model: org.apache.spark.ml.regression.AFTSurvivalRegressionModel =
aftSurvReg_e19697fe4c07

scala > //Print the coefficients, intercept and scale parameter for AFT survival regression

scala>println(s"Coefficients: ${model.coefficients}")
Coefficients: [-0.49630441105311934,0.19845217252922745]

scala>println(s"Intercept: ${model.intercept}")
Intercept: 2.638089896305637

scala>println(s"Scale: ${model.scale}")
Scale: 1.5472363533632303
```

```
scala>model.transform(training).show(false)
+-----+------+-------------+------------------+----------------------------------------+
|label|censor|features     |prediction        |quantiles                               |
+-----+------+-------------+------------------+----------------------------------------+
|1.218|1.0   |[1.56,-0.605]|5.718985621018948 |[1.160322990805951,4.99546058340675]    |
|2.949|0.0   |[0.346,2.158]|18.07678210850554 |[3.6675919944963185,15.789837303662035] |
|3.627|0.0   |[1.38,0.231] |7.381908879359957 |[1.4977129086101564,6.448002719505488]  |
|0.273|1.0   |[0.52,1.151] |13.577717814884515|[2.754778414791514,11.859962351993207]  |
|4.199|0.0   |[0.795,-0.226]|9.013087597344821|[1.82866218773319,7.8728164067854935]   |
+-----+------+-------------+------------------+----------------------------------------+
```

代码 9-115

9.2.3.7 保序回归

保序回归属回归算法系列。正式保序回归是一个问题,其中给定的有限实数集合 $Y=y_1,y_2,\cdots,y_n$ 代表观察到的响应和 $X=x_1,x_2,\cdots,x_n$ 未知响应值被拟合发现最小化的函数。

$$f(x) = \sum_{i=1}^{n} w_i(y_i - x_i)^2 \qquad (9\text{-}24)$$

相对于完全顺序受试者 $x_1 \leqslant x_2 \leqslant \cdots \leqslant x_n, w_i$ 是正权重。生成的函数被称为保序回归,它是独一无二的。它可以根据顺序限制被视为最小二乘问题。本质上讲,保序回归是一个单调函数,其最佳拟合原始数据点。

Spark 实现了一个池相邻违法者算法,这是一种并行保序回归的方法。训练输入是包含标签、特征和权重三列的 DataFrame。另外,IsotonicRegression 算法有一个可选的参数叫作 isotonic,默认为 true。这个参数指出保序回归是保序(单调增加),还是反向(单调递减)。

训练会返回一个 IsotonicRegressionModel,可用于预测已知和未知的特征标签。保序回归的结果被处理为分段线性函数。因此,用于预测的规则是:

(1) 如果预测的输入准确匹配训练特征,那么相关的预测被返回。如果相同的特征具有多个预测,则返回它们中的一个。哪一个是不确定的(同 java.util.Arrays.binarySearch)。

(2) 如果预测的输入低于或高于所有训练特征,则分别返回具有最低或最高特征的预测。如果存在多个具有相同特征的预测,则分别返回最低或最高预测。

(3) 如果预测输入介于两个训练特征之间,则将预测视为分段线性函数,并根据两个最接近特征的预测计算内插值。如果有多个具有相同特征的值,则使用与上一点相同的规则。

```
scala>import org.apache.spark.ml.regression.IsotonicRegression
import org.apache.spark.ml.regression.IsotonicRegression
```

代码 9-116

Spark 大数据处理与分析

■ 加载数据

```
scala>val dataset=spark.read.format("libsvm").load("/spark/data/example/
mllib/sample_isotonic_regression_libsvm_data.txt")
dataset: org.apache.spark.sql.DataFrame=[label: double, features: vector]
```

代码 9-117

■ 训练保序回归模型

```
scala>val ir=new IsotonicRegression()
ir: org.apache.spark.ml.regression.IsotonicRegression=isoReg_78794f99af75

scala>val model=ir.fit(dataset)
model: org.apache.spark.ml.regression.IsotonicRegressionModel = isoReg
_78794f99af75

scala>println(s"Boundaries in increasing order: ${model.boundaries}\n")
Boundaries in increasing order: [0.01,0.17,0.18,0.27,0.28,0.29,0.3,0.31,0.34,
0.35,0.36,0.41,0.42,0.71,0.72,0.74,0.75,0.76,0.77,0.78,0.79,0.8,0.81,0.82,
0.83,0.84,0.85,0.86,0.87,0.88,0.89,1.0]

scala>println(s"Predictions associated with the boundaries:
${model.predictions}\n")
Predictions associated with the boundaries: [0.15715271294117644,
0.15715271294117644,0.189138196,0.189138196,0.20040796,0.29576747,0.43396226,
0.5081591025000001,0.5081591025000001,0.54156043,0.5504844466666667,
0.5504844466666667,0.563929967,0.563929967,0.5660377366666667,
0.5660377366666667,0.56603774,0.57929628,0.64762876,0.66241713,0.67210607,
0.67210607,0.674655785,0.674655785,0.73890872,0.73992861,0.84242733,
0.89673636,0.89673636,0.90719021,0.9272055075,0.9272055075]
```

代码 9-118

■ 进行预测

```
scala>model.transform(dataset).show()
+----------+---------------+--------------------+
|     label|       features|          prediction|
+----------+---------------+--------------------+
|0.24579296|(1,[0],[0.01])|0.15715271294117644|
|0.28505864|(1,[0],[0.02])|0.15715271294117644|
|0.31208567|(1,[0],[0.03])|0.15715271294117644|
|0.35900051|(1,[0],[0.04])|0.15715271294117644|
|0.35747068|(1,[0],[0.05])|0.15715271294117644|
|0.16675166|(1,[0],[0.06])|0.15715271294117644|
```

```
|0.17491076|(1,[0],[0.07])|0.15715271294117644|
| 0.0418154|(1,[0],[0.08])|0.15715271294117644|
|0.04793473|(1,[0],[0.09])|0.15715271294117644|
|0.03926568|(1,[0],[0.1])|0.15715271294117644|
|0.12952575|(1,[0],[0.11])|0.15715271294117644|
|       0.0|(1,[0],[0.12])|0.15715271294117644|
|0.01376849|(1,[0],[0.13])|0.15715271294117644|
|0.13105558|(1,[0],[0.14])|0.15715271294117644|
|0.08873024|(1,[0],[0.15])|0.15715271294117644|
|0.12595614|(1,[0],[0.16])|0.15715271294117644|
|0.15247323|(1,[0],[0.17])|0.15715271294117644|
|0.25956145|(1,[0],[0.18])|         0.189138196|
|0.20040796|(1,[0],[0.19])|         0.189138196|
|0.19581846|(1,[0],[0.2])|          0.189138196|
+----------+--------------+--------------------+
only showing top 20 rows
```

代码 9-119

9.3 聚　　集

9.3.1 K 均值

K 均值(K-means)是最常用的聚类算法之一,它将数据点聚类成预定数量的聚类。MLlib 实现 k-means++方法的并行处理。K-means 作为估算器实现,并生成一个 KMeansModel 作为基础模型。

9.3.1.1 输入列(见表 9-13)

表 9-13 输入列

参数名称	类型	默认	描述
featuresCol	Vector	"features"	特征向量

9.3.1.2 输出列(见表 9-14)

表 9-14 输出列

参数名称	类型	默认	描述
predictionCol	Int	"prediction"	预测聚集中心

代码如下。

```
scala>import org.apache.spark.ml.clustering.KMeans
import org.apache.spark.ml.clustering.KMeans
```

代码 9-120

■ 加载数据

```
scala>val dataset=spark.read.format("libsvm").load("/spark/data/example/mllib/sample_kmeans_data.txt")
dataset: org.apache.spark.sql.DataFrame=[label: double, features: vector]
```

■ 训练 K 均值模型

```
scala>val kmeans=new KMeans().setK(2).setSeed(1L)
kmeans: org.apache.spark.ml.clustering.KMeans=kmeans_1e6e4f712555

scala>val model=kmeans.fit(dataset)
model: org.apache.spark.ml.clustering.KMeansModel=kmeans_1e6e4f712555
```

代码 9-121

■ 通过在平方误差的集合中计算评估聚类

```
scala>val WSSSE=model.computeCost(dataset)
WSSSE: Double=0.11999999999994547

scala>println(s"Within Set Sum of Squared Errors=$WSSSE")
Within Set Sum of Squared Errors=0.11999999999994547
```

代码 9-122

■ 显示结果

```
scala>println("Cluster Centers: ")
Cluster Centers:

scala>model.clusterCenters.foreach(println)
[0.1,0.1,0.1]
[9.1,9.1,9.1]
```

代码 9-123

9.3.2 潜在狄利克雷分配

潜在狄利克雷分配(LDA)作为支持 EMLDAOptimizer 和 OnlineLDAOptimizer 的估算器实现,并生成 LDAModel 作为基础模型。如果需要,专家用户可以将由 EMLDAOptimizer 生成的 LDAModel 转换为 DistributedLDAModel。

```
scala>import org.apache.spark.ml.clustering.LDA
import org.apache.spark.ml.clustering.LDA
```

代码 9-124

■ 加载数据

```
scala> val dataset=spark.read.format("libsvm").load("/spark/data/example/
mllib/sample_lda_libsvm_data.txt")
dataset: org.apache.spark.sql.DataFrame=[label: double, features: vector]
```

代码 9-125

■ 训练 LDA 模型

```
scala>val lda=new LDA().setK(10).setMaxIter(10)
lda: org.apache.spark.ml.clustering.LDA=lda_0c24c3ec3bab

scala>val model=lda.fit(dataset)
model: org.apache.spark.ml.clustering.LDAModel=lda_0c24c3ec3bab

scala>val ll=model.logLikelihood(dataset)
ll: Double=-842.4862800491514

scala>val lp=model.logPerplexity(dataset)
lp: Double=3.2385774464305963

scala>println(s"The lower bound on the log likelihood of the entire corpus:
$ll")
The lower bound on the log likelihood of the entire corpus: -842.4862800491514

scala>println(s"The upper bound on perplexity: $lp")
The upper bound on perplexity: 3.2385774464305963
```

代码 9-126

■ 描述主题

```
scala>val topics=model.describeTopics(3)
topics: org.apache.spark.sql.DataFrame =[topic: int, termIndices: array<int>...
1 more field]

scala>println("The topics described by their top-weighted terms:")
The topics described by their top-weighted terms:

scala>topics.show(false)
```

```
+----+--------+------------------------------------------------+
|topic|termIndices|termWeights                                  |
+----+--------+------------------------------------------------+
|0   |[2, 5, 7] |[0.10606441785146535, 0.10570106737280574, 0.1043039017910825] |
|1   |[1, 6, 2] |[0.10185078330694743, 0.09816924136544754, 0.09632455347714897]|
|2   |[1, 9, 4] |[0.10597705576734423, 0.09750947025544646, 0.09654669262128844]|
|3   |[0, 4, 8] |[0.102706983773961, 0.09842850171937594, 0.09815664111403606]  |
|4   |[9, 6, 4] |[0.10452968226922606, 0.10414903762686416, 0.10103989135293562]|
|5   |[10, 6, 9]|[0.21878768117572409, 0.14074681597413502, 0.1276739943161934] |
|6   |[3, 7, 4] |[0.11638316021438284, 0.09901763897381445, 0.09795374111255549]|
|7   |[4, 0, 2] |[0.10855455833990776, 0.10334271299447938, 0.10034944281883779]|
|8   |[0, 7, 8] |[0.11008004098527444, 0.09919724236284332, 0.09810905351448598]|
|9   |[9, 6, 8] |[0.10106113658487842, 0.10013291564891967, 0.09769280655833748]|
+----+--------+------------------------------------------------+

scala>
```

代码 9-127

■ 显示结果

```
scala>val transformed=model.transform(dataset)
transformed: org.apache.spark.sql.DataFrame=[label: double, features: vector ... 1 more field]

scala>transformed.show(false)
+-----+----------------------------------------------+----------------------------------------+
|label|features                                      |topicDistribution                       |
+-----+----------------------------------------------+----------------------------------------+
|0.0  |(11,[0,1,2,4,5,6,7,10],[1.0,2.0,6.0,2.0,3.0,1.0,1.0,3.0])|[0.6990501464826979, 0.004825989296507445, 0.004825964734431469, 0.004825959078413314, 0.0048259276001261136, 0.26234221206965436, 0.004825955202628511, 0.004826025945501356, 0.004825893404537412, 0.0048259261855020845] |
```

```
|1.0  |(11,[0,1,3,4,7,10],[1.0,3.0,1.0,3.0,2.0,1.0])
|[0.008050728965819664,0.008050328998096084,0.008050336072632464,
0.0080513660777465,0.008050221907908819,0.9275445084405548,
0.008050734285468413,0.008050740924870691,0.008050657635177337,
0.008050376691725378]          |
……
```

代码 9-128

- LDA

LDA(Latent Dirichlet Allocation)是一种文档主题生成模型,也称为一个三层贝叶斯概率模型,包含词、主题和文档三层结构。所谓生成模型,也就是说,Spark 认为一篇文章的每个词都通过"以一定概率选择了某个主题,并从这个主题中以一定概率选择某个词语"这样一个过程得到。文档到主题服从多项式分布,主题到词服从多项式分布。

LDA 是一种非监督机器学习技术,可用来识别大规模文档集(document collection)或语料库(corpus)中潜藏的主题信息。它采用了词袋(bag of words)方法,这种方法将每篇文档视为一个词频向量,从而将文本信息转化为易于建模的数字信息。但是,词袋方法没有考虑词与词之间的顺序,这简化了问题的复杂性,同时也为模型的改进提供了契机。每篇文档代表一些主题所构成的一个概率分布,而每个主题又代表很多单词构成的一个概率分布。

9.3.3 二分 K 均值

二分 K 均值是一种使用分裂(或"自上而下")方法的分层聚类:所有观测都在一个聚类中开始,当一个分层向下移动时,分裂被递归地执行。二分 K 均值通常比常规 K 均值快得多,但通常会产生不同的聚类。BisectingKMeans 是作为估算器实现的,并生成一个 BisectingKMeansModel 作为基础模型。

```
scala>import org.apache.spark.ml.clustering.BisectingKMeans
import org.apache.spark.ml.clustering.BisectingKMeans
```

代码 9-129

■ 加载数据

```
scala>val dataset=spark.read.format("libsvm").load("/spark/data/example/
mllib/sample_kmeans_data.txt")
dataset: org.apache.spark.sql.DataFrame=[label: double, features: vector]
```

代码 9-130

■ 训练二分 K 均值模型

```
scala>val bkm=new BisectingKMeans().setK(2).setSeed(1)
bkm: org.apache.spark.ml.clustering.BisectingKMeans = bisecting-kmeans
_bf550173fc8c
```

```
scala>val model=bkm.fit(dataset)
model: org.apache.spark.ml.clustering.BisectingKMeansModel=bisecting-
kmeans_bf550173fc8c
```

代码 9-131

■ 评估聚集

```
scala>val cost=model.computeCost(dataset)
cost: Double=0.11999999999994547

scala>println(s"Within Set Sum of Squared Errors=$cost")
Within Set Sum of Squared Errors=0.11999999999994547
```

代码 9-132

■ 显示结果

```
scala>println("Cluster Centers: ")
Cluster Centers:

scala>val centers=model.clusterCenters
centers: Array[org.apache.spark.ml.linalg.Vector]=Array([0.1,0.1,0.1],
[9.1,9.1,9.1])

scala>centers.foreach(println)
[0.1,0.1,0.1]
[9.1,9.1,9.1]
```

代码 9-133

9.3.4 高斯混合模型

高斯混合模型(GaussianMixtureModel)表示复合分布,由此从 K 个高斯子分布中的一个绘制点,每个高斯子分布都具有其自身的概率。spark.ml 实现使用期望最大化算法在给定一组样本的情况下引发最大似然模型。GaussianMixture 作为估算器实现,并生成一个 GaussianMixtureModel 作为基础模型。

9.3.4.1 输入列(见表 9-15)

表 9-15 输入列

参数名称	类型	默认	描述
featuresCol	Vector	"features"	特征向量

9.3.4.2 输出列(见表 9-16)

表 9-16 输出列

参数名称	类 型	默 认	描 述
predictionCol	Int	"prediction"	预测的聚集中心
probabilityCol	Vector	"probability"	每个群集的概率

代码如下。

```
scala>import org.apache.spark.ml.clustering.GaussianMixture
import org.apache.spark.ml.clustering.GaussianMixture
```

代码 9-134

■ 加载数据

```
scala>val dataset=spark.read.format("libsvm").load("/spark/data/example/mllib/sample_kmeans_data.txt")
dataset: org.apache.spark.sql.DataFrame=[label: double, features: vector]
```

代码 9-135

■ 训练模型

```
scala>val gmm=new GaussianMixture()
gmm: org.apache.spark.ml.clustering.GaussianMixture = GaussianMixture_2c319d8bb00b

scala>    .setK(2)
<console>:1: error: illegal start of definition
  .setK(2)
  ^

scala>val model=gmm.fit(dataset)
model: org.apache.spark.ml.clustering.GaussianMixtureModel=GaussianMixture_2c319d8bb00b
```

代码 9-136

■ 混合模型的输出参数

```
scala>for (i <-0 until model.getK) {
    |    println(s"Gaussian $i:\nweight=${model.weights(i)}\n" +
    |      s"mu=${model.gaussians(i).mean}\nsigma=\n${model.gaussians(i).cov}\n")
    | }
```

```
Gaussian 0:
weight=0.5
mu=[0.10000000000001552,0.10000000000001552,0.10000000000001552]
sigma=
0.006666666666806454   0.006666666666806454   0.006666666666806454
0.006666666666806454   0.006666666666806454   0.006666666666806454
0.006666666666806454   0.006666666666806454   0.006666666666806454

Gaussian 1:
weight=0.5
mu=[9.099999999999984,9.099999999999984,9.099999999999984]
sigma=
0.006666666666812185   0.006666666666812185   0.006666666666812185
0.006666666666812185   0.006666666666812185   0.006666666666812185
0.006666666666812185   0.006666666666812185   0.006666666666812185
```

代码 9-137

9.4 小　　结

Spark MLlib 是 Spark Core 上的一个分布式机器学习框架，很大程度上由于基于分布式内存的 Spark 架构，其速度是 Apache Mahout 使用基于磁盘实现速度的 9 倍，根据基准测试由 MLlib 开发人员使用交替最小二乘法（ALS）实现，在 Mahout 本身获得 Spark 接口之前，比 Vowpal Wabbit 具有更好的扩展。许多常见的机器学习和统计算法已经实现并随 MLlib 一起提供，这简化了大规模机器学习的流水线，其中包括支持向量机、逻辑回归、线性回归、决策树、朴素贝叶斯分类，等等。

第10章

Spark 应用程序**

Apache Spark 被广泛认为是 MapReduce 在 Apache Hadoop 集群上进行通用数据处理的后继者。与 MapReduce 应用程序一样,每个 Spark 应用程序都是一个自包含的计算,它运行用户提供的代码来计算结果。与 MapReduce 作业一样,Spark 应用程序可以使用多个主机的资源。但是,Spark 较 MapReduce 有很多优点。

在 MapReduce 中,最高级别的计算单位是 Job,用来加载数据、应用 Map 函数、洗牌、应用 Reduce 函数,并将数据写回持久存储。在 Spark 中,最高级别的计算单位是应用程序。Spark 应用程序有多种方式,其中包括可用于单个批处理作业,具有多个作业的交互式会话或持续满足请求的长期服务。Spark 作业可以包含多个 Map 和 Reduce。本章将介绍怎样构建和部署单个批处理作业的独立应用程序。

10.1 SparkContext 与 SparkSession

如果在 Spark 2.0 之前的版本要使用 Spark SQL 的功能,必须创建 SQLContext。在应用程序中创建 SQLContext()方法,具体代码如下:

```
//set up the spark configuration and create contexts
val sparkConf=new SparkConf().setAppName("SparkSessionZipsExample")
.setMaster("local")
//your handle to SparkContext to access other context like SQLContext
val sc=new SparkContext(sparkConf).set("spark.some.config.option", "some-value")
val sqlContext=new org.apache.spark.sql.SQLContext(sc)
```

代码 10-1

而在 Spark 2.0 中,通过 SparkSession 可以达到相同的效果,而不会显式创建 SparkConf、SparkContext 或 SQLContext,因为它们被封装在 SparkSession 中。使用构建器设计模式,它会实例化 SparkSession 对象(如果尚不存在)以及相关的基础上下文。实际上,SparkSession 成为 Spark SQL 的入口点,在使用强制类型的 DataSet(或可变类型的基于 Row 的 DataFrame)数据抽象开发 Spark SQL 应用程序时,必须创建 SparkSession 对象。

注意:SparkSession 已将 SQLContext 和 HiveContext 合并到 Spark 2.0 中的一个对象中。

可以使用 SparkSession.builder() 方法创建 SparkSession 的实例。

```
import org.apache.spark.sql.SparkSession
val spark=SparkSession
  .builder()
  .appName("Spark SQL basic example")
  .config("spark.some.config.option", "some-value")
  .getOrCreate()
```

代码 10-2

并使用 stop() 方法停止当前的 SparkSession。

```
spark.stop
```

代码 10-3

正如在以前的 Spark 版本中，spark-shell 创建了一个 SparkContext，变量名为 sc。在 Spark 2.0 之后，spark-shell 会创建一个 SparkSession，变量名为 spark。在这个 spark-shell 中，可以看到 spark 已经存在，并且可以查看它的所有属性。

```
root@3997e0349ac9:~#spark-shell
Spark context Web UI available at http://172.17.0.2:4040
Spark context available as 'sc' (master=local[*], app id=local-1525959700559).
Spark session available as 'spark'.
Welcome to
      ____              __
     / __/__  ___ _____/ /__
    _\ \/ _ \/ _ `/ __/  '_/
   /___/ .__/\_,_/_/ /_/\_\   version 2.2.0
      /_/

Using Scala version 2.11.8 (OpenJDK 64-Bit Server VM, Java 1.8.0_131)
Type in expressions to have them evaluated.
Type :help for more information.

scala>spark
res0: org.apache.spark.sql.SparkSession=org.apache.spark.sql.SparkSession
@47fbf95e

scala>sc
res2: org.apache.spark.SparkContext=org.apache.spark.SparkContext@5e9af5d4
```

代码 10-4

SparkSession 封装了 SparkContext。首先简单理解一下 SparkContext 的功能。如图 10-1 所示，SparkContext 是一个访问所有 Spark 功能的渠道；每个 JVM 只有一

个 SparkContext 存在。Spark 驱动程序（Driver Program）使用 SparkContext 连接到集群管理器（Cluster Manager）进行通信，提交 Spark 作业并知道要与之通信的资源管理器（YARN、Mesos 或 Standalone）。SparkContext 允许配置 Spark 配置参数。通过 SparkContext，驱动程序可以访问其他上下文，如 SQLContext、HiveContext 和 StreamingContext 进行 Spark 编程。

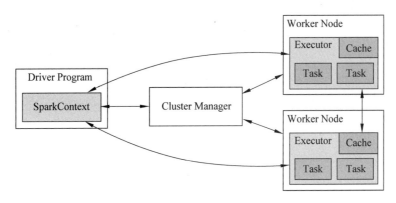

图 10-1　SparkContext 与 Driver 和 Cluster Manager 的关系

但是，从 Spark 2.0 版本开始，SparkSession 可以通过单一统一的入口点访问前面提到的所有 Spark 功能，并且除了使访问 DataFrame 和 Dataset API 更简单外，还包含底层的上下文以操纵数据。总而言之，以前通过 SparkContext、SQLContext 或 HiveContext 在早期版本的 Spark 中提供的所有功能现在均可通过 SparkSession 获得。本质上讲，SparkSession 是一个统一的入口点，用于 Spark 处理数据，最大限度地减少要记住或构建的概念数量，因此犯的错误可能更少，并且代码可能不那么混乱，如下是 SparkSession 的类和实例方法。

➢ builder()：Builder

创建一个 Builder 以获取或创建一个 SparkSession 实例。builder()用于创建一个新的 Builder，可以使用 SparkSession API 构建完整配置的 SparkSession。下面的代码是在 Scala 应用程序中的方法，在 Scala 交互界面不需要创建 SparkSession。

```
import org.apache.spark.sql.SparkSession
val builder=SparkSession.builder
```

代码 10-5

➢ version：String

返回当前 Spark 的版本。在内部，version 使用 spark.SPARK_VERSION 值，即 CLASSPATH 中 spark-version-info.properties 属性文件中的 version 属性。

```
scala>spark.version
res4: String=2.2.0
```

代码 10-6

➤ implicits

implicits对象是一个具有Scala隐式方法的帮助类,用于将Scala对象转换为Dataset、DataFrame和Column。它还定义了Scala原始类型的Encoder,例如Int、Double、String及其Product和Collection。

```
val spark=SparkSession.builder.getOrCreate()
import spark.implicits._
```

代码10-7

implicits对象提供从任何类型的RDD(Encoder所包括的)、case类或元组以及Seq创建Dataset,还提供从Scala的Symbol或$到Column的转换,还提供从Product类型(例如案例类或元组)的RDD或Seq到DataFrame的转换,具有从Int、Long和String的RDD到具有单个列名"_1"的DataFrame直接转换。

注意：只能在Int、Long和String原始类型的RDD对象上调用toDF()方法。

➤ def emptyDataset[T](implicit arg0：Encoder[T])：Dataset[T]

创建一个空Dataset[T]。emptyDataset用于创建一个空数据集,假设将来的记录是类型T。

```
scala>val strings=spark.emptyDataset[String]
strings: org.apache.spark.sql.Dataset[String]=[value: string]

scala>strings.printSchema
root
 |--value: string (nullable=true)
```

代码10-8

- def range(end：Long)：Dataset[java.lang.Long]
- def range(start：Long, end：Long)：Dataset[java.lang.Long]
- def range(start：Long, end：Long, step：Long)：Dataset[java.lang.Long]
- def range(start：Long, end：Long, step：Long, numPartitions：Int)：Dataset[java.lang.Long]

创建一个Dataset[Long]。range的方法系列用于创建一个Long数据的数据集。

```
scala>spark.range(start=0, end=4, step=2, numPartitions=5).show
+---+
| id|
+---+
|  0|
|  2|
+---+
```

代码10-9

注意：第一个变体（不明确指定 numPartitions）使用 SparkContext.defaultParallelism 分配 numPartitions。

➢ **def sql（sqlText：String）：DataFrame**

执行 SQL 查询（并返回 DataFrame）。sql 执行参数 sqlText 传递 SQL 语句并创建一个 DataFrame。

```
scala>sql("SHOW TABLES")
res0: org.apache.spark.sql.DataFrame=[tableName: string, isTemporary: boolean]

scala>sql("DROP TABLE IF EXISTS testData")
res1: org.apache.spark.sql.DataFrame=[]

//Let's create a table to SHOW it
spark.range(10).write.option("path", "/tmp/test").saveAsTable("testData")

scala>sql("SHOW TABLES").show
+---------+-----------+
|tableName|isTemporary|
+---------+-----------+
| testdata|      false|
+---------+-----------+
```

代码 10-10

➢ **def udf：UDFRegistration**

访问用户定义的函数（UDF）。udf 属性允许访问 UDFRegistration，允许注册基于 SQL 查询的用户定义函数。

```
scala>spark.udf.register("myUpper", (s: String) =>s.toUpperCase)
res6: org.apache.spark.sql.expressions.UserDefinedFunction =
UserDefinedFunction(<function1>,StringType,Some(List(StringType)))

scala>val strs =('a' to 'c').map(_.toString).toDS
strs: org.apache.spark.sql.Dataset[String]=[value: string]

scala>strs.createOrReplaceTempView("strs")

scala>sql("SELECT *, myUpper(value) UPPER FROM strs").show
+-----+-----+
|value|UPPER|
+-----+-----+
|    a|    A|
|    b|    B|
```

```
|    c|    C|
+-----+-----+
```

代码 10-11

➢ def table(tableName：String)：DataFrame

从表创建 DataFrame。将表加载为 DataFrame（如果表存在）。

```
scala>spark.catalog.tableExists("strs")
res12: Boolean=true

scala>val t1=spark.table("strs")
t1: org.apache.spark.sql.DataFrame = [value: string]

scala>t1.show
+-----+
|value|
+-----+
|    a|
|    b|
|    c|
+-----+
```

代码 10-12

➢ lazy val catalog：Catalog

访问结构化查询实体的元数据目录，catalog 属性是当前元数据目录的查询接口，元数据目录包括关系实体，如数据库、表、函数、表列和临时视图。

```
scala>spark.catalog.listTables.show
+-------------------+--------+-----------+---------+-----------+
|               name|database|description|tableType|isTemporary|
+-------------------+--------+-----------+---------+-----------+
|my_permanent_table| default|       null|  MANAGED|      false|
|              strs|    null|       null|TEMPORARY|       true|
+-------------------+--------+-----------+---------+-----------+
```

代码 10-13

➢ def read：DataFrameReader

read()方法返回一个 DataFrameReader，用于从外部存储系统读取数据并将其加载到 DataFrame。

```
val dfReader: DataFrameReader=spark.read
```

代码 10-14

第10章 Spark 应用程序

➢ lazy val conf：RuntimeConfig

访问当前的运行时配置。

➢ def readStream：DataStreamReader

访问 DataStreamReader，以读取流数据集。

➢ def streams：StreamingQueryManager

访问 StreamingQueryManager，以管理结构化流查询。

➢ def newSession()：SparkSession

创建一个新的 SparkSession。

➢ def stop()：Unit

停止 SparkSession。

10.2 构建应用

假设希望使用 Spark API 编写一个独立的应用程序，将在 Scala 中运行一个简单的应用程序，代码如下。

```
/* SimpleApp.scala */
import org.apache.spark.sql.SparkSession

object SimpleApp {
  def main(args: Array[String]) {
    val logFile="YOUR_SPARK_HOME/README.md" //Should be some file on your system
    val spark=SparkSession.builder.appName("Simple Application").getOrCreate()
    val logData=spark.read.textFile(logFile).cache()
    val numAs=logData.filter(line =>line.contains("a")).count()
    val numBs=logData.filter(line =>line.contains("b")).count()
    println(s"Lines with a: $numAs, Lines with b: $numBs")
    spark.stop()
  }
}
```

代码 10-15

注意：Scala 应用程序应该定义一个 main() 方法，而不是扩展 scala.App，scala.App 子类可能无法正常工作。

该程序仅计算 README 文件中包含"a"的行数和包含"b"的行数。注意，需要将 YOUR_SPARK_HOME 替换为安装 Spark 的位置。与前几章的具有 Spark 交互界面的示例不同，Spark 交互界面会初始化自己的 SparkSession，而 Spark 应用程序需要初始化一个 SparkSession 作为程序的一部分。调用 SparkSession.builder 构造一个 SparkSession，然后设置 Spark 应用程序名称（可以在后面介绍的 Spark 监控界面上找到），最后调用 getOrCreate 获取 SparkSession 实例 spark。

应用程序依赖于 Spark API，所以还将包括一个 sbt 配置文件 build.sbt，它解释 Spark 编译过程需要的依赖关系，在该文件中添加了 Spark 依赖的类库。

```
name := "Simple Project"

version := "1.0"

scalaVersion := "2.11.8"

libraryDependencies += "org.apache.spark" %% "spark-sql" % "2.2.0"
```

代码 10-16

要使 sbt 正常工作，需要根据典型的目录结构布局 build.sbt 和 SimpleApp.scala。一旦构建完成，就可以创建一个包含应用程序代码的 jar 包，然后使用 spark-submit 脚本运行 Spark 程序。

SBT 是 Simple Build Tool 的简称，如果读者使用过 Maven，那么可以简单地将 SBT 看作 Scala 世界的 Maven，虽然二者各有优劣，但完成的工作基本类似。虽然 Maven 同样可以管理 Scala 项目的依赖并进行构建，但 SBT 具有如下特性。

（1）使用 Scala 作为 DSL 定义 build 文件。
（2）通过触发执行特性支持持续的编译与测试。
（3）增量编译。
（4）可以混合构建 Java 和 Scala 项目。
（5）并行的任务执行。
（6）可以重用 Maven 或者 ivy 的 repository 进行依赖管理。

SBT 的发展可以分为两个阶段，即 SBT_0.7.x 时代以及 SBT_0.10.x 以后的时代。目前，SBT_0.7.x 已经很少使用，大部分公司和项目都已迁移到 0.10.x 以后的版本，最新的是 1.1.4 版本，0.10.x 之后的版本 build 定义采用了新的设置系统。SBT 已成为事实上的构建 Scala 应用程序的默认工具，SBT 使用 Apache Ivy 管理库依赖性，如果正在编写一个纯 Scala Spark 应用程序，或者具有 Java 和 Scala 代码的混合代码库，则最有可能从采用 SBT 中获益。

1. 项目结构

如果使用 sbt 0.13.13 或更高的版本，则可以使用 sbt new 命令快速设置简单的 Hello World 构建，输入以下命令到终端。

```
$sbt new sbt/scala-seed.g8
....
Minimum Scala build.
```

```
name [My Something Project]: hello

Template applied in ./hello
```

代码 10-17

当提示输入项目名称时，输入 hello。这将在名为 hello 目录下创建一个新项目。现在从 hello 目录中启动 sbt 并在 sbt shell 中输入 run。在 Linux 或 OS X 上，这些命令可能如下所示。

```
$cd hello
$sbt
...
>run
...
[info] Compiling 1 Scala source to /xxx/hello/target/scala-2.12/classes...
[info] Running example.Hello
Hello
```

命令 10-1

要离开 sbt shell，请输入 exit 或使用组合键 Ctrl＋D(UNIX)或 Ctrl＋Z(Windows)。

```
>exit
```

命令 10-2

在 SBT 的术语中，基础目录是包含项目的目录，因此如果创建了一个包含 hello/build.sbt 的项目 hello，如上面的示例中所示，hello 就是基本目录。像 Maven 一样，SBT 使用标准的项目目录结构。首先构建一个相对简单的项目，SBT 期望的结构看起来如下。

```
build.sbt
lib/
project/
src/
  main/
    resources/
       <files to include in main jar here>
    scala/
       <main Scala sources>
    java/
       <main Java sources>
  test/
    resources
```

```
      <files to include in test jar here>
    scala/
      <test Scala sources>
    java/
      <test Java sources>
```

其中包含以下重要路径和文件。

- **build.sbt**

此文件包含有关该项目的重要属性。构建定义在项目基本目录的 build.sbt 文件中（实际上是任何名为 *.sbt 的文件）描述。build.sbt 文件是一个基于 Scala 的文件，其中包含有关该项目的属性。早期版本的 SBT 文件需要两行间隔，但是这个限制已经在较新的版本中被删除了。

```
name := "BuildingSBT"
version := "1.0"
scalaVersion := "2.11.11"

libraryDependencies += "org.apache.spark" %% "spark-core" % "2.2.0"
libraryDependencies += "org.apache.spark" %% "spark-sql" % "2.2.0"
libraryDependencies += "org.apache.commons" % "commons-csv" % "1.2"
```

代码 10-18

- **lib/**

此目录包含在本地下载的任何非托管库依赖项。

- **project**

在项目的基础目录中已经看到了 build.sbt，其他的 sbt 文件在 project 子目录中。project 目录可以包含.scala 文件，这些文件最后会和.sbt 文件合并共同构成完整的构建定义。除 build.sbt 之外，project 目录还可以包含.scala 文件用来定义助手对象和一次性插件。我们可能会在项目中看到.sbt 文件，但不等同于项目基本目录中的.sbt 文件。build.properties 文件控制 SBT 的版本。不同的项目可以在同一开发环境中使用不同版本的工具。build.properties 文件始终包含一个标识 SBT 版本的属性，例子中该版本是 0.13.15。

```
#SBT Properties File: controls version of sbt tool
sbt.version=0.13.15
```

代码 10-19

什么是插件？插件继承了构建定义，大多数通常是添加设置，新的设置可以是新的任务。如果在 hello 目录下，构建定义中添加一个 sbt-site 插件，创建 hello/project/site.sbt 并且通过传递插件的 Ivy 模块 ID 声明插件依赖给 addSbtPlugin。

```
addSbtPlugin("com.typesafe.sbt" % "sbt-site" % "0.7.0")
```

代码 10-20

如果添加 sbt-assembly，像下面这样创建 hello/project/assembly.sbt。

```
addSbtPlugin("com.eed3si9n" % "sbt-assembly" % "0.11.2")
```

代码 10-21

不是所有的插件都在同一个默认的仓库中，而且一个插件的文档会指导添加能够找到它的仓库。

```
resolvers +=Resolver.sonatypeRepo("public")
```

代码 10-22

插件通常提供设置将它添加到项目并且开启插件功能。

■ **src**

SBT 默认使用与 Maven 相同的目录结构放置源文件，所有路径都相对于基本目录。在 src/中的其他目录将被忽略。另外，所有隐藏的目录都将被忽略。源代码可以放在项目的基本目录 hello/app.scala 中，这可能适用于小型项目，但对于普通项目，人们倾向于将项目放在 src/main/目录中，以保持整洁。src/main/java 是 SBT 希望放 Java 源代码的地方；src/main/scala 是 SBT 放 Scala 源代码的地方。

■ **target**

此目录是 SBT 放置编译的类和 jar 文件的位置。

最后，有两个非常简单的 Spark 应用程序（在 Java 和 Scala 中）用于演示 SBT。每个应用程序都依赖于 Apache Commons CSV 库，因此可以演示 SBT 如何处理依赖关系。

```
/**
 * A simple Scala application with an external dependency to
 * demonstrate building and submitting as well as creating an
 * assembly jar.
 */
object SBuilding{
    def main(args: Array[String]) {
        val spark=SparkSession.builder.appName("SBuilding").getOrCreate()

        //Create a simple RDD containing 4 numbers.
        val numbers=Array(1, 2, 3, 4)
        val numbersListRdd=spark.sparkContext.parallelize(numbers)

        //Convert this RDD into CSV (using Java CSV Commons library).
        val printer=new CSVPrinter(Console.out, CSVFormat.DEFAULT)
```

```
        val javaArray: Array[java.lang.Integer]=numbersListRdd.collect() map
java.lang.Integer.valueOf
        printer.printRecords(javaArray)

        spark.stop()
    }
}
```

代码 10-23 Scala

2. 编译集成

对于底层的实现,SBT 使用 Apache Ivy 从 Maven2 存储库下载依赖关系。可以在 build.sbt 文件中定义的依赖关系,格式为 groupID ％ artifactID ％ revision,对于使用 Maven 的开发人员来说,这可能是熟悉的。在示例中,有 3 个依赖关系:Commons CSV、Spark Core 和 Spark SQL。

```
libraryDependencies +="org.apache.spark" %% "spark-core" % "2.2.0"
libraryDependencies +="org.apache.spark" %% "spark-sql" % "2.2.0"
libraryDependencies +="org.apache.commons" % "commons-csv" % "1.2"
```

代码 10-24

如果使用 groupID ％％ artifactID ％ revision,而不是 groupID ％ artifactID ％ revision(区别是 groupID 后的双百分号),SBT 将项目的 Scala 版本添加到 artifactID,即 spark-core_2.11.11,这只是一种明确 Scala 版本的捷径方式。只能在 Java 中使用的依赖库应始终用单个百分比操作符(％)编写。如果不知道依赖库的 groupID 或 artifactID,则可能在该依赖项的网站或 Maven Central Repository 中找到它们,用 SBT 构建的示例源代码。

```
cd /root/spark-app/building-sbt
sbt clean
sbt package
#(This command may take a long time on its first run)
```

命令 10-3 SBT 构建命令

package 命令用于编译/src/main/中的源代码,并且创建一个没有任何依赖关系的项目代码的 jar 文件。在例子中的目录有 Java 和 Scala 应用程序,所以最终得到一个包含这两个应用程序的 jar 文件。SBT 中还有更多的配置选项可能需要了解,例如可以使用 dependencyClasspath 分隔编译、测试和运行时依赖关系,或添加 resolvers 标识用于下载依赖关系的备用存储库。有关详细信息,请参阅 SBT 参考手册。

现在可以使用熟悉的 spark-submit 脚本运行这些应用程序。使用--packages 参数将 Commons CSV 作为运行时依赖关系。记住,spark-submit 使用 Maven 语法,而不是 SBT 语法(冒号作为分隔符,而不是百分号),并且不需要将 Spark 本身作为依赖关系,因为默认情况下它是隐含的。可以使用逗号分隔列表添加其他 Maven ID。

```
#Run the Scala version.
cd /root/spark-app/building-sbt
$SPARK_HOME/bin/spark-submit \
    --class com.pinecone.SBuilding \
    --packages org.apache.commons:commons-csv:1.2 \
    target/scala-2.11/buildingsbt_2.11-1.0.jar
```

命令 10-4

让 SBT 处理的依赖项的另一种方法是自行下载它们，通过修改示例项目学习此方法。

（1）更新 build.sbt 文件以删除 Commons CSV 依赖关系。

```
libraryDependencies +="org.apache.spark" %% "spark-core" % "2.2.0"
libraryDependencies +="org.apache.spark" %% "spark-sql" % "2.2.0"
//libraryDependencies +="org.apache.commons" % "commons-csv" % "1.2"
```

代码 10-25

（2）将 Commons CSV 下载到本地的 lib/目录。SBT 在编译时隐含地使用此目录中的任何内容。

```
cd /root/spark-app/building-sbt/lib
wget http://central.maven.org/maven2/org/apache/commons/commons-csv/1.2/commons-csv-1.2.jar
```

命令 10-5

（3）像以前一样构建代码（命令 10-3），这导致与以前的方法相同的 jar 文件。

（4）现在可以使用 spark-submit 命令的 --jars 参数运行应用程序，以将 Commons CSV 库作为运行时依赖关系。可以使用逗号分隔列表添加其他 jar。

```
#Run the Scala version.
cd /root/spark-app/building-sbt
$SPARK_HOME/bin/spark-submit \
    --class com.pinecone.SBuildingSBT \
    --jars lib/commons-csv-1.2.jar \
    target/scala-2.11/buildingsbt_2.11-1.0.jar
```

命令 10-6

作为最佳做法，应确保依赖库不是同时在 lib 目录中保存，也在 build.sbt 中定义。如果指定受管理的依赖项，并且还在 lib 目录中有本地副本，则如果依赖库的版本不同步，可能会浪费时间排除这个小故障。还应该查看 Spark 自己的集成 jar，当运行 spark-submit 时，它将隐含在类路径中。如果需要的应用依赖库已经是 Spark 的核心依赖库，在应用 jar 中包括应用依赖库的副本可能导致版本冲突。

3. 创建 jar

随着库依赖性的增加，将所有这些文件发送到 Spark 集群中的每个节点的网络开销也会增加。官方的 Spark 文档建议创建一个特殊的 jar 文件，其中包含应用程序及其所有依赖项，称为装配 jar（或"uber"jar）以减少网络负载。装配 jar 包含被组合和扁平化的一组类和资源文件。使用 sbt-assembly 插件生成装配 jar。这个插件已经在示例项目中，如 project/assembly.sbt 文件所示。

```
addSbtPlugin("com.eed3si9n" % "sbt-assembly" % "0.14.4")
```

代码 10-26

更新 build.sbt 文件将所提供的 Spark 依赖关系标记为 provided，这防止依赖关系被包含在装配 jar 中。如果需要，还可以恢复 Commons CSV 依赖关系，尽管 lib/目录中的本地副本仍将在编译时自动获取。

```
libraryDependencies +="org.apache.spark" %% "spark-core" % "2.2.0" % provided
libraryDependencies +="org.apache.spark" %% "spark-sql" % "2.2.0" % provided
libraryDependencies +="org.apache.commons" % "commons-csv" % "1.2"
```

代码 10-27

接下来，运行 assembly 命令。此命令创建一个包含应用程序和 GSON 类的装配 jar。

```
cd /root/spark-app/building-sbt
sbt assembly
```

代码 10-28

还有更多的配置选项可用，例如使用 MergeStrategy 解决潜在的重复和依赖冲突。可以使用 less 命令确认装配 jar 的内容。

```
cd /root/spark-app/building-sbt
less target/scala-2.11/BuildingSBT-assembly-1.0.jar | grep commons
-rw----    1.0 fat         0 b- stor 16-Mar-20 13:31 org/apache/commons/
-rw----    1.0 fat         0 b- stor 16-Mar-20 13:31 org/apache/commons/csv/
-rw----    2.0 fat     11560 bl defN 15-Aug-21 17:48 META-INF/LICENSE_commons-csv-1.2.txt
-rw----    2.0 fat      1094 bl defN 15-Aug-21 17:48 META-INF/NOTICE_commons-csv-1.2.txt
-rw----    2.0 fat       824 bl defN 15-Aug-21 17:48 org/apache/commons/csv/Assertions.class
-rw----    2.0 fat      1710 bl defN 15-Aug-21 17:48 org/apache/commons/csv/CSVFormat$Predefined.class
-rw----    2.0 fat     13983 bl defN 15-Aug-21 17:48 org/apache/commons/csv/CSVFormat.class
```

```
-rw----      2.0 fat     1811 bl defN 15-Aug-21 17:48 org/apache/commons/csv/
CSVParser$1.class
-rw----      2.0 fat     1005 bl defN 15-Aug-21 17:48 org/apache/commons/csv/
CSVParser$2.class
-rw----      2.0 fat     7784 bl defN 15-Aug-21 17:48 org/apache/commons/csv/
CSVParser.class
-rw----      2.0 fat      899 bl defN 15-Aug-21 17:48 org/apache/commons/csv/
CSVPrinter$1.class
-rw----      2.0 fat     7457 bl defN 15-Aug-21 17:48 org/apache/commons/csv/
CSVPrinter.class
-rw----      2.0 fat     5546 bl defN 15-Aug-21 17:48 org/apache/commons/csv/
CSVRecord.class
-rw----      2.0 fat     1100 bl defN 15-Aug-21 17:48 org/apache/commons/csv/
Constants.class
-rw----      2.0 fat     2160 bl defN 15-Aug-21 17:48 org/apache/commons/csv/
ExtendedBufferedReader.class
-rw----      2.0 fat     6407 bl defN 15-Aug-21 17:48 org/apache/commons/csv/
Lexer.class
-rw----      2.0 fat     1124 bl defN 15-Aug-21 17:48 org/apache/commons/csv/
QuoteMode.class
-rw----      2.0 fat     1250 bl defN 15-Aug-21 17:48 org/apache/commons/csv/
Token$Type.class
-rw----      2.0 fat     1036 bl defN 15-Aug-21 17:48 org/apache/commons/csv/
Token.class
```

命令 10-7

现在可以使用装配 jar 提交执行应用程序。因为依赖关系是捆绑在一起的，所以不需要使用--jars 或--packages。

```
#Run the Scala version.
cd /root/spark-app/building-sbt
$SPARK_HOME/bin/spark-submit \
    --class com.pinecone.SBuildingSBT \
    target/scala-2.11/BuildingSBT-assembly-1.0.jar
```

命令 10-8

10.3 部署应用

　　Spark 程序 bin 目录中的 spark-submit 脚本用于在集群上启动应用程序。它可以通过统一的界面，使用所有 Spark 支持的集群管理器。因此，不必为每个应用程序专门配置应用程序。如果开发的代码依赖于其他项目，则将它们与应用程序一起打包，才能将代码分发到 Spark 集群。为此，需要创建一个包含代码及其依赖关系的装配 jar 或 uber-jar。

一个 uber-jar 也是一个 jar 文件,不仅包含一个 Java 程序,还嵌入了它的依赖关系。这意味着,jar 作为软件的一体化分发,不需要任何其他 Java 代码。优点在于可以分发的 uber-jar,并不关心任何依赖关系是否安装在目标位置,因为 uber-jar 实际上没有依赖关系。

sbt 和 Maven 都提供了装配插件。创建装配 jar 时,列出 Spark 和 Hadoop 作为 provided 依赖项,指出这些不需要捆绑,因为它们在运行时由集群管理器提供。一旦有一个装配 jar,可以调用 bin/spark-submit 脚本传递 jar 运行应用程序。用户应用程序打包完成后,可以使用 bin/spark-submit 脚本启动,此脚本负责使用 Spark 及其依赖关系设置类路径,并可支持 Spark 支持的不同集群管理器和部署模式。

```
./bin/spark-submit \
  --class <main-class>\
  --master <master-url>\
  --deploy-mode <deploy-mode>\
  --conf <key>=<value>\
  ... #other options
  <application-jar>\
  [application-arguments]
```

代码 10-29

一些常用的选项如下。

(1) --class:应用程序的入口点(如 org.apache.spark.examples.SparkPi)。

(2) --master:集群的主 URL(如 spark://23.195.26.187:7077)。

(3) --deploy-mode:是否将驱动程序部署在工作节点(cluster)上,或作为外部客户机(client)本地部署,默认值为 client。

(4) --conf:Key = value 格式的任意 Spark 配置属性。对于包含空格的值,用引号括起,如"key = value"。

(5) application-jar:包含应用程序和所有依赖关系的捆绑 jar 的路径,该 URL 必须在集群中全局可见,例如 hdfs://路径或所有节点上存在的 file://路径。

(6) application-arguments:参数传递给主类的 main()方法。

如果集群中运行驱动程序的主节点和工作节点在同一个物理网络中,常见的部署策略是从主节点上提交应用程序。在此设置中,client 模式是适当的。在 client 模式下,驱动程序直接在 spark-submit 过程中启动,作为集群的客户端。应用程序的输入和输出连接到控制台。因此,此模式特别适用于涉及 REPL 的应用程序,例如 Spark 交互界面。

如果应用程序从远离工作节点的机器提交,例如在笔记本电脑上,通常使用 cluster 模式最大限度地减少驱动程序和执行器之间的网络延迟。目前,Standalone 模式不支持 Python 应用程序的 cluster 模式。

有几个可用的选项是特定于正在使用的集群管理器,例如使用具有 cluster 部署模式的 Spark 独立集群,还可以指定--supervise,以确保如果出现非零退出代码失败,则自动重新启动驱动程序,要枚举所有可用于 spark-submit 可用选项,可使用--help 运行它。以下是常见选项的几个示例。

```
#Run application locally on 8 cores
./bin/spark-submit \
  --class org.apache.spark.examples.SparkPi \
  --master local[8] \
  /path/to/examples.jar \
  100

#Run on a Spark standalone cluster in client deploy mode
./bin/spark-submit \
  --class org.apache.spark.examples.SparkPi \
  --master spark://207.184.161.138:7077 \
  --executor-memory 20G \
  --total-executor-cores 100 \
  /path/to/examples.jar \
  1000

#Run on a Spark standalone cluster in cluster deploy mode with supervise
./bin/spark-submit \
  --class org.apache.spark.examples.SparkPi \
  --master spark://207.184.161.138:7077 \
  --deploy-mode cluster \
  --supervise \
  --executor-memory 20G \
  --total-executor-cores 100 \
  /path/to/examples.jar \
  1000

#Run on a YARN cluster
export HADOOP_CONF_DIR=XXX
./bin/spark-submit \
  --class org.apache.spark.examples.SparkPi \
  --master yarn \
  --deploy-mode cluster \   #can be client for client mode
  --executor-memory 20G \
  --num-executors 50 \
  /path/to/examples.jar \
  1000

#Run a Python application on a Spark standalone cluster
./bin/spark-submit \
  --master spark://207.184.161.138:7077 \
```

```
  examples/src/main/python/pi.py \
  1000

# Run on a Mesos cluster in cluster deploy mode with supervise
./bin/spark-submit \
  --class org.apache.spark.examples.SparkPi \
  --master mesos://207.184.161.138:7077 \
  --deploy-mode cluster \
  --supervise \
  --executor-memory 20G \
  --total-executor-cores 100 \
  http://path/to/examples.jar \
  1000
```

命令 10-9

表 10-1 给出了传递给 Spark 的 master URL 格式。

表 10-1 传递给 Spark 的 master URL 格式

master URL	含 义
local	用一个工作线程在本地运行 Spark,即根本没有并行性
local[K]	使用 K 个工作线程在本地运行 Spark,理想情况下将其设置为机器上的核心数
local[K,F]	使用 K 个工作线程和 F 个 maxFailures 本地运行 Spark,有关此变量的说明,参阅 spark.task.maxFailures
local[*]	在本地运行 Spark,其工作线程与机器上的逻辑内核一样多
local[*,F]	在本地运行 Spark,其工作线程与机器上的逻辑内核一样多,和 F 个 maxFailures
spark://HOST:PORT	连接到给定的 Spark 独立集群主控,端口必须是主服务器配置使用的端口,默认为 7077
spark://HOST1:PORT1,HOST2:PORT2	使用 Zookeeper 连接到带有备用主机的给定 Spark 独立集群。该列表必须具有使用 ZooKeeper 设置的高可用性集群中的所有主机,端口必须是主服务器配置使用的端口,默认情况下为 7077
mesos://HOST:PORT	连接到给定的 Mesos 集群,端口必须是配置使用的端口,默认值为 5050,或者对于使用 ZooKeeper 的 Mesos 集群,使用 mesos://zk://。要使用--deploy-mode cluster 提交,应将 HOST:PORT 配置为连接到 MesosClusterDispatcher
yarn	根据--deploy-mode 的值,以 client 或 cluster 模式连接到 YARN 集群,将基于 HADOOP_CONF_DIR 或 YARN_CONF_DIR 变量找到集群位置

另外，spark-submit 脚本可以从属性文件加载默认的 Spark 配置值，并将它们传递到应用程序。默认情况下，它将从 Spark 目录中的 conf/spark-defaults.conf 中读取选项，以这种方式加载默认 Spark 配置可以避免需要某些配置信息通过 spark-submit 设置。例如，如果设置了 spark.master 属性，则可以从 spark-submit 安全地省略--master 标志。实际上，可以通过三个地方设置运行 Spark 应用程序的配置信息，分别为

（1）应用程序中的 SparkConf。

（2）spark-submit 命令行参数。

（3）Spark 目录中的配置文件。

通常，在应用程序的 SparkConf 上显式设置的配置值具有最高优先级，其次是通过 spark-submit 命令行参数传递配置值，然后将该值设置为默认值。如果不清楚配置选项的来源，可以使用--verbose 选项运行 spark-submit 打印出细粒度的调试信息。

当使用 spark-submit 时，应用程序 jar 以及--jars 选项中包含的任何 jar 将被自动传输到集群。--jars 之后提供的 URL 必须用逗号分隔。这些 jar 文件必须包含在驱动程序和执行器类路径上。目录扩展不适用于--jars。Spark 使用以下 URL 方案允许不同的策略传播 jar。

（1）file：绝对路径和 file：/ URI 由驱动程序的 HTTP 文件服务器提供，每个执行器都从驱动程序 HTTP 服务器提取文件。

（2）hdfs：、http：、https：、ftp：按预期从 URI 中下拉文件和 jar。

（3）local：以 local：开头的 URI，预计作为每个工作节点上的本地文件存在。这意味着不会出现网络传递文件，并且适用于推送大型文件和 jar 到每个工作节点上，或通过 NFS、GlusterFS 等共享。NFS(Network File System)即网络文件系统，是 FreeBSD 支持的文件系统中的一种，它允许网络中的计算机之间通过 TCP/IP 网络共享资源。在 NFS 的应用中，本地 NFS 的客户端应用可以透明地读写位于远端 NFS 服务器上的文件，就像访问本地文件一样。GlusterFS 是 Scale-Out 存储解决方案 Gluster 的核心，它是一个开源的分布式文件系统，具有强大的横向扩展能力，通过扩展能够支持数 PB 存储容量和处理数千客户端。GlusterFS 借助 TCP/IP 或 InfiniBandRDMA 网络将物理分布的存储资源聚集在一起，使用单一全局命名空间管理数据。

注意：jar 和文件将复制到执行器节点上每个 SparkContext 的工作目录，这可能会随着时间的推移占用大量空间，并需要清理。使用 YARN 时，清理将自动进行处理；如果通过 Spark Standalone，可以使用 spark.worker.cleanup.appDataTtl 属性配置自动清理。

用户可能还包括其他的依赖关系，通过使用--packages 参数，其中提供逗号分隔的 Maven 坐标列表。使用此命令时将处理所有的传递依赖关系，搜索当地的 maven 资源库，然后搜索 maven 中心和由--repositories 提供的任何其他远程存储库。坐标的格式应为 groupId：artifactId：version。这些参数可以与 pyspark、spark-shell 和 spark-submit 一起使用。对于 Python，等效的--py-files 选项可用于将.egg、.zip 和.py 库分发到执行器上。

10.3.1 集群架构

Spark 应用程序作为独立的集群进程运行，由称为驱动程序（Driver Program）中的

SparkContext 对象协调。具体来说，要在集群上运行，SparkContext 可以连接到几种类型的集群管理器，它们跨应用程序分配资源。一旦连接，Spark 将在集群中的节点上获取执行器(Executor)，这些进程可以为应用程序运行计算和存储数据。接下来，Spark 将由 jar 或 Python 文件定义应用程序代码（被传递给 SparkContext）发送给执行器。最后，SparkContext 将任务发送给执行器运行。集群框架如图 10-2 所示。

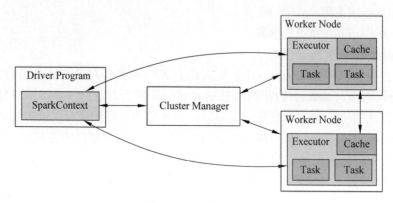

图 10-2　集群框架

Apache Spark 遵循主/从架构，包含两个主要守护程序和一个集群管理器。
（1）主(Master)进程：驱动程序(Driver Program)。
（2）从(Slaver)进程：工作节点(Worker Node)。

Spark 集群有一个主进程和任意数量的从进程。驱动程序和执行器运行它们各自的 Java 进程，用户可以在同一个水平 Spark 集群上或在单独的机器上运行它们，即在垂直 Spark 集群或混合机器配置中运行它们，有关这种架构，有几件有用的事情要注意。

每个应用程序都获得自己的执行器进程，这些进程在整个应用程序的持续时间内保持不变，并在多线程中运行任务。这有利于在调度方（每个驱动程序安排自己的任务）和执行方（在不同 JVM 中运行的不同应用程序的任务）之间彼此隔离应用程序，但是这也意味着数据不能在不写入外部存储系统的情况下在不同的 Spark 应用程序（SparkContext 的实例）之间共享。

Spark 与底层集群管理器无关，只要可以获取执行器进程，并且这些进程彼此通信，即使也支持在其他应用程序的集群管理器上运行，它也是相对容易的。驱动程序必须在其生命周期中监听并接收其执行器的传入连接，因此，驱动程序必须能够从工作节点进行网络寻址。

因为驱动程序调度集群上的任务，所以它应该靠近工作节点运行，最好在相同的局域网上运行。如果要远程发送请求到集群，最好是向驱动程序打开一个 RPC，并从附近提交操作，而不是从远离工作节点运行驱动程序。

10.3.1.1　驱动程序

Spark 驱动程序（也称为应用程序的驱动程序进程）是为 Spark 应用程序承载 SparkContext 的 JVM 进程。它是作业和任务执行的驾驶舱（使用 DAGScheduler 和任务计划程序），承载环境的 Web UI。

驱动程序是 Spark 应用程序的主节点。将 Spark 应用程序分解为任务并安排它们在执行器上运行。一个驱动程序负责任务调度，协调工作节点和整体执行任务。

驱动程序是 Spark 交互界面的核心点和入口点，包括 Scala、Python 和 R 三种语言。驱动程序运行应用程序的 main 函数，并且是创建 Spark 上下文的地方。Spark 驱动程序包含各种组件——DAGScheduler、TaskScheduler、BackendScheduler 和 BlockManager，负责将 Spark 用户代码转换为在集群上执行的实际 Spark 作业，其主要任务包括：

（1）在 Spark 集群的主节点上运行的驱动程序会调度作业执行，并与集群管理器协商。

（2）将 RDD 转换为执行图并将图分解成多个阶段。

（3）驱动程序存储有关所有弹性分布式数据库及其分区的元数据。

（4）作为作业和任务执行的控制部分，将用户应用程序转换为称为任务的较小执行单元，然后执行器执行任务，即运行单个任务的工作进程。

（5）驱动程序通过端口 4040（默认端口）的 Web UI 公开有关正在运行的 Spark 应用程序的信息。

注意：Spark Shell 是一个 Spark 应用程序和驱动程序，创建一个可用作 sc 的 SparkContext。

10.3.1.2 执行器

工作节点也称从节点，是正在运行的 Spark 实例，其中执行器（Executor）执行任务。它们是 Spark 中的计算节点。工作节点接收在线程池中运行的序列化任务，托管一个 BlockManager 可以向 Spark 集群中的其他工作节点提供块。工作节点之间使用其块管理器实例进行通信。BlockManager 是 Spark 中数据块（简单的块）的键值存储。BlockManager 充当在 Spark 应用程序中的每个节点上运行的本地缓存，即驱动程序和执行程序（并在创建 SparkEnv 时创建）。

工作节点中执行器是负责执行任务的分布式代理，执行器为在 Spark 应用程序中缓存的 RDD 提供内存中的存储。执行器启动时，首先向驱动程序注册并直接通信执行任务。执行器可以在其生命周期内并行运行多个任务，并跟踪运行的任务。执行器是负责执行任务的分布式代理。每个 Spark 应用程序都有自己的执行器。执行者通常在 Spark 应用程序的整个生命周期中运行，这种现象称为执行器的静态分配。然而，用户还可以选择动态分配执行器，其中可以动态添加或删除 Spark 执行器，以匹配总体负载。执行器的主要功能如下：

（1）执行器执行所有的数据处理。

（2）从外部来源读取和写入数据。

（3）执行器将计算结果数据存储在内存、缓存或硬盘驱动器中。

（4）与存储系统交互。

10.3.2 集群管理

集群管理器(Cluster Manager)是一个外部服务负责获取 Spark 集群上的资源并将其分配给 Spark 的作业(Job)。有 3 种不同类型的集群管理器,Spark 应用程序可以利用其进行各种物理资源的分配和释放,例如 Spark 作业的内存、CPU 内存等。Hadoop YARN、Apache Mesos 或 Standalone 集群管理器可以在内部或云端启动一个 Spark 应用程序来运行。

为任何 Spark 应用选择集群管理器取决于应用程序的目标,因为所有集群管理器都提供不同的调度功能集。开始使用 Spark 时,Standalone 集群管理器是开发新的 Spark 应用程序时最容易使用的集群管理器。目前支持的三个集群管理器包括

(1) Standalone:Spark 包含的简单集群管理器,可以轻松设置集群。

(2) Apache Mesos:也可以运行 Hadoop MapReduce 和服务应用程序的通用集群管理器。

(3) Hadoop YARN:Hadoop 2 中的资源管理器。

除了上述之外,还有 Kubernetes 的实验支持。Kubernetes 是提供以容器为中心的基础设施的开源平台。Kubernetes 的支持正在 apache-spark-on-k8s Github 组织中积极开发。

10.3.2.1 Standalone

要安装 Spark Standalone 模式,将 Spark 的编译版本放在集群上的每个节点上即可。可以使用每个版本获取 Spark 的预构建版本,也可以自行构建。

■ 手动启动集群

可以通过执行以下命令启动独立的主服务器:

```
./sbin/start-master.sh
```

命令 10-10

一旦开始,主节点的显示终端就会打印出一个类似 spark://HOST:PORT 的 URL,可以使用其连接工作节点,或作为"master"参数传递给 SparkContext。还可以在主节点的 Web UI 上找到此 URL,默认情况下,Web UI 的地址为 http://localhost:8080。同样,可以启动一个或多个从节点,并通过以下方式将其连接到主服务器:

```
./sbin/start-slave.sh <master-spark-URL>
```

命令 10-11

一旦开始工作,查看主节点的 Web UI,应该能看到列出的新节点,以及其 CPU 和内存的数量,其中内存为操作系统留下了 1000MB。传递给主节点和从节点的配置选项见表 10-2。

表 10-2 传递给主节点和从节点的配置选项

参　数	含　义
-h HOST,--host HOST	要监听的主机名
-i HOST,--ip HOST	要监听的主机名(已弃用,使用-h 或--host)
-p PORT,--port PORT	用于侦听的服务端口,默认主服务器为 7077,工作节点为随机
--webui-port PORT	Web UI 端口,默认值为 8080,主服务器为 8081
-c CORES --cores CORES, --cores CORES	允许 Spark 应用程序在机器上使用的总 CPU 内核,默认值为全部可用;仅在工作节点上
-m MEM,--memory MEM	允许 Spark 应用程序在计算机上使用的内存总量,格式为 1000MB 或 2GB,默认值为计算机的总 RAM 减去 1 GB;仅在工作节点上
-d DIR, --work-dir DIR	用于临时空间和作业输出日志的目录,默认值为 SPARK_HOME/work;仅在工作节点上
--properties-file FILE	要加载的自定义 Spark 属性文件的路径,默认值为 conf/spark-defaults.conf

■ **集群启动脚本**

要启动具有启动脚本的 Spark 独立集群,应该在 Spark 目录 conf 中创建一个名为 slaves 的文件,该文件必须包含打算启动 Spark 工作的所有计算机的主机名,每行一个。如果 slaves 文件不存在,则启动脚本默认为单个机器(localhost),这对于测试非常有用。主机通过 ssh 访问每个工作机器。默认情况下,ssh 并行运行,需要无密码(使用私钥)访问进行设置。如果没有无密码设置,可以设置环境变量 SPARK_SSH_FOREGROUND,并为每个工作节点提供一个密码。设置此文件后,可以使用以下 Shell 脚本启动或停止集群,这些脚本基于 Hadoop 的部署脚本,并且可以在 SPARK_HOME/sbin 中,其中包括

　　sbin/start-master.sh:在脚本执行的机器上启动主实例。

　　sbin/start-slaves.sh:在 conf/slaves 文件中指定的每台机器上启动一个从实例。

　　sbin/start-slave.sh:在脚本执行的机器上启动一个从实例。

　　sbin/start-all.sh:启动主和多个从实例。

　　sbin/stop-master.sh:停止通过 sbin/start-master.sh 脚本启动的主服务器。

　　sbin/stop-slaves.sh:停止在 conf/slaves 文件中指定的计算机上的所有从实例。

　　sbin/stop-all.sh:停止主和从实例。

这些脚本必须在要作为主节点的计算机上执行,而不是在本地计算机上执行,还可以通过在目录 conf 中的 spark-env.sh 设置环境变量进一步配置集群。通过从 spark-env.sh.template 开始创建此文件,并将其复制到所有的工作机器,以使设置生效。spark-env.sh 设置环境变量见表 10-3。

表 10-3 spark-env.sh 设置环境变量

环 境 变 量	含 义
SPARK_MASTER_HOST	将主机绑定到特定的主机名或 IP 地址,如公共地址
SPARK_MASTER_PORT	在不同的端口上启动主实例,默认值为 7077
SPARK_MASTER_WEBUI_PORT	主网页界面的端口,默认值为 8080
SPARK_MASTER_OPTS	仅适用于主机的配置属性,格式为"-Dx=y",默认值为无。有关可能的选项列表,参见下文
SPARK_LOCAL_DIRS	用于 Spark 中"scratch"空间的目录,包括存储在磁盘上的地图输出文件和 RDD。这应该在系统中的快速本地磁盘上。也可以是不同磁盘上的多个目录的逗号分隔列表
SPARK_WORKER_CORES	允许 Spark 应用程序在机器上使用的核心总数,默认值为所有的可用内核
SPARK_WORKER_MEMORY	允许 Spark 应用程序在机器上使用的总内存量,例如 1000m,2g,默认值为总内存减去 1 GB;注意,每个应用程序的单个内存都使用其 spark.executor.memory 属性进行配置
SPARK_WORKER_PORT	在特定端口启动 Spark worker,默认值为 random
SPARK_WORKER_WEBUI_PORT	用于工作者 Web UI 的端口,默认值为 8081
SPARK_WORKER_DIR	用于运行应用程序的目录,其中包括日志和临时空间,默认值为 SPARK_HOME/work
SPARK_WORKER_OPTS	仅适用于"-Dx=y"形式的工作的配置属性,有关可能的选项列表,参见下文
SPARK_DAEMON_MEMORY	内存分配给 Spark 主人和工程师守护进程自身(默认值:1g)
SPARK_DAEMON_JAVA_OPTS	Spark 主人和工作程序守护进程的 JVM 选项本身以"-Dx=y"的形式(默认值:无)
SPARK_PUBLIC_DNS	Spark 主人和工作节点的公共 DNS 名称(默认值:无)

■ 将应用程序连接到集群

要在 Spark 集群上运行应用程序,只将主节点的 URL 地址(类似 spark://IP:PORT),传递给 SparkContext 构造函数即可。要针对集群运行交互式,运行以下命令:

```
./bin/spark-shell --master spark://IP:PORT
```

命令 10-12

还可以传递一个选项--total-executor-cores <numCores>控制 spark-shell 在集群上使用的核心数。

■ 启动 Spark 应用程序

spark-submit 脚本提供了将编译的 Spark 应用程序提交到集群最直接的方法。对于 Standalone 集群,Spark 目前支持两种部署模式。在 client 模式下,驱动程序以与提交应用程序的客户端相同的进程启动,但是在 cluster 模式下,驱动程序是从集群中的一个工作节点中启动进程,客户端进程在履行其提交应用程序的责任后立即退出,而不必等待应用程序完成。

如果应用程序是通过 Spark 提交启动的,则应用程序 jar 会自动分发到所有工作节点。对于应用程序所依赖的任何其他 jar,应该使用逗号作为分隔符,通过 --jars 标志指定它们,例如 --jars jar1,jar2。

此外,独立集群模式支持使用非零退出代码退出的应用程序自动重新启动,要使用此功能,可以在启动应用程序时传入 --supervise 标志给 spark-submit 命令,如果希望终止反复失败的应用程序,则可以通过以下方法进行：

```
./bin/spark-class org.apache.spark.deploy.Client kill <master url> <driver ID>
```

命令 10-13

可以通过 Standalone 的主 Web UI(类似 http://<master url>：8080)找到驱动程序 ID。

■ 资源调度

独立集群模式目前只支持跨应用程序的简单 FIFO 调度器,但是,为了允许多个并发用户,可以控制每个应用程序将使用的最大资源数量。默认情况下,它将获取集群中的所有内核,只有一次运行一个应用程序才有意义,可以通过在 SparkConf 中设置 spark.cores.max 封顶核心数量,例如：

```
val conf=new SparkConf()
  .setMaster(...)
  .setAppName(...)
  .set("spark.cores.max", "10")
val sc=new SparkContext(conf)
```

代码 10-30

此外,可以在集群主进程上配置 spark.deploy.defaultCores,如果应用程序没有设置 spark.cores.max 参数,将使用默认值,而不是最多的核心数,为此请在 conf/spark-env.sh 中添加以下内容：

```
export SPARK_MASTER_OPTS="-Dspark.deploy.defaultCores=<value>"
```

命令 10-14

这对于共享集群而言非常有用,用户可能不能单独配置最大数量的内核。

■ 监控和记录

Spark 的独立模式提供基于 Web 的用户界面监控集群,主节点和每个工作节点都有自己的 Web UI,显示集群和作业统计信息。默认情况下,可以访问端口为 8080 的主服务器 Web UI,可以在配置文件或命令行选项中更改端口。此外,每个作业的详细日志输出也会写入每个从节点的工作目录(默认情况下为 SPARK_HOME/work)。之后将看到每个作业都有 stdout 和 stderr 两个文件,其中所有输出都写入其控制台。

■ 与 Hadoop 一起运行

可以在现有的 Hadoop 集群上运行 Spark,只需在同一台机器上将其作为单独的服务启动。要从 Spark 访问 Hadoop 数据,只需使用 hdfs://URL,通常为 hdfs://<namenode>:9000/path,可以在 Hadoop Namenode 的 Web UI 上找到正确的 URL,或者可以为 Spark 设置单独的集群,并且仍然可以通过网络访问 HDFS;这将比磁盘本地访问速度慢,但是如果仍然在同一局域网中运行可能不会产生网络通信的问题,例如在 Hadoop 上的每个机架上放置一些 Spark 机器。

10.3.2.2 YARN

Apache Hadoop YARN 是一种新的 Hadoop 资源管理器,可为上层应用提供统一的资源管理和调度,它的引入为集群在利用率、资源统一管理和数据共享等方面带来了巨大好处。支持在 YARN(Hadoop NextGen)上运行的版本已添加到 Spark 0.6.0 版本中,并在后续版本中得到改进。

YARN 的基本思想是将 JobTracker 的两个主要功能(资源管理和作业调度/监控)分离,主要方法是创建一个全局的 ResourceManager(RM)和若干个针对应用程序的 ApplicationMaster(AM),这里的应用程序是指传统的 MapReduce 作业或作业的 DAG(有向无环图)。YARN 分层结构的本质是 ResourceManager,这个实体控制整个集群并管理应用程序向基础计算资源的分配。ResourceManager 将各个资源部分(如计算、内存、带宽等)精心安排给基础 NodeManager(YARN 的每节点代理)。ResourceManager 还与 ApplicationMaster 一起分配资源,与 NodeManager 一起启动和监视它们的基础应用程序。在此上下文中,ApplicationMaster 承担了以前的 TaskTracker 的一些角色,ResourceManager 承担了 JobTracker 的角色。

ApplicationMaster 管理在 YARN 内运行的应用程序的每个实例。ApplicationMaster 负责协调来自 ResourceManager 的资源,并通过 NodeManager 监视容器的执行和资源使用(CPU、内存等的资源分配)。请注意,尽管目前的资源更加传统(CPU 核心、内存),但未来会带来基于当前任务的新资源类型,如图形处理单元或专用处理设备。从 YARN 角度讲,ApplicationMaster 是用户代码,因此存在潜在的安全问题,YARN 假设 ApplicationMaster 存在错误或者甚至是恶意的,因此将它们当作无特权的代码对待。

NodeManager 管理一个 YARN 集群中的每个节点,NodeManager 提供针对集群中每个节点的服务,从监督对一个容器的终生管理到监视资源和跟踪节点健康。MRv1 通过插槽管理 Map 和 Reduce 任务的执行,而 NodeManager 管理抽象容器,这些容器代表着可供一个特定应用程序使用的针对每个节点的资源。YARN 继续使用 HDFS 层,它的主要 NameNode 用于元数据服务,而 DataNode 用于分散在一个集群中的复制存储服务。

要使用一个 YARN 集群,首先需要来自包含一个应用程序的客户的请求。ResourceManager 协商一个容器的必要资源,启动一个 ApplicationMaster 表示已提交的应用程序。通过使用一个资源请求协议,ApplicationMaster 协商每个节点上供应用程序使用的资源容器。执行应用程序时,ApplicationMaster 监视容器直到完成。当应用程序完成时，ApplicationMaster 从 ResourceManager 注销其容器，执行周期就完成了。

确保 HADOOP_CONF_DIR 或 YARN_CONF_DIR 指向包含 Hadoop 集群的（客户端）配置文件的目录。这些配置用于写入 HDFS 并连接到 YARN ResourceManager。此目录中包含的配置将分发到 YARN 集群，以便应用程序使用的所有容器都使用相同的配置。如果配置引用了不受 YARN 管理的 Java 系统属性或环境变量，那么也应该在 Spark 应用程序的配置（驱动程序、执行程序和 AM 在客户端模式下运行时）中进行设置。

有两种可用于在 YARN 上启动 Spark 应用程序的部署模式。在 cluster 模式下，Spark 驱动程序在由集群上的 YARN 管理的应用程序主进程中运行，客户端可以在启动应用程序后离开。在 client 模式下，驱动程序在客户端进程中运行，应用程序主程序仅用于从 YARN 请求资源。不同于 Spark 独立和 Mesos 模式，其中 master 地址在 --master 参数中指定，在 YARN 模式下，ResourceManager 的地址从 Hadoop 配置中提取。因此，----master 参数是 yarn。要在 cluster 模式下启动 Spark 应用程序：

```
$./bin/spark-submit --class path.to.your.Class --master yarn --deploy-mode cluster [options] <app jar> [app options]
```

命令 10-15

例如：

```
$./bin/spark-submit --class org.apache.spark.examples.SparkPi \
    --master yarn \
    --deploy-mode cluster \
    --driver-memory 4g \
    --executor-memory 2g \
    --executor-cores 1 \
    --queue thequeue \
    lib/spark-examples*.jar \
    10
```

命令 10-16

上面启动了一个 YARN 客户端程序，该程序启动了默认的 Application Master，然后 SparkPi 将作为 Application Master 的子线程运行。客户端将定期轮询 Application Master，以获取状态更新，并将其显示在控制台中，应用程序完成运行后客户端将退出。要在 client 模式下启动 Spark 应用程序，请执行相同的操作，否则将 client 替换为 cluster。以下显示了如何在 client 模式下运行 spark-shell。

```
$./bin/spark-shell --master yarn --deploy-mode client
```

命令 10-17

在 cluster 模式下，驱动程序在与客户机不同的机器上运行，因此 SparkContext

.addJar 将不会与客户端本地的文件一起使用,要使客户端上的文件可用于 SparkContext.addJar,请在启动命令中使用--jars 选项包含它们。

```
$./bin/spark-submit --class my.main.Class \
    --master yarn \
    --deploy-mode cluster \
    --jars my-other-jar.jar,my-other-other-jar.jar \
    my-main-jar.jar \
    app_arg1 app_arg2
```

命令 10-18

10.3.2.3 Mesos

Mesos 是 Apache 下的开源分布式资源管理框架,被称为分布式系统的内核。Mesos 最初是由加州大学伯克利分校的 AMPLab 开发的,之后在 Twitter 得到广泛使用。Apache Mesos 是一个通用的集群管理器,起源于 Google 的数据中心资源管理系统 Borg。

Spark 2.2.0 设计用于 Mesos 1.0.0 或更高的版本,不需要任何特殊的 Mesos 补丁,如果已经运行了 Mesos 集群,则可以跳过 Mesos 的安装步骤,安装针对 Spark 的 Mesos 与其他框架使用的 Mesos 没有什么不同,可以从源或使用预构建软件包安装 Mesos。要使用 Spark 中的 Mesos,需要 Spark 二进制包在 Mesos 可访问的位置上,并将 Spark 驱动程序配置连接到 Mesos,或者也可以将 Spark 安装在所有 Mesos 从节点中的相同位置,并将 spark.mesos.executor.home(默认为 SPARK_HOME)配置为指向该位置。Spark 软件包可以通过任何 Hadoop 可访问的地址进行托管,包括通过 HTTP 服务方式提供访问。要在 HDFS 上托管,可以使用 Hadoop fs put 命令:

```
hadoop fs -put spark-2.2.0.tar.gz /path/to/spark-2.2.0.tar.gz
```

命令 10-19

如果使用的是 Spark 的自定义编译版本,则需要使用 Spark 源目录 tarball/checkout 中包含的 dev/make-distribution.sh 脚本创建一个包,其过程包括:

(1) 使用这里的说明下载并构建 Spark。

(2) 使用./dev/make-distribution.sh --tgz 创建二进制包。

(3) 将档案上传到 http、s3 或 hdfs。

Mesos 的主节点的格式为 mesos://host:5050,这时为 single-master 集群;或者 mesos://zk://host1:2181,host2:2181,host3:2181/mesos,这时为 multi-master 集群,使用 ZooKeeper。

在客户端模式下,Spark Mesos 框架直接在客户端机器上启动,并等待驱动程序输出,驱动程序需要在 spark-env.sh 进行一些配置,才能与 Mesos 正常交互,在 spark-env .sh 设置一些环境变量。

(1) export MESOS_NATIVE_JAVA_LIBRARY=<path to libmesos.so>。

此路径通常为<prefix>/lib/libmesos.so，默认情况下前缀为/usr/local。

(2) export SPARK_EXECUTOR_URI=<URL of spark-2.2.0.tar.gz uploaded above>。

spark.executor.uri 设置为<URL of spark-2.2.0.tar.gz>。

现在，当对集群启动 Spark 应用程序时，在创建 SparkContext 时传递一个 mesos:// URL 地址，例如：

```
val conf=new SparkConf()
  .setMaster("mesos://HOST:5050")
  .setAppName("My app")
  .set("spark.executor.uri", "<path to spark-2.2.0.tar.gz uploaded above>")
val sc=new SparkContext(conf)
```

代码 10-31

运行交互界面时，spark.executor.uri 参数从 SPARK_EXECUTOR_URI 继承，因此不需要作为系统属性冗余地传入。

```
./bin/spark-shell --master mesos://host:5050
```

命令 10-20

Mesos 还支持 cluster 模式，驱动程序在集群中启动，客户端可以从 Mesos Web UI 中找到驱动程序的结果。要使用 cluster 模式，必须通过 sbin/start-mesos-dispatcher.sh 脚本启动集群中的 sbin/start-mesos-dispatcher.sh，传入 Mesos 主节点地址，例如 mesos://host:5050，这将在主机上启动 MesosClusterDispatcher 守护程序，如果喜欢使用 Marathon 运行 MesosClusterDispatcher，则需要在前台运行 MesosClusterDispatcher，例如：

```
bin/spark-class org.apache.spark.deploy.mesos.MesosClusterDispatcher
```

命令 10-21

MesosClusterDispatcher 还支持将恢复状态写入 ZooKeeper。这将使 MesosClusterDispatcher 能够在重新启动时恢复所有已提交并正在运行的容器，为了启用此恢复模式，可以通过 spark-env 中的 SPARK_DAEMON_JAVA_OPTS 配置 spark.deploy.recoveryMode 以及 spark.deploy.zookeeper.*。还可以通过在 spark-env 中设置环境变量 SPARK_DAEMON_CLASSPATH 指定 MesosClusterDispatcher 在类路径中所需的任何其他 jar。

对于 client，可以通过运行 spark-submit 并将主节点地址指定到 MesosClusterDispatcher 的 URL，例如 mesos://dispatcher:7077，向 Mesos 集群提交作业，可以在 Spark 集群 Web UI 上查看驱动程序状态，例如：

```
../bin/spark-submit \
  --class org.apache.spark.examples.SparkPi \
  --master mesos://207.184.161.138:7077 \
  --deploy-mode cluster \
  --supervise \
  --executor-memory 20G \
  --total-executor-cores 100 \
  http://path/to/examples.jar \
  1000
```

命令 10-22

注意：传递给 spark-submit 的 jar 或 Python 文件应该是 Mesos 从节点可访问的地址，因为 Spark 驱动程序不会自动上传本地 jar。

Spark 可以通过两种模式运行 Mesos："粗粒度"（默认）和"细粒度"（不推荐使用）。"粗粒度"模式下，每个 Spark 执行程序作为单个 Mesos 任务运行，Spark 执行器的大小按以下步骤配置变量。

(1) 执行程序内存：spark.executor.memory。

(2) 执行核心：spark.executor.cores。

(3) 执行人数：spark.cores.max / spark.executor.cores。

当应用程序启动时，执行器将尽量启动，直到达到 spark.cores.max，如果没有设置 spark.cores.max，Spark 应用程序将保留 Mesos 提供的所有资源，因此建议设置此变量为任何多租户集群，包括运行多个并发 Spark 应用。调度程序将在 Mesos 提供的优惠中启动执行者循环，但是没有传播保证，因为 Mesos 在提供流中不提供此类保证。

在这种模式下，如果用户提供这种方式，则 Spark 执行器将会遵守端口分配。具体来说，如果用户在 Spark 配置中定义了 spark.executor.port 或 spark.blockManager.port，则 Mesos 调度程序将检查包含端口号的有效端口范围的可用提议，如果没有这样的范围可用，它将不会启动任何任务；如果用户对端口号没有限制，则照常使用临时端口；如果用户定义了一个端口，那么这个承认端口的每个主机意味着一个任务，未来网络隔离应得到支持。

粗粒度模式的优点是启动开销要低得多，但是需要在整个应用程序期间保留 Mesos 资源，要配置作业以动态调整其资源需求，请查看动态分配。

10.4 小　　结

本章讲述了如何设置一个完整的开发环境开发和调试 Spark 应用程序。本章使用 Scala 作为开发语言，SBT 作为构建工具，讲述如何使用管理依赖项、如何打包和部署 Spark 应用程序，另外还介绍了 Spark 应用程序的几种部署模式。

第 11 章

监视和优化**

要获取关于 Spark 应用程序行为的信息,可以查看集群管理器日志和 Spark Web 应用程序界面。这两种方法提供补充信息。通过日志系统可以在应用程序的生命周期中查看细粒度事件。Web 界面提供了 Spark 应用程序行为和细粒度指标的各个方面的广泛概述。要访问正在运行的 Spark 应用程序的 Web 界面,可以在 Web 浏览器中打开 http://spark_driver_host:4040。如果多个应用程序在同一主机上运行,则 Web 应用程序将绑定到以 4040 开始的连续端口,如 4041、4402 等,Web 应用程序仅在应用程序期间可用。

由于大多数 Spark 基于内存的计算性质,Spark 程序需要考虑如何有效地利用集群中的任何资源,包括 CPU、带宽或内存。大多数情况下,如果数据适合内存的大小,瓶颈就有可能为网络带宽,但有时还需要进行一些其他方面的调整,例如以序列化形式存储 RDD,以减少内存使用,数据的序列化对于良好的网络性能至关重要,并且还可以降低内存使用和网络带宽。

11.1 工 作 原 理

在深入了解 Apache Spark 的工作原理之前,先了解一下 Apache Spark 的术语。

(1) 作业(Job):在单个机器上运行的执行单元,例如从 HDFS 或本地读取输入;对数据执行一些计算并输出数据。

(2) 阶段(Stage):作业分为几个阶段。阶段又可以分类为 Map 或 Reduce 阶段。阶段根据计算操作边界划分,所有操作都不能在单个阶段更新,而是发生在多个阶段。

(3) 任务(Task):每个阶段都有一些任务,每个分区都有一个任务。一个任务在一个执行器上的一个数据分区上执行。

(4) 有向无环图(DAG):DAG 代表有向无环图,是指按照一定顺序进行操作和创建 RDD 的逻辑图。Spark 中的 DAG 是一组顶点和边,其中顶点代表 RDD,边缘代表施加在 RDD 上的操作,每条边都只有一个方向,而且不会形成循环。

(5) 执行器(Executor):负责执行任务的进程。

(6) 驱动程序(Driver Program):负责通过 Spark 引擎运行作业的程序/进程。

(7) 主节点(Master Node):运行 Driver 程序的机器。

(8) 从节点(Slave Node):运行 Executor 程序的机器。

11.1.1 依赖关系

Spark 中的所有作业都由一系列操作组成,如 map、filter、reduce 等,并运行在一组数据上,工作中的所有操作都被用来构造 DAG。在可能的情况下,DAG 通过重新排列和组合运算符进行了优化,例如提交一个 Spark 作业,其中包含一个 map 转换,然后是一个 filter 转换。Spark DAG 优化器会重新排列这些运算符的顺序,因为 filter 将减少进行 map 操作的记录数量。

基本上,RDD 的评估本质上是延迟的,这意味着在 RDD 上执行一系列转换,并没有立即对其进行评估。虽然从现有的 RDD 创建新的 RDD,但新的 RDD 还带有指向父 RDD 的指针。就这样,所有的 RDD 之间的依赖关系被记录在 DAG 中,而不是产生实际数据,所以 DAG 记录了依赖关系,也称为谱系图(Lineage Graph)。从一个例子开始,使用 Cartesian 或 zip 理解 RDD 谱系图,当然,也可以使用其他操作在 Spark 中构建 RDD 图。

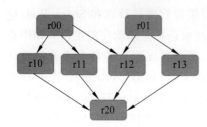

图 11-1 RDD 谱系图或 DAG

图 11-1 描绘了一个 RDD 图,是以下一系列转换的结果。

```
scala>val r00=sc.parallelize(0 to 9)
r00: org.apache.spark.rdd.RDD[Int]=ParallelCollectionRDD[0] at parallelize
at <console>:24

scala>val r01=sc.parallelize(0 to 90 by 10)
r01: org.apache.spark.rdd.RDD[Int]=ParallelCollectionRDD[1] at parallelize
at <console>:24

scala>val r10=r00 cartesian r01
r10: org.apache.spark.rdd.RDD[(Int, Int)]=CartesianRDD[2] at cartesian at
<console>:28

scala>val r11=r00.map(n =>(n, n))
r11: org.apache.spark.rdd.RDD[(Int, Int)]=MapPartitionsRDD[3] at map at
<console>:26

scala>val r12=r00 zip r01
r12: org.apache.spark.rdd.RDD[(Int, Int)]=ZippedPartitionsRDD2[4] at zip at
<console>:28

scala>val r13=r01.keyBy(_ / 20)
r13: org.apache.spark.rdd.RDD[(Int, Int)]=MapPartitionsRDD[5] at keyBy at
<console>:26
```

```
scala>val r20=Seq(r11, r12, r13).foldLeft(r10)(_ union _)
r20: org.apache.spark.rdd.RDD[(Int, Int)]=UnionRDD[8] at union at <console>:36

scala>r20.toDebugString
res1: String =
(10) UnionRDD[8] at union at <console>:36 []
 |   UnionRDD[7] at union at <console>:36 []
 |   UnionRDD[6] at union at <console>:36.[]
 |   CartesianRDD[2] at cartesian at <console>:28 []
 |   ParallelCollectionRDD[0] at parallelize at <console>:24 []
 |   ParallelCollectionRDD[1] at parallelize at <console>:24 []
 |   MapPartitionsRDD[3] at map at <console>:26 []
 |   ParallelCollectionRDD[0] at parallelize at <console>:24 []
 |   ZippedPartitionsRDD2[4] at zip at <console>:28 []
 |   ParallelCollectionRDD[0] at parallelize at <console>:24 []
 |   ParallelCollectionRDD[1] at parallelize at <console>:24 []
 |   MapPartitionsRDD[5] at keyBy at <console>:26 []
 |   ParallelCollectionRDD[1] at parallelize at <console>:24 []
```

代码 11-1

在一个动作被调用之后，RDD 的谱系图记录了需要执行什么转换，换句话说，无论何时在现有 RDD 基础上创建新的 RDD，都使用谱系图管理这些依赖关系，基本上起到记录元数据的作用，描述了与父 RDD 有什么类型的关系，每个 RDD 维护一个或多个父 RDD 指针。

Spark 是分布式数据处理的通用框架，提供用于大规模数据操作的方法 API、内存数据缓存和计算重用，对分区数据应用一系列粗粒度转换，并依赖数据集的谱系重新计算失败时的任务。Spark 围绕 RDD 和 DAG 的概念构建，DAG 表示了转换和它们之间的依赖关系。Spark 应用程序的执行过程如图 11-2 所示。

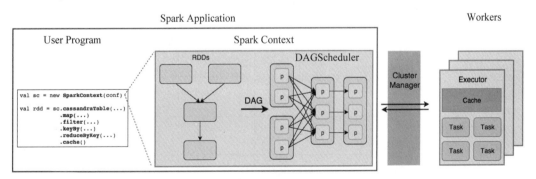

图 11-2　Spark 应用程序的执行过程

在高级别上，Spark 应用程序（通常称为驱动程序或应用程序主控）由 SparkContext 和用户代码组成，用户代码与 SparkContext 交互创建 RDD，并执行一系列转换，以实现最终结果。RDD 的这些转换过程会被 Spark 解释成 DAG，并提交给调度器以在工作节点集群上执行。

RDD 可以被认为是具有故障恢复可能性的不可变并行数据结构，提供了用于各种数据转换和实现的 API，以及用于控制元素的缓存和分区，以优化数据放置的 API。RDD 可以从外部存储或从另一个 RDD 创建，并存储有关其父项的信息以优化执行，并在出现故障时重新计算分区。从开发人员的角度看，RDD 代表分布式不可变数据和延迟评估操作，RDD 接口主要定义了五个属性。

➤ def getPartitions：Array[Partition]

列出分区。

➤ def getDependencies：Seq[Dependency[_]]

其他 RDD 的依赖列表。

➤ def compute(split：Partition，context：TaskContext)：Iterator[T]

计算每个分割的方法。

➤ def getPreferredLocations(split：Partition)：Seq[String] = Nil

用于计算每个分割的首选位置列表。

➤ val partitioner：Option[Partitioner] = None

键值对 RDD 的分区器。

对于这五种方法，通过代码 11-2 将 HDFS 数据加载到 RDD 中进行说明。

```
sparkContext.textFile("hdfs://...").map(…)
```

代码 11-2

首先在内存中加载 HDFS 块（见图 11-3），然后应用 map() 过滤出键，创建两个 RDD 的键。

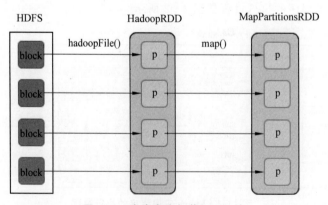

图 11-3　在内存中加载 HDFS 块

两个 RDD 的属性分别为

■ **HadoopRDD**
- getPartitions ＝ HDFS 块
- getDependencies ＝ 无
- compute ＝ 加载内存中的块
- getPrefferedLocations ＝ HDFS 块位置
- partitioner ＝ 无

■ **MapPartitionsRDD**
- getPartitions ＝ 与父类相同
- getDependencies ＝ 父 RDD
- compute ＝ 计算父级并应用 map()
- getPreferredLocations ＝ 与父项相同
- partitioner ＝ 无

11.1.2 划分阶段

在深入研究细节之前，对执行工作流进行快速回顾：包含 RDD 转换的用户代码构成 DAG，然后由 DAG 调度器将其分成若干阶段，如果对 RDD 操作不需要数据进行洗牌或重新分区，则这些操作会组合成一个阶段，阶段由基于输入数据分区的任务组成。DAG 调度器可以优化和管理 RDD 操作，例如许多 map 操作可以安排在单一阶段，此优化是提升 Spark 性能的关键。DAG 调度程序的最终结果是生成一系列阶段，这些阶段然后被传递给任务调度器，任务调度器通过集群管理器启动任务，而不需要知道阶段之间的依赖关系。集群从节点上的 Executor 或 Worker 执行任务，每个作业都启动一个新的 Java 虚拟机，Worker 只获得传递给它的代码，任务在 Worker 上运行，然后结果返回到客户端。阶段划分如图 11-4 所示。

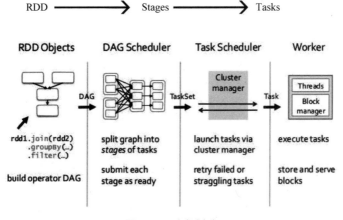

图 11-4 阶段划分

基本上，任何数据处理工作流都可以定义为读取数据源，然后应用一系列转换，最后以不同方式实现结果，转换创建 RDD 之间的依赖关系，通常被分类为"窄依赖"和"宽依赖"，如图 11-5 所示。

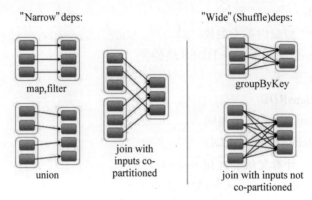

图 11-5　两种转换关系

■ **窄依赖**
- 父 RDD 的每个分区被子 RDD 的最多一个分区使用。
- 允许在一个集群节点上进行流水线的执行。
- 故障恢复更有效，因为只有丢失的父分区需要重新计算。

■ **宽依赖**
- 父 RDD 的每个分区被子 RDD 的多个分区使用。
- 要求所有父分区的数据可用，并在节点间进行洗牌。
- 如果某个分区丢失了所有的祖先，则需要完整的重新计算。

对于窄依赖，父 RDD 的每个分区由子 RDD 的最多一个分区使用，这意味着任务可以在本地执行，不必进行洗牌，例如 map、flatMap、filter 和 sample 等操作；对于宽依赖，多个子分区可能取决于父 RDD 的一个分区，这意味着必须对数据进行跨分区的洗牌，除非父 RDD 进行了散列分区，例如 sortByKey、reduceByKey、groupByKey、cogroupByKey、join 和 cartesian 等。由于采用了延迟评估技术，调度器将能够在提交作业之前优化阶段，窄依赖的操作被放到一个阶段，根据分区挑选连接算法，尽量减少洗牌，重用以前缓存的数据。将 DAG 分成几个阶段，通过打破洗牌边界处的 DAG 创建 Stage，如图 11-6 所示。

11.1.3　实例分析

下面通过字数计数示例介绍 Spark 应用程序的工作原理，可以在 Spark 交互界面中输入下面所示的代码。示例代码产生了 wordcount，其定义了当调用动作时将使用的 RDD 有向无环图。在 RDD 上的操作创建新的 RDD，它返回到其父母从而创建一个有向无环图，可以使用 toDebugString 打印出这个 RDD 谱系，代码如下所示。

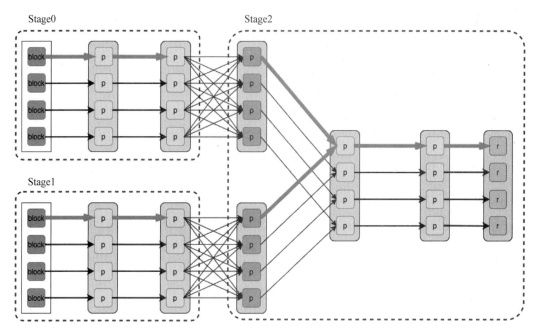

图 11-6　通过打破洗牌边界处的 DAG 创建 Stage

```
scala>val file=sc.textFile("/usr/local/spark/README.md").cache()
file: org. apache. spark. rdd. RDD [String] = /root/data/11 - 0. txt
MapPartitionsRDD[1] at textFile at <console>:24

scala>val wordcount=file.flatMap(line =>line.split(" ")).map(word =>(word,
1)).reduceByKey(_+_)
wordcount: org. apache. spark. rdd. RDD [(String, Int)] = ShuffledRDD [4] at
reduceByKey at <console>:26

scala>wordcount.toDebugString
res3: String =
(2) ShuffledRDD[4] at reduceByKey at <console>:26 []
+-(2) MapPartitionsRDD[3] at map at <console>:26 []
    | MapPartitionsRDD[2] at flatMap at <console>:26 []
    | /usr/local/spark/README.md MapPartitionsRDD[1] at textFile at <console>:
24 []
    |     CachedPartitions: 2; MemorySize: 11.3 KB; ExternalBlockStoreSize:
0.0 B; DiskSize: 0.0 B
    | /usr/local/spark/README.md HadoopRDD[0] at textFile at <console>:24 []

scala>wordcount.collect()
res1: Array[(String, Int)]=Array((package,1), (this,1), (Version"](http://
spark.apache.org/docs/latest/building-spark.html#specifying-the-hadoop-
```

```
version),1),(Because,1),(Python,2),(page](http://spark.apache.org/
documentation.html].,1),(cluster.,1),(its,1),([run,1),(general,3),(have,
1),(pre-built,1),(YARN,,1),(locally,2),(changed,1),(locally.,1),(sc
.parallelize(1,1),(only,1),(several,1),(This,2),(basic,1),
(Configuration,1),(learning,,1),(documentation,3),(first,1),(graph,1),
(Hive,2),(info,1),(["Specifying,1),("yarn",1),([params]`.,1),([project,
1),(prefer,1),(SparkPi,2),(<http://spark.apache.org/>,1),(engine,1),
(version,1),(file,1),(documentation,,1),(MASTER,1),(example,3),(["
Parallel,1),(are,1),(params,1),(scala>,1),(DataFrames,,1),(provides,...
```

代码 11-3

第一个 RDD 为 file，是 HadoopRDD 类型，是通过调用 sc.textFile()创建的，该系列中的最后一个 RDD 为 wordcount，是由 reduceByKey()创建的 ShuffledRDD 类型，如图 11-7 所示，左边的部分是用于 wordcount 的 DAG；RDD 中的内部被小方块分割表示分区，当调用动作 collect 时，Spark 的调度程序会为作业创建一个图 11-7 右所示的物理执行计划（Physical Execution Plan），以执行该操作。

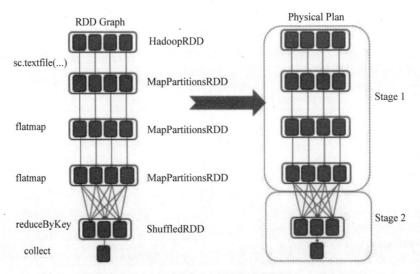

图 11-7 创建一个物理执行计划

调度器根据转换将 DAG 分解成阶段，由于窄依赖没有数据洗牌的转换，所以将被分组到一个单一的阶段，这个物理计划有两个阶段，除了生成的 ShuffledRDD 在 Stage 2，其他都在 Stage 1，如图 11-8 所示。

每个阶段都由任务组成，其基于 RDD 的分区，它将并行执行相同的计算，调度程序将任务集提交给任务调度程序，通过集群管理器启动任务。图 11-9 显示了示例 Hadoop 集群中的 Spark 应用程序。

然后，可以使用 Spark Web 界面查看 Spark 应用程序的行为和性能，网址为 http://localhost：4040，这是运行单词计数作业后的 Web UI 的屏幕截图（图 11-10）。在 Jobs 选项卡下将看到已安排或运行的作业列表，在此示例中是计数的 collect 作业。Jobs 页面显

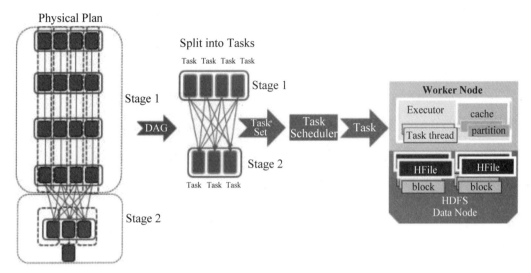

图 11-8 通过集群管理器启动任务

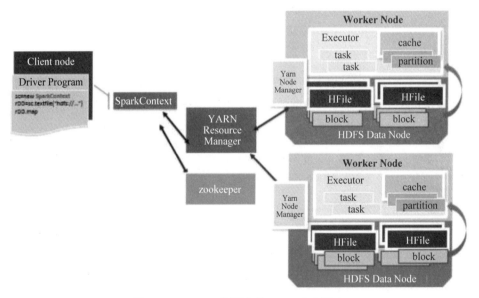

图 11-9 Hadoop 集群中的 Spark 应用程序

示了作业、阶段和任务进度。

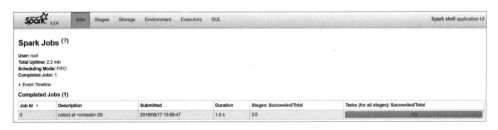

图 11-10 Jobs 页面显示作业、阶段和任务进度

单击进入 Job 0 的详细信息界面(见图 11-11),可以看到 DAG 的行为,可以对照上面的分析结果。

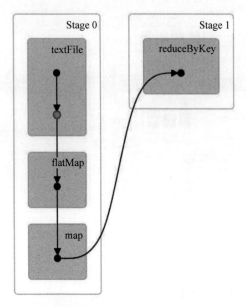

图 11-11　Job 0 的详细信息界面

在 Stages 选项卡下可以看到阶段的详细信息(见图 11-12),以下是单词计数作业的阶段页面,Stage 0 以阶段管道中的最后一个 RDD 转换命名,并且 Stage 1 以动作 collect 命名。

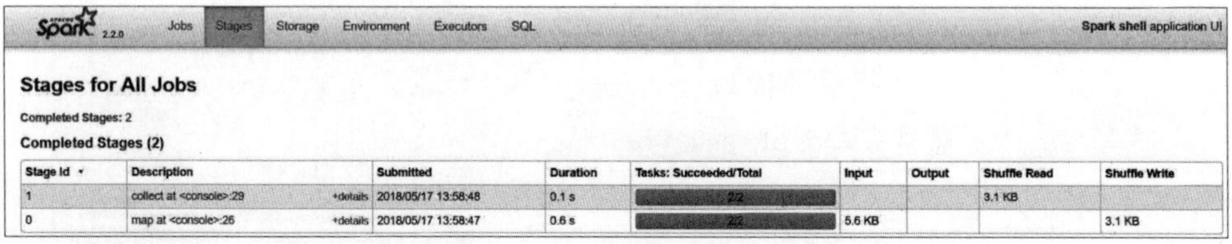

图 11-12　阶段的详细信息

可以在 Storage 选项卡中查看缓存的 RDD,如图 11-13 所示。

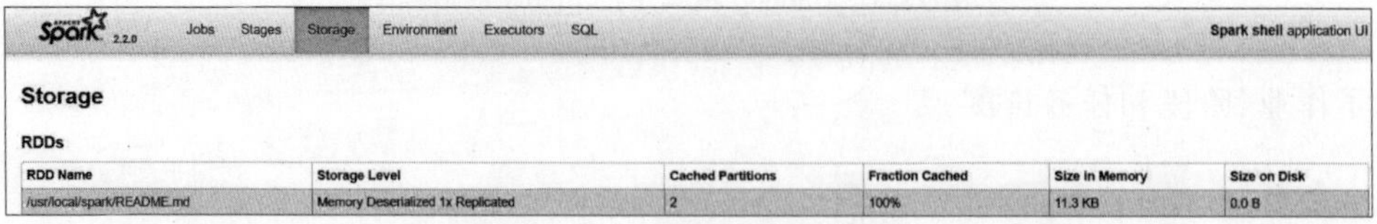

图 11-13　查看缓存的 RDD

在 Executors 选项卡(见图 11-14)下可以看到每个执行器的处理和存储。可以通过单击 Thread Dump 链接查看线程调用堆栈。

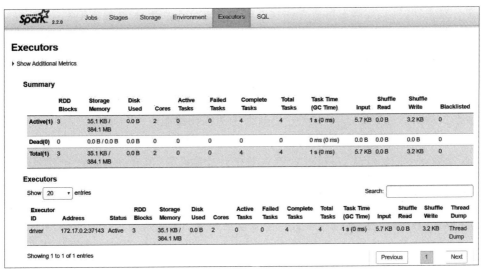

图 11-14　Executors 选项卡

11.2　洗 牌 机 制

在 MapReduce 框架中，洗牌是连接 Map 和 Reduce 之间的桥梁，Map 的输出要用到 Reduce 中必须经过洗牌这个环节，洗牌的性能直接影响整个程序的性能和吞吐量。Spark 作为 MapReduce 框架的一种实现，自然也实现了洗牌逻辑。洗牌是 MapReduce 框架中一个特定的阶段，介于 Map 阶段和 Reduce 阶段，当 Map 的输出结果要被 Reduce 使用时，输出结果需要按键哈希，并且分发到每一个 Reducer 上，这个过程就是洗牌。由于洗牌涉及磁盘的读写和网络的传输，因此洗牌性能的高低直接影响整个程序的运行效率。图 11-15 清晰地描述了 MapReduce 算法的整个流程，其中洗牌阶段介于 Map 阶段和 Reduce 阶段。

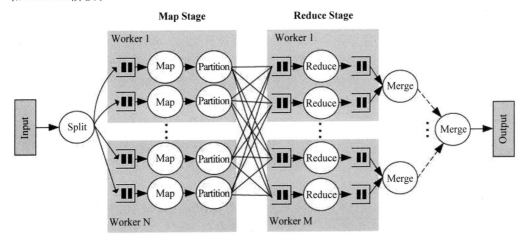

图 11-15　洗牌阶段介于 Map 阶段和 Reduce 阶段

在分布式系统中，洗牌不可避免。这是因为分布式系统基本点就是把一个很大的任务或作业分成 100 份或者 1000 份，这 100 份和 1000 份文件在不同的机器上独自完成各自不同的部分，然后针对整个作业获得最终结果，所以，后面会对各个部分的计算结果进行汇聚，这个汇聚过程会从前一阶段到后一阶段产生网络传输，这个过程称为洗牌。在 Spark 中，为了完成洗牌的过程，会把真正的一个作业划分为不同的阶段，这个阶段的划分是根据依赖关系决定的，洗牌是整个 Spark 中最消耗性能的一个地方。

还有一个非常影响性能的地方是数据倾斜，就是指数据分布不均衡。在谈到洗牌机制时，不断强调不同机器从 Mapper 端抓取数据并计算结果，但有没有意识到数据可能分布不均衡。什么时候会导致数据倾斜，答案就是洗牌会导致数据分布不均衡，也就是数据倾斜的问题。数据倾斜的问题会引申很多其他问题，如网络带宽、硬件故障、内存过度消耗、文件掉失。同时，洗牌的过程中会产生大量的磁盘 IO、网络 IO，以及压缩、解压缩、序列化和反序列化等。所以，在讨论 Spark 优化之前，需要搞清楚洗牌的机制是什么，这也是 Spark 设计中最有趣的话题之一。Shuffle 操作如图 11-16 所示。

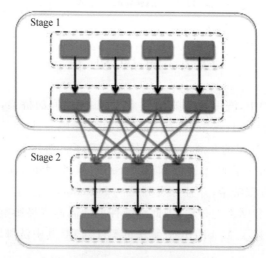

图 11-16　Shuffle 操作

想象一下，有一张电话详细记录列表，想要计算每天发生的通话量。可以将日期设置为键，对于每个记录（即每个呼叫），将增加 1 作为值，之后汇集每个键的值，这将是问题的答案，即每一天的记录总量。但是，当将数据存储在集群中时，如何汇集存储在不同机器上的相同键的值？唯一的方法是使相同键的所有值都在同一台机器上，之后可以汇集出来。

有许多不同的任务都需要整个集群中的数据进行洗牌，例如 join 操作，要在字段"id"上连接两个表，必须确保所有数据都存储在相同的块中。想象一下，整数键的范围从 1 到 1000000。通过将数据存储在相同的块中，例如将两个表中的键为 1~100 的值都分别存储在两个单个分区或块中，这样可以直接将一个表的分区加入另一个表的分区，因为 1~100 键的对应值只存储在这两个分区中，这样的连接将需要更少的计算，而不是为了连接第一个表，每个分区的数据都遍历整个第二个表，所以现在需要了解洗牌的重要性。为了实现这种洗牌,两个表应该具有相同数量的分区。

讨论这个话题,将遵循 MapReduce 命名约定。在洗牌操作中,源执行器中发出数据的任务是 Mapper,将数据消耗到目标执行器中的任务是 Reducer,它们之间发生的就是洗牌。洗牌通常有以下两个重要的压缩参数。

- spark.shuffle.compress:引擎是否会压缩 Shuffle 输出。
- spark.shuffle.spill.compress:是否压缩中间 Shuffle 溢出文件。

两者的默认值都为 true,并且两者都使用 spark.io.compression.codec 编解码器压缩数据,这是默认的。可以知道,Spark 中有许多可用的洗牌实现,在特定情况下使用哪个实现由 spark.shuffle.manager 参数的值决定,有三个可能的选项是:Hash、Sort、Tungsten-sort。从 Spark 1.2.0 开始,Sort 选项是默认值。

11.3 内存管理

本节将介绍 Spark 中的内存管理,然后讨论用户可以采取的具体策略,以便在应用程序中更有效地使用内存。具体来说,就是介绍如何确定对象的内存使用情况,以及如何改进数据结构,或通过以串行格式存储数据,然后介绍调整 Spark 的缓存大小和 Java 垃圾回收器。

Spark 中的内存使用大部分属于两类:执行内存和存储内存。执行内存是指用于以洗牌、连接、排序和聚合计算的存储器,而存储内存是指用于在集群中缓存和传播内部数据的存储器。在 Spark 中,执行和存储共享一个统一的区域(M)。当不使用执行内存时,存储内存可以获取所有可用的存储器,反之亦然。如果需要,执行内存可以驱逐存储内存,但只在总的可用存储内存低于某个阈值(R)情况下。换句话说,R 描述了 M 内的子区域,其中被缓存的块永远不会被驱逐,由于执行的复杂性,存储内存不得驱逐执行内存,该设计确保了几个理想的性能。首先,不使用缓存的应用程序可以将整个空间用于执行内存,从而避免不必要的磁盘溢出;其次,使用缓存的应用程序可以保留最小存储空间(R),使数据块免于被驱逐;最后,这种方法为各种工作负载提供了合理的开箱即用性能,不需要用户用专业知识理解 Spark 内部是如何分配内存的。虽然有两种相关配置,但典型的用户不需要调整它,因为默认值适用于大多数工作负载。

(1) spark.memory.fraction

表示 M 的大小,默认值为 0.6,剩余的空间(40%)保留用于用户数据结构和 Spark 中的内部元数据,并且防止在数据记录异常大和稀疏的情况下出现 OOM(Out Of Memory)错误。

(2) spark.memory.storageFraction

表示 R 的大小作为 M,默认值为 0.5。R 是 M 内的存储空间,其中缓存的块免于被执行驱逐。

从 Apache Spark 1.6.0 版本开始,内存管理模式发生了变化。旧的内存管理模型由 StaticMemoryManager 类实现,现在称为 Legacy。默认情况下,Legacy 模式被禁用,这意味着,在 Spark 1.5.x 和 1.6.0 上运行相同的代码会导致不同的行为。为了兼容性,可以使用 spark.memory.useLegacyMode 参数启用 Legacy 模型，默认情况下将关闭该模型。本节介绍在 Apache Spark 起始版本 1.6.0 中使用的新内存管理模型，它被实现为 UnifiedMemoryManager，新的内存管理模式如图 11-17 所示。

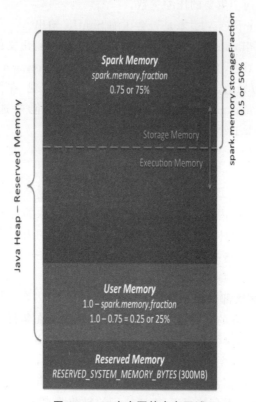

图 11-17　3 个主要的内存区域

从图 11-17 中可以看到 3 个主要的内存区域。

■ 保留内存

这是系统保留的内存，其大小被硬编码在 Spark 发布程序中，是不可以调整的。从 Spark 1.6.0 起，它的值为 300MB，这意味 300MB 的内存不参与 Spark 内存区域大小的计算，如果 Spark 没有重新编译或设置 spark.testing.reservedMemory 参数，保留内存的大小不能以任何方式改变。请注意，这个内存只被称为 Reserved，实际上它并没有被 Spark 使用，但它设置了可以为 Spark 分配使用的限制。无法使用所有 Spark 的 Java 堆缓存数据，因为这个保留部分将保持备用（实际上，它会存储大量的 Spark 内部对象）。如果不给 Spark 执行器至少 1.5×300MB＝450MB 的堆内存，将显示错误消息"please use larger heap size"。

■ 用户内存

这是在 Spark Memory 分配后保留的内存池，完全由用户决定以任何方式使用，可以将数据结构存储在这里用于 RDD 转换，例如可以重写 Spark 聚合，通过使用 mapPartitions 转换维护散列表以便此聚合运行，这将消耗所谓的用户内存。在 Spark 1.6.0

中,此内存池的大小可以计算为

$$(\text{Java Heap} - \text{Reserved Memory}) * (1.0 - \text{spark.memory.fraction}) \tag{11-1}$$

默认值等于

$$(\text{Java Heap} - 300\text{MB}) * 0.25 \tag{11-2}$$

例如,使用 4GB Java 堆,将拥有 949MB 的用户内存。另外,这是用户内存,用户将决定存储在这个内存中的数据,以及如何存储,Spark 完全不会考虑在用户内存中做什么,是否遵守这个边界。如果在用户代码中不遵守此边界,可能导致 OOM 错误。

■ **Spark 内存**

Spark 内存是由 Spark 管理的内存池,它的大小可以计算为

$$(\text{Java Heap} - \text{Reserved Memory}) * (\text{spark.memory.fraction}) \tag{11-3}$$

使用 Spark 1.6.0,默认值为

$$(\text{Java Heap} - 300\text{MB}) * 0.75 \tag{11-4}$$

例如,如果 Java 进程的堆为 4GB,这个池的大小将是 2847MB。整个池分为 2 个区域:存储内存和执行内存,它们之间的边界由 spark.memory.storageFraction 参数设置,默认值为 0.5。这种新的内存管理方案的优点是:这个边界不是静态的,在内存压力的情况下,边界将被移动,即一个区域将通过借用另一个空间来增长。稍后会讨论关于移动这个边界,现在关注这两个内存如何被使用。

(1) 存储内存

此内存池用于存储 Spark 缓存数据。为了临时空间序列化数据的展开,所有的广播变量都存储在此缓存块中,如果没有足够的内存适应整个展开的分区,它将直接将其放置到驱动程序中,如果持久性级别允许这样做,所有广播变量都存储在具有 MEMORY_AND_DISK 持久性级别的缓存中。

(2) 执行内存

此内存池用于存储执行 Spark 任务期间所需的对象,例如它用于 Map 阶段在内存中存储洗牌中间缓冲区,也用于存储散列集合的散列表。如果没有足够的内存可用,此内存池还支持在磁盘上溢出,但是此内存池的块不能被其他线程(任务)强制驱逐。

现在关注存储内存和执行内存之间的移动边界。由于执行内存的性质,不能强制地从此内存池中驱逐内存块,因为这是中间计算中使用的数据,并且如果未找到引用的块,则需要此块的进程将失败。但是,存储内存不是这样,它只是存储在内存中的块缓存,可以通过更新块元数据从那里驱逐该块,实际上块被驱逐到硬盘上(或简单地删除),当访问此块时,Spark 尝试从硬盘中读取,或重新计算(当持久性级别不允许溢出在硬盘上)。所以,可以强制地从存储内存中取出块,但是不能从执行内存中执行相同的操作。当发生以下任一情况时,执行内存可以从存储内存中借用一些空间。

(1)存储内存池中有可用空间,即缓存块没有使用所有可用的内存。然后,它只会减少存储内存池大小,从而增加执行内存池。

(2)存储内存池大小超过初始存储内存区域大小,并且具有所有这些空间。这种情况会导致来自存储内存池的强制驱逐,除非它达到其初始大小。

反之,只有在执行内存池中有空间可用时,存储内存池才能从执行内存池中借用一些空间。初始化存储区域大小的计算为

```
"Spark Memory" * spark.memory.storageFraction
```

等于

```
("Java Heap"-"Reserved Memory") * spark.memory.fraction * spark.memory
.storageFraction
```

使用默认值,这等于

```
("Java Heap"-300MB) * 0.75 * 0.5 = ("Java Heap"-300MB) * 0.375
```

对于 4GB 堆,这将导致初始存储区域中的 1423.5MB 的 RAM。这意味着,如果使用 Spark 缓存,并且执行器上缓存的数据总量与初始存储区域大小至少相同,那么保证存储区域大小至少等于其初始大小。但是,如果在填写存储内存区域之前,执行内存区域已经超出其初始大小,则无法强制地从执行内存中删除条目,因此,在执行保留其块时,最终会导致更小的存储区域在内存中。

11.4 优化策略

由于大多数 Spark 计算的内存性质,Spark 程序可能包括集群中的任何资源:CPU、网络带宽或内存。大多数情况下,如果数据适合内存,瓶颈就是网络带宽,但有时还需要进行一些调整,例如以序列化形式存储 RDD,以减少内存使用。本节涵盖两个主题:一个为数据序列化,这对于良好的网络性能至关重要,并且还可以减少内存使用;另一个为内存调优。

11.4.1 数据序列化

序列化在任何分布式应用程序的性能中都起着重要的作用。数据格式的转换会大大减慢计算速度,例如将对象序列化需要消耗大量字节。通常情况下,数据序列化将需要首先调整,以优化 Spark 应用程序。Spark 旨在在便利(允许使用操作中的任何 Java 类型)和性能之间取得平衡,提供了两个序列化库。

■ **Java 序列化**

默认情况下,Spark 使用 Java 的 ObjectOutputStream 框架序列化对象,并且可以与任何实现 java.io.Serializable 类的对象一起工作,还可以通过扩展 java.io.Externalizable

更紧密地控制序列化的性能。Java 序列化是灵活的,但通常相当慢,并导致许多类的大型序列化格式。

■ **Kryo 序列化**

Spark 也可以使用 Kryo 库(从 Spark 版本 2)更快地对对象进行序列化。Kryo 比 Java 序列化(通常高达 10x)要快得多,更紧凑,但并不支持所有的 Serializable 类型,并且要求提前在程序中注册所需的类,以获得最佳性能。

可以通过使用 SparkConf 初始化的作业并调用 conf.set("spark.serializer", "org.apache.spark.serializer.KryoSerializer")切换到使用 Kryo,此配置不仅用于在工作节点之间进行数据洗牌的串行器,而且还将 RDD 序列化到磁盘。Kryo 不是默认值是因为用户自定义注册的要求,建议尝试在任何网络密集型应用程序中使用。从 Spark 2.0.0 开始,在使用简单类型、数组或字符串类型的 RDD 进行洗牌时,内部使用 Kryo 序列化。

Spark 自动包含 AllScalaRegistrar,涵盖许多常用的核心 Scala 类的 Kryo 序列化程序。要使用 Kryo 注册自己的自定义类,可使用 registerKryoClasses()方法。

```
val conf=new SparkConf().setMaster(...).setAppName(...)
conf.registerKryoClasses(Array(classOf[MyClass1], classOf[MyClass2]))
val sc=new SparkContext(conf)
```

代码 11-4

Kryo 文档介绍了更多的高级注册选项,例如添加自定义序列化代码,如果对象很大,可能还需要增加 spark.kryoserializer.buffer 配置。该值需要足够大,以容纳将序列化的最大对象。最后,如果不注册自定义类,Kryo 仍然可以工作,但它必须存储每个对象的完整类名。

11.4.2 内存调优

在调整内存使用量方面有三个注意事项:对象使用的内存量,需要考虑将整个数据集加载到内存的可能;访问这些对象的成本;如果对象的生命周期变换比较快,还需要考虑垃圾收集的开销。默认情况下,Java 对象可以快速访问,但是对比其字段中的原始数据,Java 对象可以轻松地消耗 2~5 倍的空间,这是由于以下几个原因。

(1) 每个不同的 Java 对象都有一个对象头,大约是 16B,包含一个指向其类的指针,对于一个数据很少的对象(如一个 Int 字段),其可以比数据大。

(2) Java 字符串在原始字符串数据上有大约 40B 的开销(因为它将存储在 Char 数组中并保留额外的数据,如长度),并且由于 String 的内部使用 UTF-16 编码,其将每个字符存储为两个字节,因此,一个 10 字符的字符串很容易消耗 60B。

(3) 通用集合类使用链接的数据结构,如 HashMap 和 LinkedList,其中每个条目都有一个包装器对象,例如 Map.Entry,该对象不仅具有头部,还包括指针指向列表中的下一个对象,通常为 8B。

(4) 原始类型的集合通常将它存储为封装对象,如 java.lang.Integer。

■ 确定内存消耗

调整数据集所需内存量的最佳方法是创建 RDD,将其放入缓存中,并查看 Web 界面中的 Storage 页面,该页面将告诉 RDD 占用多少内存。要估计特定对象的内存消耗,请使用 SizeEstimator.estimate()方法对尝试了解使用不同的数据布局调整内存的使用情况,以及确定广播变量在每个执行程序堆中占用的空间量非常有用。

■ 调整数据结构

减少内存消耗的第一种方法是避免添加增加开销的 Java 功能,如基于指针的数据结构和包装对象,有 4 种方法可以做到这一点。

(1) 设计数据结构采用对象数组和原始类型,而不是标准的 Java 或 Scala 集合类,例如 HashMap。fastutil 库为原始类型提供了方便的收集类,这与 Java 标准库兼容。

(2) 如果可能,避免带有很多小的对象和指针嵌套的结构。

(3) 考虑使用数字 ID 或枚举对象,而不是键的字符串。

(4) 如果 RAM 小于 32 GB,请设置 JAVA 虚拟机标志-XX:+UseCompressedOops,使指针为 4B 而不是 8B,可以在 spark-env.sh 中添加这些选项。

■ 序列化存储

尽管完成了优化调整,但对象仍然太大,无法有效存储,一个减少通过内存形式存储序列化更简单的方法是使用 RDD 持久化 API 中的 StorageLevel()方法序列化,如 MEMORY_ONLY_SER。Spark 会将每个 RDD 分区存储为一个大字节数组,以序列化形式存储数据的唯一缺点是访问时间较慢,因为必须对每个对象进行反序列化。如果要以串行化形式缓存数据,强烈建议使用 Kryo,因为它导致比 Java 序列化更小的尺寸,而且肯定比原始 Java 对象更小。

■ 垃圾收集调整

如果只需读取一次 RDD,然后在其上运行许多操作,通常在程序中不会出现 Java 虚拟机垃圾收集的问题。如果存在很多 RDD,并且由旧的 RDD 产生新的 RDD,就可能产生 Java 虚拟机垃圾收集的问题。当 Java 需要驱逐旧对象为新对象腾出空间时,需要跟踪所有 Java 对象并找到未使用的对象。要记住的要点是,垃圾收集的成本与 Java 对象的数量成正比,因此使用较少对象的数据结构,例如使用 Int 数组,而不是 LinkedList,大大降低了这一成本。一个更好的方法是以序列化形式持久化对象,每个 RDD 分区只有一个对象,即一个字节数组。如果垃圾收集是一个问题,在尝试其他技术之前首先要使用序列化缓存。任务的工作内存(运行任务所需的空间)和缓存在节点上的 RDD 之间的互相干扰也会产生垃圾收集问题,下面讨论如何控制分配给 RDD 缓存空间以减轻这个问题。

垃圾收集调整的第一步是收集关于垃圾收集发生频率和花费时间的统计信息,这可以通过将-verbose:gc -XX:+PrintGCDetails -XX:+PrintGCTimeStamps 参数设置为 Java 选项,例如:

```
./bin/spark-submit --name "My app" --master local[4] --conf spark.eventLog
.enabled=false
```

```
- -conf "spark.executor.extraJavaOptions=-XX:+PrintGCDetails -XX:+
PrintGCTimeStamps" myApp.jar
```

代码 11-5

下次运行 Spark 作业发生垃圾回收时,都会看到在工作日志中打印的消息。注意,这些日志将在集群中的工作节点上,为其工作目录中的 stdout 文件,而不是在驱动程序上。为了进一步调整垃圾收集,首先需要了解 Java 虚拟机中有关内存管理的一些基本信息:Java 堆空间划分为 Young 和 Old 两个区域,Young 的目的是保持临时的对象,而 Old 是为了具有更长的使用寿命的对象;Young 进一步分为三个区域[Eden,Survivor1,Survivor2];当 Eden 已满时,在 Eden 上运行一个小型垃圾回收,并将 Eden 和 Survivor1 中存在的对象复制到 Survivor2。如果一个对象已经足够老,或者 Survivor2 已经满了,就会被移动到 Old。最后,当 Old 接近满时,一个完整的垃圾回收被调用。

Spark 中垃圾回收调整的目标是确保只有长寿命的 RDD 存储在 Old 中,而且 Young 的大小足够容纳临时对象,这将有助于避免完整的垃圾回收,进行在任务执行期间创建的临时对象的收集。可能有用的一些步骤是:通过收集垃圾回收统计信息检查垃圾收集是否太多。如果在任务完成之前多次调用完整的垃圾回收,这意味着没有足够的可用于执行任务的内存。如果存在大量的小垃圾回收,而不是很多主垃圾回收,为 Eden 分配更多的内存将有所帮助。可以将 Eden 的大小设置为对每个任务需要多少内存的估计。如果 Eden 的大小被确定为 E,那么可以使用选项 -Xmn=4/3×E 设置 Young 的大小。(按比例增加 4/3 是考虑 Survivor 地区使用的空间。)

在打印出的 GC 统计信息中,如果 Old 接近于满,则通过降低 spark.memory.fraction,减少用于缓存的内存量;缓存较少的对象比减慢任务执行更好,或者考虑减少 Young 的大小。如果把它设置为如上所述情况,则意味着降低了 -Xmn。如果没有,请尝试更改 Java 虚拟机的 NewRatio 参数的值,许多 Java 虚拟机默认为 2,这意味着 Old 占据堆的 2/3,它应该足够大,使得该分数超过 spark.memory.fraction。尝试使用 -XX:+UseG1GC 的 G1GC 垃圾回收器。在垃圾收集是瓶颈的一些情况下,它可以提高性能。请注意,对于大型执行器堆大小,使用 -XX:G1HeapRegionSize 增加 G1 区域大小可能很重要。例如,如果任务是从 HDFS 读取数据,则可以使用从 HDFS 读取的数据块的大小估计任务使用的内存量。请注意,解压缩块的大小通常是块大小的 2 或 3 倍,所以,如果希望有 3 或 4 个任务的工作空间,HDFS 块的大小是 128MB,可以估计 Eden 的大小是 4×3×128MB。监控垃圾收集的频率和时间,观察如何随着新设置的变化而变化。经验表明,垃圾回收调整的效果取决于应用程序和可用的内存量。在高层次上,管理垃圾回收的全面发生频率有助于减少开销,可以通过在作业配置中设置 spark.executor.extraJavaOptions 指定执行程序的垃圾回收调整标志。

11.4.3 其他方面

集群将不会被充分利用,除非将每个操作的并行级别设置得足够高。尽管可以通过 SparkContext.textFile 等可选参数控制它,Spark 会根据大小自动设置每个文件上运行的

Map 任务的数量，以及对于分布式 Reduce 操作，如 groupByKey 和 reduceByKey，它使用最大的父 RDD 的分区数，可以将并行级别作为第二个参数传递，或者将 config 属性 spark.default.parallelism 设置为更改默认值。一般地，建议的集群中每个 CPU 内核有 2~3 个任务。

有时将获得一个 OutOfMemory 错误，不是因为 RDD 不适合内存，而是因为任务之一的工作集太大，如 groupByKey 中的 Reduce 任务。Spark 的洗牌操作，如 sortByKey、groupByKey、reduceByKey、join 等，在每个任务中构建一个哈希表，以执行分组。这里最简单的解决方案是增加并行级别，以便使每个任务的输入集都更小。Spark 可以有效地支持 200 ms 的任务，因为它可以将多个任务中的一个执行器 Java 虚拟机重用并且任务启动成本低，因此可以将并行级别安全地提高到集群中的核心数量。

使用 SparkContext 可用的广播功能可以大大减少每个序列化任务的大小，以及在集群上启动作业的成本。如果任务使用驱动程序中的任何大对象，例如静态查找表，请考虑将其变为广播变量。Spark 打印主机上每个任务的序列化大小，因此可以查看该任务，以决定任务是否过大；一般地，任务大于 20 KB 时值得优化。

■ **数据局部性**

数据局部性可能会对 Spark 作业的性能产生重大影响。如果数据与在其上运行的代码在一起，则计算往往是快速的。但是，如果代码和数据分开，则必须将其中一个部分移动到另一个部分。通常，代码大小远小于数据，因此从一个地方到另一个地方的传输速度要比一大块数据快。Spark 围绕数据局部性的这一普遍原则构建了它的调度。

数据区域性是指数据与处理它的代码有多近。根据数据的当前位置有几个局部性级别，从最近到最远的顺序为

（1）PROCESS_LOCAL：数据与运行代码在同一个 Java 虚拟机中，这是最佳的区域级别。

（2）NODE_LOCAL：数据位于同一个节点上，例如可能在同一节点上的 HDFS 或同一节点上的另一个执行程序中，这比 PROCESS_LOCAL 慢一些，因为数据必须在进程之间传播。

（3）NO_PREF：数据从任何地方同样快速访问，并且没有局部性偏好。

（4）RACK_LOCAL：数据位于同一机架式服务器上。由于数据位于同一机架上的不同服务器上，因此需要通过网络发送，通常通过单个交换机发送。

（5）ANY：数据都在网络上的其他位置，而不在同一个机架中。

Spark 喜欢将所有任务都安排在最佳的区域级别，但这并不总是可能的。在任何空闲执行程序上，没有未处理数据的情况下，Spark 将切换到较低的区域性级别。有两个选项：①等待一个繁忙的 CPU 释放，启动任务在同一个服务器的数据上；②立即在更远的地方启动一个新的任务，需要在那里移动数据。

Spark 通常做的是等待一个繁忙的 CPU 释放。一旦超时，它将开始将数据从远处移动到可用的 CPU 上。每个级别之间的回退等待超时可以在一个参数中单独配置或全部配置，如果任务很长或局域性比较差，则应增加这些设置，但默认值通常就可以满足。

11.5 最佳实践

11.5.1 系统配置

Spark 提供三个位置配置系统。

(1) Spark 属性：控制了大多数应用程序参数，可以使用 SparkConf 对象或通过 Java 系统属性进行设置。

(2) 环境变量：可用于通过 conf/spark-env.sh 每个节点上的脚本进行每台计算机的设置，例如 IP 地址。

(3) 日志记录：可以通过 log4j.properties 配置。

11.5.1.1 Spark 属性

Spark 属性控制大多数应用程序设置，并针对每个应用程序单独配置，这些属性可以直接通过 SparkConf 设置并传递给 SparkContext。SparkConf 允许配置一些常用属性，例如主 URL 和应用程序名称，以及通过 set() 方法设置任意键值对。例如，可以用两个线程初始化一个应用程序，如下所示。

```
val conf=new SparkConf()
        .setMaster("local[2]")
        .setAppName("CountingSheep")
val sc=new SparkContext(conf)
```

代码 11-6

这里，使用 local[2] 意味着两个线程，表示最小并行性，这可以帮助检测只有在分布式环境中运行时才存在的错误。指定某个持续时间的属性应该使用时间单位进行配置，以下格式被接受。

```
25ms (milliseconds)
5s (seconds)
10m or 10min (minutes)
3h (hours)
5d (days)
1y (years)
```

代码 11-7

指定字节大小的属性应该使用大小单位进行配置，以下格式被接受。

```
1b (bytes)
1k or 1kb (kibibytes=1024 bytes)
1m or 1mb (mebibytes=1024 kibibytes)
```

```
1g or 1gb (gibibytes=1024 mebibytes)
1t or 1tb (tebibytes=1024 gibibytes)
1p or 1pb (pebibytes=1024 tebibytes)
```

代码 11-8

虽然没有单位的数字通常被解释为字节,但少数解释为 KiB 或 MiB,请参阅各个配置属性的文档,在可能的情况下指定单位是可取的。在某些情况下,可能希望避免在 SparkConf 中对某些配置进行硬编码。例如,如果想用不同的 Spark 集群或不同的内存运行相同的应用程序,Spark 允许简单地创建一个空的 conf。

```
val sc=new SparkContext(new SparkConf())
```

代码 11-9

然后可以在运行时提供配置值。

```
./bin/spark-submit --name "My app" --master local[4] --conf spark.eventLog
.enabled=false
  --conf "spark.executor.extraJavaOptions=-XX:+PrintGCDetails -XX:+
PrintGCTimeStamps" myApp.jar
```

代码 11-10

Spark shell 和 spark-submit 工具支持两种动态加载配置的方式,第一种是命令行选项,如代码 11-10 所示的--master。spark-submit 可以使用--conf 标志接受任何 Spark 属性,但对于启动 Spark 应用程序的属性使用特殊标志。运行./bin/spark-submit --help 将显示这些选项的完整列表。bin/spark-submit 还将读取配置选项 conf/spark-defaults.conf,其中每行包含一个由空格分隔的键和值,例如:

```
spark.master              spark://5.6.7.8:7077
spark.executor.memory     4g
spark.eventLog.enabled    true
spark.serializer          org.apache.spark.serializer.KryoSerializer
```

代码 11-11

指定标志或属性文件中的任何值都将传递到应用程序,并与通过 SparkConf 指定的值合并。直接在 SparkConf 上设置的属性具有最高的优先级,然后将标志传递给 spark-submit 或 spark-shell,最后选择 spark-defaults.conf 文件中的选项。自早期版本的 Spark 以来,一些配置键已被重命名;在这种情况下,旧键名仍然可以接受,但优先级低于新键的任何实例。

Spark 属性主要可以分为两种:一种是与部署相关的,如 spark.driver.memory,spark.executor.instances。这些属性通过 SparkConf 编程进行设置,运行时可能不会受到影响,或者行为取决于选择的集群管理器和部署模式,因此建议通过配置文件或 spark-submit 命令行选项进行设置；另一种主要与 Spark 运行时控制有关，如 spark.task.maxFailures，这种属性可以用任何方式设置。

Spark 提供了应用程序 Web 界面 http://<driver>:4040，其列出 Environment 选项卡中的 Spark 属性，这里可以检查，以确保属性设置正确。请注意，只有通过 spark-defaults.conf 和 SparkConf 明确规定，在命令行中指定的值才会出现。对于所有其他配置属性，可以假定使用默认值。大多数控制内部设置的属性都有合理的默认值，一些最常见的选项可以参考 Spark 官方技术文档。

11.5.1.2 环境变量

某些 Spark 设置可以通过环境变量进行配置，这些环境变量是从安装 Spark 目录（或 Windows 环境上的 conf/spark-env.cmd）的脚本 conf/spark-env.sh 中读取的。在 Standalone 和 Mesos 模式下，该文件可以为机器提供特定信息，例如主机名。在运行本地 Spark 应用程序或提交脚本时，它也是来源。请注意，在安装 Spark 的情况下，conf/spark-env.sh 不存在，但是可以复制 conf/spark-env.sh.template 以创建它，确保脚本是可执行文件。spark-env.sh 中设置的变量见表 11-1。

表 11-1 spark-env.sh 中设置的变量

环 境 变 量	含 义
JAVA_HOME	Java 的安装位置，如果它不在默认路径
PYSPARK_PYTHON	Python 二进制可执行文件，用于 PySpark 在驱动程序和工作节点中，默认 Python2.7 可用，否则 Python，如果已设置 spark.pyspark.python 属性优先
PYSPARK_DRIVER_PYTHON	Python 二进制可执行文件，用于 PySpark 在驱动程序和工作节点中，默认为 PYSPARK_PYTHON，如果已设置 spark.pyspark.python 属性优先
SPARKR_DRIVER_R	R 二进制可执行文件，用于 SparkR shell（默认为 R），如果已设置 spark.r.shell.command 属性优先
SPARK_LOCAL_IP	要绑定计算机的 IP 地址
SPARK_PUBLIC_DNS	Spark 程序的主机名将通告给其他机器

除上述外，还可以选择设置 Spark Standalone 集群脚本，例如每台计算机上使用的内核数量和最大内存。由于 spark-env.sh 是一个交互命令脚本，其中一些可以通过程序设置，例如，可以通过查找特定网络接口的 IP 计算 SPARK_LOCAL_IP。在 cluster 模式中，在 YARN 上运行 Spark 时，需要使用 conf/spark-defaults.conf 文件中的 spark.yarn.appMasterEnv.[EnvironmentVariableName]属性设置环境变量。设置的环境变量 spark-env.sh 不会反映在 cluster 模式的 YARN Application Master 进程中。

11.5.1.3 设置日志

Spark 使用 log4j 进行日志记录，可以通过在 conf 目录中添加 log4j.properties 文件配置它，可以复制位于 conf 目录中的 log4j.properties.template 文件产生日志配置文件，原来文件的内容显示如下。

```
#Set everything to be logged to the console
log4j.rootCategory=ERROR, console
log4j.appender.console=org.apache.log4j.ConsoleAppender
log4j.appender.console.target=System.err
log4j.appender.console.layout=org.apache.log4j.PatternLayout
log4j.appender.console.layout.ConversionPattern=%d{yy/MM/dd HH:mm:ss} %p %c{1}: %m%n

#Set the default spark-shell log level to ERROR. When running the spark-shell,
#the log level for this class is used to overwrite the root logger's log level,
#so that the user can have different defaults for the shell and regular Spark
#apps.
log4j.logger.org.apache.spark.repl.Main=ERROR

#Settings to quiet third party logs that are too verbose
log4j.logger.org.spark_project.jetty=ERROR
log4j.logger.org.spark_project.jetty.util.component.AbstractLifeCycle=ERROR
log4j.logger.org.apache.spark.repl.SparkIMain$exprTyper=ERROR
log4j.logger.org.apache.spark.repl.SparkILoop$SparkILoopInterpreter=ERROR
log4j.logger.org.apache.parquet=ERROR
log4j.logger.parquet=ERROR

#SPARK-9183: Settings to avoid annoying messages when looking up nonexistent
#UDFs in SparkSQL with Hive support
log4j.logger.org.apache.hadoop.hive.metastore.RetryingHMSHandler=FATAL
log4j.logger.org.apache.hadoop.hive.ql.exec.FunctionRegistry=ERROR
```

代码 11-12

把 log4j.rootCategory=INFO，console 改为 log4j.rootCategory=WARN，console 即可抑制 Spark 把 INFO 级别的日志打印到控制台上。如果要显示全面的信息，则把 INFO 改为 DEBUG。如果希望一方面把代码中的 println 打印到控制台，另一方面又保留 Spark 本身输出的日志，则可以将它输出到日志文件中。配置根 Logger，其语法为

```
log4j.rootLogger=[level],appenderName,appenderName2,...
```

代码 11-13

level 是日志记录的优先级，分为 OFF、TRACE、DEBUG、INFO、WARN、ERROR、FATAL、ALL。Log4j 建议只使用四个级别，优先级从低到高分别是 DEBUG、INFO、WARN、ERROR。通过在这里定义的级别，可以控制应用程序中相应级别的日志信息的

开关,如在这里定义了 INFO 级别,则应用程序中所有 DEBUG 级别的日志信息将不被打印出来。appenderName 就是指定日志信息输出到哪个地方,可同时指定多个输出目的。配置日志信息输出目的地 Appender,其语法为

```
log4j.appender.appenderName=fully.qualified.name.of.appender.class
log4j.appender.appenderName.optionN=valueN
```

代码 11-14

Log4j 提供的 appender 有以下几种。

(1) org.apache.log4j.ConsoleAppender,输出到控制台

-Threshold = DEBUG:指定日志消息的输出最低层次。

-ImmediateFlush = TRUE:默认值是 true,所有消息都会被立即输出。

-Target = System.err:默认值是 System.out,输出到控制台(err 为红色,out 为黑色)。

(2) org.apache.log4j.FileAppender,输出到文件

-Threshold = INFO:指定日志消息的输出最低层次。

-ImmediateFlush = TRUE:默认值是 true,所有消息都会被立即输出。

-File = C:\log4j.log:指定消息输出到 C:\log4j.log 文件。

-Append = FALSE:默认值是 true,将消息追加到指定文件中,false 指将消息覆盖指定的文件内容。

-Encoding = UTF-8:可以指定文件编码格式。

(3) org.apache.log4j.DailyRollingFileAppender,每天产生一个日志文件

-Threshold = WARN:指定日志消息的输出最低层次。

-ImmediateFlush = TRUE:默认值是 true,所有消息都会被立即输出。

-File = C:\log4j.log:指定消息输出到 C:\log4j.log 文件。

-Append = FALSE:默认值是 true,将消息追加到指定文件中,false 指将消息覆盖指定的文件内容。

-DatePattern='.'yyyy-ww:每周滚动一次文件,即每周产生一个新的文件。还可以用以下参数:

    '.'yyyy-MM:每月

    '.'yyyy-ww:每周

    '.'yyyy-MM-dd:每天

    '.'yyyy-MM-dd-a:每天两次

    '.'yyyy-MM-dd-HH:每小时

    '.'yyyy-MM-dd-HH-mm:每分钟

-Encoding = UTF-8:可以指定文件编码格式。

(4) org.apache.log4j.RollingFileAppender,文件大小到达指定尺寸的时候产生一个新的文件

-Threshold = ERROR:指定日志消息的输出最低层次。

-ImmediateFlush = TRUE:默认值是 true,所有消息都会被立即输出。

-File = C:/log4j.log：指定消息输出到 C:/log4j.log 文件。

-Append = FALSE：默认值是 true，将消息追加到指定文件中，false 指将消息覆盖指定的文件内容。

-MaxFileSize = 100KB：后缀可以是 KB\MB\GB。在日志文件到达该大小时，将会自动滚动，如 log4j.log.1。

-MaxBackupIndex = 2：指定可以产生的滚动文件的最大数。

-Encoding = UTF-8：可以指定文件编码格式。

（5）org.apache.log4j.WriterAppender，将日志信息以流格式发送到任意指定的地方。

配置日志信息的格式，其语法为

```
log4j.appender.appenderName.layout=fully.qualified.name.of.layout.class
log4j.appender.appenderName.layout.optionN=valueN
```

Log4j 提供的 layout 有以下几种。

（1）org.apache.log4j.HTMLLayout，以 HTML 表格形式布局

-LocationInfo = TRUE：默认值是 false，输出 Java 文件名称和行号。

-Title=Struts Log Message：默认值是 Log4J Log Messages。

（2）org.apache.log4j.PatternLayout，可以灵活指定布局模式

-ConversionPattern = %m%n：格式化指定的消息。

（3）org.apache.log4j.SimpleLayout，包含日志信息的级别和信息字符串

（4）org.apache.log4j.TTCCLayout，包含日志产生的时间、线程、类别等信息

（5）org.apache.log4j.xml.XMLLayout，以 XML 形式布局

-LocationInfo = TRUE：默认值是 false，输出 Java 文件名称和行号。

Log4j 采用类似 C 语言中的 printf 函数的打印格式格式化日志信息，打印参数如下。

%m：输出代码中指定的消息。

%p：输出优先级，即 DEBUG\INFO\WARN\ERROR\FATAL。

%r：输出自应用启动到输出该 log 信息耗费的毫秒数。

%c：输出所属的类目，通常是所在类的全名。

%t：输出产生该日志事件的线程名。

%n：输出一个回车换行符，Windows 平台为"\r\n"，UNIX 平台为"\n"。

%d：输出日志时间点的日期或时间，默认格式为 ISO8601，也可以在其后指定格式，如%d{yyyy 年 MM 月 dd 日 HH:mm:ss,SSS}，输出类似 2012 年 01 月 05 日 22:10:28,921。

%l：输出日志事件的发生位置，包括类目名、发生的线程，以及在代码中的行数，如 Testlog.main(TestLog.java:10)。

%F：输出日志消息产生时所在的文件名称。

%L：输出代码中的行号。

%x：输出和当前线程相关联的 NDC（嵌套诊断环境），像 java servlets 多客户多线程的应用。

%%：输出一个"%"字符。

可以在%与模式字符之间加上修饰符控制其最小宽度、最大宽度和文本的对齐方式，如下所示。

%5c：输出 category 名称，最小宽度是 5，category＜5，默认情况下右对齐。

%-5c：输出 category 名称，最小宽度是 5，category＜5，"-"号指定左对齐，会有空格。

%.5c：输出 category 名称，最大宽度是 5，category＞5，会将左边多出的字符截掉；category＜5，不会有空格。

%20.30c：若 category 名称＜20，则补空格，并且右对齐；若 category＞30，就将左边较远输出的字符截掉。

11.5.2 程序调优

11.5.2.1 collect

当在 RDD 上发布 collect 操作时，数据集将被复制到驱动程序，即主节点。如果数据集太大而不适合内存，将抛出内存异常；take 或者 takeSample 可用来取回只有数量上限的元素，另一种方法可以得到分区索引数组。

```
val parallel=sc.parallelize(1 to 9)
val parts=parallel.partitions
```

代码 11-15

然后创建一个更小的 RDD，过滤掉除单个分区外的所有内容，从较小的 RDD 收集数据并遍历单个分区的值。

```
for(p <-parts){
  val idx=p.index
  val partRDD=parallel.mapPartitionsWithIndex((index: Int, it: Iterator[Int]) =>if(index ==idx) it else Iterator(), true)
  val data=partRDD.collect
  //从单个分区中 data 包含所有的值，以数组的形式
}
```

代码 11-16

也可以使用 foreachPartition 操作。

```
parallel.foreachPartition(partition =>{
  partition.toArray
  //代码
})
```

代码 11-17

因为只有当分区中的数据足够小时，才会起作用。可以使用 coalesce()方法随时增

加分区数量。

```
rdd.coalesce(numParts, true)
```

代码 11-18

11.5.2.2　count

当不需要返回确切的行数时,不使用 count(),可以使用:

```
DataFrame inputJson=sqlContext.read().json(...);
if (inputJson.take(1).length ==0) {}
```

代码 11-19

代替使用:

```
if (inputJson.count()==0) {}
```

代码 11-20

11.5.2.3　迭代器列表

通常,当读入一个文件时,要使用由某个分隔符分隔的每行中包含的各个值,分割分隔线是一项简单的操作。

```
newRDD=textRDD.map(line =>line.split(","))
```

代码 11-21

但是,这里的问题是返回的 RDD 是由迭代器组成的,想要的是调用 split 函数后获得的各个值,换句话说,需要的是一个 Array[String],而不是 Array[Array[String]],为此将使用 flatMap()方法。

```
scala>val mappedResults=mapped.collect()
mappedResults: Array[Array[String]]=Array(Array(foo, bar, baz), Array(larry,
moe, curly), Array(one, two, three))

scala>val flatMappedResults=flatMapped.collect();
flatMappedResults: Array[String]=Array(foo, bar, baz, larry, moe, curly, one,
two, three)

scala>println(mappedResults.mkString(" : "))
[Ljava.lang.String;@2a70c8d5 : [Ljava.lang.String;@6d0ef6dc : [Ljava.lang.
String;@2936f48a
```

```
scala>println(flatMappedResults.mkString (" : ") )
foo : bar : baz : larry : moe : curly : one : two : three
```

代码 11-22

11.5.2.4 groupByKey

正如看到的，Map 示例返回一个包含 3 个 Array[String]实例的数组，而该 flatMap 调用返回包含在一个数组中的各个值。假设有一个 RDD 项目，例如：

```
(3922774869,10,1)
(3922774869,11,1)
(3922774869,12,2)
(3922774869,13,2)
(1779744180,10,1)
(1779744180,11,1)
(3922774869,14,3)
(3922774869,15,2)
(1779744180,16,1)
(3922774869,12,1)
(3922774869,13,1)
(1779744180,14,1)
(1779744180,15,1)
(1779744180,16,1)
(3922774869,14,2)
(3922774869,15,1)
(1779744180,16,1)
(1779744180,17,1)
(3922774869,16,4)
...
```

代码 11-23

代表(id，age，count)，希望将这些行生成一个数据集，其中每一行代表的是每个 id 的年龄分布(ID，age)，这是唯一的，例如：

```
(1779744180, (10,1), (11,1), (12,2), (13,2) ...)
(3922774869, (10,1), (11,1), (12,3), (13,4) ...)
```

代码 11-24

代表(id，(age，count)，age，count)…)，最简单的方法是首先聚合两个字段，然后使用 groupBy。

```
rdd.map { case (id, age, count) =>((id, age), count) }.reduceByKey(_ + _)
    .map { case ((id, age), count) =>(id, (age, count)) }.groupByKey()
```

代码 11-25

其中返回一个 RDD[(Long, Iterable[(Int, Int)])]，对于上面的输入，它将包含下面两个记录：

```
(1779744180,CompactBuffer((16,3), (15,1), (14,1), (11,1), (10,1), (17,1)))
(3922774869,CompactBuffer((11,1), (12,3), (16,4), (13,3), (15,3), (10,1), (14,5)))
```

代码 11-26

但是，如果有一个非常大的数据集，为了减少洗牌，不应该使用 groupByKey()，可以使用 aggregateByKey()。

```
import scala.collection.mutable

val rddById=rdd.map { case (id, age, count) =>((id, age), count) }
.reduceByKey(_ + _)
val initialSet=mutable.HashSet.empty[(Int, Int)]
val addToSet=(s: mutable.HashSet[(Int, Int)], v: (Int, Int)) =>s +=v
val mergePartitionSets=(p1: mutable.HashSet[(Int, Int)], p2:
mutable.HashSet[(Int, Int)]) =>p1 ++=p2
val uniqueByKey = rddById. aggregateByKey ( initialSet ) ( addToSet,
mergePartitionSets)
```

代码 11-27

这导致的结果为

```
uniqueByKey: org.apache.spark.rdd.RDD[(AnyVal, scala.collection.mutable
.HashSet[(Int, Int)])]
```

代码 11-28

能够将值打印为

```
scala>uniqueByKey.foreach(println)
(1779744180,Set((15,1), (16,3)))
(1779744180,Set((14,1), (11,1), (10,1), (17,1)))
(3922774869,Set((12,3), (11,1), (10,1), (14,5), (16,4), (15,3), (13,3)))
```

代码 11-29

洗牌可能是一个很大的瓶颈，以下是比 groupByKey 更好的推荐方法：combineByKey 和 foldByKey。

11.5.2.5 reduceByKey

考虑编写一个转换，查找与每个键对应的所有的唯一字符串。一种方法是使用 map 将每个元素转换为一个 Set，然后使用 reduceByKey 将这些 Set 进行组合。

```
rdd.map(kv =>(kv._1, new Set[String]() +kv._2)).reduceByKey(_ ++_)
```

代码 11-30

此代码导致大量不必要的对象创建,因为必须为每条记录分配一个新的 Set。最好使用 aggregateByKey(),更高效地执行聚合,即尽量将聚合发生在 Map 阶段。

```
val zero=new collection.mutable.Set[String]()
rdd.aggregateByKey(zero)( (set, v) =>set +=v, (set1, set2) =>set1 ++=set2)
```

代码 11-31

11.5.2.6 广播变量

Spark 的难点之一是理解跨集群执行代码时变量和方法的范围和生命周期,如果 RDD 操作修改了范围之外的变量,可能经常造成混淆。在下面的示例中,将查看 foreach() 用于增加计数器的代码,其他操作也会出现类似问题。考虑以下简单的 RDD 元素求和,根据执行是否发生在同一个 Java 虚拟机中,这可能有不同的表现。一个常见的例子是在 local 模式中运行或者将 Spark 应用程序部署到集群(例如,通过 spark-submit to YARN)。

```
var counter=0
var rdd=sc.parallelize(data)

//Wrong: Don't do this!!
rdd.foreach(x =>counter +=x)

println("Counter value: " +counter)
```

代码 11-32

上述代码的行为是未定义的,并且可能无法按预期工作。为了执行作业,Spark 将 RDD 操作的处理分解为任务,每个任务都由执行器完成。在执行之前,Spark 会计算任务的闭合。闭合是执行器在 RDD 上执行其计算的可见的变量和方法,例如代码中的 foreach()。该闭合被序列化并发送给每个执行器。

如在集群环境,发送给每个执行器闭合中的变量现在被复制,因此,当在 foreach 函数内引用 counter()时,它不再是驱动程序节点上的 counter()。驱动程序节点的内存中仍有一个 counter(),但对于执行器来说是不可见的,执行器只能看到序列化后闭合的副本,因此 counter()的最终值仍然为零,因为 counter()上的所有操作都引用了序列化闭包内的值。

在本地模式下,foreach 函数实际上将在与驱动程序相同的 Java 虚拟机内执行,并且会引用相同的原始计数器,并可能实际更新它。为了确保在这些场景中明确定义的行为,应该使用一个累加器(Accumulator)。Spark 中的累加器专门用于提供一种机制,用于在集群中安全地更新变量,当执行在工作节点之间被拆分时。

一般来说,闭合结构像循环或本地定义的方法,不应该用来改变一些全局状态。Spark 不会定义或保证从闭合外引用的对象的改变行为。这样做的一些代码可能在本地模式下工作,但是这种代码在分布式模式下的行为不可预期。在可用执行器上运行每个任务之前,Spark 会计算任务的闭合结构。如果一个巨大的数组需要在 Spark 程序的闭合结构中定义,则此数组将被运送到每个 Spark 集群的工作节点上;如果有 10 个工作节点,每个工作节点 10 个分区,总共有 100 个分区,则此数组将至少分配 100 次。如果使用 broadcast()方法,它将使用高效的 P2P 协议在每个节点上分发一次。

```
val array: Array[Int] =   //some huge array
val broadcasted=sc.broadcast(array)
```

代码 11-33

还有一些 RDD:

```
val rdd: RDD[Int] =
```

代码 11-34

下面的代码,数组每次都需要在 Spark 集群中进行传输。

```
rdd.map(i =>array.contains(i))
```

代码 11-35

如果使用 broadcasted,将会得到巨大的性能优势。

```
rdd.map(i =>broadcasted.value.contains(i))
```

代码 11-36

一旦向工作节点广播了该值,就不应该对其值进行更改,以确保每个节点具有完全相同的数据副本,修改后的值可能会发送到另一个节点,这会产生意外的结果。

如果 RDD 足够小,以适应每个工作节点的内存,则可以将其变成广播变量,并将整个操作转变为所谓的更大 RDD 的 map-side 连接。通过这种方式,更大的 RDD 根本不需要 Shuffle。如果较小的 RDD 是维度表,这很容易发生。

```
val smallLookup=sc.broadcast(smallRDD.collect.toMap)
largeRDD.flatMap { case(key, value) =>
  smallLookup.value.get(key).map { otherValue =>
    (key, (value, otherValue))
  }
}
```

代码 11-37

虽然中等规模的 RDD 不能完全适应内存，但它的键集却可以。由于 join 操作会放弃大 RDD 中与小 RDD 中键没有匹配的所有元素，因此可以使用小 RDD 的键集在洗牌之前执行此操作。如果有大量的条目被这种方式抛弃，则最终的洗牌将需要传输很少的数据。

```
val keys=sc.broadcast(mediumRDD.map(_._1).collect.toSet)
val reducedRDD=largeRDD.filter{ case(key, value) =>keys.value
.contains(key) }
reducedRDD.join(mediumRDD)
```

代码 11-38

值得注意的是，这里的效率增益取决于实际 filter 操作减小多少 RDD 的尺寸。如果在这里减少的条目不多，可能因为小 RDD 中的键是大 RDD 的大部分，那么这种策略就没有什么作用。

11.5.2.7 存储级别

仅仅因为可以在存储器中缓存 RDD，并不意味着应该盲目地这样做。取决于访问数据集的次数以及这样做所涉及的工作量，重新计算可能更快。毫无疑问，如果只是一次读取数据集，没有必要缓存数据集，那么它实际上会使工作变慢。从 Spark Shell 可以看到缓存数据集的大小。默认情况下，Spark 使用 MEMORY_ONLY 级别的 cache() 数据，MEMORY_AND_DISK_SER 可以帮助减少 GC，并避免昂贵的重新计算。存储级别见表 11-2。

表 11-2 存储级别

存储级别	含义
MEMORY_ONLY	将 RDD 作为反序列化的 Java 对象存储在 Java 虚拟机中。如果 RDD 不适合内存，则某些分区将不会被缓存，并会在每次需要时重新计算。这是默认级别
MEMORY_AND_DISK	将 RDD 作为反序列化的 Java 对象存储在 Java 虚拟机中。如果 RDD 不适合内存，请存储不适合磁盘的分区，并在需要时从中读取它们
MEMORY_ONLY_SER	将 RDD 存储为序列化的 Java 对象（每个分区一个字节的数组）。与反序列化的对象相比，这通常更节省空间，特别是在使用快速序列化器时，需要更多的 CPU 密集型读取
MEMORY_AND_DISK_SER	与 MEMORY_ONLY_SER 类似，但将不适合内存的分区溢出到磁盘上，而不是每次需要时重新计算它们
DISK_ONLY	将 RDD 分区仅存储在磁盘上
MEMORY_ONLY_2, MEMORY_AND_DISK_2 等	与上面的级别相同，但复制两个集群节点上的每个分区
OFF_HEAP（实验）	与 MEMORY_ONLY_SER 类似，但将数据存储在堆内存储器中。这需要启用堆内存

以 Tachyon 的序列化格式存储 RDD。与 MEMORY_ONLY_SER 相比，OFF_

HEAP 减少了垃圾回收开销,并允许执行程序更小并共享内存池,使其在具有大堆或多个并发应用程序的环境中更具吸引力。此外,由于 RDD 驻留在 Tachyon 中,执行程序的崩溃不会导致内存缓存丢失。在这种模式下,Tachyon 中的内存是可丢弃的。因此,Tachyon 不会尝试重建它从记忆中消失的区块。

11.6 案例分析

本节将介绍 Spark 执行模型的组件,可以看到用户程序如何转换为物理执行的单位。

11.6.1 执行模型

先看逻辑计划,以从 CSV 文件加载 SFPD 数据的早期课程的示例为例,看 Spark 执行模型的组件是怎样运行的。

```
scala>val inputRDD=sc.textFile("/root/data/sfpd.csv")
inputRDD: org. apache. spark. rdd. RDD [String] = /root/data/sfpd. csv
MapPartitionsRDD[1] at textFile at <console>:24

scala>val sftpdRDD=inputRDD.map(x=>x.split(","))
sftpdRDD: org.apache.spark.rdd.RDD[Array[String]]=MapPartitionsRDD[4] at map
at <console>:26

scala>val catRDD=sftpdRDD.map(x=>(x(1),1)).reduceByKey((a,b)=>a+b)
catRDD: org. apache. spark. rdd. RDD [(String, Int)] = ShuffledRDD [7] at
reduceByKey at <console>:28
```

代码 11-39

第一行语句从 sfpd.csv 文件创建名为 inputRDD 的 RDD;第二行语句创建的 RDD 为 sfpdRDD,其将基于所述逗号分隔符输入 RDD 的数据;第三条语句通过 map 和 reduceByKey 转换创建 catRDD。上面的代码还没有执行任何动作,只是定义了这些 RDD 对象的 DAG。每个 RDD 维护指向其所依赖 RDD 的指针,以及这个依赖关系的元数据。RDD 使用这些关系数据跟踪其关联的 RDD,要显示的 RDD 谱系,使用 toDebugString()方法。

```
scala>catRDD.toDebugString
res0: String =
(2) ShuffledRDD[7] at reduceByKey at <console>:28 []
 +-(2) MapPartitionsRDD[6] at map at <console>:28 []
    |  MapPartitionsRDD[4] at map at <console>:26 []
    |  /root/data/sfpd.csv MapPartitionsRDD[3] at textFile at <console>:24 []
    |  /root/data/sfpd.csv HadoopRDD[2] at textFile at <console>:24 []
```

代码 11-40

这个例子显示了 catRDD 谱系。谱系显示了 catRDD 所有的依赖结构。sc.textFile 首先创建一个 HadoopRDD，然后是 MapPartitionsRDD。每次应用 map 转换时，它会产生 MapPartitionsRDD。当应用 reduceByKey 转换时，它会产生 ShuffledRDD。

目前为止还没有进行任何生成 RDD 的计算，因为没有执行任何动作操作。当在 catRDD 上添加 collect 动作时，collect 动作触发了 RDD 计算。Spark 调度程序创建一个物理计划以计算所需的 RDD。当调用 collect 动作时，RDD 的每个分区都会被实现，并传输到启动程序上。此时，Spark 调度程序从 catRDD 开始逆向运作，建立必要的物理规划（见图 11-18）计算所有依赖的 RDD。

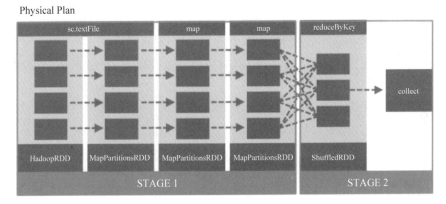

图 11-18　物理规划

调度程序通常为图中的每个 RDD 输出一个计算阶段。然而，当 RDD 可以从其上级依赖进行计算而不移动数据时，多个 RDD 将被折叠成单个阶段。将多个 RDD 的操作折叠到一个阶段的处理被称为 pipeline。在计算中，pipeline 是串联连接的一组数据处理元素，其中一个元素的输出是下一个元素的输入。管道的元素通常以并行或时间分割的方式执行；在这种情况下，通常会在元素之间插入一定量的缓冲存储器。

在该示例中，map 操作在 RDD 的分区之间不移动任何数据，因此两个对 RDD 进行的 map 转换合并到流水线中，产生 STAGE1。由于 reduceByKey 转换做了洗牌操作，需要在 RDD 的分区之间根据相同键传递值和计算值，所以被安排到下一阶段 STAGE2，这就是调度程序可能会合并谱系的一种情况。当然，还有其他几种情况，这里只列出调度程序可以合并 RDD 谱系的情况。

- 当依赖的上级 RDD 没有数据移动时，Spark 调度程序将多个 RDD 合并到单个阶段。
- 当 RDD 持久化到集群内存或磁盘时，Spark 调度程序将合并 RDD 谱系。
- 如果较早的洗牌操作已经将 RDD 物理化，就是将 RDD 的计算结构保存下来，就不需要再执行生成这个 RDD 的所有操作，可以在这个 RDD 的基础上开始操作。此优化内置于 Spark 中。

当执行一个动作时，例如 collect 操作，DAG 被转换成一个物理计划，以计算执行操作所需的 RDD。Spark 调度程序提交作业，以计算所有必需的 RDD。每个作业（Job）由一个或多个阶段组成,每个阶段由任务(Task)组成。阶段按顺序处理,并且在集群上调度和执行单个任务。对于同一阶段中的RDD,其中每个分区都对应一个任务。这些任务被阶段启动,对RDD特定分区执行相同的事情,每个任务的执行步骤都相同。

(1) 获取输入(从数据存储、现有的RDD或Shuffle输出中获取)。

(2) 执行必要的操作,计算所需的RDD。

(3) 输出给下一个洗牌操作、外部存储或返回到驱动程序(如count、collect)。

下面是几个重要的概念。

(1) 一个任务是对应于一个RDD分区的工作单元。

(2) 一个阶段一组任务,并行执行相同的计算。

(3) 洗牌是在阶段之间的传输数据。

(4) 一个特定动作(如count)的一系列阶段是一个作业(Job)。

(5) 当RDD从上级依赖RDD产生而不移动数据时,调度器会进行流水线操作。

(6) DAG定义了RDD操作的逻辑关系。

(7) RDD是具有分区的并行数据集。

同时,Spark的程序执行经历了三个时期。

(1) 用户代码定义了DAG或RDD

用户代码定义RDD和RDD上的操作。当对RDD应用转换时,会创建指向其上级RDD依赖关系图,从而导致DAG。

(2) 动作负责将DAG转换为物理执行计划

当调用动作时,必须计算RDD,这导致按照谱系计算上级RDD。调度程序将每个操作提交作业,以计算所有必需的RDD。此作业有一个或多个阶段,而这些阶段又由在分区上并行运行的任务组成。一个阶段对应产生一个RDD,除非由于流水线而使谱系合并。

(3) 任务在集群上进行调度和执行

阶段按顺序执行。当作业的最后阶段完成时,动作被认为执行完成。

当创建新的RDD时,这三个时期可能发生多次。

- 通常作业中的阶段数等于DAG中的RDD数量。但是,调度程序可以在什么情况下合并谱系?

11.6.2 监控界面

本节将使用Web UI监视Spark应用程序。Spark Web UI提供有关Spark作业的进度和性能详细信息。默认情况下,此信息仅在应用程序运行或Spark Shell启动期间可用。每个SparkContext都会启动一个Web UI,默认情况下,在端口4040上显示有关应用程序的有用信息,其中包括:

(1) 调度程序阶段和任务的列表。

(2) RDD大小和内存使用情况的摘要。

(3) 环境变量信息。

(4) 有关正在运行的执行程序信息。

在 Web 浏览器中打开地址 http://<driver-node>:4040 即可访问此界面。如果多个 SparkContext 在同一主机上运行，它们将绑定到以 4040（如 4041、4042 等）开头的连续端口上。请注意，此信息仅在应用程序默认配置情况下可用。要想在应用程序运行之后查看 Web UI，需要在启动应用程序之前将 spark.eventLog.enabled 设置为 true，具体操作方法可以参考官方手册。在本例中，可以根据下面的代码示例看到作业和阶段等关键信息。

```
scala>val inputRDD=sc.textFile("/root/data/sfpd.csv")
inputRDD: org.apache.spark.rdd.RDD[String] = /root/data/sfpd.csv
MapPartitionsRDD[1] at textFile at <console>:24

scala>val sftpdRDD=inputRDD.map(x=>x.split(","))
sftpdRDD: org.apache.spark.rdd.RDD[Array[String]]=MapPartitionsRDD[2] at map
at <console>:26

scala>val catRDD=sftpdRDD.map(x=>(x(1),1)).reduceByKey((a,b)=>a+b)
catRDD: org.apache.spark.rdd.RDD[(String, Int)]=ShuffledRDD[4] at
reduceByKey at <console>:28

scala>catRDD.cache()
res0: catRDD.type=ShuffledRDD[4] at reduceByKey at <console>:28

scala>catRDD.collect()
res1: Array[(String, Int)]=Array((PROSTITUTION,1316), (DRUG/NARCOTIC,14300),
(EMBEZZLEMENT, 392), (FRAUD, 7416), (WEAPON_LAWS, 3975), (BURGLARY, 15374),
(EXTORTION, 75), (WARRANTS, 17508), (DRIVING_UNDER_THE_INFLUENCE,1038), (TREA,
6), (LARCENY/THEFT, 96955), (BAD CHECKS, 69), (RECOVERED_VEHICLE, 760), (LIQUOR_
LAWS, 494), (SUICIDE, 182), (OTHER_OFFENSES, 50611), (VEHICLE_THEFT, 17581),
(DRUNKENNESS, 1870), (MISSING_PERSON, 11560), (DISORDERLY_CONDUCT, 1052),
(FAMILY_OFFENSES, 201), (ARSON, 690), (ROBBERY, 9658), (SUSPICIOUS_OCC, 13659),
(GAMBLING, 46), (KIDNAPPING,1268), (RUNAWAY, 521), (VANDALISM,17987), (BRIBERY,
159), (NON-CRIMINAL, 50269), (SECONDARY_CODES, 4972), (SEX_OFFENSES/NON_
FORCIBLE, 49), (PORNOGRAPHY/OBSCENE MAT, 10), (SEX_OFFENSES/FORCIBLE, 2043),
(FORGERY/COUNTERFEITING,2025), (TRESPASS,2930), (ASS...
scala>catRDD.collect()
res2: Array[(String, Int)]=Array((PROSTITUTION,1316), (DRUG/NARCOTIC,14300),
(EMBEZZLEMENT, 392), (FRAUD, 7416), (WEAPON_LAWS, 3975), (BURGLARY, 15374),
(EXTORTION, 75), (WARRANTS, 17508), (DRIVING_UNDER_THE_INFLUENCE,1038), (TREA,
6), (LARCENY/THEFT, 96955), (BAD CHECKS, 69), (RECOVERED_VEHICLE, 760), (LIQUOR_
LAWS, 494), (SUICIDE, 182), (OTHER_OFFENSES, 50611), (VEHICLE_THEFT, 17581),
(DRUNKENNESS, 1870), (MISSING_PERSON, 11560), (DISORDERLY_CONDUCT, 1052),
(FAMILY_OFFENSES, 201), (ARSON, 690), (ROBBERY, 9658), (SUSPICIOUS_OCC, 13659),
(GAMBLING, 46), (KIDNAPPING,1268), (RUNAWAY, 521), (VANDALISM,17987), (BRIBERY,
```

```
159), (NON-CRIMINAL, 50269), (SECONDARY_CODES, 4972), (SEX_OFFENSES/NON_
FORCIBLE,49), (PORNOGRAPHY/OBSCENE MAT, 10), (SEX_OFFENSES/FORCIBLE, 2043),
(FORGERY/COUNTERFEITING,2025), (TRESPASS,2930), (ASS...
scala>catRDD.count()
res3: Long=39
```

代码 11-41

要访问 Web UI,使用 Web 浏览器打开驱动程序的 IP 地址和端口 4040 即可。Jobs 页面提供活动和最近完成的 Spark 作业的详细执行信息,并提供 Job 的表现,以及运行 Job 的进度、阶段和任务,如图 11-19 所示。

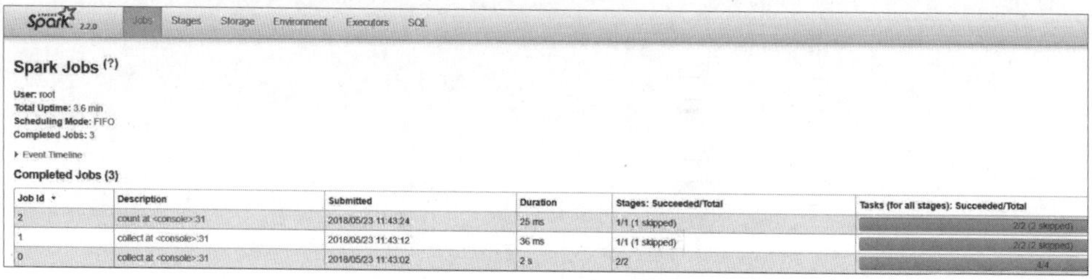

图 11-19 Spark 作业的详细执行信息

Job0 第一个被执行,对应 collect 动作,由 2 个阶段组成,每个阶段由 4 个任务组成。Job1 对应第二个 collect 动作,由 1 个阶段组成,其由两个任务组成。Job2 对应 count 动作,并且还由 1 个阶段组成,其包含两个任务。需要注意的是,第一个 Job 花了 2s,而 Job1 历时 36ms。

- Job1 和 Job2 为什么仅有一个阶段,而跳过了一个阶段?

第一个 collect 首先计算有两个阶段的 RDD,分别是 map 和 reduceByKey,然后将输出的 RDD 缓存。第二个 collect 和第三个 count 直接使用已经被缓存的 RDD,调度器合并了 RDD 谱系,结果导致跳过计算 RDD 的阶段。这也导致 Job1 为 36ms 比 Job0 的 2s 快,虽然都是运行 collect 操作。

单击 Jobs 页面上 Description 列中的链接,进入 Job Details 页面,如图 11-20 所示。此页面提供了运行作业的进度、阶段和任务。注意,Job0 中的 collect 在这里需要 0.1s。

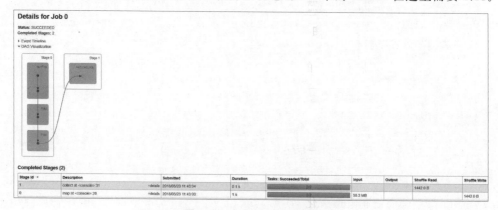

图 11-20 Job Details 页面

在 Job1 的详细信息(见图 11-21)中,可以看到跳过了 map 阶段。

Completed Stages (1)

Stage Id	Description	Submitted	Duration	Tasks: Succeeded/Total	Input	Output
3	collect at <console>:31 +details	2018/05/23 11:43:12	30 ms	2/2	4.3 KB	

Skipped Stages (1)

Stage Id	Description	Submitted	Duration	Tasks: Succeeded/Total	Input	Output
2	map at <console>:28 +details	Unknown	Unknown	0/2		

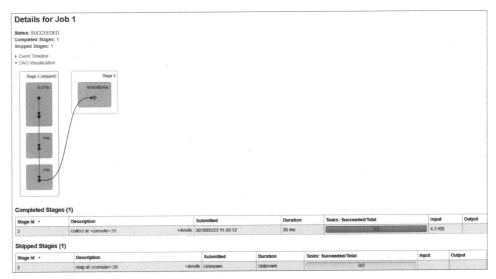

图 11-21 Job1 的详细信息

在此页面中,可以看到完成的阶段和跳过阶段的细节。请注意,这里的 collect 只用了 30ms。一旦确定了感兴趣的阶段,就可以单击链接深入到阶段的详细信息页面,如图 11-22 所示。

Summary Metrics for 2 Completed Tasks

Metric	Min	25th percentile	Median	75th percentile	Max
Duration	1 s	1 s	1 s	1 s	1 s
GC Time	86 ms	86 ms	86 ms	86 ms	86 ms
Input Size / Records	27.5 MB / 191113	27.5 MB / 191113	27.6 MB / 192662	27.6 MB / 192662	27.6 MB / 192662
Shuffle Write Size / Records	711.0 B / 38	711.0 B / 38	731.0 B / 39	731.0 B / 39	731.0 B / 39

Aggregated Metrics by Executor

Executor ID	Address	Task Time	Total Tasks	Failed Tasks	Killed Tasks	Succeeded Tasks	Input Size / Records	Shuffle Write Size / Records
driver	172.17.0.2:36933	3 s	2	0	0	2	55.2 MB / 383775	1442.0 B / 77

Tasks (2)

Index	ID	Attempt	Status	Locality Level	Executor ID / Host	Launch Time	Duration	GC Time	Input Size / Records	Write Time	Shuffle Write Size / Records
0	0	0	SUCCESS	PROCESS_LOCAL	driver / localhost	2018/05/23 11:43:03	1 s	86 ms	27.6 MB / 192662	6 ms	711.0 B / 38
1	1	0	SUCCESS	PROCESS_LOCAL	driver / localhost	2018/05/23 11:43:03	1 s	86 ms	27.5 MB / 191113	6 ms	731.0 B / 39

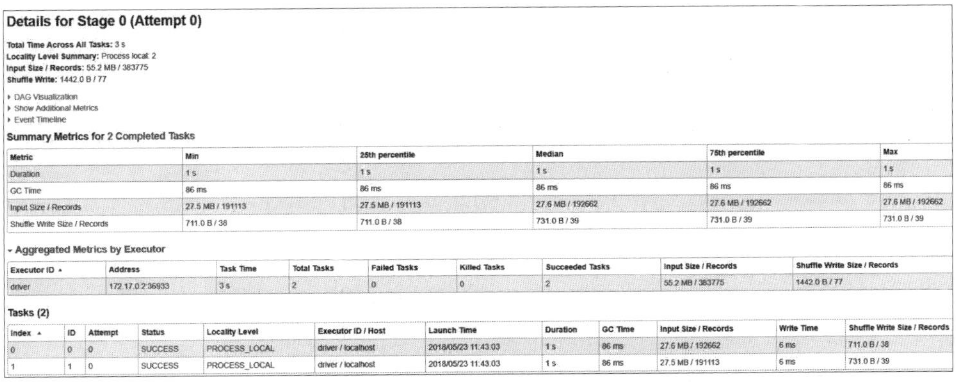

图 11-22 阶段的详细信息页面

图 11-23 中显示了所有任务的汇总指标。

RDD Name	Storage Level	Cached Partitions	Fraction Cached	Size in Memory	Size on Disk
ShuffledRDD	Memory Deserialized 1x Replicated	2	100%	4.3 KB	0.0 B

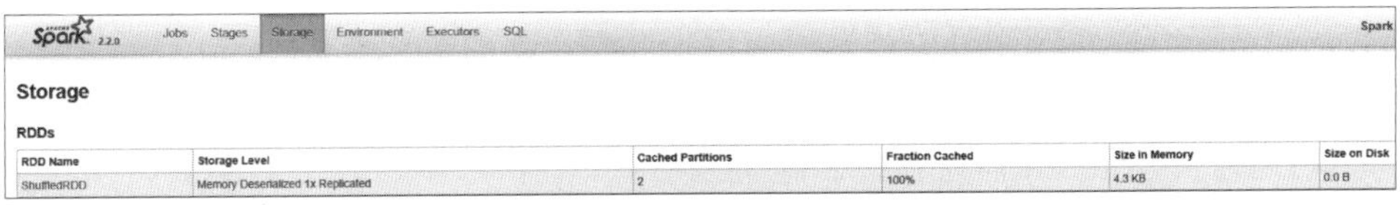

图 11-23 Storage 页面

Storage 页面提供有关持久化 RDD 的信息。如果在 RDD 上调用 persist 和 cache 操作，并且随后执行了一个动作，那么这个 RDD 就会被持久化，如图 11-24 所示。该页面告诉 RDD 哪部分被缓存，并且包括多少比例的 RDD 被缓存，已经在不同存储介质中的大小，以查看重要数据集是否适合内存。

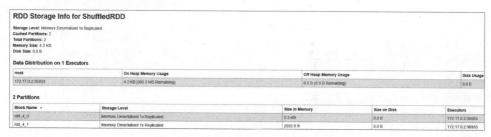

图 11-24 有关持久化 RDD 的信息

Environment 页面（见图 11-25）列出了运行 Spark 应用程序的环境变量。当想查看启用了哪些配置标志时，请使用此页面。请注意，只有通过 Spark-default.conf、SparkConf 或者在命令行中指定的值将在这里显示。所有的其他配置属性都使用默认值。

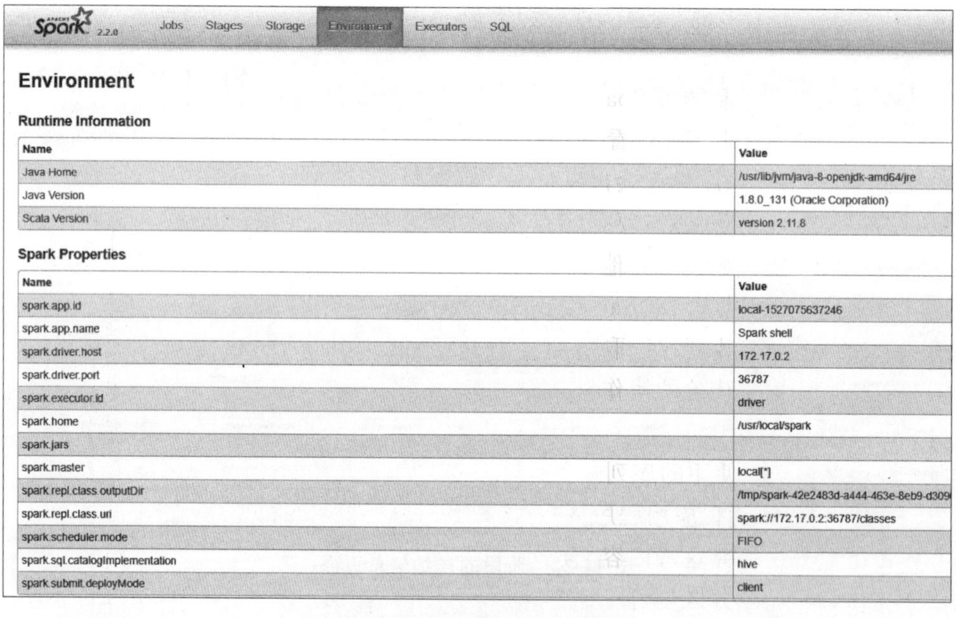

图 11-25 Environment 页面

Executors 页面（见图 11-26）列出了应用程序中活动的执行器，还包括关于每个执行器的处理和存储的一些指标。使用此页面确认应用程序是否具有期望的资源数量。

- 可用通过 Web UI 监控哪些事情？

可以使用 Jobs 页面和 Stages 选项卡查看哪些阶段运行缓慢，比较一个阶段的指标，看看每个任务；查看 Executors 选项卡，查看应用程序是否具有预期的资源；使用 Storage 选项卡查看数据集是否适合内存，哪些部分被缓存。

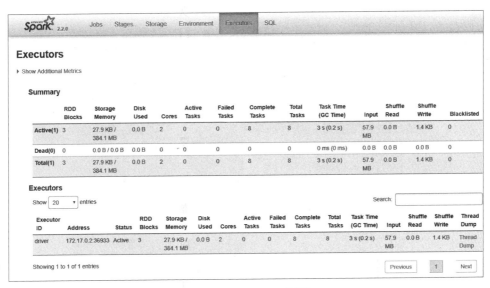

图 11-26　Executors 页面

11.6.3　调试优化

现在来看如何调试和调整 Spark 应用程序。以下是调试性能问题的一些方法。要检测洗牌问题，请查看 Web UI，查看任何非常慢的任务。当某些小型任务比其他任务需要更长时间时，数据并行系统中就会出现一些常见的性能问题，也可以称为偏斜（skewness）问题，即任务运行时间不对称。要查看是否存在偏斜问题，请查看 Stages 详细信息页面，看是否存在运行速度明显慢于其他的任务。向下钻取，以查看是否有少量任务读取或写入比其他任务更多的数据。在 Stages 页面中，还可以确定某些节点上的任务是否运行缓慢。从 Web UI 还可以找到在读取、计算和写入上花费太多时间的任务。在这种情况下，查看代码是否有任何高代价的操作被执行。通常，导致性能下降的常见问题有

（1）平行度水平。

（2）洗牌操作期间使用的序列化格式。

（3）管理内存，以优化应用程序。

接下来更深入地研究这些内容。RDD 被分成一组分区，其中每个分区包含数据的子集。调度程序将为每个分区创建一个任务。每个任务需要集群中的单个核心。默认情况下，Spark 将基于它认为最佳的并行度进行分区，如图 11-27 所示。

- 并行性水平如何影响性能？

如果并行性水平太低，Spark 可能使资源闲置。如果并行性水平太高，与每个分区关联的开销加起来会变得显著。

- 如何找到分区数？

可以通过 Web UI 中的 Stages 选项卡进行操作。由于阶段中的任务对应 RDD 中的单个分区，所以任务总数就是分区数。还可以使用 rdd.partitions.size 获得 RDD 分区的数量。如果要调整并行度，可以用下面几种方法。

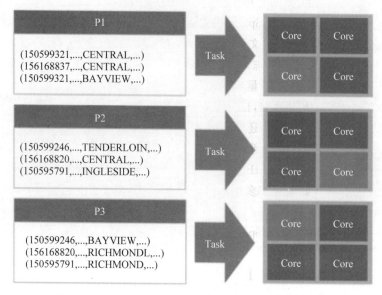

图 11-27　Spark 将基于它认为最佳的并行度进行分区

（1）指定分区的数量（当调用操作需要洗牌数据时），例如 reduceByKey。

（2）在 RDD 中重新分配数据，这可以通过增加或减少分区数完成，可以使用 repartition()方法指定分区或使用 coalesce()方法减少分区的数量。

当在洗牌操作期间通过网络传输大量数据时，Spark 将对象序列化为二进制格式。序列化是将对象的状态信息转换为可以存储或传输的形式的过程。在序列化期间，对象将其当前状态写入临时或持久性存储区。以后，可以通过从存储区中读取或反序列化对象的状态，重新创建该对象。对象序列化有时会造成瓶颈。默认情况下，Spark 采用内置的 Java 序列化。然而，通常更有效地应该使用 Kryo 序列化。在 Spark 中可以用不同的方式使用内存。调整 Spark 的使用内存可以帮助优化应用程序，默认情况下，Spark 使用：

（1）RDD 存储空间的 60%。

（2）20% Shuffle。

（3）20% 用于用户程序。

可以通过调整用于 RDD 存储、Shuffle 和用户程序的内存区域调整内存使用情况。在 RDD 上使用 cache()或 persist()方法。在 RDD 上使用 cache()将 RDD 分区存储在内存缓冲区中。persist 有多种选项，有关 RDD 的持久性选项，请参阅 Apache Spark 文档。默认情况下，persist()与 cache()或 persist(MEMORY_ONLY)的功能相同。如果没有足够的空间缓存新的 RDD 分区，那么旧的分区将被删除，并在需要时重新计算。最好使用 persist(MEMORY_AND_DISK)，这将在磁盘上存储数据，并在需要时将其加载到内存中，减少了昂贵的计算。使用 MEMORY_ONLY_SER 选项将减少垃圾回收。缓存序列化对象可能比缓存原始对象慢，但是它确实减少了垃圾收集的时间。

Spark 日志子系统基于 log4j，记录级别或日志输出可以自定义。log4j 的配置属性的一个例子在 Spark 安装目录 conf 中提供，可以被复制并适当地进行编辑。Spark 日志文件的位置取决于部署模式。在 Spark 独立模式下，日志文件位于每个 Worker 的 Spark 部署目录中。在 Mesos 中，日志文件在 Mesos slave 的工作目录中，从 Mesos master 界面访问。要访问 YARN 中的日志，请使用 YARN 日志收集工具。

如果可能，避免洗牌大量数据。在使用聚合操作的情况下，尽量使用 aggregateByKey。对于大量数据，使用 groupByKey 的结果会产生大量的 Shuffle 操作。如果可能，可使用 reduceByKey，还可以使用 combineByKey 或 foldByKey。collect 动作试图将 RDD 中的每个元素传送到驱动程序上。如果有一个非常大的 RDD，可能导致驱动程序崩溃。countByKey、countByValue 和 collectAsMap 也会出现同样的问题。过滤掉尽可能多的数据集。如果有很多空闲的任务，则需要减少分区。如果没有使用集群中的所有插槽，则重新分区。

- 可以使用哪些方法提高 Spark 的性能？

11.7 小　　结

Spark 性能调整是调整设置，以记录系统使用内存、内核和实例的过程。这个过程保证 Spark 具有最佳性能并防止 Spark 中的资源瓶颈。本章介绍了如何调整 Apache Spark 作业的相关信息，如性能调优、Spark 序列化库（如 Java 序列化和 Kryo 序列化）、Spark 内存调优，还介绍了 Spark 数据结构调优、Spark 数据区域性和垃圾收集调优。

参 考 文 献

[1] Holden Karau, et al. Learning Spark: Lightning-Fast Big Data Analysis[M]. O'Reilly Media, 2005.
[2] Rindra Ramamonjison. Apache Spark Graph Processing[M]. Packt Publishing, 2015.
[3] Hien Luu. Beginning Apache Spark 2[M]. Apress, 2018.
[4] Gerard Maas, et al. Stream Processing with Apache Spark[M]. O'Reilly Media, 2019.
[5] Spark Documentation[EB/OL]. [2020-10-10]. http://spark.apache.org/docs/latest/, (2019-2020).
[9] Wikipedia[DB/OL]. [2020-10-10]. https://www.wikipedia.org/.
[10] Bai Baike[DB/OL]. [2020-10-10]. https://baike.baidu.com/.
[11] 林子雨. 大数据技术原理与应用[M]. 2版. 北京: 人民邮电出版社. 2017.
[12] Alexey Grishchenko. Distributed Systems Architecture[EB/OL]. [2020-10-10]. https://0x0fff.com(2019-2020).
[13] Apache Spark-Best Practices and Tuning [EB/OL]. [2020-10-10]. https://legacy.gitbook.com/book/umbertogriffo/apache-spark-best-practices-and-tuning/details, (2019-2020).
[14] Brian Uri! [EB/OL]. 2016-03-17[2020-10-10]. Building Spark Applications with SBT. https://sparkour.urizone.net/recipes/building-sbt/.
[15] DataFlair [EB/OL]. [2020-10-10]. Getting Started with Spark. https://data-flair.training/blogs/category/spark/, (2019-2020).
[16] Spark performance optimization: shuffle tuning [EB/OL]. 2017-05-30 [2020-10-10]. http://bigdatatn.blogspot.com/2017/05/spark-performance-optimization-shuffle.html.
[17] Jacek Laskowski. The Internals of Spark SQL [EB/OL]. [2020-10-10]. https://legacy.gitbook.com/@jaceklaskowski, (2018-2020).

图书资源支持

感谢您一直以来对清华版图书的支持和爱护。为了配合本书的使用,本书提供配套的资源,有需求的读者请扫描下方的"书圈"微信公众号二维码,在图书专区下载,也可以拨打电话或发送电子邮件咨询。

如果您在使用本书的过程中遇到了什么问题,或者有相关图书出版计划,也请您发邮件告诉我们,以便我们更好地为您服务。

我们的联系方式:

地　　址: 北京市海淀区双清路学研大厦 A 座 701

邮　　编: 100084

电　　话: 010-83470236　010-83470237

资源下载: http://www.tup.com.cn

客服邮箱: 2301891038@qq.com

QQ: 2301891038(请写明您的单位和姓名)

书圈

扫一扫,获取最新目录

课程直播

用微信扫一扫右边的二维码,即可关注清华大学出版社公众号"书圈"。